HECTOR LENY CARRION SALAZAR
DAVID ARMANDO ZAVALETA VILLANUEVA

CÁLCULO II E APLICAÇÕES

EDITORA CIÊNCIA MODERNA

Cálculo II e Aplicações
Copyright© Editora Ciência Moderna Ltda., 2022

Editor: Paulo André P. Marques
Produção Editorial: Dilene Sandes Pessanha
Capa: Equipe Ciência Moderna
Copidesque: Equipe Ciência Moderna

FICHA CATALOGRÁFICA

SALAZAR, Hector Leny Carrion; VILLANUEVA, David Armando Zavaleta.

Cálculo II e Aplicações

Rio de Janeiro: Editora Ciência Moderna Ltda., 2022.

1. Matemática 2. Cálculo
I — Título

ISBN: 978-65-5842-201-3 CDD 515

Editora Ciência Moderna Ltda.
R. Alice Figueiredo, 46 – Riachuelo
Rio de Janeiro, RJ – Brasil CEP: 20.950-150
Tel: (21) 2201-6662/ Fax: (21) 2201-6896
E-MAIL: LCM@LCM.COM.BR
WWW.LCM.COM.BR

08/22

Prefácio

O Cálculo diferencial e integral é uma área da Matemática que constitui uma poderosa ferramenta da matemática moderna que nos permite entender e resolver muitos modelos matemáticos nas diferentes áreas das ciências.

Esse livro foi escrito para alunos na graduação em Matemática e Engenharias que estão cursando Cálculo I e Cálculo II, e também para estudantes dos cursos de Física e Geofísica, os quais podem se beneficiar com os temas apresentados de forma clara, simples, concisa e sem abandonar o rigor matemático. Em todos os casos ilustramos os resultados com muitos exemplos; tanto na área da Física quanto na área das Engenharias.

A elaboração deste livro levou em consideração os anseios dos alunos de licenciatura e bacharelado em Matemática da UFRN que cursam as disciplinas Análise I, Cálculo I e Cálculo II, além dos alunos das Engenharias que cursam as disciplinas Matemática para Engenharia I, Cálculo I, Matemática para Engenharia II e Cálculo II, de poder encontrar em um único livro todos os conteúdos das disciplinas citadas. Adicionalmente, vai ser muito útil para os alunos da Escola de Ciência e Tecnologia (ECT-UFRN) para cursar as disciplinas de Cálculo II (capítulos 1-4, capítulo 8) e cálculo III (capítulos 5-7).

Esperamos que esse livro seja um verdadeiro auxílio na resolução de "problemas básicos e importantes" dos Cálculos Diferencial e Integral I e II, pois o propósito principal destas notas é mostrar e ensinar ao leitor as noções formais do cálculo avançado: como são as integrais indefinidas, integrais definidas, funções vetoriais, sequências numéricas, séries de potências e integrais impróprias, assim como as suas aplicações. Ele foi escrito com base na experiência dos autores como ministrantes das disciplinas Cálculo Avançado do programa de pós-graduação em Matemática e Estatística-PPGMAE da UFRN, Análise do bacharelado e licenciatura em Matemática da UFRN e Cálculo II e Cálculo III do bacharelado em Ciências e Tecnologia da UFRN.

No começo de cada capítulo apresentamos as definições necessárias e uma breve teoria. O material teórico ilustra-se com um grande número de exemplos e problemas de diferentes dificuldades. Na medida do possível, os tipos de problemas e métodos de solução são sistematizados. No final de cada capítulo propomos uma série de exercícios para facilitar o entendimento e complementar o texto teórico, os quais podem ser resolvidos usando os métodos apresentados anteriormente.

Cada teoria matemática tem suas raízes na vida real e o Cálculo Diferencial e Integral não é diferente. As noções de integral de Riemann, funções vetoriais, integração imprópria e convergência de séries, podem ser explicadas a qualquer aluno de ciências exatas e afins que já cursou o primeiro semestre da universidade (incluímos neste conjunto alunos com vocação para física, engenharias, química, economia, biologia, etc.)

O presente livro divide-se em oito capítulos, todos eles concatenados, isto é, cada capítulo é necessário para o entendimento do próximo capítulo, exceto alguns assuntos de sequências e séries numéricas, como por exemplo, o critério integral de Cauchy, que necessita do capítulo de integrais impróprias.

No capítulo 1, faremos um profundo estudo sobre integrais indefinidas, fornecendo muitas ferramentas e métodos para resolver distintas integrais. Este capítulo é muito necessário para o estudo do próximo capítulo, integrais definidas.

No capítulo 2, formularemos o conceito fundamental do Cálculo Integral, que é a integral de Riemann. Nunca é demais dizer que através desta poderosa ferramenta podemos resolver uma grande variedade de problemas relativos ao cálculo de áreas de regiões planas, volumes de corpos, trabalho mecânico que é desenvolvido por uma força, áreas de superfície de revolução, volumes de um corpo de revolução, centroide e centro de massa de objetos estendidos, entre muitas outras aplicações.

No capítulo 3, introduziremos, primeiramente, as definições de função vetorial com o intuito de estudar curvas em $\mathbb{R}^2$ e $\mathbb{R}^3$. Daremos muita ênfase ao estudo de derivada de uma função vetorial, pois ela constitui uma parte importante para definir elementos de uma curva, tais como vetor tangente, curvatura, torção e triedro de Frenet. Uma aplicação importante é a cinemática de uma partícula no espaço R^3, sendo discutido conceitos como aceleração tangencial, e aceleração centrípeta.

No capítulo 4, vamos introduzir os sistemas de referência: coordenadas cartesianas, polares, cilíndricas, esféricas e consideraremos algumas aplicações como, por exemplo, a cinemática de uma partícula em coordenadas polares e algumas propriedades interessantes da espiral logarítmica.

No capítulo 5, estudaremos sequências numéricas, enfatizando o estudo de limite de uma sequência, pois ele constitui uma parte importante da Análise e do Cálculo Diferencial.

No capítulo 6, desenvolveremos a teoria das séries numéricas com termos positivos, apresentando alguns critérios que nos permitam responder a questão: quando uma série converge e possui limite igual a um número finito? E no final do capítulo, estudaremos as séries alternadas e introduziremos a noção de convergência absoluta.

No capítulo 7, dedicaremos nossa atenção ao estudo das séries de potências com seu intervalo de convergência. Um resultado importante neste capítulo é o Teorema de Taylor, junto com a série de Maclaurin. Usando estes resultados iremos encontrar o desenvolvimento em séries de potências de algumas funções elementares.

Por fim, no capítulo 8, estudaremos integrais impróprias junto com os critérios que nos permitirão avaliar quando ela converge ou diverge. E claro, consideraremos algumas aplicações importantes, como a função Gama e função Beta.

Acreditamos que a informática pode ajudar muito no ensino da matemática superior. Algumas ferramentas poderosas usadas neste livro são o MATLAB e o Maple. Atualmente, estes softwares tornaram-se ferramentas indispensáveis nas aplicações das ciências e das engenharias e vêm sendo fortemente usados na indústria e nas universidades. Também existem sites gratuitos como o wolfram alpha e https://aulainterativa.ect.ufrn.br/, este último sendo muito útil, por exemplo, para visualizar parâmetros cinemáticos e geométricos de curvas planas e espaciais. Na maior parte do livro, usamos estes aplicativos para plotar gráficos de funções.

No final do livro encontra-se uma rica bibliografia com livros avançados que ajudarão o estudante a fundamentar e aprofundar ainda mais a teoria desenvolvida aqui. Esperamos que você, aluno, encontre na leitura destas notas tanto prazer quanto nós encontramos em escrevê-las.

Finalmente, consideramos muito importante expressar nossos sinceros agradecimentos aos Professores do Departamento de Matemática do CCET-UFRN, da Escola de Ciência e Tecnologia por terem lido toda nossa obra inicial, oferecendo sugestões e correções em todos os capítulos do livro.

Natal 11 de julho de 2022

Sumário

CAPÍTULO 1

A Integral Indefinida

Neste capítulo vamos dedicar nossa atenção ao seguinte problema:

Dada a derivada de uma função, como encontrar esta função?

Como pode-se ver, este problema é um problema inverso ao de derivar uma função, o qual é estudado no Cálculo I:

Dada uma função encontre a sua derivada.

O processo usado para resolver este problema inverso à derivação chama-se antiderivação ou integração. Para ter sucesso com a antiderivação, iremos estudar algumas técnicas de integração e no final do capítulo consideraremos algumas aplicações interessantes envolvendo integrais indefinidas.

1.1 A Integral Indefinida

A operação inversa à derivada chama-se integração e consiste em encontrar todas as funções cujas derivadas sejam iguais à função dada.

Definição 1.1. A função $F(x) : I \to \mathbb{R}$, definida no intervalo $I \subset \mathbb{R}$, chama-se primitiva, antiderivada ou integral indefinida da função $f : I \to \mathbb{R}$, se para qualquer $x \in I$, temos:

$$F'(x) = f(x).$$

Se F e G são ambas primitivas da função f, isto é, $F'(x) = f(x)$ e $G'(x) = f(x)$, então $F(x) = G(x) + C$, onde $C \in \mathbb{R}$ é uma constante. De fato,

$$(F - G)'(x) = F'(x) - G'(x) = f(x) - f(x) = 0.$$

Aqui, usando o fato de que se a derivada de uma função é 0 então ela é constante, devemos ter, $F(x) - G(x) = C$, para $C \in \mathbb{R}$, onde obtemos, $F(x) = G(x) + C$, ou seja, duas primitivas de uma função se diferenciam por uma constante.

A notação clássica que se usa para representar as primitivas de uma função f é:

$$\int f(x)dx = F(x) + C.$$

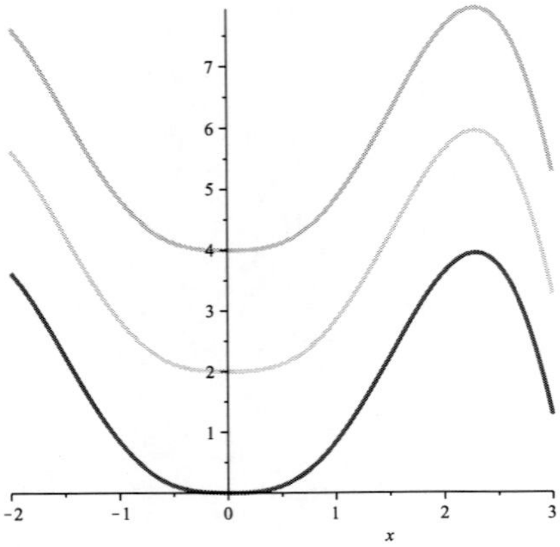

Figura 1.1: As primitivas da função f se diferenciam por uma constante.

O termo $\int f(x)dx$ é lido como "integral da função $f(x)dx$". A função $f(x)$ da notação $\int f(x)dx$ será chamada de função subintegral ou integrando.

Exemplo 1.1. Calcule a primitiva da função $f(x) = x^4$ no intervalo: $(-\infty, +\infty)$.

A função $F(x) = \dfrac{x^5}{5}$ definida para todo $x \in (-\infty, \infty)$, é uma primitiva da função $f(x) = x^4$ pois, $F'(x) = \left(\dfrac{x^5}{5}\right)' = x^4, \forall x \in \mathbb{R}$. Portanto,

$$\int x^4 dx = \frac{x^5}{5} + C.$$

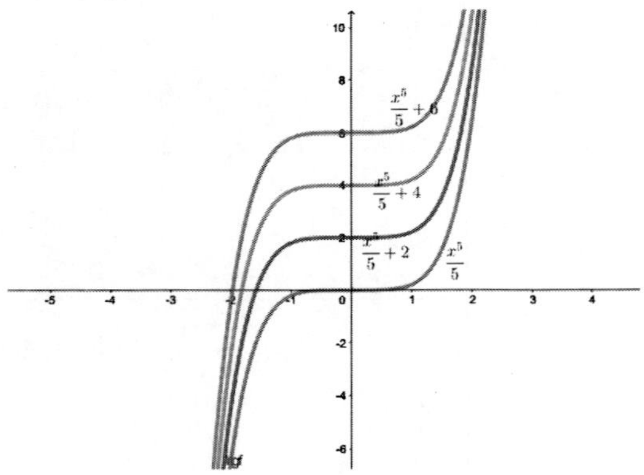

Figura 1.2: Algumas primitivas da função $f(x) = x^4$

Exemplo 1.2. Calcule a primitiva da função $f(x) = \cos x$ no intervalo: $(-\infty, +\infty)$.

A função $F(x) = \operatorname{sen} x$, definida para todo $x \in (-\infty, +\infty)$, é uma primitiva da função $f(x) = \cos x$, pois, $F'(x) = \operatorname{sen}'(x) = \cos x$ para todo $x \in (-\infty, +\infty)$. Portanto,

$$\int \cos x dx = \operatorname{sen} x + C.$$

Observando os exemplos acima, concluímos que, quando encontramos uma primitiva para uma função dada, automaticamente estamos encontrando todas as primitivas desta função.

1.1.1 Propriedades da Integral Indefinida

Já vimos na seção anterior que duas primitivas de uma mesma função se diferenciam apenas por uma constante. Isto será o ponto de partida para formular as propriedades abaixo, satisfeitas pela integral indefinida:

1. Se duas funções são iguais, então suas primitivas se diferenciam apenas por uma constante, ou seja:
$$f(x) = g(x) \Rightarrow F(x) = G(x) + C.$$

2. A derivada da integral indefinida de uma função é igual a ela mesma, ou seja:
$$\left(\int f(x)dx\right)'_x = f(x); \quad ou \quad d\int f(x)dx = f(x)dx.$$

3. A integral indefinida da derivada de uma função é igual a própria função acrescida de uma constante, ou seja:
$$\int f'(x)dx = f(x) + C.$$

4. Se uma constante multiplica uma função, então ela pode ser colocada fora da integral indefinida, ou seja:
$$\int Cf(x)dx = C\int f(x)dx$$

5. A integral de uma soma de duas funções é igual a soma das integrais das funções, isto é:
$$\int (f(x) + g(x))dx = \int f(x)dx + \int g(x)dx,$$

   As propriedades 4 e 5 podem ser generalizadas para um número finito de termos, assim temos a propriedade a seguir:

6. A integral de uma combinação linear finita de funções é igual a combinação linear finita das integrais das funções, por exemplo:
$$\int (Af(x) + Bg(x) + Ch(x))dx = A\int f(x)dx + B\int g(x)dx + C\int h(x)dx$$
   em que A, B, C são constantes.

Exemplo 1.3. Calcule a primitiva da função $f(x) = 2x^3 + 4\cos 2x$ na reta real.

Da propriedade 5 de integral indefinida:

$$\int (2x^3 + 4\cos 2x)dx = 2\int x^3 dx + 4\int \cos 2x dx$$

A função $F(x) = \dfrac{x^4}{4}$ é primitiva da função $f(x) = x^3$, pois $F'(x) = x^3, \forall x \in \mathbb{R}$. De igual modo, a função $F(x) = \dfrac{\text{sen}2x}{2}$ é primitiva da função $f(x) = \cos 2x$, pois $F'(x) = \cos 2x, \forall x \in \mathbb{R}$. Assim:

$$\int (2x^3 + 4\cos 2x)dx = 2(\frac{x^4}{4}) + 4(\frac{\text{sen}2x}{2}) + C = \frac{x^4}{2} + 2\,\text{sen}2x + C.$$

Exemplo 1.4. Calcule a integral:

$$\int d(x^2 - 2x + \ln 234)$$

Para funções diferenciais vale: $df(x) = \dfrac{df(x)}{dx}dx$. Defina $f(x) = x^2 - 2x + \ln 234$. Como $\ln 234$ é constante, temos $\dfrac{df}{dx} = 2x - 2$ e consequentemente $df(x) = (2x - 2)dx$. Agora, substituindo na integral acima, resulta em:

$\displaystyle\int d(x^2 - 2x + \ln 234) = \int (2x - 2)dx = x^2 - 2x + C.$

Exemplo 1.5. Seja $y = f(x)$ uma função diferenciável em $\mathbb{R}$, isto é, $dy = \dfrac{df}{dx}dx$. Considere também que o coeficiente angular da reta tangente ao gráfico da função f no ponto $(x, f(x))$ é o triplo da ordenada no mesmo ponto. Determine a família de curvas que satisfazem a condição anterior, e encontre aquela curva específica que passa pelo ponto $(0, 1)$.

Da informação dada na questão, temos que $f'(x) = 3f(x)$ e pela diferenciabilidade da função f, temos $df(x) = f'(x)dx$, onde $df(x) = 3f(x)dx$ e consequentemente $\dfrac{df(x)}{f(x)} = 3\,dx$. Integrando esta última igualdade, obtemos

$$\int \frac{1}{f(x)}df(x) = 3\int dx, \quad donde \quad \ln f(x) = 3x + \ln C,$$

onde $\ln C$ com $C \in \mathbb{R}^+$ é a constante de integração. Da definição de logaritmo: $f(x) = e^{3x+\ln C} = e^{3x}e^{\ln C} = Ce^{3x}$.

Ou seja, a família de curvas que satisfazem as hipóteses do Exemplo 1.5 são os gráficos da função exponencial. Agora vamos escolher uma curva que passa especificamente pelo ponto $(0, 1)$:

$$1 = Ce^{3(0)}, \quad \text{donde } C = 1.$$

Assim, a curva que passa pelo ponto $(0, 1)$ e satisfaz a condição do exemplo é $y = e^{3x}$.

1.1.2 Integrais de Algumas Funções Elementares

Sabemos que dada uma função diferenciável, facilmente podemos calcular sua derivada, no entanto, não existe uma regra específica para encontrar a primitiva de uma função. Cada caso de integração requer uma técnica específica baseada em resultados básicos provenientes da derivação.

A seguir, listamos as integrais indefinidas de algumas funções elementares, as quais podem ser adotadas como resultados imediatos.

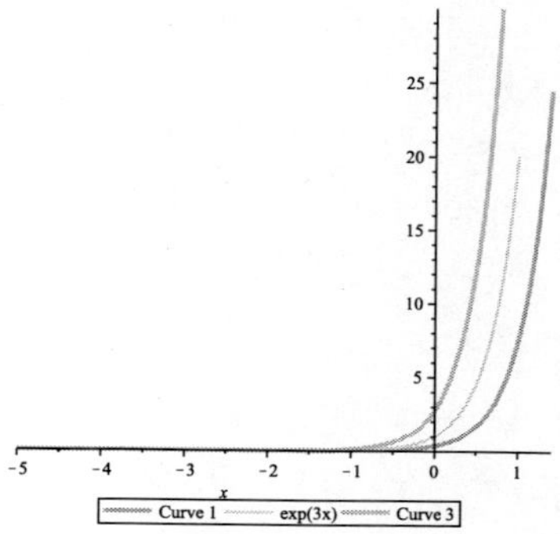

Figura 1.3: Família de curvas $y = Ce^{3x}$

1. $\displaystyle\int dx = x + C;$

2. $\displaystyle\int x^\alpha dx = \frac{x^{\alpha+1}}{\alpha+1} + C, \ \alpha \neq -1;$

3. $\displaystyle\int \frac{dx}{x} = \ln|x| + C, \ x \neq 0;$

4. $\displaystyle\int a^x dx = \frac{a^x}{\ln a} + C, \ a > 0, \ a \neq 1.$
   No caso particular, se $a = e$, temos:
   $\displaystyle\int e^x dx = e^x + C;$

5. $\displaystyle\int \cos x dx = \operatorname{sen} x + C;$

6. $\displaystyle\int \operatorname{sen} x dx = -\cos x + C;$

7. $\displaystyle\int \frac{dx}{\operatorname{sen}^2 x} = -\cot x + C;$

8. $\displaystyle\int \frac{dx}{\cos^2 x} = \operatorname{tg} x + C;$

9. $\displaystyle\int \frac{dx}{\sqrt{a^2 - x^2}} = \operatorname{arcsen}\frac{x}{a} + C, \ a > 0, |x| < a;$

10. $\displaystyle\int \frac{dx}{x^2 + a^2} = \frac{1}{a}\arctan\frac{x}{a} + C, \ a \neq 0;$

11. $\displaystyle\int \frac{dx}{x^2 - a^2} = \frac{1}{2a}\ln\left|\frac{x-a}{x+a}\right| + C, \ a \neq 0, \ |x| \neq |a|.$

Ainda há muitas integrais indefinidas de funções que não constam nesta lista por serem difíceis de serem calculadas, pois o cálculo delas requer técnicas específicas e apuradas, algumas das quais iremos estudar ao longo deste capítulo. Para calcular as integrais indefinidas das demais funções, usaremos frequentemente as propriedades 4 e 5 ou 6 da subseção 1.1.1:

Exemplo 1.6. Encontre:

$$\int \left(\frac{1}{x^3} - 5\cos x + \operatorname{sen} x\right) dx.$$

Usando as propriedades 4 e 6 dadas acima, encontramos:

$$\begin{aligned}\int \left(\frac{1}{x^3} - 5\cos x + \operatorname{sen} x\right) dx &= \int \frac{1}{x^3}dx - \int 5\cos x dx + \int 2\operatorname{sen} x dx\\ &= -\frac{1}{2x^2} - 5\int \cos x dx + 2\int \operatorname{sen} x dx\\ &= -\frac{1}{2x^2} - 5(\operatorname{sen} x) + 2(-\cos x) + C\\ &= -\frac{1}{2x^2} - 5\operatorname{sen} x - 2\cos x + C.\end{aligned}$$

Exemplo 1.7. Encontre:

$$\int \frac{6}{5x^2+12}dx.$$

Temos:

$$\begin{aligned}\int \frac{6}{5x^2+12}dx &= \frac{6}{5}\int \frac{dx}{x^2+\frac{12}{5}}\\ &= \frac{6}{5}\int \frac{dx}{x^2+\left(\sqrt{\frac{12}{5}}\right)^2}.\end{aligned}$$

Pela regra 10 das integrais de funções elementares, concluímos que:

$$\int \frac{6}{5x^2+12}dx = \frac{6\sqrt{5}}{5\sqrt{12}}\arctan\frac{\sqrt{5}x}{\sqrt{12}} + C.$$

1.1.3 Regra de Mudança de Variáveis

Um método de solução básico de integração é a mudança de variáveis, a qual consiste no seguinte: seja $F(x)$ uma função e suponhamos que uma nova variável u é introduzida na função $F(x)$ por meio da equação $x = \varphi(u)$. Assim,

$$F(x) = F(\varphi(u)) = H(u). \tag{1.1}$$

Onde $Im(\varphi) \subset Dom(F)$ e as funções F e φ são deriváveis.
Pela regra da cadeia do cálculo diferencial, temos:

$$\frac{dH}{du} = \frac{dF}{dx}\frac{d\varphi}{du}. \tag{1.2}$$

Se agora escrevemos

$$F'(x) = f(x) \;\; e \;\; H'(u) = h(u),$$

obtemos as seguintes expressões

$$F(x) = \int f(x)dx \quad e \quad H(u) = \int h(u)du.$$

De 1.1

$$\int f(x)dx = \int h(u)du = \int H'(u)du.$$

De 1.2

$$H'(u) = F'(\varphi(u))\varphi'(u)$$

assim, obtemos a seguinte fórmula

$$\int f(x)dx = \int f(\varphi(u))\,\varphi'(u)du = F(\varphi(u)) + C, \tag{1.3}$$

$$\text{em que} \quad x = \varphi(u).$$

Conhecida como a *mudança de variáveis na integral indefinida.*

Exemplo 1.8. Encontre:

$$\int \cos^4 x \operatorname{sen} x dx.$$

Observe que se $\cos x = u$, então $du = -\operatorname{sen} x dx$. Assim, pela regra da mudança de variáveis, temos:

$$\int \cos^4 x \operatorname{sen} x dx = -\int u^4 du = -\frac{u^5}{5} + C = -\frac{\cos x^5}{5} + C.$$

Exemplo 1.9. Encontre:

$$\int \frac{\operatorname{sen} x dx}{1+\cos^2 x}.$$

Se $u = \cos x$, então $du = -\operatorname{sen} x dx$. Assim,

$$\int \frac{\operatorname{sen} x dx}{1+\cos^2 x} = -\int \frac{1}{1+u^2}du$$

Utilizando a integral indefinida número 10 da lista de integrais elementares

$$\int \frac{\operatorname{sen} x dx}{1+\cos^2 x} = -\arctan u + C = -\arctan(\cos x) + C.$$

Exemplo 1.10. Encontre:

$$\int \frac{dx}{x \ln^3 x}.$$

Observe que $d \ln x = \ln' x dx = \frac{1}{x}dx$, assim:

$$\begin{aligned} \int \frac{dx}{x\ln^3 x} &= \int \frac{d\ln x}{\ln^3 x} \\ &\overset{y=\ln x}{=} \int \frac{dy}{y^3} = -\frac{1}{2y^2} + C \\ &= -\frac{1}{2\ln^2 x} + C. \end{aligned}$$

Exemplo 1.11. Encontre:

$$\int \frac{dx}{1+\operatorname{sen} x}.$$

Antes de resolver, lembremos das seguintes relações: $\operatorname{sen} x = \cos(\frac{\pi}{2} - x)$ e $\cos 2x = 2\cos^2 x - 1$. Assim,

$$\begin{aligned}
\int \frac{dx}{1+\operatorname{sen} x} &= \int \frac{dx}{1+\cos(\frac{\pi}{2}-x)} = \int \frac{dx}{1+2\cos^2(\frac{\pi}{4}-\frac{x}{2})-1} = \\
&= \int \frac{dx}{2\cos^2(\frac{\pi}{4}-\frac{x}{2})} = -\int \frac{d(\frac{\pi}{4}-\frac{x}{2})}{\cos^2(\frac{\pi}{4}-\frac{x}{2})} = \\
&\overset{\frac{\pi}{4}-\frac{x}{2}=t}{=} -\int \frac{dt}{\cos^2 t} = -\operatorname{tg} t + C = \\
&= -\operatorname{tg}(\tfrac{\pi}{4}-\tfrac{x}{2}) + C.
\end{aligned}$$

Exemplo 1.12. Encontre:

$$\int \frac{dx}{2+\sqrt{x}}.$$

Escrevendo $t = \sqrt{x}$; então $x = t^2$ e $dx = 2tdt$. Daqui encontramos:

$$\begin{aligned}
\int \frac{dx}{2+\sqrt{x}} &= \int \frac{2tdt}{2+t} = 2\int \frac{(2+t-2)dt}{2+t} = \\
&= 2\int \left(1 - \frac{2}{2+t}\right) dt = \\
&= 2\textstyle\int dt - 4\displaystyle\int \frac{d(2+t)}{2+t} = \\
&= 2t - 4\ln|2+t| + C = \\
&= 2\sqrt{x} - 4\ln|2+\sqrt{x}| + C.
\end{aligned}$$

1.1.4 Regra de Integração por Partes

Um método geral e muito eficaz para solucionar integrais indefinidas é o método de integração por partes. Esse método baseia-se no seguinte:

Consideremos $f(x)$ e $g(x)$ duas funções diferenciáveis num mesmo intervalo. Então pela regra da derivação do produto de duas funções, temos

$$(f(x)g(x))' = f'(x)g(x) + f(x)g'(x),$$

e pela propriedade 5 da integral indefinida, obtemos:

$$\begin{aligned}
\int (f(x)g(x))'dx &= \int (f'(x)g(x) + f(x)g'(x))\,dx \\
f(x)g(x) + C &= \int f'(x)g(x)dx + \int f(x)g'(x)dx,
\end{aligned}$$

Isolando o termo $\displaystyle\int f(x)g'(x)dx$, obtemos a regra:

$$\boxed{\int f(x)g'(x)dx = f(x)g(x) - \int f'(x)g(x)dx + C,} \tag{1.4}$$

conhecida como integração por partes, onde C é uma constante arbitrária. Para facilitar a aplicação da regra acima, considere: $u = f(x)$ e $dv = g'(x)dx$, como os quais temos $du = f'(x)dx$ e $v = g(x)$. Assim,

$$\int f(x)g'(x)dx = f(x)g(x) - \int f'(x)g(x)dx \Leftrightarrow \boxed{\int udv = uv - \int vdu}.$$

A expressão (1.4) chama-se *fórmula de integração por partes.*

Exemplo 1.13. Encontre:

$$\int x \ln x dx; \; x > 0$$

Seja $u = \ln x$ e $dv = xdx$. Assim, $du = \frac{1}{x}dx$ e $v = \int xdx = \frac{x^2}{2}$. Logo,

$$\begin{aligned}\int x \ln x dx = \int udv &= uv - \int vdu \\ &= \frac{x^2}{2}\ln x - \int \frac{x^2}{2}\frac{1}{x}dx \\ &= \frac{x^2}{2}\ln x - \frac{x^2}{4} + C.\end{aligned}$$

Portanto,

$$\int x \ln x dx = \frac{x^2}{2}\ln x - \frac{x^2}{4} + C,$$

onde C é uma constante arbitrária.

Exemplo 1.14. Calcule:

$$\int e^{ax} x^2 dx, a \neq 0.$$

Seja $u = x^2$ e $dv = e^{ax}dx$. Assim, $du = 2xdx$ e $v = \int e^{ax}dx = \frac{e^{ax}}{a}$. Como $\int udv = uv - \int vdu$, temos:

$$\int x^2 e^{ax} dx = x^2 \frac{e^{ax}}{a} - \int \frac{e^{ax}}{a} 2xdx = x^2 \frac{e^{ax}}{a} - \frac{2}{a}\int e^{ax} xdx \tag{1.5}$$

Para integrar novamente por partes o segundo termo do lado direito da equação anterior, considere $\bar{u} = x$ e $d\bar{v} = e^{ax}dx$. Assim, $d\bar{u} = dx$ e $\bar{v} = \frac{e^{ax}}{a}$. Logo:

$$\int e^{ax} xdx = \int \bar{u}d\bar{v} = \bar{u}\bar{v} - \int \bar{v}d\bar{u} = x\frac{e^{ax}}{a} - \int \frac{e^{ax}}{a}dx = x\frac{e^{ax}}{a} - \frac{e^{ax}}{a^2}.$$

Substituindo a integral indefinida anterior na equação: (1.5)

$$\int x^2 e^{ax} dx = x^2 \frac{e^{ax}}{a} - \frac{2}{a}(x\frac{e^{ax}}{a} - \frac{e^{ax}}{a^2}) = \frac{x^2 e^{ax}}{a} - \frac{2xe^{ax}}{a^2} + \frac{2e^{ax}}{a^3} + C.$$

Exemplo 1.15. Calcule:

$$\int e^{\alpha x} \cos \beta x dx.$$

Usando a fórmula de integração por partes $\int u dv = uv - \int v du$ duas vezes, encontramos:

$$\begin{aligned}\int e^{\alpha x}\cos\beta x dx &\overset{(u=e^{\alpha x},\, v=\frac{\operatorname{sen}\beta x}{\beta})}{=} \int e^{\alpha x} d\left(\frac{\operatorname{sen}\beta x}{\beta}\right)\\ &= e^{\alpha x}\frac{\operatorname{sen}\beta x}{\beta} - \int \frac{\operatorname{sen}\beta x}{\beta}(\alpha e^{\alpha x}dx)\\ &= \frac{1}{\beta}e^{\alpha x}\operatorname{sen}\beta x + \frac{\alpha}{\beta^2}\int e^{\alpha x} d(\cos\beta x)\\ &= \frac{1}{\beta}e^{\alpha x}\operatorname{sen}\beta x + \frac{\alpha}{\beta^2}e^{\alpha x}\cos\beta x - \frac{\alpha^2}{\beta^2}\int e^{\alpha x}\cos\beta x dx,\end{aligned}$$

passando o terceiro termo do segundo membro da última igualdade para o primeiro membro e reduzindo, obtemos a seguinte integral:

$$\int e^{\alpha x}\cos\beta x dx = \frac{1}{\alpha^2+\beta^2}e^{\alpha x}(\beta\operatorname{sen}\beta x + \alpha\cos\beta x) + C.$$

Exemplo 1.16. Calcular:

$$\int x^\alpha \ln x dx, \quad \alpha \neq -1.$$

Podemos escrever as seguintes igualdades:

$$\begin{aligned}\int x^\alpha \ln x dx &\overset{(u=\ln x,\, v=\frac{x^{\alpha+1}}{\alpha+1})}{=} \int \ln x d\left(\frac{x^{\alpha+1}}{\alpha+1}\right)\\ &= \frac{x^{\alpha+1}}{\alpha+1}\ln x - \int \left(\frac{x^{\alpha+1}}{\alpha+1}\right) d(\ln x) =\\ &= \frac{x^{\alpha+1}}{\alpha+1}\ln x - \int \frac{x^\alpha}{\alpha+1}dx\\ &= \frac{x^{\alpha+1}}{\alpha+1}\ln x - \frac{x^{\alpha+1}}{(\alpha+1)^2} + C\\ &= \frac{x^{\alpha+1}}{\alpha+1}\left(\ln x - \frac{1}{\alpha+1}\right) + C.\end{aligned}$$

Exemplo 1.17. Calcular:

$$\int \sqrt{c^2-x^2}dx, \; -c \le x \le c, \; c > 0$$

Usando a fórmula de integração por partes, encontramos:

$$\begin{aligned}\int \sqrt{c^2-x^2}dx &\overset{(u=\sqrt{c^2-x^2},\, v=x)}{=} x\sqrt{c^2-x^2} - \int x\frac{-2x}{2\sqrt{c^2-x^2}}dx =\\ &= x\sqrt{c^2-x^2} + \int \frac{x^2}{\sqrt{c^2-x^2}}dx =\\ &= x\sqrt{c^2-x^2} + \int \frac{x^2-c^2+c^2}{\sqrt{c^2-x^2}}dx =\\ &= x\sqrt{c^2-x^2} + c^2\int \frac{dx}{\sqrt{c^2-x^2}} - \int \frac{c^2-x^2}{\sqrt{c^2-x^2}}dx\\ &= x\sqrt{c^2-x^2} + c^2\int \frac{dx}{\sqrt{c^2-x^2}} - \int \frac{\sqrt{c^2-x^2}\sqrt{c^2-x^2}}{\sqrt{c^2-x^2}}dx\\ &= x\sqrt{c^2-x^2} + c^2\int \frac{dx}{\sqrt{c^2-x^2}} - \int \sqrt{c^2-x^2}dx,\end{aligned}$$

passando o terceiro termo do segundo membro para o primeiro membro e usando a tabela de integração para a integral $\int \frac{dx}{\sqrt{c^2 - x^2}}$, obtemos:

$$2\int \sqrt{c^2 - x^2}dx = x\sqrt{c^2 - x^2} + c^2 \operatorname{arcsen} \frac{x}{c},$$

de onde segue que,

$$\int \sqrt{c^2 - x^2}dx = \frac{x}{2}\sqrt{c^2 - x^2} + \frac{c^2}{2} \operatorname{arcsen} \frac{x}{c} + C.$$

Posteriormente vamos ver que esta integral é bem mais facilmente calculada utilizando o método de substituição trigonométrica (ver exemplo 1.32).

Exemplo 1.18. Calcular:

$$I = \int \sqrt{a^2 + x^2}dx$$

Seja $f(x) = \sqrt{a^2 + x^2}$ e $g(x) = x$. Usando a fórmula de integração por partes, encontramos:

$$\begin{aligned}\int \sqrt{a^2 + x^2}dx &= x\sqrt{a^2 + x^2} - \int x\frac{x}{\sqrt{a^2 + x^2}}dx = \\ &= x\sqrt{a^2 + x^2} - \int \frac{x^2}{\sqrt{a^2 + x^2}}dx = \\ &= x\sqrt{a^2 + x^2} - \int \frac{x^2 + a^2 - a^2}{\sqrt{a^2 + x^2}}dx = \\ &= x\sqrt{a^2 + x^2} - \int \sqrt{a^2 + x^2}dx + a^2 \int \frac{dx}{\sqrt{a^2 + x^2}},\end{aligned}$$

passando o segundo termo do segundo membro para o primeiro membro e usando o fato que: $\int \frac{dx}{\sqrt{a^2 + x^2}} = \ln(x + \sqrt{x^2 + a^2})$, obtemos:

$$2\int \sqrt{a^2 + x^2}dx = x\sqrt{a^2 + x^2} + a^2 \ln(x + \sqrt{x^2 + a^2})$$

onde:

$$\int \sqrt{a^2 + x^2}dx = \frac{x\sqrt{a^2 + x^2}}{2} + \frac{a^2}{2} \ln(x + \sqrt{x^2 + a^2}).$$

Exemplo 1.19. Calcular:

$$\int \operatorname{arcsen} x dx.$$

Para calcular esta integral escrevemos $f(x) = \operatorname{arcsen} x$ e $g'(x) = 1$, onde obtemos:

$$\begin{aligned}\int \operatorname{arcsen} x dx &= x \operatorname{arcsen} x - \int \frac{xdx}{\sqrt{1 - x^2}} = \\ &= x \operatorname{arcsen} x + \frac{1}{2}\int \frac{d(1 - x^2)}{\sqrt{1 - x^2}} = \\ &\overset{(1-x^2=t)}{=} x \operatorname{arcsen} x + \frac{1}{2}\int \frac{dt}{\sqrt{t}} = \\ &= x \operatorname{arcsen} x + \sqrt{t} = \\ &= x \operatorname{arcsen} x + \sqrt{1 - x^2} + C.\end{aligned}$$

Exemplo 1.20. Calcular:

$$\int \arctan x dx.$$

Para calcular esta integral escrevemos $f(x) = \arctan x$ e $g'(x) = 1$. Procedendo de forma análoga ao caso anterior, obtemos:

$$\begin{aligned}\int \arctan x dx &= x \arctan x - \int \frac{x dx}{1+x^2} = \\ &= x \arctan x - \frac{1}{2}\int \frac{d(1+x^2)}{1+x^2} = \\ &\overset{(1+x^2=t)}{=} x \arctan x - \frac{1}{2}\int \frac{dt}{t} = \\ &= x \arctan x - \frac{1}{2}\ln t = \\ &= x \arctan x - \frac{1}{2}\ln(1+x^2) + C.\end{aligned}$$

A seguir, enumeremos as integrais indefinidas de algumas funções usando essencialmente o método de mudança de variáveis.

1. $\displaystyle\int \frac{dx}{x \ln x} = \int \frac{d(\ln x)}{\ln x} = \ln|\ln x| + C;$

2. $\displaystyle\int \operatorname{sen}^n x \cos x dx = \int \operatorname{sen}^n x d(\operatorname{sen} x) = \frac{1}{n+1}\operatorname{sen}^{n+1} x + C;$

3. $\displaystyle\int \cos^n x \operatorname{sen} x dx = -\int \cos^n x d(\cos x) = -\frac{1}{n+1}\cos^{n+1} x + C;$

4. $\displaystyle\int \operatorname{sen} mx dx = \frac{1}{m}\int \operatorname{sen} mx d(mx) = -\frac{1}{m}\cos mx + C;$

5. $\displaystyle\int \cos nx dx = \frac{1}{n}\int \cos nx d(nx) = \frac{1}{n}\operatorname{sen} nx + C;$

6. $\displaystyle\int \frac{dx}{ax+b} = \frac{1}{a}\int \frac{d(ax+b)}{ax+b} = \frac{1}{a}\ln|ax+b| + C;$

7. $\displaystyle\int \frac{dx}{\operatorname{sen} x} = \int \frac{dx}{2\operatorname{sen}\frac{x}{2}\cos\frac{x}{2}} = \int \frac{dx}{2\operatorname{tg}\frac{x}{2}\cos^2\frac{x}{2}} = \int \frac{d\operatorname{tg}\frac{x}{2}}{\operatorname{tg}\frac{x}{2}} = \ln|\operatorname{tg}\frac{x}{2}| + C;$

8. $\displaystyle\int \frac{x dx}{\sqrt{1-x^2}} = \frac{1}{2}\int \frac{dx^2}{\sqrt{1-x^2}} = -\frac{1}{2}\int \frac{d(1-x^2)}{\sqrt{1-x^2}} = -\sqrt{1-x^2} + C;$

9. $\displaystyle\int \frac{x dx}{\sqrt{1+x^2}} = \frac{1}{2}\int \frac{dx^2}{\sqrt{1+x^2}} = \frac{1}{2}\int \frac{d(1+x^2)}{\sqrt{1+x^2}} = \sqrt{1+x^2} + C;$

10. $\displaystyle\int \operatorname{sen}(ax+b)dx = \frac{1}{a}\int \operatorname{sen}(ax+b)d(ax+b) = -\frac{1}{a}\cos(ax+b) + C;$

11. $\displaystyle\int (ax+b)^n dx = \frac{1}{a}\int (ax+b)^n d(ax+b) = \frac{(ax+b)^{n+1}}{a(n+1)} + C.$

1.2 Integrais de Algumas Funções Racionais e Irracionais

Nesta seção vamos considerar integrais de algumas funções racionais, $\int \frac{P_n(x)}{Q_m(x)}dx$ e alguns casos particulares: $\int \frac{dx}{ax^2+bx+c}$, $\int \frac{Ax+B}{ax^2+bx+c}dx$.

1.2.1 Integrais da forma $\int \frac{P_n(x)}{Q_m(x)}dx$

Sejam $P_n(x)$ e $Q_m(x)$ dois polinômios de grau n e m, respectivamente. Diz-se que uma função racional $\frac{P_n(x)}{Q_m(x)}$ é regular se $n < m$. Para este caso estudaremos apenas quatro subcasos:

Primeiro caso: $P_n(x) = x$, $Q_{2m}(x) = (x^2+b^2)^m, m = 1, 2, 3, \cdots$. Neste caso a integral $\int \frac{xdx}{(x^2+b^2)^m}$ é fácil de calcular:

$$\begin{aligned}\int \frac{xdx}{(x^2+b^2)^m} &= \frac{1}{2}\int \frac{d(x^2+b^2)}{(x^2+b^2)^m} = \\ &\overset{x^2+b^2=s}{=} \frac{1}{2}\int \frac{ds}{s^m} = \frac{1}{2}\frac{s^{-m+1}}{1-m} + C = \\ &= \frac{1}{2(1-m)(x^2+b^2)^{m-1}} + C.\end{aligned}$$

Segundo caso: $P_n(x) = 1$, $Q_{2m}(x) = (x^2+b^2)^m, m = 1, 2, 3, \cdots$. Neste caso a integral $\int \frac{dx}{(x^2+b^2)^m}$ pode ser calculada de forma recorrente.

De fato, seja $I_m = \int \frac{dx}{(x^2+b^2)^m}$, temos:

$$\begin{aligned}I_m &= \int \frac{dx}{(x^2+b^2)^m} \overset{intg.\ por\ partes}{=} \frac{x}{(x^2+b^2)^m} - \int xd\left(\frac{1}{(x^2+b^2)^m}\right) = \\ &= \frac{x}{(x^2+b^2)^m} + 2m\int \frac{x^2}{(x^2+b^2)^{m+1}} = \frac{x}{(x^2+b^2)^m} + 2m\int \frac{x^2+b^2-b^2}{(x^2+b^2)^{m+1}} = \\ &= \frac{x}{(x^2+b^2)^m} + 2m\left(\int \frac{dx}{(x^2+b^2)^m} + b^2\int \frac{dx}{(x^2+b^2)^{m+1}}\right).\end{aligned} \tag{1.6}$$

Agora, denotando $I_{m+1} = \int \frac{dx}{(x^2+b^2)^{m+1}}$, obtemos em (1.6)

$$I_m = \frac{x}{(x^2+b^2)^m} + 2mI_m - 2mb^2I_{m+1},$$

onde

$$I_{m+1} = \frac{1}{2mb^2}\frac{x}{(x^2+b^2)^m} + \frac{2m-1}{2mb^2}I_m, \ m = 1, 2, 3, \cdots$$

Em particular, calculando I_1,

$$I_1 = \int \frac{dx}{x^2+b^2} = \frac{1}{b}\arctan\frac{x}{b} + C,$$

obtemos I_2:

$$I_2 = \int \frac{dx}{(x^2+b^2)^2} = \frac{1}{2b^2}\frac{x}{x^2+b^2} + \frac{2}{2b^3}\arctan\frac{x}{b} + C.$$

Terceiro caso: $P_n(x) = 1$, $Q_m(x) = (x-x_1)(x-x_2)\ldots(x-x_m)$, ou seja $P_m(x)$ possui m raízes reais diferentes. Neste caso, a razão $\dfrac{P_n(x)}{Q_m(x)}$ pode ser escrita como:

$$\frac{P_n(x)}{Q_m(x)} = \frac{A}{x-x_1} + \frac{B}{x-x_2} + \ldots + \frac{M}{x-x_m},$$

onde $A, B, \ldots, M$ são constantes que são encontradas pelo método dos coeficientes indeterminados. Assim:

$$\begin{aligned}\int \frac{P_n(x)}{Q_m(x)}dx &= \int \frac{A}{x-x_1}dx + \int \frac{B}{x-x_2}dx + \ldots + \int \frac{M}{x-x_m}dx = \\ &= A\ln|x-x_1| + B\ln|x-x_2| + \ldots + M\ln|x-x_m| + C.\end{aligned}$$

Quarto caso: $P_n(x) = 1$, $Q_m(x) = (x-x_1)^{\alpha_1}(x-x_2)^{\alpha_2}\ldots(x-x_m)^{\alpha_m}$, ou seja $Q_m(x)$ possui m raízes reais diferentes de multiplicidade $\alpha_1, \alpha_2, \ldots, \alpha_m$ respectivamente, e portanto, é um polinômio de grau $\alpha_1 + \alpha_2 + \ldots + \alpha_m$. Neste caso,

$$\begin{aligned}\frac{P_n(x)}{Q_m(x)} &= \frac{A_1}{(x-x_1)^{\alpha_1}} + \frac{A_2}{(x-x_1)^{\alpha_1-1}} + \ldots + \frac{A_{\alpha_1}}{x-x_1} + \\ &+ \frac{B_1}{(x-x_2)^{\alpha_2}} + \frac{B_2}{(x-x_1)^{\alpha_2-1}} + \ldots + \frac{B_{\alpha_2}}{x-x_2} + \\ &+ \vdots \quad + \vdots \quad + \vdots \\ &+ \frac{M_1}{(x-x_2)^{\alpha_m}} + \frac{M_2}{(x-x_1)^{\alpha_m-1}} + \ldots + \frac{M_{\alpha_m}}{x-x_m}\end{aligned}$$

onde $A_1, A_2, \ldots, A_{\alpha_1}, B_1, B_2, \ldots, B_{\alpha_2}, M_1, M_2, \ldots, M_{\alpha_m}$ são constantes que podem ser encontradas pelo método dos coeficientes indeterminados. Assim:

$$\begin{aligned}\int \frac{P_n(x)}{Q_m(x)}dx &= \int \frac{A_1}{(x-x_1)^{\alpha_1}}dx + \int \frac{A_2}{(x-x_1)^{\alpha_1-1}}dx + \ldots + \int \frac{A_{\alpha_1}}{x-x_1}dx + \\ &+ \int \frac{B_1}{(x-x_2)^{\alpha_2}}dx + \int \frac{B_2}{(x-x_1)^{\alpha_2-1}}dx + \ldots + \int \frac{B_{\alpha_2}}{x-x_2}dx + \\ &\vdots \quad \vdots \quad \vdots \\ &+ \int \frac{M_1}{(x-x_2)^{\alpha_m}}dx + \int \frac{M_2}{(x-x_1)^{\alpha_m-1}}dx + \ldots + \int \frac{M_{\alpha_m}}{x-x_m}dx\end{aligned}$$

Observação 1.1. O método para o quarto caso permanece inalterável se $P_n(x)$ é qualquer polinômio de grau menor que o grau do polinômio $Q_m(x)$.

Agora consideremos alguns exemplos para reforçar os casos analisados acima.

Exemplo 1.21. Calcule a integral:

$$\int \frac{dx}{x^2-9}$$

Neste caso $\dfrac{P_n(x)}{Q_m(x)} = \dfrac{1}{x^2-9} = \dfrac{1}{(x+3)(x-3)} = \dfrac{A}{x+3} + \dfrac{B}{x-3}.$

Vamos determinar A e B:

$$\frac{A}{x+3} + \frac{B}{x-3} = \frac{Ax - 3A + Bx + 3B}{x^2-9},$$

de onde $A + B = 0$ e $-3A + 3B = 1$. Resolvendo este sistema, obtemos $A = -\frac{1}{6}$ e $B = \frac{1}{6}$. Assim:

$$\begin{aligned}\int \frac{dx}{x^2-9} &= -\frac{1}{6}\int \frac{dx}{x+3} + \frac{1}{6}\int \frac{dx}{x-3} = \\ &= -\frac{1}{6}\ln|x+3| + \frac{1}{6}\ln|x-3| + C = \frac{1}{6}\ln\left|\frac{x-3}{x+3}\right| + C.\end{aligned}$$

Exemplo 1.22. Calcule a integral:

$$\int \frac{x^2+4}{(x+3)(x-1)^2}dx$$

Primeiramente, vamos decompor a função $\frac{x^2+4}{(x+3)(x-1)^2}$ em frações simples (irredutíveis) com base na Observação 1.1:

$$\frac{x^2+4}{(x+3)(x-1)^2} = \frac{A}{x+3} + \frac{B}{x-1} + \frac{C}{(x-1)^2}.$$

Agora encontremos as constantes A, B e C.

$$\frac{A}{x+3} + \frac{B}{x-1} + \frac{C}{(x-1)^2} = \frac{A(x^2-2x+1) + B(x^2+2x-3) + C(x+3)}{(x+3)(x-1)^2},$$

onde:

$$\begin{cases} A + B = 1; \\ -2A + 2B + C = 0; \\ A - 3B + 3C = 4. \end{cases}$$

Resolvendo, obtemos $A = \frac{13}{16}$, $B = \frac{3}{16}$ e $C = \frac{5}{4}$. Assim:

$$\begin{aligned}\int \frac{x^2+4}{(x+3)(x-1)^2}dx &= \frac{13}{16}\int \frac{dx}{x+3} + \frac{3}{16}\int \frac{dx}{x-1} + \frac{5}{4}\int \frac{dx}{(x-1)^2} = \\ &= \frac{13}{16}\ln|x+3| + \frac{3}{16}\ln|x-1| - \frac{5}{4(x-1)} + C.\end{aligned}$$

Exemplo 1.23. Calcule a integral:

$$\int \frac{x^2+1}{x(x^2+4)^2}dx$$

Primeiramente, vamos decompor a função $\frac{x^2+1}{x(x^2+4)^2}$ em frações simples (irredutíveis) com base na Observação 1.1:

$$\frac{x^2+1}{x(x^2+4)^2} = \frac{A}{x} + \frac{Bx+C}{x^2+4} + \frac{Dx+E}{(x^2+4)^2}.$$

Agora encontremos as constantes A, B, C, D e E.

$$\begin{aligned}&\frac{A}{x} + \frac{Bx+C}{x^2+4} + \frac{Dx+E}{(x^2+4)^2} = \\ &= \frac{A(x^4+8x^2+16) + (Bx+C)(x^3+4x) + (Dx+E)x}{x(x^2+4)^2},\end{aligned}$$

donde

$$\begin{cases} A+B=0; \\ C=0; \\ 8A+4B+D=1; \\ 4C+E=0; \\ 16A=1. \end{cases}$$

Resolvendo, obtemos $A=-\dfrac{1}{16}$, $B=\dfrac{1}{16}$, $C=0$, $D=\dfrac{5}{4}$ e $E=0$. Assim:

$$\begin{aligned} \int \frac{x^2+1}{x(x^2+4)^2}dx &= -\frac{1}{16}\int\frac{dx}{x}+\frac{1}{16}\int\frac{xdx}{x^2+4}+\frac{5}{4}\int\frac{xdx}{(x^2+4)^2}= \\ &= -\frac{1}{16}\ln|x|+\frac{1}{8}\int\frac{d(x^2+4)}{(x^2+4)}+\frac{5}{8}\int\frac{d(x^2+4)}{(x^2+4)^2}= \\ &= -\frac{1}{16}\ln|x|+\frac{1}{8}\ln(x^2+4)-\frac{5}{8}\frac{1}{(x^2+4)}+C. \end{aligned}$$

1.2.2 Integrais da forma $\displaystyle\int\frac{dx}{ax^2+bx+c}$, $\displaystyle\int\frac{Ax+B}{ax^2+bx+c}dx$

Primeiramente, vamos considerar integrais da forma: $\displaystyle\int\frac{dx}{ax^2+bx+c}$, com $a\neq 0$.

$$\begin{aligned} \int\frac{dx}{ax^2+bx+c} &= \int\frac{dx}{a(x^2+\frac{b}{a}x+\frac{c}{a})}= \\ &= \frac{1}{a}\int\frac{dx}{x^2+\frac{b}{a}x+\frac{c}{a}}=\frac{1}{a}\int\frac{dx}{(x+\frac{b}{2a})^2+\frac{c}{a}-\frac{b^2}{4a^2}}= \\ &\overset{x+\frac{b}{2a}=t}{=} \frac{1}{a}\int\frac{dt}{t^2+\left(\frac{c}{a}-\frac{b^2}{4a^2}\right)}. \end{aligned}$$

Como $\dfrac{c}{a}-\dfrac{b^2}{4a^2}=\pm k^2$, então nossa integral é reduzida para uma integral da forma $\displaystyle\int\frac{dt}{t^2\pm k^2}$ cuja primitiva pode ser ou uma função arcotangente ou uma função logarítmica.

Agora vamos analisar integrais da forma $\displaystyle\int\frac{Ax+B}{ax^2+bx+c}dx$, com $A\neq 0$. Veja, podemos reescrever nossa integral na forma:

$$\begin{aligned} \int\frac{Ax+B}{ax^2+bx+c}dx &= \int\frac{\frac{A}{2a}(2ax+b)+(B-\frac{Ab}{2a})}{ax^2+bx+c}dx= \\ &= \frac{A}{2a}\int\frac{(2ax+b)dx}{x^2+bx+c}+(B-\frac{Ab}{2a})\int\frac{dx}{ax^2+bx+c}= \\ &= \frac{A}{2a}\int\frac{d(ax^2+bx+c)}{x^2+bx+c}+(B-\frac{Ab}{2a})\int\frac{dx}{ax^2+bx+c}= \\ &\overset{ax^2+bx+c=t}{=} \frac{A}{2a}\int\frac{dt}{t}+(B-\frac{Ab}{2a})\int\frac{dx}{ax^2+bx+c}= \\ &= \frac{A}{2a}\ln|ax^2+bx+c|+(B-\frac{Ab}{2a})\int\frac{dx}{ax^2+bx+c}. \end{aligned}$$

Observe que a integral $\displaystyle\int\frac{dx}{ax^2+bx+c}$ já foi analisada no caso anterior.

Exemplo 1.24. Calcule a integral:

$$\int \frac{dx}{x^2+2x+7}$$

$$\begin{aligned}
\int \frac{dx}{x^2+2x+7} &= \int \frac{dx}{(x+1)^2+6} = \\
&\overset{x+1=t}{=} \int \frac{dt}{t^2+6} = \frac{1}{6}\int \frac{dt}{(\frac{t}{\sqrt{6}})^2+1} = \\
&\overset{t/\sqrt{6}=\tau}{=} \frac{1}{6}\int \frac{\sqrt{6}d\tau}{\tau^2+1} = \\
&= \frac{1}{\sqrt{6}}\arctan\tau + C = \frac{1}{\sqrt{6}}\arctan\frac{t}{\sqrt{6}} + C = \\
&= \frac{1}{\sqrt{6}}\arctan\frac{x+1}{\sqrt{6}} + C.
\end{aligned}$$

Exemplo 1.25. Calcule a integral:

$$\int \frac{dx}{x^2+2x}$$

$$\begin{aligned}
\int \frac{dx}{x^2+2x} &= \int \frac{dx}{(x+1)^2-1} = \\
&\overset{x+1=t}{=} \int \frac{dt}{t^2-1} = \frac{1}{2}\int \left(\frac{1}{t-1} - \frac{1}{t+1}\right) dt = \\
&= \frac{1}{2}\ln|t-1| - \frac{1}{2}\ln|t+1| + C = \frac{1}{2}\ln\left|\frac{t-1}{t+1}\right| + C = \\
&= \frac{1}{2}\ln\left|\frac{x}{x+2}\right| + C.
\end{aligned}$$

Exemplo 1.26. Calcule a integral:

$$\int \frac{3x-1}{x^2-x+1}dx$$

$$\begin{aligned}
\int \frac{3x-1}{x^2-x+1}dx &= \int \frac{\frac{3}{2}(2x-1)-1+\frac{3}{2}}{x^2-x+1}dx = \\
&= \frac{3}{2}\int \frac{(2x-1)dx}{x^2-x+1} + \frac{1}{2}\int \frac{dx}{x^2-x+1} = \\
&= \frac{3}{2}\int \frac{d(x^2-x+1)}{x^2-x+1} + \frac{1}{2}\int \frac{dx}{(x-\frac{1}{2})^2+1-\frac{1}{4}} = \\
&\overset{x^2-x+1=t}{=} \frac{3}{2}\int \frac{dt}{t} + \frac{1}{2}\int \frac{dx}{(x-\frac{1}{2})^2+\frac{3}{4}} = \\
&\overset{x-\frac{1}{2}=\tau}{=} \frac{3}{2}\ln t + \frac{1}{2}\int \frac{d\tau}{\tau^2+\frac{3}{4}} = \\
&= \frac{3}{2}\ln t + \frac{2}{3}\int \frac{d\tau}{(\frac{2\tau}{\sqrt{3}})^2+1} = \\
&\overset{\frac{2\tau}{\sqrt{3}}=\lambda}{=} \frac{3}{2}\ln t + \frac{1}{\sqrt{3}}\int \frac{d\lambda}{\lambda^2+1} = \\
&= \frac{3}{2}\ln|x^2-x+1| + \frac{1}{\sqrt{3}}\arctan\lambda + C = \\
&= \frac{3}{2}\ln|x^2-x+1| + \frac{1}{\sqrt{3}}\arctan\frac{2\tau}{\sqrt{3}} + C = \\
&= \frac{3}{2}\ln|x^2-x+1| + \frac{1}{\sqrt{3}}\arctan\frac{2x-1}{\sqrt{3}} + C.
\end{aligned}$$

1.2.3 Integrais de Algumas funções Irracionais: $\displaystyle\int \frac{dx}{\sqrt{ax^2+bx+c}}, \int \frac{Ax+B}{\sqrt{ax^2+bx+c}}dx,$ $\displaystyle\int \frac{dx}{(ex+f)\sqrt{ax^2+bx+c}}$

Primeiramente, analisemos as integrais da forma $\displaystyle\int \frac{dx}{\sqrt{ax^2+bx+c}}$, com $a>0$.

$$\begin{aligned}
\int \frac{dx}{\sqrt{ax^2+bx+c}} &= \int \frac{dx}{\sqrt{a(x^2+\frac{b}{a}x+\frac{c}{a})}} = \\
&= \frac{1}{\sqrt{a}}\int \frac{dx}{\sqrt{(x+\frac{b}{2a})^2+\frac{c}{a}-\frac{b^2}{4a^2}}} \\
&\overset{x+\frac{b}{2a}=t}{=} \frac{1}{\sqrt{a}}\int \frac{dt}{\sqrt{t^2+\frac{c}{a}-\frac{b^2}{4a^2}}} = \\
&\overset{\frac{c}{a}-\frac{b^2}{4a^2}=\pm k^2}{=} \frac{1}{\sqrt{a}}\int \frac{dt}{\sqrt{t^2\pm k^2}},
\end{aligned}$$

onde $\displaystyle\int \frac{dt}{\sqrt{t^2\pm k^2}} = \ln|t+\sqrt{t^2\pm k^2}|+C.$

Se $a<0$, a integral $\displaystyle\int \frac{dx}{\sqrt{ax^2+bx+c}}$ se reduz a uma integral da forma $\displaystyle\int \frac{dt}{\sqrt{k^2-t^2}}$, cuja primitiva é dada por: $\operatorname{arcsen}\frac{t}{k}+C$.

Agora consideremos integrais da forma $\displaystyle\int \frac{Ax+B}{\sqrt{ax^2+bx+c}}dx$, com $A\neq 0$.

$$\begin{aligned}
\int \frac{Ax+B}{\sqrt{ax^2+bx+c}}dx &= \int \frac{\frac{A}{2a}(2ax+b)+(B-\frac{Ab}{2a})}{\sqrt{ax^2+bx+c}}dx = \\
&= \frac{A}{2a}\int \frac{(2ax+b)dx}{\sqrt{x^2+bx+c}} + (B-\frac{Ab}{2a})\int \frac{dx}{\sqrt{ax^2+bx+c}} = \\
&= \frac{A}{2a}\int \frac{d(ax^2+bx+c)}{\sqrt{x^2+bx+c}} + (B-\frac{Ab}{2a})\int \frac{dx}{\sqrt{ax^2+bx+c}} = \\
&\overset{ax^2+bx+c=t}{=} \frac{A}{2a}\int \frac{dt}{\sqrt{t}} + (B-\frac{Ab}{2a})\int \frac{dx}{\sqrt{ax^2+bx+c}} = \\
&= \frac{A}{a}\sqrt{t} + (B-\frac{Ab}{2a})\int \frac{dx}{\sqrt{ax^2+bx+c}} = \\
&= \frac{A}{a}\sqrt{ax^2+bx+c} + (B-\frac{Ab}{2a})\int \frac{dx}{\sqrt{ax^2+bx+c}}.
\end{aligned}$$

Observe que a integral $\displaystyle\int \frac{dx}{\sqrt{ax^2+bx+c}}$ já foi analisada no caso anterior.

Por fim, as integrais da forma $\displaystyle\int \frac{dx}{(ex+f)\sqrt{ax^2+bx+c}}$ podem ser reduzidas ao caso $\displaystyle\int \frac{d\tau}{\sqrt{m\tau^2+n\tau+r}}$ se escrevermos $\displaystyle\frac{1}{ex+f}=\tau$.

Exemplo 1.27. Calcule a integral:

$$\int \frac{dx}{\sqrt{x^2+3x+1}}$$

$$\begin{aligned}\int \frac{dx}{\sqrt{x^2+3x+1}} &= \int \frac{dx}{\sqrt{(x+\frac{3}{2})^2+1-\frac{9}{4}}} = \ln\left|t+\sqrt{t^2-\frac{5}{4}}\right|+C= \\ &= \ln|2x+3+2\sqrt{x^2+3x+1}|+C.\end{aligned}$$

Exemplo 1.28. Calcule a integral:

$$\int \frac{x+4}{\sqrt{x^2+3x+1}}dx$$

$$\begin{aligned}\int \frac{x+4}{\sqrt{x^2+3x+1}}dx &= \int \frac{\frac{1}{2}(2x+3)+4-\frac{3}{2}}{\sqrt{x^2+3x+1}}dx = \\ &= \frac{1}{2}\int \frac{2x+3}{\sqrt{x^2+3x+1}}dx + \frac{5}{2}\int \frac{dx}{\sqrt{x^2+3x+1}} = \\ &= \frac{1}{2}\int \frac{d(x^2+3x+1)}{\sqrt{x^2+3x+1}}dx + \frac{5}{2}\int \frac{dx}{\sqrt{x^2+3x+1}} = \\ &\overset{x^2+3x+1=t}{=} \frac{1}{2}\int \frac{dt}{\sqrt{t}}dx + \frac{5}{2}\int \frac{dx}{\sqrt{x^2+3x+1}} = \\ &= \sqrt{t}+\frac{5}{2}\int \frac{dx}{\sqrt{x^2+3x+1}} = \\ &= \sqrt{x^2+3x+1}+\frac{5}{2}\ln|2x+3+2\sqrt{x^2+3x+1}|+C.\end{aligned}$$

Exemplo 1.29. Calcule a integral:

$$\int \frac{dx}{x\sqrt{x^2+x-1}}$$

$$\begin{aligned}\int \frac{dx}{x\sqrt{x^2+x-1}} &\overset{1/x=t}{=} -\int \frac{\frac{tdt}{t^2}}{\sqrt{\frac{1}{t^2}+\frac{1}{t}-1}} = \\ &= -\int \frac{dt}{\sqrt{1+t-t^2}} = -\int \frac{dt}{\sqrt{-(t^2-t-1)}} = \\ &= -\int \frac{dt}{\sqrt{-[(t-\frac{1}{2})^2-\frac{5}{4}]}} \overset{t-\frac{1}{2}=\tau}{=} -\int \frac{d\tau}{\sqrt{-[\tau^2-\frac{5}{4}]}} = \\ &= -\int \frac{d\tau}{\sqrt{\frac{5}{4}(1-(\frac{2\tau}{\sqrt{5}})^2)}} = -\frac{2}{\sqrt{5}}\int \frac{d\tau}{\sqrt{1-(\frac{2\tau}{\sqrt{5}})^2}} = \\ &\overset{\frac{2\tau}{\sqrt{5}}=\lambda}{=} -\int \frac{d\lambda}{\sqrt{1-\lambda^2}} = -\operatorname{arcsen}\lambda + C = \\ &= -\operatorname{arcsen}\frac{2\tau}{\sqrt{5}}+C = -\operatorname{arcsen}\frac{2(t-\frac{1}{2})}{\sqrt{5}}+C = -\operatorname{arcsen}\frac{2t-1}{\sqrt{5}}+C = \\ &= -\operatorname{arcsen}\frac{2-x}{\sqrt{5}x}+C.\end{aligned}$$

Exemplo 1.30. Calcule a integral:

$$\int \frac{dx}{(x+1)\sqrt{x^2+2x}}$$

$$\begin{aligned}\int \frac{dx}{(x+1)\sqrt{x^2+2x}} &\overset{\frac{1}{x+1}=t}{=} -\int \frac{tdt}{t^2\sqrt{\frac{1}{t^2}-\frac{2}{t}+1+\frac{2}{t}-\frac{2t}{t}}} = \\ &= -\int \frac{dt}{\sqrt{1-t^2}} = -\operatorname{arcsen} t + C = \\ &= -\operatorname{arcsen}\tfrac{1}{x+1} + C.\end{aligned}$$

1.3 Substituição Trigonométrica e Hiperbólicas

Nesta seção consideraremos integrais da forma
$\int F(\operatorname{sen} x, \cos x)dx$, $\int \operatorname{sen} nx \cos mx dx$, $\int \operatorname{sen} nx \operatorname{sen} mx dx$, $\int \cos nx \cos mx dx$, e
$\int F(\cosh x, \operatorname{senh} x)dx$.

As integrais da forma $\int F(\operatorname{sen} x, \cos x)dx$ podem ser reduzidas a integrais de funções racionais se escrevermos $\operatorname{tg}\frac{x}{2} = t$. De fato, como:

$$\begin{aligned}\operatorname{sen} x &= 2\operatorname{sen}\tfrac{x}{2}\cos\tfrac{x}{2} = 2\frac{\operatorname{sen}\frac{x}{2}\cos\frac{x}{2}}{\operatorname{sen}^2\frac{x}{2}+\cos^2\frac{x}{2}} = \\ &\overset{:\cos^2\frac{x}{2}}{=} 2\frac{\frac{\operatorname{sen}\frac{x}{2}}{\cos\frac{x}{2}}}{\frac{\operatorname{sen}^2\frac{x}{2}}{\cos^2\frac{x}{2}}+1} = \\ &= \frac{2\operatorname{tg}\frac{x}{2}}{\operatorname{tg}^2\frac{x}{2}+1} = \frac{2t}{t^2+1};\end{aligned}$$

$$\begin{aligned}\cos x &= \cos^2\tfrac{x}{2} - \operatorname{sen}^2\tfrac{x}{2} = \frac{\cos^2\frac{x}{2}-\operatorname{sen}^2\frac{x}{2}}{\operatorname{sen}^2\frac{x}{2}+\cos^2\frac{x}{2}} = \\ &\overset{:\cos^2\frac{x}{2}}{=} \frac{1-\frac{\operatorname{sen}^2\frac{x}{2}}{\cos^2\frac{x}{2}}}{\operatorname{tg}^2\frac{x}{2}+1} = \\ &= \frac{1-\operatorname{tg}^2\frac{x}{2}}{\operatorname{tg}^2\frac{x}{2}+1} = \frac{1-t^2}{t^2+1};\end{aligned}$$

e

$$dx = \frac{2dt}{1+t^2},$$

segue que:

$$\int F(\operatorname{sen} x, \cos x)dx = \int \frac{P_n(t)}{Q_m(t)}dt.$$

Antes de prosseguir com as propriedades de integrais de funções trigonométricas, apresentaremos algumas identidades trigonométricas de grande utilidade nesta seção.

Nota 1.1. *Identidades trigonométricas:* $n, m \in \mathbb{Z}$

1. $\text{sen}^2 x + \cos^2 x = 1$,
2. $\text{sen}(n+m)x = \text{sen}\, nx \cos mx + \text{sen}\, mx \cos nx$
3. $\text{sen}(n-m)x = \text{sen}\, nx \cos mx - \text{sen}\, mx \cos nx$.
4. $\cos(n-m)x = \cos nx \cos mx + \text{sen}\, mx\, \text{sen}\, nx$.
5. $\cos(n+m)x = \cos nx \cos mx - \text{sen}\, mx\, \text{sen}\, nx$.
6. $\text{sen}^2 x = \frac{1-\cos 2x}{2}$, $\cos^2 x = \frac{1+\cos 2x}{2}$.
7. $\text{sen} nx \cos mx = \frac{\text{sen}(n+m)x + \text{sen}(n-m)x}{2}$
8. $\text{sen} nx\, \text{sen} mx = \frac{\cos(n-m)x - \cos(n+m)x}{2}$
9. $\cos nx \cos mx = \frac{\cos(n-m)x) + \cos(n+m)x}{2}$

Para provar a fórmula 7 das identidades trigonométricas acima, somamos as identidades 2 e 3:

$$\text{sen}(n+m)x + \text{sen}(n-m)x = 2\,\text{sen}\, nx \cos mx,$$

onde:

$$\text{sen}\, nx \cos mx dx = \frac{1}{2}[\text{sen}(n+m)x + \text{sen}(n-m)x].$$

De forma similar demonstra-se as identidades 8 e 9.

Por fim, as integrais $\displaystyle\int \text{sen}\, nx \cos mx dx$, $\displaystyle\int \text{sen}\, nx\, \text{sen}\, mx dx$ e $\displaystyle\int \cos nx \cos mx dx$ são facilmente reduzidas às seguintes integrais:

$$\int \text{sen}\, nx \cos mx dx = \frac{1}{2}\int [\text{sen}(n+m)x + \text{sen}(n-m)x]dx$$
$$= -\frac{1}{2}\left(\frac{\cos(n+m)x}{n+m} + \frac{\cos(n-m)x}{n-m}\right), n \neq m.$$
$$\int \text{sen}\, nx\, \text{sen}\, mx dx = \frac{1}{2}\int [\cos(n-m)x - \cos(n+m)x]dx$$
$$\int \cos nx \cos mx dx = \frac{1}{2}\int [\cos(n-m)x + \cos(n+m)x]dx,$$

utilizando as identidades 7,8 e 9 da nota (1.1).

Em particular

$$\begin{aligned} \int \text{sen}^2 x\, dx &= \frac{1}{2}\int [1 - \cos 2x]dx = \frac{1}{2}\left(x - \frac{\text{sen}2x}{2}\right) + C; \\ \int \cos^2 x\, dx &= \frac{1}{2}\int [1 + \cos 2x]dx = \frac{1}{2}\left(x + \frac{\text{sen}2x}{2}\right) + C \end{aligned} \tag{1.7}$$

Exemplo 1.31. Calcular a integral $\int \text{sen}^4 x\, dx$.

Este exemplo é uma aplicação imediata das propriedades listadas na nota (1.1). A ideia principal é diminuir a potência da função integrando, logo:

$$\int \text{sen}^4 x\, dx = \int \text{sen}^2 x\, \text{sen}^2 x\, dx = \int (1 - \cos^2 x)\, \text{sen}^2 x\, dx$$

$$= \int \operatorname{sen}^2 x\, dx - \int \cos^2 x \operatorname{sen}^2 x\, dx = \int \frac{1-\cos 2x}{2} dx - \int \frac{\operatorname{sen}^2 2x}{4} dx$$

$$= \frac{1}{2}x - \frac{\operatorname{sen} 2x}{4} - \frac{1}{4}\int \frac{(1-\cos 4x)}{2} dx$$

$$= \frac{1}{2}x - \frac{\operatorname{sen} 2x}{4} - \frac{1}{8}[x - \frac{\operatorname{sen} 4x}{4}].$$

Assim:

$$\int \operatorname{sen}^4(x)\, dx = \frac{3}{8}x - \frac{\operatorname{sen} 2x}{4} + \frac{\operatorname{sen} 4x}{32} + C$$

De forma análoga, pode-se demonstrar que:

$$\int \cos^4(x)\, dx = \frac{3}{8}x - \frac{\operatorname{sen} 2x}{4} + \frac{\operatorname{sen} 4x}{32} + C$$

Exemplo 1.32. Calcular a integral

$$\int \sqrt{c^2 - x^2} dx, \quad -c \leq x \leq c,\ c > 0,$$

pelo método de substituição trigonométrica.

Para integrais com uma função integrando dependendo de uma raiz quadrada de uma expressão do tipo $A - Bx^2$, onde A e B são constantes arbitrárias, é recomendável resolver utilizando a substituição trigonométrica.
Na integral $x = c \operatorname{sen}\theta$, logo $dx = c \cos\theta\, d\theta$

$$\int \sqrt{c^2 - x^2} dx = \int \sqrt{c^2 - c^2 \operatorname{sen}^2\theta}\, c\cos\theta d\theta = c^2 \int \cos^2\theta d\theta$$

De (1.7)

$$\int \sqrt{c^2 - x^2} dx = c^2(\frac{1}{2}(\theta + \frac{\operatorname{sen} 2\theta}{2})) + C = \frac{c^2\theta}{2} + \frac{c^2}{4}\operatorname{sen} 2\theta + C.$$

Como $\theta = \arcsin\frac{x}{c}$ e $\cos x = \frac{\sqrt{c^2 - x^2}}{c}$ chegamos a mesma resposta do exemplo 1.17.

Exemplo 1.33. Calcule a integral:

$$\int \frac{\cos x dx}{\operatorname{sen}^2 x - 6 \operatorname{sen} x + 12}$$

$$\begin{aligned}
\int \frac{\cos x dx}{\operatorname{sen}^2 x - 6 \operatorname{sen} x + 12} &= \int \frac{d \operatorname{sen} x}{(\operatorname{sen} x - 3)^2 + 3} = \\
&\overset{\operatorname{sen} x - 3 = t}{=} \int \frac{dt}{t^2 + 3} = \int \frac{dt}{3\left((\frac{t}{\sqrt{3}})^2 + 1\right)} = \\
&\overset{\frac{t}{\sqrt{3}} = \tau}{=} \frac{\sqrt{3}}{3}\int \frac{d\tau}{\tau^2 + 1} = \\
&= \frac{\sqrt{3}}{3}\arctan\tau + C = \frac{\sqrt{3}}{3}\arctan\frac{t}{\sqrt{3}} + C = \\
&= \frac{\sqrt{3}}{3}\arctan\frac{\operatorname{sen} x - 3}{\sqrt{3}} + C.
\end{aligned}$$

Exemplo 1.34. Calcule a integral:

$$\int \frac{dx}{\operatorname{sen} x + \cos x}$$

$$\begin{aligned}
\int \frac{dx}{\operatorname{sen} x + \cos x} &\overset{\operatorname{tg}\frac{x}{2}=t}{=} \int \frac{\frac{2dt}{1+t^2}}{\frac{2t}{1+t^2} + \frac{1-t^2}{1+t^2}} = \\
&= 2\int \frac{dt}{2t+1-t^2} = -2\int \frac{dt}{t^2-2t-1} = \\
&= -2\int \frac{dt}{(t-1)^2-2} \overset{t-1=\tau}{=} -2\int \frac{d\tau}{\tau^2-2} = \\
&= -\int \frac{d\tau}{(\frac{\tau}{\sqrt{2}})^2-1} = \\
&\overset{\frac{\tau}{\sqrt{2}}=\lambda}{=} -\sqrt{2}\int \frac{d\lambda}{\lambda^2-1} = -\frac{\sqrt{2}}{2}\int \left(\frac{1}{\lambda-1} - \frac{1}{\lambda+1}\right) d\lambda = \\
&= -\frac{\sqrt{2}}{2}(\ln|\lambda-1| - \ln|\lambda+1|) + C = \\
&= -\frac{\sqrt{2}}{2}\left(\ln|\frac{\tau}{\sqrt{2}} - 1| - \ln|\frac{\tau}{\sqrt{2}} + 1|\right) + C = \\
&= -\frac{\sqrt{2}}{2}\left(\ln|\frac{t-1}{\sqrt{2}} - 1| - \ln|\frac{t-1}{\sqrt{2}} + 1|\right) + C = \\
&= -\frac{\sqrt{2}}{2}\ln\left|\frac{t-1-\sqrt{2}}{t-1+\sqrt{2}}\right| + C = \\
&= -\frac{\sqrt{2}}{2}\ln\left|\frac{\operatorname{tg}\frac{x}{2}-1-\sqrt{2}}{\operatorname{tg}\frac{x}{2}-1+\sqrt{2}}\right| + C = \\
&= \frac{\sqrt{2}}{2}\ln\left|\frac{\operatorname{tg}\frac{x}{2}-1+\sqrt{2}}{\operatorname{tg}\frac{x}{2}-1-\sqrt{2}}\right| + C.
\end{aligned}$$

Exemplo 1.35. Calcule a integral:

$$\int \operatorname{sen} 3x \cos 5x dx.$$

$$\begin{aligned}
\int \operatorname{sen} 3x \cos 5x dx &= \frac{1}{2}\int [\operatorname{sen} 8x + \operatorname{sen}(-2x)]dx = \frac{1}{2}\int [\operatorname{sen} 8x - \operatorname{sen} 2x]dx = \\
&= \frac{1}{2}\left(-\frac{\cos 8x}{8} + \frac{\cos 2x}{2}\right) + C = \\
&= \frac{\cos 2x}{4} - \frac{\cos 8x}{16} + C.
\end{aligned}$$

Exemplo 1.36. Calcule a integral:

$$\int \frac{\cos x}{1+\cos x} dx$$

$$\begin{aligned}\int \frac{\cos x}{1+\cos x}dx &\overset{\operatorname{tg}\frac{x}{2}=t}{=} \int \frac{\frac{1-t^2}{1+t^2}\frac{2dt}{1+t^2}}{1+\frac{1-t^2}{1+t^2}} = \\ &= 2\int \frac{\frac{(1-t^2)dt}{(1+t^2)(1+t^2)}}{\frac{1+t^2+1-t^2}{1+t^2}} = \int \frac{(1-t^2)dt}{1+t^2} = \\ &= \int \frac{(2-[t^2+1])dt}{1+t^2} = \int \frac{2dt}{1+t^2} - \int \frac{t^2+1}{1+t^2}dt = \\ &= 2\arctan t - t + C = 2\arctan \operatorname{tg}\frac{x}{2} - \operatorname{tg}\frac{x}{2} + C = \\ &= 2.\frac{x}{2} - \operatorname{tg}\frac{x}{2} + C = \\ &= x - \operatorname{tg}\frac{x}{2} + C.\end{aligned}$$

Algumas integrais de funções irracionais podem ser resolvidas através das funções hiperbólicas.
Antes de analisar alguns exemplos concretos vamos introduzir as definições do Cosseno hiperbólico $\cosh x$ e do seno hiperbólico $\operatorname{senh} x$ como sendo:

$$\cosh x = \frac{e^x + e^{-x}}{2}, \qquad \operatorname{senh} x = \frac{e^x - e^{-x}}{2},$$

donde podemos definir a tangente hiperbólica e cotangente hiperbólica:

$$\tanh x = \frac{e^x - e^{-x}}{e^x + e^{-x}}, \qquad \coth x = \frac{e^x + e^{-x}}{e^x - e^{-x}}.$$

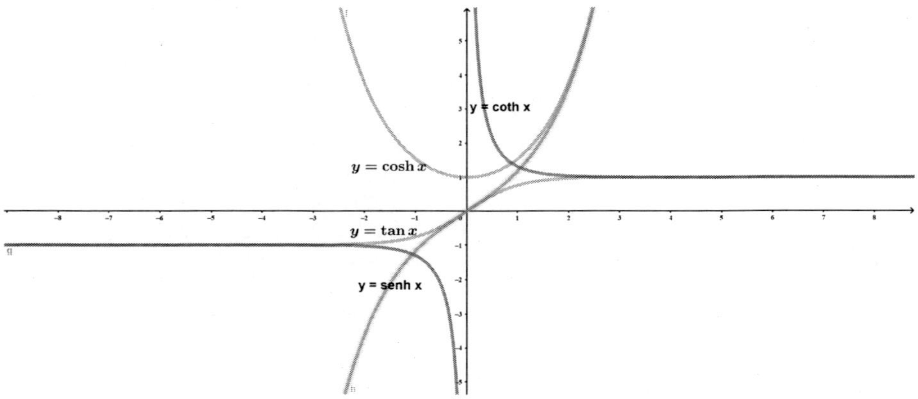

Figura 1.4: gráfico das funções hiperbólicas.

A partir das definições das funções hiperbólicas, podemos obter algumas de suas propriedades:

Nota 1.2. *Propriedades de funções hiperbólicas*

- $\cosh^2 x - \operatorname{senh}^2 x = 1$
- $1 - \tanh^2 x = \operatorname{sech}^2 x$
- $\coth^2 x - 1 = \operatorname{sech}^2 x$
- $\cosh 2x = 2\cosh^2 x - 1$
- $\operatorname{senh} 2x = 2 \operatorname{senh} x \cosh x$

$\operatorname{sech} x = \dfrac{1}{\cosh x}$ é secante hiperbólica.
$\operatorname{csh} x = \dfrac{1}{\operatorname{senh} x}$ é cossecante hiperbólica.

Reproduzimos aqui algumas demonstrações das propriedades listadas na **nota 1.2**:

-

$$\begin{aligned}
\cosh^2 x - \operatorname{senh}^2 x &= \left(\frac{e^x + e^{-x}}{2}\right)^2 - \left(\frac{e^x - e^{-x}}{2}\right)^2 = \\
&= \frac{e^{2x} + e^{-2x} + 2 - (e^{2x} + e^{-2x} - 2)}{4} = \\
&= \frac{4}{4} = \\
&= 1;
\end{aligned}$$

-

$$\begin{aligned}
\cosh^2 x - \operatorname{senh}^2 x &= 1 \\
\frac{\cosh^2 x - \operatorname{senh}^2 x}{\cosh^2 x} &= \frac{1}{\cosh^2 x} \\
1 - \tanh^2 x &= \operatorname{sech}^2 x
\end{aligned}$$

-

$$\begin{aligned}
2\cosh^2 x - 1 &= \\
2\left(\frac{e^x + e^{-x}}{2}\right)^2 - 1 &= \\
\frac{e^{2x} + e^{-2x}}{2} &= \cosh 2x;
\end{aligned}$$

-

$$\begin{aligned}
\operatorname{senh} x \cosh x &= \frac{e^x - e^{-x}}{2}\frac{e^x + e^{-x}}{2} = \\
&= \frac{e^{2x} - e^{-2x}}{4} = \frac{1}{2}\frac{e^{2x} - e^{-2x}}{2} = \\
&= \frac{1}{2}\operatorname{senh} 2x;
\end{aligned}$$

Nota 1.3. *Propriedades derivativas de funções hiperbólicas*

- $$(\cosh x)' = \operatorname{senh} x;$$
- $$(\operatorname{senh} x)' = \cosh x.$$
- $$(\tanh ax)' = a\operatorname{sech}^2 ax;$$
- $$(\coth ax)' = -a\operatorname{csh}^2 ax.$$

Apresentaremos, brevemente, as demonstrações das propriedades relativas as derivadas de funções hiperbólicas.

$$(\cosh x)' = \left(\frac{e^x + e^{-x}}{2}\right)' = \frac{e^x - e^{-x}}{2} = \operatorname{senh} x;$$

$$(\operatorname{senh} x)' = \left(\frac{e^x - e^{-x}}{2}\right)' = \frac{e^x + e^{-x}}{2} = \cosh x.$$

$$(\tanh ax)' = \frac{d}{dx}(\frac{\operatorname{senh} ax}{\cosh ax}) = \frac{a\cosh ax\cosh ax - a\operatorname{senh} ax\operatorname{senh} ax}{\cosh^2 ax}$$

$$(\tanh ax)' = a\operatorname{sech}^2 ax$$

$$(\coth ax)' = \frac{d}{dx}(\frac{\cosh ax}{\operatorname{senh} ax}) = \frac{a\operatorname{senh} ax\operatorname{senh} ax - a\cosh ax\cosh ax}{\operatorname{senh}^2 ax}$$

$$(\coth ax)' = -a\operatorname{csh}^2 ax$$

Exemplo 1.37.

- $\int \cosh x = \operatorname{senh} x + C$
- $\int \operatorname{senh} x = \cosh x + C$

A demonstração é imediata a partir da relação entre as derivadas de ambas funções hiperbólicas.

Exemplo 1.38. Calcule a integral:

$$\int \operatorname{senh}^2 x dx$$

Como $\operatorname{senh}^2 x = \dfrac{\cosh 2x - 1}{2}$, temos

$$\int \operatorname{senh}^2 x dx = \int \frac{\cosh 2x - 1}{2} dx = \frac{1}{4}\operatorname{senh} 2x - \frac{1}{2}x + C.$$

Exemplo 1.39. Calcule a integral:

$$\int \operatorname{senh} x \cosh x dx$$

Como $\operatorname{senh} x \cosh x = \dfrac{1}{2}\operatorname{senh} 2x$, temos

$$\int \operatorname{senh} x \cosh x dx = \frac{1}{2}\int \operatorname{senh} 2x dx = \frac{1}{2}\frac{\cosh 2x}{2} + C = \frac{\cosh 2x}{4} + C.$$

Agora vamos calcular a integral dada no Exemplo 1.18 usando funções hiperbólicas.

Exemplo 1.40. Calcule a integral:

$$\int \sqrt{a^2+x^2}dx$$

Escrevendo $x = a\operatorname{senh} t$ e usando o primeiro e quarto itens da **Nota 1.2**, obtemos

$$\begin{aligned}\int \sqrt{a^2+x^2}dx &\overset{x=a\operatorname{senh} t}{=} \int \sqrt{a^2+a^2\operatorname{senh}^2 t}d(a\operatorname{senh} t) = \int \sqrt{a^2(1+\operatorname{senh}^2 t)}a\cosh t dt = \\ &= a^2\int \sqrt{\cosh^2 t}\cosh t dt = a^2\int \cosh^2 t dt = \\ &= a^2\int \frac{\cosh 2t+1}{2}dt = \\ &= \frac{a^2}{2}[\int \cosh 2t dt + \int dt] = \\ &= \frac{a^2}{4}\operatorname{senh} 2t + \frac{a^2}{2}t + C.\end{aligned}$$

Agora vamos provar que:

$$\frac{a^2}{4}\operatorname{senh} 2t + \frac{a^2}{2}t = \frac{x\sqrt{a^2+x^2}}{2} + \frac{a^2}{2}\ln(x+\sqrt{x^2+a^2}).$$

De fato, quando fizemos a mudança de variáveis $\dfrac{x}{a} = \operatorname{senh} t = \dfrac{e^t - e^{-t}}{2}$, obtemos:

$$e^{2t} - \frac{2x}{a}e^t - 1 = 0.$$

Resolvendo como uma equação quadrática com relação a e^t,

$$e^t = \frac{\frac{2x}{a} \pm \sqrt{\dfrac{4x^2}{a^2}+4}}{2} = \frac{x \pm \sqrt{x^2+a^2}}{a}.$$

Obviamente vale a raiz positiva, assim, $e^t = \dfrac{x+\sqrt{x^2+a^2}}{a}$. Tomando o logaritmo, obtemos:

$$t = \ln(x+\sqrt{x^2+a^2}) - \ln a.$$

Assim,

$$\begin{aligned}\frac{a^2}{4}\operatorname{senh} 2t + \frac{a^2}{2}t &= \frac{a^2}{4}2\operatorname{senh} t\cosh t + \frac{a^2}{2}\ln(x+\sqrt{x^2+a^2}) \\ &= \frac{a^2}{4}2\frac{x}{a}\frac{\sqrt{a^2+x^2}}{a} + \frac{a^2}{2}\ln(x+\sqrt{x^2+a^2}) \Rightarrow \\ \int \sqrt{a^2+x^2}dx &= \frac{x\sqrt{a^2+x^2}}{2} + \frac{a^2}{2}\ln(x+\sqrt{x^2+a^2}) + C.\end{aligned}$$

Tabela Adicional de Integrais Hiperbólicas

1. $\displaystyle\int \operatorname{sech}^2 ax dx = \frac{1}{a}\tanh ax + C;$

2. $\displaystyle\int \operatorname{csh}^2 ax dx = -\frac{1}{a}\coth ax + C;$

3. $\displaystyle\int \frac{dx}{\sqrt{1+x^2}} = \operatorname{arcsenh} x + C;$

4. $\displaystyle\int \frac{dx}{\sqrt{x^2-1}} = \operatorname{arccosh} x + C;$

As duas primeiras propriedades são uma consequência direta da nota 1.3. Para demonstrar a terceira propriedade, procedemos assim:
Fazendo a substituição $x = \operatorname{senh} u$, temos $dx = \cosh u du$. Substituindo na integral 3., obtemos

$$\int \frac{\cosh u du}{\sqrt{1+\operatorname{senh}^2 u}} = \int du = u + C$$

sendo $u = \operatorname{arcsenh} x$.

Exemplo 1.41. *Técnica de Richard Feynman para integrais indefinidas*

Calcular a integral:

$$\int x \operatorname{senh} x dx.$$

Consideremos a integral:

$$I(\alpha) = \int \cosh \alpha x \, dx, \ \alpha \in \mathbb{R} - \{0\}. \tag{1.8}$$

Esta integral é imediata a:

$$I(\alpha) = \frac{\operatorname{senh} \alpha x}{\alpha} + C. \tag{1.9}$$

Derivemos as equações (1.8) e (1.9) separadamente:
Da equação (1.8), obtemos:

$$I'(\alpha) = \frac{d}{d\alpha}(\int \cosh \alpha x \, dx) = \int \frac{d}{d\alpha}(\cosh \alpha x) \, dx = \int x \operatorname{senh} \alpha x \, dx.$$

Da equação (1.9), obtemos:

$$I'(\alpha) = \frac{d}{d\alpha}(\frac{\operatorname{senh} \alpha x}{\alpha} + C) = \frac{x\alpha \cosh \alpha x - \operatorname{senh} \alpha x}{\alpha^2}.$$

Assim,

$$\int x \operatorname{senh} \alpha x \, dx = \frac{x\alpha \cosh \alpha x - \operatorname{senh} \alpha x}{\alpha^2}$$

Em particular, se: $\alpha = 1$:

$$\int x \,\text{senh} x \, dx = x \cosh x - \text{senh} x.$$

Para finalizar este capítulo consideremos três modelos matemáticos envolvendo integrais indefinidas.

Nota 1.4. *Taxa de decaimento radiativo*
O decaimento radiativo do núcleo de um átomo é:

- Uma emissão de radiação *gamma*:
  isto acontece quando o núcleo de um átomo decai de um estado de maior energia a outro estado de menor energia, emitindo fótons de radiação gama.

- Decaimento *alpha*

$$^{238}U_{92} \rightarrow^{234} Th_{90} + \alpha$$

  U: Urânio, Th: Tório, α: núcleo de Hélio.

- Decaimento *beta*: O núcleo decai espontaneamente emitindo elétrons.

- O decaimento é um processo estatístico, e vale a seguinte relação experimental.
  O número de núcleos que decaem por unidade de tempo é proporcional ao número total N de núcleos radioativos.

$$\frac{dN}{dt} = -\lambda N$$

  λ : taxa de decaimento ou constante de desintegração,
  $(-)$: número total de núcleos diminui com o tempo.

Exemplo 1.42. Considere o decaimento radiativo de um grupo de núcleos tal que, inicialmente no instante $t = 0$, temos N_o núcleos radiativos. Determine o número de núcleos radiativos remanescentes ao final do instante t.

Seja $N(t)$ o número de núcleos remanescentes no instante t. Nesse instante e de acordo com a fórmula experimental dada na nota 1.4 anterior, temos:

$$\frac{dN}{dt} = -\lambda N, \text{donde} \;\; dN = -\lambda N dt.$$

Integrando:

$$\int \frac{dN}{N} = -\int \lambda dt,$$

obtemos $\ln N = -\lambda t + \ln C$, isto é,

$$N(t) = Ce^{-\lambda t}.$$

Pela condição inicial $N(0) = N_o$, temos:

$$N(0) = Ce^{-\lambda(0)}, \text{ donde } C = N(0) = N_o.$$

Finalmente, o número de núcleos radiativos remanescentes no instante t, é dado pela fórmula:

$$N(t) = N_o e^{-\lambda t}.$$

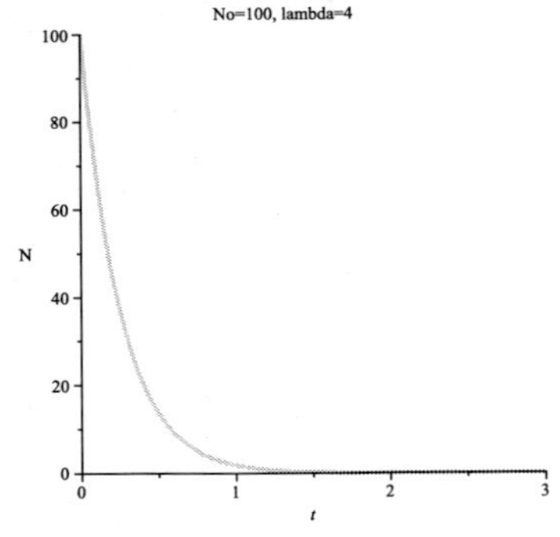

Figura 1.5: Número de núcleos radiativos em função do tempo.

Exemplo 1.43. O *tempo de Meia-vida :* $t_{1/2}$. É o tempo necessário para que o número de núcleos radiativos se reduza exatamente à metade da quantidade de núcleos radiativos N_o iniciais. Quanto tempo é necessário para que a quantidade de núcleos radiativos se reduza a quarta parte da quantidade inicial.

Pelo Exemplo 1.42, sabe-se que $N(t) = N_o e^{-\lambda t}$. No caso do tempo de meia-vida $t_{1/2}$, temos:

$$N(t_{1/2}) = \frac{N_o}{2} = N_o e^{-\lambda t_{1/2}},$$

onde $\dfrac{1}{2} = e^{-\lambda t_{1/2}}$. Segue daqui que:

$$t_{1/2} = \frac{\ln 2}{\lambda}.$$

Em seguida, em mais um período de tempo de Meia-vida, a quantidade de núcleos se reduz a $\dfrac{1}{2}(\dfrac{N_0}{2}) = \dfrac{N_0}{4}$. Portanto o tempo total é $t_* = 2\,t_{1/2} = 2\,\dfrac{\ln 2}{\lambda}$.

No caso $^{238}U_{92} \rightarrow ^{234} Th_{90} + \alpha$ o tempo de meia-vida é $t_{1/2} = 4.4710^9$ anos. Para maiores detalhes sobre estes processos de decaimento veja a referência [22].

> **Nota 1.5.** *Modelos de Crescimento Populacional de Malthus e Logístico de Verhulst.*
> Como a população mundial vem crescendo rapidamente, uma questão pertinente que não se faz esperar é: *Terá a terra condições suficientes de providenciar suporte aos sistemas econômicos atuais*?. Essa pergunta Malthus já se fazia em 1798.
> Vamos apresentar primeiramente o modelo de Malthus e logo o modelo Logístico de População de Verhulst. Estes modelos representam um ponto de partida para o estudo dos processos demográficos.

Exemplo 1.44. (**Modelo de Malthus**)
O simples modelo populacional de Malthus serve como um começo natural para o estudo da

competição dinâmica entre duas espécies.
Seja $N(t)$ a população das espécies no tempo t, então a taxa de mudança

$$\frac{dN}{dt} = \text{Nascimento - Mortalidade + Migração} \tag{1.10}$$

é uma equação de conservação para a população. O modelo simples não tem migração e as taxas de nascimento e mortalidade são proporcionais a N. O modelo de Malthus então fica descrito pela equação,

$$\frac{dN}{dt} = (b-d)N, \quad N(0) = N_o, \tag{1.11}$$

onde b é a taxa de crescimento e d é a taxa de mortalidade. Ambas são constantes positivas, e $N(0) = N_o > 0$ é a população inicial.

Integrando (1.11):

$$\int \frac{dN}{N} = \int (b-d)dt,$$

obtemos $\ln N(t) = (b-d)t + \ln C$, de onde $N(t) = Ce^{(b-d)t}$. Usando a condição inicial $N(0) = N_o$, a solução de (1.11) é única e é dada por:

$$N(t) = N_o e^{(b-d)t}.$$

Se $b > d$ a população cresce exponencialmente, enquanto que se $b < d$, a população decresce e por fim, se $b = d$ a população não muda.
Este modelo aproximado foi idealizado por Malthus em 1798.

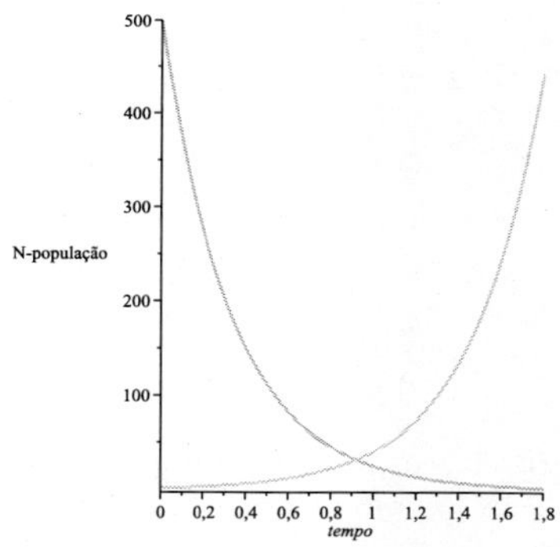

Figura 1.6: Modelo de Malthus

Vamos propor um modelo de crescimento de qualquer população onde os recursos forem limitados, isto é, os recursos disponíveis por indivíduo decresçam à medida que a população cresce, o que afetará a natalidade e/ou mortalidade da população, implicando que a taxa de crescimento per capita decresça quando a população aumenta. O modelo mais simples que incorpora este efeito é o modelo de Verhulst.

Exemplo 1.45. (**Modelo de Verhulst**). **Crescimento Populacional Logístico**

Seja $x(t)$ a população das espécies no tempo t e $\frac{dx}{dt}$ é a taxa de mudança da população, então temos o modelo

$$\frac{dx(t)}{dt} = rx(t)\left(1 - \frac{x(t)}{K}\right), \quad x(0) = x > 0, \tag{1.12}$$

onde os parâmetros r e K são assumidos positivos (para terem sentido biológico).

Observamos que os pontos de equilíbrio do modelo (1.12) são $x = 0$ e $x = K$. O ponto crítico $x = 0$ é instável e o ponto $x = K$, é global assintoticamente estável, que verifica $x(t) \to K$ quando $t \to \infty$, ou seja, K é a população que é sustentável em equilíbrio. Por isso, o valor de K é chamado de capacidade de sustento do meio.
Agora passemos a resolver a equação diferencial ordinária (1.12).
Pelo método de separação de variáveis, podemos reescrever a equação (6.3) na seguinte forma:

$$\int \frac{dx}{x(K-x)} = \frac{r}{K}\int dt, .$$

Integrando, temos:

$$\begin{aligned} \frac{r}{K}t + c &= \int \frac{dx}{x(K-x)} \\ &= \frac{1}{K}\left(\int \frac{dx}{x} + \int \frac{dx}{K-x}\right) \\ &= \frac{1}{K}\left(\ln\ x - \ln\ (K-x)\right), \end{aligned} \tag{1.13}$$

onde c é a constante de integração.
Se a medida da população no tempo $t = 0$ é x_o, então, substituindo a condição inicial em (1.13), temos:

$$c = \frac{1}{K}(\ln\ x_o - \ln\ (K - x_o)).$$

Substituindo o valor de c da equação acima e fazendo as simplificações algébricas respectivas, obtemos:

$$x(t) = \frac{Kx_o e^{rt}}{K - x_o + x_o e^{rt}} = \frac{Kx_o}{x_o + (K - x_o)e^{-rt}}.$$

Claramente observamos que:

$$\lim_{t\to\infty} x(t) = \lim_{t\to\infty} \frac{Kx_o}{x_o + (K - x_o)e^{-rt}} = K.$$

Esta solução é válida somente se $0 < x_o < K$, pois os logaritmos definidos acima estão definidos somente neste intervalo.
Se $x_0 < K, x(t)$ cresce monotonamente até K (veja figura (1.7), para duas situações: $K = 60, r = 1, x_0 = 10$; $K = 60, r = 1, x_0 = 40$). Enquanto que se $x_o > K$ ele decresce monotonamente até K(veja figura (1.7), $K = 60, r = 1, x_0 = 80$).
O gráfico de $x(t)$ como função de t é a curva logística com ponto de inflexão de ordenada $K/2$. Se $x > K, x(t)$ é decrescente.

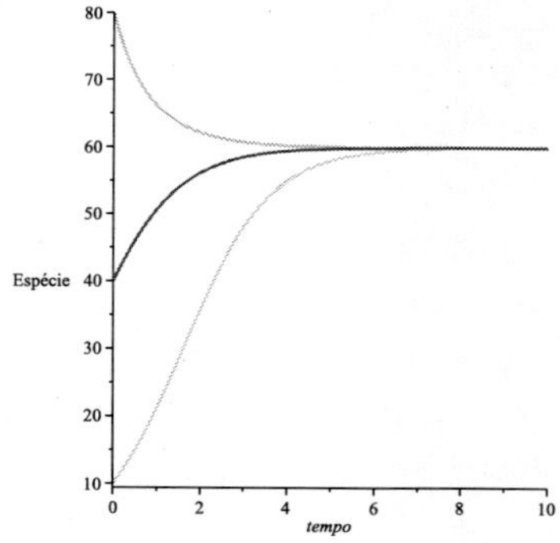

Figura 1.7: Crescimento Logístico Determinístico

Exemplo 1.46. *Crescimento do coronavirus-19 no Brasil.*
Considere uma doença viral, que é altamente contagiosa e suponha que não existe ainda nenhuma medida restritiva. Podemos supor baseado em outros fenômenos epidemiológicos que existe uma alta taxa de contágio. Este fenômeno pode ser modelado de forma empírica como segue:
Suponha que num determinado dia (d) temos N_d casos totais de contagiados e o número médio de pessoas que cada contaminado possa ter contato seja E. Considere que dado o contato com alguém contaminado, a probabilidade de uma pessoa saudável contrair a doença seja λ.

A proposta matemática é que:

$$\text{novos casos} = E\lambda N_d.$$

Portanto:

$$N_{d+1} = N_d + E\lambda N_d$$

e assim sucessivamente nos dias subsequentes. Prove que o crescimento de casos totais de contagiados é exponencial considerando que N_d varia de forma aproximadamente contínua num período de tempo muito longo, assim a distância temporal de um dia para outro comparado com o período do tempo do processo viral se aproxima a zero. Para encontrar a fórmula exata utilize o gráfico 1.8, tomado da referência [24].

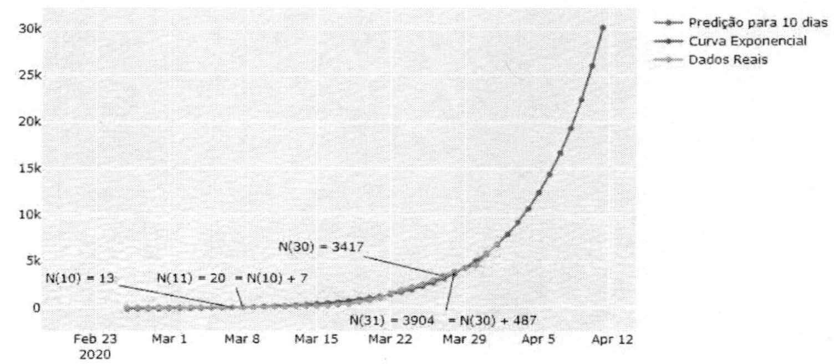

Figura 1.8: Dados dos casos acumulados de confirmados com COVID-19 no Brasil até 12/04/2020.

Se $N_{d+1} = N_d(1 + E\lambda)$ é o número de contagiados no dia seguinte ao dia d, então para encontrar a taxa de crescimento do processo viral em relação ao tempo (em dias):

$$\frac{N_{d+1} - N_d}{(d+1) - (d)} = \frac{N_d E\lambda}{1}$$

para $d >> 1$:

$$\frac{dN_d}{dt} = N_d\, E\, \lambda$$

supondo que N_d pode ser representado por uma função suave e, portanto, diferenciável, então $\int \frac{dN_d}{N_d} = \int E\lambda dt$ de onde $\ln N_d = E\lambda t + \ln C$.

Finalmente:

$$N_d = Ce^{E\lambda t}$$

com isto foi provado que o crescimento viral é exponencial.

Para encontrar a fórmula exata, vamos aproveitar o gráfico (1.8).

Note que se $t = 10, N(10) = 13$ e $t = 11, N(11) = 20$, temos

$$E\lambda = \ln 20/13,\ C = \ln 13 - 10 \ln 20/13.$$

Portanto,

$$N_d = e^{\ln 20/13\, t + \ln 13 - 10 \ln 20/13}$$

1.4 Exercícios do Capítulo 1

Exercício 1.1. Use o método de integração por partes para verificar as seguintes fórmulas:

1. $\displaystyle\int \sqrt{a^2 - x^2}dx = \frac{x\sqrt{a^2 - x^2}}{2} - \frac{a^2}{2}\operatorname{arcsen}\frac{x}{a} + C, \quad a > 0;$

2. $\displaystyle\int \sqrt{\operatorname{tg}^2 2 - x^2}dx = \frac{x\sqrt{\operatorname{tg}^2 2 - x^2}}{2} - \frac{\operatorname{tg}^2 2}{2}\operatorname{arcsen}\frac{x}{\operatorname{tg} 2} + C;$

3. $$\int \sqrt{5 - (x+4)^2}dx = \frac{(x+4)\sqrt{5 - (x+4)^2}}{2} - \frac{5}{2}\operatorname{arcsen}\frac{x+4}{\sqrt{5}} + C;$$

4. $$\int \sqrt{11 + 4x - x^2}dx = \frac{(x-2)\sqrt{15 - (x-2)^2}}{2} - \frac{15}{2}\operatorname{arcsen}\frac{x-2}{\sqrt{15}} + C.$$

Exercício 1.2. Use o método de integração por partes para calcular as seguintes integrais:

1. $\displaystyle\int \ln(1+x)dx;$

2. $\displaystyle\int x\ln x dx;$

3. $\displaystyle\int x \operatorname{sen} x dx;$

4. $\displaystyle\int x\cos^2 x dx;$

5. $\displaystyle\int e^x \cos x dx;$

6. $\displaystyle\int \arccos x dx;$

7. $\displaystyle\int \frac{x}{\operatorname{sen}^2 x}dx;$

8. $\displaystyle\int \operatorname{arcsen} x dx.$

Exercício 1.3. Calcule as seguintes integrais:

1. $\displaystyle\int \left(\frac{5}{\sqrt{x}} + \frac{x\sqrt[3]{x}}{3}\right)dx.$

2. $\displaystyle\int \frac{dx}{\sqrt[7]{x^2}}.$

3. $\displaystyle\int 15x\sqrt{x^2+8}dx.$

4. $\displaystyle\int 28x(x^2-1)^6dx.$

5. $\displaystyle\int \frac{\operatorname{sen} x}{\cos^2 x}dx.$

6. $\displaystyle\int \frac{\operatorname{sen} x}{\sqrt{3\cos x+2}}dx.$

7. $\displaystyle\int \frac{\operatorname{sen} 2x}{\sqrt{1+\operatorname{sen}^2 x}}dx.$

8. $\displaystyle\int \frac{\operatorname{ctg}^5 x}{\operatorname{sen}^2 x}dx.$

9. $\displaystyle\int e^{2\cos x}\operatorname{sen} x dx.$

10. $\displaystyle\int \frac{dx}{\sqrt{2x^2+24}}.$

11. $\displaystyle\int \frac{x^2dx}{\sqrt{1-9x^6}}$

12. $\displaystyle\int \frac{dx}{4x^2-9}.$

13. $\displaystyle\int \frac{dx}{x^2+2x+7}.$

14. $\displaystyle\int \frac{dx}{3x^2-x+5}.$

15. $\displaystyle\int \frac{dx}{x^2-6x+5}.$

16. $\displaystyle\int \frac{(10x-3)dx}{5x^2-3x+1}.$

17. $\displaystyle\int \frac{(3x-1)dx}{x^2-x+1}.$

18. $\displaystyle\int \frac{(7x+1)dx}{6x^2+x-1}.$

19. $\displaystyle\int \frac{(2x-1)dx}{5x^2-x+2}.$

20. $\displaystyle\int \frac{dx}{\sqrt{2-3x-4x^2}}$.

21. $\displaystyle\int \frac{dx}{\sqrt{5-7x-3x^2}}$.

22. $\displaystyle\int \frac{(x+3)dx}{\sqrt{4x^2+4x+3}}$.

23. $\displaystyle\int \frac{(x-3)dx}{\sqrt{3+66x-11x^2}}$.

24. $\displaystyle\int \frac{(x+3)dx}{\sqrt{3+4x-4x^2}}$.

Exercício 1.4. Calcule as seguintes integrais trigonométricas:

1. $\displaystyle\int \operatorname{sen}^3 dx$;

2. $\displaystyle\int \frac{\cos^5 x}{\operatorname{sen}^3 x} dx$;

3. $\displaystyle\int \frac{dx}{\operatorname{sen}^4 x}$;

4. $\displaystyle\int \left(\operatorname{tg}^3 \frac{x}{3} + \operatorname{tg}^4 \frac{x}{3}\right) dx$;

5. $\displaystyle\int \operatorname{sen}^2 x \cos^4 x dx$;

6. $\displaystyle\int x \operatorname{sen}^2 x^2 dx$.

Exercício 1.5. Calcule as seguintes integrais de funções trigonométricas:

1. $\displaystyle\int \frac{\cos x}{1+\cos x} dx$;

2. $\displaystyle\int \frac{\operatorname{sen} x}{1+\operatorname{sen} x} dx$;

3. $\displaystyle\int \frac{3\operatorname{sen} x + 2\cos x}{2\operatorname{sen} x + 3\cos x} dx$;

4. $\displaystyle\int \frac{\operatorname{sen} x}{(1-\cos x)^3} dx$;

5. $\displaystyle\int \frac{\cos x}{\operatorname{sen}^2 x - 6\operatorname{sen} x + 5} dx$;

6. $\displaystyle\int \frac{\operatorname{sen} 2x}{1+\operatorname{sen}^2 x} dx;$

7. $\displaystyle\int \frac{dx}{(2-\operatorname{sen} x)(3-\operatorname{sen} x)};$

Exercício 1.6. Calcule as seguintes integrais hiperbólicas:

1. $\displaystyle\int x^3 e^{ax} dx, a \neq 0;$

2. $\displaystyle\int \operatorname{senh}^3 \cosh x dx;$

3. $\displaystyle\int \frac{dx}{\operatorname{senh}^2 x+\cosh^2 x};$

4. $\displaystyle\int \frac{dx}{\tanh x-1};$

5. $\displaystyle\int \frac{\operatorname{senh} x dx}{\sqrt{\cosh 2x}};$

6. $\displaystyle\int \cosh^4 x dx;$

7. $\displaystyle\int \frac{dx}{\cosh x}.$

8. $\displaystyle\int x^2 \operatorname{senh} x$

9. $\displaystyle\int x^2 \cosh x$

1.5 Respostas

1.2

1. $\displaystyle\int \ln(1+x)dx = x\ln(1+x) - \int \frac{x}{1+x}dx = (x+1)\ln(1+x) - x + C.$

2. $\displaystyle\int x\ln x dx = \frac{1}{2}\int \ln x dx^2 = \frac{1}{2}x^2\ln x - \frac{x^2}{4} + C.$

3. $\displaystyle\int x \operatorname{sen} x dx = -\int x d\cos x = -\left[x\cos x - \int \cos x dx\right] = \operatorname{sen} x - x\cos x + C.$

4. $\displaystyle\int x\cos^2 x dx = \int x\left(\frac{1+\cos 2x}{2}\right)dx = \frac{x \operatorname{sen} 2x}{4} + \frac{1}{8}\cos 2x + C.$

5. $\displaystyle\int e^x \cos x dx = \int \cos x de^x = \frac{\cos x + \operatorname{sen} x}{2}e^x.$

6. $\displaystyle\int \arccos x dx = x\arccos x + \int \frac{xdx}{\sqrt{1-x^2}} = x\arccos x - \sqrt{1-x^2} + C.$

7. $\displaystyle\int \frac{x}{\operatorname{sen}^2 x}dx = -\int x d\cot x = -x\cot x + \int \cot x dx = -x\cot x + \ln|\operatorname{sen} x| + C.$

8. $\displaystyle\int \operatorname{arcsen} x dx = x \operatorname{arcsen} x - \int \frac{x}{\sqrt{1-x^2}} = x \operatorname{arcsen} x + \sqrt{1x^2} + C.$

1.3

1. $10\sqrt{x} + \frac{1}{4}x\sqrt[3]{x} + C.$

2. $\displaystyle\frac{7}{5}\sqrt[7]{x^5} + C.$

3. $5\sqrt{(x^2+8)^3} + C.$

4. $2(x^2-1)^7 + C.$

5. $\displaystyle\frac{1}{\cos x} + C.$

6. $\displaystyle-\frac{2}{3}\sqrt{3\cos x + 2} + C.$

7. $2\sqrt{1+\operatorname{sen}^2 x} + C.$

8. $\displaystyle-\frac{\operatorname{ctg}^6 x}{6} + C.$

9. $-\dfrac{e^{2\cos x}}{2} + C.$

10. $\dfrac{1}{\sqrt{2}} \ln|x + \sqrt{x^2 + 12}| + C.$

11. $\dfrac{1}{9} \operatorname{arcsen} 3x^3 + C.$

12. $\dfrac{1}{12} \ln\left|\dfrac{2x-3}{2x+3}\right| + C.$

13. $\dfrac{1}{\sqrt{6}} \arctan \dfrac{x+1}{\sqrt{6}} + C.$

14. $\dfrac{2}{\sqrt{59}} \arctan \dfrac{6x-1}{\sqrt{59}} + C.$

15. $\dfrac{1}{4} \ln|\dfrac{x-5}{x-1}| + C.$

16. $\ln|5x^2 - 3x + 1| + C.$

17. $\dfrac{3}{2} \ln|x^2 - x + 1| + \dfrac{1}{\sqrt{3}} \arctan \dfrac{2x-1}{\sqrt{3}} + C.$

18. $\dfrac{2}{3} \ln|3x - 1| + \dfrac{1}{2} \ln|2x + 1| + C.$

19. $\dfrac{1}{5} \ln|5x^2 - x + 2| - \dfrac{8}{5\sqrt{39}} \arctan \dfrac{10x-1}{\sqrt{39}} + C.$

20. $\dfrac{1}{2} \operatorname{arcsen} \dfrac{8x+3}{\sqrt{41}} + C.$

21. $\dfrac{1}{\sqrt{3}} \operatorname{arcsen} \dfrac{6x+7}{\sqrt{109}} + C.$

22. $\dfrac{1}{4}\sqrt{4x^2 + 4x + 3} + \dfrac{5}{4} \ln|2x + 1 + \sqrt{4x^2 + 4x + 3}| + C.$

23. $-\dfrac{1}{11}\sqrt{3 + 66x - 11x^2} + C.$

24. $-\dfrac{1}{4}\sqrt{3 + 4x - 4x^2} + \dfrac{7}{4} \operatorname{arcsen} \dfrac{2x-1}{2} + C.$

1.4

1. $\dfrac{\cos^3 x}{3} - \cos x + C;$

2. $-\frac{1}{2}\frac{1}{\operatorname{sen}^2 x} - 2\ln|\operatorname{sen} x| + \frac{\operatorname{sen}^2 x}{2}C;$

3. $-\operatorname{ctg} x - \frac{\operatorname{ctg}^3 x}{3} + C;$

4. $\frac{3}{2}\operatorname{tg}^2\frac{x}{3} + 3\ln|\cos\frac{x}{3}| + \operatorname{tg}^3\frac{x}{3} - 3\operatorname{tg}\frac{x}{3} + C;$

5. $\frac{\operatorname{sen}^3 2x}{48} + \frac{x}{16} - \frac{\operatorname{sen} 4x}{64} + C;$

6. $\frac{x^2}{4} - \frac{\operatorname{sen} 2x^2}{8} + C.$

1.5

1. $x - \operatorname{tg}\frac{x}{2} + C;$

2. $\frac{2}{1+\operatorname{tg}\frac{x}{2}} - \frac{1}{2}\operatorname{arctg}\frac{1-\operatorname{tg}\frac{x}{2}}{1+\operatorname{tg}\frac{x}{2}} + C;$

3. $\ln\left|\frac{1}{\cos x - \operatorname{sen} x}\right| + C;$

4. $-\frac{1}{2}(1-\cos x)^{-2} + C;$

5. $\frac{1}{4}\ln\left|\frac{\operatorname{sen} x - 5}{\operatorname{sen} x - 1}\right| + C;$

6. $\ln(1+\operatorname{sen}^2 x) + C;$

7. $\frac{2}{\sqrt{3}}\operatorname{arctg}\frac{2\operatorname{tg}\frac{x}{2}-1}{\sqrt{3}} - \frac{\sqrt{2}}{2}\operatorname{arctg}\frac{3\operatorname{tg}\frac{x}{2}-1}{2\sqrt{2}} + C.$

1.6

1. Integre por partes e utilize o resultado do exemplo (1.14).

$$\frac{x^3e^{ax}}{a} - \frac{3x^2e^{ax}}{a^2} + \frac{6xe^{ax}}{a^3} - \frac{6e^{ax}}{a^4} + C;$$

2. $\frac{\operatorname{senh}^4 x}{4} + C;$

3. $\operatorname{arctg}\tanh x + C;$

4. $-\frac{\cosh^2 x}{2} - \frac{\operatorname{senh} 2x}{4} - \frac{1}{2} + C;$

5. $\dfrac{1}{\sqrt{2}}\ln\left|\sqrt{2}\cosh x+\sqrt{2\cosh^2 x-1}\right|+C;$

6. $\dfrac{\operatorname{senh} 2x}{4}+\dfrac{3x}{8}+\dfrac{\operatorname{senh} 4x}{32}+C;$

7. $\operatorname{arctg}\operatorname{senh} x+C.$

8. $x^2\cosh x-2x\operatorname{senh}x+2\cosh x+C$

9. $x^2\operatorname{senh}x-2x\cosh x+2\operatorname{senh}x+C$

CAPÍTULO 2

Integral Definida e Aplicações

Neste capítulo vamos introduzir a definição e aplicações da integral definida. Ligado com este conceito repousa um dos grandes problemas importantes do cálculo integral, Área de uma região plana:
dada uma função f não negativa definida num intervalo I, queremos encontrar a área que o gráfico desta função forma com o eixo das abscissas (ou os eixos coordenados) e as retas perpendiculares aos extremos do intervalo I.

Como já foi visto no curso de Cálculo I e conforme veremos ao longo deste livro, as noções de derivada e integral de uma função constituem as duas ferramentas mais poderosas que temos na Análise matemática.

Mas, antes de abordar propriamente a integral definida, vamos introduzir a definição de somatório.

2.1 Somatórios Finitos

Para indicar a soma de n números da forma $b_1, b_2, \cdots, b_n$ usamos a notação

$$\sum_{k=1}^{n} b_k = b_1 + b_2 + \cdots + b_n,$$

em que b_1 é o primeiro termo da soma e b_k é o k-ésimo termo do somatório.

Exemplo 2.1.

$$\sum_{k=1}^{n} b = b + b + \cdots + b$$

O somatório tem n termos iguais: $b_k = b$, $\forall k = 1, 2, \cdots, n$, por isso

$$\sum_{k=1}^{n} b = nb.$$

Exemplo 2.2. A soma dos primeiros n números naturais pode ser representada por

$$\sum_{k=1}^{n} k = 1 + 2 + \cdots + n.$$

O valor desta soma foi demonstrado magistralmente pelo ainda jovem Gauss:

$$\sum_{k=1}^{n} k = \frac{n(n+1)}{2}.$$

De fato, denotemos esta soma por S,

$$S = 1 + 2 + 3 + \cdots + n. \tag{2.1}$$

Reescrevendo esta soma de forma decrescente, isto é, começando pelo último termo até chegar ao primeiro, temos

$$S = n + (n-1) + (n-2) + \cdots + 2 + 1. \tag{2.2}$$

Agora somando (2.1) e (2.2), obtemos

$$2S = \underbrace{(1+n) + (1+n) + \cdots + (1+n)}_{n \text{ termos}}$$

de onde segue a fórmula desejada.

Existe um outro método para demonstrar esta fórmula, que inclusive pode ser generalizado para somatórios de potências de números naturais arbitrários.
Observamos que:

$$x^2 - (x-1)^2 = 2x - 1, \ \forall x \in \mathbb{R}.$$

Tomando valores discretos para x, isto é, $x \in \mathbb{N}$, obtemos

$$\begin{aligned} 1^2 - (0)^2 &= 2(1) - 1 \\ 2^2 - (1)^2 &= 2(2) - 1 \\ 3^2 - (2)^2 &= 2(3) - 1 \\ \vdots &= \vdots \\ n^2 - (n-1)^2 &= 2(n) - 1 \end{aligned}$$

Somando membro a membro as n equações e simplificando, temos:

$$n^2 = 2(1 + 2 + 3 \ldots + n) - 1(n).$$

Finalmente

$$1 + 2 + 3 \ldots + n = \frac{n(n+1)}{2}.$$

Exemplo 2.3. Mostremos que a soma dos quadrados dos primeiros n números naturais é dada pela fórmula

$$\sum_{k=1}^{n} k^2 = \frac{n(n+1)(2n+1)}{6}.$$

Procedendo de forma similar a que foi feita no caso anterior, temos, inicialmente, a identidade algébrica a seguir:

$$x^3-(x-1)^3=3x^2-3x+1,\ \forall\, x\in\mathbb{R}$$

Particularizando pra valores de $x\in\mathbb{N}$, temos :

$$\begin{aligned}
1^3-(0)^3 &= 3(1)^2-3(1)+1\\
2^3-(1)^3 &= 3(2)^2-3(2)+1\\
3^3-(2)^3 &= 3(3)^2-3(3)+1\\
\vdots\ &= \vdots\\
n^3-(n-1)^3 &= 3(n)^2-3(n)+1
\end{aligned}$$

Somando ambos os membros das n equações temos:

$$n^3=3(1^2+2^2+3^2+\cdots+n^2)-3(1+2+3+\cdots+n)+n,$$

de onde

$$1^2+2^2+3^2+\cdots+n^2=\frac{1}{3}\left(n^3-n+3\frac{n(n+1)}{2}\right),$$

ou

$$1^2+2^2+3^2+\cdots+n^2=\left(\frac{n(n+1)(2n+1)}{6}\right)$$

Algumas propriedades de somatório

Sejam $\sum_{k=1}^{n} a_k$ e $\sum_{k=1}^{n} b_k$ somatórios de números reais arbitrários e $\alpha,\beta\in\mathbb{R}$. Valem as seguintes propriedades para o somatório:

1.
$$\sum_{k=1}^{n}\alpha b_k=\alpha\sum_{k=1}^{n}b_k \quad \text{(propriedade homogênea)}$$

   Em particular

$$\sum_{k=1}^{n} b=bn$$

2.
$$\sum_{k=1}^{n}(\alpha a_k+\beta b_k)=\alpha\sum_{k=1}^{n}a_k+\beta\sum_{k=1}^{n}b_k \quad \text{(propriedade linear)}$$

3.
$$\sum_{k=1}^{n}(a_{k+1}-a_k)=a_{n+1}-a_1 \quad \text{(regra telescópica)}$$

As propriedades elencadas acima verificam-se facilmente. Mesmo assim, mostremos apenas a Propriedade 1.

$$\begin{aligned}
\sum_{k=1}^{n}\alpha b_k &= \alpha b_1+\alpha b_2+\ldots+\alpha b_n\\
&= \alpha(b_1+b_2+\ldots+b_n)=\alpha\sum_{k=1}^{n}b_k
\end{aligned}$$

Exemplo 2.4. Determine o valor da seguinte soma

$$\sum_{k=1}^{10}(2k+4k^2)$$

Usando as propriedades homogênea e a linear do somatório e as fórmulas obtidas nos exemplos 2.2 e 2.3, obtemos

$$\begin{aligned}\sum_{k=1}^{10}(2k+4k^2) &= 2\sum_{k=1}^{10}k+4\sum_{k=1}^{10}k^2 = \\ &= 2\frac{10(11)}{2}+4\frac{10(11)(21)}{6} = \\ &= 1650\end{aligned}$$

Exemplo 2.5. Determine o valor do somatório $\sum_{k=1}^{n}(4k+2)$

Podemos calcular o valor do somatório usando critérios já utilizados no exemplo anterior, porém, vamos calculá-lo de outra maneira. Note que

$$4k+2 = 2((k+1)^2-k^2) = 2(k+1)^2-2k^2$$

e isto implica

$$S=\sum_{k=1}^{n}(4k+2)=\sum_{k=1}^{n}(2(k+1)^2-2k^2).$$

Tome $A_k=2k^2$, então

$$S=\sum_{k=1}^{n}(A_{k+1}-A_k).$$

Finalmente, utilizando a regra telescópica, obtemos

$$S=\sum_{k=1}^{n}(A_{k+1}-A_k)=A_{(n+1)}-A_1=2(n+1)^2-2=2n^2+4n.$$

Exemplo 2.6. Determine $\sum_{k=1}^{\infty}\frac{2k+1}{(k^2+k)^2}$.

Escrevendo $\sum_{k=1}^{\infty}\frac{2k+1}{(k^2+k)^2}=\lim_{n\to\infty}\sum_{k=1}^{n}\frac{2k+1}{(k^2+k)^2}$. Vamos obter uma fórmula para calcular esse somatório e logo calcular o limite.

$$\begin{aligned}\sum_{k=1}^{n}\frac{2k+1}{(k^2+k)^2} &= \sum_{k=1}^{n}\frac{(-k^2+k^2+2k+1)}{k^2(k+1)^2}=\sum_{k=1}^{n}\frac{(-k^2+(k+1)^2)}{k^2(k+1)^2} \\ &= -\sum_{k=1}^{n}\left(\frac{1}{(k+1)^2}-\frac{1}{k^2}\right)=-(\frac{1}{(n+1)^2}-1).\end{aligned}$$

A última igualdade obtém-se da regra telescópica, com $a_k=\frac{1}{k^2}$. Finalmente, $\sum_{k=1}^{\infty}\frac{2k+1}{(k^2+k)^2}=$ $\lim_{n\to\infty}(-\frac{1}{(n+1)^2}+1)=1$.

2.2 Funções Limitadas. Funções Monótonas

Antes de definir a soma de Riemann para funções limitadas, vamos introduzir brevemente um estudo sobre funções limitadas e funções monótonas.

2.2.1 Função Limitada

A função $y = f(x)$, definida no conjunto X, chama-se limitada inferiormente neste conjunto se existe um número real A, tal que $f(x) \geq A$ para todo $x \in X$. O número A chama-se cota inferior da função $f(x)$ no conjunto X, por exemplo a função $f(x) = x^2 + 3$ é limitada por baixo no conjunto $\mathbb{R}$, pois temos $x^2 + 3 \geq 3$ para todo $x \in \mathbb{R}$. $y = 2$ é uma cota inferior e $y = 3$ é a maior das cotas inferiores.

A função $y = f(x)$, definida no conjunto X, chama-se limitada superiormente neste conjunto se existe um número B, tal que $f(x) \leq B$ para todo $x \in X$.

O número B chama-se cota superior da função $f(x)$ no conjunto X. Por exemplo, a função $f(x) = 5\cos 7x$ é limitada por cima pelo número 5 para todo $x \in \mathbb{R}$.

Exemplo 2.7. Mostre que a função $y = 7\cos 5x + 3\,\mathrm{sen}\,5x$ é limitada superiormente no conjunto dos números reais $\mathbb{R}$.

Para cada $x \in \mathbb{R}$ podemos usar as limitações grossas das funções $\mathrm{sen}\,x$ e $\cos x$: $\cos 5x \leq 1$ e $\mathrm{sen}\,5x \leq 1$. Assim, temos

$$7\cos 5x + 3\,\mathrm{sen}\,5x \leq 7 \cdot 1 + 3 \cdot 1 = 10,$$

é limitada superiormente e o problema está resolvido.

No entanto, podemos usar a seguinte igualdade para refinar ainda mais a limitação,

$$7\cos 5x + 3\,\mathrm{sen}\,5x = \sqrt{58}\left(\frac{7}{\sqrt{58}}\cos 5x + \frac{3}{\sqrt{58}}\,\mathrm{sen}\,5x\right) = \sqrt{58}\cos(5x - \varphi),$$

onde $\varphi = \mathrm{arcsen}\,\frac{3}{\sqrt{58}}$, e concluir que $7\cos 5x + 3\,\mathrm{sen}\,5x \leq \sqrt{58}$. Assim, $\sqrt{58}$ é a menor de todas as cotas superiores.
Agora vamos introduzir a definição de função limitada.

Definição 2.1. *Função Limitada*
Diz-se que a função $f(x)$ é limitada no intervalo $I = [a, b]$ se existem dois números reais M e N tais que $N \leq f(x) \leq M$, $\forall x \in [a, b]$.

ou

Definição 2.2. Diz-se que a função $f(x)$ definida no conjunto X é limitada neste conjunto se existe um número real positivo M tal que para qualquer $x \in X$, tem-se $|f(x)| \leq M$.

Exemplo 2.8. A função $f(x) = 3^{\mathrm{sen}^4 x} + 4\cos 2x$ é limitada no conjunto $\mathbb{R}$.

De fato,

$$|3^{\mathrm{sen}^4 x} + 4\cos 2x| \leq |3^{\mathrm{sen}^4 x}| + 4|\cos 2x| \leq 3 + 4 = 7.$$

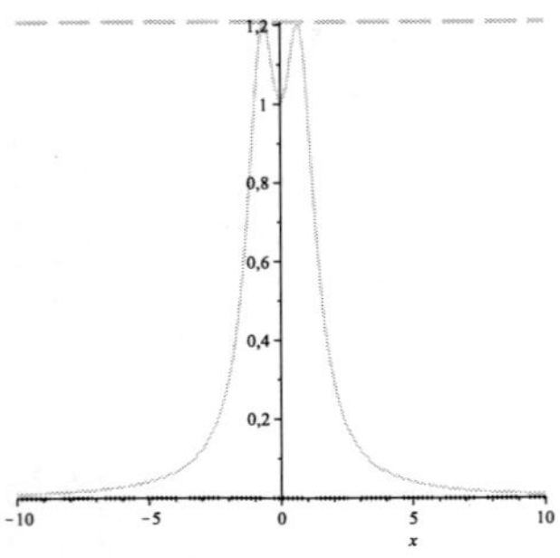

Figura 2.1: Gráfico de uma função limitada $N \leq f(x) \leq M$

Exemplo 2.9. Analisar a limitação da função $f(x) = \sqrt{16 - x^2}$.

Como a função $f(x) = \sqrt{16 - x^2}$ está definida no intervalo $[-4, 4]$, é fácil ver que

$$0 \leq \sqrt{16 - x^2} \leq 4.$$

Exemplo 2.10. Analisar a limitação da função $f(x) = \dfrac{1 + x^2}{1 + x^4}$ no intervalo $(-\infty, +\infty)$.

Como os expoentes da variável x são pares, segue-se que $f(x) > 0$, pois $x^2 + 1 > 1$. Da desigualdade $(1 - x^2)^2 \geq 0$, temos que $1 + x^4 \geq 2x^2$, ou seja $\dfrac{x^2}{1 + x^4} \leq \dfrac{1}{2}$. Assim

$$0 < \frac{1 + x^2}{1 + x^4} = \frac{1}{1 + x^4} + \frac{x^2}{1 + x^4} \leq 1 + \frac{1}{2} = \frac{3}{2}, \quad \forall x \in (-\infty, +\infty).$$

Na verdade, $f(x) \geq 0$, logo a função é limitada em $X = (-\infty, \infty)$ portanto:

$$0 \leq f(x) \leq \frac{3}{2}$$

No exemplo (2.10), a interpretação geométrica da definição de uma função $f(x)$ limitada no conjunto $X = (-\infty, \infty)$ significa que o gráfico da função encontra-se embaixo da reta horizontal $y = 3/2$ e por cima da reta $y = 0$ (veja figura 2.1), isto é, a função é limitada superiormente e inferiormente[1]

A interpretação geométrica da definição de uma função $f(x)$ limitada superiormente no conjunto X significa dizer que o gráfico da função encontra-se por baixo de uma reta horizontal $y = B$) (ver a figura 2.2).

[1]No caso do exemplo estudado, temos que $y = \dfrac{3}{2}$ é uma cota superior e $y = \dfrac{\sqrt{2}(2 + \sqrt{2})}{4}$ é a menor das cotas superiores. Isso foi encontrado calculando o máximo global.

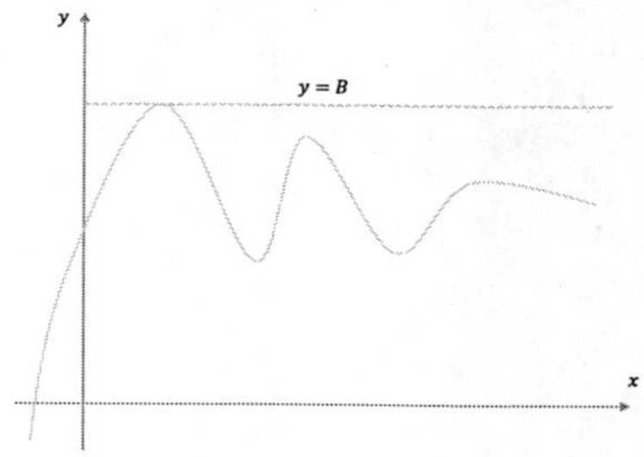

Figura 2.2: Gráfico de uma função limitada superiormente

A função $f(x)$ ser limitada inferiormente no conjunto X significa dizer que o gráfico da função encontra-se acima de uma reta horizontal $y = A$) (ver a figura 2.3). Note que $y = A'$ é a maior das cotas inferiores.

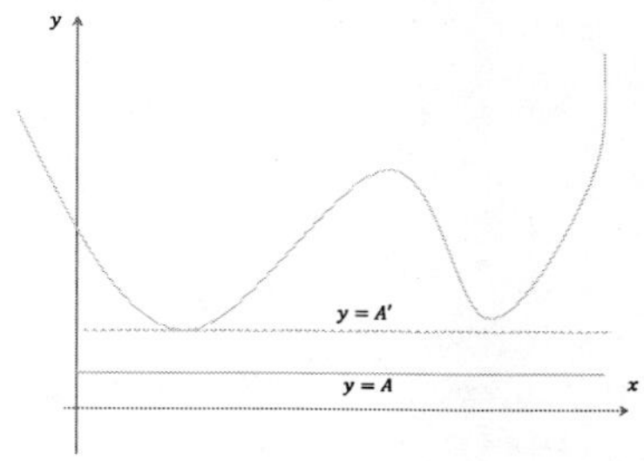

Figura 2.3: Gráfico de uma função limitada inferiormente

A função $f(x)$ ser limitada no conjunto X significa dizer que o gráfico da função encontra-se numa faixa limitada por duas retas horizontais.

Definição 2.3. *Propriedades das Funções Limitadas*

1. Se as funções $f(x)$ e $g(x)$ estão definidas e são limitadas no mesmo conjunto X, então as funções $f(x) + g(x)$, $f(x) - g(x)$, $f(x)g(x)$ *e* $|f(x)|$ também são funções limitadas no conjunto X.

2. Se $f(x)$ e $g(x)$ são funções definidas no mesmo conjunto X, sendo a função $f(x)$ limitada em X e a função $g(x)$ é tal que $|g(x)| > M > 0$, então a função $f(x)/g(x)$ é limitada no conjunto X.

3. Se a função $f(x)$ é limitada, então as funções

$$\sqrt[n]{f(x)},\ a^{f(x)},\quad \operatorname{sen} f(x),\ \ln f^4(x),\quad \arccos f(x),\quad \operatorname{arctg} f(x)$$

são limitadas no mesmo conjunto onde a função $f(x)$ está definida.

2.2.2 Funções Monótonas

A função $y = f(x)$, $x \in X$, chama-se crescente no conjunto $M \subseteq X$ se para quaisquer $x_1, x_2 \in M$, tais que $x_1 < x_2$, temos

$$f(x_1) < f(x_2).$$

A função $y = f(x)$, $x \in X$, chama-se decrescente no conjunto $M \subseteq X$ se para quaisquer $x_1, x_2 \in M$, tais que $x_1 < x_2$, temos

$$f(x_1) > f(x_2).$$

A função $y = f(x)$, $x \in X$, chama-se não decrescente no conjunto $M \subseteq X$ se para quaisquer $x_1, x_2 \in M$, tais que $x_1 < x_2$, temos

$$f(x_1) \leq f(x_2).$$

A função $y = f(x)$, $x \in X$, chama-se não crescente no conjunto $M \subseteq X$, se para quaisquer $x_1, x_2 \in M$, tais que $x_1 < x_2$, temos

$$f(x_1) \geq f(x_2).$$

Se a função $y = f(x)$, $x \in X$ possui uma das 4 propriedades acima no conjunto $M \subseteq X$, então dizemos que tal função é monótona em M.

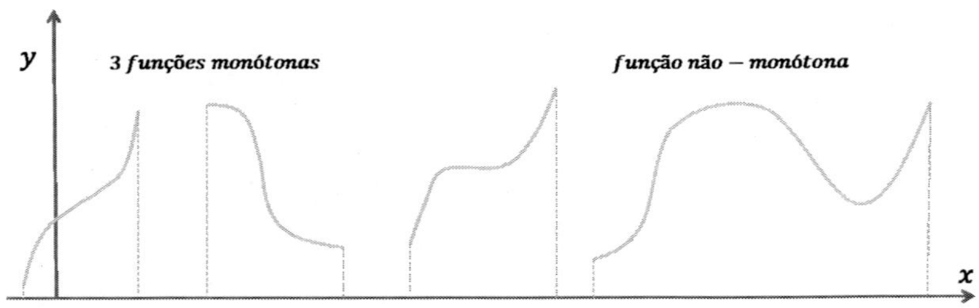

Figura 2.4: Exemplos de funções monótonas e não monótonas

Exemplo 2.11. Mostre que a função $y = 2x^4$ é crescente no conjunto $[0, +\infty)$ e decrescente no conjunto $(-\infty, 0]$.

De fato, para quaisquer x_1, x_2 tais que $0 \leq x_1 < x_2 < +\infty$, temos

$$y(x_1) - y(x_2) = 2x_1^4 - 2x_2^4 = 2(x_1^2 - x_2^2)(x_1^2 + x_2^2) = 2(x_1 - x_2)(x_1 + x_2)(x_1^2 + x_2^2) < 0,$$

pois $x_1 + x_2 > 0$, $x_1 - x_2 < 0$. Portanto, $y(x_1) < y(x_2)$, isto é, a função $y = 2x^4$ é crescente no intervalo $[0, +\infty)$.

Agora, para quaisquer x_1, x_2 tais que $-\infty < x_1 < x_2 \leq 0$, temos

$$y(x_1) - y(x_2) = 2x_1^4 - 2x_2^4 = 2(x_1 - x_2)(x_1 + x_2)(x_1^2 + x_2^2) > 0,$$

pois $x_1 + x_2 < 0$, $x_1 - x_2 < 0$. Portanto, $y(x_1) > y(x_2)$, e por definição, a função $y = 2x^4$ é decrescente no intervalo $(-\infty, 0]$.

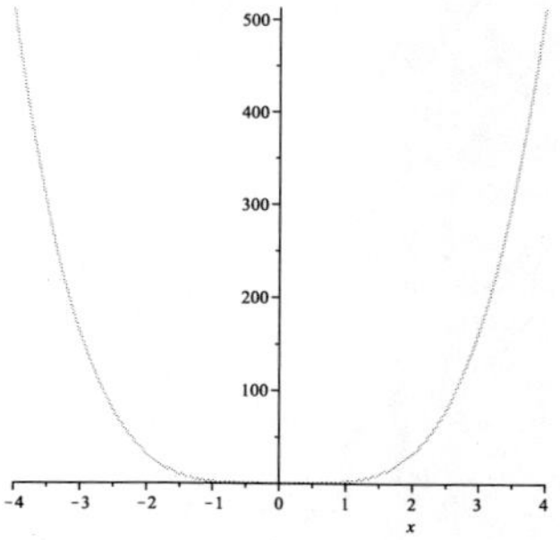

Figura 2.5: Gráfico da função $f(x) = 2x^4$ indicando os intervalos em que ela é decrescente e crescente.

Exemplo 2.12. Mostre que a função $y = \sqrt{x+3}$ é crescente no conjunto $[-3, +\infty)$.

Obviamente o domínio da função $f(x) = \sqrt{x+3}$ é o intervalo $[-3, +\infty)$. Consideremos dois elementos arbitrários x_1 e x_2 tais que, $-3 \leq x_1 < x_2$, então

$$\begin{aligned}
\sqrt{x_2+3} - \sqrt{x_1+3} &= \frac{(\sqrt{x_2+3} - \sqrt{x_1+3})(\sqrt{x_2+3} + \sqrt{x_1+3})}{(\sqrt{x_2+3} + \sqrt{x_1+3})} = \\
&= \frac{x_2 - x_1}{(\sqrt{x_2+3} + \sqrt{x_1+3})} \\
&> 0,
\end{aligned}$$

pois $x_2 - x_1 > 0$.

Segue daqui que $\sqrt{x_2+3} > \sqrt{x_1+3}$, e portanto a função $y = \sqrt{x+3}$ é crescente.

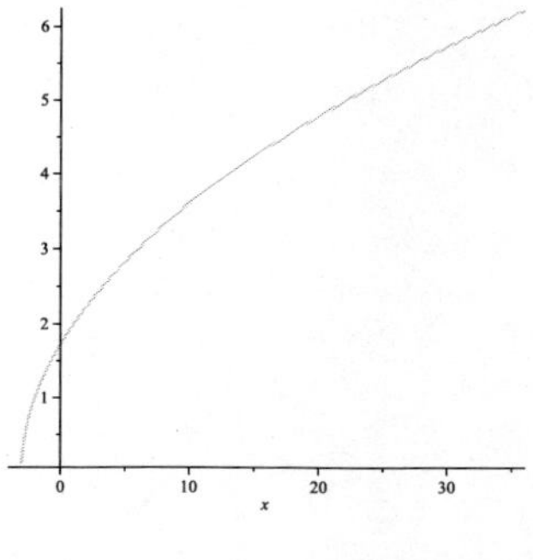

Figura 2.6: Gráfico da função $f(x) = \sqrt{x+3}$.

Exemplo 2.13. Encontre os intervalos de crescimento e decrescimento da função

$$f(x) = \frac{1}{x^2+1}.$$

Como $f(0) = 1$, é o maior valor da função, vamos analisar os sinais da função nos intervalos $(-\infty, 0]$ e $[0, +\infty)$:

Se $0 \leq x_1 < x_2 < \infty$, então $f(x_2) - f(x_1) = \dfrac{1}{x_2^2+1} - \dfrac{1}{x_1^2+1} = \dfrac{x_1^2 - x_2^2}{(x_2^2+1)(x_1^2+1)} = \dfrac{(x_1 - x_2)(x_1 + x_2)}{(x_2^2+1)(x_1^2+1)} < 0$, pois $x_1 < x_2$. Portanto, a função decresce.

Se $-\infty < x_1 < x_2 \leq 0$, então $f(x_2) - f(x_1) = \dfrac{1}{x_2^2+1} - \dfrac{1}{x_1^2+1} = \dfrac{x_1^2 - x_2^2}{(x_2^2+1)(x_1^2+1)} = \dfrac{(x_1-x_2)(x_1+x_2)}{(x_2^2+1)(x_1^2+1)} > 0$, portanto, a função cresce.

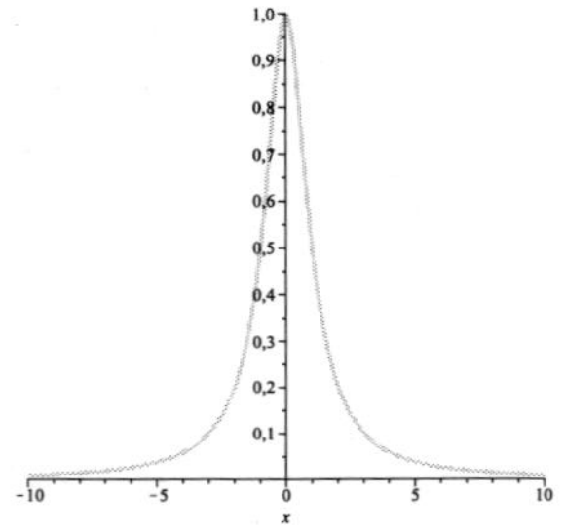

Figura 2.7: Gráfico da função $f(x) = \dfrac{1}{x^2+1}$.

2.3 Soma de Riemann. Integral de Riemann

2.3.1 Motivação

O método da exaustão ou princípio de Eudoxo-Arquimedes [2] foi utilizado amplamente na Grécia antiga para calcular comprimento, áreas e volumes de diversas figuras geométricas e até o cálculo de centro de gravidade. Um exemplo típico de aplicação é o cálculo da área de um círculo de área R. Considere o círculo na figura a seguir de raio R

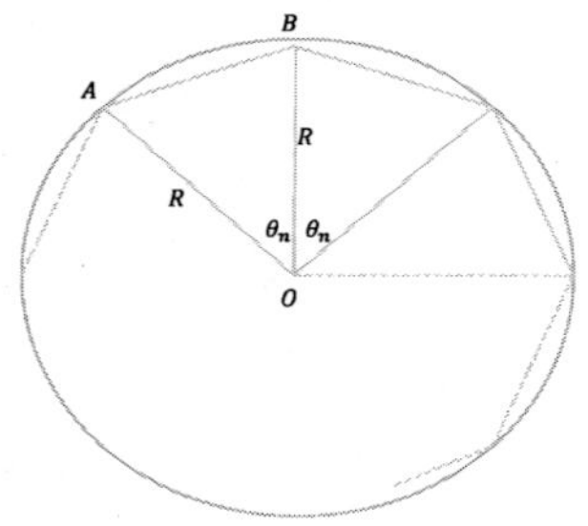

Figura 2.8: Polígono Regular de n lados inscrito no círculo de raio R

Da figura (2.8), é fácil ver que a área do triângulo AOB é dada por $A_{\triangle AOB} = \dfrac{1}{2}\overline{OA}\,\overline{OB}\,\text{sen}\theta_n = \dfrac{R^2\,\text{sen}\theta_n}{2}$. A ideia principal é *calcular a área do círculo aproximando-a por áreas de polígonos regulares de n lados inscritos no círculo, onde o número de lados aumenta.* Sendo θ_n o ângulo central $\theta_n = \dfrac{\textit{Ângulo de uma volta completa}}{n}$.
Assim, a área total do polígono regular será [3]

$$A_{poligono\ n\ lados} = nA_{\triangle AOB} = n\frac{R^2\,\text{sen}\theta_n}{2} = n\frac{\text{sen}\theta_n}{2}R^2$$

[2]Eudoxo de Cnido, 408-355 a.d. C; Arquimedes de Siracusa, 287-212 a. d. C

[3]O $\text{sen}(\theta_n)$ para cada tipo de polígono regular pode ser calculado levando o ângulo para um triângulo retângulo e aplicando a proporção entre cateto oposto e a hipotenusa.

Consideremos agora quatro casos particulares

- Para $n = 4$ temos $A_{poligono\ 4\ lados} = 4\dfrac{\text{sen}\theta_4}{2}R^2 \approx 2R^2$
- Para $n = 25$ temos $A_{poligono\ 25\ lados} = 25\dfrac{\text{sen}\theta_{25}}{2}R^2 \approx 3.1086R^2$
- Para $n = 50$ temos $A_{poligono\ 50\ lados} = 50\dfrac{\text{sen}\theta_{50}}{2}R^2 \approx 3.1333R^2$
- Para $n = 300$ temos $A_{poligono\ 300\ lados} = 300\dfrac{\text{sen}\theta_{300}}{2}R^2 \approx 3.1413R^2$

Deste modo, estamos aproximando a área do círculo pela área do polígono regular. É evidente que quanto maior for o número de lados do polígono regular inscrito, melhor será a aproximação da área do círculo feita com polígonos regulares.
Finalmente, quando n é suficientemente grande, o coeficiente de R^2 se aproxima do número π, isto é, $\lim_{n\to\infty} n\dfrac{\text{sen}\theta_n}{2} = \pi$ [4]. Assim, $A_{circulo} = \pi R^2$.

2.3.2 Tentativa de Calcular a Área do Trapézio

Consideremos o trapézio e tentemos calcular sua área.

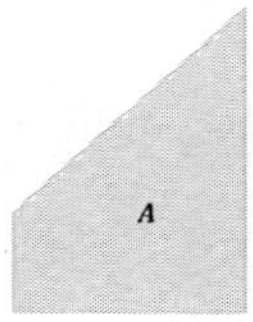

Figura 2.9: Trapézio

Qual seria o procedimento? Já admitimos que " a área de um retângulo de dimensões a e b é ab "[5].

Um método válido seria utilizar o método da exaustão que foi utilizado no inicio desta subseção para calcular a área de um círculo. Assim, podemos inserir retângulos menores de mesma espessura dentro da região trapezoidal e aproximar a área do trapézio pela área total dos retângulos inseridos na figura plana. Consideremos o trapézio da figura (2.10) que é limitado superiormente pela função $y = 2 + x$ definida no intervalo $I = [0, 4]$. Queremos determinar a área do trapézio limitado por cima, pelo gráfico da função y, nas laterais, pelas retas $x = 0$ e $x = 4$ e por baixo, pelo eixo das abscissas.

[4]De fato, uma forma alternativa de chegar ao mesmo resultado é utilizando o limite $\lim_{n\to\infty} \frac{\text{sen}(x)}{x} = 1$, assim $\lim_{n\to\infty} n\dfrac{\text{sen}\theta_n}{2} = \pi \lim_{n\to\infty} \dfrac{\text{sen}\theta_n}{\frac{2\pi}{n}} = \pi \lim_{\theta_n\to 0} \dfrac{\text{sen}\theta_n}{\theta_n} = \pi$.

[5]Em consequência a área de um triângulo retângulo é "$\dfrac{ab}{2}$", o que já foi utilizado no método de exaustão para calcular a área do círculo.

Dividimos a base do trapézio em 4 segmentos menores e iguais e logo calculamos as alturas respectivas em cada extremo do segmento como segue (ver figura 2.11)

$$\begin{array}{ll} x=0, & f(0)=2; \\ x=1, & f(1)=3; \\ x=2, & f(2)=4; \\ x=3, & f(3)=5; \end{array}$$

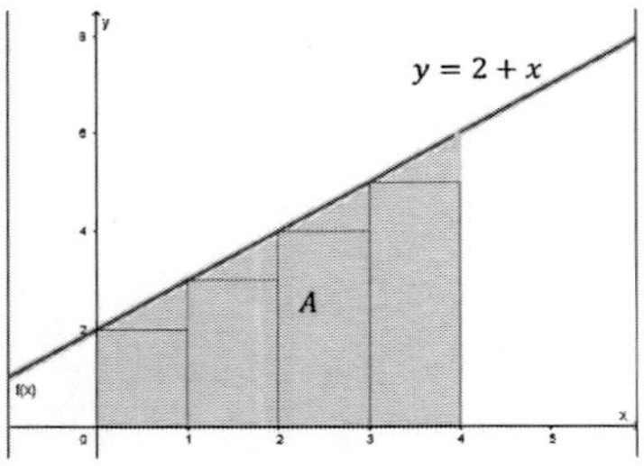

Figura 2.10: Trapézio

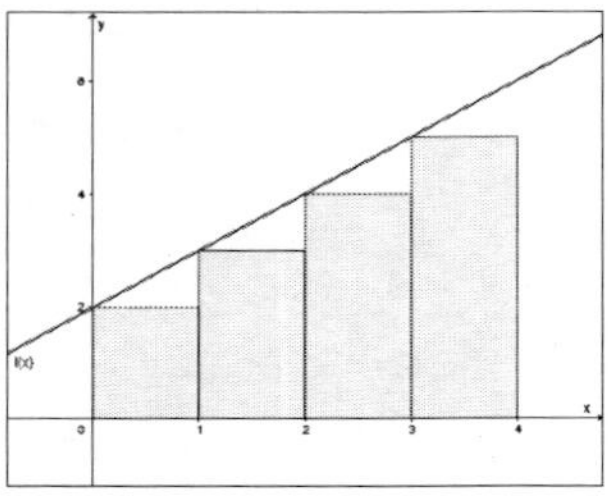

Figura 2.11: Trapézio: 4 partes iguais

Onde a área dos 4 retângulos é dada por:

$$A=(1-0)f(0)+(2-1)f(1)+(3-2)f(2)+(4-3)f(3)=14$$

Naturalmente, este valor é aproximado; não é o valor exato para o valor da área do trapézio, como se mostra na figura 2.11, o valor obtido é menor que o valor exato. Podemos melhorar a aproximação dividindo a base do trapézio em retângulos menores. Por exemplo, podemos dividir em 8 partes iguais, como se vê na figura 2.12.

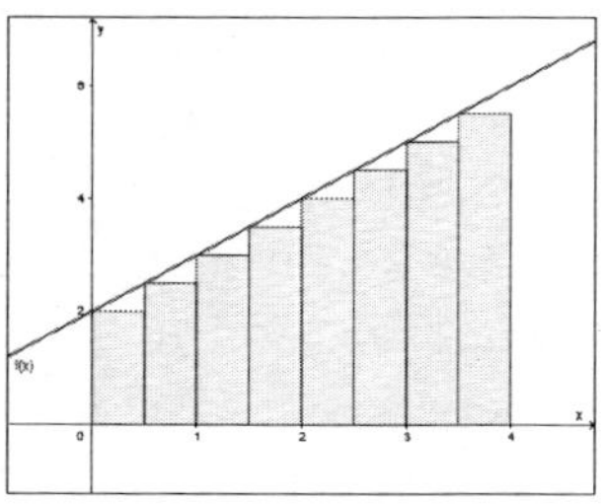

Figura 2.12: Trapézio: 8 partes iguais

Ao calcular a área dos retângulos contidos no trapézio, obtemos o valor 15 (verifique). Logo, a área do trapézio deve ser pelo menos 15 ou um valor muito próximo a 15.

Podemos continuar este processo realizando partições cada vez mais refinadas. Assim a área total relativa à partição se aproxima cada vez mais do valor da área do trapézio. Este processo pode ser visualizado de forma interativa no site *http : //aulainterativa.ect.ufrn.br/riemann/*, onde o aluno pode escolher uma função bem comportada e realizar partições arbitrárias e determinar a área do trapézio com distintos graus de aproximação.

O processo anterior dá um indicativo do caminho a seguir para determinar a área exata do trapézio e é isso que vamos formalizar a seguir.

Podemos subdividir o intervalo $[a, b]$:

$$P = \{x_1, x_2, x_3, \ldots, x_{n+1};\ x_1 < x_2 < \ldots < x_{n+1}\}$$

sendo $a = x_1$ e $b = x_{n+1}$. Com $\Delta x_i = x_{i+1} - x_i,\ i = 1, 2, 3, \ldots n$.
Para facilitar, podemos escolher os n intervalos do mesmo tamanho. Assim

$$\Delta x_i = \frac{b-a}{n} = \Delta x$$

sendo $x_1 = a,\ x_2 = x_1 + \Delta x,\ x_3 = x_1 + 2\Delta x$ e assim sucessivamente.

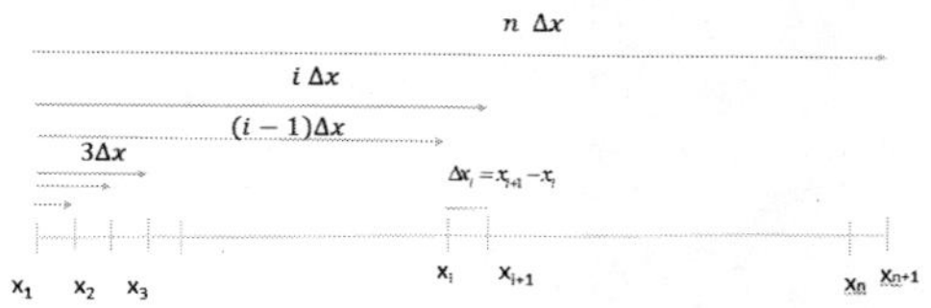

Figura 2.13: $x_i = x_1 + (i-1)\Delta x,\ x_{i+1} = x_1 + (i)\Delta x$

A seguir, vamos calcular as áreas dos retângulos que aproximam o trapézio.

$$\begin{aligned} A_1 &= f(x_1)\Delta x \\ A_2 &= f(x_2)\Delta x \\ A_3 &= f(x_3)\Delta x \\ \vdots &= \vdots \\ A_n &= f(x_n)\Delta x \end{aligned}$$

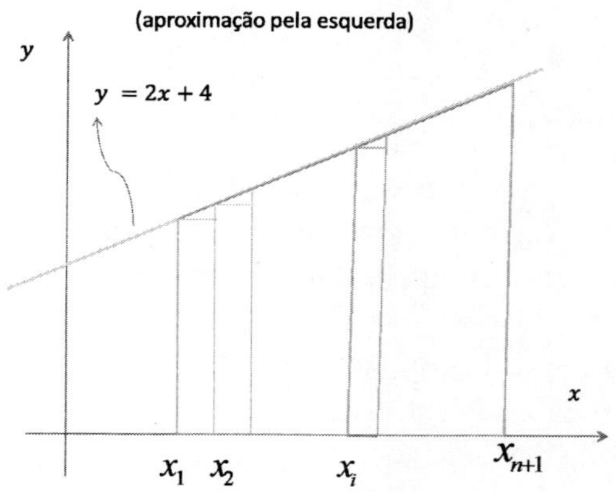

Figura 2.14: Trapézio: 8 partes iguais

Logo, aproximamos a área do trapézio:

$$A_{\text{trapézio}} \approx \sum_{k=1}^{n} A_k = A_1 + A_2 + A_3 + \cdots + A_n$$

Para determinar o valor exato da área do trapézio iremos tomar o limite da expressão anterior (soma de Riemann), quando n vai pra infinito.

$$A_{\text{trapézio}} = \lim_{n\to\infty} \sum_{k=1}^{n} f(x_k)\Delta_k = \lim_{n\to\infty} S_n,\ \Delta_k = \left(\frac{b-a}{n}\right)$$

$$S_n = \sum_{k=1}^{n} f(x_k)\left(\frac{4-0}{n}\right) = \sum_{k=1}^{n}(2+x_k)(\frac{4}{n})$$

Sabemos que $x_k = x_1 + (k-1)\Delta_k = 0 + (k-1)\frac{4}{n} = (k-1)\frac{4}{n}$

$$S_n = \sum_{k=1}^{n}(2+(k-1)\frac{4}{n})(\frac{4}{n}) = \sum_{k=1}^{n}(\frac{8}{n} - \frac{16}{n^2})\,1 + \sum_{k=1}^{n}\frac{16}{n^2}k$$

logo

$$S_n = (\frac{8}{n} - \frac{16}{n^2})\,n + \frac{16}{n^2}\frac{n(n+1)}{2}.$$

Reorganizando

$$S_n = 16 - \frac{8}{n} \to \lim_{n\to\infty} S_n = 16$$

Finalmente

$$A_{\text{trapézio}} = \lim_{n\to\infty} S_n = 16.$$

Em geral, é fácil provar, seguindo os mesmos passos feitos no exemplo anterior, que a área de um trapézio de base menor a, base maior b e altura h é dada pela fórmula:

$$\frac{(a+b)}{2}h$$

2.3.3 Soma de Riemann

Uma soma de Riemann é uma soma finita que permite aproximar a integral definida de uma função bem comportada e definida num intervalo da reta real. Exemplos simples são as aproximações de área de regiões planas, comprimento de curvas, volumes de corpos e outras magnitudes.

A soma é calculada particionando a região em formas de retângulos ou trapezoides, que de certa forma são próximos da região que está sendo medida e, ao somar indefinidamente as áreas de cada uma dessas formas, que na verdade é um limite, obtemos finalmente o valor da área requerida.

Definição 2.4. *Soma de Riemann*
Seja f uma função limitada definida no intervalo $[a, b]$. Definamos uma partição de $[a, b]$ como sendo um subconjunto de $[a, b]$ cujos elementos são os pontos $x_1, x_2, \cdots, x_{n-1}, x_{n+1}$, os quais dividem o intervalo $[a, b]$ em n partes com a propriedade:

$$a = x_1 < x_2 < \cdots < x_n < x_{n+1} = b.$$

Em cada intervalo $[x_k, x_{k+1}]$, $k = 1, 2, \cdots, n$, escolhemos um número arbitrário ξ_k. Agora, multiplicamos o valor $f(\xi_k)$ da função f no ponto ξ_k pelo comprimento correspondente $\Delta x_k = x_{k+1} - x_k$, $k = 1, 2, \cdots, n$ e escrevemos a soma de todos esses produtos, que denotaremos por S_n, isto é,

$$\begin{aligned} S_n &= f(\xi_1)(x_2 - x_1) + f(\xi_2)(x_3 - x_2) + \cdots + f(\xi_n)(x_{n+1} - x_n) \\ &= \sum_{k=1}^{n} f(\xi_k)(x_{k+1} - x_k). \end{aligned}$$

Chamamos S_n de soma integral ou soma de Riemann da função f com a partição dada.

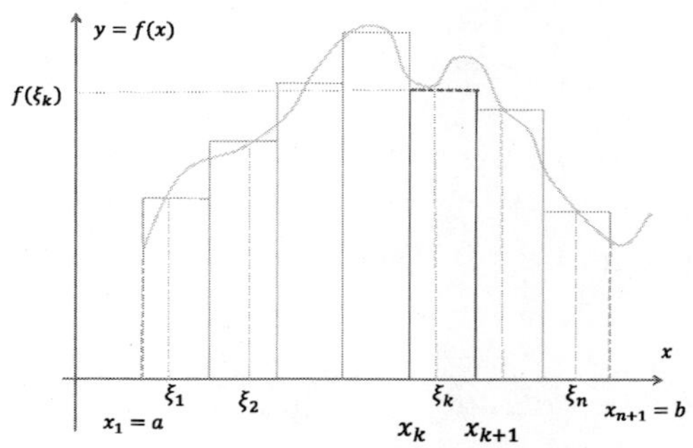

Figura 2.15: Soma de Riemann da função $f(x)$

Desta forma, para cada $n \in \mathbb{N}$, a soma integral $\sum_{k=1}^{n} f(\xi_k)\Delta x_k$ depende da escolha dos pontos da partição $x_1, x_2, \ldots, x_{n+1}$ do intervalo $[a, b]$ e da escolha do ponto ξ_k.

Vamos chamar o maior comprimento dos intervalos $[x_{k+1}, x_k]$ da partição, de diâmetro desta partição e denotaremos ele por d_n isto é,

$$d_n = \max_k \Delta x_k.$$

Se aumentarmos o número de pontos da divisão do intervalo $[a, b]$, podemos ter a seguinte definição para funções $f(x)$, limitadas neste intervalo:

Definição 2.5. *Integrabilidade segundo Riemann*
Seja a função $f : I = [a, b] \to R$, limitada. Se o número de subintervalos n do intervalo $[a, b]$ aumenta indefinidamente, consequentemente o diâmetro da partição d_n tende a zero, então se a sequência das somas integrais S_n possui limite, este limite não depende do modo como particionamos o intervalo $[a, b]$ nem da escolha dos pontos $\xi_1, \xi_2, \cdots, \xi_n$. O limite destas somas integrais (número), chama-se *Integral definida* da função f de a até b e é denotado por $\int_a^b f(x)dx$; onde b e a chamam-se limite superior e limite inferior de integração, respectivamente, e $f(x)$ chama-se função subintegral. Assim

$$\int_a^b f(x)dx = \lim_{d_n \to 0} \sum_{k=1}^{n} f(\xi_k)\Delta x_k, \quad \text{com } d_n = \max_k \Delta x_k.$$

As funções definidas em 2.5 chamam-se Riemann integráveis. No caso do limite não existir, diz-se que a função f não é Riemann integrável no intervalo I.

A partição na Definição 2.4 chama-se *partição uniforme* ou regular, se

$$\Delta x_i = \Delta x = \frac{b-a}{n} = constante,\ k = 1, \cdots, n.$$

Neste caso:

$$x_k = x_1 + (k-1)\Delta x, \quad \forall\, k = 1, 2, \cdots, n+1$$

ou

$$x_{k+1} = x_1 + k\,\Delta x, \ \forall\, k = 1, \cdots, n+1.$$

Iremos considerar esta partição nos exemplos e na resolução dos exercícios propostos. Dada a sua simplicidade, irá facilitar o cálculo da soma de Riemann.

Consideremos um exemplo simples pra ilustrar a definição 2.5 acima: a integral de uma função constante.

Exemplo 2.14. Calcule a integral definida da função $f(x) = C, \quad \forall x \in [a, b]$.

Para qualquer ponto $\xi_k \in [x_k, x_{k+1}]$, $k = 1, 2, \ldots, n$, com $x_1 = a$ e $x_{n+1} = b$, a função $f(\xi_k) = C$. Assim

$$\begin{aligned} S_n &= f(\xi_1)(x_2 - x_1) + f(\xi_2)(x_3 - x_2) + \cdots + f(\xi_n)(x_{n+1} - x_n) = \\ &= C(x_2 - x_1) + C(x_3 - x_2) + \cdots + C(x_{n+1} - x_n) = \\ &= C[(x_2 - x_1) + (x_3 - x_2) + \cdots + (x_{n+1} - x_n)] = \\ &= C(x_{n+1} - x_1) = C(b-a). \end{aligned}$$

Desta forma

$$\int_a^b C dx = C(b-a).$$

O fato da função f ser simplesmente limitada não garante a existência da integral. Mostramos a seguir que a condição limitada da função na definição 2.5 é necessária, mas não suficiente para ela ser integrável. De fato, consideremos o seguinte exemplo: a função limitada de Dirichlet no intervalo $[-1, 1]$.

Exemplo 2.15. Definimos a função f, como sendo

$$f(x) = \begin{cases} 2, & x \in \mathbb{Q} \\ -1, & x \in I \end{cases}$$

Verifique que f não é integrável em $[-1, 1]$.

Primeiro tome uma partição arbitrária

$$P = \{-1 = x_1, x_2, \cdots, x_i, x_{i+1}, \cdots, x_{n+1} = 1\}$$

Nesta partição, tome os pontos $x_1^*, x_2^*, \cdots, x_n^*$, com $x_i^* \in [x_i, x_{i+1}]$, $i = 1, 2, \cdots, n+1$, exatamente n números racionais, então

$$\sum_{i=1}^{n} f(x_i^*)\Delta x_i = \sum_{i=1}^{n} 2\Delta x_i = 2\sum_{i=1}^{n} \Delta x_i = 2(2) = 4. \tag{2.3}$$

Por outro lado, na mesma partição tome os pontos $x_1^*, x_2^*, \cdots, x_n^*$ exatamente números irracionais, logo

$$\sum_{i=1}^{n} f(x_i^*)\Delta x_i = \sum_{i=1}^{n}(-1)\Delta x_i = -2. \tag{2.4}$$

Agora, tomando o limite em (2.3) e (2.4) quando n tende ao infinito, observa-se que a integral definida da função f tem diferentes valores dependendo da escolha da partição. Isto significa que a função f não é integrável no intervalo $[-1, 1]$.

Nota 2.1. *O Conjunto dos Números racionais é denso no conjunto dos reais.*
No raciocínio do exemplo anterior, temos aceitado sem demonstração que em qualquer intervalo finito $[a, b]$ da reta real há infinitos racionais e infinitos irracionais. A demonstração deste fato é um dos temas da disciplina de análise na reta real, um curso avançado imediatamente após o cálculo integral e diferencial, no programa de graduação em matemática.

Se a função f não for limitada em $[a, b]$, será que ela é integrável?
Vejamos, se ela não for limitada, digamos num ponto $\xi_k \in [x_k, x_{k+1}] \subset [a, b]$, então

$$\begin{aligned} S_n &= f(\xi_1)(x_2 - x_1) + f(\xi_2)(x_3 - x_2) + \cdots + f(\xi_k)(x_{k+1} - x_{k1}) + \ldots \\ &+ f(\xi_n)(x_{n+1} - x_n) = f(\xi_k)\Delta x_k + \sum_{j=1, j\neq k}^{n} f(\xi_j)(x_{j+1} - x_j). \end{aligned}$$

Como

$$\begin{aligned} |f(\xi_k)\Delta x_k + \sum_{j=1,j\neq k}^{n} f(\xi_j)\Delta x_j - \sum_{j=1,j\neq k}^{n} f(\xi_j)\Delta x_j)| \;&\leq\; |\sum_{j=1,j\neq k}^{n} f(\xi_j)\Delta x_j| \\ &+\; |f(\xi_k)\Delta x_k + \sum_{j=1,j\neq k}^{n} f(\xi_j)\Delta x_j|, \end{aligned}$$

de onde

$$|S_n| \geq |f(\xi_k)|\Delta x_k - \left|\sum_{j=1,j\neq k}^{n} f(\xi_j)\Delta x_j\right|,$$

ou seja, a soma integral não é limitada e, portanto, a função f não é integrável.

Nota 2.2. *Condição necessária de integrabilidade à la Riemann*
Se uma função não é limitada num certo intervalo fechado $[a, b]$, então a função não é integrável. Podemos dizer, sem demonstração, que toda função integrável num intervalo fechado $[a, b]$ da reta real necessariamente deve ser limitada.

Dito de outro modo, uma condição necessária pra uma função ser integrável no intervalo fechado $[a, b]$ é que a função seja limitada (apesar de não ser suficiente, vide Exemplo 2.15).

Em um curso de Análise real I, mostra-se que existem algumas classes de funções Riemann integráveis: as funções contínuas e as funções monótonas limitadas. Apenas vamos enunciar estes teoremas. Caso o aluno esteja interessado pode consultar o livro [7]

Teorema 2.1. Se $f : I = [a, b] \to R$, é contínua no intervalo fechado $[a, b]$ então f é integrável em $[a, b]$.

Teorema 2.2. As funções f definidas no intervalo $I = [a, b]$ monótonas e limitadas são integráveis em $[a, b]$.

Comentário: O teorema 2.1 é importante porque, na prática, dada uma função real de variável real, não precisamos calcular a soma de Riemann e seu limite para saber se é ou não é integrável; basta saber se a dita função é contínua.

Exemplo 2.16. A função $f(x) = \operatorname{sen} x$ é contínua em qualquer intervalo $[a, b]$ da reta real, logo $f(x)$ é integrável em $[a, b]$.

Exemplo 2.17. Considere a função

$$f(x) = \begin{cases} 2, & 1 \leq x \leq 2 \\ 1, & 2 < x \leq 4 \end{cases}$$

Esta função não é contínua (descontínua em $x = 2$), contudo ela é integrável em $[1, 4]$. É fácil de certificar que a integral $\displaystyle\int_1^4 f(x)dx$ está bem definida no intervalo, pois $\displaystyle\int_1^4 f(x)dx$ é basicamente a área limitada pela função $f(x)$, pelas retas verticais $x = 1, x = 4$ e a reta horizontal $y = 0$. Logo, não vale a recíproca do Teorema (2.1), ou seja, f ser integrável não quer dizer que seja contínua no intervalo de integração.

Teorema 2.3. Seja $f(x)$ uma função contínua no intervalo $I = [a, b]$, então:

$$m(b-a) \leq \int_a^b f(x)dx \leq M(b-a)$$

Sendo $m = f(x_m)$, o valor mínimo da função no intervalo I, e $M = f(x_M)$ o valor máximo da função no intervalo I.

Na figura 2.16, $\displaystyle\int_a^b f$ é a área da região limitada pela reta $y = 0$, as retas verticais $x = a$, $x = b$ e por cima, pelo gráfico da função $y = f(x)$. Na mesma figura podemos visualizar também a desigualdade definida no teorema 2.3. De fato a região retangular de cor laranja de área $(b-a)m$ é o limite inferior para $\int f$, e $M(b-a)$ é a área da região retangular de cor ciano que funciona como limite superior para $\int f$.

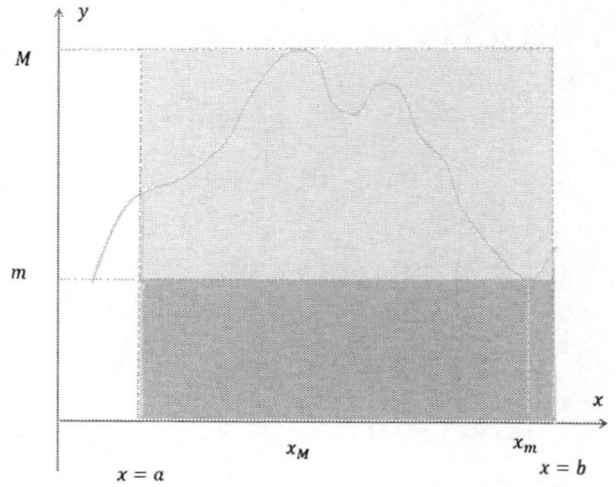

Figura 2.16:

Exemplo 2.18. Sem necessidade de calcular a integral definida, prove que $2\sqrt{3} \leq \int_{-1}^{1} f(x)dx \leq 8$ sendo que $f(x) = \sqrt{4 - x^2}$.

No intervalo $[-1, 1]$ a função contínua $f(x)$ tem como valor mínimo $m = f(-1) = f(1) = \sqrt{3}$ e como valor máximo $M = f(0) = 4$. Assim, pelo Teorema 2.3

$$\sqrt{3}(1 - (-1)) \leq \int_{-1}^{1} f(x)dx \leq 4(1 - (-1),$$

daí segue a desigualdade procurada.

Resolva os item b e c do exercício (2.11) como aplicação do Teorema 2.3.

Observação 2.1. De acordo com o Teorema de Weierstrass, se uma função é contínua num intervalo fechado $[a, b]$, então ela é limitada e assume seus valores máximo absoluto e mínimo absoluto para todo $x \in [a, b]$. Ou seja, existem números reais m e M tais que $m \leq f(x) \leq M$, daí que a desigualdade anterior é imediata.

Para finalizar esta seção vamos enunciar a afirmação que mostra que apesar da função não ser contínua no intervalo, ela pode ser Riemann integrável.

Teorema 2.4. A função f limitada em $[a, b]$ com um número finito de pontos de descontinuidade é integrável.

Para acompanhar a prova deste resultado, recomendamos os livros de Elon [11] e de Kudriatzev [12].

Por último, vamos introduzir a noção de integral definida em termos de ε e δ.

Definição 2.6. A função f definida e limitada no intervalo $[a, b]$, diz-se integrável neste intervalo se existe um número I, tal que $\forall \varepsilon > 0$, existe $\delta(\varepsilon) > 0$ e para qualquer partição do intervalo $[a, b]$, com diâmetro d_n menor que δ e para qualquer escolha de $\xi_k \in [x_k, x_{k+1}]$, $k = 1, 2, \ldots, n+1$, vale a desigualdade

$$\Big| \sum_{k=1}^{n} f(\xi_k)\Delta x_k - I \Big| < \varepsilon.$$

O número I chama-se integral definida e denota-se por

$$I = \int_{a}^{b} f(x)dx.$$

A definição da integral definida surgiu de problemas práticos ligados à Geometria, Física, Mecânica, etc. Um desses problemas, que na próxima seção dedicaremos nossa atenção, é o cálculo das áreas de figuras planas.

2.3.4 Interpretação Geométrica da Integral Definida

Vamos mostrar que a área do trapézio curvo da figura abaixo é dada pela integral definida da função f.

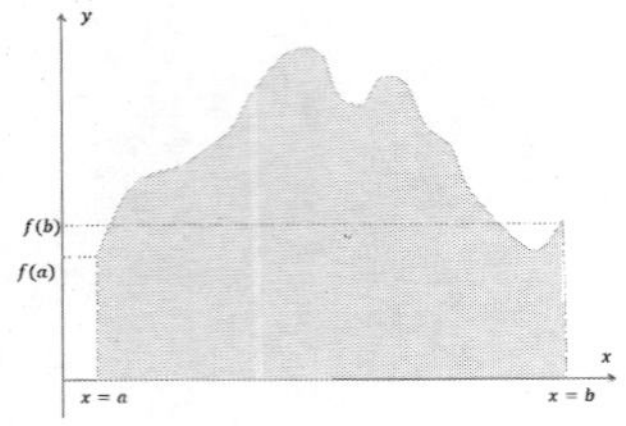

Figura 2.17: Trapézio Curvo

Para visualizar isto, consideremos a figura, limitada pelo gráfico da função limitada $f(x)$ no intervalo $[a, b]$, que somente toma valores não negativos $(f(x) \geq 0)$, por duas retas verticais $x = a$ e $x = b$ e pelo eixo das abscissas. Tal figura vamos chamar de trapézio curvilíneo.

Usando a notação anterior, escrevemos a soma integral

$$S_n = \sum_{k=1}^{n} f(\xi_k)(x_{k+1} - x_k) = \sum_{k=1}^{n} A_k$$

Neste caso, o termo k-ésimo da soma integral S_n pode ser considerado como a área do retângulo de base $x_{k+1} - x_k$ e altura $f(\xi_k)$, onde $k = 1, 2, \ldots, n+1$; então a soma integral S_n expressa a área da figura formada por n retângulos.

É claro que se aumentarmos o número de subintervalos do intervalo $[a, b]$, diminuímos o diâmetro da partição d_n, então a soma S_n será uma boa aproximação da área do trapézio curvilíneo, ou seja

$$\text{Área do trapézio curvilíneo} = \int_a^b f(x)dx.$$

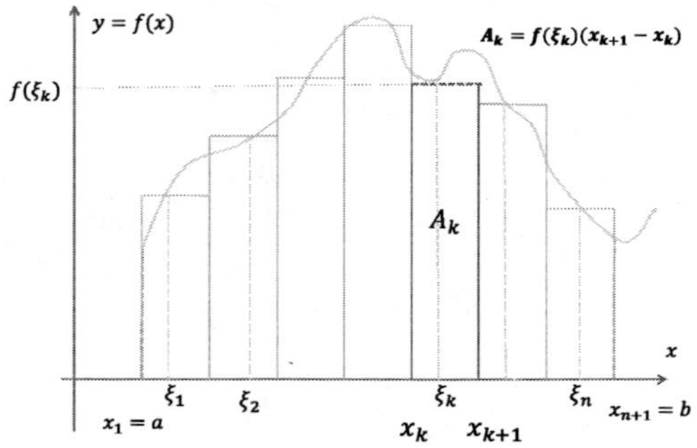

Figura 2.18:

Dada a interpretação geométrica da integral definida, vamos considerar agora um exemplo histórico: como encontrar a área do trapézio curvilíneo estudado na Grécia antiga por Arquimedes[6], muito antes da invenção do cálculo integral. Este trapézio curvilíneo em questão é a

[6]Arquimedes de Siracusa (287a.c-212a.c), matemático, físico, inventor grego

figura limitada pela parábola $y = x^2$ no intervalo $[0, b]$, a reta $x = b$ e o eixo das abscissas. Agora já sabemos que para calcular esta área somente precisamos calcular a seguinte integral:

Exemplo 2.19.

$$\int_0^b x^2 dx, \quad b > 0.$$

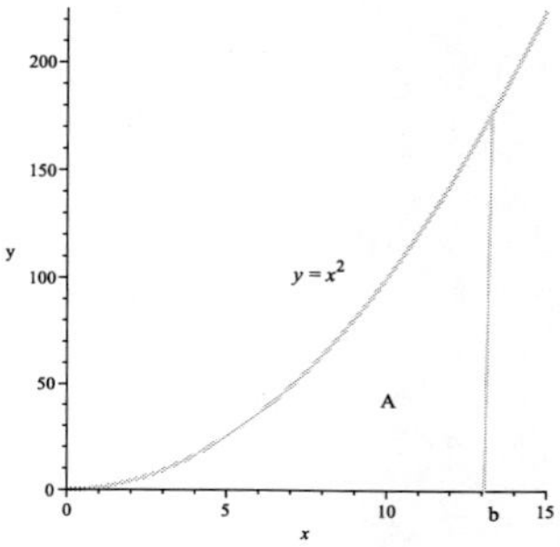

Figura 2.19: Área da região limitada pela parábola $y = x^2$, a reta $x = b$ e o eixo das abscissas calculado por Arquimedes.

Não existe, na geometria plana, uma fórmula explícita que nos permita calcular diretamente a área da figura formada pela parábola $y = x^2$, pelo eixo das abscissas e pela reta $x = b$.

Calculemos esta área usando a definição de integral definida $\int_0^b x^2 dx$. De fato, primeiramente, particionemos o intervalo $[0, b]$ em n partes iguais, onde cada subintervalo $[x_k, x_{k+1}]$ possui comprimento $\Delta x_k = b/n$. Observamos que $x_1 = 0$, $x_2 = b/n$, $x_3 = b/n + b/n = 2b/n$, $x_4 = 3b/n, \ldots$ $x_{k+1} = kb/n$. Portanto, podemos escolher, por exemplo, ξ_k como sendo o extremo direito de cada subintervalo, isto é, $\xi_k = x_{k+1} = kb/n$, e obter $f(\xi_k) = k^2b^2/n^2$. Desta forma podemos escrever a soma integral S_n para a função $f(x) = x^2$ da seguinte forma

$$S_n = \sum_{k=1}^{n} f(\xi_k)(x_{k+1} - x_k) = \sum_{k=1}^{n} \frac{k^2b^2}{n^2}\frac{b}{n} = \frac{b^3}{n^3}\sum_{k=1}^{n} k^2 = \frac{b^3}{n^3}(1^2 + 2^2 + \ldots + n^2).$$

Usando o fato que

$$1^2 + 2^2 + \ldots + n^2 = \frac{n(n+1)(2n+1)}{6},$$

temos

$$\begin{aligned} S_n &= \frac{b^3}{n^3}(1^2 + 2^2 + \ldots + n^2) = \\ &= \frac{b^3}{n^3}\frac{n(n+1)(2n+1)}{6} = \\ &= \frac{b^3}{6}\frac{(n+1)(2n+1)}{n^2} = \\ &= \frac{b^3}{6}\left(1 + \frac{1}{n}\right)\left(2 + \frac{1}{n}\right). \end{aligned}$$

Portanto

$$\int_0^b x^2 dx = \lim_{d_n \to 0} S_n = \lim_{n \to \infty}\left[\frac{b^3}{6}\left(1 + \frac{1}{n}\right)\left(2 + \frac{1}{n}\right)\right] = \frac{b^3}{3}.$$

2.3.5 Partições Particulares para Calcular a Soma de Riemann

Para calcular explicitamente a soma de Riemann, devemos escolher o ponto x_i^* em cada intervalo $[x_i, x_{i+1}]$. Vamos elencar as 4 possíveis formas mais conhecidas de escolher x_i^* para calcular explicitamente a soma de Riemann.

I Soma de Riemann por aproximação à direita.
Neste caso $x_i^* = x_{i+1}$ (ver figura (2.20), donde

$$S_n = \sum_{i=1}^{n} f(x_{i+1})\Delta x_i$$

e

$$\int_a^b f(x)dx = \lim_{n\to\infty} \sum_{i=1}^{n} f(x_{i+1})\Delta x_i$$

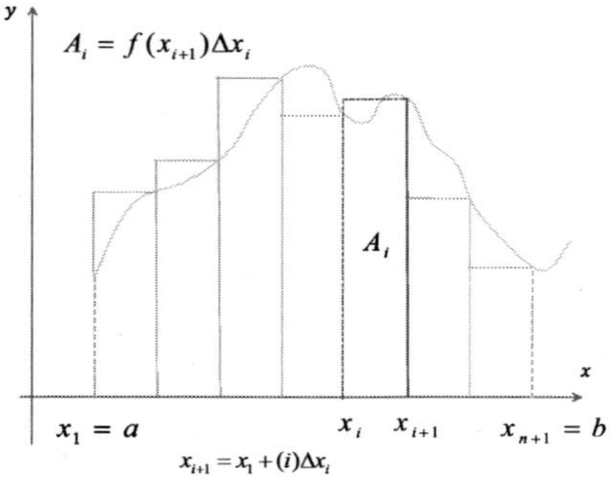

Figura 2.20: Aproximação pela direita

II Soma de Riemann por aproximação à esquerda.
Neste caso se escolhe $x_i^* = x_i$ (ver figura 2.21).

$$S_n = \sum_{i=1}^{n} f(x_i)\Delta x_i$$

e

$$\int_a^b f(x)dx = \lim_{n\to\infty} \sum_{i=1}^{n} f(x_i)\Delta x_i$$

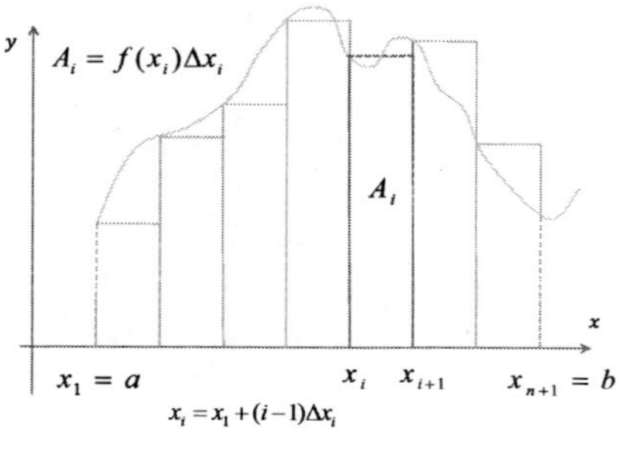

Figura 2.21: Aproximação pela esquerda

III Soma de Riemann por aproximação de mínimos.
Neste caso o ponto $x_i^* = x_{im}$ é o ponto de valor mínimo da função no intervalo $[x_i, x_{i+1}]$, logo $f(x_{im})$ é o valor mínimo da função $f(x)$ no mesmo intervalo (ver figura 2.22). A seguir

$$S_n^m = \sum_{i=1}^{n} f(x_{im})\Delta x_i$$

e

$$\int_a^b f(x)dx = \lim_{n\to\infty} \sum_{i=1}^{n} f(x_{im})\Delta x_i$$

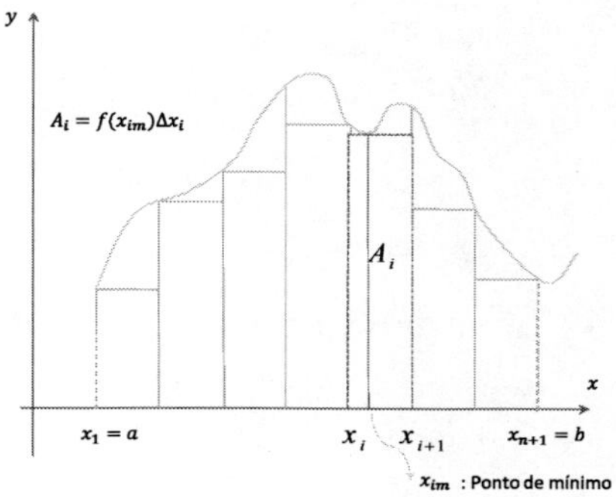

Figura 2.22: Aproximação por mínimos

IV Soma de Riemann por aproximação de máximos.
Neste caso o ponto $x_i^* = x_{iM}$ é o ponto de valor máximo da função no intervalo $[x_i, x_{i+1}]$, logo $f(x_{iM})$ é o valor máximo da função $f(x)$ no mesmo intervalo (ver figura 2.23). A seguir

$$S_n^M = \sum_{i=1}^{n} f(x_{iM})\Delta x_i$$

e

$$\int_a^b f(x)dx = \lim_{n\to\infty} \sum_{i=1}^{n} f(x_{iM})\Delta x_i$$

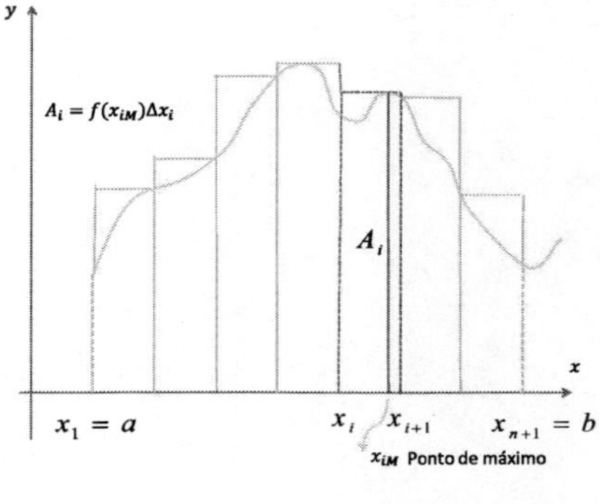

Figura 2.23: Aproximação por máximos

Como, em cada intervalo $[x_i, x_{i+1}]$, $f(x_{im}) \leq f(x) \leq f(x_{iM})$, considerando uma partição homogênea, é fácil perceber que

$$S_n^m \leq S_n \leq S_n^M$$

O resultado mais importante é que o limite da soma de Riemann independe da partição e da escolha do ponto x_i^* : assim:

$$\lim_{n\to\infty} S_n^m = \int_a^b f(x)dx = \lim_{n\to\infty} S_n^M$$

Exemplo 2.20. Calcular a integral definida da função $y = f(x) = x^2$ no intervalo $I = [a, b]$.

Por definição

$$\int_a^b f(x)dx = \lim_{n\to\infty} S_n,$$

onde

$$S_n = \sum_{i=1}^{n} f(x_i^*)\Delta x_i$$

onde

$$x_1 = a, x_{n+1} = b.$$

Para a continuação vamos escolher uma partição uniforme (ou regular), ou seja:

$$\Delta x_i = \Delta x = \frac{b-a}{n}.$$

Para calcular explicitamente a soma de Riemann, iremos escolher a aproximação por máximos, ou seja:

$$x_{iM}^* = x_{i+1} = x_1 + (i)\Delta x.$$

Pois em cada subintervalo $[x_i, x_{i+1}]$, a função é crescente monotonamente, logo o máximo da função acontece em $x_{iM} = x_{i+1}$ Para o exemplo:

$$x_{iM}^* = x_{i+1} = a + (i)(\frac{b-a}{n}).$$

Como $f(x) = x^2$ então:

$$\begin{aligned} f(x_{iM}^*) &= f(x_{i+1}) = x_{i+1}^2 = \left(a + (i)\frac{b-a}{n}\right)^2 \\ &= a^2 + 2a\frac{b-a}{n}i + \frac{i^2(b-a)^2)}{n^2} \end{aligned}$$

$$S_n = \sum_{i=1}^{n}\left(a^2 + 2a\frac{b-a}{n}i + \frac{i^2(b-a)^2}{n^2}\right)\frac{b-a}{n}$$

Pelas propriedades 1 e 2 dos somatórios.

$$S_n = (a^2\sum_{i=1}^{n} 1 + 2a\frac{b-a}{n}\sum_{i=1}^{i=n} i + \frac{(b-a)^2}{n^2}\sum_{i=1}^{i=n} i^2)\frac{b-a}{n}$$

$$S_n = (a^2 n + 2a\frac{b-a}{n}\frac{n(n+1)}{2} + \frac{(b-a)^2}{n^2}\frac{n(n+1)(2n+1)}{6})\frac{b-a}{n}$$

simplificando

$$S_n = (a^2(b-a) + 2a\frac{(b-a)^2}{2}(1+\frac{1}{n}) + \frac{(b-a)^3}{6}(1+\frac{1}{n})(2+\frac{1}{n})$$

esta é a chamada soma de Riemann. A seguir, tomamos o limite com $n \to \infty$

$$\lim_{n\to\infty} S_n = a^2(b-a) + a(b-a)^2 + (b-a)^3\frac{1}{3} = \frac{b^3}{3} - \frac{a^3}{3}$$

Pela definição 2.5

$$\int_a^b f(x)dx = \lim_{n\to\infty} S_n = \frac{b^3}{3} - \frac{a^3}{3} \tag{2.5}$$

O resultado é um número que aparentemente resulta da subtração da função $F(x) = x^3/3$ avaliada em b e da mesma função avaliada em a, e curiosamente $F'(x) = x^2 = f(x)$. Isto, que parece ser casualidade, na verdade é uma regra geral, que iremos explorar posteriormente.

Para finalizar esta seção vamos introduzir a definição de função contínua por partes e determinar a área que forma o gráfico desta função com o eixo das abscissas.

Definição 2.7. *Função contínua por partes.* Uma função se diz que é contínua por partes no intervalo $[a, d]$ se f é contínua em todos os pontos de $[a, d]$ exceto num número finito de pontos em $[a, d]$, e se em cada ponto de descontinuidade os limites laterais existem (no ponto a requer somente a existência do limite pela direita, e no ponto d requer somente a existência do limite pela esquerda.)

Exemplo 2.21. Considere a função $s(x)$ definida como segue, no intervalo $[a, d]$ (ver figura a seguir)

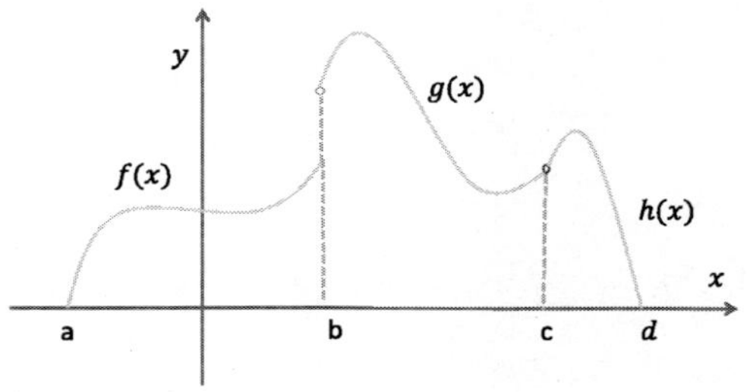

Figura 2.24: Funções contínuas por partes

$$s(x) = \begin{cases} f(x), a \leq x \leq b \\ g(x), b < x < c \\ h(x), c < x \leq d \end{cases}$$

A função $s(x)$ é contínua por partes no intervalo $I = [a, b]$. Em particular, é descontínua nos pontos $x = b$ e $x = c$. No entanto, a integral está bem definida no intervalo I, de acordo com o seguinte teorema.

Teorema 2.5. Se $s : I = [a, b] \to R$, é contínua por partes no intervalo fechado $[a, b]$ então s é integrável em $[a, b]$. Ou seja:

$$\int_a^b s(x)dx$$

está bem definida.

Ainda considerando a função $s(x)$ contínua por partes e supondo que $s(x) \geq 0$ entao, a integral definida em cada subintervalo representa a área debaixo da função limitada ao subintervalo, isto é

$$\int_a^d s(x)dx = \int_a^b f(x)dx + \int_b^c g(x)dx + \int_c^d h(x)dx$$

ou

$$A_T = A_1 + A_2 + A_3$$

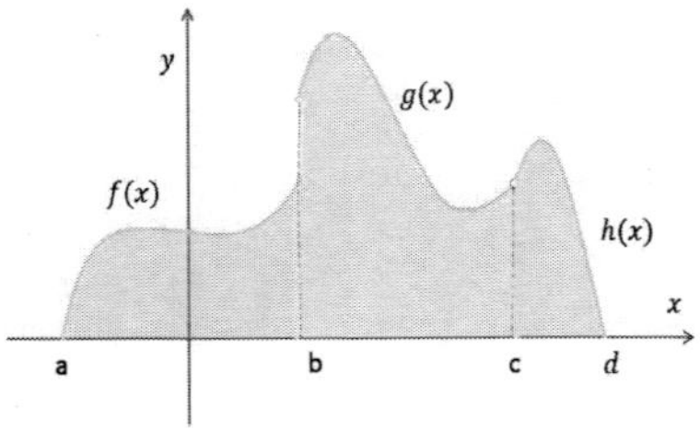

Figura 2.25: $A_T = \int_a^d s(x)dx = I_1 + I_2 + I_3 \geq 0$

Observação 2.2. Nos pontos de descontinuidade ($x = b$, e $x = c$) da função $s(x)$, não teríamos como definir a integral definida, justamente porque a função não está definida. Do ponto de vista geométrico, no intervalo base, temos: $I = [b, b]$ e $I = [c, c]$ tem dimensão nula, logo a área subtendida nesses "intervalos base"é nula; em consequência a área total é a soma das áreas das regiões parciais onde a função é contínua.

2.4 Propriedades de Integral Definida

Sejam $f(x)$ e $g(x)$ duas funções integráveis no intervalo $I = [a, b]$ e α e β constantes numéricas arbitrárias, então valem as seguintes propriedades da integral definida

1. Ordem de integração.

$$\int_a^b f(x)dx = -\int_b^a f(x)dx.$$

Em particular: $\int_a^a f(x)dx = 0.$

2. Propriedade de linearidade na função integrando.

$$\int_a^b (\alpha f(x) + \beta g(x))dx = \alpha \int_a^b f(x)dx + \beta \int_a^b g(x)dx.$$

3. Positividade. Se $f(x) \geq 0$ em $I = [a, b]$ então

$$\int_a^b f(x)dx \geq 0.$$

4. Propriedade de aditividade. Seja $c \in [a, b]$ e $f(x)$ é integrável em $[a, c]$ e $[c, b]$ então

$$\int_a^b f(x)dx = \int_a^c f(x)dx + \int_c^b f(x)dx.$$

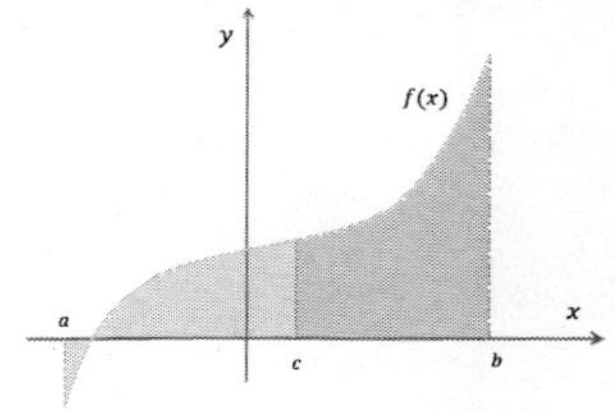

Figura 2.26:

5. Invariância por translação

$$\int_a^b f(x)dx = \int_{a+c}^{b+c} f(x-c)dx$$

em que c é um número real arbitrário.

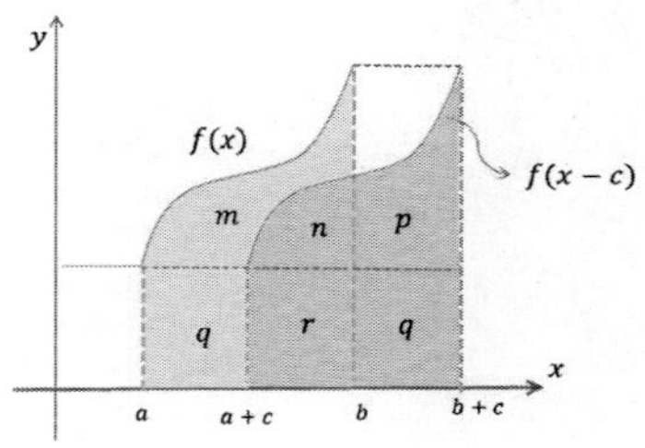

Figura 2.27: Geometricamente: $m + n + q + r = n + p + q + r$

6. Dominação. Se $f_1(x) \leq f_2(x)$ no intervalo $I = [a, b]$, então

$$\int_a^b f_1(x)dx \leq \int_a^b f_2(x)dx$$

7. Desigualdade Modular para integrais

$$\left|\int_a^b f(x)dx\right| \leq \int_a^b |f(x)|dx.$$

Vamos provar apenas duas propriedades da integral definida, especificamente as propriedades 5 e 7.

Demonstração da Propriedade 5. Na integral $\displaystyle\int_a^b f(x)dx$ fazemos a seguinte substituição $x = y - c$ temos $dx = dy$ e

$$\begin{cases} \text{quando } x = a, & y = a + c; \\ \text{quando } x = b, & y = b + c. \end{cases}$$

Segue daqui que

$$\int_a^b f(x)dx = \int_{a+c}^{b+c} f(y-c)dy = \int_{a+c}^{b+c} f(x-c)dx$$

a última igualdade vale, pois a integral independe da variável de integração. ■

Demonstração da Propriedade 7. Esta propriedade vamos mostrar supondo que o gráfico da função f seja da forma da figura 2.28 a seguir, e facilmente pode-se generalizar para qualquer outra função.

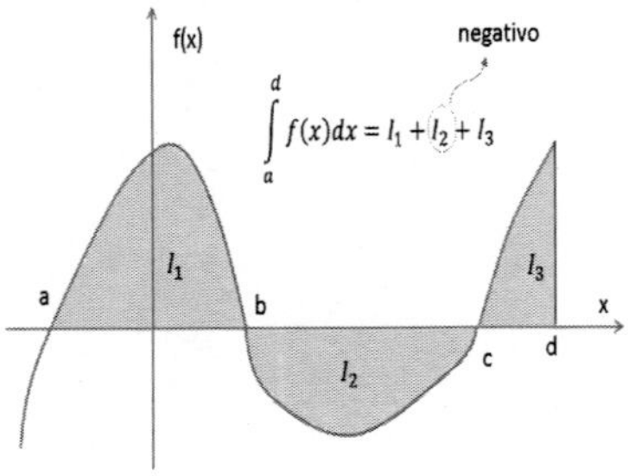

Figura 2.28: Gráfico de $f(x)$

A seguir, vamos tomar o valor absoluto do resultado da integral de f no intervalo $[a, d]$.

$$\left|\int_a^d f(x)dx\right| = |I_1 + I_2 + I_3|$$

Na figura (2.29) a seguir, o gráfico da função $|f(x)|$ e sua integral no intervalo [a, d]. Note que a integral da função valor absoluto é positiva, pois todos os termos $|I_1|, |I_2|, |I_3|$ são positivos.

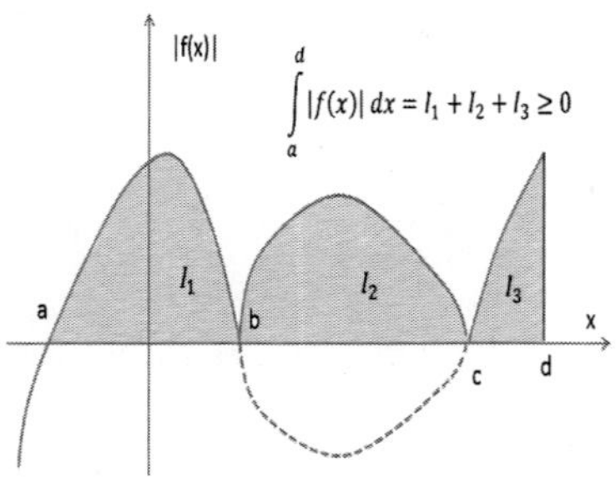

Figura 2.29: $A = \int_a^d |f(x)|dx = |I_1| + |I_2| + |I_3| \geq 0$

De álgebra linear temos a desigualdade triangular para o espaço vetorial dos números reais.

$$|I_1 + I_2 + I_3| \leq |I_1| + |I_2| + |I_3|$$

Daí que:

$$\left|\int_a^d f(x)dx\right| \leq \int_a^d |f(x)|dx. \blacksquare$$

Vamos apresentar mais uma demonstração da propriedade 7.

Se $f(x)$ é integrável em $[a, b]$ então $|f(x)|$ também é integrável. Observe que:

$$f(x) \leq |f(x)| \iff -|f(x)| \leq f(x) \leq |f(x)| \quad \forall x \in [a, b].$$

Pela propriedade 6 temos:

$$-\int_a^b |f(x)|dx \leq \int_a^b f(x)dx \leq \int_a^b |f(x)|dx.$$

Logo

$$\left|\int_a^d f(x)dx\right| \leq \int_a^d |f(x)|dx. \blacksquare$$

Proposição 2.1. Seja $f(x)$ uma função periódica de período T então

$$\int_a^b f(x)dx = \int_{a+T}^{b+T} f(x)dx$$

Demonstração

Como $f(x)$ é periódica então $f(x) = f(x+T), \forall\, x \in [a,b]$ ou $f(x-T) = f(x-T+T) = f(x)$. Pela propriedade 5 (invariância por translação) de integrais definidas e considerando $c = T$, obtemos

$$\int_a^b f(x)dx = \int_{a+T}^{b+T} f(x-T)dx = \int_{a+T}^{b+T} f(x)dx. \blacksquare$$

2.5 Teorema Fundamental do Cálculo

Teorema 2.6 (Primeiro Teorema Fundamental do Cálculo)**.** Sejam f contínua no intervalo $I = [a,b]$ e G uma função definida em $I = [a,b]$ por

$$G(x) = \int_c^x f(t)dt, \tag{2.6}$$

onde $c \in [a,b]$. Então G é diferenciável em I e

$$G'(x) = f(x).$$

Demonstração Consideremos $x \in I$, e h suficientemente pequeno tal que $x+h \in I$. Como $f(t)$ é contínua em I então é integrável em I, assim $G(x)$ está bem definida. Da definição de G, $G(x+h) = \displaystyle\int_c^{x+h} f(t)dt$. A figura 2.30 fornece a interpretação geométrica da função $G(x)$.

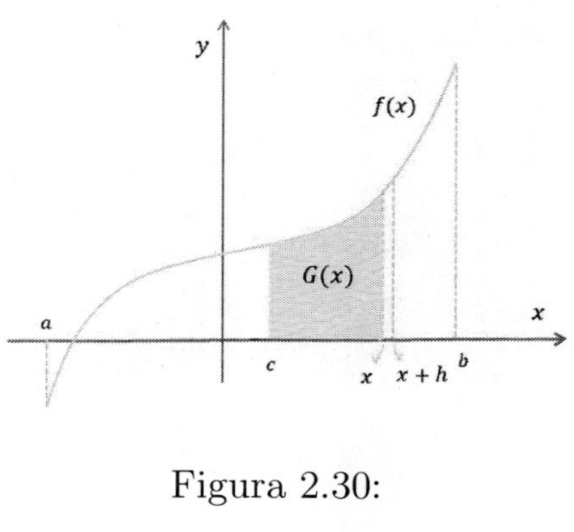

Figura 2.30:

Pela propriedade (4) de integrais definidas

$$G(x+h) = \int_c^{x+h} f(t)dt = \int_c^x f(t)dt + \int_x^{x+h} f(t)dt$$

$$G(x+h) = G(x) + \int_x^{x+h} f(t)dt.$$

No intervalo $[x, x+h]$, para h suficientemente pequeno e pela continuidade da função f

$$\int_x^{x+h} f(t)dt = h(\frac{f(x)+f(x+h)}{2}).$$

De onde:

$$G(x+h) - G(x) = h(\frac{f(x)+f(x+h)}{2}).$$

Quando $h \to 0, f(x+h) \to f(x)$, segue

$$\lim_{h\to 0} \frac{(G(x+h) - G(x)}{h} = f(x).$$

Assim G é diferenciável em I e $G'(x) = f(x), \forall\, x \in I$. ■

Exemplo 2.22. Considere a função $f(x) = x^2$. Verifique $G'(x) = x^2$.

Do exemplo 2.5, temos

$$G(x) = \int_c^x t^2\, dt = (\frac{x^3}{3} - \frac{c^3}{3})$$

Derivando a função $G(x)$, obtemos

$$G'(x) = x^2$$

que corresponde com o teorema 2.6.
Neste ponto, vamos lembrar do comentário feito no exemplo 2.5, onde levantamos a hipótese de uma relação direta entre a função integrando f e a integral $\int_c^x f$. Agora, pelo Teorema 2.6, observamos esta relação direta.

Exemplo 2.23. Determine $G'(1)$, onde $G(x) = \displaystyle\int_{10\sqrt{5}}^x \cos 2\pi t^2\, dt$.

Veja que agora não precisamos calcular a integral indefinida para depois derivá-la. Basta usar o Primeiro Teorema Fundamental do Cálculo, o qual já nos dará uma resposta imediata:

$$G'(x) = f(x),$$

em que $f(t) = \cos 2\pi t^2$.
Assim

$$G'(x) = \cos 2\pi x^2 \textit{ e portanto } G'(1) = \cos 2\pi 1 = 1.$$

Exemplo 2.24. Determinar $\dfrac{d}{dx}\left(\displaystyle\int_{3x}^{\sqrt{2\pi}} e^{t^2}\, dt\right)$

Para a solução, denotamos $\int_{3x}^{\sqrt{2\pi}} e^{t^2}\, dt$ por $H(x)$. Assim, é fácil observar que o problema se reduz a calcular $H'(x)$.
Utilizando a propriedade 1 de integrais definidas da seção 2.4, podemos reescrever $H(x) = -\int_{\sqrt{2\pi}}^{3x} e^{t^2}\, dt$.
Introduzindo a função auxiliar $J(y) = \int_{\sqrt{2\pi}}^{y} e^{t^2}\, dt$, pelo Primeiro Teorema Fundamental do Cálculo, temos : $J'(y) = e^{y^2}$.
Observamos que $H(x) = -J(3x)$, de onde $H'(x) = -\dfrac{dJ(y)}{dy}\dfrac{dy}{dx}$ com $y = 3x$. Finalmente,

$$H'(x) = -e^{y^2}\, 3 = -3e^{9x^2}.$$

Teorema 2.7. (Segundo Teorema Fundamental do Cálculo)[Fórmula de Newton-Leibniz] Seja a função f contínua em $I = [a, b]$ e F uma primitiva de f em I, então:

$$\int_a^b f(x)dx = F(b) - F(a), \quad \forall x \in [a, b]$$

Demonstração Como $F(x)$ é uma primitiva de $f(x)$ em I, $F(x) + C$ também é uma primitiva de $f(x)$ em I, isto é, $F(x) + C = \int_a^x f(t)\,dt$.

Para $x = a$ temos $F(a) + C = \displaystyle\int_a^a f(t)\,dt = 0$ *donde* $C = -F(a)$.

Para $x = b$ temos $F(b) + C = \displaystyle\int_a^b f(t)\,dt$. Por fim,

$$F(b) - F(a) = \int_a^b f(t)\,dt. \quad \blacksquare$$

Já foi falado no capítulo 1 que existe uma infinidade de funções primitivas F tais que $F'(x) = f(x)$.

Exemplo 2.25. Verificar que $\displaystyle\int_0^1 x^n dx = \frac{1}{n+1}$, $n \neq -1, n \in \mathbb{Z}$. [7]

$$\int_0^1 x^n dx = \frac{x^{n+1}}{n+1}\bigg|_0^1 = \frac{1}{n+1}.$$

Exemplo 2.26. Provar que

$$\frac{4}{5} \leq \int_1^5 \frac{1}{x}dx \leq 4.$$

De fato, se $1 \leq x \leq 5$ então $\dfrac{1}{5} \leq \dfrac{1}{x} \leq 1$. Pela propriedade de dominação da integral definida (6), temos

$$\int_1^5 \frac{1}{5}dx \leq \int_1^5 \frac{1}{x}dx \leq \int_1^5 1\,dx$$

de onde

$$\frac{4}{5} \leq \int_1^5 \frac{1}{x}dx \leq 4.$$

Exemplo 2.27. Provar que para todo $m, n \in \mathbb{N}$,

$$\frac{1}{\pi}\int_{-\pi}^{\pi} \operatorname{sen} mx \operatorname{sen} nx dx = {}^8\delta_{nm} = \begin{cases} 1, & n = m,; \\ 0, & n \neq m,. \end{cases}$$

Da Nota (1.1) temos que:

$$\frac{1}{\pi}\int_{-\pi}^{\pi} \operatorname{sen}(mx)\operatorname{sen}(nx)dx = \frac{1}{\pi}\int_{-\pi}^{\pi} [\frac{\cos((n-m)x) - \cos((n+m)x)}{2}]dx.$$

[7]Quando $n = -1$ temos $\int_0^1 \frac{1}{x}dx$ não tem um valor finito. Iremos explorar este tipo de integral imprópria no capítulo 8.

[8]Este objeto matemático é o delta de Kronecker, assim chamado em honra ao grande matemático alemão Leopold Kronecker e cuja notação é δ_{nm}. Se define assim $\delta_{nm} = \begin{cases} 1, & n = m; \\ 0, & n \neq m. \end{cases}$ onde $n, m = 1, 2, 3, .., n, ..$

Suponha primeiramente que $n \neq m$:

$$\frac{1}{\pi}\int_{-\pi}^{\pi} \operatorname{sen} mx \operatorname{sen} nx dx = \frac{1}{\pi}[\frac{\operatorname{sen}((n-m)x)}{2(n-m)} - \frac{\operatorname{sen}((n+m)x)}{2(n+m)}]\Big|_{-\pi}^{\pi} = 0$$

Agora suponha $m = m \neq 0$:

$$\frac{1}{\pi}\int_{-\pi}^{\pi} (\operatorname{sen} nx)^2 dx = \frac{1}{\pi}\int_{-\pi}^{\pi}[\frac{1-\cos 2nx}{2}] = \frac{1}{\pi}[\frac{x}{2} - \frac{\operatorname{sen} 2nx}{4n}]\Big|_{-\pi}^{\pi} = 1.$$

Exemplo 2.28. Considera $f(x) = \begin{cases} 1, & 0 \leq x \leq 1; \\ 2, & 1 < x \leq 3. \end{cases}$ Determine $F(x) = \int_0^x f(t)dt.$

$$F(x) = \begin{cases} \int_0^x f(t)dt, 0 \leq t \leq x; & 0 \leq x \leq 1; \\ \int_0^x f(t)dt, 0 \leq t \leq x; & 1 < x \leq 3. \end{cases}$$

$$F(x) = \begin{cases} \int_0^x f(t)dt; & 0 \leq x \leq 1; \\ \int_0^1 f(t)dt + \int_1^x f(t)dt; & 1 < x \leq 3. \end{cases}$$

$$F(x) = \begin{cases} \int_0^x 1\ dt; & 0 \leq x \leq 1; \\ \int_0^1 1\ dt + \int_1^x 2\ dt; & 1 < x \leq 3. \end{cases}$$

$$F(x) = \begin{cases} x; & 0 \leq x \leq 1; \\ 2x - 1; & 1 < x \leq 3. \end{cases}$$

A função $F(x)$ não é diferenciável em $[1,3]$, especificamente, não é diferenciável em $x = 1$ (Como podemos ver na figura (2.31)). Pelo teorema fundamental do cálculo, a diferenciabilidade de $F(x)$, não pode ser garantida, pois a função f não é contínua em $[0,3]$.

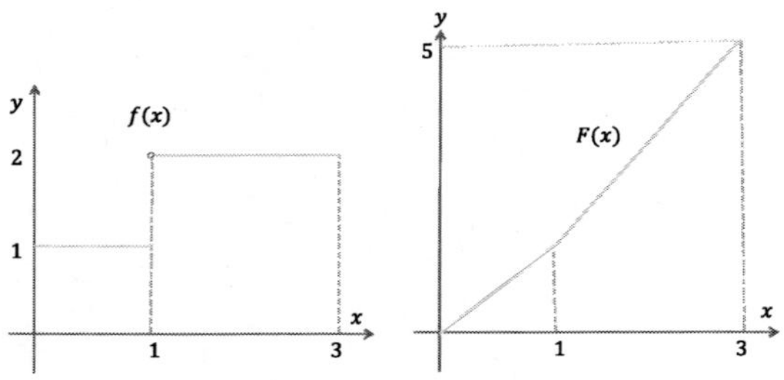

Figura 2.31:

Exemplo 2.29. Qual dos seguinte números é maior

$$\int_0^1 x^{\frac{1}{n}} dx \;\; ou \;\; \int_0^1 x^{\frac{1}{n+1}} dx?, \;\; n \in \mathbb{N}.$$

$$\frac{1}{n} > \frac{1}{n+1}, \; \forall n \in \mathbb{N},$$

Como $\ln(x) < 0, \forall x \in (0,1)$ obtemos

$$\frac{\ln(x)}{n} < \frac{\ln(x)}{n+1}. \tag{2.7}$$

Pela monotonicidade crescente da função exponencial na reta real

$$e^{\frac{\ln(x)}{n}} < x^{\frac{\ln(x)}{n+1}}$$

ou

$$x^{\frac{1}{n}} < x^{\frac{1}{n+1}}.$$

Finalmente, pela propriedade 6 (de dominação) de integrais definidas

$$\int_0^1 x^{\frac{1}{n}} dx < \int_0^1 x^{\frac{1}{n+1}} dx.$$

É fácil provar que

$$\int_0^1 x^n dx > \int_0^1 x^{n+1} dx.$$

Considerando a interpretação de área, a figura a seguir visualiza os dois resultados deste exemplo.

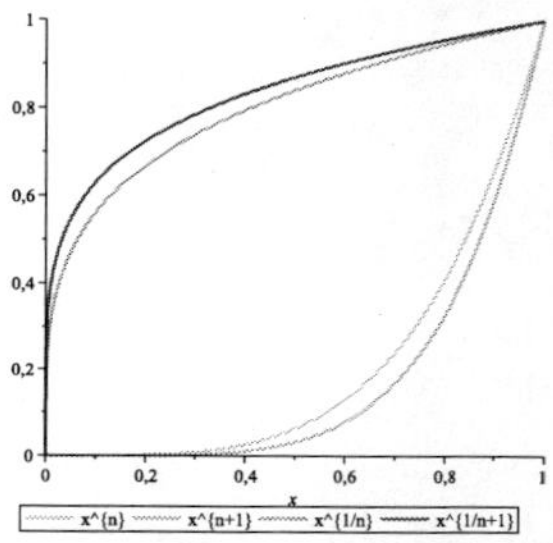

Figura 2.32:

> **Nota 2.3. *Integral de funções pares e ímpares***
>
> - Seja f uma função par no intervalo de integração $I = [-a, a], a \geq 0,\ f(x) = f(-x)$, então
>
> $$\int_{-a}^{a} f(x) = 2\int_0^a f(x) \tag{2.8}$$
>
> - Seja f uma função ímpar no intervalo de integração $I = [-a, a], a \geq 0,\ f(x) = -f(-x),\ \forall x \in I$, então
>
> $$\int_{-a}^{a} f(x) = 0 \tag{2.9}$$

Vamos verificar a equação (2.8). Pela propriedade 2 da integral definida, temos:

$$\int_{-a}^{a} f(x)dx = \int_{-a}^{0} f(x)dx + \int_0^a f(x)dx. \tag{2.10}$$

Na primeira integral do segundo membro da equação anterior, fazemos a seguinte mudança de variável: $x = -t$

$$\int_{-a}^{0} f(x)dx = \int_a^0 f(-t)(-dt).$$

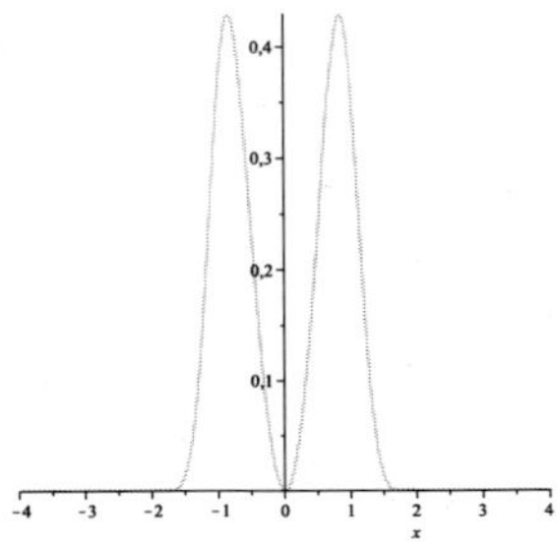

Figura 2.33: função par: $f(x) = x^2 e^{-x^4}$

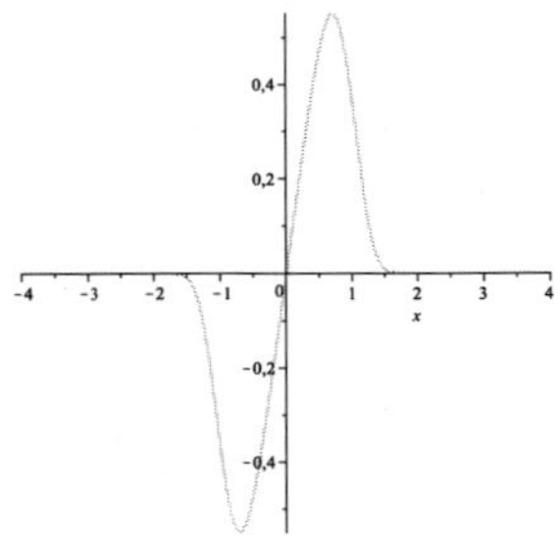

Figura 2.34: função ímpar: $f(x) = xe^{-x^4}$

Pela propriedade 1 da integral definida, temos:

$$\int_a^0 f(-t)(-dt) = \int_0^a f(-t)dt.$$

Usando o fato que f é par, obtemos

$$\int_a^0 f(-t)(-dt) = \int_0^a f(t)dt$$

Ou seja

$$\int_{-a}^0 f(x)dx = \int_0^a f(t)dt$$

Substituindo em (2.10):

$$\int_{-a}^a f(x)dx = 2\int_0^a f(x)dx$$

De forma análoga, verifica-se a equação (2.9).

Na figura (2.33) a seguir, temos um exemplo típico de uma função par. Note que o gráfico da função par é simétrico em relação ao eixo das ordenadas, isto é, o eixo das ordenadas divide o gráfico da função em duas partes, uma imagem especular da outra (simetria bilateral).

Na figura (2.34) temos um exemplo típico de uma função ímpar. Note que, o gráfico da função ímpar é simétrico em relação à origem de coordenadas, isto é, o gráfico da função ímpar tem simetria de inversão (a origem de coordenadas é o centro de inversão). O que quer dizer que sempre existe pontos do gráfico da função ímpar, diametralmente opostos em relação à origem de coordenadas.

Exemplo 2.30.

$$\int_{-\sqrt{5}}^{\sqrt{5}} x^2 e^{-x^4} dx = 2\int_0^{\sqrt{5}} x^2 e^{-x^4}$$

pois $f(x) = x^2 e^{-x^4}$ é uma função par (verifique !).

Exemplo 2.31.

$$\int_{-7}^{7} x\, e^{-x^4} dx = 0$$

pois $f(x) = xe^{-x^4}$ é uma função ímpar (verifique !).

Exemplo 2.32. Considere uma função $f(x) \equiv 0, \forall\, x \in I$, exceto num número finito de pontos de $I = [a,b]$, então $\displaystyle\int_a^b f(x)dx = 0$.

Suponha que os pontos onde $f(x) \neq 0$ sejam $\{x_1, x_2, ..., x_i, .., x_n\}$, isto é, $f(x_i) \neq 0, \forall\, i = 1, 2, .., n$.

Considere, em seguida, a partição $P = \{x_o = a, x_1, x_2, ..., x_n, x_{n+1} = b\}$. Logo podemos aplicar a propriedade (4) da integral definida, pois f é integrável trivialmente em todos os intervalos $[x_i, x_{i+1}]$, $i = 0, 1, 2, ..., n$. Assim

$$\int_a^b f(x)dx = \int_{x_o}^{x_1} f(x)dx + \int_{x_1}^{x_2} f(x)dx + ... + \int_{x_i}^{x_{i+1}} f(x)dx + \int_{x_n}^{b} f(x)dx.$$

Observe, que a função f é nula em cada um dos intervalos $(x_i, x_{i+1}), i = 0, 1, \cdots, n$, portanto

$$\int_a^b f(x)dx = 0.$$

Exemplo 2.33. Calcular $\displaystyle\int_{-3\pi}^{-\pi} \text{sen}^3 x dx$.

A função sen$x$ e sen^3x tem período $T = 2\pi$ e pela proposição 2.1

$$\int_{-3\pi}^{-\pi} \text{sen}^3 x dx = \int_{-3\pi+2\pi}^{-\pi+2\pi} \text{sen}^3 x dx = \int_{-\pi}^{\pi} \text{sen}^3 x dx.$$

Como sen^3x é uma função ímpar, obtemos $\displaystyle\int_{-3\pi}^{-\pi} \text{sen}^3 x dx = 0$.

2.5.1 Teorema de Valor Médio para Integrais

Antes de provar o Teorema do Valor Médio para integrais (T.V.M. I.) vamos enunciar o Teorema do Valor Médio para funções (T.V.M.)

Teorema 2.8. *Teorema de valor Médio para funções* . Seja $f : [a,b] \to \mathbb{R}$ contínua em $[a,b]$ e derivável em (a,b), então

$$\exists\, c \in (a,b) \;\; tal \;\; que \;\; f'(c) = \frac{f(b) - f(a)}{b - a}$$

A demonstração pode ser vista nas referências ([1]-[15]), ver figura (2.35).

Teorema 2.9 (Teorema do Valor Médio para Integrais Definidas)**.** Seja f uma função contínua no intervalo $I = [a,b]$, então existe um número real $c \in I$, tal que

$$\int_a^b f(x)dx = f(c)(b - a).$$

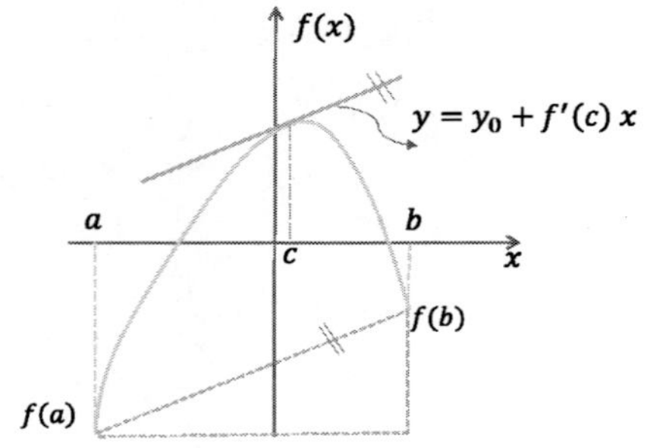

Figura 2.35:

Demonstração De acordo com o Teorema Fundamental do Cálculo (Teorema 2.7), sendo f contínua, existe uma função F primitiva de f tal que

$$\int_a^b f(x)\,dx = F(b) - F(a),\ F'(x) = f(x), \forall\, x \in [a, b].$$

Como F é derivável, e pelo Teorema de Valor Médio para funções(Teorema (2.8)), existe $c \in (a, b)$ tal que

$$F'(c) = \frac{F(b) - F(a)}{b - a} \text{ ou } f(c) = \frac{\displaystyle\int_a^b f(x)\,dx}{b - a}.$$

De onde segue

$$\int_a^b f(x)\,dx = f(c)(b - a). \qquad \blacksquare$$

Em particular, se $f(x) \geq 0$ podemos interpretar geometricamente o T.V.M. para integrais, na seguinte forma:

Existe um $c \in (a, b)$ tal que a área do retângulo $f(c)(b - a)$ (a região tracejada na figura 2.36), seja igual à área limitada pelo gráfico da função $f(x)$, o eixo das abscissas e as retas verticais $x = a, x = b$: $\displaystyle\int_a^b f(x)dx$.

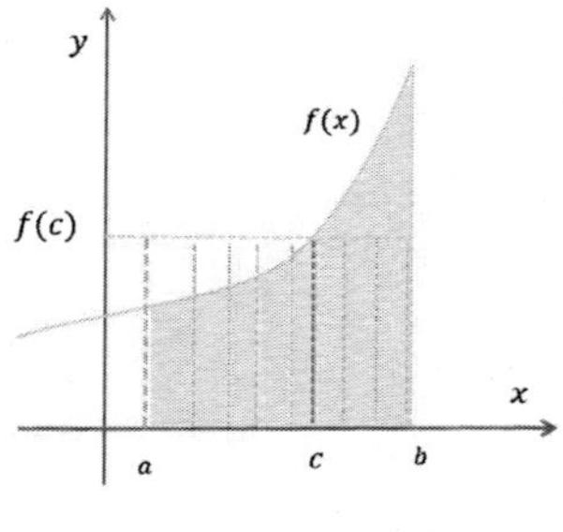

Figura 2.36:

Observação 2.3. No teorema anterior, pode existir mais de um valor para o número real c.

Observação 2.4. Geometricamente $f(c)$ é a altura média da função f no intervalo $[a, b]$.

Exemplo 2.34. Num experimento, o número de bactérias presente numa cultura após t minutos é $b(t) = 1000t^2$. Qual é o número médio de bactérias presente na cultura durante os primeiros 10 minutos do experimento.

Seja $\overline{b}$ o número médio de bactérias nos primeiros 10 minutos, logo de acordo como o teorema de valor médio pra integrais nos primeiros 10 minutos temos que:

$$\overline{b} = \frac{1}{T_f - T_i} \int_{T_i}^{T_f} b(t)dt$$

Especificamente: $T_i = 0$ e $T_f = 10$

$$\overline{b} = \frac{1}{10 - 0} \int_{0}^{10} 1000t^2 dt$$

Num exemplo anterior já provamos que

$$\int_a^b t^2 dt = \frac{b^3}{3} - \frac{a^3}{3}$$

Finalmente

$$\overline{b} = 100 \left(\frac{10^3}{3} - \frac{0^3}{3} \right) = \frac{10^5}{3},$$

é o número médio de bactérias nos 10 primeiros minutos do cultivo.

Antes de enunciar o Teorema do Valor Médio para integrais com peso, vamos lembrar do Teorema do valor Intermediário e do Teorema de Weierstrass; cujas provas podem ser encontradas em [7] e [1] respectivamente.

Teorema 2.10. *Teorema do Valor Intermediário*
Seja $f : [a, b] \to \mathbb{R}$ contínua e se $f(a) < d < f(b)$, então

$$\exists c \in (a, b) \ \ tal \ \ que \ \ f(c) = d$$

Teorema 2.11. *Teorema de Weierstrass*
Se uma função é contínua num intervalo fechado $[a, b]$, então essa função é limitada e atinge seus extremos (mínimo e máximo absoluto) dentro do intervalo $[a, b]$.
Se $f : [a, b] \to \mathbb{R}$ é contínua, então existe x_m e $x_M \in [a, b]$ (ponto de mínimo e ponto de máximo absoluto de f em I) tal que $f(x_m) = f_m \leq f \leq f(x_M) = f_M$.

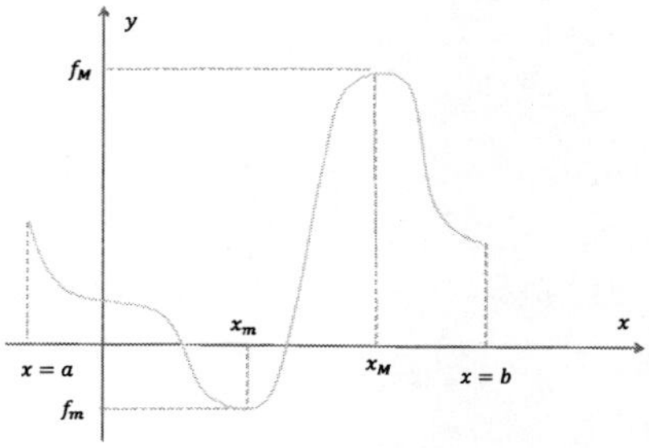

Figura 2.37:

Em seguida, vamos enunciar e demonstrar o teorema de valor médio para integrais em peso P, que terá utilidade no capítulo de séries de potência.

Teorema 2.12 (Teorema do Valor Médio para Integrais com Peso P). Seja f uma função contínua no intervalo $I = [a, b]$ e $P(x)$ uma função positiva contínua em $[a, b]$. Então existe um número real $c \in I$, tal que

$$\int_a^b f(x)P(x)\,dx = f(c)\int_a^b P(x)dx.$$

Demonstração Pela continuidade de f e o teorema de Weierstrass $\exists\, f_m,\ f_M$ mínimo e máximo de $f(x)$ em $[a, b]$, tal que $f_m \leq f(x) \leq f_M$. Como $P(x) > 0$ temos:

$$f_m P(x) \leq f(x)P(x) \leq f_M P(x)$$

e pela propriedade de dominação da integral definida

$$\int_a^b f_m P(x)dx \leq \int_a^b f(x)P(x)dx \leq \int_a^b f_M P(x)dx$$

Observa-se também, $\displaystyle\int_a^b P(x)dx > 0$, segue daqui

$$f_m \leq \frac{\int_a^b f(x)P(x)dx}{\displaystyle\int_a^b P(x)dx} \leq f_M.$$

Pela continuidade de f em $[a, b]$, existe $c \in (a, b)$ tal que $f(c) \in [f_m, f_M]$ e pelo teorema do valor intermediário (2.10)

$$f(c) = \frac{\displaystyle\int_a^b f(x)P(x)dx}{\displaystyle\int_a^b P(x)dx}$$

de onde segue

$$\int_a^b f(x)P(x)\,dx = f(c)\int_a^b P(x)dx. \blacksquare$$

Em particular, se $P : [a, b] \to \mathbb{R}$ tal que $P(x) = 1, \forall\, x \in [a, b]$

$$\int_a^b f(x)\,dx = f(c)(b-a).$$

obtemos o Teorema de valor médio para integrais (2.9).

Observação 2.5. Se $P(x) < 0$ a demonstração é similar.

2.5.2 Regra de Leibniz

Quando apresentamos a integral definida na definição 2.5, os limites de integração a e b eram números. Mas pode acontecer que esses limites de integração sejam funções de x. Nesta subseção vamos aprender a derivar integrais $I(x)$ com limites de integração dependentes da variável x.

Teorema 2.13. *Regra de Leibniz* Seja f uma função contínua no intervalo $I = [a, b]$ e sejam $\alpha(x)$ e $\beta(x)$ funções de classe C^1 num certo intervalo J, tais que $\alpha, \beta : J \to I$. Então a integral

$$I(x) = \int_{\alpha(x)}^{\beta(x)} f(t)\, dt$$

é diferenciável e calcula-se pela fórmula:

$$\frac{dI(x)}{dx} = f(\beta(x))\frac{d\beta}{dx} - f(\alpha(x))\frac{d\alpha(x)}{dx} \tag{2.11}$$

Demonstração

Sem perda de generalidade, consideremos $\alpha(x) \leq \beta(x), \forall x$ fixo em $I = [a, b]$. Assim, encontra-se um número real c tal que $\alpha(x) < c < \beta(x)$. Logo

$$I(x) = \int_{\alpha(x)}^{\beta(x)} f(t)dt = \int_{\alpha(x)}^{c} f(t)dt + \int_{c}^{\beta(x)} f(t)dt$$

Utilizando a propriedade 1 de integrais definidas

$$I(x) = \int_{\alpha(x)}^{\beta(x)} f(t)dt = -\int_{c}^{\alpha(x)} f(t)dt + \int_{c}^{\beta(x)} f(t)dt$$

Considerando a função auxiliar $G(x) = \displaystyle\int_c^x f(t)dt$, temos:

$$G(\alpha(x)) = \int_{c}^{\alpha(x)} f(t)dt,$$

$$G(\beta(x)) = \int_{c}^{\beta(x)} f(t)dt.$$

Substituindo em $I(x)$

$$I(x) = G(\beta(x)) - G(\alpha(x)).$$

Derivando a relação anterior em relação a x e considerando $G'(x) = f(x)$ e $\alpha(x)$ e $\beta(x)$ também diferenciáveis, obtemos

$$I\,'(x) = G\,'(\beta(x))\beta\,'(x) - G\,'(\alpha(x))\alpha\,'(x)$$

ou

$$I\,'(x) = f(\beta(x))\beta\,'(x) - f(\alpha(x))\alpha\,'(x). \ \blacksquare$$

Exemplo 2.35. Calcular $I'(0)$, se $I(x) = \displaystyle\int_{2x+4}^{x^3} \text{sen}(te^{t^2})dt$,

Usando a regra de Leibniz para $f(t) = \text{sen}(te^{t^2})$, $\alpha(x) = 2x + 4$, e $\beta(x) = x^3$, temos $\alpha\,'(x) = 2$, $\beta\,'(x) = 3x^2$. Portanto

$$I\,'(x) = f(x^3)3x^2 - f(2x+4)\,2.$$

$$I\,'(x) = \text{sen}(x^3e^{x^6})\,3x^2 - \text{sen}(2x+4)e^{(2x+4)^2}\,2.$$

$$I\,'(0) = \text{sen}\,0e^0\,3(0) - \text{sen}\,0e^{16}\,2 = 0$$

2.6 Regra de Mudança de Variáveis

Consideremos a função $f(x)$ contínua no intervalo $[a, b]$. Seja a função $\varphi(t)$ injetiva, contínua com derivada $\varphi'(t)$ no intervalo (α, β), e além disso,

$$\varphi(\alpha) = a, \quad \varphi(\beta) = b.$$

Exigimos também que $\varphi([\alpha, \beta]) \subset [a, b]$, ou seja $x = \varphi(t)$. Com isto, a função composta $f[\varphi(t)]$ é uma função da variável t no intervalo $[\alpha, \beta]$.

Então a integral definida transforma-se pela fórmula:

$$\int_a^b f(x)dx = \int_\alpha^\beta f[\varphi(t)]\varphi'(t)dt. \tag{2.12}$$

Provemos esta fórmula. Consideremos as seguintes integrais:

$$F(x) = \int_a^x f(y)dy; \quad \Psi(t) = \int_\alpha^t f[\varphi(z)]\varphi'(z)dz.$$

Então

$$F(x) = F[\varphi(t)] = \int_a^{\varphi(t)} f(y)dy.$$

Calculando sua derivada pela regra da função composta, temos

$$\frac{dF(x)}{dt} = \frac{F(x)}{dx}\frac{dx}{dt},$$

mas

$$\frac{dF(x)}{dt} = f(x) \text{ e } \frac{dx}{dt} = \varphi'(t),$$

donde:

$$\frac{dF(x)}{dt} = f(x)\varphi'(t) = f[\varphi(t)]\varphi'(t).$$

Calculando a derivada da função $\Psi(t)$, temos

$$\frac{d\Psi(t)}{dt} = f[\varphi(t)]\varphi'(t).$$

As funções $F(x)$ e $\Psi(t)$ como funções de t possuem a mesma derivada no intervalo (α, β) e por isso se diferenciam só na constante. Assim, quando $t = \alpha$, temos

$$x = \varphi(\alpha) = a, \ F(x)\Big|_{t=\alpha} = F(a) = 0; \ \Psi(\alpha) = 0,$$

isto é, estas duas funções são iguais quando $t = \alpha$. Para $t = \beta$ temos

$$F(x)\Big|_{t=\beta} = F(b) = \int_a^b f(x)dx = \int_\alpha^\beta f[\varphi(t)]\varphi'(t)dt.$$

Exemplo 2.36. Calcule a seguinte integral usando mudança de variáveis

$$\int_0^{\frac{\sqrt{2}}{2}} \sqrt{\frac{1+x}{1-x}}dx.$$

Usemos a seguite mudança de variáveis; $x = \varphi(t) = \cos t$, $t \in [\frac{\pi}{4}, \frac{\pi}{2}]$, com $\varphi(\frac{\pi}{4}) = \frac{\sqrt{2}}{2}$, $\varphi(\frac{\pi}{2}) = 0$ e $dx = d\varphi(t) = -\operatorname{sen} t dt$, então

$$\frac{1+x}{1-x} = \frac{1+\cos t}{1-\cos t} = \operatorname{ctg}^2 \frac{t}{2}.$$

Portanto

$$\begin{aligned}
\int_0^{\frac{\sqrt{2}}{2}} \sqrt{\frac{1+x}{1-x}} dx &= -\int_{\frac{\pi}{2}}^{\frac{\pi}{4}} \sqrt{\operatorname{ctg}^2 \frac{t}{2}} (\operatorname{sen} t) dt = \\
&= \int_{\frac{\pi}{4}}^{\frac{\pi}{2}} \sqrt{\operatorname{ctg}^2 \frac{t}{2}} (\operatorname{sen} t) dt = \\
&= \int_{\frac{\pi}{4}}^{\frac{\pi}{2}} (1+\cos t) dt = \\
&= (t + \operatorname{sen} t)\Big|_{\frac{\pi}{4}}^{\frac{\pi}{2}} = \frac{\pi}{2} + 1 - \frac{\pi}{4} - \frac{\sqrt{2}}{2} = \\
&= \frac{\pi}{4} + 1 - \frac{\sqrt{2}}{2}.
\end{aligned}$$

Exemplo 2.37. Calcular

$$\int_1^3 \frac{e^x dx}{2+e^x}.$$

Seja $e^x = t$, se $x \in [1, 3]$, então $t \in [e, e^3]$,

$$\begin{aligned}
\int_1^3 \frac{e^x dx}{2+e^x} &= \int_1^3 \frac{de^x}{2+e^x} = \int_e^{e^3} \frac{dt}{2+t} = \\
&= \int_e^{e^3} \frac{d(2+t)}{2+t} = \\
&= \ln(t+2)\Big|_e^{e^3} = \ln(2+e^3) - \ln(2+e) = \\
&= \ln\left(\frac{2+e^3}{2+e}\right).
\end{aligned}$$

Exemplo 2.38. Considere que $I(t)$ é a corrente que circula por um fio condutor de resistência R no instante t. A potência elétrica $P(t)$ dissipada na resistência, no instante t é $R^2 I^2(t)$. Sendo $I(t) = A\cos(wt - \phi)$ uma corrente alternada com frequência angular w e amplitude A. Demonstrar que a potência média $\bar{P}$ dissipada num período da corrente é $\bar{P} = \frac{1}{2}RA^2$.

De acordo com o teorema de valor médio para integrais da função $P(t)$

$$\int_0^T P(t)\, dt = \bar{P}(T - 0)$$

Substituindo o valor da potência $P(t)$

$$\frac{R^2 A^2}{T} \int_0^T \cos^2(wt - \phi)\, dt = \bar{P}$$

Resolvendo a integral definida pelo método de substituição: $wt - \phi = u$

$$\int_0^T \cos^2(wt - \phi)\, dt = \frac{1}{w} \int_{-\phi}^{wT-\phi} \cos^2 u\, du$$

Da equação (1.7) do capítulo 1

$$\int_{-\phi}^{wT-\phi} \cos^2 u\, du = \frac{1}{2}(u + \frac{\text{sen}2u}{2})\Big|_{-\phi}^{wT-\phi}$$

Como a função $I(t) = \cos(wt - \phi)$ tem como período $T = \dfrac{2\pi}{w}$ segue que

$$\frac{1}{2}(u + \frac{\text{sen}2u}{2})\Big|_{-\phi}^{wT-\phi} = \pi$$

Finalmente

$$\bar{P} = \frac{R^2A^2}{T}\frac{1}{w}\pi = \frac{R^2A^2}{\frac{2\pi}{w}}\frac{1}{w}\pi = \frac{R^2A^2}{2}.$$

2.7 Regra de Integração por Partes

A fórmula de integração por partes para a integral definida pode ser escrita na forma:

$$\int_a^b u(x)dv(x) = u(x)v(x)\Big|_a^b - \int_a^b v(x)du(x). \tag{2.13}$$

De fato, integrando de a até b cada membro da seguinte igualdade :

$$u(x)dv(x) = d[u(x)v(x)] - v(x)du(x),$$

obtemos:

$$\int_a^b u(x)dv(x) = \int_a^b d[u(x)v(x)] - \int_a^b v(x)du(x),$$

mas

$$\int_a^b d[u(x)v(x)] = \int_a^b \frac{d[u(x)v(x)]}{dx}dx = u(x)v(x)\Big|_a^b,$$

de onde segue a fórmula (2.13). Obviamente estamos considerando que as funções $u(x)$ e $v(x)$ possuem derivadas contínuas no intervalo (a, b).

Exemplo 2.39. Calcule a integral

$$\int_0^{1/2} \frac{\text{arcsen}\, x}{\sqrt{1+x}}dx.$$

Usando a fórmula de integração por partes, temos

$$\begin{aligned}\int_0^{1/2}\frac{\operatorname{arcsen} x}{\sqrt{1+x}}dx &= 2\int_0^{1/2}\operatorname{arcsen} x d\sqrt{1+x} = 2\sqrt{1+x}\operatorname{arcsen} x\Big|_0^{1/2} - \\ &-2\int_0^{1/2}\frac{\sqrt{1+x}}{\sqrt{1-x^2}}dx = \\ &= 2\sqrt{\frac{3}{2}}\operatorname{arcsen}\tfrac{1}{2} - 2\sqrt{1}\operatorname{arcsen} 0 - 2\int_0^{1/2}\frac{dx}{\sqrt{1-x}}dx = \\ &= \frac{\pi}{\sqrt{6}} + 2\int_0^{1/2}\frac{d(1-x)}{\sqrt{1-x}} = \\ &\overset{(1-x=t)}{=} \frac{\pi}{\sqrt{6}} + 2\int_1^{1/2}\frac{dt}{\sqrt{t}} = \\ &= \frac{\pi}{\sqrt{6}} - 2\int_{1/2}^{1}\frac{dt}{\sqrt{t}} = \\ &= \frac{\pi}{\sqrt{6}} - 4\sqrt{t}\Big|_{1/2}^{1} = \\ &= \frac{\pi}{\sqrt{6}} - 4 + 2\sqrt{2}.\end{aligned}$$

Exemplo 2.40. Calcule a integral

$$\int_{1/e}^{e^2}|\ln x|dx.$$

Por definição de logaritmo, vemos que $\ln x < 0$ se $x \in [1/e, 1)$, portanto $|\ln x| = -\ln x$ neste intervalo; e $\ln x > 0$ se $x \in (1, e^2]$, segue $|\ln x| = \ln x$ neste intervalo; por isso, dividindo o intervalo $[1/e, 2e]$ nos intervalos $[1/e, 1]$ e $[1, e^2]$, temos

$$\begin{aligned}\int_{1/e}^{e^2}|\ln x|dx &= -\int_{1/e}^{1}\ln x dx + \int_1^{e^2}\ln x dx = \\ &= -x\ln x\Big|_{1/e}^{1} + \int_{1/e}^{1}dx + x\ln x\Big|_1^{e^2} - \int_1^{e^2}dx = \\ &= -\left(1\ln 1 - \frac{1}{e}\ln\frac{1}{e}\right) + x\Big|_{1/e}^{1} + (e^2\ln e^2 - 1\ln 1) - x\Big|_1^{e^2} = \\ &= 2 + e^2 - \frac{2}{e}.\end{aligned}$$

Exemplo 2.41. Calcule a integral

$$I_n = \int_0^{\pi/2}\operatorname{sen}^n x dx.$$

Integrando por partes, temos

$$\begin{aligned}I_n &= \int_0^{\pi/2}\operatorname{sen}^{n-1}x\operatorname{sen} x dx = -\int_0^{\pi/2}\operatorname{sen}^{n-1}x d\cos x = \\ &= -\operatorname{sen}^{n-1}x\cos x\Big|_0^{\pi/2} + \int_0^{\pi/2}(n-1)\operatorname{sen}^{n-2}x\cos x\cos x dx = \\ &= (n-1)\int_0^{\pi/2}\operatorname{sen}^{n-2}x\cos^2 x dx = (n-1)\int_0^{\pi/2}\operatorname{sen}^{n-2}x(1-\operatorname{sen}^2 x)dx = \\ &= (n-1)\int_0^{\pi/2}\operatorname{sen}^{n-2}x dx - (n-1)\int_0^{\pi/2}\operatorname{sen}^n x dx = \\ &= (n-1)I_{n-2} - (n-1)In,\end{aligned}$$

de onde encontramos a recorrência,

$$I_n = (n-1)I_{n-2} - (n-1)I_n,$$

donde, resolvendo com relação a I_n, obtemos

$$I_n = \frac{n-1}{n} I_{n-2}. \tag{2.14}$$

Esta fórmula nos permite calcular I_n por meio da integral I_{n-2}.
Vamos diferenciar dois casos dependendo da paridade de n.

1. Se n é par, isto é, $n = 2k, k \in \mathbb{N}$, temos por (2.14):

$$I_{2k} = \frac{2k-1}{2k} I_{2k-2} = \frac{(2k-1)(2k-3)}{(2k)(2k-2)} I_{2k-4} = \ldots = \frac{(2k-1)(2k-3)\ldots 3.1}{(2k)(2k-2)\ldots 4.2} I_0,$$

   como

$$I_0 = \int_0^{\pi/2} dx = \frac{\pi}{2},$$

   obtemos definitivamente

$$I_{2k} = \frac{(2k-1)(2k-3)\ldots 3.1}{(2k)(2k-2)\ldots 4.2} . \frac{\pi}{2}.$$

2. Se n é ímpar, isto é, $n = 2k-1, k \in \mathbb{N}$. De forma análoga ao caso anterior e por (2.14):

$$I_{2k-1} = \frac{(2k-2)(2k-4)\ldots 4.2}{(2k-1)(2k-3)\ldots 5.3} I_1,$$

   como

$$I_1 = \int_0^{\pi/2} \operatorname{sen} x dx = -\cos x \Big|_0^{\pi/2} = 1,$$

   temos

$$I_{2k-1} = \frac{(2k-2)(2k-4)\ldots 4.2}{(2k-1)(2k-3)\ldots 5.3}.$$

Exemplo 2.42. Calcule a integral

$$I_n = \int_0^{\pi/2} \cos^n x dx.$$

Podemos calcular a integral usando o mesmo método do exemplo anterior, mas é mais simples calculá-la usando a seguinte fórmula:

$$I_n = \int_0^{\pi/2} \cos^n x dx = \int_0^{\pi/2} \operatorname{sen}^n (\frac{\pi}{2} - x) dx,$$

donde, escrevendo

$$\frac{\pi}{2} - x = t, \quad x = \frac{\pi}{2} - t$$

obtemos as seguintes igualdades:

$$\int_0^{\pi/2} \cos^n x dx = -\int_{\pi/2}^{0} \operatorname{sen}^n t dt = \int_0^{\pi/2} \operatorname{sen}^n t dt.$$

Assim, dos resultados obtidos acima, temos:

$$\int_0^{\pi/2} \cos^{2k} x dx = \int_0^{\pi/2} \text{sen}^{2k} x dx = \frac{(2k-1)(2k-3)\ldots 3.1}{(2k)(2k-2)\ldots 4.2}.\frac{\pi}{2},$$

$$\int_0^{\pi/2} \cos^{2k-1} x dx = \int_0^{\pi/2} \text{sen}^{2k-1} x dx = \frac{(2k-2)(2k-4)\ldots 4.2}{(2k-1)(2k-3)\ldots 5.3}.$$

Exemplo 2.43. Calcule

$$\int_0^{\pi/2} \cos^6 x dx.$$

$$\int_0^{\pi/2} \cos^6 x dx = \frac{(2(3)-1)(2(3)-3)(2(3)-5)}{(2(3))(2(2))2}.\frac{\pi}{2} = \frac{5\pi}{32}$$

Exemplo 2.44. Calcule

$$\int_0^{\pi/2} \text{sen}^5 x dx.$$

$$\int_0^{\pi/2} \text{sen}^5 x dx = \frac{(2(3)-2)(2(3)-4)}{(2(3)-1)(2(3)-3)} = \frac{8}{15}.$$

2.8 Aplicações da Integral Definida

2.8.1 Cálculo de Áreas

Na seção **2.3** vimos que a área da região limitada pelo gráfico da função $y = f(x) \geq 0$, o eixo $0x$ e pelas retas $x = a$ e $x = g$, é definida como sendo a integral de Riemann

$$\int_a^g f(x) dx.$$

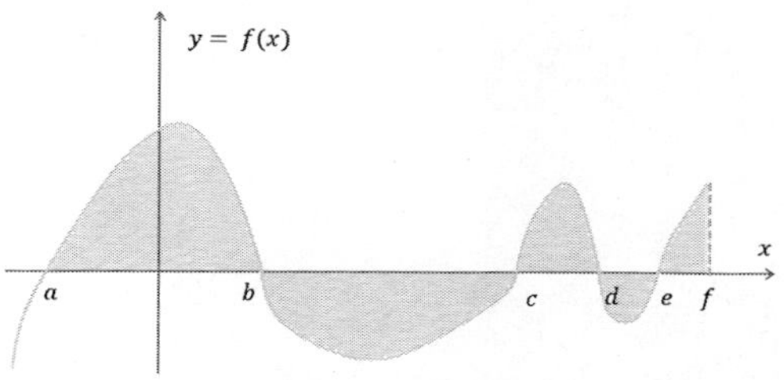

Figura 2.38: Gráfico da função $f(x)$

No entanto, quando permitimos que a função f tome também valores negativos (ver a figura 2.38), o problema de calcular a área da região plana limitada pelo gráfico de nossa função f, pelo eixo de abscissas e pelas retas $x = a$ e $x = g$, deve ser analisado em cada intervalo, onde a função seja positiva ou negativa. Obviamente um cálculo direto da integral não fornecerá uma soma real da área. Para corrigir esta mera soma algébrica, isto é, para obter a soma real da área, é necessário calcular a integral (ver a figura 2.39).

$$\int_a^g |f(x)| dx.$$

Assim, a soma das áreas da figura (2.38) é dada pela soma:

$$\int_a^b f(x)dx - \int_b^c f(x)dx + \int_c^d f(x)dx - \int_d^e f(x)dx + \int_e^g f(x)dx.$$

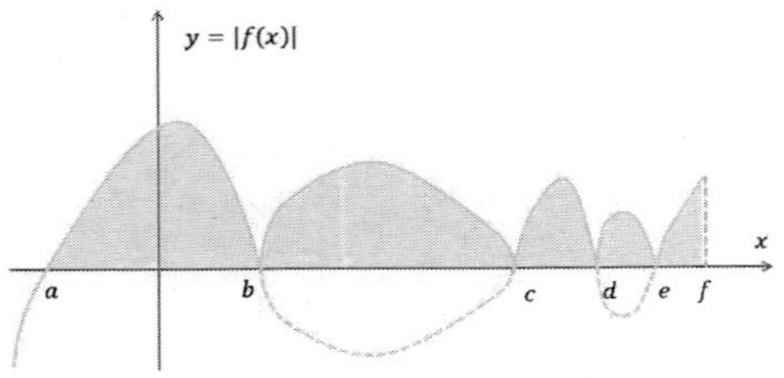

Figura 2.39: Gráfico da função $|f(x)|$

> **Definição 2.8.** *área de regiões planas tipo I*
> Sejam $f(x)$ e $g(x)$ duas funções contínuas no intervalo $I = [a, b]$, tais que $f(x) \geq g(x)$ em I. A área da região plana limitada pelas curvas $y = f(x), y = g(x)$ e as retas verticais, $x = a, x = b$, é dada pela seguinte fórmula
>
> $$A_{\text{região ciano}} = \int_a^b dA = \int_a^b (f(x) - g(x))dx.$$
>
> (ver figura 2.40.)

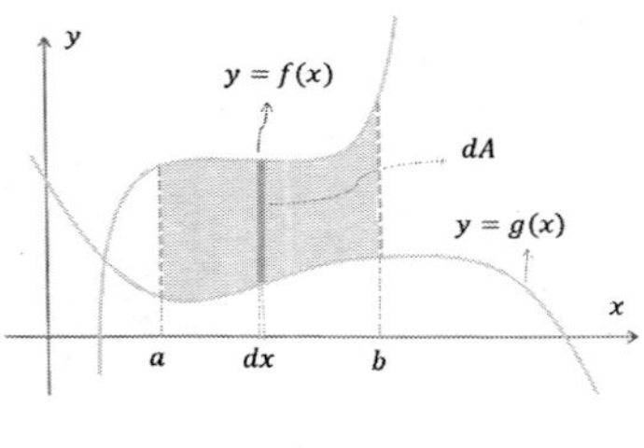

Figura 2.40:

Agora, se as curvas são definidas pelas funções $x = f(y), x = g(y)$. Sendo assim, o elemento de área infinitesimal é dado por uma fatia retangular horizontal, de "altura" $g(y) - f(y)$ e largura dy, o que nos permite apresentar a seguinte definição para o cálculo de áreas tipo II.

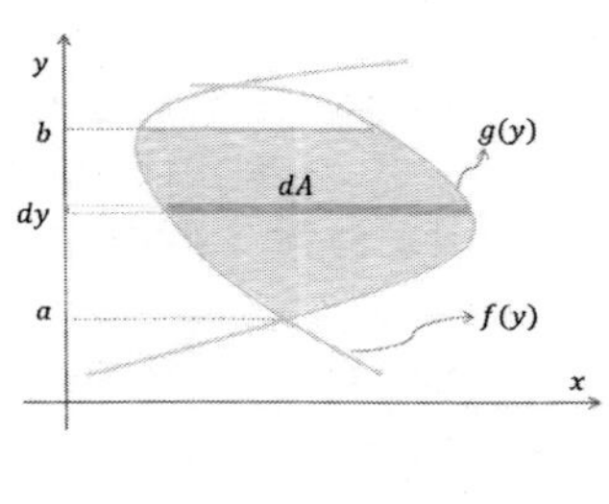

Figura 2.41:

Definição 2.9. *Área de regiões planas tipo II*
Sejam $f(y)$ e $g(y)$ duas funções contínuas no intervalo $I = [a, b] \subset$ eixo y, tais que $g(y) \geq f(y)$. A área da região plana limitada pelas curvas $x = f(y), x = g(y)$ e as retas horizontais, $y = c$ e$y = d$, é dada pela seguinte fórmula

$$A_{\text{região} \quad \text{ciano}} = \int_a^b (g(y) - f(y))dy$$

A seguir consideremos alguns exemplos sobre cálculo de áreas de regiões planas em coordenadas retangulares

Exemplo 2.45. Calcule a área da região limitada pelo gráfico da função $y = \operatorname{tg} x$, o eixo 0x e pela reta $x = \pi/3$.

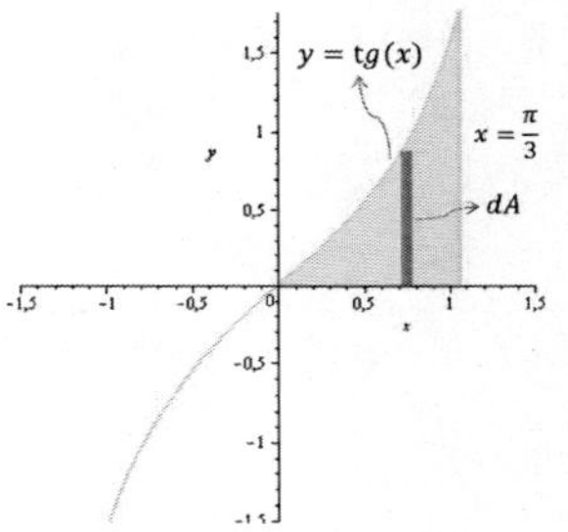

Figura 2.42: Região limitada pelo gráfico da função $y = \operatorname{tg} x$, o eixo 0x e a reta $x = \pi/3$; $dA = \operatorname{tg} x dx$

De acordo com a figura, a região é tipo I e para calcular a área basta calcular a seguinte integral $\displaystyle\int_0^{\pi/3} \operatorname{tg} x dx$.
Assim,

$$\begin{aligned} S &= \int_0^{\pi/3} \operatorname{tg} x dx = \int_0^{\pi/3} \frac{\operatorname{sen} x}{\cos x} dx = \\ &= -\int_0^{\pi/3} \frac{d \cos x}{\cos x} = \\ &- \overset{t=\cos x}{=} \int_1^{1/2} \frac{dt}{t} = \int_{1/2}^1 \frac{dt}{t} = \\ &= \ln t \Big|_{1/2}^1 = \ln 1 - \ln(1/2) = \ln 2. \end{aligned}$$

Exemplo 2.46. Calcule a área da região limitada pelo gráfico da função $y = x(x-1)(x-2)$ e pelo eixo 0x.

É fácil ver que o gráfico da função f corta o eixo $0X$ em três pontos: $x_1 = 0,\ x_2 = 1,\ x_3 = 2$. Como no intervalo $[1, 2]$ o gráfico da função f está abaixo do eixo $0x$, devemos integrar a função

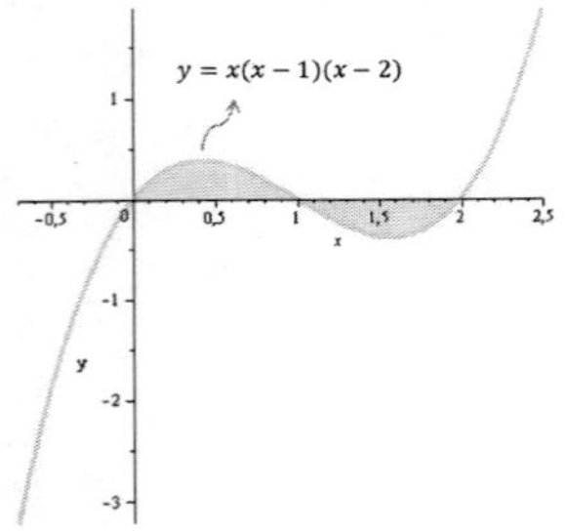

Figura 2.43: Região limitada pelo gráfico da função $y = x(x-1)(x-2)$, o eixo $0x$

$|f|$ neste intervalo para obter a área. Assim,

$$\begin{aligned} S &= \int_0^1 x(x-1)(x-2)dx + \int_1^2 |x(x-1)(x-2)|dx = \\ &= \int_0^1 (x^3 - 3x^2 + 2x)dx + \int_1^2 (-x^3 + 3x^2 - 2x)dx = \\ &= \left(\frac{x^4}{4} - x^3 + x^2\right)\Big|_0^1 + \left(\frac{-x^4}{4} + x^3 - x^2\right)\Big|_1^2 = \\ &= \frac{1}{4} - 1 + 1 + \frac{1}{4} - 1 + 1 - 4 + 8 - 4 = \frac{1}{2}. \end{aligned}$$

Nota 2.4. *Parábolas: Equação*

- Parábola aberta esquerda e direita
  Se a equação da parábola é definida pela equação

$$(x - x_0) = p(y - y_0)^2, \; \textit{com vértice } V = (x_0, y_0) \qquad (2.15)$$

$$\begin{cases} se\ p > 0, & \text{parábola aberta para direita;} \\ se\ p < 0, & \text{parábola aberta para esquerda.} \end{cases}$$

- Parábola aberta acima e abaixo
  Se a equação da parábola é definida pela equação

$$(y - y_0) = p(x - x_0)^2, \; \textit{com vértice } V = (x_0, y_0) \qquad (2.16)$$

$$\begin{cases} se\ p > 0, & \text{parábola aberta para cima;} \\ se\ p < 0, & \text{parábola aberta para abaixo.} \end{cases}$$

Exemplo 2.47. Calcule a área da região limitada pelo gráfico da função $x = f(y) = 4y - 2y^2$ e o eixo $0y$

Reescrevendo a equação $x = 4y - 2y^2$, temos $(x-2) = -2(y-1)^2$ e comparando com a equação (2.15) da nota 2.4 concluímos que o gráfico da função $x = 4y - 2y^2$ é uma parábola aberta para esquerda com vértice em $(2, 1)$.

De acordo com a figura 2.44, a região é tipo II, por isso, para calcular a área basta calcular a seguinte integral $\int_0^2 f(y)dy$.

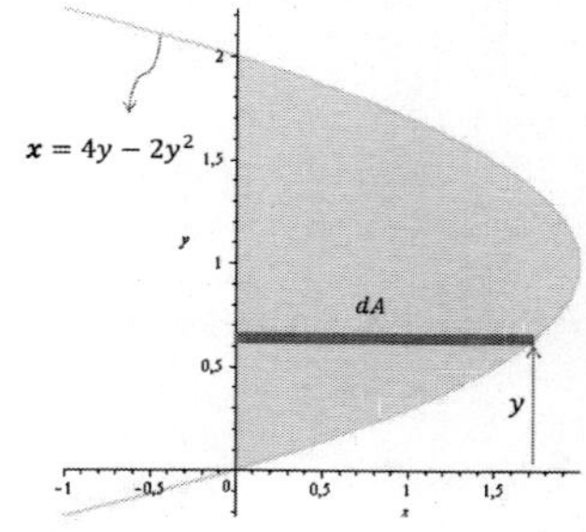

Figura 2.44: Região tipo II: Limitada pelo gráfico da função $f(y)$, o eixo $0y$; $dA = f(y)dy$

Assim,

$$\begin{aligned} S &= \int_0^2 f(y)dy = \int_0^2 (4y - 2y^2)dy = \\ &= (2y^2 - \frac{2}{3}y^3)\Big|_0^2 = \frac{8}{3}. \end{aligned}$$

Para encontrar os limites de integração em y basta resolver $x = 0 = 4y - 2y^2$ de onde encontramos $y = 0$ e $y = 2$.

Exemplo 2.48. Determine a área limitada por um elipse, cuja equação é

$$\frac{x^2}{a^2} + \frac{x^2}{b^2} = 1, a > 0, \ b > 0$$

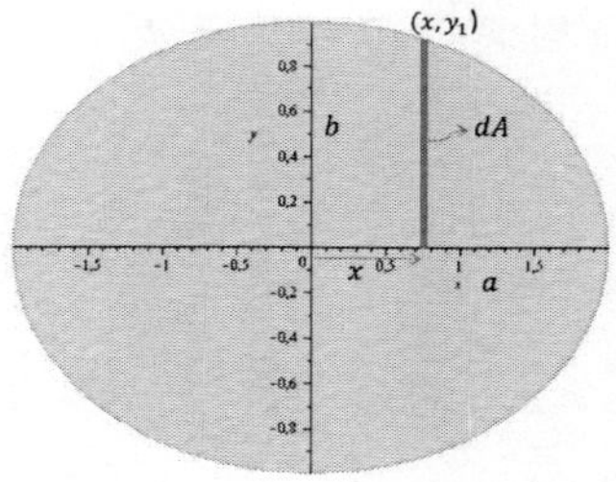

Figura 2.45: Elipse: Como região tipo I, $dA = y_1 dx$

Para poder calcular a área limitada pela elipse, e considerando uma região tipo I, é necessário definir a elipse em termos de uma função real de variável real, assim:

$$y = \begin{cases} y_1 = b\sqrt{1 - \left(\frac{x}{a}\right)^2}, & -a \leq x \leq a \text{ (parte superior)} \\ y_2 = -b\sqrt{1 - \left(\frac{x}{a}\right)^2}, & -a \leq x \leq a \text{ (parte inferior)} \end{cases}$$

Pela simetria da elipse com os eixos coordenados $A_{\text{elipse}} = 4A_{\text{I quadrante}}$, sendo

$$A_{\text{I quadrante}} = \int_0^a y_1 dx \ (x \geq 0, \ y \geq 0),$$

portanto

$$A_{\text{elipse}} = 4 \int_0^a b\sqrt{1 - \left(\frac{x}{a}\right)^2} dx.$$

Realizando a substituição geométrica $x = a\cos\theta$, segue $dx = -a\,\text{sen}\,\theta d\theta$.

$$A_{\text{elipse}} = -4ba \int_0^a |\,\text{sen}\theta|\,\text{sen}\theta d\theta.$$

conserta as constantes $0 \leq \theta \leq \pi/2$ donde $|\,\text{sen}\theta| = \text{sen}\theta$. Segue daqui

$$A_{\text{elipse}} = -4ba \int_0^a b\,\text{sen}\theta^2 d\theta = -4ba \int_0^a b(\frac{1-\cos 2\theta}{2})d\theta$$

Finalmente

$$A_{\text{elipse}} = \pi ab.$$

Exemplo 2.49. Determinar a área da região limitada pelos gráficos das funções $f(x) = (x+1)^2$ e $g(x) = x+3$

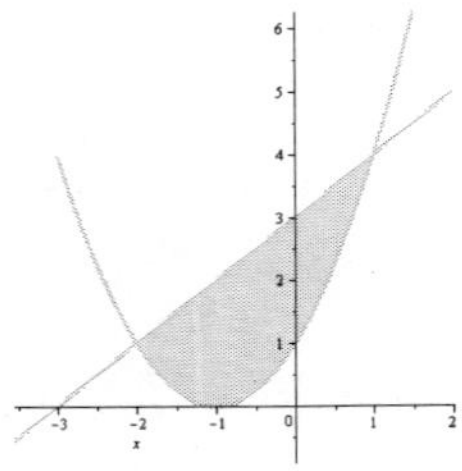

Figura 2.46:

Em primeiro lugar iremos calcular os pontos de interseção entre a reta e a parábola. De acordo com a figura (2.47), devemos obter dois pontos de interseção (P e Q).

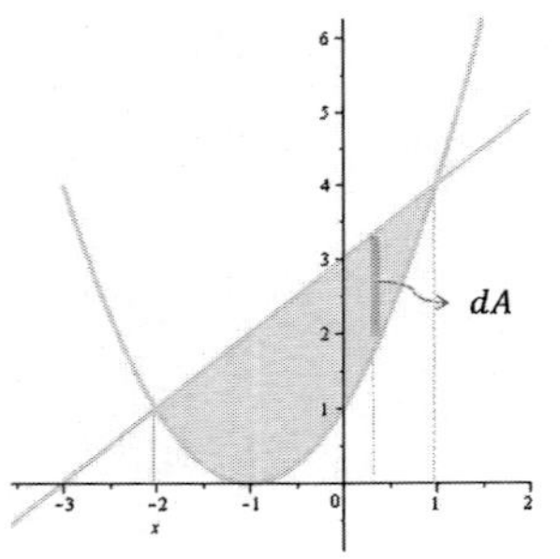

Figura 2.47: Região tipo I

As coordenadas de P e Q satisfazem a equação de ambas as curvas, logo elas são soluções de um sistema de equações dadas pelas equações de ambas as curvas:

$$y = (x+1)^2,\ y = x+3$$

Resolvendo:

$$x + 3 = (x+1)^2$$

temos

$$x^2 + x - 2 = 0.$$

$$(x+2)(x-1) = 0$$

obtemos, $x = -2, x = 1$, as raízes da equação quadrática. Assim,

$$P = (-2, 1), Q = (1, 4).$$

O elemento diferencial de área dA é

$$dA = (f(x) - g(x))dx$$

Onde dx é a espessura do retângulo diferencial dA.

Então a área total da região limitada pelas duas curvas é dada por

$$\begin{aligned} A &= \int_{-2}^{1} dA = \int_{-2}^{1} (x + 3 - (x+1)^2)dx = \\ &= \int_{-2}^{1} (-x - x^2 + 2)dx = (-x^2/2 - x^3/3 + 2x)\Big|_{-2}^{1} = \\ &= \frac{9}{2}. \end{aligned}$$

Exemplo 2.50. Determine a área limitada pelas parábolas definidas pelas equações $f(y) = -2 + (y-1)^2; g(y) = 1 - \frac{1}{2}y^2$ respetivamente.

É fácil ver que a primeira parábola é aberta à direita e à segunda, aberta à esquerda, conforme pode ser visto na figura (2.48).

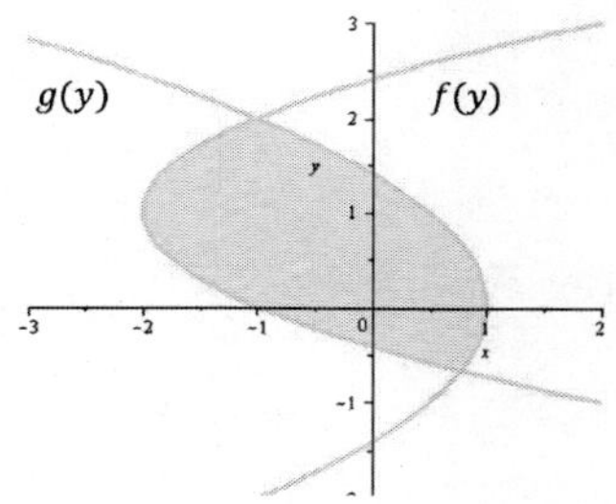

Figura 2.48: Região tipo II: Limitada pelos gráficos da função $f(y)$ e $g(y)$

Para calcular a área seguimos a orientação da definição (3.5) e com ajuda da figura (2.49) temos

$$dA = (g(y) - f(y))dy = ((1 - \frac{1}{2}y^2) - (-2 + (y-1)^2))dy$$

$$\int_P^Q dA = \int_P^Q (g(y) - f(y))dy = \int_P^Q (3 - \frac{1}{2}y^2 - (y-1)^2)dy.$$

Em que P e Q são os dois pontos de interseção, assim: Resolvendo o sistema

$$x = 1 - \frac{1}{2}y^2, \; x = -2 + (y-1)^2$$

Resolvendo, temos $P = (7/9, -2/3)$, $Q = (-1, 2)$. Finalmente

$$A(zona\,ciano) = \int_P^Q dA = \int_{-2/3}^{2} (3 - \frac{1}{2}y^2 - (y-1)^2)dy = \frac{128}{27}.$$

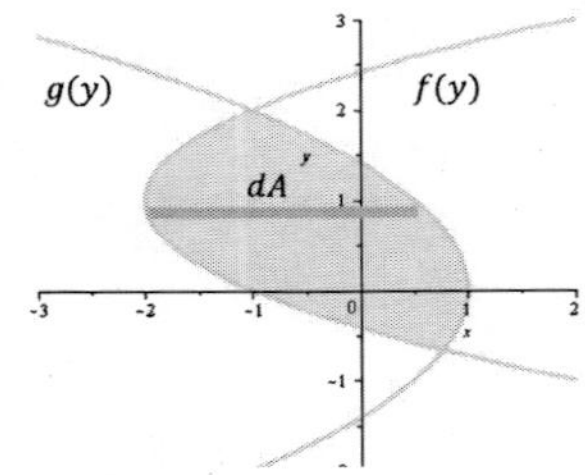

Figura 2.49: $dA = (g(y) - f(y))dy$

É fácil observar que a área da região do exemplo anterior também pode ser interpretada como Região tipo I, conforme a seguinte figura (2.50)

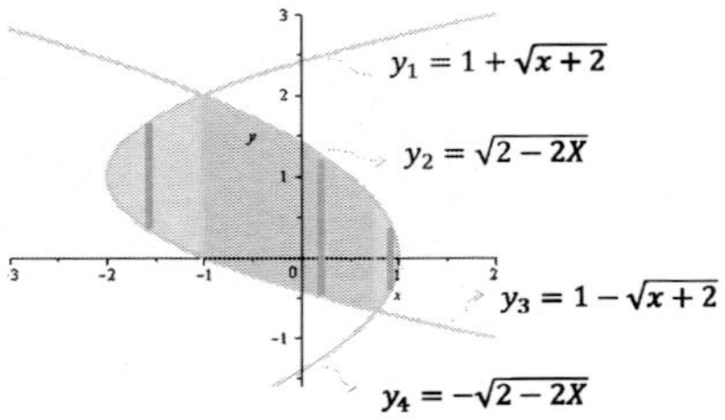

Figura 2.50:

Em que

$$A = \int_{-2}^{-1} (y_1 - y_3)dx + \int_{-1}^{7/9} (y_2 - y_3)dx + \int_{7/9}^{1} (y_2 - y_4)dx = \frac{128}{27}.$$

Exemplo 2.51. Calcule a área da região que está entre os gráficos das funções

$$y = x^2 \quad \text{e} \quad y = \sqrt{x}.$$

As duas curvas dadas cortam-se em dois pontos: $(0, 0)$ e $(1, 1)$ e além disso,

$$\sqrt{x} \geq x^2, \quad x \in [0, 1].$$

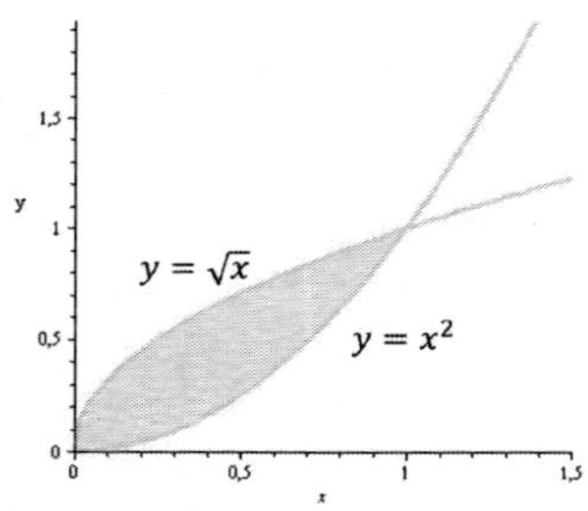

Figura 2.51:

A Região limitada pelos gráficos das funções $y = x^2$ e $y = \sqrt{x}$ pode ser considerada tipo I, então a área procurada é calculada pela fórmula:

$$A = \int_0^1 \left(\sqrt{x} - x^2\right) dx = \left(\frac{2}{3}x^{3/2} - \frac{x^3}{3}\right)\Big|_0^1 = \frac{1}{3}.$$

A região plana do exemplo anterior também pode ser considerada do tipo II, onde $x = \sqrt{y}$ e $x = y^2$ com $y \in [0, 1]$. Assim:

$$A = \int_0^1 \left(\sqrt{y} - y^2\right) dy = \frac{1}{3}.$$

Exemplo 2.52. Calcule a integral da figura "limitada" pelo gráfico da função $y = \dfrac{1}{x^2}$, o eixo $0x$, a reta $x = 1$ e $x > 1$.

Antes de calcular a área pedida, vamos introduzir a definição de integral imprópria com limite de integração superior igual a ∞. No Capítulo 8 faremos um estudo mais estendido sobre esses tipos de integrais.

Definição 2.10. Seja a função f definida no intervalo $[a, +\infty)$, e suponhamos que a integral $\displaystyle\int_a^A f(x)dx$ existe para $A > a$. Então a integral

$$\int_a^{+\infty} f(x)dx = \lim_{A \to +\infty} \int_a^A f(x)dx,$$

chama-se integral imprópria de f. Se este limite existir e for finito, então dizemos que a integral $\displaystyle\int_a^{+\infty} f(x)dx$ converge. Caso contrário, ela diverge.

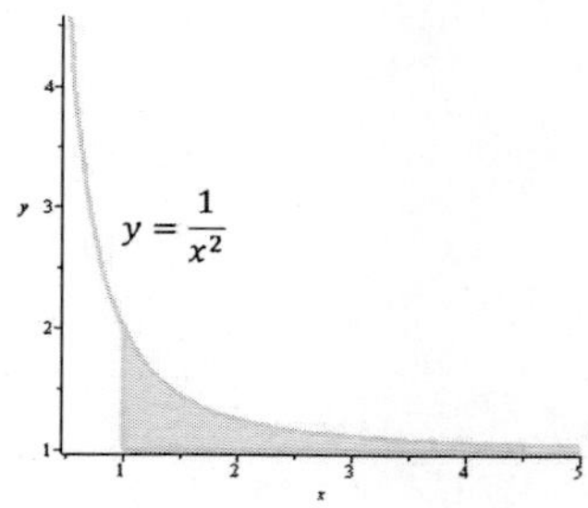

Figura 2.52: Região limitada pelo gráfico da função $y = \dfrac{1}{x^2}$, o eixo 0x e a reta $x = 1$

Agora, voltando ao cálculo da área da região pedida, é fácil ver, pela figura do lado que, a área é calculada pela seguinte integral:

$$\begin{aligned} S &= \int_1^{+\infty} \frac{1}{x^2}dx = \lim_{A \to +\infty} \int_1^A \frac{1}{x^2}dx = \\ &= \lim_{A \to +\infty} \left[-\frac{1}{x}\right]\Bigg|_1^A = \\ &= \lim_{A \to +\infty} \left[1 - \frac{1}{A}\right] = \\ &= 1 \end{aligned}$$

Exemplo 2.53. Considere uma função bijetora f contínua tal que $a = f(a), b = f(b)$, $f(x) > 0$ e $\displaystyle\int_a^b f(x)dx = A$.

Calcule $\displaystyle\int_a^b f^{-1}(y)dy$.

A bijetividade da função f garante a existência de f^{-1} e a continuidade de f garante a continuidade e integrabilidade de f^{-1}. Assim, se $y = f(x)$ segue que $x = f^{-1}(y)$ e $dy = f'(x)dx$. Reescrevendo a integral solicitada

$$\int_a^b f^{-1}(y)dy = \int_a^b x(y)dy = \int_a^b xf'(x)dx$$

Em seguida, aplicamos a integração por partes, com a escolha $u = x, dv = f'(x)dx$ (segue que $v = f(x)$).

$$\int_a^b xf'(x)dx = (xf(x))\big|_a^b - \int_a^b f(x)dx$$

$$\int_a^b f^{-1}(y)dy = bf(b) - af(a) - A = b^2 - a^2 - A.$$

O resultado anterior fica óbvio se interpretamos as integrais $\displaystyle\int_a^b f(x)dx = Área_{III}$ e $\displaystyle\int_a^b x(y)dy = Área_{II}$, como pode ser visto no gráfico 2.53.

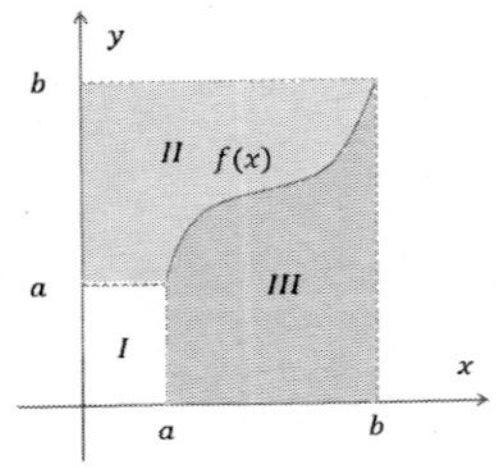

Figura 2.53: Gráfico da função $f(x)$

Assim,

$$Área_{II} = Área \text{ do quadrado de lado } b - Área_I - Área_{III}$$
$$Área_{II} = b^2 - a^2 - A$$

.

2.8.2 Trajetória Percorrida por um Ponto Móvel

Seja γ uma curva suave (regular), que pode ser uma reta. Consideremos um ponto P que se move ao longo de γ. O caminho percorrido pelo ponto desde um ponto determinado de γ é uma função do tempo, ou seja, $s = f(t)$.
Se agora dermos um incremento Δt à variável t, então ao tempo $t + \Delta t$ vai corresponder o caminho $s + \Delta s$. Assim, se queremos saber a velocidade média do ponto material no intervalo Δt, analisamos a razão do incremento do caminho com o incremento do tempo, isto é, $v_m = \dfrac{\Delta s}{\Delta t}$.
Mas, se o intervalo de tempo Δt tende para zero, obtemos a velocidade instantânea, $v = \lim\limits_{\Delta t \to 0} \dfrac{\Delta s}{\Delta t}$. Assim, a velocidade $\vec{v}$ como o caminho s depende do tempo, $\vec{v} = \vec{v}(t)$.
Um problema inverso consiste no seguinte: um ponto material move-se ao longo de uma curva com velocidade escalar $|\vec{v}(t)| = v(t)$ durante um intervalo de tempo $[t_1, t_2]$. Queremos saber o espaço percorrido pelo ponto material durante este intervalo de tempo.

Uma resposta direta a esta questão é dada pela integral definida a seguir

$$s = \int_{t_1}^{t_2} v(t)dt.$$

s é o comprimento de arco que percorre o ponto P no intervalo de tempo $[t_1, t_2]$ [9].

Exemplo 2.54. Suponhamos que um ponto material P desloca-se ao longo de uma curva com velocidade $v = v(t) = (2,5)(t^2 + 1)m/s$. Encontre a distância percorrida e o espaço percorrido por este ponto material no intervalo de tempo $[0, 2]$.

Pela fórmula acima, temos o espaço percorrido

$$s = \int_0^2 (2,5)(t^2 + 1)dt = (2,5)\left[\frac{t^3}{3} + t\right]_0^2 = \frac{35}{3}m.$$

Daqui podemos calcular a velocidade escalar média

$$v_m = \frac{s}{t_2 - t_1} = \frac{35/3}{2-0}m/s = \frac{35}{6}m/s.$$

Para calcular da distância percorrida, o procedimento é como segue: De $\dfrac{dx}{dt} = \dfrac{5}{2}(t^2 + 1)$ segue que $dx = \dfrac{5}{2}(t^2 + 1)dt$. Integrando

$$x(t) = \frac{5}{2}(\frac{t^3}{3} + t) + C.$$

Finalmente

$$d_{[0,2]} = x(2) - x(0) = \frac{35}{3}.$$

Queda Livre

A queda livre de um corpo é um dos movimentos mais importantes que encontramos na natureza. O primeiro cientista a estudar este movimento foi Galileu[10]. Ele estabeleceu as leis sobre a queda livre dos corpos considerando apenas a atração que a terra exerce sobre os corpos. A resistência do ar foi desconsiderada. Galileu estabeleceu que a queda livre dos corpos realiza-se com aceleração constante. Esta aceleração é chamada de aceleração da gravidade g. Geralmente esta aceleração depende do lugar geométrico, ou seja, da altitude e latitude. Assim $g \approx 9,8152m/s^2$.

A queda livre de um corpo é um exemplo importante de um movimento uniformemente acelerado.

Exemplo 2.55. Suponhamos que um corpo seja lançado para cima com velocidade inicial v_o no instante t=0. Desconsidere a resistência do ar. Sabe-se que a velocidade v expressa-se pela fórmula

$$v = v_o - gt, \tag{2.17}$$

onde t é o tempo transcorrido e g é a aceleração da gravidade. Encontre a altura que se encontra o corpo depois de ser lançado verticalmente para cima após um intervalo de tempo t, o instante de tempo em que o corpo retorna à terra e a altura máxima que o corpo atinge.

[9] O comprimento de arco s é conhecido como *espaço percorrido* em Física.

[10] Galileu Galilei (1564 - 1642), físico, matemático, astrônomo e filósofo italiano

Primeiramente escolhemos o sistema de coordenadas mais simples possível. Direcionamos o eixo x para cima e a origem da contagem ligamos à superfície da Terra, conforme a figura do lado.

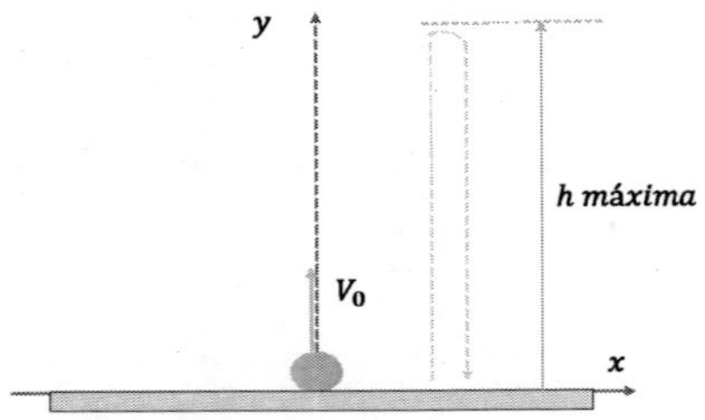

Figura 2.54: Altura máxima atingida com velocidade v_o

Integrando a fórmula (2.17) acima, temos

$$h = \int_0^t (v_o - gt)dt = \left(v_o t - \frac{gt^2}{2}\right)\Big|_0^t = v_o t - \frac{gt^2}{2}.$$

O tempo que demora para o corpo cair é definido quando $h = 0$, ou seja,

$$0 = v_o t_o - \frac{gt_o^2}{2},$$

de onde $t_o = \dfrac{2v_o}{g}$. Usando a fórmula (2.17) podemos encontrar a velocidade final que o corpo atinge quando ele chega à superfície da Terra:

$$v_{fin} = v_o - g\frac{2v_o}{g} = -v_o.$$

Ou seja, a velocidade final e a velocidade inicial são iguais em magnitude, mas possuem orientação oposta.

A altura máxima h_{max} que o corpo atinge caracteriza-se pelo fato de que nesta altura a velocidade $v = 0$. Ou seja, $0 = v_o - gt_1$, de onde $t_1 = \dfrac{v_o}{g}$.

Desta forma a altura máxima é dada por:

$$h_{max} = v_o t_1 - \frac{gt_1^2}{2} = \frac{v_o^2}{2g}.$$

Exemplo 2.56. Considere uma partícula em movimento retilíneo com aceleração constante $a = -g(g > 0)$ ao longo de uma reta vertical que iremos denominar eixo $0y$. Determine a fórmula geral da equação do movimento da partícula. Se a partícula, no instante $t = 0s$, tem a posição inicial y_0 e velocidade inicial v_0, determine a fórmula particular da equação de movimento da partícula com esta condição inicial.

Da física sabe-se que

$$a = \frac{dv}{dt}$$

sendo v a velocidade instantânea da partícula. De forma similar

$$v = \frac{dy}{dt}$$

utilizando a primeira equação podemos determinar a velocidade da partícula $v(t)$ pra todo instante, como segue

$$a(t) = \frac{dv(t)}{dt}$$

Escrevendo

$$dv(t) = \frac{dv(t)}{dt}dt$$

temos

$$dv(t) = a(t)dt = -gdt$$

Integrando a equação anterior

$$\int dv(t) = -\int gdt$$

Naturalmente

$$v(t) = -gt + C$$

Sendo C uma constante de integração.

Imediatamente iremos determinar a fórmula da posição da partícula $y(t)$ em relação à origem das coordenadas. Integrando a equação anterior

$$\int dy(t) = \int (-gt + C)dt$$

obtemos

$$y(t) = -\frac{gt^2}{2} + Ct + K, \tag{2.18}$$

sendo C e K constantes arbitrárias a serem determinadas utilizando as condições iniciais. Das equações (2.18), obtemos $C = v_0$, $K = y_0$. Por fim,

$$v(t) = v_0 - gt$$

$$y(t) = y_0 - \frac{gt^2}{2} + v_0 t.$$

Observação 2.6. Note que $v(t)$ depende linearmente do tempo t e a posição $y(t)$ depende quadraticamente do tempo t. Assim os gráficos de $v(t)$ e $y(t)$ são uma reta e uma parábola, respectivamente.

Exemplo 2.57. Considere uma partícula em movimento retilíneo ao longo do eixo vertical $0y$ com direção positiva para cima, submetida a um campo de força constante $-mg$(sempre orientado para abaixo) e uma força de resistência da substância em que se move a partícula proporcional à velocidade da partícula igual a: $F_r = k\vec{v}$ $(k < 0)$, oposta à orientação da velocidade. Se no instante inicial $(t = 0)$ a velocidade é $\vec{v}_0 \neq 0$ (oposto à orientação do campo de força):

1 Determine a posição e velocidade da partícula no instante t antes de atingir a velocidade nula.
Dica: Considere que a aceleração da partícula na primeira parte do percurso (antes de atingir a velocidade nula) é dado por

$$a = -(g + \frac{kv}{m})$$

Além disso, para $t = 0$ y_0 e v_0 é a posição e velocidade inicial da partícula.

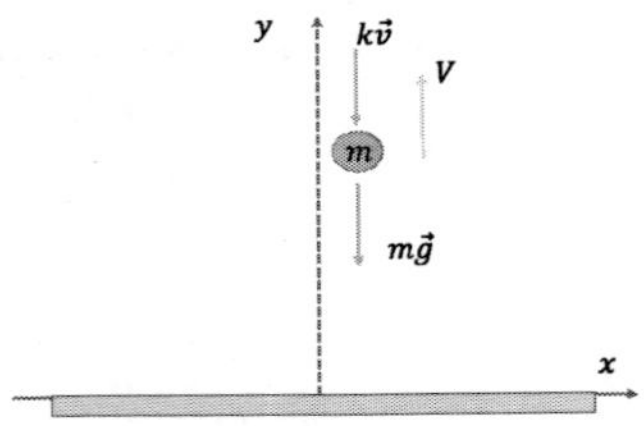

Figura 2.55: Diagrama de forças na partícula de massa m, $k < 0$

2 Determine a posição e velocidade da partícula no instante t, após atingir a velocidade nula. Neste caso a aceleração instantânea da partícula é

$$a = -g + \frac{kv}{m}$$

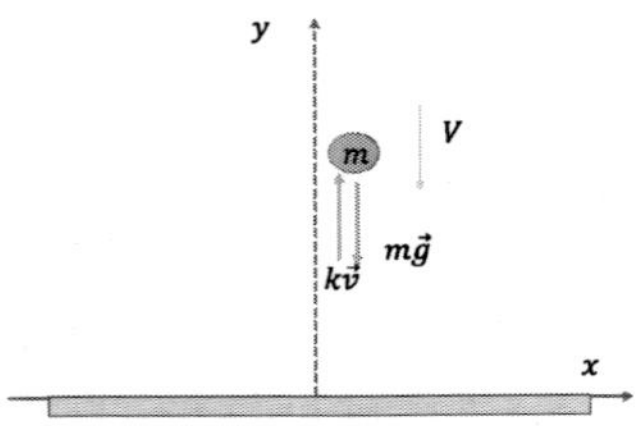

Figura 2.56: Diagrama de forças na partícula de massa m, $k < 0$

- **Solução do item 1.**
A aceleração da partícula num instante t qualquer $(t \geq 0)$ é dada por $y'' = (-g + k\dfrac{v}{m})$, ou seja, $v' = (-g + kv/m)$, pois $y' = v$. Como $dv = v'\,dt$ temos $dv = (-g + k\frac{v}{m})dt$.
Integrando

$$\int_{v_0}^{v} \frac{1}{(-g + k\frac{v}{m})}\, dv = \int_0^t dt$$

Escrevendo $z = -g + k\dfrac{v}{m}$ temos $dz = \dfrac{k}{m}dv$

$$\frac{m}{k}\int_{-g+k\frac{v_0}{m}}^{-g+k\frac{v}{m}} \frac{1}{z}dz = \int_0^t dt$$

donde

$$\frac{m}{k}\ln\left(\frac{-g + k\frac{v}{m}}{-g + k\frac{v_0}{m}}\right) = t$$

Reorganizando

$$v(t) = \frac{m}{k}((-g + k\frac{v_0}{m})e^{\frac{k}{m}t} + g),\ 0 \leq t \leq t_1 \tag{2.19}$$

Esta resposta somente tem sentido pelas condições físicas do problema até o instante t_1 em que $v = 0$, isto porque após este instante o valor da aceleração muda (fica como exercício demonstrar que $t_1 = \frac{m}{k}\ln(\frac{g}{g - k\frac{v_0}{m}})$).
Também não é difícil demonstrar que quando $k = 0$ (isto é, sem a presença da força de

atrito)a fórmula da velocidade da partícula é a conhecida $v = -gt + v_0$.
Para determinar $y(t)$ usamos (2.19) e do fato que $dy = v(t)dt$, donde segue

$$\int_{y_0}^{y} dy = \int_{v_0}^{v} \frac{m}{k}((-g + k\frac{v_0}{m})e^{\frac{k}{m}t} + g)\, dt$$

$$y(t) = \frac{m^2}{k^2}(g - \frac{kv_0}{m})(1 - e^{\frac{k}{m}t}) + \frac{mg}{k}t + y_0 \tag{2.20}$$

As equações (2.19) e (2.20) são as fórmulas da velocidade e posição da partícula na primeira fase (fase de subida) (ver figuras (2.57) e (2.58)).

- Fica como exercício resolver este caso (exercício 2.25) que corresponde à segunda fase do movimento mecânico (fase 2, a fase da descida)

Os gráficos a seguir já consideram os resultados do exercício deixado para o aluno.

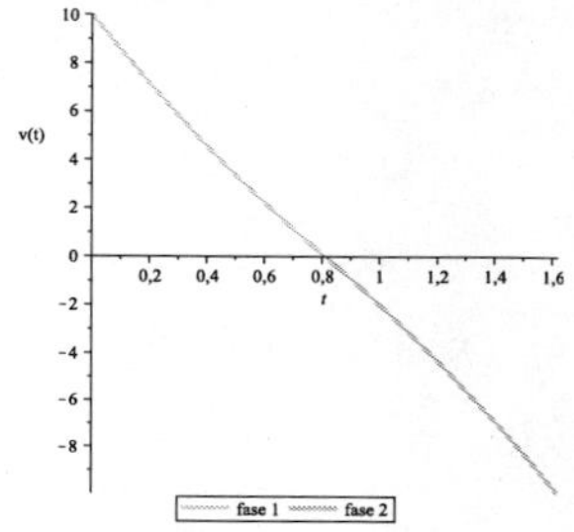

Figura 2.57: $v(t)$ na subida e descida : $m = 2, k = -1, g = 10$

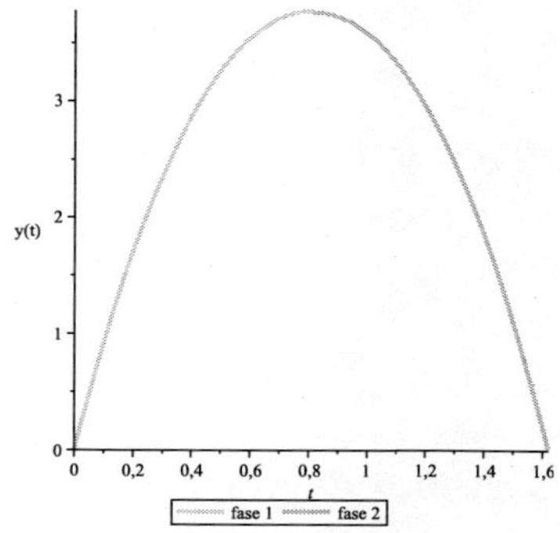

Figura 2.58: $y(t)$ na subida e descida: $m = 2, k = -1, g = 10, y_0 = 0$

2.8.3 Trabalho Mecânico Unidimensional

Antes de discorrer sobre o trabalho que desenvolve uma força (vetor), vamos lembrar da Álgebra Linear a definição de produto escalar de dois vetores. Sejam $\vec{u}$ e $\vec{v}$ dois vetores e seja α o ângulo que estes dois vetores formam, então define-se produto escalar dos vetores $\vec{u}$ e $\vec{v}$ da seguinte forma:

$$< \vec{u}, \vec{v} >= ||\vec{u}||||\vec{v}|| \cos \alpha,$$

onde $||\vec{u}||$ representa a norma ou comprimento do vetor $\vec{u}$.

Voltando a falar sobre força e trabalho, diz-se que quando aplicamos a um ponto material P uma determinada força $\vec{F}$ movimentando-o numa certa distância, dizemos que ela realiza um trabalho mecânico.

Em geral, o trabalho mecânico é realizado toda vez que no corpo movimentado atua uma força ou várias forças.
Suponhamos que o corpo é movimentado ao longo de uma superfície horizontal, a qual pode ser o eixo $0x$, de tal forma que a direção da força coincide com a direção do movimento. Queremos calcular o trabalho efetuado pela força $\vec{F}$ para deslocar o ponto P da posição $x = a$ até a posição $x = b$ tal que $\vec{d} = \overrightarrow{ab}$

Analisemos dois casos:

1. **A força $\vec{F}$ é constante e paralela ao vetor deslocamento.** O trabalho mecânico realizado é dado pelo produto escalar da força $\vec{F}$ com o vetor deslocamento $\vec{d}$, isto é,

$$T =< \vec{F}, \vec{d} >= ||\vec{F}||||d|| \cos \alpha,$$

Observa-se que a força $\vec{F}$ possui a mesma direção que o vetor deslocamento $\vec{d}$, e por este motivo o ângulo α entre eles é zero. Assim, $\cos \alpha = 1$ então

$$T = Fd$$

(a) **A força $\vec{F}$ é constante e forma um ângulo com o eixo $0x$.** A força $\vec{F}$ forma um ângulo α com o vetor deslocamento. Neste caso, o trabalho mecânico realizado é dado pelo produto escalar da força $\vec{F}$ com o vetor deslocamento, isto é,

$$T =< \vec{F}, \vec{d} >= ||\vec{F}||||d|| \cos \alpha.$$

Desta fórmula, observamos que quando o ângulo α, entre a força $\vec{F}$ e o vetor deslocamento, muda de 0° até $\frac{\pi}{2}$ o trabalho mecânico é positivo, quando o ângulo muda de $\frac{\pi}{2}$ até π, o trabalho mecânico é negativo. Quando $\alpha = \frac{\pi}{2}$, o trabalho mecânico é nulo, ou seja quando a força é perpendicular ao vetor deslocamento, então nenhum trabalho mecânico é realizado pela força $\vec{F}$.
Note que

$$T = ||\vec{F}||||d|| \cos \alpha = (||\vec{F}|| \cos \alpha)||d||.$$

daí que podemos dizer que o trabalho mecânico realizado por $\vec{F}$ é realizado efetivamente pela projeção de $\vec{F}$ ao longo do deslocamento $\vec{d}$, isto é, por $\vec{F}_d = ||\vec{F}|| \cos \alpha$.

2. **A força $\vec{F} = (F_x, F_y)$ depende continuamente da posição do ponto P.** Consideremos uma partição do intervalo $[a, b]$, $\{x_o, x_1, x_2, \ldots, x_n\}$ com $a = x_o <$

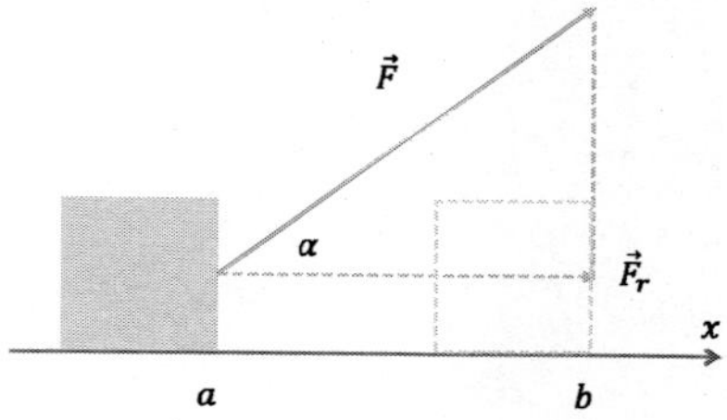

Figura 2.59: $T^{\vec{F}}$ ao longo do vetor deslocamento $\overrightarrow{ab}$

$x_1 < x_2 < \ldots < x_n = b$. Denotemos cada subintervalo por $\Delta x_i = (x_{i-1}, x_i)$. Desta forma o trabalho realizado pela força $\vec{F} = (F_x(\eta_i), F_y(\eta_i))$ no deslocamento $\overrightarrow{\Delta} x_i = (\Delta x_i, 0)$ é dado por

$$T_i =< F, \overrightarrow{\Delta} x_i >, \quad \text{onde } \eta_i \in [x_{i-1}, x_i].$$

Assim, o trabalho aproximado realizado pela força $\vec{F}$ no intervalo $[a, b]$ é a soma

$$T_n \approx \sum_{i=0}^{n} < F, \overrightarrow{\Delta} x_i > .$$

O limite desta soma, se existir, quando $\max(\Delta x_i) \to 0$, chama-se trabalho da força $\vec{F}$ ao longo do vetor deslocamento com início em $x = a$ e final no ponto $x = b$:

$$T = \int_a^b < \overrightarrow{F}, \overrightarrow{dx} >$$

ou

$$T = \int_a^b F_x(x)dx$$

Exemplo 2.58. Suponha uma mola localizada horizontalmente e sua posição de equilíbrio (P.E.)coincide com a origem de coordenadas e podemos esticá-la horizontalmente num comprimento de $12cm$. Encontremos o trabalho mecânico realizado pela força elástica neste processo.

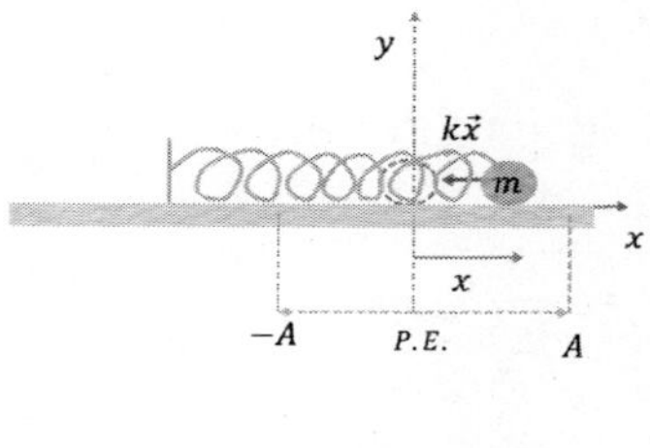

Figura 2.60: Força elástica numa mola deslocada distancia x em relação ao P.E.

Sabe-se, pela lei de Hooke, que a força $\overrightarrow{F}$ elástica que se origina internamente na mola, na hora em que a esticamos (com ajuda da mão ou outra força externa) uma distância x metros é dada por

$$\vec{F} = -k\vec{x}.$$

O sinal $(-)$ significa que a força elástica sempre é contrária ao deslocamento da mola. k é a constante de proporcionalidade ou constante de Hooke.

Assim, supondo $\Delta x = 12cm = 0,12m(x_0 = 0, x_1 = 0,12m)$, e $k = 50N/m$ temos $F_{elastica} = -50x$.

Segue daqui que o trabalho procurado é

$$T = \int_0^{0.12} F(x)dx = -\int_0^{0.12} 50xdx = -25x^2\Big|_0^{0,12} = -0,36Joule.$$

Observação 2.7. A fórmula de Hooke somente vale para pequenas deformações da mola, ou seja, no regime linear, justamente quando vale a proporcionalidade da força elástica e o deslocamento horizontal da mola.

Exemplo 2.59. Temos um carrinho que está em um carril horizontal unido a uma mola de constante elástica $K = 10N/m$. Suponha que a mola esteja na posição de equilíbrio, na posição A. Calcule o trabalho realizado pela mola sobre o carrinho de massa m no trajeto de A até B quando o carrinho é puxado por uma força horizontal $(\overline{AT} = l, \overline{AB} = a)$.

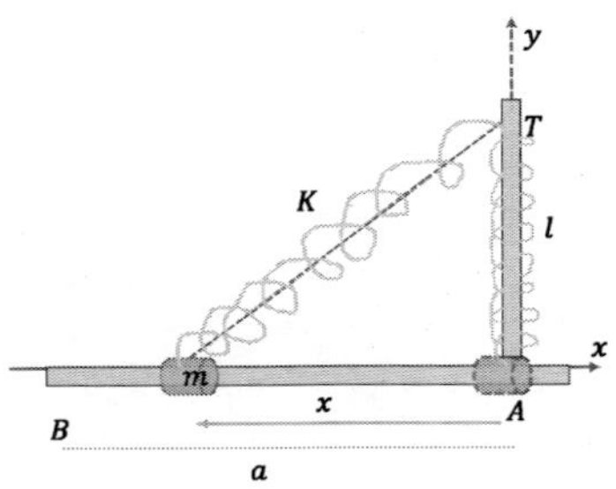

Figura 2.61:

A força elástica que age sobre o carrinho de massa m, na posição x em relação ao ponto inicial A tem a seguinte forma

$$\vec{F_e} = K(\sqrt{l^2 + x^2} - l)(\cos\theta, \text{sen}\theta)$$

em que $\theta = \measuredangle(ABT)$. Da fórmula do trabalho temos

$$\begin{aligned} T_{A\to B} &= \int_0^a < \vec{F_e}, \overrightarrow{dx} > \\ &= \int_0^a < K(\sqrt{l^2 + x^2} - l)(\cos\theta, \text{sen}\theta), (-dx, 0) > \\ &= -\int_0^a K(\sqrt{l^2 + x^2} - l)\frac{x}{\sqrt{l^2 + x^2}}dx \\ &= -K[\int_0^a xdx - l\int_0^a \frac{x}{\sqrt{l^2 + x^2}}dx]. \end{aligned} \tag{2.21}$$

A primeira integral da equação (2.21) é igual a $\frac{1}{2}Ka^2$.

A segunda integral da mesma equação se calcula realizando uma substituição $\xi = l^2 + x^2$ logo

$d\xi = 2xdx$. Assim

$$\int_0^a \frac{x}{\sqrt{l^2+x^2}}dx = \int_{l^2}^{l^2+a^2} \frac{1}{2}\xi^{-1/2}d\xi = \xi^{1/2}|_{l^2}^{l^2+a^2} = (\sqrt{a^2+l^2}-l))$$

Portanto

$$T = -\frac{K}{2}(a^2+2l^2-2l\sqrt{a^2+l^2})$$

Exemplo 2.60. Considere um sistema termodinâmico que sofre um processo térmico e que evolui do estado $A = (P_A, V_B)$ até o estado em que $B = (P_B, V_B)$. Se a equação de estado deste processo é $PV^\gamma = C(\gamma > 1,\ C$ é constante física). Calcule o trabalho termodinâmico realizado pelo sistema nesse processo, sabendo que o elemento diferencial deste trabalho é $dW = PdV$

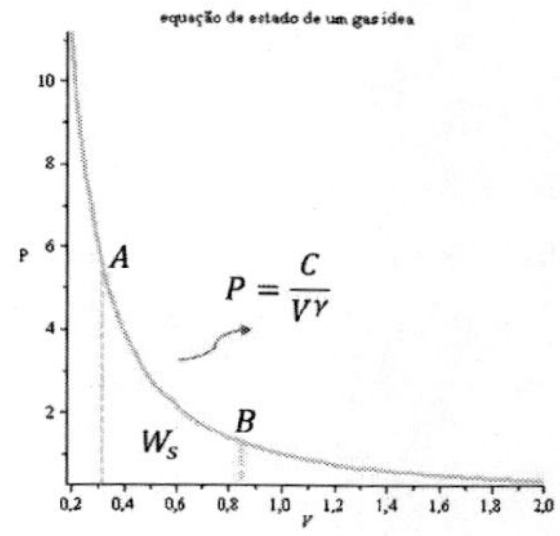

Figura 2.62: processo $A \to B$

É fácil perceber que $\displaystyle\int_{V_A}^{V_B} PdV$ é o trabalho total do sistema no processo térmico do estado A a B. Como $P = \dfrac{C}{V^\gamma}$ substituindo na integral anterior, temos

$$W_{pelo\ sistema}^{A\to B} = \int_{V_A}^{V_B} PdV = \int_{V_A}^{V_B} \frac{C}{V^\gamma}dV = C\frac{V^{-\gamma+1}}{-\gamma+1}\Big|_{V_A}^{V_B}.$$

Donde

$$W_S^{A\to B} = \frac{C}{-\gamma+1}\left(V_B^{-\gamma+1} - V_A^{-\gamma+1}\right).$$

Note que $\gamma > 1$.

2.9 Volume de Sólidos

O cálculo do volume de um corpo geométrico dado, também pode ser reduzido a calcular uma integral definida, desde que possamos de alguma maneira definir a área da seção transversal perpendicular do corpo a uma direção dada.

Para atingir nosso objetivo vamos usar a técnica de **Fatiamento**.

Considere um sólido, cujo formato tem alguma simetria axial ou alguma direção preferencial, como por exemplo, um cone, um cilindro, uma pirâmide, etc. Nestas situações é útil escolher um eixo cartesiano como uma direção preferencial, e tentar identificar o formato de uma seção transversal (cuja área deve ser possível de ser calculada imediatamente). Então é fácil, com estas informações, determinar o volume dos sólidos. Por exemplo, no cone circular reto as

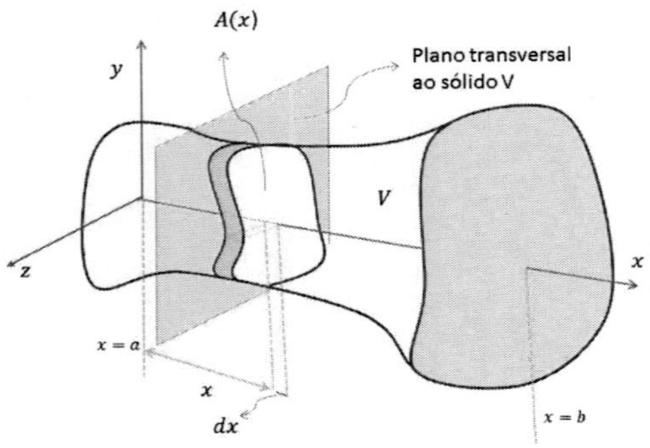

Figura 2.63: Elemento de volume: método do fatiamento

seções transversais são círculos cujo centro se localiza exatamente no eixo axial de simetria do cone.

Vamos supor que a área da seção transversal de espessura Δx seja $A(x)$. Sejam a e b as abscissas dos cortes secionais extremos do corpo. Particionamos o sólido em pequenas fatias começando em $x = a$ e terminando em $x = b$. É importante saber a fórmula da área da seção transversal em cada ponto x.

Considere a seção transversal do sólido de espessura Δx e área transversal ("base") $A(x)$, logo o volume do sólido fatiado é

$$\Delta V \approx A(x)\Delta x$$

e portanto, a aproximação do volume total V do corpo geométrico dado, será expressado por

$$V \approx \sum_i A_i(x)\Delta x_i,$$

onde a soma estende-se a todos os elementos nos quais foi particionado o corpo dado.
Assim, a fórmula que expressa o volume exato do corpo será o limite, quando o número de fatias cresce indefinidamente e o máximo dos Δx tende a zero, isto é,

$$V = \lim_{\Delta x \to 0} \sum A(x)\Delta x = \int_a^b A(x)dx, \tag{2.22}$$

onde a e b são as abscissas dos cortes secionais extremos do corpo.

Quando se trata de resolver um exercício é preciso desenhar um rascunho do sólido, localizar uma seção transversal arbitrária, num ponto arbitrário do eixo de simetria do sólido. Depois determinar a área da seção transversal $A(x)$ e os limites de integração.

Exemplo 2.61. Determine o volume de um tetraedro regular de lado l pelo método de fatiamento.

O tetraedro é um sólido limitado por faces triangulares (triângulos equiláteros). Para calcular o volume do tetraedro, podemos escolher o sistema de coordenadas cartesianas mais conveniente, isto é, com a origem de coordenadas no baricentro da base triangular e o eixo z, esteja na direção do vértice superior. A uma altura z a partir da base do tetraedro. Podemos destacar uma fatia horizontal também de forma triangular (triângulo equilátero), cuja área $A(z)$ devemos calcular em primeiro lugar, se desejarmos calcular o volume do sólido.

Determinemos $A(z)$ e as dimensões do lado da fatia triangular localizada na altura z. Consideremos o triângulo retângulo ΔPRT.

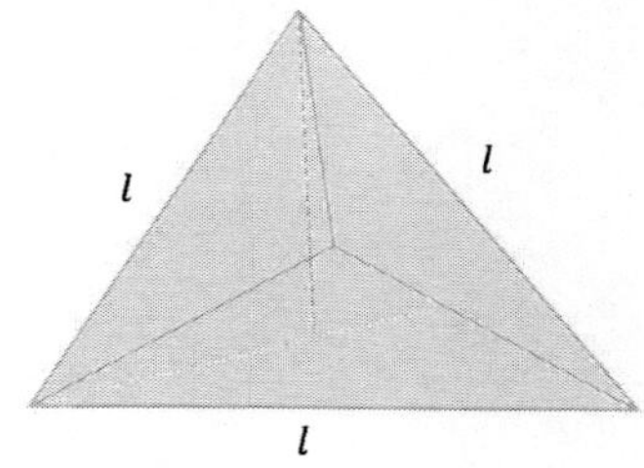

Figura 2.64: Tetraedro regular

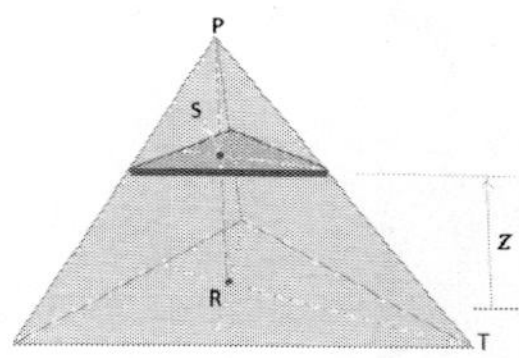

Figura 2.65: Fatia: um triângulo equilátero

Como o lado do triângulo base é l, segue que o valor da mediana é $\frac{l\sqrt{3}}{2}$. R é o baricentro da base, portanto, $|RT| = \frac{l\sqrt{3}}{3}$.

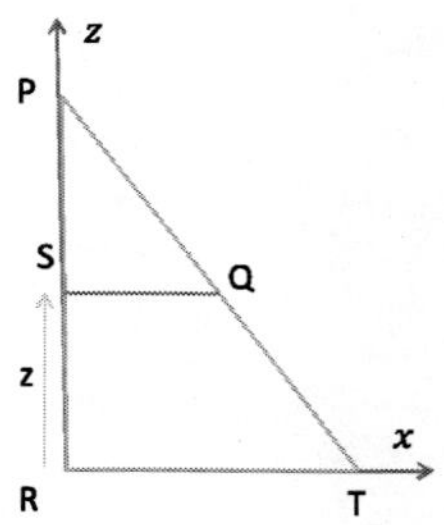

Figura 2.66:

De forma análoga, se o lado do triângulo equilátero localizado na altura z é l_z então

$$|SQ| = l_z \frac{\sqrt{3}}{3} \tag{2.23}$$

Como $l = |PT|$ é fácil encontrar que

$$|PR| = \frac{l\sqrt{2}}{\sqrt{3}} \tag{2.24}$$

Por semelhança entre os triângulos $\triangle PRT$ e $\triangle PSQ$, obtemos

$$\frac{|PR| - z}{|PR|} = \frac{|SQ|}{|RT|} \tag{2.25}$$

substituindo (2.24) e (2.23) em (2.25), obtemos

$$l_z = l - z\frac{\sqrt{3}}{\sqrt{2}}$$

Assim, a área da seção transversal triangular, localizada na altura z, é

$$A(z) = l_z^2 \frac{\sqrt{3}}{4} = (l - z\frac{\sqrt{3}}{\sqrt{2}})^2 \frac{\sqrt{3}}{4}$$

Por fim, substituindo na fórmula 2.22

$$V_{tetraedro} = \int_0^{\frac{l\sqrt{2}}{\sqrt{3}}} (l - z\frac{\sqrt{3}}{\sqrt{2}})^2 \frac{\sqrt{3}}{4} dz$$

$$= l^3 \frac{\sqrt{2}}{12} \equiv \frac{1}{3} A_{base}\, altura.$$

Observação 2.8. Para qualquer pirâmide regular e com base poligonal de qualquer número de lados, a fórmula do volume da pirâmide continua sendo

$$V_{piramide} = \frac{1}{3} A_{base}\, \text{altura}.$$

Esta observação será provada no final do capítulo.

Exemplo 2.62. Determine o volume da cunha obtida, quando cortamos o cilindro de raio $R = 4$ e altura $H = 8$ por um plano inclinado de abertura angular α em relação à base do cilindro com $\text{tg}(\alpha) \leq 1$, conforme figura abaixo.

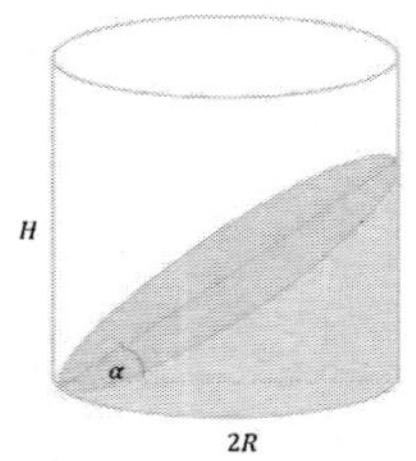

Figura 2.67:

De acordo com a figura (2.68) vamos encontrar a área da seção transversal retangular $MNPQ$ de espessura dx e para isso, escolhemos a origem de coordenadas no centro da base do cilindro.

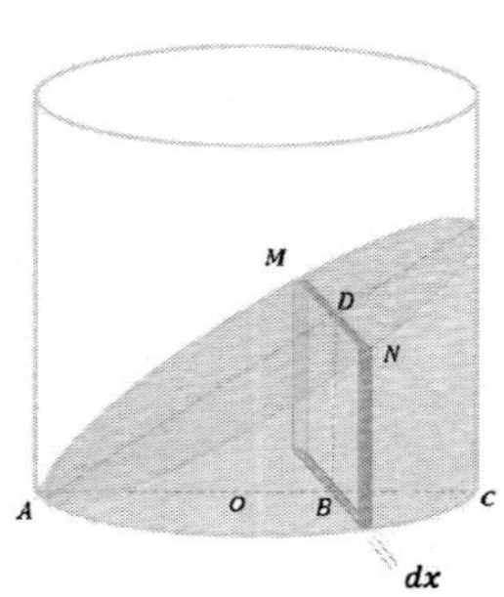

Figura 2.68:

Para determinar as dimensões da seção transversal, recorremos à figura (2.69)

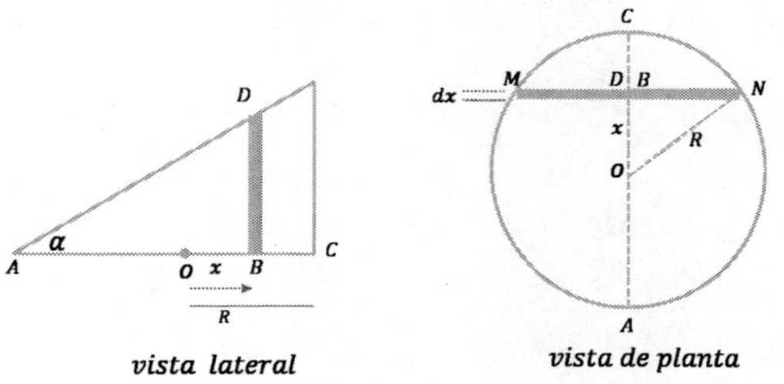

Figura 2.69: fatia retangular

Do triângulo ABD (vista de perfil da fatia retangular), temos $|BD| = l_1(x) = (R+x)\,\mathrm{tg}(\alpha)$. Do triângulo ODN (vista de planta da fatia retangular), temos que $|MN| = l_2(x) = 2\sqrt{R^2 - x^2}$. Assim

$$A(x) = l_1(x)\,l_2(x)dx$$

e substituindo na equação (2.22), temos:

$$V_{cunha} = \int_{-R}^{R} A(x)dx = 2\,\mathrm{tg}(\alpha) \int_{-R}^{R} (R+x)\sqrt{R^2 - x^2}dx$$

$$V_{cunha} = 2\,\mathrm{tg}(\alpha)\,[R \int_{-R}^{R} \sqrt{R^2 - x^2}dx + \int_{-R}^{R} x\sqrt{R^2 - x^2}dx]$$

A segunda integral da equação anterior é zero pois a função subintegral é ímpar. A primeira integral já é conhecida e o resultado é $\frac{\pi R^2}{2}$. Finalmente

$$V_{cunha} = \mathrm{tg}(\alpha)\,\pi R^3.$$

Note que $\mathrm{tg}(\alpha) \leq \dfrac{H}{2R}$ para que a cunha exista como tal.

2.9.1 Volume de Sólido de Revolução

O volume de um sólido de revolução pode ser obtido facilmente como um caso particular do cálculo do volume de um sólido estudado na seção anterior. A técnica que usaremos para determinar a fórmula de um sólido de revolução é conhecido como **Método de disco.**
A seguir, vamos considerar sólidos de revolução obtida ao girar uma figura plana em torno dos eixos $0y$ e $0x$.

I caso: Rotação em torno do eixo $0y$
Assim, a figura plana formada pelo gráfico da função $x = g(y), y_1 \leq y \leq y_2$, pela reta $y = y_1$, pela reta $y = y_2$ e o eixo das ordenadas, quando gira em torno do eixo $0y$, gera um sólido de revolução cujo volume iremos calcular a seguir.

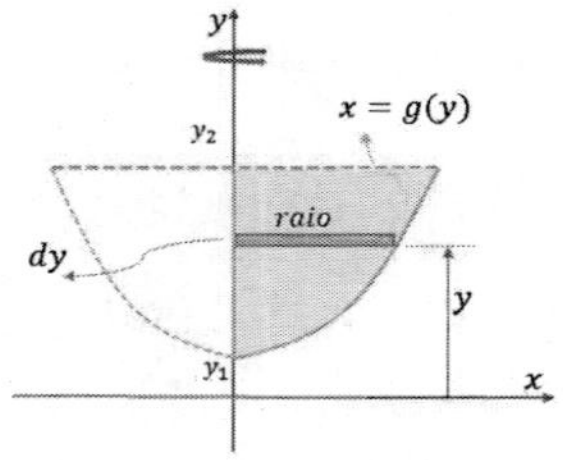

Figura 2.70: Região plana geradora do Sólido

Como as seções transversais são discos de raio $x = g(y)$ o elemento diferencial de volume deste disco é

$$\begin{aligned} dV &= (\acute{a}rea\ do\ disco)\ (espessura) \\ &= \pi\, g^2(y)\, dy \end{aligned}$$

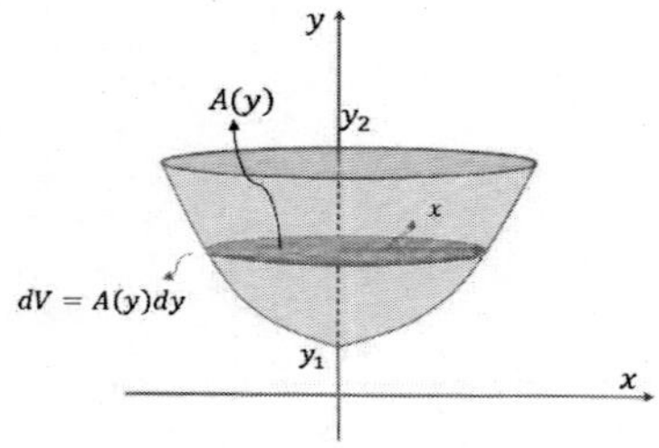

Figura 2.71: Sólido de revolução

e pela fórmula 2.22, temos:

$$V_{s\acute{o}lido\ rev} = \int_0^{y_1} \pi\, g^2(y)\, dy. \tag{2.26}$$

II Caso: Rotação em torno do eixo $0x$
Assim, a figura plana formada pelo gráfico da função $y = f(y), x_1 \leq x \leq x_2$, pela reta $x = x_1$, pela reta $x = x_2$ e o eixo das abscissas, quando gira em torno do eixo $0x$, gera um sólido de revolução cujo volume calcula-se de forma análoga ao caso anterior, chegando a seguinte fórmula.

$$V_{s\acute{o}lido\ rev} = \int_{x_1}^{x_2} \pi\, f^2(x)\, dx \tag{2.27}$$

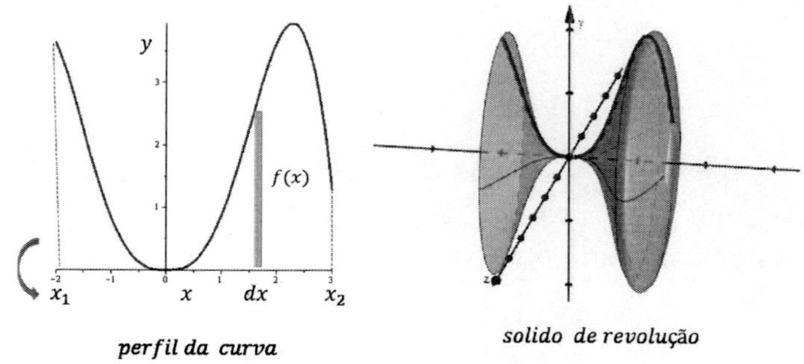

Figura 2.72: Sólido de revolução ao redor do eixo x

Exemplo 2.63. Calcule o volume do corpo de revolução obtido quando gira a região plana, formado pelo gráfico da função $y = \cosh x$, $-a \leq x \leq a$ (catenária), as retas verticais $x = a, x = -a$ e a abscissa; quando gira em torno do eixo $0x$.

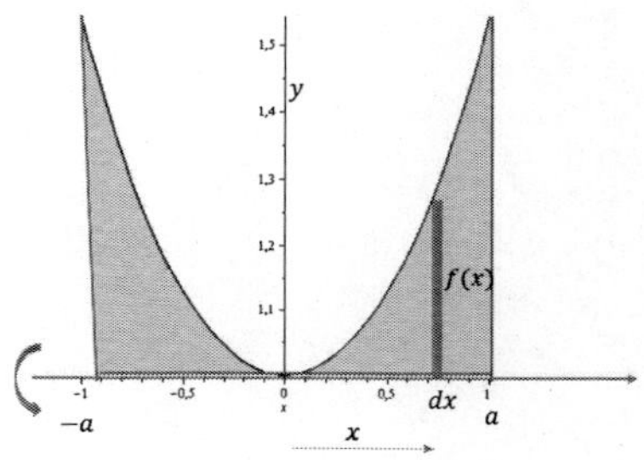

Figura 2.73: Superfície geradora de volume

De acordo com a figura (2.73) o elemento diferencial de volume, na posição arbitrária x é :

$$dV = A_{disco}\, dx = \pi f(x)^2 dx = \pi \cosh^2 x dx,$$

assim

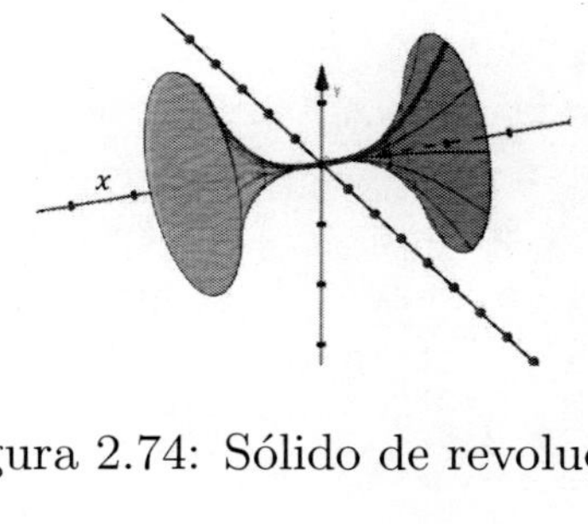

Figura 2.74: Sólido de revolução

$$V_{solido\, de\, rev} = \int_{-a}^{a} \pi \cosh^2 x dx$$

ou

$$V_{solido\, de\, rev} = \pi \int_{-a}^{a} (\frac{\cosh 2x}{2} + \frac{1}{2}) dx$$

Integrando termo a termo, o resultado é

$$V_{solido\,de\,rev} = \pi(a + \frac{\text{senh}2a}{2}).$$

Exemplo 2.64. Calcule o volume do corpo de revolução obtido quando gira a região plana, formado pelo gráfico da função $y = \cosh x$, $0 \le x \le a$ (catenária), a reta $y = \cosh a$ e o eixo das ordenadas; quando gira em torno do eixo $0y$.

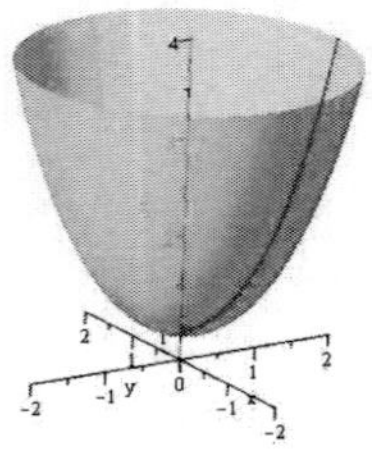

Figura 2.75: Sólido de revolução gerado pela curva $y = \cosh x$

O elemento diferencial de volume dV, na posição y, é $dV = \pi x^2 dy$. De $y = \cosh x$ obtemos $dy = \text{senh}x\, dx$, daí segue que:

$$V_{sólido\ rev} = \int_0^a \pi x^2\, \text{senh}x\, dx$$

Do capítulo 1, temos que $\displaystyle\int x^2\, \text{senh}x = x^2 \cosh(x) - 2x\, \text{senh}x + 2\cosh(x) + C$, assim

$$V_{sólido\ rev} = \pi(x^2 \cosh(x) - 2x\, \text{senh}x + 2\cosh(x) + C)|_0^a$$

$$V_{sólido\ rev} = \pi[(2 + a^2)\cosh a - 2a\, \text{senh}\, a - 2]$$

Agora consideremos o cálculo do volume de rotação de uma região plana em torno do eixo $0y$ pelo **Método do anel**.

Considere uma região plana que irá realizar uma rotação completa ao redor do eixo y (ver figura (2.76)). É importante observar que a curva não corta o eixo de rotação. Quando o elemento diferencial de área (retângulo infinitesimal transversal ao eixo de rotação) gira em torno do eixo das ordenadas gera um anel com dois raios, um interno r_1 e um externo r_2.

Por isso, o elemento de volume dV gerado pelo retângulo infinitesimal é um anel com espessura dy, cujo volume é dado por

$$dV = \pi(r_2^2 - r_1^2)dy$$

Portanto

$$V_{sólido\,rev} = \int_a^b \pi\,(r_2^2 - r_1^2)\, dy$$

Um sólido típico no qual se aplica este método é a figura a seguir

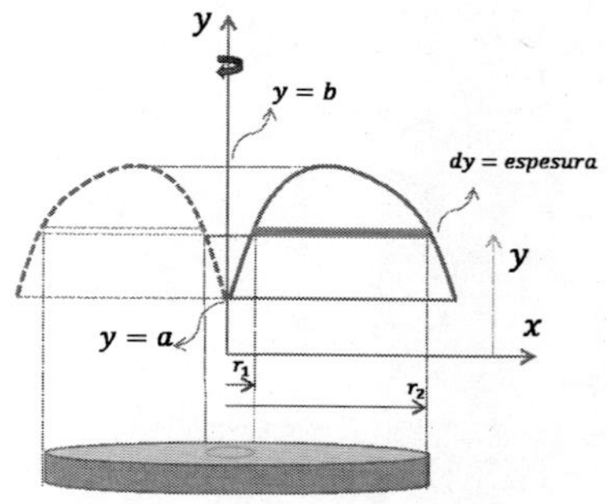

Figura 2.76: Sólido de revolução : Método do anel

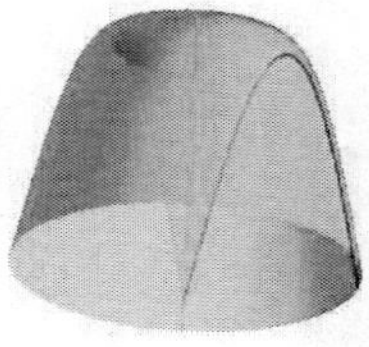

Figura 2.77: Sólido de revolução : Método do anel

Exemplo 2.65. Considere a superfície plana limitada pelas curvas $y = x$ e $y = 2x^2$. Determine o volume de revolução obtido ao girar tal região plana ao redor do eixo y.

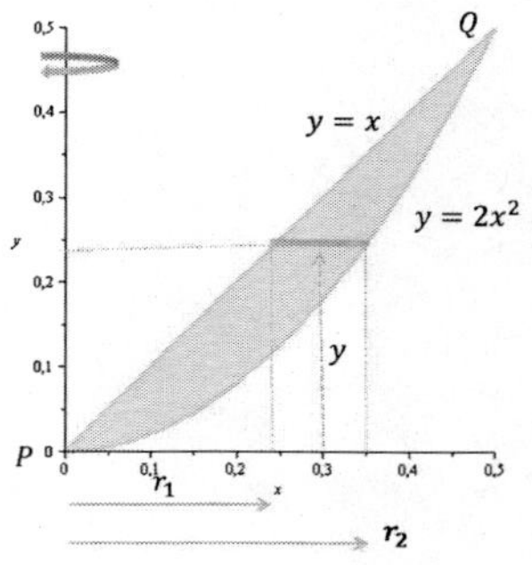

Figura 2.78:

De acordo com a figura anterior (2.78), o retângulo de espessura dy, localizado na altura y, ao girar em torno do eixo y, determina um anel de volume: $dV = \pi(r_2^2 - r_1^2)dy$, de raio interno $r_1 = x(y) = y$ e raio externo $r_2 = x(y) = \sqrt{\frac{y}{2}}$. Observe que a variável de integração y varia de $P = (0, 0)$ até $Q = (1/2, 1/2)$. Sendo P e Q os pontos de interseção das duas curvas. Assim

$$V_{rev} = \int_a^b \pi(r_2^2 - r_1^2)dy = \int_a^b \pi(\frac{y}{2} - y^2)dy = \frac{\pi}{48}.$$

Exemplo 2.66. Calcule o volume do sólido de revolução obtido, quando gira a região plana definida como a parte interna da elipse: $\frac{x^2}{9} + \frac{(y-2)^2}{4} = 1,\ 0 \leq x \leq 3\}$ (ver a figura (2.79)) em torno do eixo $0x$

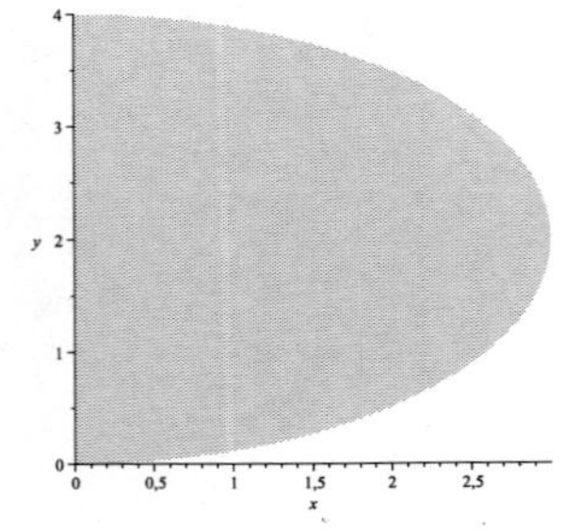

Figura 2.79:

Na posição x temos que $r_2 = 2+2\sqrt{1-\frac{x^2}{9}}$ e $r_1 = 2-2\sqrt{1-\frac{x^2}{9}}$. Logo o elemento diferencial de volume

$$dV = \pi(r_2^2 - r_1^2)dx = \pi((2+2\sqrt{1-\frac{x^2}{9}})^2 - (2-2\sqrt{1-\frac{x^2}{9}})^2)\,dx.$$

Assim

$$V_{rev} = \int_0^3 \pi((2+2\sqrt{1-\frac{x^2}{9}})^2 - (2-2\sqrt{1-\frac{x^2}{9}})^2)\,dx.$$

Simplificando

$$V_{rev} = 16\pi \int_0^3 \sqrt{1-\frac{x^2}{9}}\,dx$$
$$= 16\pi(\frac{3\pi}{4}) = 12\pi^2.$$

Por fim, vamos apresentar mais um método para calcular volumes de corpos de revolução, o **Método da casca cilíndrica**.

Considere uma figura plana, como mostra a figura 2.80

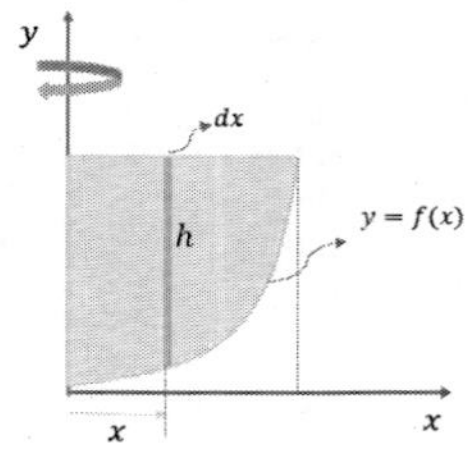

Figura 2.80:

Suponhamos que esta região plana realiza uma rotação completa ao redor do eixo y. O volume do sólido de revolução assim construído, podemos determinar como segue: Consideremos uma barra paralela ao eixo de rotação infinitesimal de espessura dx e altura $h(x)$ e que ao girar vai gerar uma casca cilíndrica (daí o nome do método) de altura h e raio $\rho = x$ (no caso da figura), e espessura dx (conforme figura 2.81)

Se esticarmos a casca cilíndrica obtemos a figurar a seguir

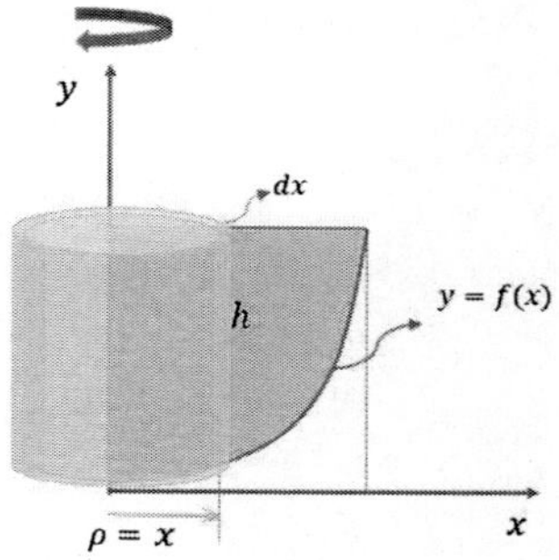

Figura 2.81:

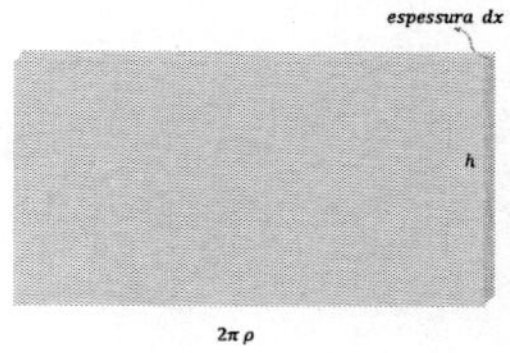

Figura 2.82:

Da figura anterior (2.82) é fácil ver que o elemento de volume diferencial desta casca cilíndrica dV é

$$dV = 2\pi(\text{raio da casca cilíndrica})(\text{altura})\ \ (\text{espessura}) \tag{2.28}$$

sendo $\rho = x$ substituindo em (2.28)

$$dV = 2\pi\,(x)\,h(x)\,dx$$

Portanto

$$V_{sólido\ rev} = \int_{x_1}^{x_2} dV = \int_{x_1}^{x_2} 2\pi\,(x)\,h(x)\,dx \tag{2.29}$$

Exemplo 2.67. Determine o volume de um elipsoide de revolução, obtido pela rotação da região limitada pela elipse $\frac{x^2}{a^2} + \frac{y^2}{b^2} = 1$ ao redor do eixo y.

Consideremos a região plana S localizada no primeiro quadrante, interno à elipse $\frac{x^2}{a^2} + \frac{y^2}{b^2} = 1$. Ao realizar uma rotação da região S ao redor do eixo y, formamos a metade de um elipsoide de revolução cujo volume podemos calcular pelo método da casca cilíndrica como segue.

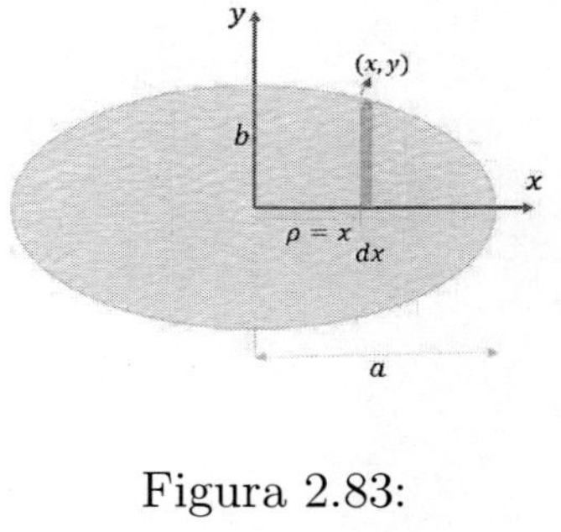

Figura 2.83:

Da figura: $\rho = x, h = y = b\sqrt{1 - \frac{x^2}{a^2}}$ e substituindo na fórmula (2.29) obtemos:

$$\frac{1}{2}V_{elipsoide\,rev} = V_{sólido\,rev} = \int_0^a 2\pi\,(x)\,\sqrt{1-\frac{x^2}{a^2}}\,dx$$

Esta integral calcula-se facilmente pelo método de mudança de variáveis. Assim

$$V_{elipsoide\,rev} = \frac{4}{3}\pi\,b\,a^2.$$

Observação 2.9. No caso de um elipsoide com os 3 eixos principais diferentes, cuja equação é: $\frac{x^2}{a^2}+\frac{y^2}{b^2}+\frac{z^2}{c^2}=1, a>0, b>0, c>0$. o volume do elipsoide calcula-se pelo método de fatiamento ou por integrais múltiplas

$$V_{elipsoide} = \frac{4}{3}\pi abc.$$

Exemplo 2.68. Considere uma região plana limitada pela curva $y = 1+\frac{4}{x+1}$ e as retas $y=0$ e $x=-2$. Determine o volume do sólido de revolução obtido ao girar esta região plana ao redor do eixo $y=1$. Utilize o método de cascas cilíndricas.

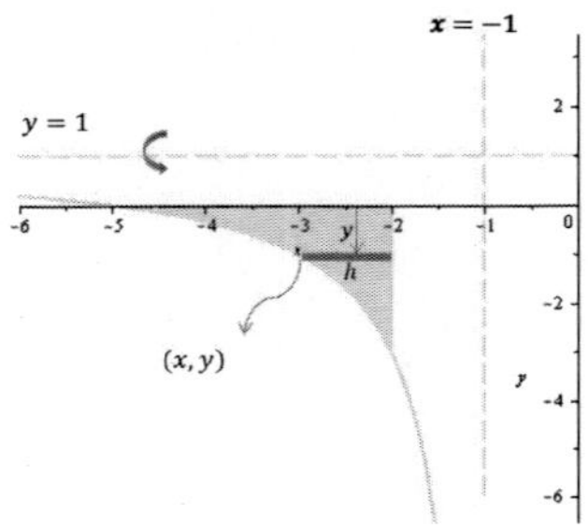

Figura 2.84: Região plana que gera o sólido de Revolução

Consideramos no ponto (x, y) do gráfico da função $y = 1+\dfrac{4}{x+1}$ uma barra de tamanho $h(y)$ paralela ao eixo de rotação $y=1$(horizontal), que ao girar em torno do eixo de rotação, vai gerar uma casca cilíndrica de volume

$$dV = 2\pi\,(\text{raio da casca cilíndrica})\,h(y)\text{ espessura.}$$

Da figura 2.84, podemos notar que:
A espessura da barra é dy, o raio da casca cilíndrica é $1-y$. O comprimento da barra $h(y)$ é calculado subtraindo a abscissa do seu extremo mais à direita ($x=-2$) com a abscissa do seu extremo mais à esquerda ($x = -1+\dfrac{4}{y-1}$, assim $h(y) = -1-\dfrac{4}{y-1}$. Daí, segue que $dV = 2\pi(1-y)(-1-\dfrac{4}{y-1})dy$, integrando

$$V_{Sól.Rev} = \int_{-3}^{0} 2\pi(1-y)(-1-\frac{4}{y-1})dy = \int_{-3}^{0} 2\pi(y+3)dy = 9\pi.$$

Exemplo 2.69. Considere a região plana R limitada pelo gráfico das funções $y=x, y=x^3$ para $0\le x\le 1$. Determine o volume do sólido de revolução obtido ao girar a região R ao redor da reta $y=x$.

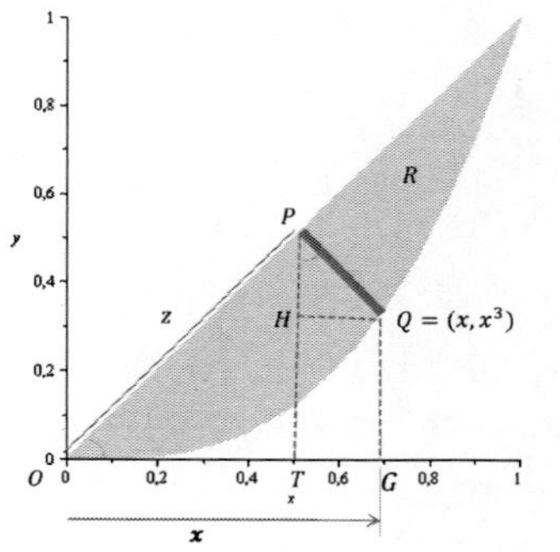

Figura 2.85:

Da figura (2.85) temos que

$$\overline{HT} = \overline{QG} = x^3,\ \overline{OT} = \overline{PT}; \overline{PH} = \overline{HQ} = a,$$

sendo a, z variáveis auxiliares.
Em seguida $\overline{OT} = x - a = \overline{PT} = x^3 + a$, de onde $a = \dfrac{x - x^3}{2}$. É fácil ver: $\overline{PQ} = a\sqrt{2} = \dfrac{x - x^3}{2}\sqrt{2}$ e $\overline{OP} = \overline{OT}\sqrt{2} = z = \dfrac{x + x^3}{2}\sqrt{2}$. O elemento diferencial de volume dV gerado pela barra $\overline{PQ}$ de espessura dz, ao girar em torno da reta $y = x$ é

$$dV = \pi\overline{PQ}^2 dz = \pi\,\frac{(x - x^3)^2}{2}\,\frac{\sqrt{2}}{2}(1 + 3x^2)dx.$$

Pelo método do disco que determine volume do sólidos de revolução

$$V_{Sól.Rev} = \int_0^1 \pi\overline{PQ}^2 dz = \int_0^1 \pi\frac{\sqrt{2}}{4}(x - x^3)^2(1 + 3x^2)dx = \frac{4\sqrt{2}\pi}{105}$$

2.10 Comprimento de Arco de Curvas Planas

Nesta seção vamos deduzir uma fórmula para calcular o comprimento de arco de uma curva plana de classe C^1.
Consideremos na curva γ um arco com ponto inicial em A e ponto final em B. Uma maneira grosseira de calcular o comprimento de arco desta curva é particionar a curva em pequenos arcos $s_i = \widehat{P_iP_{i-1}}, i = 1, 2, .., n$ e logo ligar os extremos dos arcos por segmentos $\overline{P_0P_1}, \overline{P_1P_2}, ..\overline{P_{i-1}P_i}, .., \overline{P_{n-1}P_n}$.

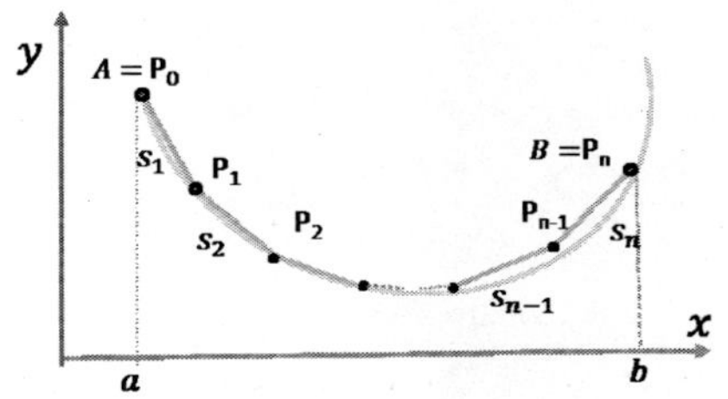

Figura 2.86: $s_i = \widehat{P_{i-1}P_i}$

Assim, o comprimento de arco entre os pontos A e B será aproximado pela soma dos segmentos parciais:

$$l_{AB} \sim \overline{P_oP_1} + \overline{P_1P_2} + \cdots + \overline{P_{n-1}P_n} = \sum_{i=1}^{n} \overline{P_{i-1}P_i} = \sum_{i=1}^{n} \Delta l_i,$$

em que $\overline{P_{i-1}P_i} = \Delta l_i$ representa a distância entre os pontos P_i e P_{i-1}. Se aumentarmos o número dos segmentos teremos uma aproximação melhor do comprimento de arco da curva γ. Assim, definimos o comprimento de arco AB como sendo o limite para o qual tende a soma dos segmentos inscritos na curva, quando o número de segmentos aumenta infinitamente, e portanto, o comprimento de cada segmento tende para zero.

$$l_{AB} = \lim_{n\to\infty} \sum_{i=1}^{n} \Delta l_i.$$

Se o limite anterior existe, este será a integral definida da função f de a até b.

Definição 2.11. *Comprimento de arco*
Seja $f : [a, b] \to \mathbb{R}$ uma função de classe $C^1[a, b]$. Definimos o comprimento de arco da curva γ (traço da imagem de f), entre os pontos A e B como sendo :

$$l_{AB} = \int_A^B ds, \tag{2.30}$$

em que ds é o elemento diferencial do comprimento de arco.

A seguir, vamos determinar ds da expressão (2.30), quando a curva é definida por uma função em coordenadas cartesianas. Na figura 2.87 consideremos os pontos P_i e P_{i+1} da curva γ muito próximos, isto é, $S_i \to 0$. Pelo teorema de pitágoras no triângulo retângulo azul a distância infinitesimal ds se calcula assim:

$$ds = \sqrt{dx^2 + dy^2}$$

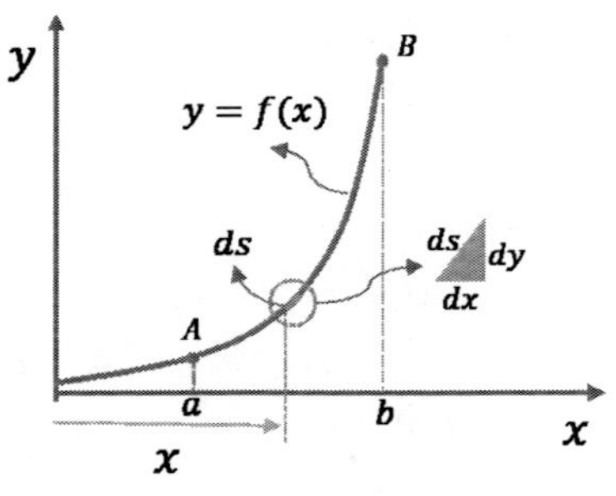

Figura 2.87:

Como a função $y = f(x)$ é de classe C^1 então $dy = \frac{d}{dx}f(x)\ dx = f(x)'dx$ daí que:

$$ds = \sqrt{1 + (f(x)')^2}dx$$

substituindo na equação (2.30), o comprimento de arco L_{AB} entre os pontos $A = (a, f(a))$ e $B = (b, f(b))$ é:

$$L_{AB} = \int_a^b \sqrt{1 + (f'(x))^2}dx \tag{2.31}$$

Observação: Às vezes é necessário considerar y como variável independente e $x = g(y)$, $y \in [c, d]$ uma função de classe C^1, por isso (2.31) podemos escrever da seguinte forma:

$$L_{AB} = \int_c^d \sqrt{1 + (g'(y))^2} dy, \tag{2.32}$$

pois $dx = \dfrac{d}{dy}(g(y))dy = g(y)'dy$, veja o item 2 do exercício (2.50) .

Exemplo 2.70. Calcular o comprimento da catenária, definida por $y = \cosh x$ entre os pontos $x = -a$ e $x = a$, em que a a é uma constante numérica.

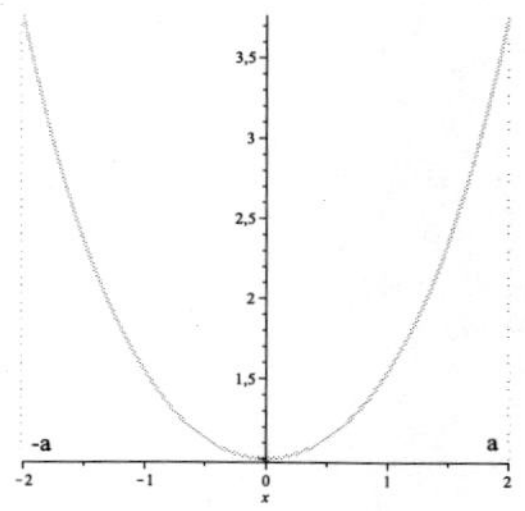

Figura 2.88: Catenária

Pela fórmula (2.31) temos:

$$L_{AB} = \int_{-a}^{a} \sqrt{1 + (y')^2} dx, \quad \text{sendo } y'(x) = \cosh' x = \text{senh} x$$

$$\begin{aligned} L_{AB} &= \int_{-a}^{a} \sqrt{1 + \text{senh}^2 x} dx = \int_{-a}^{a} \sqrt{\cosh^2 x} dx \\ &= \int_{-a}^{a} |\cosh x| dx = \int_{-a}^{a} \cosh x dx, \text{ pois } \cosh x \geq 0; \end{aligned}$$

portanto

$$L_{AB} = 2 \int_0^a \cosh x dx = 2\,\text{senh} x \Big|_0^a = 2\,\text{senh} a.$$

Observação 2.10. O problema de descrever matematicamente a forma da curva formada por um fio suspenso (em equilíbrio estático) entre dois pontos e sob a ação exclusiva da gravidade foi proposto por Galileu Galilei. A área matemática conhecida como cálculo variacional, que estuda como encontrar extremos de funcionais, pode ser usada para encontrar esta curva, ou seja, a catenária do exemplo (2.70).

Observação 2.11. .

- Do ponto de vista da física, em particular da cinemática, a curva γ poderia ser a trajetória descrita por uma partícula que desloca do ponto A até o ponto B. Desta forma, o comprimento de arco L_{AB} mede a trajetória percorrida entre os pontos dados.

- Em física, a distância entre os pontos A e B é basicamente o módulo do vetor deslocamento $\overrightarrow{AB}$. Por isso o comprimento da trajetória percorrido (espaço percorrido) pela partícula entre os pontos A e B é maior ou igual a distância entre os mesmos pontos:

$$d_{AB} = |\overrightarrow{AB}| \leq L_{ab}.$$

A demonstração deste fato será apresentada no capítulo de funções vetoriais para o caso mais geral do movimento mecânico no espaço $\mathbb{R}^3$.

Exemplo 2.71. Calcule o comprimento do arco da parábola $y = 4 - x^2$ compreendido desde a origem $(0, 4)$ até o ponto $(2, 0)$.

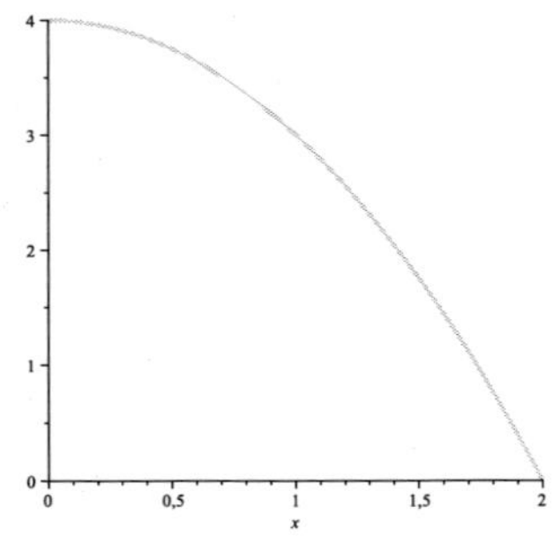

Figura 2.89:

Pela fórmula (2.31) temos:

$$L = \int_0^2 \sqrt{1 + f'^2(x)}dx = \int_0^2 \sqrt{1 + 4x^2}dx \overset{t=2x}{=} \int_0^4 \frac{1}{2}\sqrt{1 + t^2}dt.$$

Usando a tabela de integração encontramos que

$$\int \sqrt{1 + t^2}dt = \frac{1}{2}[t\sqrt{1 + t^2} + \ln(t + \sqrt{1 + t^2})] + C.$$

Portanto

$$\begin{aligned} S &= \frac{1}{2}\int_0^4 \sqrt{1 + t^2}dt = \frac{1}{2}\left(\frac{1}{2}[t\sqrt{1 + t^2} + \ln(t + \sqrt{1 + t^2})]\right)\Big|_0^4 = \\ &= \frac{1}{4}[4\sqrt{1 + 16} + \ln(4 + \sqrt{1 + 16})] = \\ &= \frac{1}{4}[4\sqrt{17} + \ln(4 + \sqrt{17})]. \end{aligned}$$

2.10.1 Comprimento de Arco em Coordenadas Paramétricas

Consideremos uma curva plana Γ definida em termos de coordenadas paramétricas como segue:

$$x = \varphi(t), \quad y = \psi(t), \quad t \in [\alpha, \beta] \tag{2.33}$$

onde aos pontos A e B da curva Γ correspondem os valores $A = (\varphi(\alpha), \psi(\alpha))$ e $B = (\varphi(\beta), \psi(\beta))$ $(\alpha < \beta)$.

Para calcular o comprimento do arco AB, consideremos o seguinte procedimento: Se as funções φ, ψ são diferenciáveis em relação à variável t, então;

$$dx = \varphi(t)'dt, \; dy = \psi'(t)dt$$

Portanto, a fórmula (2.30) pode ser escrita na forma

$$S_{AB} = \int_A^B \sqrt{dx^2 + dy^2} = \int_\alpha^\beta \sqrt{\varphi'^2(t) + \psi'^2(t)}dt, \tag{2.34}$$

que corresponde ao comprimento do arco da curva Γ definida em forma paramétrica por (2.33) no intervalo $[\alpha, \beta]$.
Quando o número S_{AB} na fórmula (2.34) existe e é finito, dizemos que a curva Γ é retificável e possui comprimento S.
No capítulo (3) de funções vetoriais, vamos estudar comprimento de arco espaço $\mathbb{R}^3$.

Exemplo 2.72. Calcule o comprimento da astroide

$$x^{2/3} + y^{2/3} = a^{2/3}. \tag{2.35}$$

Como a astroide é simétrica com relação aos eixos coordenados, basta calcular o comprimento correspondente à curva que está no primeiro quadrante e logo multiplicá-lo por 4 para obter o seu comprimento total.
Vamos calcular este comprimento de duas formas:

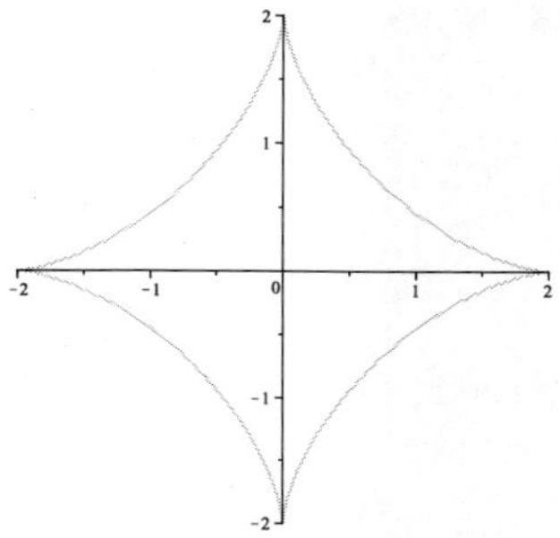

Figura 2.90: Gráfico da astroide com $a = 2$

Primeiramente, calculamos o comprimento usando a forma paramétrica da astroide, como segue:

$$x = a\cos^3 t,\ \ y = a\,\mathrm{sen}^3\, t,\ \ 0 \le t \le 2\pi. \tag{2.36}$$

A equação (2.36) é compatível com a equação (2.35). Derivando (2.36) obtemos $x'(t) = -3a\cos^2 t\,\mathrm{sen}\, t$ e $y'(t) = -3a\,\mathrm{sen}^2\, t\cos t$. Observamos que no primeiro quadrante o parâmetro t varia entre 0 e $\pi/2$. Por isso, pela fórmula (2.34):

$$\begin{aligned}
L_{\text{astróide}} &= 4\int_0^{\pi/2} \sqrt{(-3a\cos^2 t\,\mathrm{sen}\, t)^2 + (-3a\,\mathrm{sen}^2\, t\cos t)^2}dt = \\
&= 4\int_0^{\pi/2} \sqrt{9a^2\cos^4 t\,\mathrm{sen}^2\, t + 9a^2\,\mathrm{sen}^4\, t\cos^2 t}dt = \\
&= 4\int_0^{\pi/2} \sqrt{9a^2\cos^2 t\,\mathrm{sen}^2\, t(\cos^2 t + \mathrm{sen}^2\, t)}dt = \\
& 4\int_0^{\pi/2} 3a\cos t\,\mathrm{sen}\, t dt = 6a\int_0^{\pi/2} \mathrm{sen}\, 2t dt = \\
&= -6a\frac{\cos 2t}{2}\Big|_0^{\pi/2} = 6a.
\end{aligned}$$

Também podemos calcular o comprimento da astroide usando coordenadas retangulares. Derivando a equação da astroide (2.35), obtemos

$$y' = -\frac{y^{1/3}}{x^{1/3}}.$$

Assim

$$\begin{aligned}
L_{\text{astróide}} &= 4\int_0^a \sqrt{1 + y'^2}dx = \\
&= 4\int_0^a \sqrt{1 + \frac{y^{2/3}}{x^{2/3}}}dx = 4\int_0^a \sqrt{\frac{x^{2/3} + y^{2/3}}{x^{2/3}}}dx = \\
& 4\int_0^a \frac{a^{1/3}}{x^{1/3}}dx = 4a^{1/3}\frac{3}{2}x^{2/3}\Big|_0^a = \\
&= 6a.
\end{aligned}$$

É interessante observar que a astroide está relacionada com a cicloide, conforme detalharemos no apêndice do capítulo (3) de funções vetoriais.

2.11 Superfície de Revolução

2.11.1 Superfície de Revolução ao Redor do Eixo y

Dada uma curva plana definida pela função de classe $C^1 : x = g(y) \geq 0, a \leq y \leq b$. Quando esta curva girar em torno do eixo y vamos obter uma superfície de revolução S. Nosso interesse é deduzir uma fórmula para calcular a área desta superfície de revolução.

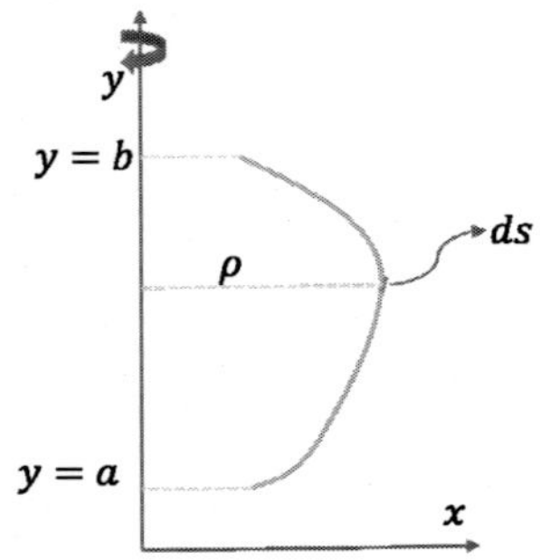

Figura 2.91: curva geradora de superfície

Consideremos um elemento infinitesimal de comprimento de arco **ds** da figura (2.91), observamos que a área diferencial dA, gerada pelo arco de curva de comprimento ds, ao girar em torno do eixo y, "tem formato de um cilindro"[11], de raio ρ e "altura"ds. Assim,

$$dA = 2\pi(raio\ de\ giro)ds = 2\pi g(y)\sqrt{1+g'(y)^2}dy \tag{2.37}$$

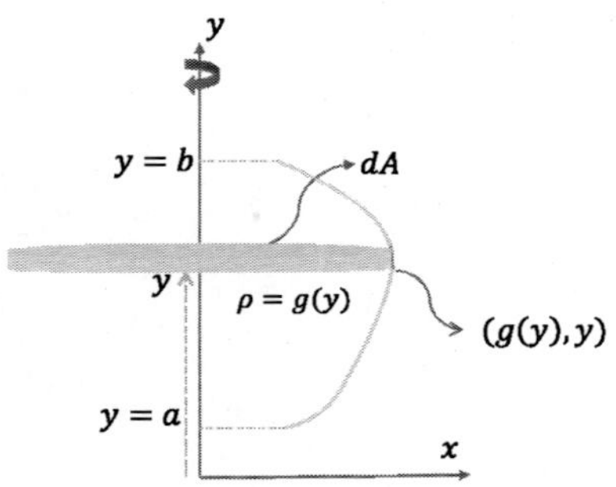

Figura 2.92: elemento diferencial de área dA

Para obter a área total da superfície de revolução, somamos todas as áreas laterais dos "cilindros", assim $\sum_i \Delta A_i \to \int dA$ o que equivale a integrar (2.37) de $y = a$ até $y = b$:

$$A_{SupRev} = 2\pi \int_a^b g(y)\sqrt{1+g'(y)^2}dy. \tag{2.38}$$

[11]Na verdade, a superfície gerada por esse arco, é um cone truncado, entretanto, quando a espessura ds for infinitesimal, podemos aproximar como um cilindro.

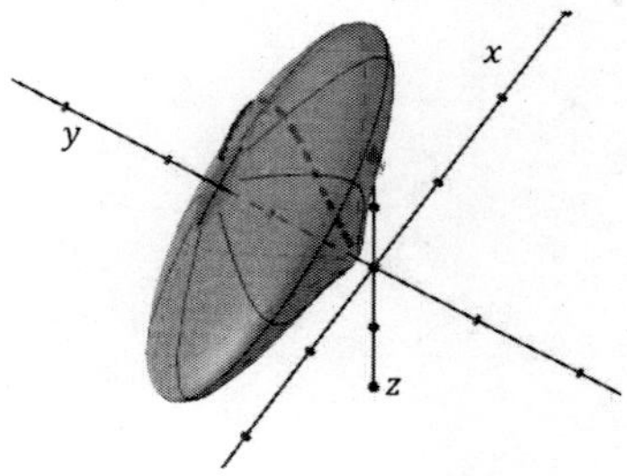

Figura 2.93: Superfície de revolução

Exemplo 2.73. Calcule a área da superfície de revolução obtida ao girar a reta $x = \frac{R}{H}y$, $-H \leq y \leq H$, em torno do eixo y.

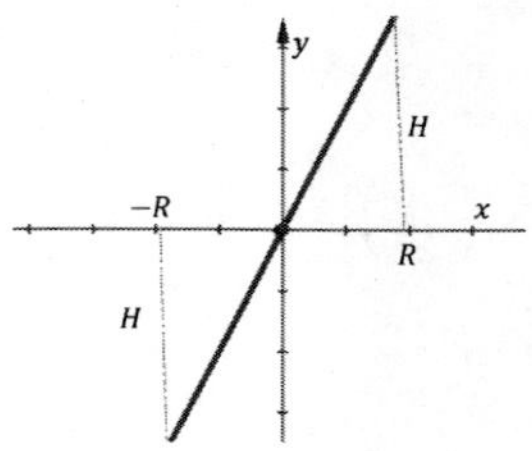

Figura 2.94: reta inclinada=gerador do cone duplo.

Observe que a superfície gerada pela reta é um cone duplo de raio da base R e altura H.

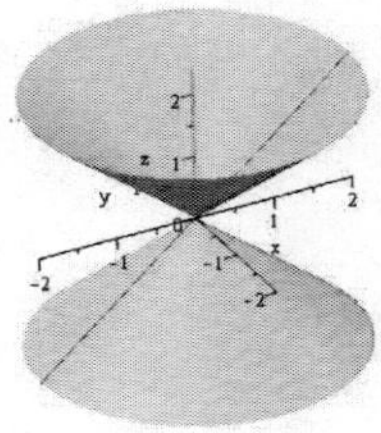

Figura 2.95: Cone duplo

Pela fórmula (2.38) e escrevendo $g(y) = \frac{R}{H}y$, temos:

$$A_{rev\ cone\ superior} = 2\pi \int_0^H \frac{R}{H} y \sqrt{1 + \left(\frac{R}{H}\right)^2} dy = 2\pi \frac{R}{H} \sqrt{1 + \left(\frac{R}{H}\right)^2} \int_0^H y\, dy$$

$$A_{rev\ cone\ superior} = \pi R \sqrt{R^2 + H^2}.$$

Portanto,

$$A_{cone\ duplo} = 2\pi R \sqrt{R^2 + H^2}.$$

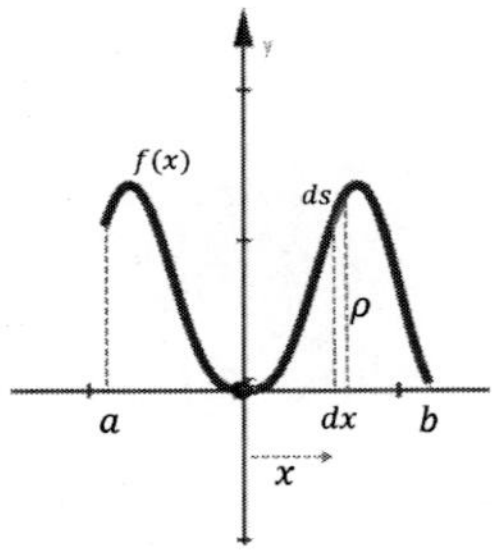

Figura 2.96: Curva geradora da superf. de Rev. x

2.11.2 Superfície de Revolução ao Redor do Eixo x

Dada uma curva plana definida pela função $y = f(x) \geq 0, a \leq x \leq b$. Quando esta curva girar em torno do eixo x, gera uma superfície de revolução S.

O procedimento para obter a fórmula é similar ao realizado na subseção anterior. O elemento diferencial de área dA da superfície de revolução é

$$dA = 2\pi(raio\ de\ giro)ds = 2\pi f(x)\sqrt{1 + f'(x)^2}dx$$

donde

$$A_{SupRev} = \int_a^b 2\pi f(x)\sqrt{1 + f'(x)^2}dx. \tag{2.39}$$

Na figura abaixo (2.97) podemos ver a superfície de revolução obtida quando giramos a curva y = f(x) em torno do eixo das abscissas.

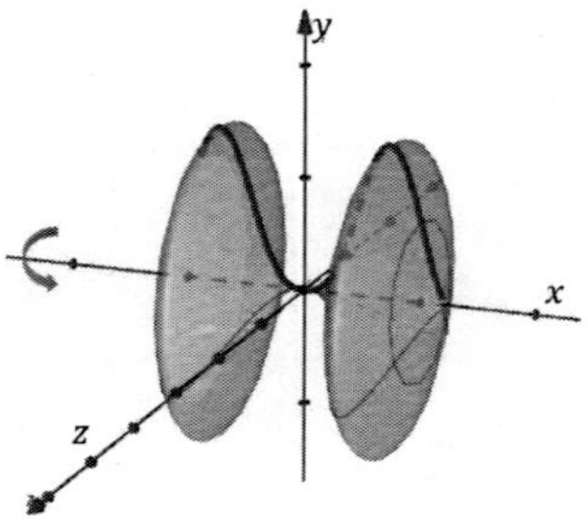

Figura 2.97: Superfície de Revolução ao redor do eixo x

Exemplo 2.74. Calcule a área da superfície de revolução gerada pela curva $y = f(x) = \sqrt{a^2 - x^2}, -a \leq x \leq a$ quando gira-se um ângulo de $3\pi/2$ em torno do eixo x.

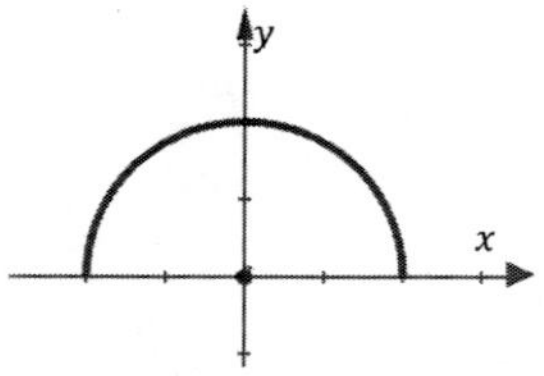

Figura 2.98: Superfície de revolução ao redor do eixo x

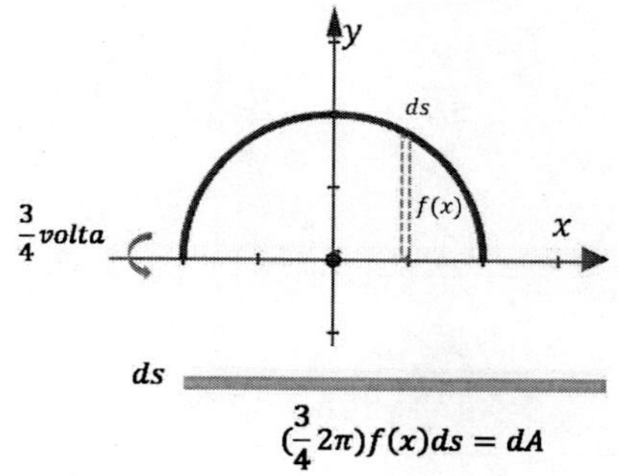

Figura 2.99:

De acordo com as informações da questão, da figura (2.99): e da fórmula (2.39):

$$A_{SupRev} = \int_{-a}^{a} \frac{3}{4} 2\pi f(x)\sqrt{1+f'(x)^2}dx.$$

$$dA = \frac{3}{2}\pi \int_{-a}^{a} \sqrt{a^2-x^2}\sqrt{1+\frac{x^2}{a^2-x^2}}dx$$

$$dA = \frac{3}{2}\pi a \int_{-a}^{a} dx.$$

$$A_{SupRev} = 3\pi a^2.$$

A figura (2.100) representa a superfície de revolução gerada pela função $f(x)$ do exemplo (2.74)

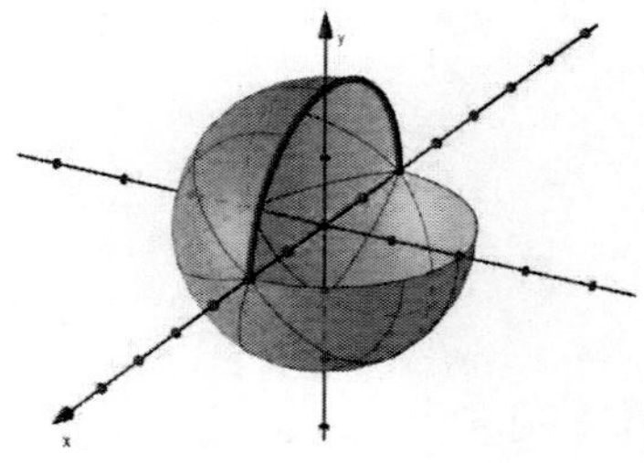

Figura 2.100: Superfície de Revolução ao redor do eixo x

É fácil perceber que se a função $y = f(x)$ realizar uma volta completa em torno do eixo x, a área da superfície de revolução será

$$A_{superf.esférica} = 4\pi a^2$$

Exemplo 2.75. Considere a circunferência $(x-R)^2+y^2 = r^2$, $R > r$ realizando uma revolução em torno do eixo y. A superfície de revolução assim obtida chama-se toro (T^2) (rosquinha sem recheio, ver figura (2.101)). Determine a área da superfície do Toro se o raio da câmara circular é r e o raio do toro é R (distância do centro do Toro até o centro da câmara).

De acordo com a figura (2.102) [12]

[12]Conforme o elemento diferencial ds percorre a circunferência geradora: $\theta \in [0, 2\pi]$.

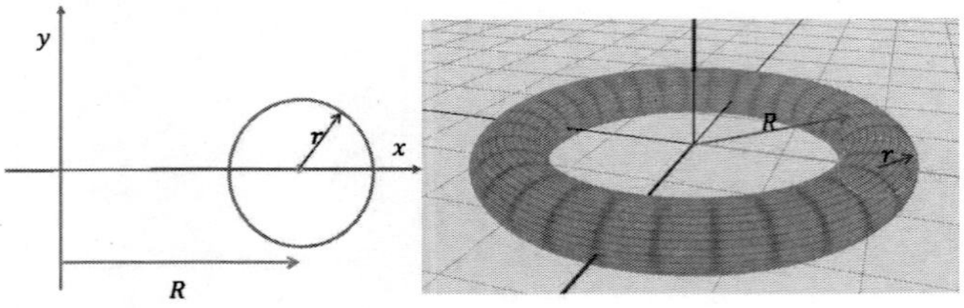

Figura 2.101:

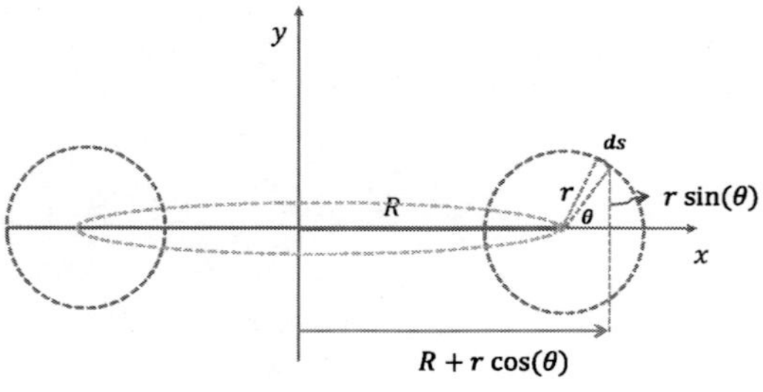

Figura 2.102:

o elemento diferencial de área gerada pela rotação completa do elemento diferencial de arco ds da posição $(R + r\cos\theta, r\,\text{sen}\theta)$ da circunferência, é

$$dA = 2\pi(R + r\cos\theta)ds = 2\pi(R + r\cos\theta)(rd\theta).$$

Em seguida, temos:

$$A_{SupRev} = \int_0^{2\pi} 2\pi(R + r\cos\theta)(rd\theta) = 2\pi r(R\int_0^{2\pi} d\theta + r\int_0^{2\pi} \cos\theta d\theta).$$

A segunda integral da relação anterior é nula, daí que:

$$A_{SupRev} = 4\pi^2 Rr.$$

Agora vamos calcular a área da mesma superfície seguindo uma propriedade topológica do toro. O toro pode ser construído por identificação de lados a partir de um retângulo de lados $2\pi r$ e $2\pi R$. A figura (2.103) demonstra por construção que efetivamente a área do retângulo inicial $(2\pi r)(2\pi R)$ é igual a área da superfície do toro.

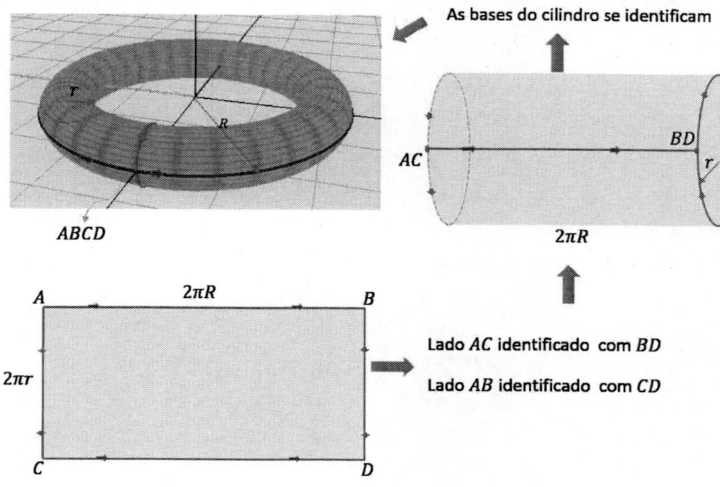

Figura 2.103: Área da superfície do Toro

Exemplo 2.76. Calcule a área da superfície de revolução (catenoide) obtida pela rotação da catenária $y = a\cosh\dfrac{x}{a}$ ao redor do eixo $0x$ desde $x = -a$ até $x = a$.

Usando a fórmula acima (2.39), calculamos a superfície do catenoide,

$$
\begin{aligned}
S_C &= 2\pi\int_{-a}^{a} a\cosh\frac{x}{a}\sqrt{1+\left(\left(a\cosh\frac{x}{a}\right)'\right)^2}\,dx = \\
&= 2\pi\int_{-a}^{a} a\cosh\frac{x}{a}\sqrt{1+\operatorname{senh}^2\frac{x}{a}}\,dx = \\
&= 2\pi\int_{-a}^{a} a\cosh\frac{x}{a}\sqrt{\cosh^2\frac{x}{a}}\,dx = \\
&= 2\pi\int_{-a}^{a} a\cosh^2\frac{x}{a}\,dx = 4\pi\int_{0}^{a} a\cosh^2\frac{x}{a}\,dx \\
&= 4\pi a\int_{0}^{a}\left(\frac{e^{x/a}+e^{-x/a}}{2}\right)^2 dx = \\
&= \pi a\int_{0}^{a}\left(e^{2x/a}+2+e^{-2x/a}\right)dx = \\
&= \pi a\left(\frac{a}{2}e^{2x/a}+2x-\frac{a}{2}e^{-2x/a}\right)\Big|_0^a = \pi a\left(\frac{a}{2}e^{2}+2a-\frac{a}{2}e^{-2}\right) = \\
&= \pi a^2\left(\frac{e^2-e^{-2}}{2}\right)+2\pi a^2 = \pi a^2\operatorname{senh}2+2\pi a^2.
\end{aligned}
$$

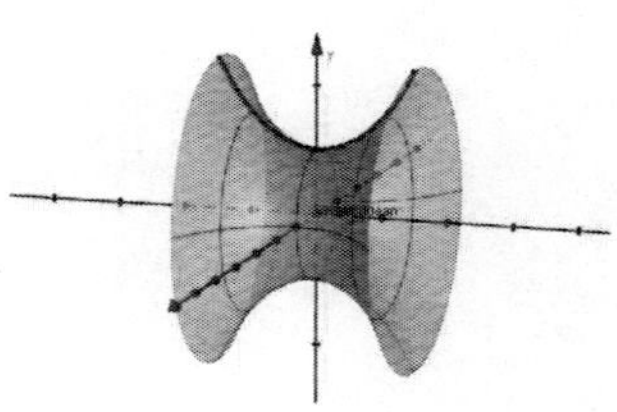

Figura 2.104: Catenoide obtido pela rotação da catenária $y = a\cosh\dfrac{x}{a}$ ao redor do eixo $0x$.

2.12 Coordenadas do Centro de Gravidade de Sólidos

Qualquer corpo pode ser imaginado como um conjunto de partículas onde em cada uma delas atua a força da gravidade vertical. A força de gravidade de todo o corpo ou peso do corpo é igual a soma de todas estas forças que atuam em cada uma destas partículas. O ponto de aplicação onde atuam todas estas forças chama-se centro de gravidade do corpo. Vamos simplificar um pouco nosso estudo. Consideremos um sistema cartesiano tridimensional. Seja um sistema rígido de n pontos materiais $\vec{r}_1 = (x_1, y_1, z_1), \vec{r}_2 = (x_2, y_2, z_3), \ldots, \vec{r}_n = (x_n, y_n, z_n)$, com massas $m_i, i = 1, .., n$ respectivamente.

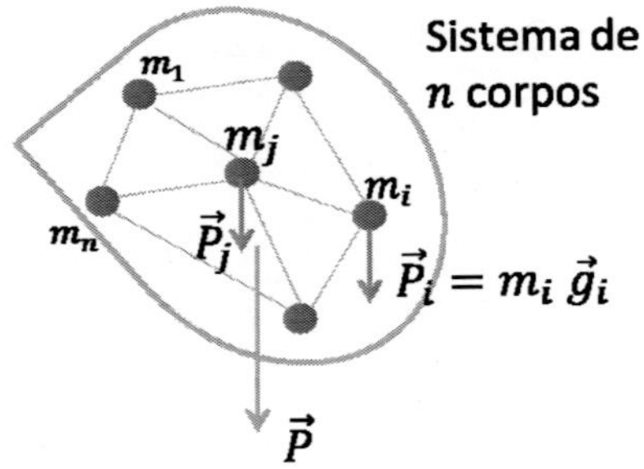

Figura 2.105: Definição de Centro de gravidade de um sólido

Denotemos por $\vec{P} = (0, 0, P)$ a soma de todas as forças de gravidade que atuam no corpo:

$$\vec{P} = \sum_{i=1}^{n} \vec{P}_i = \sum_{i=1}^{n} m_i \vec{g}_i$$

onde $\vec{g}_i = (0, 0, g_i)$ é a aceleração da gravidade na posição $\vec{r}_i$ e $M = \sum_{i=1}^{n} m_i$ a massa total do sistema. Para que o sistema esteja em equilíbrio é necessário aplicar uma força exterior $\vec{F}$ na mesma linha de ação que $\vec{P}$, mas de orientação oposta, tal que; $\vec{F} + \vec{P} = \bar{0}$, $\vec{F} = -\vec{P}$. Isto dá uma ideia para encontrar a linha de ação do peso de um corpo de forma experimental, como indicado na figura a seguir

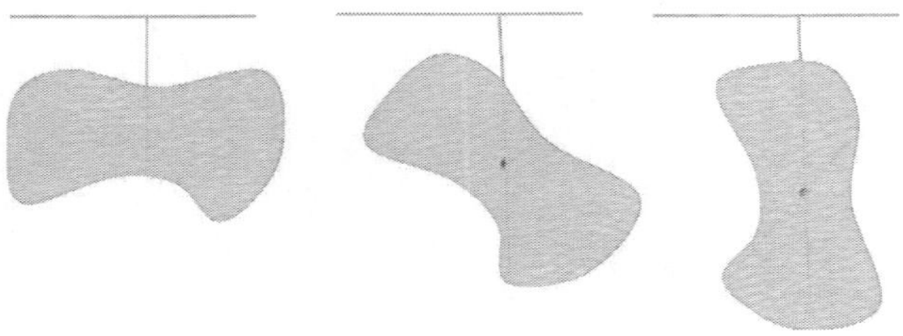

Figura 2.106: Centro de gravidade de um sólido

Se considerarmos as n partículas unidas rigidamente (como podemos ver na figura (2.107)), então as coordenadas do centro de gravidade $\vec{r}_{C.M.} = (\bar{x}, \bar{y}, \bar{z})$ sãs as daquele ponto em que age o peso total do sistema das n partículas e gera o mesmo torque $\vec{\tau}$ que a soma dos torques individuais gerados pelos pesos $m\vec{g}_i$ em relação ao mesmo ponto O, isto é:

$$\begin{aligned} \vec{\tau}_P(O) &= \sum_{i=1}^{n} \vec{\tau}_i(O) \\ \vec{P} \times \vec{r}_{C.M.} &= \sum_{i=1}^{n} m_i\vec{g}_i \times \vec{r}_i \qquad (2.40) \end{aligned}$$

Por conveniência, o centro de torque, O, foi escolhido na origem das coordenadas. Por fim, a

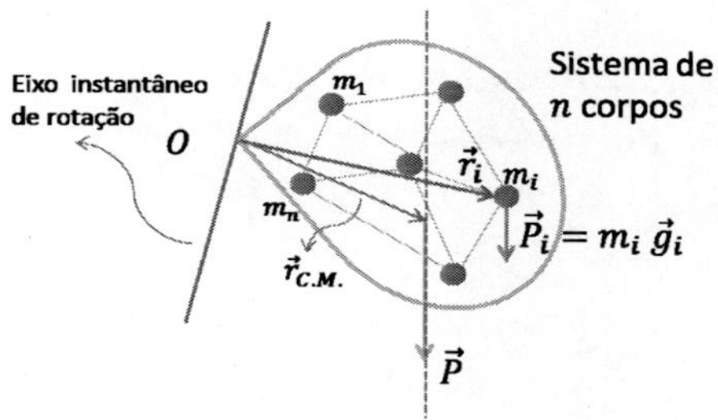

Figura 2.107:

equação (2.40) pode ser escrita na seguinte forma

$$\begin{aligned} Px_G &= \sum_{i=1}^{n} m_i g_i x_i, \\ Py_G &= \sum_{i=1}^{n} m_i g_i y_i, \end{aligned}$$

donde segue

$$\begin{aligned} x_G &= \frac{\sum_{i=1}^{n} m_i g_i x_i}{P} \qquad (2.41) \\ y_G &= \frac{\sum_{i=1}^{n} m_i g_i y_i}{P} \qquad (2.42) \end{aligned}$$

que são as coordenadas do centro de gravidade do corpo rígido de n partículas.

Quando o corpo rígido se encontra numa região com aceleração da gravidade constante $\vec{g}_i = \vec{g}$, $i = 1, 2, ..n$. temos que

$$\vec{P} = \sum_{i=1}^{n} \vec{P}_i = \sum_{i=1}^{n} m_i\vec{g}_i = \vec{g}\sum_{i=1}^{n} m_i = M\vec{g},$$

e substituindo nas equações (2.41)-(2.42), resulta

$$\begin{aligned} x_G &= \frac{\sum_{i=1}^{n} m_i x_i}{M} \qquad (2.43) \\ y_G &= \frac{\sum_{i=1}^{n} m_i y_i}{M}. \qquad (2.44) \end{aligned}$$

estas são as duas fórmulas conhecidas para as coordenadas (x_G, y_G) do centro de gravidade de um corpo rígido numa região com aceleração da gravidade constante. A aceleração da gravidade vertical ao longo do eixo z transforma o eixo vertical numa direção preferencial, assim não há necessidade de conhecer z_G.

Observação 2.12. Note que as coordenadas (x_G, y_G) do centro de gravidade de um corpo rígido, dado pelas fórmulas (2.41)-(2.41), determina a linha de ação do peso $\vec{P}$ do corpo rígido. Assim, basta mudar a orientação do corpo rígido no espaço e definir a nova linha de ação do peso $\vec{P}$; o centro de gravidade do corpo rígido se encontra na interseção das duas linhas de ação do peso.

2.12.1 Centro de Massa de um Corpo

O centro de massa $C.M.$ de um corpo rígido formado por n partículas, de massa total M é o lugar geométrico que descreve um movimento mecânico equivalente ao realizado por uma partícula pontual de massa M na qual age a mesma força resultante que age no corpo.

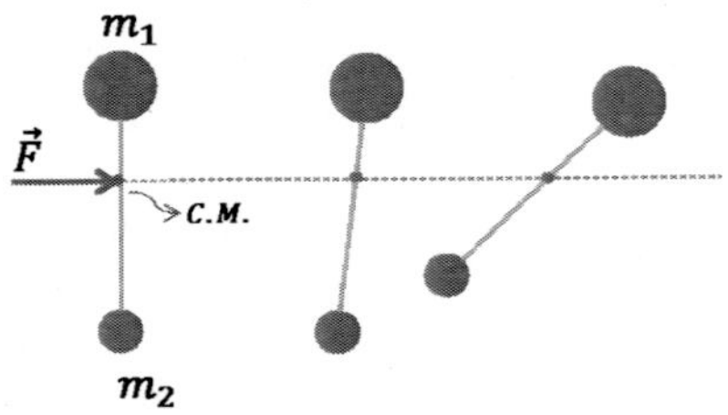

Figura 2.108: Comportamento do centro de massa de um corpo rígido

Na figura (2.108) se observa um comportamento típico do centro de massa de um corpo rígido. No caso, o objeto de massa total $M = m_1 + m_2$, $m_1 > m_2$, posto num plano horizontal sem atrito, após o impulso inicial dado pela força $\vec{F}$, realiza um movimento de rotação e translação no espaço $\mathbb{R}^3$, no entanto o $(C.M.)$ realiza um movimento de translação pura (movimento retilíneo).
Em geral, para encontrar as coordenadas $(x_{C.M.}, y_{C.M.}, z_{C.M.})$ do centro de massa de um sistema rígido de n partículas (ver figura (2.105)) se procede calculando a média ponderada das posições $\vec{r_i} = (x_i, y_i, z_i)$ tendo as massas m_i como *peso*. Assim:

$$x_{C.M.} = \frac{\sum_{i=1}^{i=n} m_i x_i}{M} \tag{2.45}$$

$$y_{C.M.} = \frac{\sum_{i=1}^{i=n} m_i y_i}{M} \tag{2.46}$$

$$z_{C.M.} = \frac{\sum_{i=1}^{i=n} m_i z_i}{M}. \tag{2.47}$$

Observação 2.13. Das equações (2.43), (2.44) , (2.45), (2.46) podemos concluir que as duas coordenadas do centro de gravidade e do centro de massa coincidem quando o corpo rígido se encontra dentro de um campo gravitacional uniforme.

No caso de distribuição contínua de massa, não é difícil generalizar as fórmulas do centro de massa (2.45)-(2.46) para o caso unidimensional, bidimensional e tridimensional. Vamos discutir apenas o centro de massa de objetos unidimensionais e bidimensionais.

Suponha um objeto unidimensional representado pela curva $\Gamma : [a, b] \to \mathbb{R}$, definida pela função $y = f(x), a \leq x \leq b$. Consideremos uma partição do intervalo $[a, b]$ em n partes, tal que $x_1 = a, x_{n+1} = b$. Vamos denotar por $m_k, k = 1, 2, .., n$ as massas nos pontos $(x_k, y_k = f(x_k))$ de Γ. Das expressões (2.45)-(2.46) temos,

$$x_G = x_{C.M.} = \frac{\displaystyle\int_a^b xdm}{\displaystyle\int_a^b dm}, \; y_G = y_{C.M.} = \frac{\displaystyle\int_a^b f(x)dm}{\displaystyle\int_a^b dm}, \tag{2.48}$$

onde $M = \displaystyle\int_a^b dm$ é a massa total do objeto unidimensional.

Exemplo 2.77. Deduza a fórmula do centro de massa de um arame com densidade linear $\lambda(x), a \leq x \leq b$, cuja forma coincide com o gráfico Γ da função $y = f(x), a \leq x \leq b$. Em seguida, calcule as coordenadas do centro de massa do arame circular de raio R (gráfico 2.109) e densidade linear $\lambda(x) = x + 1, \; 0 \leq x \leq R$.

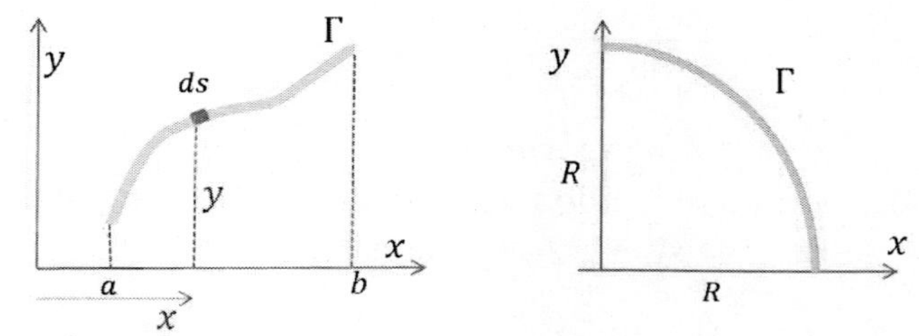

Figura 2.109:

Na posição $(x, f(x))$ do arame, temos que a densidade linear $\lambda(x) = \dfrac{dm}{ds}$, assim e de acordo com a fórmula (2.48)

$$x_{C.M.} = \frac{\displaystyle\int_a^b xdm}{\displaystyle\int_a^b dm} = \frac{\displaystyle\int_a^b x\lambda(x)ds}{\int_a^b \lambda(x)ds}, \; y_{C.M.} = \frac{\displaystyle\int_a^b ydm}{\displaystyle\int_a^b dm} = \frac{\displaystyle\int_a^b y\lambda(x)ds}{\displaystyle\int_a^b \lambda(x)ds}. \tag{2.49}$$

ds é o elemento diferencial de comprimento de arco nas coordenadas $(x, f(x))$ do arame Γ. Com ajuda da figura 2.110, é fácil ver as coordenadas do centro de massa do arame circular, e logo por substituição na equação 2.49, obtemos

$$x_{C.M.} = \frac{\displaystyle\int_0^R x(x+1)ds}{\displaystyle\int_0^R (x+1)ds} \underset{(x=R\cos\theta)}{=} \frac{\displaystyle\int_0^{\frac{\pi}{2}} R\cos\theta(R\cos\theta + 1)Rd\theta}{\displaystyle\int_0^{\frac{\pi}{2}} (R\cos\theta + 1)Rd\theta},$$

seque que:

$$x_{C.M.} = \frac{R^2(\frac{\pi R}{4} + 1)}{R(R + \frac{\pi}{2})} = \frac{R(\pi R + 4)}{2(\pi + 2R)}.$$

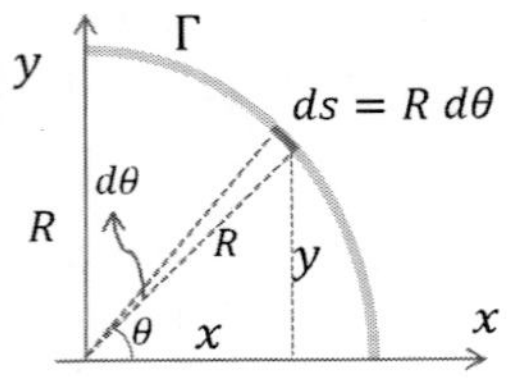

Figura 2.110:

De forma similar calculamos

$$y_{C.M.} = \frac{\displaystyle\int_0^R y(x+1)ds}{\displaystyle\int_0^R (x+1)ds} \overset{(x=R\cos\theta,\, y=R\,\text{sen}\theta)}{=} \frac{\displaystyle\int_0^{\frac{\pi}{2}} R\,\text{sen}\theta(R\cos\theta+1)Rd\theta}{\displaystyle\int_0^{\frac{\pi}{2}} (R\cos\theta+1)Rd\theta},$$

donde

$$y_{C.M.} = \frac{R^2(\frac{R}{2}+1)}{R(R+\frac{\pi}{2})} = \frac{R(R+2)}{(\pi+2R)}.$$

Nota 2.5. *Centro de massa, centro de gravidade, centroide.*

- Para objetos com distribuição de massa uniforme (densidade constante), o centro de massa sempre está num centro de simetria, ou eixo de simetria, ou plano de simetria.
- Pelo exposto no início desta seção (2.12), quando o corpo se encontra numa região com aceleração da gravidade constante, o centro de gravidade e centro de massa coincidem.
- Na geometria o *centroide* de um objeto é o centro geométrico, ou seja, o centro de simetria (o ponto mais simétrico do objeto). Se o objeto é homogêneo então o centroide e o centro de massa coincidem. E se ainda o campo gravitacional for uniforme, então também coincide com o centro de gravidade.

Coordenadas do centroide de uma curva plana Γ

$$\overline{X} = \frac{\displaystyle\int_a^b xds}{L_{ab}}, \quad \overline{Y} = \frac{\displaystyle\int_a^b yds}{L_{ab}} \tag{2.50}$$

$$L_{ab} = \int_a^b ds$$

Sendo (x, y) as coordenadas do elemento diferencial de comprimento de arco ds ao longo da curva Γ.

Para objetos físicos com distribuição de massa uniforme (densidade é constante: $\lambda = constante$), e substituindo $dm = \lambda ds$ nas fórmulas do centro de massa $(C.M.)$ (2.48), obtemos as fórmulas (2.50) e concluímos que as coordenadas do centro de massa coincidem com os do centroide do objeto geométrico subtendido pelo objeto físico.

Como já foi dito antes, em uma figura geométrica, seja esta unidimensional, bidimensional ou espacial, o centroide é o centro geométrico da mesma no sentido de que é o ponto mais simétrico do objeto. Isto quer dizer que este ponto está localizado em algum plano ou linha de simetria ou é um ponto que evidentemente é ponto de simetria, seja por simetria de reflexão ou simetria especular, ou simetria de rotação. Dito isto, é evidente que o centroide de um quadrado está no centro geométrico, ponto de corte das duas diagonais, o centroide de um triângulo equilátero se encontra no baricentro da mesma. Para objetos tridimensionais e com densidade de massa arbitrária, iremos estudar as coordenadas de centro de massa quando estudarmos funções de várias variáveis e campos vetoriais.

Exemplo 2.78. Seja o segmento de reta AB definida pela equação: $y = \dfrac{b}{a}x, \quad 0 \leq x \leq a$. Determine as coordenadas do seu centroide.

O comprimento da reta $L_{AB} = \displaystyle\int_0^a ds = \sqrt{a^2+b^2}$ logo,

$$\overline{X} = \frac{\displaystyle\int_0^a xds}{L_{AB}} = \frac{\displaystyle\int_0^a x\sqrt{1+y'^2}dx}{L_{AB}}$$

$$\overline{X} = \frac{\displaystyle\int_0^a x\sqrt{1+(\frac{b}{a})^2}dx}{\sqrt{a^2+b^2}} = \frac{a}{2}$$

De forma similar

$$\overline{Y} = \frac{\displaystyle\int_0^a yds}{L_{AB}} = \frac{b}{2}$$

Assim

$$(\overline{X}, \overline{Y}) = (\frac{a}{2}, \frac{b}{2})$$

que justamente corresponde ao ponto médio da barra, pois $A = (0,0); B = (a,b)$ e o ponto médio é justamente $\dfrac{A+B}{2} = (\dfrac{a}{2}, \dfrac{b}{2})$. Desta forma, fica verificado que o centroide de uma barra, é justamente o centro geométrico da mesma.

Observação 2.14. O centroide de um objeto geométrico não necessariamente se encontra dentro do objeto, como podemos ver no exemplo a seguir.

Exemplo 2.79. Determine o centroide de uma catenária definida da seguinte forma: $y = \cosh x$, $-a \leq x \leq a$, $a > 0$.

De acordo com a fórmula (2.50)

$$\overline{X} = \frac{\displaystyle\int_{-a}^a xds}{L_{ab}} = \frac{\displaystyle\int_{-a}^a x\sqrt{1+y'^2}dx}{L_{AB}}, \; y'(x) = \text{senh} x$$

$$\overline{X} = \frac{\displaystyle\int_{-a}^a x|\cosh x|dx}{L_{AB}}$$

como $\cosh x = \cosh -x > 0$ então a função integrando $x \cosh x$ é ímpar, logo $\displaystyle\int_{-a}^{a} x \cosh x dx \equiv 0$ daí que

$$\overline{X} = 0$$

.

$$\overline{Y} = \frac{\displaystyle\int_a^b yds}{L_{ab}} = \frac{\displaystyle\int_{-a}^{a} y\sqrt{1+y'^2}dx}{L_{AB}} = \frac{\displaystyle\int_{-a}^{a} \cosh x \mid \cosh x| dx}{L_{AB}}.$$

Do exemplo (2.70) $L_{AB} = 2\,\text{senh}a$.

$$\overline{Y} = \frac{\displaystyle\int_{-a}^{a} (\frac{e^{2x}+2+e^{-2x}}{4})dx}{2\,\text{senh}a} = \frac{\frac{1}{2}(\,\text{senh}(2a)+2a)}{2\,\text{senh}a} = \frac{(\,\text{senh}(2a)+2a)}{4\,\text{senh}a}$$

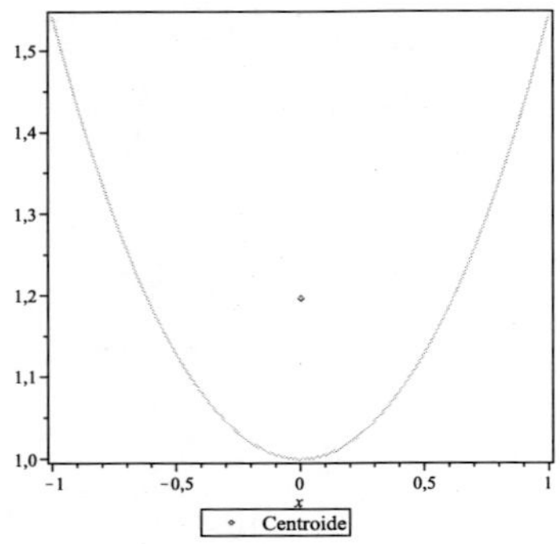

Figura 2.111: Centroide da catenária

Na figura (2.111) podemos ver que o centroide está fora da catenária.

Exemplo 2.80. Considere uma barra horizontal de comprimento 6, localizada no eixo das abscissas, cuja densidade linear de massa é $\lambda(x) = 2 + x^2, 0 \leq x \leq 6$. Calcule as coordenadas do centro de gravidade, as coordenadas do centro de massa e as coordenadas do centroide.

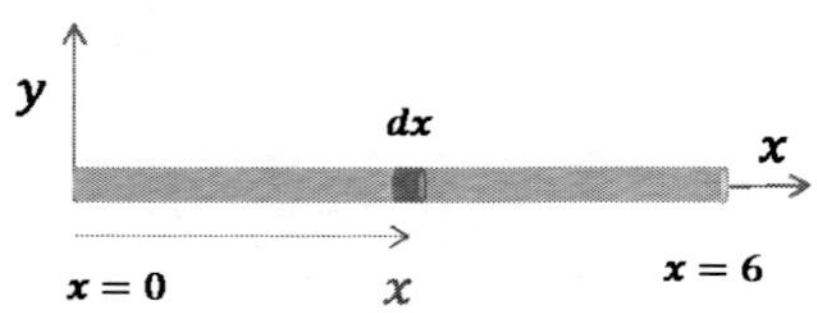

Figura 2.112:

Como foi dito anteriormente, quando não se faz menção, se assume que a aceleração da gravidade é constante, logo as coordenadas do centro de gravidade e centro de massa coincidem, e se calcula de acordo com a fórmula (2.48). Em seguida, considerando já o resultado do exemplo (2.77) temos:

$$x_G = \frac{\displaystyle\int_a^b x\lambda(x)dx}{\displaystyle\int_a^b \lambda(x)dx} = \frac{\displaystyle\int_0^6 x(x^2+2)dx}{\displaystyle\int_0^6 (x^2+2)dx} = \frac{30}{7}$$

$$y_G = 0.$$

Por outro lado, para calcular o centroide procedemos de acordo com a equação (2.50), sendo $ds = dx$, daí que:

$$\overline{X} = \frac{\int_0^6 x ds}{L_{Barra}} = \frac{\int_0^6 x dx}{6} = \frac{18}{6} = 3, \quad \overline{Y} = 0$$

Note que o centroide se encontra no ponto médio da barra, num ponto de simetria (simetria bilateral) e o centro de massa(ou centro de gravidade) se encontra em um ponto mais à direita do centroide.

Uma aplicação notável do cálculo do centroide de figuras geométricas é quando temos uma viga submetida à distribuição de forças, e queremos determinar a localização de um ponto na viga, onde devemos aplicar uma única força que represente as forças distribuídas. A única força deve passar pelo centroide da figura geométrica formada pela distribuição de forças (ver figura (2.113) a seguir)

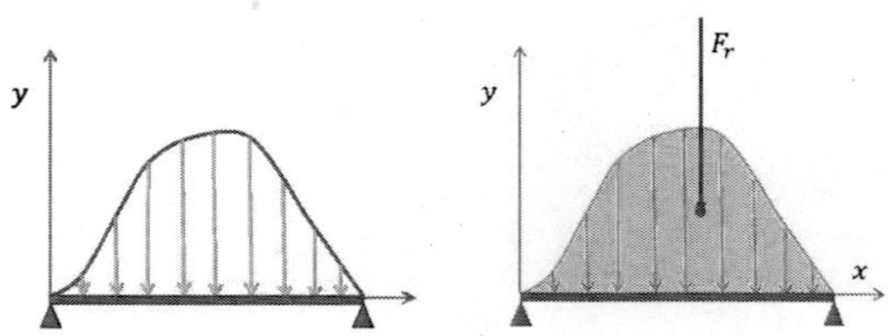

Figura 2.113: Distribuição de forças numa viga

Agora vamos considerar o centro de gravidade de uma figura plana.

Centro de massa de um objeto planar

Vamos supor que a figura do objeto planar de massa M seja limitada pelos gráficos das funções $y = f_1(x), y = f_2(x)$ e pelas retas $x = a$ e $x = b$. Suponhamos que ao longo desta figura sua massa esteja distribuída uniformemente com densidade $\rho(m)$(ou seja, a massa concentrada na unidade de área) constante, que pode ser considerada $\rho = 1$. Neste caso a área da figura plana é dada por: $A = \int_a^b [f_2(x) - f_1(x)]dx$. Queremos encontrar as coordenadas do centro de massa da figura. Para isto, vamos decompor a figura em retângulos de lados paralelos aos eixos de coordenadas. Concentremos nossa análise num retângulo em especial, o retângulo LNQR, de base $\Delta x_k = x_{k+1} - x_k$, altura $f_2(c_k) - f_1(c_k)$, onde $c_k = \dfrac{x_{k+1} + x_k}{2}$ e massa $\Delta m_k = \rho[f_2(c_k) - f_1(c_k)]\Delta x_k$, $k = 1, 2, \ldots, n$ e depois transferimos todos os resultados para os outros retângulos.

Assim, com a partição acima, fica $a = x_1$ e $b = x_n$. Considerando as fórmulas (2.45) e (2.46) para o caso planar, obtemos

$$x_{C.M.} \approx \frac{\sum_{k=1}^{n} c_k \Delta m_k}{\sum_{k=1}^{n} \Delta m_k} = \frac{\sum_{k=1}^{n} \rho c_k [f_2(c_k) - f_1(c_k)]\Delta x_k}{\sum_{k=1}^{n} \rho [f_2(c_k) - f_1(c_k)]\Delta x_k},$$

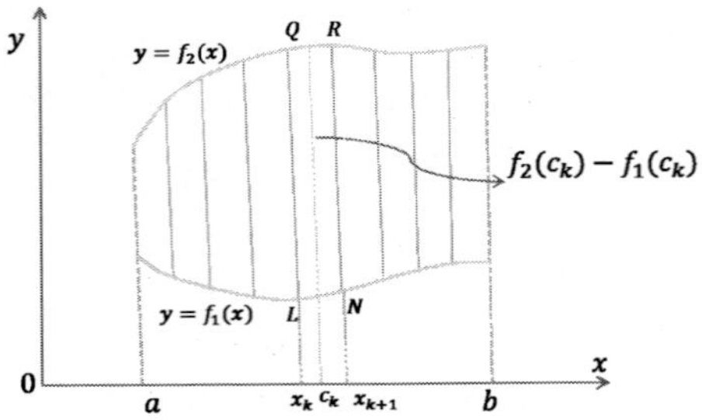

Figura 2.114: Coordenadas do centro de massa da figura limitada pelos gráficos das funções $y = f_1(x)$ e $y = f_2(x)$ e as retas $x = a$ e $x = b$

e

$$y_{C.M.} \approx \frac{\displaystyle\sum_{k=1}^{n} \left(\frac{f_2(c_k) + f_1(c_k)}{2}\right) \Delta m_k}{\displaystyle\sum_{k=1}^{n} \Delta m_k} = \frac{\frac{1}{2}\displaystyle\sum_{k=1}^{n} \rho[f_2(c_k) + f_1(c_k)][f_2(c_k) - f_1(c_k)]\Delta x_k}{\displaystyle\sum_{k=1}^{n} \rho[f_2(c_k) - f_1(c_k)]\Delta x_k}.$$

Agora, passando as duas últimas expressões ao limite quando $\Delta x_k \to 0$ ou $n \to \infty$, obtemos

$$x_{C.M.} = \frac{\displaystyle\int_a^b x[f_2(x) - f_1(x)]dx}{A}, \tag{2.51}$$

e

$$y_{C.M.} = \frac{\displaystyle\int_a^b [f_2^2(x) - f_1^2(x)]dx}{2A}. \tag{2.52}$$

São as duas coordenadas do centro de massa do objeto planar, e que coincidem também com as coordenadas do centroide, pois estamos considerando distribuição de massa uniforme[13].

Exemplo 2.81. Determine as coordenadas do centroide de uma região planar limitada pela curva $x = y^2$ e a reta $x = 4$.

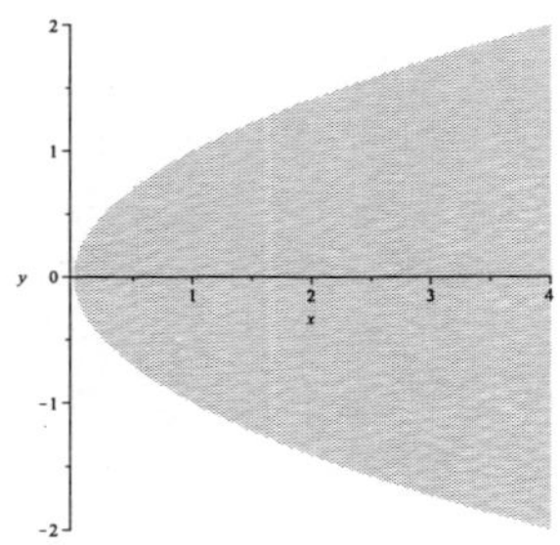

Figura 2.115: centroide de uma figura plana

Primeiramente devemos observar que as fórmulas 2.51 e 2.52 de centroide para figuras planas está dada para regiões tipo I. Assim, escrevemos $f(x) = \sqrt{x}$ e $g(x) = -\sqrt{x}$ com $x \in [0, 4]$. Primeiro calculamos a área da região.

[13]Note que $(c_k, \frac{f_2(c_k)+f_1(c_k)}{2})$ são as coordenadas do centro de massa do retângulo $LNRQ$.

$$A_T = \int_0^4 (f(x) - g(x))dx = \int_0^4 (\sqrt{x} - (-\sqrt{x}))dx = \int_0^4 2x^{1/2}dx$$

$$A_T = 32/3$$

$$\overline{X} = \frac{\int_0^4 x(f(x) - g(x))dx}{A_T} = \frac{\int_0^4 x(\sqrt{x} - (-\sqrt{x}))dx}{A_T} = \frac{\int_0^4 2x^{3/2}dx}{A_T}$$

$$\overline{X} = \frac{128/5}{32/3} = \frac{12}{5}.$$

$$\overline{Y} = \frac{\int_0^4 \frac{1}{2}(f^2(x) - g^2(x))dx}{A_T} = \frac{\int_0^4 \frac{1}{2}(x - (-x))dx}{A_T} = 0$$

Assim o centroide da superfície S tem coordenadas $(\overline{X}, \overline{Y}) = (12/5, 0)$.

Observação 2.15.

- Tanto no exemplo (2.79) e no exemplo (2.81) se evidencia que o centroide se encontra numa linha de simetria. No exemplo (2.79) o eixo de simetria da catenária é a reta $x = 0$ (daí que $\overline{X} = 0$). No exemplo (2.81) o eixo de simetria da superfície S é o eixo x (daí que $\overline{Y} = 0$).

- Para calcular o centro de massa ($C.M.$) de objetos planos de densidade arbitrária é mais adequado aplicar integração dupla, a qual corresponde a um curso de Cálculo III.

2.12.2 Teoremas de Papus-Guldin

A seguir vamos introduzir dois importantes Teoremas de Papus[14]-Guldin[15] que estabelecem duas relações, primeiro entre o centroide de uma região plana e o volume de um corpo de revolução e de outro lado, entre o centroide e a área da superfície de revolução.

Teorema 2.14 (Primeiro Teorema de Pappus-Guldin)**.** O volume do corpo de revolução, obtido quando giramos uma região plana S de área A ao redor de uma reta L(que não corta a região plana) é igual a área A da região plana multiplicada pelo comprimento da circunferência que descreve o centroide de S.

$$V_{rev} = 2\pi\rho A$$

Sendo ρ a distância do centroide de S ao eixo de rotação L.

Demonstração. Vamos demonstrar este teorema para o caso particular onde L é o eixo das abscissas e a região plana S é limitada por cima pelo gráfico da função $y = f_2(x)$, $a \leq x \leq b$, por baixo limitada pelo gráfico da função $y = f_1(x)$, $a \leq x \leq b$ e lateralmente pelas retas verticais: $x = a, x = b$ (ver figura (2.116)).

[14]Pappus ou Papo de Alexandria (290 - 350), geômetra egípcio, nascido em Alexandria.

[15]Paul Guldin (1577 - 1643), matemático suíço

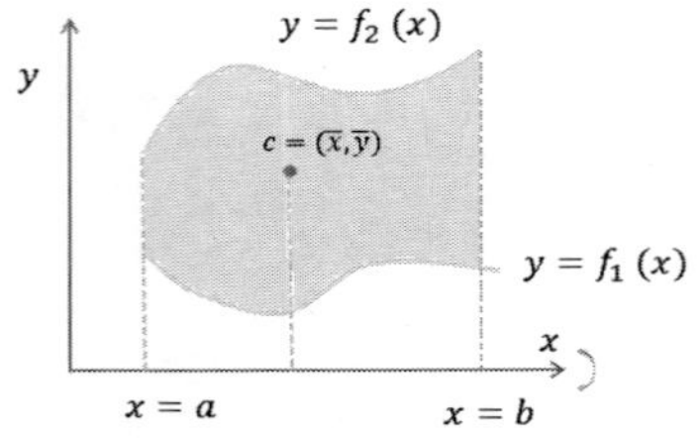

Figura 2.116: Primeiro teorema de Pappus

Ao realizar a rotação completa da superfície S ao redor do eixo x, o volume de revolução gerado tem a seguinte fórmula (método do anel)

$$V_{rev} = \int_a^b \pi[(raio\,de\,giro_2)^2 - (raio\,de\,giro_1)^2]dx = \int_a^b \pi[f_2^2(x) - f_1^2(x)]dx \tag{2.53}$$

Por outro lado, a coordenada $\overline{Y}$ do centroide da superfície plana S, que é perpendicular ao eixo de rotação é dada por (ver equação (2.52)):

$$\overline{Y} = \frac{\displaystyle\int_a^b [f_2^2(x) - f_1^2(x))dx}{2A}. \tag{2.54}$$

Da equação 2.54 obtemos:

$$2\overline{Y}A = \int_a^b [f_2^2(x) - f_1^2(x))dx,$$

multiplicando por π ambos os termos da igualdade anterior e comparando com (2.53)

$$2\pi\overline{Y}A = \int_a^b \pi[f_2^2(x) - f_1^2(x))dx = V_{rev} \quad \blacksquare$$

Exemplo 2.82. Utilize o Teorema anterior para determinar a posição das coordenadas do centroide de um quarto do círculo de raio R.

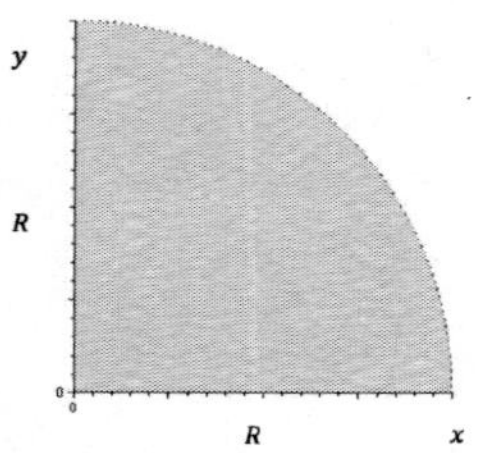

Figura 2.117:

Consideremos o quarto de círculo S no primeiro quadrante de área $A = \dfrac{\pi R^2}{4}$ do plano xy (ver figura 2.117). A seguir giramos S em torno do eixo x. Vamos denotar por C o centroide de S

O volume de corpo de revolução obtido ao girar a figura plana S em torno do eixo x é a metade do volume da região limitada pela esfera de raio R (bola de raio R). Desta forma

$$V_{rev} = \frac{1}{2} V_{sólido\ esferico} = \frac{2\pi R^3}{3}$$

Pelo teorema de Pappus-Guldin

$$V_{rev} = 2\pi \overline{Y} A$$

Sendo $\overline{Y}$ a ordenada do centroide de S e também a distância do centroide ao eixo de rotação x.

$$\overline{Y} = \frac{V_{rev}}{2\pi A} = \frac{\frac{2}{3}\pi R^2}{2\pi \frac{1}{4}\pi R^2} = \frac{4R}{3\pi}$$

Por considerações de simetria, o centroide deve estar na diagonal que divide a superfície plana em duas partes iguais, logo $\overline{X} = \overline{Y}$, deste modo:

$$C = \left(\frac{4R}{3\pi}, \frac{4R}{3\pi}\right)$$

Note que as coordenadas do centroide também podem ser calculadas diretamente pelas fórmulas (2.51) e (2.52).

Exemplo 2.83. Encontre o centro de massa de uma lâmina homogênea e de forma semi-elíptica definida assim $S := \{(x, y) \in \mathbb{R}^2, \frac{x^2}{9} + \frac{y^2}{4} \leq 1, y \geq 0\}$.

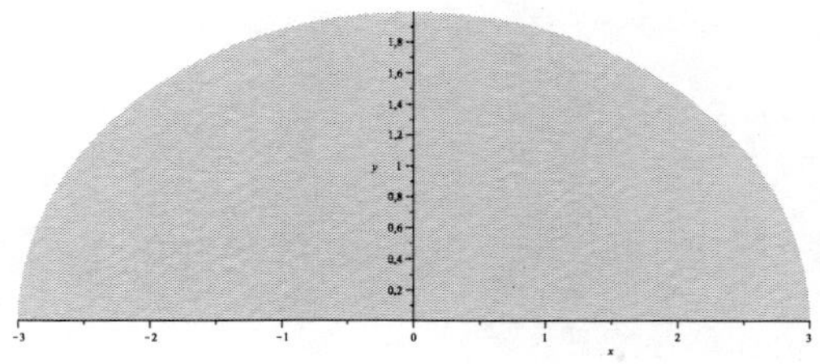

Figura 2.118:

Dada a homogeneidade da lâmina, o centro de massa (ou centroide) de S se encontra num eixo de simetria (o eixo y) da lâmina, deste modo $\bar{X} = 0$. Para determinar $\overline{Y}$ utilizamos o Teorema de Pappus. Quando a lâmina gira em torno do eixo x, vai gerar um sólido de revolução (limitado pelo elipsoide de revolução), cujo volume é fácil de calcular $V_{rev} = \frac{4}{3}\pi 2.2.3 = 16\pi$ (ver a observação (2.9)). Portanto

$$V_{rev} = 2\pi \overline{Y} A$$

$$16\pi = 2\pi \overline{Y} A_{semi-elipse}$$

$$16\pi = 2\pi \overline{Y} \frac{\pi(3)(2)}{2}.$$

Donde $\overline{Y} = \frac{8}{3\pi}$. Por fim,

$$(\bar{X}, \bar{Y}) = (0, \frac{8}{3\pi}).$$

Exemplo 2.84. Demonstre que o centroide do triângulo dista de sua base em um terço de sua altura.

Seja ABC um triângulo qualquer. Vamos fazer coincidir sua base AB com o eixo das abscissas e o vértice oposto C a esta base no eixo das ordenadas. Sejam b e h os comprimentos da base e altura do triângulo conforme a figura abaixo.

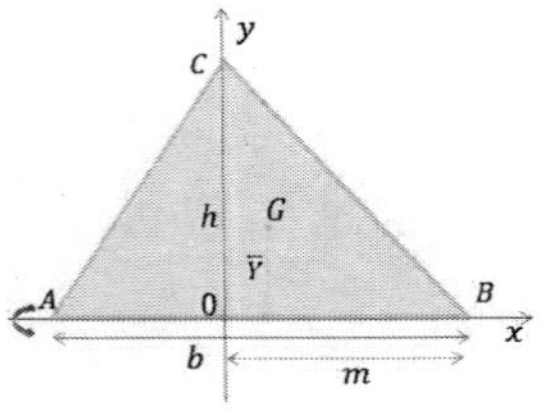

Figura 2.119: Coordenadas do centroide do triângulo ABC

Assim, a área do triângulo ABC é dada por $\dfrac{bh}{2}$.

Agora, giramos o triângulo ABC ao redor do eixo x, obtendo desta forma um corpo de revolução cujo volume pode ser calculado da seguinte forma: volume do cone gerado pelo triângulo AOC mais o volume do cone gerado pelo triângulo $B0C$, ou seja:

$$\frac{1}{3}\pi h^2(b-m)+\frac{1}{3}\pi h^2(m)=\frac{1}{3}\pi h^2(b).$$

Usando o Teorema (2.14) de Papus-Guldin,temos

$$2\pi\bar{Y}\times\frac{bh}{2}=\frac{1}{3}\pi h^2(b),$$

ou seja, $\bar{Y}=\dfrac{h}{3}$.

Não é difícil verificar que o centroide de um triângulo qualquer coincide com seu baricentro.

Exemplo 2.85. Encontre as coordenadas do centroide da região limitada pelas curvas

$$y=x^2 \text{ e } y=\sqrt{x}.$$

Primeiramente, calculemos a área da região limitada pelas curvas $y=x^2$ e $y=\sqrt{x}$.

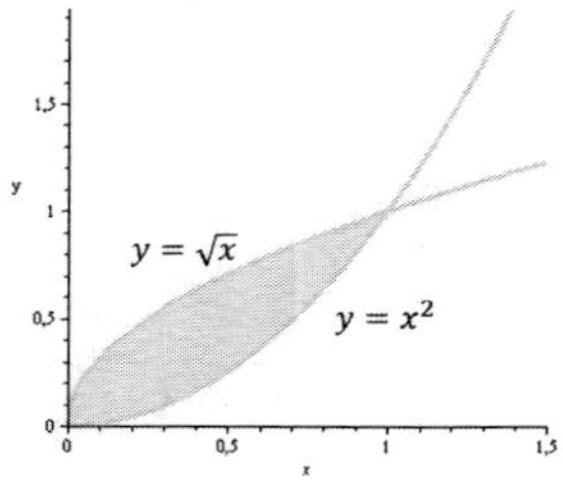

Figura 2.120: Área da região limitada pelas curvas $y=x^2$ e $y=\sqrt{x}$

$$A=\int_0^1\sqrt{x}dx-\int_0^1 x^2dx=\frac{2}{3}-\frac{1}{3}=\frac{1}{3}.$$

O volume do corpo de revolução obtido quando giramos esta região limitada ao redor do eixo $0x$ é dado por

$$V = \pi\left[\int_0^1 (\sqrt{x})^2 dx - \int_0^1 (x^2)^2 dx\right] = \pi\left[\frac{1}{2} - \frac{1}{5}\right] = \frac{3}{10}\pi.$$

pelo Teorema (2.14) de Pappus e Guldin acima, temos

$$2\pi\bar{Y} \times \frac{1}{3} = \frac{3}{10}\pi,$$

donde $\bar{Y} = \dfrac{9}{20}$. Para encontrar a primeira coordenada do centroide usamos a fórmula,

$$\bar{X} = \frac{1}{\frac{1}{3}}\int_0^1 x[\sqrt{x} - x^2]dx = \frac{9}{20}.$$

Exemplo 2.86. Calcule o volume do toro T^2 sólido (rosquinha com recheio).

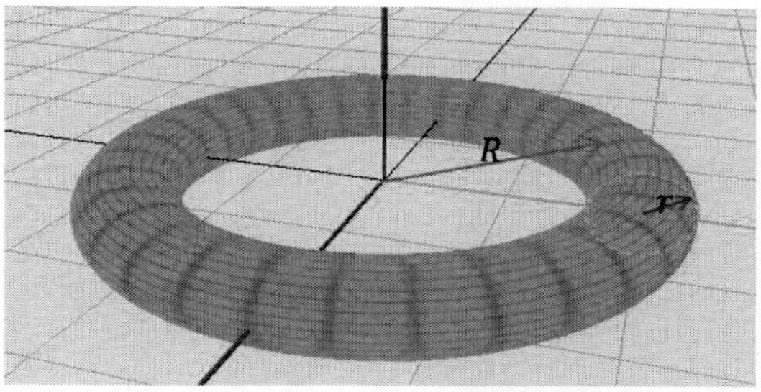

Figura 2.121: Toro

O Toro de revolução obtém-se quando giramos a região plana limitada pela circunferência $(x - R)^2 + y^2 = r^2$, $r < R$ (disco de raio r) em torno do eixo y. É fácil ver que o disco tem área igual πr^2 e o centroide da mesma se encontra nas coordenadas $C = (\overline{X}, \overline{Y}) = (R, 0)$, como vemos na figura (2.122).

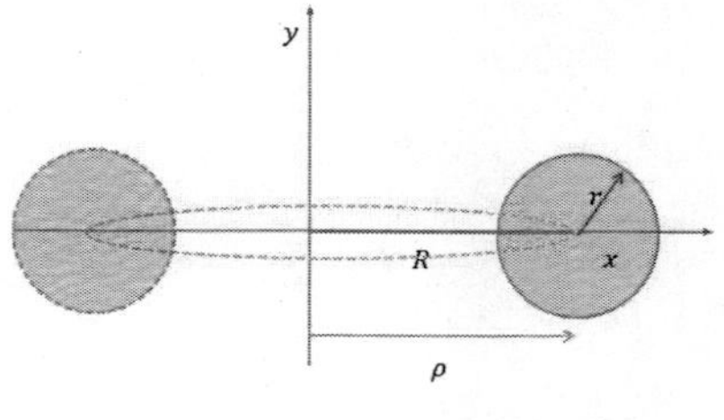

Figura 2.122: Círculo gerador do Toro

Pelo Teorema (2.14) de Pappus e Guldin e de acordo com a figura (2.122)

$$V_{rev} = 2\pi\rho A_{circulo},$$

$\rho = \overline{X}$ é a distância do centroide do disco de raio r em relação ao eixo de rotação y. Assim

$$V_{Toro\ s\acute{o}lido} = 2\pi^2 R r^2$$

O volume do Toro (T^2) pode ser calculado também pelo método da casca cilíndrica para sólidos de revolução, de acordo com o exercício (2.46).

Teorema 2.15 (Segundo Teorema de Pappus-Guldin). A área da superfície de revolução obtida quando gira uma curva plana Γ de comprimento l_{ab} ao redor de uma reta L (que não corta a curva Γ) é igual ao comprimento da curva Γ plana multiplicado pelo comprimento da circunferência que descreve o centroide da curva Γ. Assim:

$$A_(sup\ rev) = 2\pi\rho\, l_{ab}$$

Sendo ρ a distância do centroide da curva Γ ao eixo de rotação L.

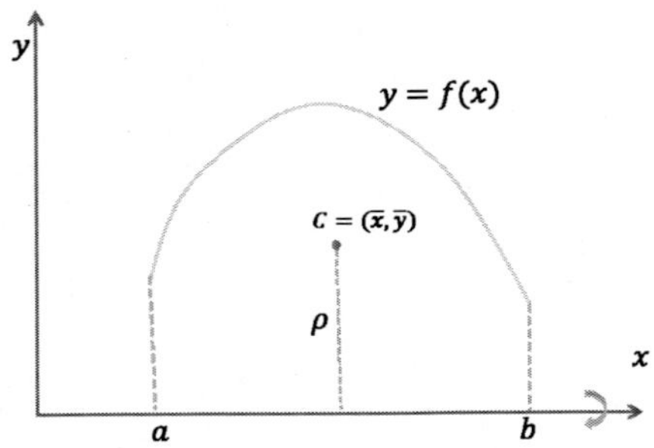

Figura 2.123: Curva Γ geradora da Sup. de rev

Demonstração. Vamos demonstrar o teorema para o caso particular onde a reta L é o eixo das abscissas e a curva Γ está definida pela função: $y = f(x),\ a \leq x \leq b$, (ver figura (2.123))

Quando a curva Γ realiza uma rotação completa em torno do eixo x, a área da superfície de revolução obtida, calcula-se pela seguinte fórmula

$$A_{Sup\ Rev} = 2\pi \int_a^b f(x)\sqrt{1 + f'(x)^2}dx \tag{2.55}$$

Por outro lado, de (2.50):

$$\overline{Y} = \frac{\displaystyle\int_a^b yds}{l_{ab}}.$$

Agora, multiplicando por 2π a igualdade anterior e comparando-o com a fórmula (2.55), obtemos:

$$2\pi\overline{Y}l_{ab} = 2\pi \int_a^b f(x)\sqrt{1 + f'(x)^2}dx = A_{Sup\ Rev}. \blacksquare$$

Exemplo 2.87. Determine as coordenadas do centroide de um arco de semicircunferência de raio R, $x^2 + y^2 = R^2, x \geq 0$

O centroide da circunferência, de comprimento $l_{ab} = \pi R$, deve estar no eixo de simetria da figura que no caso é o eixo x.

Por isso, o centroide da circunferência deve ter coordenadas $C = (\overline{X}, \overline{Y}) = (\overline{X}, 0)$. Se realizarmos uma rotação da circunferência ao redor do eixo y iremos obter uma superfície esférica cuja área é $4\pi R^2$ (área que já foi calculada). Pelo Teorema (2.15) de Pappus-Guldin, temos

$$A_{sup\ rev} = 2\pi\, \rho\, l_{ab}$$

Em que $A_{suprev} = 4\pi R^2,\ l_{ab} = \pi R,\ \ \rho = \overline{X}$. Por isso,

$$4\pi R^2 = 2\pi\rho\pi R$$

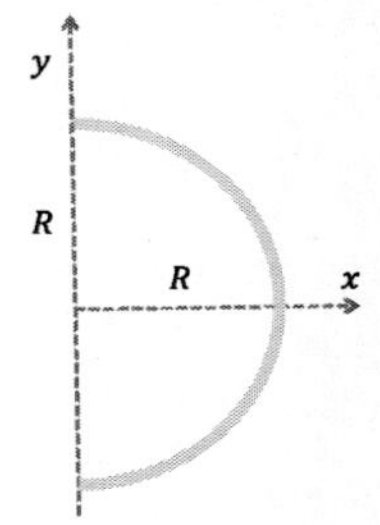

Figura 2.124:

$$\rho = \frac{2R}{\pi}.$$

O centroide da semicircunferência se encontra a ρ unidades a partir da origem das coordenadas, ao longo do seu eixo de simetria.

2.12.3 Exemplos Seletos

Exemplo 2.88. Considere uma pirâmide de altura H e base poligonal regular de n lados, cujo lado mede a. Determine o volume da pirâmide.

Consideremos um triângulo central subtendido por um dos lados do polígono regular conforme com a figura (2.125)

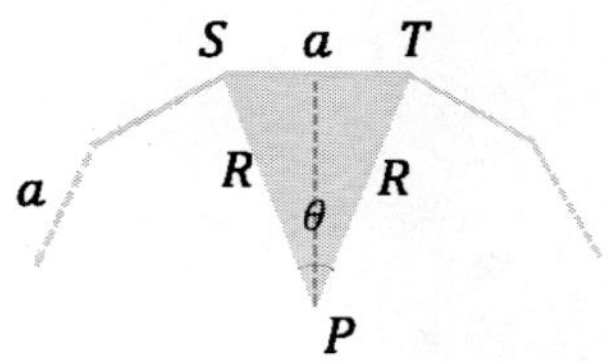

Figura 2.125:

Seja P o centro do polígono, então o triângulo PTS é um triângulo isósceles com ângulo central $\theta = \frac{2\pi}{n}, n \in N$. De onde $a = 2R\,\text{sen}(\theta/2)$. A altura relativa ao lado ST é $R\cos\theta/2$ portanto

$$A_{PTS} = \frac{1}{2}2R\,\text{sen}\theta/2R\cos\theta/2 = \frac{1}{2}R^2\,\text{sen}\theta$$

Assim, a área do polígono regular de n lados (base da pirâmide) é

$$A_{Polígono\ Reg} = \frac{nR^2\,\text{sen}\theta}{2}$$

Observamos que a seção transversal obtida quando traçamos um plano perpendicular ao eixo $0z$ e corta a pirâmide é um polígono regular de n lados.

De acordo com o método de fatiamento para calcular o volume da pirâmide, precisamos calcular a área $A(z)$ da seção transversal à pirâmide localizada a uma altura arbitrária z (a partir da origem de coordenadas onde temos localizado o centro P do polígono regular). A seção transversal também é poligonal e regular de lado R_z e é semelhante ao polígono regular

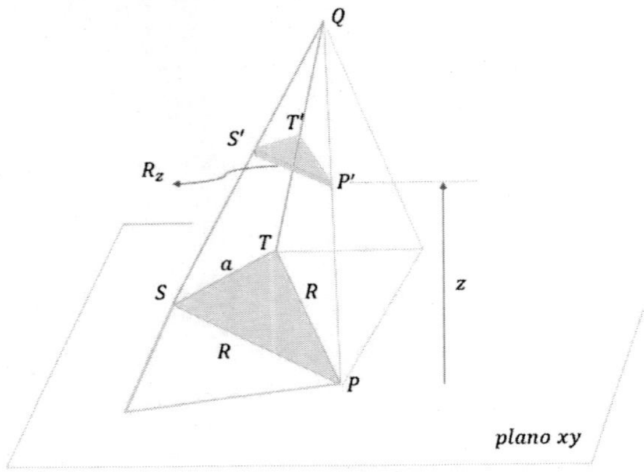

Figura 2.126:

base da pirâmide. De forma similar como foi calculada a área da base poligonal regular, a área da seção poligonal $A(z)$ será

$$A(z) = nR_z^2 \,\mathrm{sen}\theta/2 \tag{2.56}$$

A única variável que falta determinar na equação anterior é R_z, a qual iremos determinar imediatamente. Os triângulos retângulos SPQ e $S'P'Q$ são semelhantes

$$\frac{R_z}{R} = \frac{(H-z)}{H}$$

Donde

$$R_z = R(1 - z/H)$$

Substituindo R_z na fórmula (2.56) da área da seção transversal $A(z)$ obtemos

$$A(z) = n\frac{R^2(1-z/H)^2 \,\mathrm{sen}\theta}{2}$$

A fatia da seção transversal poligonal tem uma face de área $A(z)$ e espessura dz, por isso, $dV = A(z)dz$:

$$dV = n\frac{R^2(1-z/H)^2 \,\mathrm{sen}\theta}{2}dz$$

Note que a altura z varia de 0 na base (plano xy) até H no vértice da pirâmide.

$$V_{piramide} = \int_0^H n\frac{R^2(1-z/H)^2 \,\mathrm{sen}\theta)}{2}dz$$

Assim,

$$V_{piramide} = \frac{nR^2 \,\mathrm{sen}\theta}{2}\int_0^H (1-z/H)^2 dz$$

$$V_{piramide} = \frac{nR^2 \,\mathrm{sen}\theta}{2}\frac{H}{3} \tag{2.57}$$

$$= \frac{1}{3}A_{base}H$$

Esta fórmula é interessante, pois está dizendo que o volume da pirâmide de base poligonal tem a mesma fórmula independentemente do número de lados do polígono regular base. Inclusive se a base é um círculo, ou seja um cone circular.

De fato, considere uma pirâmide de altura H, base poligonal regular de n lados e cujo lado mede a. Se aumentarmos o número de lados do polígono regular indefinidamente, isto é, $n \to \infty$ então de $\theta = \frac{2\pi}{n}$ temos que $\theta \to 0$ e da fórmula 2.57 :

$$V_{pirâmide} = \lim_{\theta\to\infty}(\frac{nR^2 \operatorname{sen}\theta}{2}\frac{H}{3})$$

$$V_{pirâmide} = \frac{H}{3}R^2 \lim_{\theta\to\infty}(\frac{\frac{2\pi}{\theta}\operatorname{sen}\theta}{2}H)$$

$$V_{pirâmide} = \frac{H}{3}\pi R^2 \lim_{\theta\to\infty}(\frac{\operatorname{sen}\theta}{\theta})$$

como $\lim_{\theta\to\infty}(\frac{\operatorname{sen}\theta}{\theta}) = 1$

$$V_{cone} = \frac{1}{3}(\pi R^2)H = \frac{1}{3}(A_{base\ circular})H$$

Note que, quando $n \to \infty$ o polígono regular de n lados se torna um círculo. Assim, a pirâmide se torna um cone regular de base circular de raio R.

Exemplo 2.89. Seja a região compreendida entre as curvas $y = a - ax^2$ e $y = ax^2$ e o eixo de rotação $y = 2a, a > 0$.
a) Determine o volume do sólido gerado pela revolução dessa região ao redor do eixo de rotação.
b) Determine a área da superfície gerada pela revolução dessa região ao redor do eixo de rotação.

a)
A região que estamos interessados em realizar a rotação (em ciano) pode ser escrita como:
$R = \left\{(x, y) \in \mathbb{R}| -\frac{1}{\sqrt{2}} \leq x \leq \frac{1}{\sqrt{2}}, ax^2 \leq y \leq a - ax^2\right\}$

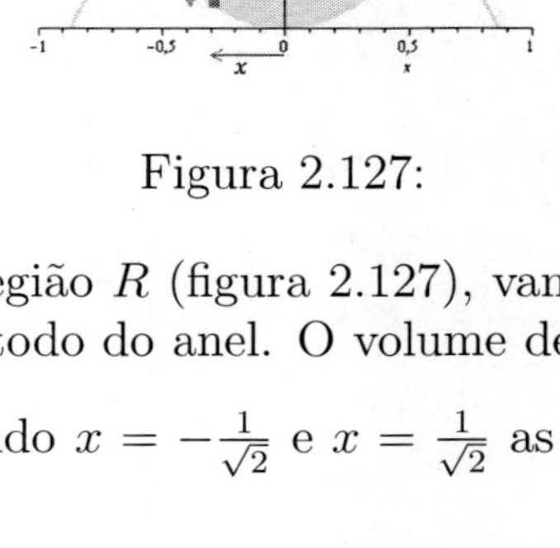

Figura 2.127:

De acordo com o gráfico da região R (figura 2.127), vamos calcular o volume de revolução ao redor do eixo $y = 2a$, pelo método do anel. O volume desse sólido de revolução é dado por $V = \displaystyle\int_{-\frac{1}{\sqrt{2}}}^{\frac{1}{\sqrt{2}}} \pi\left[(r_2)^2 - (r_1)^2\right] dx$ sendo $x = -\frac{1}{\sqrt{2}}$ e $x = \frac{1}{\sqrt{2}}$ as abscissas dos pontos de interseção das duas curvas.

r_2 é a distância do eixo de rotação até a parábola $y = ax^2$, e r_1 é a distância do eixo de rotação até a parábola $y = a - ax^2$, logo: $r_2 = 2a - ax^2$ e $r_1 = 2a - (a - ax^2) = a + ax^2$

$$V=\int_{-\frac{1}{\sqrt{2}}}^{\frac{1}{\sqrt{2}}}\pi\left[(2a-ax^2)^2-(a+ax^2)^2\right]\,dx$$

$$V=\int_{-\frac{1}{\sqrt{2}}}^{\frac{1}{\sqrt{2}}}\pi\left[(3a^2-6a^2x^2)\right]\,dx=3a^2\pi\int_{-\frac{1}{\sqrt{2}}}^{\frac{1}{\sqrt{2}}}\left[(1-2x^2)\right]\,dx$$

$$\therefore V=3a^2\pi\int_{-\frac{1}{\sqrt{2}}}^{\frac{1}{\sqrt{2}}}\left[(1-2x^2)\right]\,dx=2\sqrt{2}\pi a^2$$

b) Para determinar a àrea da superfície de revolução em torno do eixo horizontal $y=2a$ gerada por ambas as curvas(superfície externa: gerada pela parábola $y=ax^2$, e superfície interna gerada pela parábola $y=a-ax^2$), vamos proceder assim:

$A_{Sup.\ Rev} = A_{Sup.Rev.\ externo} + A_{Sup.Rev\ interno} = \int_{-\frac{1}{\sqrt{2}}}^{\frac{1}{\sqrt{2}}} 2\pi r_2\,ds + \int_{-\frac{1}{\sqrt{2}}}^{\frac{1}{\sqrt{2}}} 2\pi r_1\,ds$, onde $ds=\sqrt{(1+(y')^2)}$. (note que $y(x)$ é a curva a ser girada).

$$A_{Sup.\ Rev}=\int_{-\frac{1}{\sqrt{2}}}^{\frac{1}{\sqrt{2}}}2\pi(2a-ax^2)\sqrt{(1+[(ax^2)']^2)}\,dx+$$

$$\int_{-\frac{1}{\sqrt{2}}}^{\frac{1}{\sqrt{2}}}2\pi(a+ax^2)\sqrt{(1+[(a-ax^2)']^2)}\,dx$$

$$A_{Sup.\ Rev}=2\pi[\int_{-\frac{1}{\sqrt{2}}}^{\frac{1}{\sqrt{2}}}(2a-ax^2)\sqrt{(1+(2ax)^2)}+(a+ax^2)\sqrt{(1+(-2ax)^2)}\,dx]$$

$$A_{Sup.\ Rev}=2\pi\int_{-\frac{1}{\sqrt{2}}}^{\frac{1}{\sqrt{2}}}(3a)\sqrt{(1+4a^2x^2)}\,dx=12\pi a\int_0^{\frac{1}{\sqrt{2}}}\sqrt{(1+4a^2x^2)}\,dx$$

(pois a função integrando é par).

$$A_{Sup.\ Rev}=4\pi\int_0^{\frac{1}{\sqrt{2}}}(3a)\sqrt{(1+4a^2x^2)}\,dx=12a\pi\int_0^{\frac{1}{\sqrt{2}}}\sqrt{(1+4a^2x^2)}\,dx.$$

A última integral se resolve seguindo os mesmos passos do exemplo (1.40) do capítulo 1, e considerando os limites de integração, obtemos

$$A_{Sup.\ Rev}=3\pi(a\sqrt{2+4a^2}+\operatorname{senh}^{-1}\sqrt{2}a)$$

Exemplo 2.90. Considere um sistema termodinâmico realizando um ciclo termodinâmico de 4 processos: $A\to B\to C\to D\to A$.
I) Dois processos politrópicos ($B\to C: PV^\gamma=C_1,\ D\to A: PV^\gamma=C_2, \gamma>1$)
II) Duas isotermas ($A\to B: PV=I_1, C\to D: PV=I_2;\ \gamma=1$).
Demonstrar que o trabalho termodinâmico realizado pelo sistema no ciclo é

$$W_{ciclo}=\frac{1}{\gamma-1}(I_2-I_1)\ln\left(\frac{C_2}{C_1}\right).$$

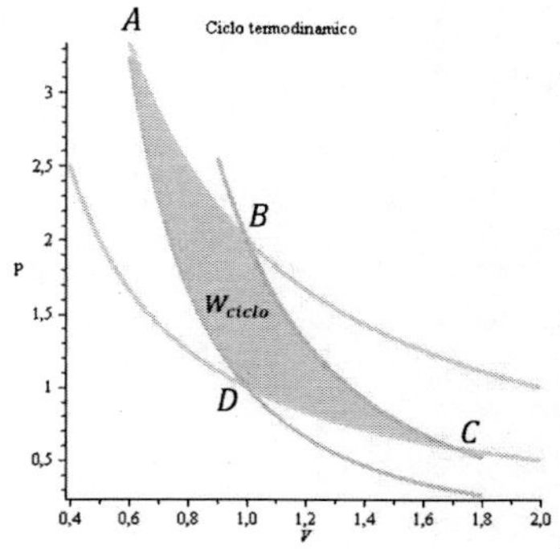

Figura 2.128: Ciclo termodinâmico $ABCDA$

O trabalho total realizado pelo sistema no ciclo termodinâmico $A \to B \to C \to D \to A$, à semelhança do exemplo (2.60) é

$$W_{ciclo} = \int_{ciclo} PdV = \int_A^B PdV + \int_B^C PdV + \int_C^D PdV + \int_D^A PdV$$

No gráfico P e V, esta integral é a área interna da curva fechada, como segue:

$$W_{ciclo} = \int_{ciclo} PdV = \int_A^B PdV + \int_B^C PdV - \int_D^C PdV - \int_A^D PdV$$

$$W_{ciclo} = (a + b + e) + (c + d) - (d + e) - (a) = b + c$$

A região $(b + c)$ é justamente a área interna da curva fechada.

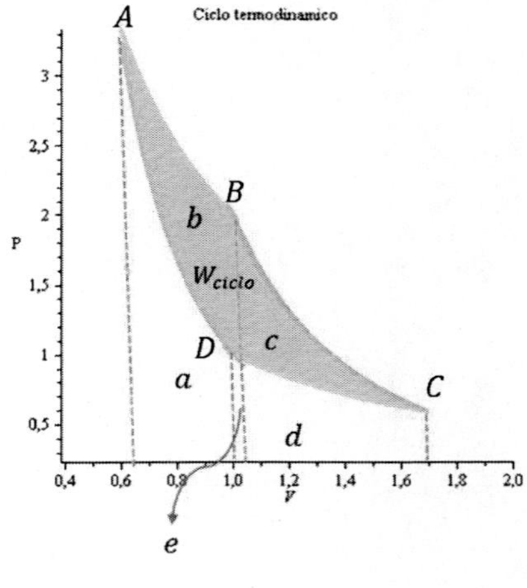

Figura 2.129: Ciclo termodinâmico $ABCDA$

Processo $A \to B$

$$\int_A^B PdV = \int_A^B \frac{I_1}{V} dV = I_1 \ln(V)\Big|_{V_A}^{V_B} = I_1 \ln\left(\frac{V_B}{V_A}\right)$$

Por analogia: $C \to D$

$$\int_D^C PdV = \int_D^C \frac{I_2}{V} dV = I_2 \ln(V)\Big|_{V_D}^{V_C} = I_2 \ln\left(\frac{V_C}{V_D}\right)$$

Processo $B \to C$

$$\int_B^C PdV = \int_B^C \frac{C_1}{V^\gamma} dV = \frac{C_1}{(-\gamma+1)} V^{-\gamma+1}\Big|_{V_B}^{V_C}$$

$$\int_B^C PdV = \frac{C_1}{-\gamma+1}\left(V_C^{-\gamma+1} - V_B^{-\gamma+1}\right)$$

Por analogia no processo $D \to A$

$$\int_A^D PdV = \int_A^D \frac{C_2}{V^\gamma} dV = \frac{C_2}{-\gamma+1}\left(V_D^{-\gamma+1} - V_A^{-\gamma+1}\right)$$

Substituindo na fórmula inicial

$$\begin{aligned} W_{ciclo} &= I_1 \ln\left(\tfrac{V_B}{V_A}\right) + \frac{C_1}{-\gamma+1}\left(V_C^{-\gamma+1} - V_B^{-\gamma+1}\right) - \\ &-I_2 \ln\left(\tfrac{V_C}{V_D}\right) - \frac{C_2}{-\gamma+1}\left(V_D^{-\gamma+1} - V_A^{-\gamma+1}\right) \end{aligned}$$

Entretanto, no ponto A temos:

$$P_A V_A^\gamma = C_2, \; P_A V_A = I_1$$

Logo:

$$V_A^{\gamma-1} = \frac{C_2}{I_1} \tag{2.58}$$

De forma similar no ponto B

$$V_B^{\gamma-1} = \frac{C_1}{I_1} \tag{2.59}$$

Daí que :

$$\frac{V_B^{\gamma-1}}{V_A^{\gamma-1}} = \frac{C_1}{C_2} \to \ln\left(\frac{V_B}{V_A}\right) = \frac{1}{\gamma-1}\ln\left(\frac{C_1}{C_2}\right)$$

Entretanto, no ponto C temos:

$$P_C V_C^\gamma = C_1, \; P_C V_C = I_2$$

Logo:

$$V_C^{\gamma-1} = \frac{C_1}{I_2}$$

De forma similar no ponto D

$$V_D^{\gamma-1} = \frac{C_2}{I_2}$$

Daí que :

$$\frac{V_C^{\gamma-1}}{V_D^{\gamma-1}} = \frac{C_1}{C_2} \to \ln\left(\frac{V_C}{V_D}\right) = \frac{1}{\gamma-1}\ln\left(\frac{C_1}{C_2}\right)$$

Substituindo na expressão principal de

$$\begin{aligned} W_{ciclo} &= I_1 \frac{1}{-\gamma+1}\ln\left(\frac{C_1}{C_2}\right) + \frac{C_1}{-\gamma-1}\left(V_C^{-\gamma+1} - V_B^{-\gamma+1}\right) \\ &-I_2 \frac{1}{-\gamma+1}\ln\left(\frac{C_1}{C_2}\right) - \frac{C_2}{-\gamma+1}\left(V_D^{-\gamma+1} - V_A^{-\gamma+1}\right) \end{aligned}$$

Reorganizando a relação anterior

$$\begin{aligned} W_{ciclo} &= \frac{I_1 - I_2}{\gamma - 1}\ln\left(\frac{C_1}{C_2}\right) + \frac{C_1}{-\gamma+1}\left(V_C^{-\gamma+1} - V_B^{-\gamma+1}\right) \\ &- \frac{C_2}{-\gamma+1}\left(V_D^{-\gamma+1} - V_A^{-\gamma+1}\right) \end{aligned}$$

Na igualdade anterior, vamos reorganizar novamente o segundo termo

$$\frac{C_1}{-\gamma+1}\left(V_C^{-\gamma+1} - V_B^{-\gamma+1}\right) = \frac{C_1}{-\gamma+1}\left(\frac{P_C V_C}{P_C V_C^{\gamma}} - \frac{P_B V_B}{P_B V_B^{\gamma}}\right)$$

$$\frac{C_1}{-\gamma+1}\left(V_C^{-\gamma+1} - V_B^{-\gamma+1}\right) = \frac{C_1}{-\gamma+1}\left(\frac{I_2}{C_1} - \frac{I_1}{C_1}\right)$$

Reorganizando o terceiro termo

$$\frac{C_2}{-\gamma+1}\left(V_D^{-\gamma+1} - V_A^{-\gamma+1}\right) = \frac{C_2}{-\gamma+1}\left(\frac{P_D V_D}{P_D V_D^{\gamma}} - \frac{P_A V_A}{P_A V_A^{\gamma}}\right)$$

$$\frac{C_2}{-\gamma+1}\left(V_D^{-\gamma+1} - V_A^{-\gamma+1}\right) = \frac{C_2}{-\gamma+1}\left(\frac{I_2}{C_2} - \frac{I_1}{C_2}\right)$$

Finalmente

$$\begin{aligned} W_{ciclo} &= \frac{I_1 - I_2}{\gamma - 1}\ln\left(\frac{C_1}{C_2}\right) + \frac{C_1}{-\gamma+1}\left(\frac{I_2}{C_1} - \frac{I_1}{C_1}\right) \\ &- \frac{C_2}{-\gamma+1}\left(\frac{I_2}{C_2} - \frac{I_1}{C_2}\right) \end{aligned}$$

$$W_{ciclo} = \frac{I_1 - I_2}{\gamma - 1}\ln\left(\frac{C_1}{C_2}\right)$$

de (2.58) e (2.59)

$$\frac{C_1}{C_2} = \frac{V_B^{\gamma-1}}{V_A^{\gamma-1}}$$

e substituindo na última relação de W_{ciclo} obtemos finalmente

$$W_{ciclo} = (I_1 - I_2)\, ln(\frac{V_B}{V_A})$$

Observação 2.16.

- Quando no processo geral $PV^{\gamma} = C$ termos $\gamma = \dfrac{C_P}{C_V}$, então o processo é adiabático.
- Em física, a constante I é proporcional à temperatura, assim no processo $A \to B$ teríamos a temperatura T_1, e no processo $C \to D$ teríamos a temperatura T_2.
- No caso quando o ciclo constar de duas isotermas e duas adiabáticas o ciclo propriamente se chama *ciclo de Carnot*
- Este exercício pode ser abordado utilizando o conceito de mudança de coordenadas em integrais duplas ou também utilizando o teorema de Green.

2.13 Exercícios do Capítulo 2

2.13.1 Funções Limitadas, Funções Monótonas

Exercício 2.1. Mostre que as funções

$$a)\, y = 4 - (x-1)^2, \quad b)\, y = -x^2 + 2\,\text{sen}(4x)$$

são limitadas superiormente no conjunto dos números reais $\mathbb{R}$.

Exercício 2.2. Mostre que as funções

$$a)\, y = 2(x-1)^4 - 8, \quad b)\, y = x^6 + 2\cos\sqrt{2}x$$

são limitadas inferiormente no conjunto dos números reais $\mathbb{R}$.

Exercício 2.3. Mostre que as funções

$$a)\, y = \sqrt{4 - x^2}, \quad b)\, y = 8^{\cos^2 2x} + 2\,\text{sen}^2 x$$

são limitadas no conjunto dos números reais $\mathbb{R}$.

Exercício 2.4. Mostre que as funções

$$a)\, y = x^3, \quad b)\, y = x^6$$

são funções crescentes no intervalo $[0, \infty)$ da reta real. No intervalo $(\infty, 0]$ a primeira função é crescente e a segunda função é decrescente.

2.13.2 Somatórios, Soma de Riemann

Exercício 2.5. Calcular as seguintes somas

- 1 +2 +3+4+....540.
- 2+4+6+8+......200
- $\sum_{i=1}^{i=20}(2i+3)$
- $\sum_{i=1}^{i=15}(i^2)$

Exercício 2.6. Provar
a) a propriedade de linearidade das somatórios, ou seja:

$$\sum_{k=1}^{k=n}(\alpha b_k \ \pm \beta\ b_k) = \alpha\sum_{k=1}^{k=n} b_k \ \pm \beta\sum_{k=1}^{k=n} b_k$$

b)

$$\sum_{k=1}^{n} k^3 = (\sum_{k=1}^{n} k)^2$$

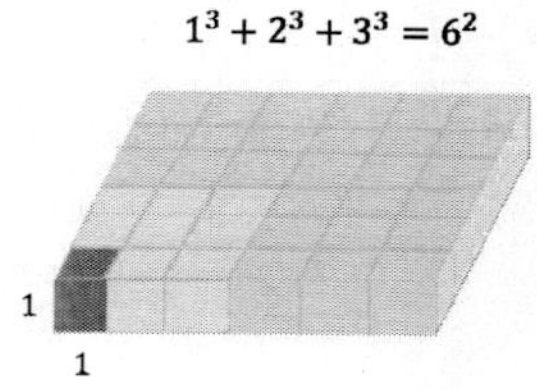

Figura 2.130: Explicação geométrica da fórmula anterior para $n = 3$.

Exercício 2.7. calcular a seguinte soma

$$\sum_{k=1}^{k=n} \frac{-40}{k\,(k+1)}$$

Exercício 2.8. Considere a função $f\,(x) = 2 + \frac{1}{2}x$, determine a área da região, limitada pela função $f(x)$, pela reta horizontal $y = 0$ e pelas retas verticais, $x = 0$ e $x = 10$; pelo método de aproximação por retângulos.
a) Utilize 5 retângulos verticais de bases iguais, por aproximação inferior
b) Utilize 5 retângulos verticais de bases iguais, por aproximação superior
c) Repita o processo anterior do item a, agora quando o número de retângulos tende ao infinito, qual resultado da área neste caso?
d) repita o processo anterior do item b, agora quando o número de retângulos tende ao infinito, qual resultado da área neste caso?

Exercício 2.9. Considere as funções
a) $f\,(x) = 2x + 4$,
b) $f\,(x) = x^2 + 2$,

Determine a área da região plana vertical em cada caso, limitada pela função $f(x)$, pela reta horizontal $y = 0$ e pelas retas verticais, $x = 0$ e $x = 10$. Utilize o método de aproximação por retângulos. Faça o processo de limite quando o número de retângulos vai para o infinito. Faça por aproximação à esquerda e por aproximação à direita (ambos os métodos devem dar mesmo resultado).

Exercício 2.10. Considere a região plana R vertical, limitada função $f\,(x) = 4 - x^2 + 3x$ e pela reta horizontal $y = 0$. Determine a área de R, pelo método de aproximação retangular (qualquer método de aproximação).

2.13.3 Propriedades de Integrais Definidas

Exercício 2.11. Resolver as seguintes questões
a) Seja a integral $\displaystyle\int_0^1 f\,(x)\,dx = 2$, determine a integral $\displaystyle\int_4^5 f\,(x-4)\,dx$, $f(x)$ é uma função integrável na reta real.
b) Provar que $\frac{21}{64} \leq \int_0^{\frac{3}{4}} f\,(x)\,dx \leq \frac{3}{4}$, sendo $f\,(x) = 1 - x^2$. Utilizando as propriedades de integrais, sem calcular explicitamente a integral definida.
c) Provar que $\int_{-\frac{\pi}{2}}^{0} (cos\,(x))^2\,dx \leq \frac{\pi}{2}$, sem necessidade de calcular tal integral definida.

2.13.4 Teorema Fundamental do Cálculo, Técnicas de Integração, T.V.M. para Integrais, Regra de Leibniz

Exercício 2.12. Considere as figuras planas a seguir:
a) Triângulo reto
b) Triângulo obtuso
c) Trapézio
d) Círculo de raio r.
Determine área de cada uma das figuras utilizando integral definida.

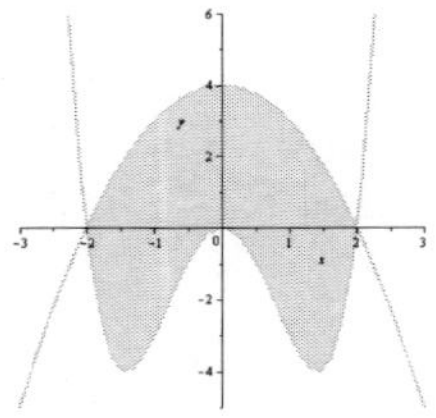

Figura 2.131: Áreas de figuras planas

Exercício 2.13. Considere as funções

$$f(x) = \left\{ \begin{array}{c} x,\ 0 \leq x \leq 2 \\ 4,\ 2 < x \leq 4 \end{array} \right\},$$

$$g(x) = \left\{ \begin{array}{c} x^2, -2 \leq x \leq 2 \\ 8 - x^2, 2 < x \leq 2\sqrt{2} \end{array} \right\},$$

determine $\displaystyle\int_0^4 f(x)\,dx), (\int_{-2}^{2\sqrt{2}} g(x)\,dx$

Exercício 2.14. Qual dos seguintes números é maior

1. $\displaystyle\int_{1/2}^{1} \frac{dx}{\sqrt{x}}$ ou $\displaystyle\int_{1/2}^{1} \frac{dx}{\sqrt[3]{x}}$;

2. $\displaystyle\int_0^1 \sqrt{1+x^2}dx$ ou $\displaystyle\int_0^1 xdx$;

3. $\displaystyle\int_{-1}^{1} \arccos x dx$ ou $\displaystyle\int_{-1}^{1} \operatorname{arcsen} x dx$;

4. $\displaystyle\int_{1/2}^{1} \ln x dx$ ou $\displaystyle\int_{1/2}^{1} \ln^2 x dx$.

Exercício 2.15. Use o método de mudança de variáveis para calcular as seguintes integrais:

1. $\displaystyle\int_1^{\sqrt{3}} \frac{xdx}{1+x^2}$;

2. $\displaystyle\int_1^2 \frac{xdx}{\sqrt{2x+5}}$;

3. $\displaystyle\int_1^{3/2} \frac{4x+3}{(x-2)^3}dx, \quad x-2=t$;

4. $\displaystyle\int_{\ln 2}^{\ln 8} \frac{dx}{\sqrt{1+e^x}}, \quad e^x=t$;

5. $\displaystyle\int_{1/3}^{1/2} \frac{\sqrt{1-x^2}dx}{x^2}, \quad x=\frac{1}{t}$;

6. $\displaystyle\int_{1/2}^{1} \frac{dx}{\sqrt{x}(1+\sqrt[3]{x})}, \quad x=t^6$;

7. $\displaystyle\int_0^{\pi/2} \operatorname{sen}^3 x \cos x dx, \quad \operatorname{sen} x = t$;

8. $\displaystyle\int_1^2 \frac{dx}{\sqrt{x}+\sqrt[4]{x}}, \quad x=t^4$;

Exercício 2.16. Calcular as seguintes integrais definidas:

a) $\displaystyle\int_0^{2\pi} x \cos(2x)\,dx$ b) $\int_0^{\pi} (\operatorname{sen}(x))^2\,dx$ c) $\displaystyle\int_0^{\pi} (\cos(x))^2\,dx$ d) $\int_0^{\pi} (\cos(x))^4\,dx$

e) $\displaystyle\int_1^2 x^2\,\left(1-2x^3\right)^{2/3}\,dx$ f) $\displaystyle\int_0^{2\pi} x^2 \cos(2x)\,dx$ g) $\displaystyle\int_0^{\pi/8} tg\,(2x)\,dx$ h) $\displaystyle\int_0^{2\pi} e^x \cos(x)\,dx$

i) $\displaystyle\int_0^{2\pi} e^x \operatorname{sen}(2x)\,dx$ j) $\displaystyle\int_0^{2\pi} |\cos(2x)|dx$

k) $\displaystyle\int_{-1}^{2} d|2x-2|$ l) $\displaystyle\int_{-a}^{a} x\sqrt{a^2-x^2}\,dx$

Exercício 2.17.

Mostre, que:

1. $\displaystyle\int_0^{2\pi} \operatorname{sen}^3 x dx = 0$;

2. $\displaystyle\int_{-1/2}^{1/2} \cos x \ln\frac{1+x}{1-x}dx = 0$;

3. $\displaystyle\int_0^1 (1-x)^m x^n dx = \int_0^1 x^m(1-x)^n dx = \frac{m!n!}{(m+n+1)!}, \quad m,n\in\mathbb{N}$.

Exercício 2.18. Determinar as seguintes derivadas

a)

$$\frac{d\left(\int_4^t \cos^3 2xdx\right)}{dt}$$

b)

$$\frac{d\left(\int_t^4 (1-x^3)^3\,dx\right)}{dt}\Big|_{t=0}$$

c)

$$I(t) = \int_{4t^2}^{t^3} xe^{x^2}\,dx,$$

determinar

$$\frac{dI}{dt}$$

d) Seja: $G(x) = \int_0^{e^x} f(t)\,dt$, determinar $G'(x)$, sendo $f(t)$ uma função contínua na reta real.

Exercício 2.19. Seja

$$I(t) = \int_{\cos t}^{0} t^2 e^x dx, \quad I(t)' = ?$$

.

Exercício 2.20. Determine o valor médio da função $f(x) = \operatorname{sen}(x)$
a) no intervalo $[0, \pi]$
b) no intervalo $[0, 2\pi]$

Exercício 2.21. Determine o valor médio da função $f(x) = (\operatorname{senh}(2x))^3$ no intervalo $[-2, 2]$.

Exercício 2.22. Os indicadores estatísticos indicam que o preço de um produto comercial num determinado supermercado no primeiro semestre de um ano é dado por $P(t) = 160 - 3t^2$ reais o quilo, t em meses. Qual é o preço médio de um quilo do produto nos primeiros 2 meses?.

2.13.5 Aplicações de Integral Definida

Cinemática, Trabalho Mecânico

Exercício 2.23. A velocidade de um ponto material é uma função do tempo t:

1. $v(t) = v_o + at$, onde $v_o = 12m/s$ é a velocidade inicial no instante $t_0 = 0s$ e $a = -3m/s^2$ é a sua aceleração. Qual será a distância que percorrerá este ponto material após $10s$.
2. $v(t) = (8 - 4t^3)(m/s)$. Determine o espaço percorrido e a distância percorrida pelo ponto material nos primeiros $2s$.

Exercício 2.24. Qual será o trabalho realizado pela força de gravidade para levar um objeto de massa m que se encontra na posição r_0 ($r_0 > R_T$) radialmente até o infinito. A força de gravidade atrativa entre o objeto pontual de massa m (na posição arbitrária r)e a Terra é, em módulo $F_G = G\frac{M_T m}{r^2}$. G é a constante universal de Newton, M_T é a massa da terra, R_T é o raio da terra e r_0 é a posição inicial da massa pontual em relação ao centro da terra.

Exercício 2.25. Em relação ao exemplo (2.57) onde se estuda o movimento de uma partícula numa trajetória vertical submetida a ação adicional de uma força de atrito. Analise na segunda fase do movimento da mesma, isto é, na fase do descenso. Demonstrar que a fórmula da velocidade é

$$v(t) = \frac{mg}{k}(e^{\frac{-k}{m}(t-t_1)} - 1), \; t_1 \leq t;$$

e a fórmula da posição da partícula é

$$y(t) = \frac{m^2}{k^2}g(1 - e^{-\frac{k}{m}(t-t_1)}) - \frac{mg}{k}(t - t_1) + y_1, \; t > t_1.$$

Área de Figuras Planas

Exercício 2.26. Calcular a área das figuras limitadas pelos gráficos das funções e retas:

1. $y = x^3, \quad y = 8, \quad x = 0;$
2. $y = 4x - x^2, \quad y = 0, \quad x = 2;$
3. $y = \left(\operatorname{sen} \frac{x}{2} + \cos \frac{x}{2}\right)^2, \quad x = 0, \quad x = \pi/2, \quad y = 0;$
4. $y = 1/x, \quad y = 0, \quad x = 0,5, \quad x = 2,5;$
5. $y = \cos x, \quad x \in [0, \pi/2]$, reta tangente ao gráfico desta função no ponto $(\pi/4, \sqrt{2}/2)$ e as retas $\quad y = 0, \quad x = 0;$
6. Limitada pela curva $x = 2 - y - y^2$ e o eixo $0y$.
7. Contida entre a curvas: $y = 2 - x^2$ e $y^3 = x^2$.
8. Limitada pela curva $y = \operatorname{tg} x$, o eixo $0x$ e a reta $x = \dfrac{\pi}{3}$.
9. Contida entre as parábolas $y = \dfrac{x^2}{2}$ e $y = 4 - \dfrac{2}{3}x^2$.
10. Limitada pela catenária $y = a \cosh \frac{x}{a}$, pelo eixo $0y$ e a reta $y = \dfrac{a}{2e}(e^2 + 1)$.
11. Contida entre a curvas: $y = \operatorname{sen} x, \ y = \cos x, x = 0$ e $x = 2\pi$.
12. Contida entre a curvas: $y = x^\alpha, \ y = x^{1/\alpha}, x = 0$ e $x = 1 \quad (\alpha > 1)$.
13. Contida entre a curvas: $y = \operatorname{tg} x, \ y = \dfrac{2}{3} \cos x, \ x \in [0, \dfrac{\pi}{2})$ e $x = 0$.
14. Contida entre a curvas: $y = \dfrac{2}{x}$ e $y = -\dfrac{x}{2} - \dfrac{5}{2}$.

Exercício 2.27. Resolver as seguintes questões
a) Determine a área da região limitada pelas curvas: $y = x^3 - 2x, x = -2, x = 2, y = 0$.
b) Determine a área limitada pelas curvas $y = 4 - x^2 \ ey = 2x - 4$.
c) Determine a área limitada pelas curvas $y = x^3 \ ey = 6x - x^3$.
d) Considere as funções $y = \operatorname{sen} x$ e $y = \cos x$ definidas no intervalo $I = \left[0, \frac{3\pi}{2}\right]$. Determine a área da região limitada pelas duas funções

Exercício 2.28. Determine a área limitada pelas parábolas

$$y = ax^2 \quad e \quad x = ay^2, a > 0.$$

Exercício 2.29. Determine a área limitada pela catenária $y = a \cosh \frac{x}{a}$, pelas retas verticais $x = -a$, $x = a$, e a reta horizontal $y = -a$.

Exercício 2.30. Determine a área da região limitada pelas curvas $y = x^4 - 4x^2$ e $y = 4 - x^2$ ver a figura (2.132).

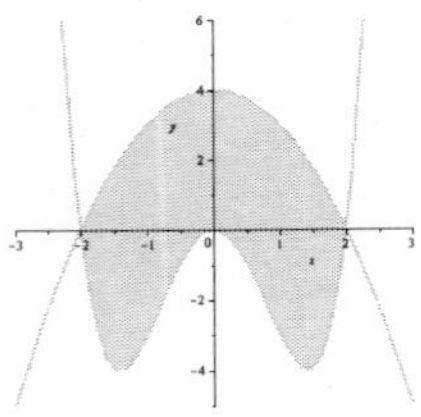

Figura 2.132:

Exercício 2.31. Determine a área da região limitada pelas curvas $x = (y+1)^2$ e $x = -4 + 2(y+1)^2$ (ver a figura (2.133)).

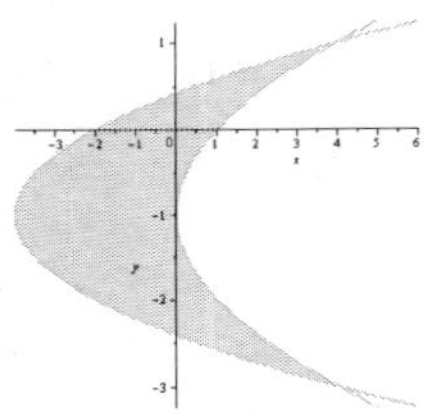

Figura 2.133:

Volume de Sólidos: Por Fatiamento

Exercício 2.32. Considere uma pirâmide de base circular de raio R e altura H, determine o volume da pirâmide, pelo método de fatiamento.

Exercício 2.33. Determinar o volume
a) de uma esfera de raio R, pelo método de fatiamento.
b) de um elipsoide cuja superfície tem a seguinte equação:

$$\left\{(x, y, z) \in R^3 / \ \frac{x^2}{a^2} + \frac{y^2}{b^2} + \frac{z^2}{c^2} = 1, \ 0 \leq a, 0 \leq b, 0 \leq c\right\}$$

pelo método de fatiamento.

Volume de Sólido de Revolução: Método do Disco

Exercício 2.34. Calcule o volume dos corpos de revolução obtidos ao girar ao redor do eixo $0x$:

1. A figura limitada pela curva senoidal e pelo segmento $0 \leq x \leq \pi$.

2. A elipse $\dfrac{x^2}{a^2} + \dfrac{y^2}{b^2} = 1$.

3. A parábola $y = 4ax^2$ cortada pela reta $y = a$.

4. A figura limitada pela parábola $y = ax - x^2$ $(a > 0)$ e pelo eixo $0x$.

Exercício 2.35. .

1. Calcule o volume do corpo obtido quando giramos ao redor do eixo $0X$, a região limitada pela curva $y = \cos^2 x$ e a reta horizontal $y = 0$, no intervalo $x = -\pi/2$ e $x = \pi/2$.

2. Calcule o volume do corpo obtido quando giramos ao redor do eixo $0Y$, a região limitada pela parábola $x = y^2/(4c)$, e o eixo vertical $x = 0$ limitado no intervalo $[-2c, 2c]$.

Exercício 2.36. Considere a reta $y = \dfrac{H}{R}x, 0 \leq x \leq R$, a seguir realize a rotação da região limitada pela reta indicada, o eixo $0y$ e a reta horizontal $y = H$, em torno do eixo y. Determine o volume do sólido de revolução obtido desta forma (o sólido obtido é um cone vertical de altura H e base circular de rádio R).

Exercício 2.37. Considere a parábola $y = x^2$ tal que $0 \leq x \leq 2$,
a) Determine o volume do sólido gerado pela rotação da região limitada pela parábola, o eixo $0y$ e a reta $y = 4$, em torno do eixo $0y$. O sólido obtido se denomina paraboloide de rotação.
b) Determine o volume do sólido gerado pela rotação da região limitada pela parábola, o eixo $0x$ e a reta $x = 2$, em torno do eixo $0x$.

Exercício 2.38. Considere a função $y = \dfrac{1}{x^2}$ no primeiro quadrante. Determine o volume do sólido gerado ao realizar uma rotação em torno do eixo $0y$, a região limitada entre o eixo $0y$ e a função y, sendo $1 \leq y \leq 3$.

Exercício 2.39. Considere a região compreendida entra a parábola $y = 4 - x^2$ e a reta $y = 4$. Realize a rotação desta região em torno da reta horizontal $y = 4$. Determine o volume do sólido de revolução obtido desta forma. A coordenada x varia entre os pontos de interseção da parábola com a reta $y = 0$.

Exercício 2.40. Considere a catenária $y = a\cosh x$ limitado ao intervalo $x \in [-a, a]$. Determine o volume do sólido de revolução gerado ao girar a região limitada pela catenária e a reta $y = a\cosh a$ em torno do eixo $0y$. Sugestão: integre em x

Exercício 2.41. Considere a região limitada pelas funções $y = \cos x$ e $y = \operatorname{sen}(x)$ dentro do intervalo $I = \left[0, \frac{\pi}{4}\right]$. Em seguida, realize a rotação desta região ao redor do eixo y. Determine o volume do sólido de revolução assim gerado.

Exercício 2.42. Considere a região limitada pela curva $y = x^2$ e a reta $y = x$. Realize uma rotação desta região ao redor da reta $y = x$. Determine o volume do sólido de revolução obtido desta forma.

Volume de Sólido: Método do Anel

Exercício 2.43. Considere a curva $y = \text{sen}(x)$ com domínio $[0, \pi]$. Seja a região planar limitada pela curva $y = \text{sen}(x)$ e a reta $y = 0$ e realize uma rotação ao redor do eixo $0y$, determine o volume assim gerado.

Exercício 2.44. Considere a região limitada pela parábola $y = -x^2$ e a reta $y = -6 + x$. Realize uma rotação em torno do eixo $y = -9$, gerando desta forma um sólido de revolução. Determine o volume deste sólido.

Exercício 2.45. Considere a região limitada pelas curvas $y = \text{sen} x$ e $y = \cos x$ em que $x \in [\frac{\pi}{4}, \frac{\pi}{2}]$. Realize uma rotação em torno do eixo $0x$ gerando desta forma um sólido de revolução. Determine o volume deste sólido.

Exercício 2.46. Encontre o volume do corpo obtido quando giramos o círculo $x^2 + (y - b)^2 \leq r^2$, $(b > r)$, ao redor do eixo $0x$.

Volume de Sólido: Método da Casca Cilíndrica

Exercício 2.47. Considere a região limitada pela função $y = x^3$, a reta horizontal $y = 1$ e o eixo $0y$. Realize uma rotação em torno do eixo $0y$. Determinar o volume do sólido gerado nesta rotação.

Exercício 2.48. Seja a função

$$f(x) = \begin{cases} x^2, & 0 \leq x \leq 2; \\ 8 - x^2, & 2 \leq x \leq 2\sqrt{2}. \end{cases}$$

Considere a região limitada pela função $f(x)$ e a reta horizontal $y = 0$. Realize uma rotação em torno do eixo $0y$.

1. Determinar o volume do sólido gerado nesta rotação pelo método do anel.
2. Determinar o volume do sólido gerado nesta rotação pelo método da casca cilíndrica.

Exercício 2.49. Resolver o exercício (2.39) pelo método da casca cilíndrica.

Comprimento de Arco

Exercício 2.50. Calcule o comprimento das seguintes curvas:

1. Da parábola $y = 2\sqrt{x}$ desde $x = 0$ até $x = 1$.

2. Da curva plana definida pela função $y = x^{2/3}, 0 \leq x \leq 2$. Sugestão: integre na coordenada y.

Exercício 2.51. Uma partícula pontual é lançada da origem de coordenadas com velocidade inicial contida num plano vertical, de tal forma que a trajetória é definida mediante a seguinte forma paramétrica

$$x = 4\sqrt{5}\,t, \;\; y = 4\sqrt{5}t - 5t^2.$$

Determine o espaço percorrido pela partícula do início do lançamento até atingir a reta horizontal novamente (eixo x)

Área de Superfícies de Revolução

Exercício 2.52. Determine a área de uma superfície esférica de raio R.

Exercício 2.53. Encontre a área da superfície de revolução obtida quando giramos a circunferência $x^2 + (y-b)^2 = r^2$, $(b > r)$, ao redor do eixo $0x$.

Exercício 2.54. Calcule as seguintes áreas de superfície de revolução obtidas ao girar ao redor do eixo $0x$:

1. A curva $9y^2 = x(3-x)^2$.

2. A curva tangencial $y = \operatorname{tg} x$ desde $x = 0$ até $x = \frac{\pi}{4}$.

3. A astroide $x^{2/3} + y^{2/3} = a^{2/3}$.

4. A curva $y = e^{-x}$ desde $x = 0$ até $x = +\infty$.

5. A curva $y = x^3$ desde $x = -1$ até $x = 1$

Exercício 2.55. Considere a superfície de revolução (paraboloide), gerada pela curva $y = x^2, 0 \leq x \leq 2$ ao girar em torno do eixo $0y$. Determine a área da superfície do paraboloide.

Exercício 2.56. Considere a região limitada pelas retas $y = 0, y = 2, x = 0$ e o segmento $y = -2x + 4, 1 \leq x \leq 2$, realize uma rotação desta região ao redor do eixo y.
a) Determine o volume do sólido de revolução
b) Determine a área total da superfície do sólido de revolução anterior.

Massa, Centro de Massa

Exercício 2.57. Encontre a massa de uma barra de comprimento $l = 50m$, se a densidade linear desta barra é $\rho = (5 + 0,2\,x)\,kg/m$, onde x é a distância a um dos extremos da barra.

Exercício 2.58. Encontre as coordenadas do centro de massa de um arame em forma de uma semicircunferência de equação $y = \sqrt{R^2 - x^2}, -R \leq x \leq R$.
a) A densidade de massa do arame é constante
b) A densidade de massa do arame é $\lambda(x) = x^2 + 1$.

Exercício 2.59. Encontre as coordenadas do centro de massa do trapézio curvilíneo

$$G = \{-R \leq x \leq R, \quad x^2 \leq y \leq R^2\}.$$

Exercício 2.60.

1. Encontre as coordenadas do centroide da região plana limitada pela catenária $y = a\cosh\frac{x}{a}$, e a reta horizontal $y = a\cosh 1$.

2. Encontre as coordenadas do centroide da figura plana limitada pela curva $y = \cos x$, e o eixo das abscissas, limitado ao intervalo:$-\frac{\pi}{2} \leq x \leq \frac{\pi}{2}$.

Exercício 2.61. Determine o centroide nas seguintes configurações

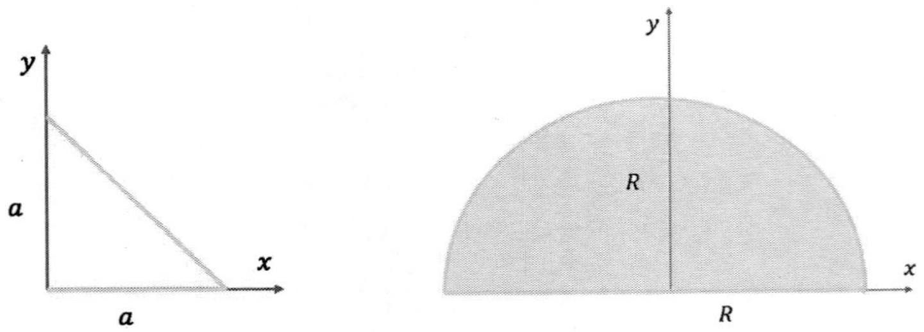

Figura 2.134:

- Um triângulo retângulo da forma indicada na figura
- Uma laminar semicircular de raio R

Exercício 2.62. Na figura (2.135) temos 3 figuras planas, uma cunha circular, um triângulo de altura h e base a e a quarta parte de uma elipse. Determine as coordenadas do centroide em cada caso.

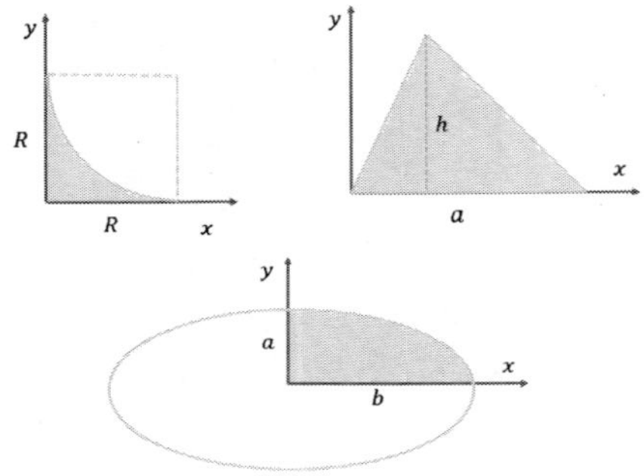

Figura 2.135:

Exercício 2.63. Calcule a fórmula da área de uma superfície de revolução, pelo Teorema (2.15) de Pappus, nos seguintes casos:
a) uma superfície esférica de raio R
b) um toro de raio maior R, e raio menor r
c) um cone de altura H e raio da base R
Dica: Escolhe uma curva geradora apropriada e um eixo de rotação adequado.

Miscelâneas de Exercícios

Exercício 2.64. Defina a função $L : \mathbb{R}^+ \to \mathbb{R}$ tal que $L(x) = \displaystyle\int_1^x \frac{1}{t} dt, x > 0$.

- Prove que $L(1) = 0$.
- Prove que $L(x) > 0$ se $x > 1$.
- Prove que $L(x) < 0$ se $0 < x < 1$.

- Prove que $L(xy) = L(x) + L(y)$ se $x, y > 0$.
  Dica: Divida a integral em dois intervalos $[1, x] \cup [x, xy]$ e utilize a substituição $t \to w$ tal que $t = xw$. [16]

Exercício 2.65. Considere uma partícula pontual realizando um movimento horizontal ao longo do eixo x com uma aceleração $\overrightarrow{a} = 2t\overrightarrow{i}$. Sendo $\vec{x}(0) = 10\vec{i}$, $\vec{v}(0) = -\vec{i}$.
a) determine a equação de movimento $\vec{x}(t)$ da partícula para todo t
b) determine a posição $\vec{x}$ e a velocidade $\vec{v}$ no instante $t = 1$

Exercício 2.66. Determinar $\displaystyle\int_{-5}^{5} d|x^2 - 2x - 8|$

Exercício 2.67. Determinar a área da região limitada pela função $f(x)$ e o intervalo $[-2, 3+2\pi]$ do eixo $0x$

$$f(x) = \begin{cases} 2x^2, & -2 \leq x < 1; \\ x + 1, & 1 \leq x < 3; \\ \text{sen}\,(x + \pi - 3)\,, & 3 \leq x \leq 3 + 2\pi. \end{cases}$$

Exercício 2.68. Determinar a área da região indicada na figura (2.136). A reta passa pelo ponto (-5,0) e pelo ponto (0,-5/2)

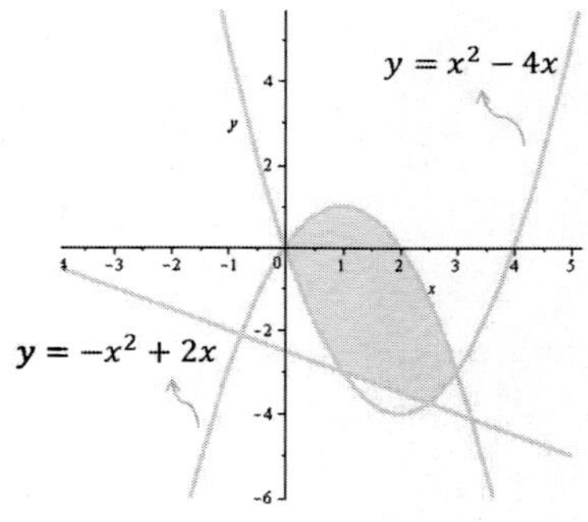

Figura 2.136:

Exercício 2.69. Determinar o volume de um octaedro definido pela seguinte desigualdade.

$$|x| + |y| + |z| \leq a,\ a > 0.$$

Ajuda: utilize o método da fatia.

Exercício 2.70. Considere uma partícula pontual realizando um movimento unidimensional de acordo com a equação de movimento: $\vec{x}(t) = (10 + 10t - 5t^2)\vec{i}$. Suponha também que esta partícula está sendo submetida a uma força do tipo $\overrightarrow{F} = -\dfrac{dU}{dx}\overrightarrow{i}$, sendo $U = x^2 + 4$ a energia potencial associada à força $\overrightarrow{F}$. Determine o trabalho mecânico W^F realizado pela força $\overrightarrow{F}$ sobre a partícula
a) Entre o intervalo de tempo $t = 0$ até $t = 3$.
b) Entre o intervalo de tempo $t = 0$ até $t = 2$.

[16] Alguns autores definem a *função logaritmo de x* a partir destas propriedades, isto é, o $L(x) \equiv Ln(x)$.

$$W^F = \int_A^B \overrightarrow{F}(x).d\overrightarrow{x} = \int_A^B F\ (x)\,dx$$

Já que $\overrightarrow{i}.\overrightarrow{i} = 1$.

Exercício 2.71. Calcule a área da superfície de revolução obtida ao girar $y = x^3$ ao redor da reta $y = x$, no intervalo $[-1, 1]$.

Exercício 2.72. A q-exponencial é uma deformação da função exponencial utilizando um parâmetro real q como segue

$$exp_q(x) = \begin{cases} e^x, & \text{se } q = 1; \\ (1 + (1-q)x)^{\frac{1}{1-q}}, & \text{se } q \neq 1 \text{ e } 1 + (1-q)x > 0. \\ 0, & \text{se } q \neq 1 \text{ e } 1 + (1-q)x \leq 0., \end{cases}$$

e

$$\ln_q(x) = \begin{cases} \ln(x), & x > 0 \text{ e } q = 1; \\ \frac{x^{1-q}-1}{1-q}, & x > 0 \text{ e } q \neq 1. \end{cases}$$

Provar que:
a) $exp_q(\ln_q(x)) = x,\ x > 0, q \neq 1$,
b) $\lim\limits_{q \to 1}(1 + (1-q)x)^{\frac{1}{1-q}} = e^x$
c) $\ln_q(xy) = \ln_q(x) \oplus \ln_q(y)$ em que $a \oplus b = a + b + (1-q)ab,\ a, b \in \mathbb{R}$
d) $L_q(xy) = L_q(x) \oplus L_q(y)$ em que $L_q(x) = \displaystyle\int_1^x \frac{1}{t^q}dt$. Utilize a mesma dica do quarto item do exercício (2.64).
Estas funções q-deformadas se utilizam bastante na formulação da mecânica estatística não extensiva de Constantino Tsallis num intento de generalizar a fórmula da entropia de Boltzman. Maiores detalhes nas referências [30]-[31] e suas referências.

2.14 Respostas

2.1 a) $y \leq 4$, $b)\ y \leq 2$
2.2 a) $-8 \leq y$, $b)\ -2 \leq y$
2.3 a) $0 \leq y \leq 2$, $b)\ -10 \leq y \leq 10$.
Dica: No item b utilize a desigualdade triangular para números reais.
2.5 $a)$ 146070, $b)$ 10100, $c)$ 480, $d)$ 1240.
2.6 b) Dica: Para demonstrar aplicar o princípio de indução.
2.7 $-\dfrac{40n}{n+1}$.
2.8 $a)$ 40, $b)$ 50, $c)$ 45, $d)$ 45
2.9 $a)$ 140, $b)$ 1060/3
2.10 125/6
2.11

$$a)\ \int_4^5 f(x-4)dx \overset{x-4=y}{=} \int_0^1 f(y)dy = 2.$$

b) Como $0 \leq x \leq \frac{3}{4}$, segue $0 \leq x^2 \leq \frac{9}{16}$ e $\frac{7}{16} \leq 1 - x^2 \leq 1$. Integrando esta última desigualdade de 0 até $\frac{3}{4}$, obtemos

$$\frac{21}{64} \leq \int_0^{3/4} (1 - x^2)dx \leq \frac{3}{4}.$$

c) Como $\cos x \leq 1$ segue que $\cos^2 x \leq 1$. Integrando esta última desigualdade de $-\frac{\pi}{2}$ até 0 (propriedade de dominação) obtemos

$$\int_{-\pi/2}^{0} \cos^2 x dx \leq \int_{-\pi/2}^{0} 1 dx = \frac{\pi}{2}$$

2.12

$$a)\ \frac{ab}{2},\quad b)\ \frac{ab}{2},\quad c)\ \frac{a+b}{2}h,\quad d)\ \pi r^2$$

2.13

$$\int_0^4 f(x)dx = \int_0^2 xdx + \int_2^4 4dx = 10$$

$$\int_{-2}^{2\sqrt{2}} g(x)dx = \int_{-2}^{2} x^2 dx + \int_2^{2\sqrt{2}} (8 - x^2)dx = \frac{8(4\sqrt{2} - 3)}{3}.$$

2.14

1. $\displaystyle\int_{1/2}^{1} \frac{dx}{\sqrt{x}} > \int_{1/2}^{1} \frac{dx}{\sqrt[3]{x}};$

2. $\displaystyle\int_0^1 \sqrt{1 + x^2} dx > \int_0^1 x dx.$

3. $\displaystyle\int_{-1}^{1} \arccos x dx < \int_{-1}^{1} \operatorname{arcsen} x dx;$

4. $\displaystyle\int_{1/2}^{1} \ln x dx < \int_{1/2}^{1} \ln^2 x dx.$

2.15

1. $\displaystyle\int_1^{\sqrt{3}} \frac{xdx}{1 + x^2} = \frac{1}{2}\int_1^{\sqrt{3}} \frac{d(x^2 + 1)}{1 + x^2} \overset{1+x^2=t}{=} \frac{1}{2}\int_2^4 \frac{d(t)}{t} = \ln\sqrt{2}.$

2.

$$\begin{aligned}\int_1^2 \frac{xdx}{\sqrt{2x+5}} &= \frac{1}{2}\int_1^2 \frac{2x + 5 - 5}{\sqrt{2x+5}} = \\ &= \frac{1}{2}\int_1^2 \left[\frac{2x+5}{\sqrt{2x+5}} - \frac{5}{\sqrt{2x+5}}\right] dx \\ &= \frac{1}{2}(\frac{27 - 7\sqrt{7}}{3} + 5(\sqrt{7} - 3)) = -3 + \frac{4\sqrt{7}}{3}.\end{aligned}$$

3. $-\dfrac{25}{2}$

4. $2\tanh^{-1}(\sqrt{3}) - 2\tanh^{-1}(3)$. Dica: Utilize as sequências de substituições $1+t=u, u=z^2$ e finalmente o fato de que $\displaystyle\int \frac{1}{z^2-1}dz = \tanh^{-1} z + c$.

5. $\sqrt{8} - \sqrt{3} - \arctan(\sqrt{8}) + \dfrac{\pi}{3}$. Dica: Utilize as sequências de substituições $u = t^2, u = w+1, w = z^2$ e finalmente o fato de que $\displaystyle\int \frac{1}{z^2+1}dz = \arctan(z) + c$.

6. $6(1-2^{-1/6}) - \dfrac{3\pi}{2} + 6\arctan(2^{-1/6})$. Dica: Utilize $\displaystyle\int \frac{1}{z^2+1}dz = \arctan(z) + c$.

7. $\frac{1}{4}$

8. $2 + \sqrt{8} - 4\sqrt[4]{2} + 4\ln(\dfrac{1+\sqrt[4]{2}}{2})$. Dica: Utilize a substituição $z = t+1$.

2.16

$a)\, 0,\quad b)\, \dfrac{\pi}{2},\quad c)\, \dfrac{\pi}{2},\quad d)\, \dfrac{3\pi}{8},\quad e)\, \dfrac{1}{10}[(15)^{5/3}-1],\quad f)\, \pi,\quad g)\, -\dfrac{1}{2}\ln\dfrac{\sqrt{2}}{2},$
$h)\, \dfrac{e^{2\pi}}{2} - \dfrac{1}{2},\quad i)\, \dfrac{2-2e^{2\pi}}{5},\quad j)\, 4,\quad k)\, -2,\quad l)\, 0.$

2.17

1. Com a substituição $x = w+\pi$, $\displaystyle\int_0^{2\pi} \text{sen}^3\, x dx = -\int_{-\pi}^{\pi} \text{sen}^3\, w dw$. Como $\text{sen}^3 w$ é ímpar, o resultado é imediato.

2. Como $f(x) = \ln\frac{1+x}{1-x}$ é ímpar, segue que $\cos x \ln\frac{1+x}{1-x}$ é ímpar e por isso $\displaystyle\int_{-1/2}^{1/2} \cos x \ln\frac{1+x}{1-x}dx = 0$.

3. Aplique integração por partes um número adequado de vezes.

2.18

$$a)\ \cos^3 2t,\quad b)\ -1,\quad c)\ 3t^5e^{t^6} - 32t^3e^{16t^4},\quad d)\ e^x f(e^x)$$

2.19

$$e^{\cos t}\left(-2t + t^2\,\text{sen}(t)\right) + 2t$$

2.20 $a)\ \frac{2}{\pi},\ b)\ 0$

2.21

A função integrando é ímpar e aplicando o teorema de valor médio para integrais:

$$f(c) = \frac{\displaystyle\int_{-2}^{2} f(x)}{2-(-2)} = 0$$

2.22 156 reais.

2.23

1) $d_{[0,10]} = -30m$, o ponto material se encontra a 30m à esquerda do ponto inicial em $t = 10s$. 2) $s = 12\sqrt[3]{2}$, $d_{[0,2]} = 0$.

2.24

Veja, a força de gravidade da terra que atrai o corpo é dado por $F_G = \dfrac{\gamma M_T m}{r^2}$, onde $M_T =$ massa da terra, $\gamma = 6,67408 \times 10^{-11}\ m^3 kg^{-1} s^{-2}$ é a constante da gravitação universal, r é a distância do objeto até o centro da terra. Como o objeto encontra-se inicialmente em $r_0 \geq R_T(r_0 \leq r_1)$ e a força de gravidade é oposta ao deslocamento da partícula, então:

$$W^{F_g}_{r_0 \to r_1} = -\int_{r_0}^{r_1} \frac{\gamma M_T m}{r^2} dr = \gamma M m[-\frac{1}{r_1} + \frac{1}{r_0}].$$

Quando $r_1 \to \infty$, segue $W^{F_G}_{r_0 \to \infty} = -\gamma M_T m \dfrac{1}{r_0}$.

2.26

1. 12.
2. $\dfrac{16}{3}$.
3. $\dfrac{\pi}{2} + 1$.
4. $\ln 5$.
5. A reta tangente é dado por $y = -\dfrac{\sqrt{2}}{2}x + \dfrac{\sqrt{2}\pi}{8} + \dfrac{\sqrt{2}}{2}$ e portanto, a área desejada obtém-se das seguintes integrais:

$$\int_0^{\pi/4} \left[-\frac{\sqrt{2}}{2}x + \frac{\sqrt{2}\pi}{8} + \frac{\sqrt{2}}{2} \right] dx + \int_{\pi/4}^{\pi/2} \left[-\frac{\sqrt{2}}{2}x + \frac{\sqrt{2}\pi}{8} + \frac{\sqrt{2}}{2} \right] dx = \frac{\sqrt{2}\pi - 4}{4}.$$

6. $4\dfrac{1}{2}$.
7. $2\dfrac{2}{15}$.
8. $\ln 2$.
9. $\dfrac{32}{3}$.
10. $2a^2 e^{-1}$.

11. $4\sqrt{2}$.

12. $\dfrac{\alpha-1}{\alpha+1}$.

13. $-\ln\dfrac{\sqrt{3}}{2}-\dfrac{1}{3}$.

14. $\dfrac{15-16\ln 2}{4}$.

2.27

$$a)\ 4,\ \ b)\ 36,\ \ c)\ 9,\ \ d)\ 4\sqrt{2}-2$$

2.28 $\dfrac{1}{3a^2}$

2.29 $2a^2(\operatorname{senh}1+1)$

2.30 $\dfrac{96}{5}$

2.31 $\dfrac{32}{3}$

2.32 $\dfrac{1}{3}\pi R^2 H$

2.33

$$a)\ \frac{4}{3}\pi R^3,\ \ b)\ \frac{4}{3}\pi abc,$$

2.34

1. $\dfrac{\pi^2}{2}$.

2. $\dfrac{4}{3}\pi ab^2$.

3. $\dfrac{4\pi a^2}{5}$.

4. $\dfrac{\pi a^5}{30}$.

2.35

1. $\pi\displaystyle\int_{-\pi/2}^{\pi/2}\cos^4 x dx = 2\pi\int_0^{\pi/2}\cos^4 x dx = \frac{3\pi^2}{8}$.

2. $\pi\displaystyle\int_{-2c}^{2c}\left(\frac{y^2}{4c}\right)^2 dy = \frac{4\pi}{5}c^3$.

2.36

Como a região plana gira em torno do eixo y vamos expressar x em função de y : $x = \frac{R}{H}y$. Agora calculemos o volume

$$V = \pi \int_0^H \left(\frac{R}{H}y\right)^2 dy = \frac{\pi R^2}{H^2}.\frac{y^3}{3}\Big|_0^H = \frac{\pi R^2 H}{3}.$$

2.37

a) Como a região plana gira em torno do eixo $0y$ vamos expressar x em função de y : $x = \sqrt{y}$. Agora calculemos o volume

$$dV = \pi x^2 dy \to V = \pi \int_0^4 (\sqrt{y})^2 dy = \pi \frac{y^2}{2}\Big|_0^4 = 8\pi.$$

b) Neste caso, a região plana gira em torno do eixo $0x$, daí que $dV = \pi y^2 dx$, logo $V = \pi \int_0^2 (x)^4 dy = \frac{32\pi}{5}$.

2.38 $\pi \ln 3$

2.39 $64\pi/5$

2.40

$$V = \int_0^a \pi x^2 dy = a \int_0^a \pi x^2 \,\text{senh} x dx$$

utilizando o resultado do exercício (1.6, item 1) do capítulo 1, temos

$$V = \pi a(a^2 \cosh a - 2a \,\text{senh} a + 2\cosh a - 2).$$

2.41

$$V = \pi \int_0^{\pi/4} x^2 \,\text{sen}(x) dx + \pi \int_0^{\pi/4} x^2 \cos x dx$$

$$V = \frac{\pi}{2}(\pi\sqrt{2} - 4)$$

2.42 $\frac{\pi\sqrt{2}}{60}$

2.43 $2\pi^2$

2.44 $625\pi/3$

2.45 $\pi/2$

2.46 $2\pi^2 b r^2$

2.47 $\frac{3\pi}{5}$

2.48 16π

2.50

1. $\sqrt{2} + \ln(1 + \sqrt{2})$.

2. $\frac{8}{27}((1 + 9\ 4^{-2/3})^{3/2} - 1)$.

2.51. $8(\sqrt{2} + \operatorname{senh}^{-1} 1)$
2.52 $S_{esfera} = 4\pi R^2$.
2.53 $S_{toro} = 4\pi^2 br$
2.54

1. 3π.

2. $\pi(\sqrt{5} - \sqrt{2}) + \pi \ln \dfrac{2(\sqrt{2}+1)}{\sqrt{5}+1}$.

3. $\frac{12}{5}\pi a^2$.

4. $\pi\left[\sqrt{2} + \ln(1+\sqrt{2})\right]$.

5. $\frac{2\pi}{27}(10\sqrt{10} - 1)$

2.55 $\dfrac{\pi}{6}(17^{3/2} - 1)$
2.56 $a)\ \dfrac{14\pi}{3},\ \ b)\ 5\pi + 3\pi\sqrt{5}$
2.57 $500\, kg$
2.58
a) $(x_{CM}, y_{CM}) = (0, \dfrac{2R}{\pi}),\ \ b)\ (x_{CM}, y_{CM}) = (0, \dfrac{16R}{9\pi})$
2.59 $x_G = 0,\ y_G = \dfrac{3}{5}R^2$.
2.60

1. $\bar{X} = 0,\ \bar{Y} = \dfrac{(2 + \operatorname{senh} 2)a}{4 \operatorname{senh} 1}$.

2. $\bar{X} = 0, \bar{Y} = \dfrac{\pi}{8}$.

2.61

$$(\bar{X}, \bar{Y}) = (\frac{a}{2}, \frac{a\sqrt{2}}{2(1+\sqrt{2})})$$

$$(\bar{X}, \bar{Y}) = (0, \frac{4R}{3\pi})$$

2.62

$$a)(\bar{X}, \bar{Y}) = (\frac{R(20-\pi)}{6(4-\pi)}, \frac{R(20-\pi)}{6(4-\pi)})$$

$$(\bar{X}, \bar{Y}) = (\frac{b+2a}{3}, \frac{h}{3})$$

$$(\bar{X}, \bar{Y}) = (\frac{4b}{3\pi}, \frac{4a}{3\pi})$$

2.65

$$a)\ \vec{x}(t) = (\frac{t^3}{3} - t + 10)\,\vec{i},\ b)\ \vec{x} = \frac{28}{3}\vec{i},\ \vec{v} = 0\,\vec{i}$$

2.66 -20

2.67 16

2.68 $\frac{135}{16}$

2.69 $\frac{4}{3}a^3$

2.70 a) 75 b) 0.

O último resultado é esperado, $\vec{F}$ é um campo conservativo, assim numa trajetória fechada (ída e volta ao mesmo ponto $\vec{x}(0) = \vec{x}(2) = 10\vec{i}$), $W^F \equiv 0$.

2.71 $\frac{\pi\sqrt{2}}{54}(7\sqrt{10} + 2 + 9\,\text{senh}^{-1}3)$

CAPÍTULO 3

Funções Vetoriais

O estudo de funções vetoriais é uma extensão das funções reais de uma variável real ao espaço vetorial $\mathbb{R}^n$. As funções vetoriais aparecem no estudo do movimento mecânico de partículas no espaço $\mathbb{R}^3$, descrevendo sua posição, velocidade e aceleração com respeito a um certo sistema de coordenadas. Funções vetoriais também são muito utilizadas na área de eletromagnetismo para descrever equações de ondas, intensidade de campo elétrico, rotacional e divergência de campos vetoriais. São utilizadas também na descrição de curvas no plano e no espaço, onde propriedades como a curvatura e torção de curvas espaciais são definidas utilizando-se de funções vetoriais associadas a estas curvas.

3.1 Domínio e Imagem de uma Função Vetorial

Definição 3.1.
Uma função vetorial de variável real é um mapeamento de um conjunto $I = [a, b]$ subconjunto dos números reais $\mathbb{R}$ ao conjunto de vetores do espaço n dimensional $\mathbb{R}^n$, tal como segue:

$$\begin{aligned} \vec{F}: \ & I = [a,b] \subset R \to \mathbb{R}^n \\ & t \to \vec{F}(t) = (f_1(t), f_2(t), \cdots, f_n(t)). \end{aligned}$$

- Domínio de $\vec{F}$
  O domínio da função vetorial $\vec{F}$ é formado pelos valores de $t \in [a, b]$ tais que a função vetorial $\vec{F}$ está bem definida com:

$$Dom(\vec{F}) = Dom(f_1) \cap Dom(f_2) \cap .... \cap Dom(f_n)$$

- Imagem de $\vec{F}$
  O conjunto imagem de $\vec{F}$ é formado pelos vetores $\vec{F}(t) = (f_1(t), f_2(t), \cdots, f_n(t))$ tais que $t \in Dom(\vec{F})$.

Observação 3.1.

1. Cada componente $f_i(t), \forall i = 1, ...n$ de $\vec{f}$ é uma função real de variável real.

2. Basta que uma componente qualquer de $\vec{F}$ não esteja definida em t para dizer que a função vetorial $\vec{F}$ não está definida em t.

Em particular, estamos interessados nas funções $\vec{r}$ cujos valores são vetores bidimensionais e tridimensionais:

$$\begin{aligned} \vec{F}(t) &= (f(t), g(t), h(t)) \equiv f(t)\vec{i} + g(t)\vec{j} + h(t)\vec{k}, \quad t \in I \subset \mathbb{R}, \\ \vec{F}(t) &= (f(t), g(t)) \equiv f(t)\vec{i} + g(t)\vec{j}, \quad t \in I \subset \mathbb{R}. \end{aligned}$$

É importante dizer que para descrever a função vetorial $\vec{F}(t)$ ou se utiliza a notação vetorial, com ajuda dos vetores unitários, ou a notação em coordenadas.

Exemplo 3.1. A função vetorial:

$$\begin{aligned} \vec{F} : \mathbb{R} &\to \mathbb{R}^2 \\ t &\mapsto \vec{F}(t) = (2\cos 2t, \frac{t^3+1}{t^2-1}, \cosh t), \end{aligned} \tag{3.1}$$

não está definida em $t = \pm 1$, pois a segunda componente $f_2(t) = \dfrac{t^3+1}{t^2-1}$ não está definida em $t = \pm 1$.

Exemplo 3.2. Considere a seguinte função:

$$\begin{aligned} \vec{F} : \mathbb{R} &\to \mathbb{R}^2 \\ t &\mapsto \vec{F}(t) = (2t, -\sqrt{t^2-4}). \end{aligned} \tag{3.2}$$

Determine o domínio e a imagem de $\vec{F}$ e identifique o tipo de curva que representa esta função.

- *Domínio*
  São os valores possíveis de t, isto é, devemos analisar as componentes de $\vec{F}$. Temos: $f_1(t) = 2t, f_2(t) = -\sqrt{t^2-4}$. $f_1(t)$ é uma função polinomial de grau 1 que está definida para todo t real, ou seja, $dom(f_1) = \mathbb{R}$. Para encontrar o domínio de $f_2(t)$ observamos que $t^2 - 4 \geq 0 \Leftrightarrow |t| \geq 2 \Leftrightarrow (-\infty, 2] \cup [2, \infty)$. Finalmente:

$$Dom(\vec{F}) = dom(f_1) \cap dom(f_2) = \mathbb{R} \cap ((-\infty, 2] \cup [2, \infty)) = (-\infty, 2] \cup [2, \infty).$$

- *Imagem*
  Note que $\vec{F}(t) = (f_1(t), f_2(t)) \equiv (x(t), y(t))$ é um vetor de $\mathbb{R}^2, \forall t \in Dom(\vec{f})$, onde:

$$x(t) = 2t, y(t) = -\sqrt{t^2-4} \tag{3.3}$$

  Da primeira equação de (3.3), temos $t = x/2$, onde substituindo na segunda equação de (3.3), obtemos $y = -\sqrt{(\frac{x}{2})^2 - 4}$, onde $y^2 = \dfrac{x^2}{4} - 4$ ou $\dfrac{x^2}{16} - \dfrac{y^2}{4} = 1$. Isto é uma hipérbole centralizada na origem do sistema de coordenadas com os eixos de simetria paralelos aos eixos cartesianos. Assim:

$$Im(\vec{F}) = \{(x, y) \in \mathbb{R}^2;\ y = -\sqrt{\frac{x^2}{4} - 4}, y \leq 0.\}$$

  A imagem de $\vec{F}$ são os dois ramos da hipérbole localizados no terceiro e quarto quadrante. Ver figura 3.1.

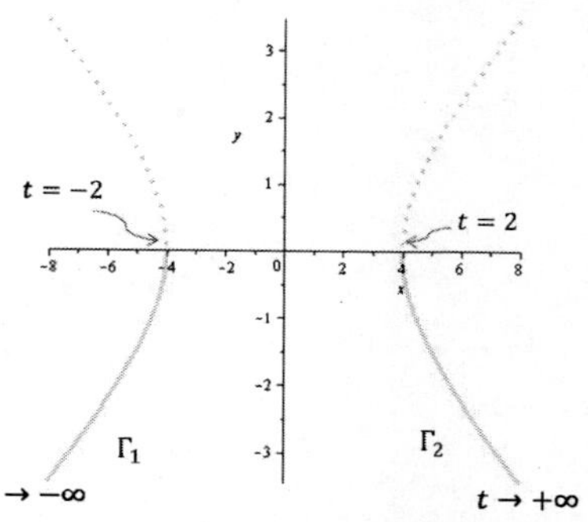

Figura 3.1: Imagem da função vetorial $\vec{F}$

Ainda, do gráfico 3.1, temos que: Γ_1 é a imagem da função vetorial $\vec{F}(t)$ com domínio $(-\infty, -2]$ e Γ_2 é a imagem da função vetorial $\vec{F}(t)$ com domínio $[2, \infty)$.

Exemplo 3.3. Considere a seguinte função:

$$\begin{aligned} \vec{F} : \mathbb{R} &\to \mathbb{R}^2 \\ t &\mapsto \vec{F}(t) = (t, 2t+3). \end{aligned} \tag{3.4}$$

Determine o domínio e a imagem de $\vec{F}$ e identifique o tipo de curva que representa esta função.

- *Domínio*
  Em princípio $t \in R$, porém, devemos analisar as componentes de $\vec{F}$. Temos: $f_1(t) = t, f_2(t) = 2t+3$, são funções polinomiais de grau 1, que estão definidas para todo valor de t real. Por isso:

$$Dom(\vec{F}) = dom(f_1) \cap dom(f_2) = \mathbb{R} \cap \mathbb{R} = \mathbb{R}.$$

- *Imagem*
  Está formada pelo conjunto de vetores da forma $\vec{F}(t) = (t, 2t+3)$, conforme a figura 3.2. Por outro lado, podemos identificar o tipo de curva que ela representa em coordenadas cartesianas. Como $\vec{F}(t)$ é um vetor do espaço $\mathbb{R}^2$, então podemos escrever $\vec{F}(t) = (x(t), y(t)) \equiv (t, 2t+3)$, onde:

$$\begin{cases} x &= t, \\ y &= 2t+3. \end{cases}$$

  eliminando a variável t podemos concluir que:

$$Im(\vec{F}) = \{(x,y) \in R^2; y = 2x+3, x \in \mathbb{R}\},$$

  isso é uma reta no plano xy.

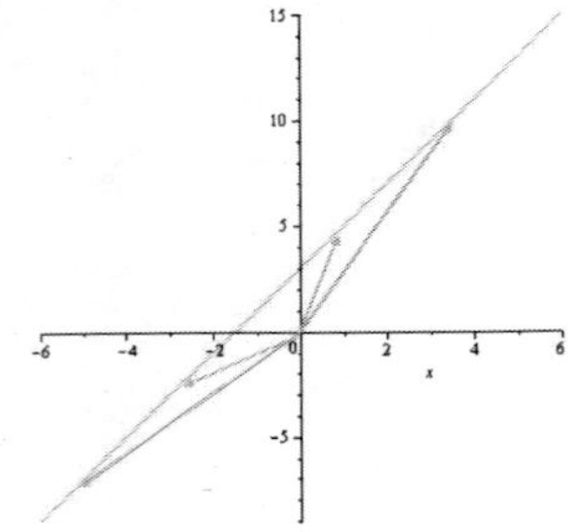

Figura 3.2:

Nota 3.1. *Equação vetorial da reta $\mathcal{L}$*

$$\mathcal{L} := \{(x,y) \in \mathbb{R}^2; (x,y) = P_o + t\vec{v}, t \in \mathbb{R}\}$$

onde:

$$m = \text{tg}\theta = \frac{v_y}{v_x}$$

$P_o \rightarrow$ é um ponto pertencente à reta $\mathcal{L} \in \mathbb{R}^2$
$\vec{v} = (v_x, v_y)$ é o vetor diretor da reta no plano xy.
Note que esta definição pode ser generalizada para retas em $\mathbb{R}^n$ de forma imediata.

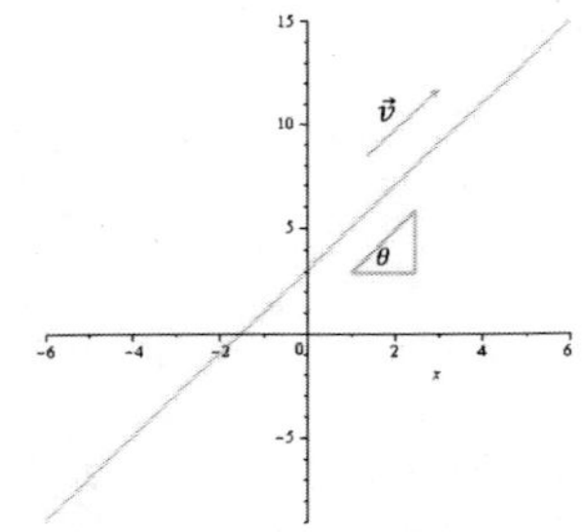

Figura 3.3: Equação vetorial de uma reta: $\mathcal{L} := \{(x,y) = P_0 + t\,v,\ t \in \mathbb{R}\}$

No exemplo 3.3 a equação da reta obtida pode ser escrita na seguinte forma

$$\mathcal{L} := \{(x,y) \in \mathbb{R}^2; (x,y) = (t, 2t+3) = (0,3) + t(1,2)\}$$

onde:

$$m = \text{tg}\theta = \frac{v_y}{v_x} = \frac{2}{1} = 2\,(\text{ver figura 3.3}).$$

Assim, *o vetor diretor* da reta $\mathcal{L}$ é $\vec{v} = (1,2)$, e *o coeficiente angular* $m = 2$.

Exemplo 3.4. Considere a seguinte função:

$$\vec{F} : I \subset R \rightarrow R^3$$
$$t \rightarrow \vec{F} : (t) = (\frac{t^2-1}{t}, \sqrt{t^2-4}, \sqrt{(\cos(2+3t))^2})$$

Determine o domínio e a imagem da função $\vec{F}$.

- *Domínio*

  Primeiro iremos determinar o domínio de cada componente da função.

  A primeira componente $f_1(t) = \dfrac{t^2-1}{t}$ está definida para t real exceto $t = 0$, ou seja, o domínio de $f_1(t)$ é:

  $$Dom(f_1) = (-\infty, \infty) - \{t = 0\} = R \setminus \{0\}$$

  ou

  $$Dom(f_1) = (-\infty, 0) \cup (0, \infty).$$

  $f_2(t) = \sqrt{t^2-4}$, é a função raiz quadrada, como sabemos ela está definida unicamente quando a expressão dentro da raiz é maior ou igual a zero, isto é, $t^2 - 4 \geq 0$.
  Ou seja: $(t-2)(t+2) \geq 0$ [1], de onde $t \geq 2$ ou $t \leq -2$.

  $$Dom(f_2(t)) = (-\infty. -2] \cup [2, \infty).$$

  $f_3(t) = \sqrt{(cos(2+3t))^2}$, a função cosseno de uma variável real arbitrária varia entre -1 e 1, e, portanto, quando elevada ao quadrado, será sempre positiva. Logo, a função raiz quadrada está bem definida para todo valor de t. Assim,
  $dom(f_3(t)) = \mathbb{R}$.
  Finalmente:

  $$Dom(\vec{F}(t)) = Dom(f_1(t)) \cap Dom(f_2(t)) \cap Dom(f_3(t)),$$
  $$Dom(\vec{F}(t)) = (-\infty, -2] \cup [2, \infty).$$

- *Imagem*

  Para determinar a imagem da função vetorial $\vec{F}$ precisamos de um programa que realize gráficos, como winplot, maple (ou qualquer outro programa, ver figura 3.4). Desde que a imagem da função vetorial não seja uma curva conhecida, podemos dizer unicamente que $Im(\vec{F})$ está formado por vetores cujas segunda e terceira componentes são estritamente positivas (a raiz quadrada de um número real sempre é positivo).

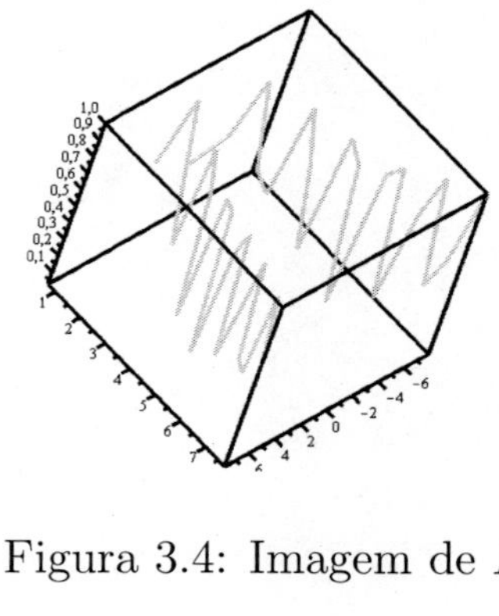

Figura 3.4: Imagem de $\vec{F}$

Exemplo 3.5. Seja a função vetorial:

$$\vec{F} = \left(\frac{\cos t}{t^2}, \ln(1-t), \sqrt{t} \right),$$

[1]Para desenvolver isso utilize: $a.b \geq 0 \Leftrightarrow (a \geq 0 \cap b \geq 0) \cup (a \leq 0 \cap b \leq 0)$

observamos que suas funções componentes são dadas por: $f(t) = \dfrac{\cos t}{t^2}$, $g(t) = \ln(1-t)$, $h(t) = \sqrt{t}$. A função $\vec{F}$ está bem definida quando suas funções componentes estão bem definidas. Assim, $f(t) = \dfrac{\cos t}{t^2}$ está bem definida para todo $t \in \mathbb{R}\setminus\{0\}$, a função $g(t) = \ln(1-t)$, está bem definida para $t \in (-\infty, 1)$ e a função $h(t) = \sqrt{t}$ está bem definida para $t \in [0, \infty)$. Portanto, a função vetorial $\vec{r}$ está bem definida no intervalo $(0, 1)$, pois:

$$Dom(\vec{F}) = dom(f(t)) \cap dom(g(t)) \cap dom(h(t))$$

$$= \mathbb{R}\setminus\{0\} \cap (-\infty, 1) \cap [0, \infty) = (0, 1).$$

Exemplo 3.6. Seja a função $\vec{F} : \mathbb{R} \to \mathbb{R}^3$, $t \mapsto \vec{F}(t) = (3\cos 2t, 3\,\text{sen}2t, 4)$. Determine o domínio e imagem da função $\vec{F}$.

- *Domínio*
  Sabemos que a função $\cos t$, sen$t$ está definida para todo valor do argumento t, ou seja $t \in \mathbb{R}$.
  $f_1(t) = 3\cos 2t$, logo, $dom(f_1(t)) = \mathbb{R}$
  $f_2(t) = 3\,\text{sen}2t$, logo, $dom(f_2(t)) = \mathbb{R}$.
  $f_3(t) = 4$, logo, $dom(f_3(t)) = \mathbb{R}$.

$$Dom(\vec{F}) = dom(f_1) \cap dom(f_2) = dom(f_3) = \mathbb{R}.$$

- *Imagem*
  $Im(\vec{F})$ = conjunto de vetores do espaço $\mathbb{R}^3$ da forma

$$\vec{F}(t) = (3\cos 2t, 3\,\text{sen}2t, 4).$$

Podemos identificar melhor a imagem em coordenadas cartesianas.

$$\begin{cases} x = 3\cos 2t, \\ y = 3\,\text{sen}2t, \\ z = 4 \end{cases}$$

Temos que: $x^2 + y^2 = 9, z = 4$, é uma circunferência de raio $r = 3$ em um plano localizado na altura $z = 4$ (ver figura 3.5).
$Im(\vec{F}) = \{(x, y, z) \in \mathbb{R}^3 : x^2 + y^2 = 9, z = 4\}$.

Definição 3.2. *Curva Plana*
Consideremos uma função vetorial:

$$\vec{F} : \mathbb{R} \to \mathbb{R}^2$$

$$t \to \vec{F}(t) = (f(t), g(t)),$$

tais que $f(t), g(t)$, são funções reais contínuas no domínio da função vetorial $\vec{F}$.
Então o conjunto $\mathcal{C}$ de pontos (x, y) do espaço $\mathbb{R}^2$ tais que $x = f(t), y = g(t)$ é chamado de curva plana, com t o parâmetro da curva, variando no domínio de $\vec{F}$.

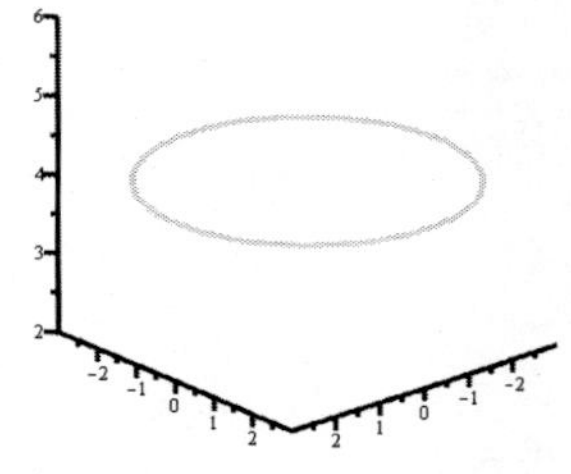

Figura 3.5: Imagem de $\vec{F}$

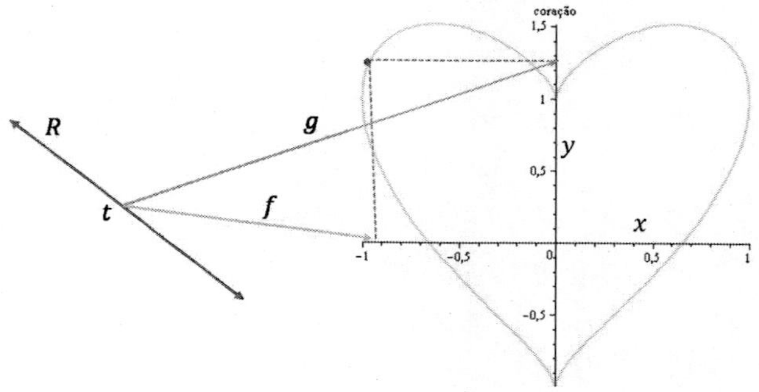

Figura 3.6: Curva plana

Observamos que conforme o parâmetro t varia, o ponto $(x, y) = (f(t), g(t))$ vai desenhando a curva $\mathcal{C}$ no plano R^2. Desta forma, definimos uma orientação na curva.

- Dada a equação paramétrica da curva $\mathcal{C}$, nem sempre podemos eliminar o parâmetro t para obter $y = y(x)$
- A curva $\mathcal{C}$ da figura (3.6) não pode ser descrita na forma $y = y(x)$, ou seja, não poderia ser uma função real de variável real, pois ele falha no teste da reta vertical [2].

Definição 3.3. *Equação cartesiana da parábola*

$$(x - x_0)^2 = k(y - y_0) \tag{3.5}$$

- Se $k > 0$, a parábola é côncava para cima. Se $k < 0$, a parábola é côncava para abaixo.
- (x_0, y_0) é o vértice da parábola.

$$(y - y_0)^2 = k(x - x_0) \tag{3.6}$$

- Se $k > 0$, parábola é côncava para direita. Se $k < 0$, parábola é côncava para esquerda.
- (x_0, y_0) é o vértice da parábola.

[2]A curva da figura (3.6) é definida implicitamente pela equação $x^2 + (y - x^{2/3})^2 = 1$. A representação paramétrica dela está no exercício (3.9)

Exemplo 3.7. Considere a função vetorial $\vec{F}: \mathbb{R} \to \mathbb{R}^2$
$t \to \vec{F}(t) = (-2+t, \sqrt{t})$.
a) Identifique o domínio e a imagem
b) Desenhe a curva associada a essa função vetorial

- Seja $x(t) = -2+t, y(t) = \sqrt{t}$, logo:

$$a) Dom(\vec{F}) = Dom(x(t)) \cap Dom(y(t)) = \mathbb{R} \cap [0, \infty >= [0, \infty >,$$

isso quer dizer que o parâmetro t só pode assumir valores positivos.

- A imagem da função vetorial $\vec{F}$ será uma curva plana cujo par ordenado tem a forma $(x,y) = (-2+t, \sqrt{t})$. Note que $y \geq 0$. Podemos tentar reconhecer melhor de que curva se trata; para isso iremos eliminar o parâmetro t. Com efeito:
$y = \sqrt{t} \to y^2 = t$, daqui $x = -2+t = -2+y^2$.
Organizando, temos:

$$(x+2) = (y-0)^2$$

que é uma parábola com vértice em $(-2,0)$ (comparando com a equação (3.10)), ver figura 3.7. Logo, a imagem da função vetorial $\vec{F}$ é a parte da parábola: $x+2 = y^2$, com $y \geq 0$.
Portanto, a função vetorial somente descreve a parte linha continuada do gráfico da parábola.

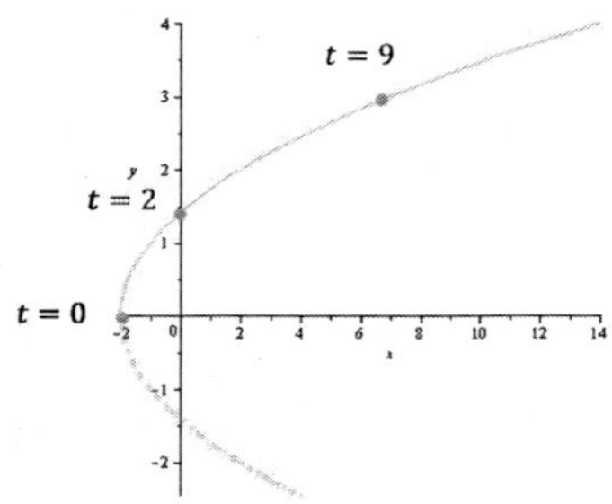

Figura 3.7: Curva plana

Definição 3.4. *Parametrização de curvas planas.*
Consideremos uma curva plana $\mathcal{C}$ definida pela função real de variável real $f : \mathbb{R} \to \mathbb{R}; x \mapsto y = f(x)$
Podemos parametrizar essa curva de infinitas maneiras; uma maneira natural de parametrizar esta curva é a seguinte escolha:

$$x = t,$$
$$y = f(t)$$

Desta maneira, definimos uma função vetorial associada à curva $\mathcal{C}$

$$\begin{aligned} \vec{F} : \mathbb{R} &\to \mathbb{R}^2 \\ t &\mapsto \vec{F}(t) = (t, f(t)). \end{aligned}$$

- A parametrização de uma curva qualquer define naturalmente uma orientação para a curva $\mathcal{C}$.
  Para curvas planas fechadas, como uma circunferência ou elipse, por exemplo, a orientação pode ser horária ou anti-horária, algumas vezes denominada orientação negativa ou positiva, respectivamente.

- Existem infinitas maneiras de parametrizar uma curva. Tudo depende da necessidade do estudante. Uma parametrização pode percorrer a curva em todo seu domínio enquanto outra pode estar definida unicamente num certo setor da curva, como veremos no exemplo a seguir.

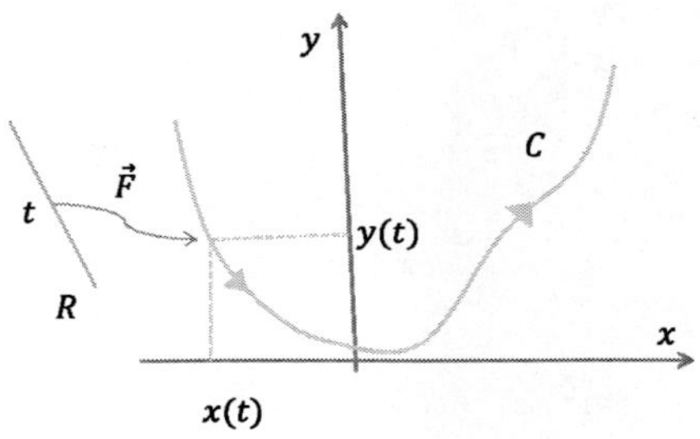

Figura 3.8: Parametrização de curva plana

Exemplo 3.8. Consideremos a parábola definida pela função real $y = -x^2 + 2$. Parametrize esta curva.

- *Escolhendo a parametrização natural (primeira parametrização)*
  $x = t$, logo $y = -t^2 + 2$.
  Desta maneira definimos uma função vetorial:

$$\vec{f}(t) = (t, -t^2 + 2), \tag{3.7}$$

  cuja imagem é a própria parábola.

$$Dom(f) = Dom(x(t)) \cap Dom(y(t)) = \mathbb{R}$$

Conforme o parâmetro t aumenta, a parábola é percorrida da esquerda até a direita (ver figura 3.9)[3].

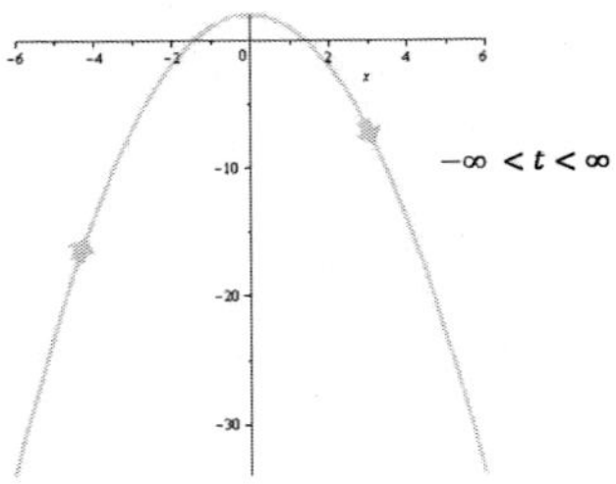

Figura 3.9: Parametrização 1

Questão: Existe outra forma de parametrizar a parábola?
A resposta é sim. Por exemplo, consideremos a seguinte parametrização:

- *Segunda parametrização*

$$x = -\sqrt{t}$$
$$y = -t + 2.$$

Essa escolha satisfaz a equação da parábola $y = -x^2 + 2$ dada inicialmente.
A função vetorial associada à curva é $f = (-\sqrt{t}, -t + 2)$ cujo domínio é $t \in [0, \infty)$ (ver figura 3.10).

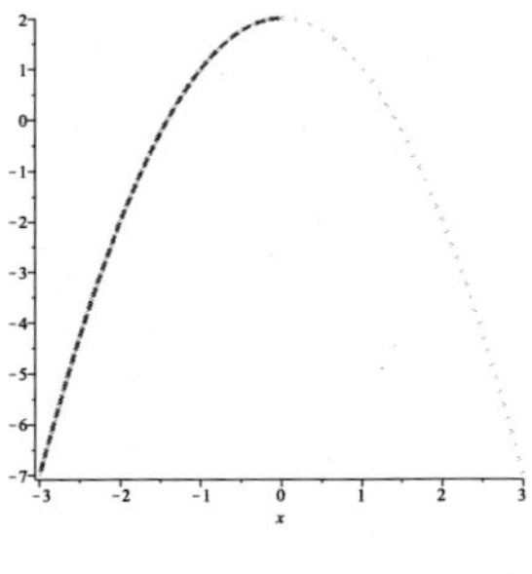

Figura 3.10: Parametrização 2: $f = (-\sqrt{t}, -t + 2)$ e $t \in [0, \infty)$

- *Terceira parametrização*
Nesse caso a curva tem orientação oposta ao caso inicial.

$$f = (-t, -t^2 + 2), -\infty < t < \infty.$$

- *Quarta parametrização*

$$\vec{f} = (2t, -4t^2 + 2), -\infty < t < \infty. \tag{3.8}$$

Nesse caso, a curva tem a mesma orientação do caso inicial, porém na componente x a taxa de variação é o dobro da taxa na proposta inicial, como se pode ver nas tabelas comparativas a seguir.

[3]Note que se impormos $t > 0$, a parametrização somente atinge o setor direito da parábola, onde $x > 0$.

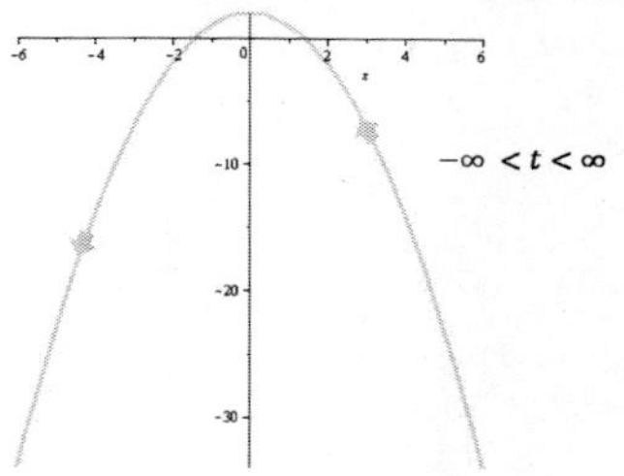

Figura 3.11: Parametrização 3: Orientação oposta ao caso da figura 3.11

t	$\vec{f}(t) = (t, -t^2 + 2)$
0	(0,2)
1	(1,1)
2	(2,-2)

$2t$	$\vec{f} = (2t, -4t^2 + 2)$
0	(0,2)
1	(2,-2)
2	(4,-14)

Nota 3.2. *Orientabilidade de curvas*

- Os quatro exemplos anteriores indicam que curvas planas, em geral, têm duas orientações possíveis, com a mudança $t \to -t$ você muda o percurso ao longo da curva na orientação oposta.
- Dependendo do tipo de parametrização escolhido, pode-se percorrer toda a curva $y = y(x), \forall x \in Dom(y)$ ou somente uma parte, isso vai depender dos valores de t possíveis na definição da função vetorial $\vec{f}(t)$ associada à parametrização escolhida.
- Mesmo mantendo a orientação da curva na escolha da parametrização, a taxa de variação pode ser diferente em cada caso e inclusive ser dependente ponto a ponto. Para entender melhor isso, nos próximos tópicos, iremos introduzir o conceito de derivação de funções vetoriais.

Definição 3.5. *Equação cartesiana da Hipérbole*

$$\frac{(x-x_0)^2}{a^2} - \frac{(y-y_0)^2}{b^2} = 1. \tag{3.9}$$

- Hipérbole com o eixo focal paralelo ao eixo x
- (x_0, y_0) é o centro da hipérbole.

$$\frac{(y-y_0)^2}{a^2} - \frac{(x-x_0)^2}{b^2} = 1. \tag{3.10}$$

- Hipérbole com o eixo focal paralelo ao eixo y
- (x_0, y_0) é o centro da hipérbole.

a,b são constantes numéricas e positivas.

Exemplo 3.9. Parametrizar a curva $(x-1)^2 - 4(y+2)^2 = 4$.

Reorganizando a equação anterior, temos:

$$\frac{(x-1)^2}{4} - \frac{(y+2)^2}{1} = 1,$$

que representa a equação cartesiana de uma hipérbole centralizada em $(1, -2)$.

Considerando a identidade $\cosh t^2 - \operatorname{senh} t^2 = 1$, a melhor proposta é:

$$x = 1 + 2\cosh t,\ y = -2 + \operatorname{senh} t, t \in \mathbb{R} \tag{3.11}$$

$$x = 1 - 2\cosh t,\ y = -2 + \operatorname{senh} t, t \in \mathbb{R}. \tag{3.12}$$

A curva paramétrica (3.11) representa o ramo direito da hipérbole (figura (3.12)) com vértice em (3,-2). A curva paramétrica (3.12) representa o ramo esquerdo da hipérbole (figura (3.12)) com vértice em $(-1, -2)$. Em ambas as situações, conforme t aumenta, a curva é percorrida de baixo para cima.

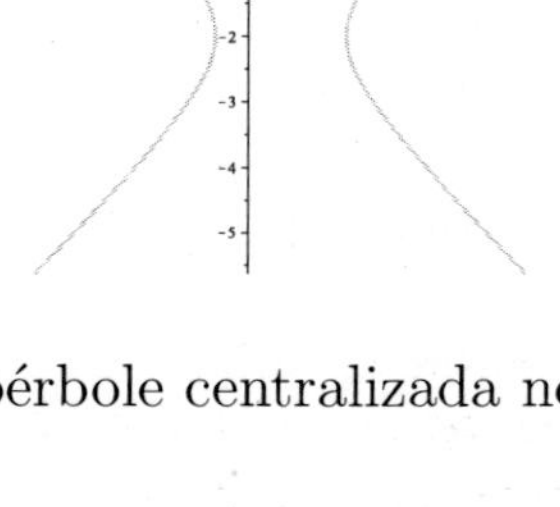

Figura 3.12: Hipérbole centralizada no ponto $(1, -2)$.

Nota 3.3. *A Cicloide*
A cicloide é um arco formado quando o disco de raio R roda ao longo de uma superfície horizontal sem deslizar, sendo o seguimento do arco construído por um ponto periférico à roda.

- Essa curva plana foi estudada inicialmente por Nicholas Cusa (1401-1464), Charles Bovelles (1471-1553) Equação paramétrica da cicloide.
- O nome de Cicloide foi dado pelo cientista Italiano Galileu Galilei, que nasceu em Pisa, por volta do ano 1564.
- De acordo com a referência [10]: *Certo dia Galileu esteve doente e com dor; prostrado na janela de seu quarto reparou a curva cicloide, traçada por um pano preto sobre a borda de uma roda de uma carroça, quando esta rolava num caminho horizontal, de acordo com a figura 3.13.*

Figura 3.13: Cicloide

Exemplo 3.10. *A cicloide*
A equação paramétrica da cicloide é dada pelo par:

$$\begin{aligned} y(\theta) &= R - R\cos\theta \\ x(\theta) &= R\theta - \text{sen}\theta,\ \theta \in \mathbb{R}. \end{aligned} \tag{3.13}$$

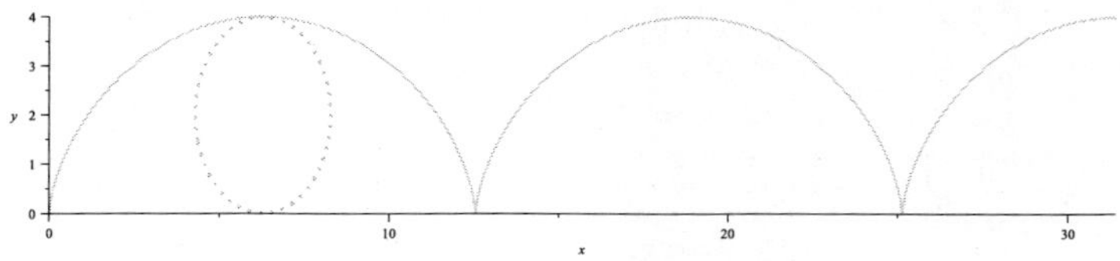

Figura 3.14: Curva plana: Cicloide

A seguir a demonstração da equação da cicloide (3.13).

Denotamos P como o ponto localizado na borda de uma roda de raio R e coincidente com a origem de coordenadas no instante inicial $t = 0$. Consideremos que o disco vai *girando uniformemente* (MCU) em sentido horário e simultaneamente desloca-se horizontalmente de tal forma que o centro O do disco realiza um *movimento retilíneo uniforme* (MRU). A consequência deste movimento composto é que:

$$\overline{PD} = Arco(P'D) = S$$

Como resultado, o ponto periférico, inicialmente na origem de coordenadas, vai deslocando-se traçando uma curva plana. Para um observador fixo localizado na superfície horizontal, a trajetória seguida pelo ponto periférico é conhecida como cicloide, como é apresentada na figura 3.14.

Para deduzir a equação paramétrica da cicloide no sistema de coordenadas xy, precisamos encontrar as coordenadas do ponto $P' = (x, y)$ (no instante "t" arbitrário) em função de t ou da variável angular θ (ver figura 3.15).

Além disso: $S = R\theta$, sendo θ o ângulo central $P'OD$.

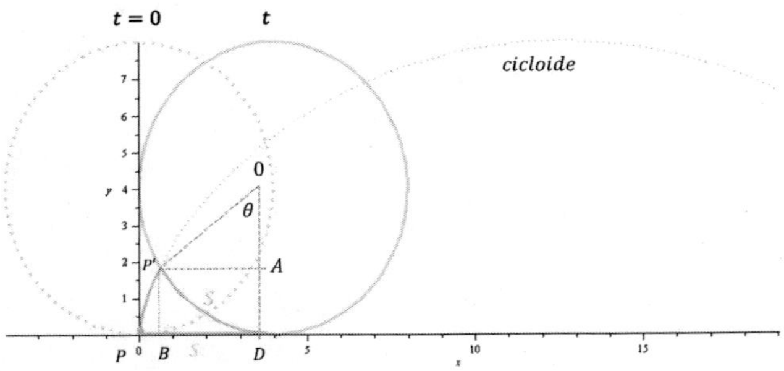

Figura 3.15: Construção da cicloide

Da figura anterior:

$$y = \overline{OD} - \overline{OA} = R - R\cos\theta$$

de forma similar:

$$x = \overline{PD} - \overline{BD} = S - \overline{P'A} = S - R\,\text{sen}\theta$$

finalmente chegamos à equação 3.13.

Observação 3.2.

- Este é um exemplo de uma curva plana, onde é difícil encontrar a sua forma cartesiana $y = y(x)$. Entretanto, todas as suas propriedades podem ser obtidas da sua forma paramétrica dada anteriormente. Logo, não há necessidade de encontrar a equação cartesiana da mesma.

- Periodicidade da cicloide
  Se considerarmos a transformação $\theta \to \theta + 2\pi n$, $n \in \mathbb{R}$ na equação da cicloide:

$$\begin{aligned} x'(\theta) &= R(\theta + 2\pi n) - R\,\text{sen}(\theta + 2\pi n) = R\theta - R\,\text{sen}\theta + 2\pi n = x(\theta) + 2\pi n \\ y'(\theta) &= R - R\cos(\theta + 2\pi n) = R - R\cos\theta = y(\theta) \end{aligned}$$

  os pontos $(x(\theta), y(\theta))$ e $(x'(\theta), y'(\theta))$ da cicloide estão localizados sempre na mesma altura e com distância horizontal fixa de valor $x'(\theta) - x(\theta) = 2\pi R$.

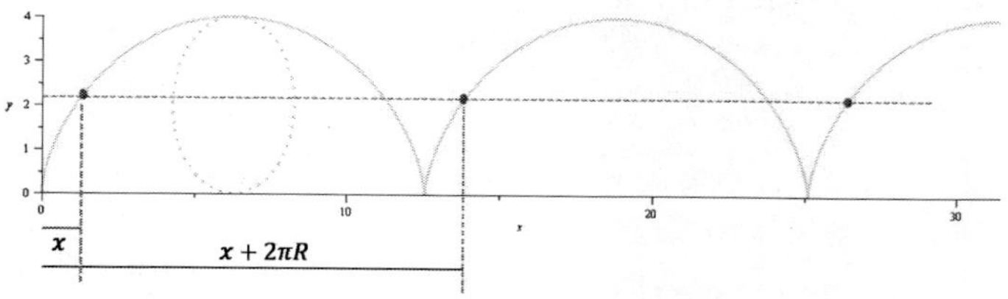

Figura 3.16:

Nota 3.4. *Cinemática da Cicloide*

- Fisicamente temos um disco de raio R realizando uma rotação uniforme em sentido horário junto a um deslocamento horizontal sem deslizamento.
- Como o rolamento realiza-se sem deslizamento, isso garante que $PD = arco(P'D)$.
- Podemos dizer que o ponto periférico P realiza um movimento composto de um M.C.U. em relação ao centro do disco e simultaneamente um M.R.U. na horizontal.
- A composição: $MCU + MRU$ gera o seguinte quadro: A "partícula pontual" localizada na periferia do disco que inicialmente ($t = 0$ s) se encontra na origem das coordenadas (e conforme se realiza o rolamento do disco no plano horizontal) descreve uma cicloide; logo, no instante arbitrário "t" a partícula se encontra no ponto P' (ver a figura (3.15)).
- Do movimento retilíneo horizontal

$$S = V(t - 0) = Vt$$

como $S = \theta R$, então $Vt = \theta R$.

- Do M.C.U. temos que: $w = \dfrac{\theta}{t} = \dfrac{V}{R}$ é constante.
Então temos a segunda forma da equação da cicloide; mais familiar para físicos e engenheiros.

$$\begin{aligned} y(t) &= R - R\cos wt \\ x(t) &= wRt - R\,\text{sen} wt \end{aligned} \tag{3.14}$$

Nota 3.5. *Composição de velocidades na Cicloide*

- A velocidade instantânea do ponto periférico sempre pode ser decomposta como uma soma vetorial da velocidade de rotação junto ao disco e a velocidade de translação horizontal (que é a mesma da do centro do disco), para todo instante do tempo t.
  $V_R \to$ velocidade tangencial de um ponto periférico do disco.
  $V_T \to$ velocidade de translação do centro do disco (o disco é rígido, logo todos os pontos se deslocam paralelamente com a mesma velocidade).
  $V_i \to$ velocidade instantânea da partícula no ponto P' (em relação a um referencial inercial).
- Composição de velocidades ver a figura:

$$\vec{V_i} = \vec{V_R} + \vec{V_T},$$

e

$$|\vec{V_R}| = |\vec{V_T}| = V$$

$$|\vec{V_i}| = 2V|\operatorname{sen}(\theta/2)|$$

(ver figuras 3.18 e 3.19).

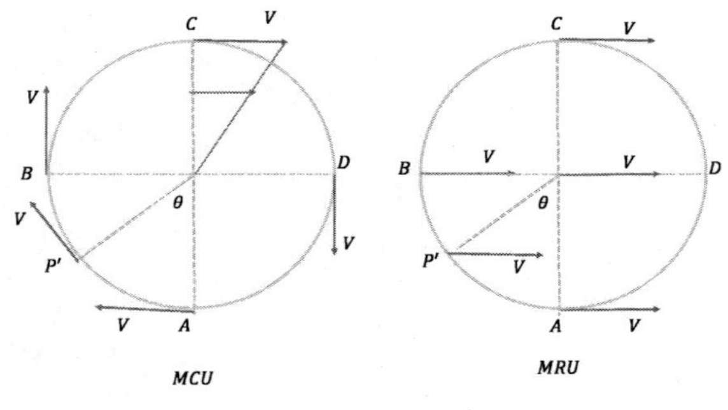

Figura 3.17: Composição de MCU + MRU

Como resultado da composição dos dois movimentos uniformes, temos o seguinte quadro de velocidades em pontos específicos do disco (figura 3.18) e também no ponto arbitrário P' (figura 3.19). O que significa que conforme o disco vai rolando horizontalmente, o ponto periférico que descreve a cicloide vai mudando de velocidade de acordo com as propriedades de aditividade de velocidades da figura 3.17. A figura a seguir ajuda a entender o quadro.

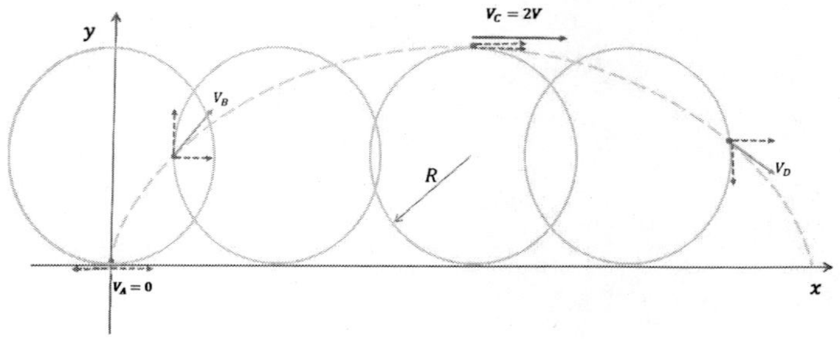

Figura 3.18: Velocidades no disco em pontos periféricos distintos

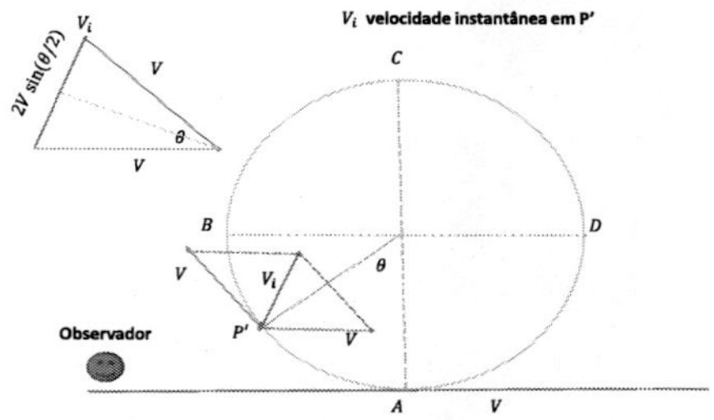

Figura 3.19: Velocidade instantânea em P'

Uma forma de verificar a análise cinemática anterior é a seguinte: Vamos derivar a equação paramétrica da cicloide (3.14) em relação ao tempo em cada componente para obter as velocidades horizontais e verticais em P', e em seguida substituímos $WR = V$ e obtemos as equações em termos de $\theta = wt$. Finalmente obtemos a seguinte tabela:

θ	$V_i = (V - V\cos\theta, V\,\text{sen}\theta)$	$\lvert V_i\rvert = 2V\,\text{sen}(\theta/2)$
$\theta = 0$	$(0, 0)$	$\lvert V_A\rvert = 0$
$\theta = \pi/2$	(V, V)	$\lvert V_B\rvert = V\sqrt{2}$
$\theta = \pi$	$(2V, 0)$	$\lvert V_C\rvert = 2V$
$\theta = 3\pi/2$	$(V, -V)$	$\lvert V_D\rvert = V\sqrt{2}$

Observação 3.3.

- Outras curvas similares à cicloide encontram-se no apêndice deste livro.
- Fisicamente, a condição necessária pra obter este movimento particular é que se tenha atrito na superfície horizontal e exista rolamento sem deslizamento.

Definição 3.6. *Curvas espaciais*
Seja uma função vetorial

$$\begin{aligned} \vec{F}: \ & \mathbb{R} \to \mathbb{R}^3 \\ & t \mapsto \vec{F}(t) = (f(t), g(t), h(t)). \end{aligned}$$

Tal que $f(t), g(t), h(t)$ são funções reais contínuas no domínio da função vetorial $\vec{F}$.
Então o conjunto $\mathcal{C}$ de pontos do espaço $\mathbb{R}^3$ tais que $x = f(t), y = g(t), z = h(t)$ é chamado de curva espacial. t é o parâmetro da curva variando no domínio de F.

Exemplo 3.11. Seja uma função vetorial:

$$\begin{aligned} \vec{F}:\ & \mathbb{R} \to \mathbb{R}^3 \\ & t \mapsto \vec{F}(t) = (t, 2+2t, 4-3t) \quad -1 \le t \le 4 \end{aligned}$$

Identifique a imagem desta função vetorial.

Observamos que cada componente de $\vec{F}$ é um polinômio de grau 1 em t, logo o domínio de cada componente é a reta real: $Dom(\vec{F}) = \mathbb{R}$.
Para identificar a imagem de $\vec{F}$, vamos escrever a equação paramétrica da curva associada à função $\vec{F}$.

$$\begin{cases} x &= t \\ y &= 2+2t \\ z &= 4-3t, \end{cases}$$

daí

$$(x, y, z) = (t, 2+2t, 4-3t) = (0, 2, 4) + (t, 2t, -3t) = (0, 2, 4) + t(1, 2, -3)$$

O que representa a equação paramétrica anterior?
De acordo com a Nota 3.1, a equação anterior representa um segmento de reta (reta $\mathcal{L}_{AB}$) no espaço $\mathbb{R}^3$.
Equação da reta:

$$\mathcal{L}_{AB} := \{(x, y, z) \in \mathbb{R}^3; (x, y, z) = (0, 2, 4) + t(1, 2, -3), \quad -1 \le t \le 4\}.$$

Note que:

$$\begin{aligned} A &= (0, 2, 4) + (-1)(1, 2, -3) = (-1, 0, 7) \\ B &= (0, 2, 4) + (4)(1, 2, -3) = (4, 10, -8) \end{aligned}$$

Respondendo à questão, a imagem da função vetorial apresentada no exemplo é um segmento de reta AB ou

$$Im(F) = \{(x, y, z) \in \mathbb{R}^3; (x, y, z) = (0, 2, 4) + t(1, 2, -3), \quad -1 \le t \le 4\}$$

Exemplo 3.12. Equação vetorial de uma reta
Seja $P_0 = (x_o, y_o, z_o) \in \mathbb{R}^3, P = (x, y, z) \in \mathbb{R}^3$.
A equação da reta que passa pelos dois pontos é:

$$\mathcal{L} := \{P \in \mathbb{R}^3; P = P_0 + t\,V, t \in \mathbb{R}\}$$

Explicitamente:

$$\mathcal{L} := \{P \in \mathbb{R}^3; (x, y, z) = (x_o, y_o, z_o) + t(v_1, v_2, v_3)\}$$

Sendo t um parâmetro livre real, e $\vec{V}$ qualquer vetor paralelo à reta $\mathcal{L}$.
A equação vetorial da reta também pode ser apresentada da seguinte forma:

$$\left\{ \begin{array}{ll} x &= x_o + t\,v_1 \\ y &= y_o + t\,v_2 \\ z &= x_o + t\,v_3, \end{array} \right\}$$

conhecida como a equação paramétrica da reta $\mathcal{L}$. Caso o intervalo dos valores de t seja finito, teremos um segmento de reta como no exemplo anterior (3.11).

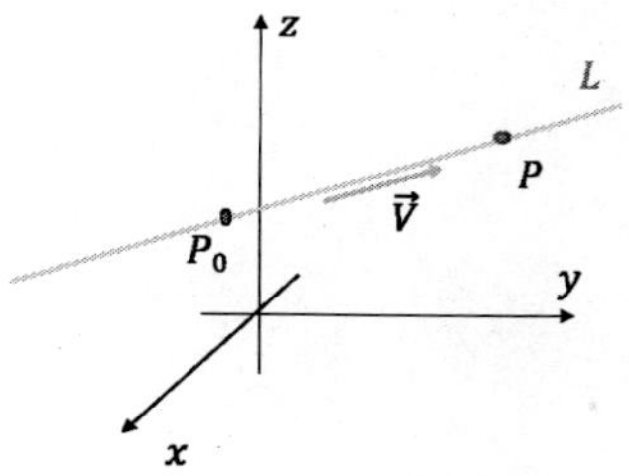

Figura 3.20: Reta $\mathcal{L}$ no $\mathbb{R}^3$

Definição 3.7. *Equação cartesiana da elipse no plano xy.*

$$\frac{(x-x_0)^2}{a^2} + \frac{(y-y_0)^2}{b^2} = 1 \tag{3.15}$$

- Se $a > b$ então o semieixo maior ao longo do eixo x,
- Se $b > a$ então o semieixo maior ao longo do eixo y,
- (x_0, y_0) é o centro da elipse.

Exemplo 3.13. Considere a elipse $\mathcal{C}$ localizada no plano $z = 5$, definida desta forma:

$$C := \{(x, y, z) \in \mathbb{R}^3;\ \frac{(x-1)^2}{4} + \frac{y^2}{1} = 1, z = 5\}$$

Parametrize de tal forma que a orientação seja horária.

Circunferências e elipses usualmente se parametrizam utilizando funções trigonométricas, e a hipérbole se parametriza com funções hiperbólicas, pois podemos utilizar identidades tais como:

$$\operatorname{sen}^2 t + \cos^2 t = 1,\ \cosh^2 t - \operatorname{senh}^2 t = 1$$

No exemplo, iremos utilizar funções trigonométricas, assim:
Primeira proposta de parametrização:

$$x = 1 + a\cos t, y = b\operatorname{sen} t, z = 5$$

onde a e b são constantes arbitrárias a determinar. Substituindo na equação da elipse, temos:

$$\frac{a^2\cos^2 t}{4} + \frac{b^2\operatorname{sen}^2 t}{1} = 1$$

Uma escolha natural seria $a = 2$ e $b = 1$, para a equação anterior ser válida para todo valor de t real. Assim,

$$x = 1 + 2\cos t,\ y = \operatorname{sen} t,\ z = 5$$

Para saber a orientação correspondente, construa a tabela a seguir:

t	x	y	z
0	3	0	5
$\pi/2$	1	1	5
π	-1	0	5

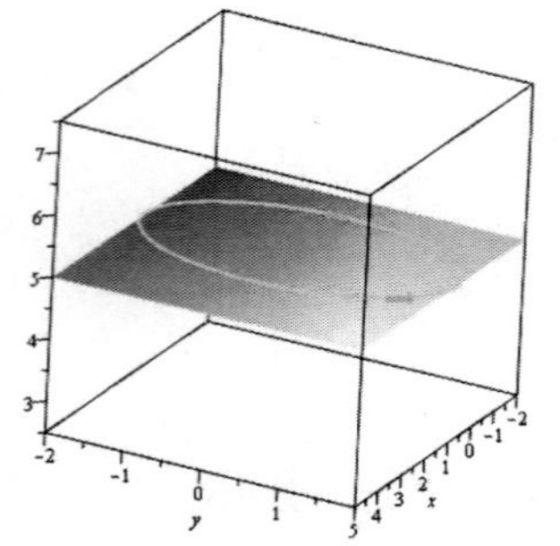

Figura 3.21: Elipse parametrizada em sentido anti-horário.

Observe que esta parametrização é anti-horária (olhando do eixo $+z$ pra baixo), conhecida também como *orientação positiva.* Logo, para achar a parametrização contrária, como solicitada no exemplo, basta trocar t por $-t$. assim:

$$x = 1 + 2\cos t,\ y = -\operatorname{sen} t,\ z = 5$$

Já que a função cosseno é par e a função seno é ímpar.
Esta é a parametrização horária ou denominada também como *orientação negativa.*
Uma segunda proposta de parametrização é $x = 1+2\operatorname{sen} t, y = \cos t, z = 5$ (orientação negativa).
A diferença com a primeira proposta de parametrização é o ponto inicial.

Exemplo 3.14. Seja a função vetorial:

$$\begin{aligned} F:\ & \mathbb{R} \to \mathbb{R}^3 \\ & \theta \mapsto \vec{F}(\theta) = (r\cos\theta, r\operatorname{sen}\theta, \mu\,\theta) \end{aligned}$$

Identifique a imagem desta função e construa o gráfico utilizando algum programa computacional (r e μ são constantes numéricas).

Sabemos que a imagem da função $\vec{F}$ é uma curva espacial $\mathcal{C}$ cuja equação paramétrica é a seguinte:

$$\begin{cases} x &= r\cos\theta \\ y &= r\operatorname{sen}\theta \\ z &= \mu\theta \end{cases}$$

Eliminando θ interpretamos a curva $\mathcal{C}$. Das duas primeiras equações, podemos perceber que: $x^2 + y^2 = r^2$.
Entretanto a terceira coordenada z pode adotar qualquer número real, pois μ e θ são números reais. A curva $\mathcal{C}$ assim definida é uma hélice circular. Se pode verificar também que se o parâmetro θ aumenta, a hélice é percorrida no sentido anti-horário, e se θ diminui a hélice é percorrida no sentido horário.

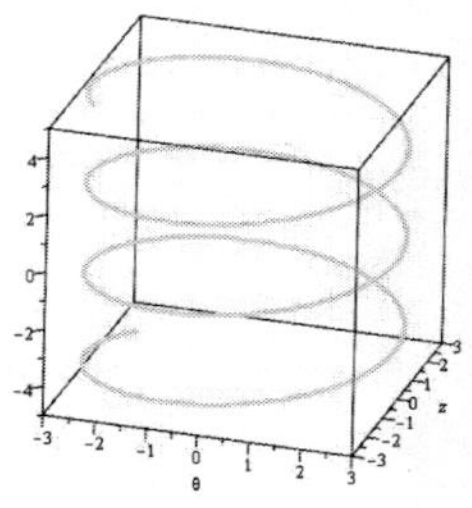

Figura 3.22: Hélice circular

Nota 3.6. *A hélice na física*
A hélice é uma curva espacial que aparece no contexto do eletromagnetismo. Partículas carregadas em movimento dentro de um campo magnético são submetidas à chamada força de Lorentz da forma $\vec{F}_L = q\vec{V} \times \vec{B}$.

- *Velocidade inicial* $v_0 = (v_{0x}, v_{0y}, 0)$
  Neste caso, a partícula descreve um movimento circular uniforme no plano xy, como se vê na figura (3.23).

- *Velocidade inicial tem componente paralela ao campo* $\vec{B}$
  Considere uma partícula pontual carregada entrando em um campo magnético uniforme (tal como $\vec{B} = B\vec{k}$) com uma velocidade inicial $v_o = (v_{ox}, v_{oy}, v_{oz})$. Devido a velocidade $v_{xy} = (v_{ox}, v_{oy})$ (ortogonal à intensidade do campo $\vec{B}$) a partícula carregada vai descrever uma trajetória circular. Por outro lado, devido a velocidade inicial v_{0z} que é paralela ao campo $\vec{B}$ a trajetória terá um arrasto vertical. Compondo o movimento circular uniforme (MCU) e o movimento retilíneo uniforme no eixo z (MRU), temos que a trajetória é uma hélice como podemos ver na figura (3.24). Detalhes técnicos da dinâmica que gera esta cinemática são vistas em um curso de EDO ou eletromagnetismo. Na referência [51], no exemplo (3.62) e no exercício (3.29) podemos ver dois casos típicos de movimento mecânico de uma carga elétrica pontual dentro de um campo eletromagnético uniforme.

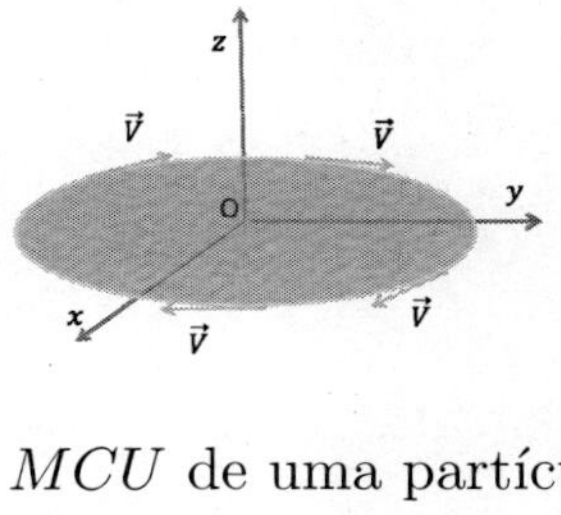

Figura 3.23: MCU de uma partícula carregada

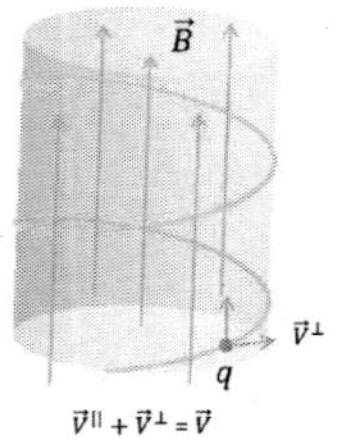

Figura 3.24: Trajetória helicoidal da partícula carregada

Nota 3.7. *Confinamento de Cargas Elétricas*

- Partículas carregadas podem ser confinadas com linhas de campo magnético, pois trajetórias seguidas pelas cargas elétricas dependerá unicamente da configuração das linhas de campo e os valores das cargas.
- *Garrafas magnéticas:* Se utiliza hoje em dia em centros nucleares de fusão de hidrogênio para geração de energia elétrica a partir da energia nuclear de fusão: $H + H \rightarrow He + Q$ (calor). Devido a este tipo de evento somente acontecer em altas temperaturas, então as paredes que confinam o plasma (sopa de partículas carregadas) não podem ser de material sólido (elas derreteriam); as paredes da matriz de confinamento têm que ser linhas de campo magnético (ver figura 3.25).
- Finalmente, as partículas carregadas provenientes do sol e do espaço interestelar, quando chegam a Terra, são deslocadas e confinadas em direção aos polos magnéticos da terra, tais partículas, após colidirem entre elas ou com a atmosfera terrestre, originam as chamadas auroras boreais, ver figura (3.26).

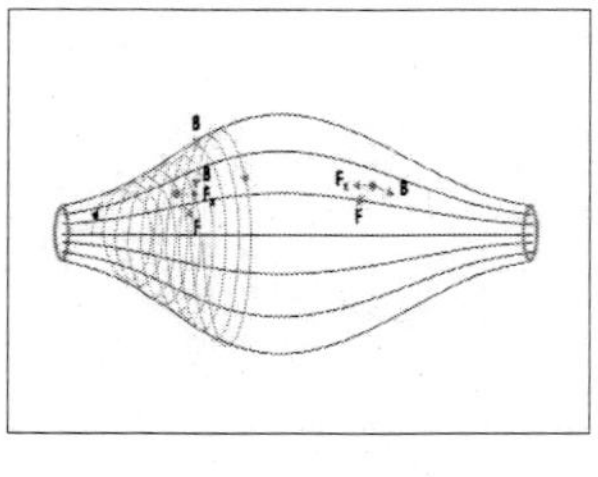

Figura 3.25: Garrafa magnética da referência [6]

Figura 3.26: Aurora boreal

3.2 Operações com Funções Vetoriais

Sejam $\vec{F}, \vec{G}$ funções vetoriais de $\mathbb{R} \to \mathbb{R}^n$,

$$\begin{aligned} \vec{F}: I \subset R &\to \mathbb{R}^n \\ t &\mapsto (f_1(t), f_2(t), \ldots, f_n(t)), \\ \vec{G}: I \subset R &\to \mathbb{R}^n \\ t &\mapsto (g_1(t), g_2(t), \ldots, g_n(t)), \end{aligned} \tag{3.16}$$

e h uma função real

$$\begin{aligned} h: I \subset R &\to \mathbb{R} \\ t &\mapsto h(t), \end{aligned} \tag{3.17}$$

Seja k uma constante numérica. Definimos:

- A função $(\vec{F} \pm \vec{G})(t) = \vec{F}(t) \pm \vec{G}(t)$
- $(k\vec{F})(t) = k\vec{F}(t)$
- $(h\vec{F})(t) = h(t)\vec{F}(t)$
- Função produto interno:

$$< \vec{F}, \vec{G})(t) >=< \vec{F}(t), \vec{G})(t) >$$

ou

$$(\vec{F}, \vec{G})(t) >= f_1(t) \cdot g_1(t) + f_2(t) \cdot g_2(t) + ... + f_n(t) \cdot g_n(t).$$

- Função produto vetorial: $(n = 3)$

$$(\vec{F} \times \vec{G})(t) = \vec{F}(t) \times \vec{G})(t)$$

ou

$$(\vec{F} \times \vec{G})(t) = det \begin{pmatrix} \vec{i} & \vec{j} & \vec{k} \\ f_1(t) & f_2(t) & f_3(t) \\ g_1(t) & g_2(t) & g_3(t) \end{pmatrix}$$

Por propriedade de matrizes $\vec{F}(t) \times \vec{G})(t) = -\vec{G}(t) \times \vec{F})(t)$

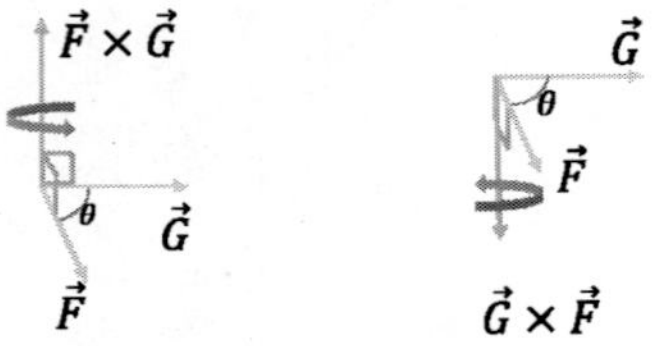

Figura 3.27: Produto vetorial: Regra da mão direita

Observação 3.4. O vetor $\vec{F}\times\vec{G}$ é sempre ortogonal a $\vec{F}$ e $\vec{G}$. Ou seja, os seguintes produtos escalares são sempre nulos.

$$< \vec{F}\times\vec{G}, \vec{F} >= 0, < \vec{F}\times\vec{G}), \vec{G} >= 0$$

Nota 3.8. *Função vetorial de dois parâmetros*
É possível definir uma função vetorial de dois parâmetros, isto é, uma função do tipo:

$$\begin{aligned} \vec{F}:\mathbb{R}^2 &\to \mathbb{R}^3 \\ (t,s) &\mapsto \vec{F}(t,s) = (x(t,s), y(t.s), z(t,s))? \end{aligned} \tag{3.18}$$

É possível sim. No geral, esse tipo de função se denomina campo vetorial e é discutido num curso de cálculo III. Porém, aqui podemos discutir um caso particular e muito útil.

$$\begin{aligned} \vec{F}:\mathbb{R}^2 &\to \mathbb{R}^3 \\ (t,s) &\mapsto \vec{F}(t,s) = (P_1+tv_1+sw_1, P_2+tv_2+sw_2, P_3+tv_3+sw_3) \end{aligned}$$

Se $\vec{P}=(p_1,p_2,p_3), \vec{V}=(v_1,v_2,v_3), \vec{W}=(w_1,w_2,w_3)$ então

$$\vec{F}(t,s) = \vec{P} + t\vec{V} + s\vec{W},\ t\in\mathbb{R}, s\in\mathbb{R}. \tag{3.19}$$

é a equação vetorial de um plano no espaço $\mathbb{R}^3$.

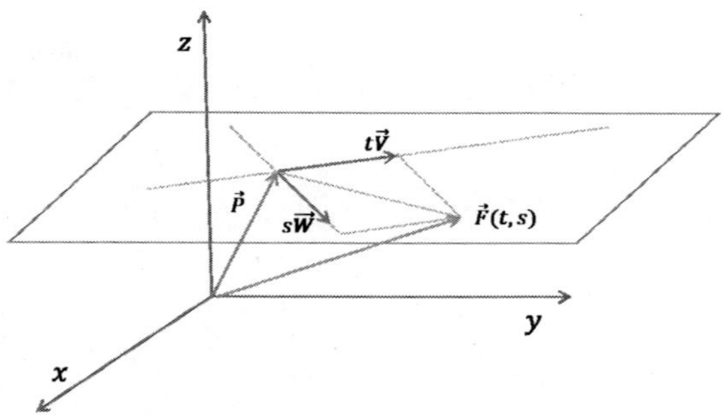

Figura 3.28: Equação vetorial de um plano em $\mathbb{R}^3$

Proposição 3.1. A fórmula vetorial do plano em $\mathbb{R}^3$ apresentado na nota 3.8 corresponde à equação do plano em coordenadas cartesianas da forma $ax+by+cz=d$. Com a,b,c,d bem definidos.

Demonstração

Seja

$$ax + bx + cz = d$$

a equação do plano $\mathbb{P}$ no espaço $\mathbb{R}^3$ que corresponde a (3.19) sendo $\vec{n} = (a, b, c)$ qualquer vetor ortogonal ao plano $\mathbb{P}$. Precisamos então encontrar a, b, c, d a partir da fórmula vetorial (3.19).

Com os vetores $\vec{V}$ e $\vec{W}$ é fácil determinar o vetor normal $\vec{n}$ ao plano $\mathbb{P}$.

$$\vec{n} = det \begin{pmatrix} \hat{i} & \hat{j} & \hat{k} \\ v_1 & v_2 & v_3 \\ w_1 & w_2 & w_3 \end{pmatrix}$$

$$\vec{n} = \hat{i}(v_2w_3 - v_3w_2) + \hat{j}(v_3w_1 - v_1w_3) + \hat{k}(v_1w_2 - v_2w_1)$$

assim

$$a = v_2w_3 - v_3w_2,\ b = v_3w_1 - v_1w_3,\ c = v_1w_2 - v_2w_1.$$

Para calcular d basta lembrar que o ponto $\vec{P} \in \mathbb{P}$. Logo, as coordenadas de $\vec{P}$ devem satisfazer a equação cartesiana do plano. Assim:

$$(v_2w_3 - v_3w_2)p_1 + (v_3w_1 - v_1w_3)p_2 + (v_1w_2 - v_2w_1)p_3 = d$$

Com isso, a equação cartesiana do plano $\mathbb{P}$ está plenamente determinada. A fórmula vetorial (3.19) do plano será utiliza no exemplo (3.60).

3.3 Limite e Continuidade de Funções Vetoriais

Nesta seção estudaremos os conceitos de limite e continuidade de uma função vetorial.

Definição 3.8. *Limites de funções vetoriais.* Sejam $\vec{F} : I \subset \mathbb{R} \to \mathbb{R}^n$, $t_o \in \mathbb{R}$. Diz-se que: $\vec{A} = (a_1, a_2, \ldots, a_n)$ é o limite da função $\vec{F}$ se dado $\varepsilon > 0$, existe $\delta = \delta(\varepsilon) > 0$ tal que para $t \in I$ com $0 < |t - t_o| < \delta$, segue $||\vec{F} - \vec{A}|| < \varepsilon$.

A notação que se usa para denotar esse limite é:

$$\lim_{t \to t_o} \vec{F} = \vec{A}.$$

Exemplo 3.15. Seja a função vetorial $\vec{F}(t) = (t, t^2, 5)$. Prove que : $\lim_{t \to 0} \vec{F}(t) = (0, 0, 5)$

Pela definição 3.8 o vetor $\vec{A}$ =(0,0,5) é o vetor limite da função $\vec{F}(t)$, ou seja,

$$\forall \varepsilon > 0\ \exists \delta > 0,\ tal\ que\ \ \forall t\,, |t| < \delta$$

se cumpre: $||\vec{F}(t) - \vec{A}|| < \varepsilon$.
A seguir basta verificar que a última desigualdade é possível.
Vejamos:

$$||\vec{F}(t) - \vec{A}|| = ||(t, t^2, 5) - (0, 0, 5)|| = ||(t, t^2, 0)|| = \sqrt{t^2 + t^4}$$

e como $0 < |t| < \delta = \dfrac{\varepsilon}{\sqrt{2}}$, temos:

$$0 < t^2 < \delta^2$$

e

$$0 < t^4 < \delta^4$$

onde

$$0 < t^2 + t^4 < \delta^2 + \delta^4$$

e

$$0 < \sqrt{t^2 + t^4} < \sqrt{\delta^2 + \delta^4} < \sqrt{\delta^2 + \delta^2} = \sqrt{2}\delta$$

Finalmente:

$$||\vec{F}(t) - \vec{A}|| = \sqrt{t^2 + t^4} < \sqrt{\delta^2 + \delta^4} < \sqrt{2}\delta = \sqrt{2}(\epsilon/\sqrt{2}) = \epsilon$$

Teorema 3.1. Sejam $\vec{F} : I \subset \mathbb{R} \to \mathbb{R}^n, \vec{F} = (f_1, f_2, \ldots, f_n), \quad t_o \in \mathbb{R}, \vec{A} = (a_1, a_2, \ldots, a_n)$. Então:

$$\lim_{t \to t_o} \vec{F} = \vec{A} \iff \lim_{t \to t_o} f_i = a_i, \ i = 1, 2, \ldots, n.$$

Prova: ($\Rightarrow$) Suponhamos que: $\lim\limits_{t \to t_o} \vec{F} = \vec{A}$, ou seja, $\forall \varepsilon > 0$, existe $\delta = \delta(\varepsilon) > 0$ tal que para $t \in I$ com $0 < |t - t_o| < \delta$, segue $||\vec{F} - \vec{A}|| < \varepsilon$.
É fácil ver que [4]

$$|f_i - a_i| \leq \left[\sum_{k=1}^{n} (f_k - a_k)^2\right]^{\frac{1}{2}} = ||\vec{F} - \vec{A}|| < \varepsilon, \quad \forall i = 1, 2, \ldots, n,$$

isto é, $\lim\limits_{t \to t_o} f_i = a_i, \ \forall i = 1, 2, \ldots, n$.
($\Leftarrow$) Agora suponhamos que: $\lim\limits_{t \to t_o} f_i = a_i, \ \forall i = 1, 2, \ldots, n$. Então, dado $\varepsilon > 0$, existe $\delta_i > 0$ tal que para $t \in I$ com $0 < |t - t_o| < \delta_i$, segue $|f_i - a_i| < \frac{\varepsilon}{\sqrt{n}}$ para cada $i = 1, 2, \ldots n$
Agora, escolhendo $\delta = \min\limits_{1 \leq i \leq n} \{\delta_i\}$ segue que para $t \in I$ com $0 < |t - t_o| < \delta$. Entretanto,

$$\begin{aligned} |f_1 - a_1| &< \frac{\varepsilon}{\sqrt{n}} \\ |f_2 - a_2| &< \frac{\varepsilon}{\sqrt{n}} \\ . &< . \\ |f_n - a_n| &< \frac{\varepsilon}{\sqrt{n}} \end{aligned}$$

Somando as inequações anteriores elevadas ao quadrado, temos:

$$\sum_{i=1}^{n} (f_i - a_i)^2 < \sum_{i=1}^{n} (\frac{\varepsilon}{\sqrt{n}})^2$$

[4]O módulo da componente $|f_i - a_i|$ do vetor $\vec{F} - \vec{A}$ é sempre menor ou igual à norma do próprio vetor $||\vec{F} - \vec{A}||$.

donde segue:

$$||\vec{F} - \vec{A}|| = \sqrt{\sum_{i=1}^{n}(f_i - a_i)^2} < \sqrt{\sum_{i=1}^{n}\left(\frac{\varepsilon}{\sqrt{n}})^2\right)} = \varepsilon. \blacksquare$$

Segue do teorema acima que o limite de uma função vetorial é igual ao limite de cada uma de suas funções componentes, ou seja, dada a função $\vec{F} = (f(t), g(t), h(t))$, então:

$$\lim_{t\to t_o} \vec{F} = \left(\lim_{t\to t_o} f(t), \lim_{t\to t_o} g(t), \lim_{t\to t_o} h(t)\right),$$

desde que os limites das funções componentes existam.

Observação 3.5.

- Do resultado anterior é fácil provar a existência do limite de uma função vetorial, pois basta provar a existência do limite em cada componente da função vetorial.
- Para calcular o limite de uma função vetorial, basta calcular o limite de cada componente da função vetorial.
- Basta o limite de uma componente não existir para dizer que a função vetorial não tem limite num determinado ponto.
- Para calcular o limite da função vetorial $\vec{F}$ no ponto t_0, primeiramente devemos analisar se a função está bem definida no ponto t_0. Caso afirmativo, o limite é igual ao valor da função vetorial neste ponto. Caso em algumas componentes aparecerem expressões do tipo: $(\frac{0}{0}, \frac{\infty}{\infty}, 0.\infty, ..)$, então devemos analisar caso a caso e eliminar a indeterminação, se possível.

Exemplo 3.16. Seja: $\vec{F} = \left(te^t, \dfrac{\text{sen}t}{t}, \ln(1-t)\right)$. Determine: $\lim\limits_{t\to 0} \vec{F}$.

$$\begin{aligned}\lim_{t\to 0} \vec{F} &= \left(\lim_{t\to 0} te^t, \lim_{t\to 0} \frac{\text{sen}t}{t}, \lim_{t\to 0} \ln(1-t)\right) = \\ &= (0, 1, 0) = \vec{j}.\end{aligned}$$

Exemplo 3.17. Seja: $\vec{F} = \left(\dfrac{e^t - 1}{t}, \dfrac{2}{t+1}, \dfrac{\sqrt{4+t} - 2}{t}\right)$. Determine: $\lim\limits_{t\to 0} \vec{F}$.

$$\lim_{t\to 0} \vec{F} = \left(\lim_{t\to 0} \frac{e^t - 1}{t}, \lim_{t\to 0} \frac{2}{t+1}, \lim_{t\to 0} \frac{\sqrt{4+t} - 2}{t}\right)$$

Para determinar os limites das componentes da função vetorial, eventualmente podemos utilizar a regra de L'Hospital para avaliar a indeterminação do tipo $\frac{0}{0}$. Assim:

$$\lim_{t\to 0} \frac{e^t - 1}{t} = \lim_{t\to 0} \frac{(e^t - 1)'}{t'} = \lim_{t\to 0} \frac{e^t}{1} = 1$$

$$\lim_{t\to 0} \frac{2}{t+1} = 2$$

$$\lim_{t\to 0} \frac{\sqrt{4+t} - 2}{t} = \lim_{t\to 0} \frac{(\sqrt{4+t} - 2)}{t} \frac{(\sqrt{4+t} + 2)}{t(\sqrt{4+t} + 2)} = \lim_{t\to 0} \frac{(4 + t - 4)}{t(\sqrt{4+t} + 2)} = \frac{1}{4}$$

substituindo estes três resultados na expressão principal temos:

$$\lim_{t\to 0}\vec{F}=\left(1,2,\frac{1}{4}\right)=\vec{i}+2\vec{j}+\frac{1}{4}\vec{k}.$$

Exemplo 3.18. Seja $\vec{F}=\begin{cases}(2t,4), & t<1;\\ (2t,2t), & t\geq 1.\end{cases}$. O $\lim\limits_{t\to 1}\vec{F}$ existe?

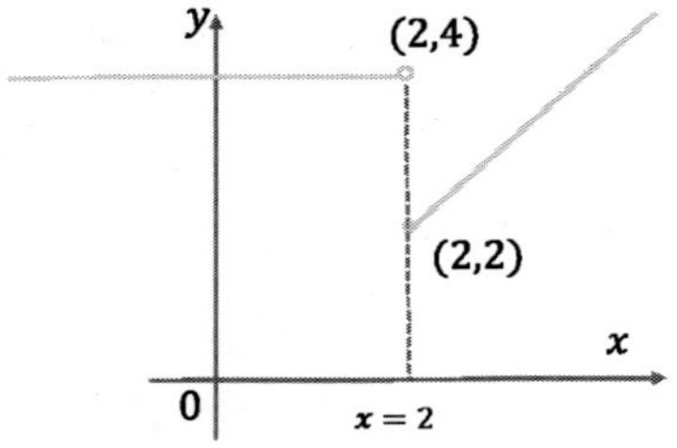

Figura 3.29: Gráfico da função $\vec{F}(t)$

$$\lim_{t\to 1^-}\vec{F}=\lim_{t\to 1^-}(2t,4)=(2,4)$$

$$\lim_{t\to 1^+}\vec{F}=\lim_{t\to 1^+}(2t,2t)=(2,2)$$

Como: $\lim\limits_{t\to 1^-}\vec{F}\neq\lim\limits_{t\to 1^+}\vec{F}$ segue que $\lim\limits_{t\to 1}\vec{F}$ não existe.

Teorema 3.2. *Operações com Limites.* Sejam $\vec{r}$ e $\vec{s}$ duas funções vetoriais, tais que: $\lim\limits_{t\to t_o}\vec{r}=\vec{A}$ e $\lim\limits_{t\to_o}\vec{s}=\vec{B}$ e $f(t)\in\mathbb{R}$, $\lambda\in\mathbb{R}$ tal que: $\lim\limits_{t\to t_o}f(t)=F$, então valem as seguintes propriedades:

1. $\lim\limits_{t\to t_o}[\vec{r}\pm\vec{s}]=\vec{A}\pm\vec{B}$;

2. $\lim\limits_{t\to t_o}(\lambda\vec{r})=\lambda\vec{A}$;

3. $\lim\limits_{t\to t_o}[f(t)\vec{r}]=F\vec{A}$;

4. $\lim\limits_{t\to t_o}||\vec{r}||=||\vec{A}||$.

Vamos provar apenas as propriedades 1 e 3 do teorema 3.2.

Demonstração da propriedade 1 .

$$\lim_{t\to t_o}\vec{r}=\vec{A}\ \Leftrightarrow\ \forall\varepsilon_1>0,\exists\delta_1>0\ \ tal\ \ que\ \ \forall t\in I$$
$$com\ \ 0<|t-t_o|<\delta_1,\ \ segue\ \ ||\vec{r}-\vec{A}||<\varepsilon_1. \tag{3.20}$$

$$\lim_{t\to t_o}\vec{s}=\vec{B}\ \Leftrightarrow\ se\ dado\ \varepsilon_2>0,\exists\delta_2>0\ \ tal\ \ que\ \ \forall t\in I$$
$$com\ \ 0<|t-t_o|<\delta_2,\ \ segue\ \ ||\vec{s}-\vec{B}||<\varepsilon_2. \tag{3.21}$$

O objetivo é provar: $\lim\limits_{t \to t_o} [\vec{r} + \vec{s}] = \vec{A} + \vec{B}$

Dado ε deve existir um $\delta = \min\{\delta_1, \delta_2\}$ tal que: $\forall t \in I \;\; com \;\; 0 < |t - t_o| < \delta$, segue que:

$$||(\vec{r} + \vec{s}) - (\vec{A} + \vec{B})|| = ||(\vec{r} - \vec{A}) + (\vec{s} - \vec{B})|| \leq ||\vec{r} - \vec{A}|| + ||\vec{s} - \vec{B}||,$$

a última desigualdade é proveniente da desigualdade triangular.

De (3.20) e (3.21)

$$||(\vec{r} + \vec{s}) - (\vec{A} + \vec{B})|| < \varepsilon_1 + \varepsilon_2 = \varepsilon.$$

Ou seja, dado: $\varepsilon = \varepsilon_1 + \varepsilon_2$, existe $\delta = \min\{\delta_1, \delta_2\}$ tal que:

$$||(\vec{r} + \vec{s}) - (\vec{A} + \vec{B})|| < \varepsilon \Leftrightarrow \lim_{t \to t_o} [\vec{r} + \vec{s}] = \vec{A} + \vec{B}. \blacksquare$$

Demonstração da propriedade 3

$$\lim_{t \to t_o} \vec{r} = \vec{A} \;\; \Leftrightarrow \;\; se \;\; dado \;\; \varepsilon_1 > 0, \exists\, \delta_1 > 0 \;\; tal \;\; que \;\; \forall t \in I \;\; com \;\; 0 < |t - t_o| < \delta_1, \;\; segue \;\; ||\vec{r} - \vec{A}|| < \varepsilon_1. \tag{3.22}$$

$$\lim_{t \to t_o} f(t) = F \;\; \Leftrightarrow \;\; se \;\; dado \;\; \varepsilon_2 > 0, \exists\, \delta_2 > 0 \;\; tal \;\; que \;\; \forall t \in I \;\; com \;\; 0 < |t - t_o| < \delta_2, \;\; segue \;\; |f(t) - F| < \varepsilon_2. \tag{3.23}$$

Tome $\delta = mim\{\delta_1, \delta_2\}$ então $\forall t \in I$ com $0 < |t - t_0| < \delta$ vale:

$$||\vec{r} - \vec{A}|| < \varepsilon_1, \;\; |f(t) - F| < \varepsilon_2.$$

Por outro lado,

$$||f\vec{r} - F\vec{A}|| = ||f\vec{r} - F\vec{r} + F\vec{r} - F\vec{A}||,$$

pela desigualdade triangular:

$$||(f(t) - F)\vec{r} + F(\vec{r} - \vec{A})|| \leq ||(f(t) - F)\,\vec{r}|| + ||F\,(\vec{r} - \vec{A})||.$$

Logo,

$$||f\vec{r} - F\vec{A}|| \leq |f(t) - F|||\vec{r}|| + |F|\,||(\vec{r} - \vec{A})||.$$

r é limitado em t_0, pois possui limite em t_0, assim $||\vec{r}|| < M$ para algum real M, daí que:

$$||f\vec{r} - F\vec{A}|| < \varepsilon_2 M + \varepsilon_1 |F| \equiv \varepsilon.$$

Logo dado $\varepsilon = \varepsilon_2 M + \varepsilon_1 |F|$, $\exists\, \delta = \min\{\delta_1, \delta_2\}$ tal que $\forall t \in I$ com $0 < |t - t_0| < \delta$ vale $||f\vec{r} - F\vec{A}|| < \varepsilon \Leftrightarrow \lim\limits_{t \to t_o} [f(t)\,\vec{r}] = F\vec{A}$

A demonstração das outras propriedades ficam como exercício.

3.3.1 Continuidade de Funções Vetoriais

A continuidade de uma função vetorial também é uma extensão da definição de continuidade de funções reais.

Definição 3.9. Sejam $\vec{F} : I \subset \mathbb{R} \to \mathbb{R}^n$, $t_o \in I$. Diz-se que a função $\vec{F}$ é contínua em t_o se dado $\varepsilon > 0$, existe $\delta = \delta(\varepsilon) > 0$ tal que: para $t \in I$ com $|t - t_o| < \delta$, segue $||\vec{F}(t) - \vec{F}(t_o)|| < \varepsilon$.

Esta definição pode ser resumida na seguinte forma: a função vetorial $\vec{F}(t)$ é contínua em t_o se:

$$\lim_{t \to t_o} \vec{F}(t) = \vec{F}(t_o).$$

Isto é, para que $\vec{F}$ seja contínua em t_o a função tem que estar definida no ponto t_o, o limite $\lim_{t \to t_o} \vec{F}(t)$ existir em t_o e os dois terem o mesmo valor.
Um teorema análogo ao teorema 3.1 pode ser enunciado.

Teorema 3.3. Sejam $\vec{F} : I \subset \mathbb{R} \to \mathbb{R}^n, \vec{F} = (f_1, f_2, \ldots, f_n)$, $t_o \in I$. Então, a função $\vec{F}$ é contínua em t_o se cada uma de suas componentes f_i, $i = 1, 2, \ldots, n$, é contínua em t_o.

Demonstração
Diz-se que a função f_i é contínua em t_o se dado $\varepsilon_i > 0$, existe $\delta_i = \delta(\varepsilon_i) > 0$ tal que para $t \in I$ com $|t - t_o| < \delta_i$, segue $|f_i(t) - f_i(t_o)| < \varepsilon_i$, $\forall\, i = 1, 2, ...n$.
Tome $\delta = \min\{\delta_1, \delta_2, ..., \delta_n\}$, logo $\forall\, t \in I$ com $|t - t_o| < \delta$ temos:

$$\begin{aligned}
|f_1(t) - f_1(t_o)| &< \varepsilon_1 = \frac{\varepsilon}{\sqrt{n}}, \\
|f_2(t) - f_2(t_o)| &< \varepsilon_2 = \frac{\varepsilon}{\sqrt{n}}, \\
. &= . \\
|f_n(t) - f_n(t_o)| &< \varepsilon_n = \frac{\varepsilon}{\sqrt{n}},
\end{aligned}$$

segue que:

$$\sum_{i=0}^{n} |f_i(t) - f_i(t_o)|^2 < n\frac{\varepsilon^2}{n} = \varepsilon^2.$$

Como:

$$||\vec{F}(t) - \vec{f}(t_o)|| = \sqrt{\sum_{i=0}^{n} |f_i(t) - f_i(t_o)|^2} < \varepsilon,$$

então, $\exists\, \delta = \min\{\delta_1, \delta_2, ..., \delta_n\}$ tal que: $\forall\, t \in I$ com $|t - t_o| < \delta$ e

$$||\vec{F}(t) - \vec{F}(t_o)|| < \varepsilon.$$

Assim, pela definição (3.9), a função $\vec{F}(t)$ é contínua em t_o. ■

Exemplo 3.19. Verifique que a função vetorial:

$$\vec{F} = \begin{cases} \left(e^{4t}, \dfrac{\text{sen}^3 t}{t^3}, \ln(1+t)\right), & t \neq 0 \\ \vec{L} = (1, 1, 0) & t = 0. \end{cases}$$

é contínua em $t = 0$.

Vejamos:

$$\lim_{t\to 0} f_1(t) = \lim_{t\to 0} e^{4t} = e^0 = 1$$

$$\lim_{t\to 0} f_2(t) = \lim_{t\to 0} \frac{\text{sen}^3 t}{t^3} = (\lim_{t\to 0} \frac{\text{sen} t}{t})^3 = 1^3 = 1.$$

e

$$\lim_{t\to 0} f_3(t) = \lim_{t\to 0} \ln(1+t) = \ln(1+0) = 0.$$

Isto é:

$$\lim_{t\to 0} \vec{F}(t) = \vec{L} \ \textit{portanto}, \ \vec{F}(t) \text{ contínua em } t_0.$$

Exemplo 3.20. A função vetorial:

$$\vec{F} = \begin{cases} \left((1+2t), \dfrac{\text{sen}2t}{t}, \arctan t\right), & t \neq 0 \\ (1,1,0) & t = 0. \end{cases}$$

não é contínua em $t = 0$, pois $\lim\limits_{t\to 0} \dfrac{\text{sen}2t}{t} = 2 \neq 1$.

Exemplo 3.21. A função vetorial:

$$\vec{F} = \left(\frac{\sqrt{t+4}-2}{t}, t\ln t, t^2\right), \quad t \neq 0,$$

não é contínua em $t = 0$, pois a função $t\ln t$ não está definida em $t = 0$, apesar de existir o limite $\lim\limits_{t\to 0} t\ln t = 0$.

Exemplo 3.22. A função vetorial: $\vec{f}(t) = \begin{cases} (t,1), & t < 0; \\ (t,2), & t \geq 0. \end{cases}$

é contínua para todo t real, exceto em $t = 0$; pois $\lim\limits_{t\to 0^+} \vec{f}(t) = (0,2)$ e $\lim\limits_{t\to 0^-} \vec{f}(t) = (0,1)$. Assim, sendo os limites laterais diferentes não existe $\lim\limits_{t\to 0} \vec{f}(t)$ em $t = 0$. Desta forma $\vec{f}(t)$ não é contínua em $t = 0$.

3.3.2 Interpretação Geométrica das Funções Vetoriais Contínuas

Seja $\vec{r}(t) = (f(t), g(t), h(t)) = f(t)\vec{i} + g(t)\vec{j} + h(t)\vec{k}$, uma função vetorial contínua em $t \in I \subset \mathbb{R}$. Definimos a curva Γ em $\mathbb{R}^3$ como sendo:

$$\Gamma = \{(f(t), g(t), h(t)) \in \mathbb{R}^3 : x = f(t), y = g(t), z = h(t), \ t \in I \subset \mathbb{R}\}.$$

As equações $x = f(t), y = g(t), z = h(t)$ são denominadas equações paramétricas de Γ e t é o parâmetro. Podemos interpretar a curva Γ como sendo traçada pelo ponto final do vetor posição $\vec{r}(t) = (f(t), g(t), h(t))$ quando $t \in I$.

Exemplo 3.23. Descreva a curva definida pela função vetorial:

$$\vec{r} = \cos t\vec{i} + \text{sen}t\vec{k}$$

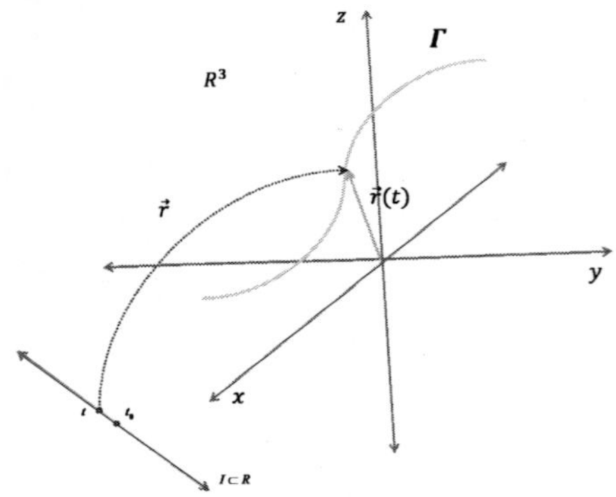

Figura 3.30: Curva Γ descrita pelo vetor posição $\vec{r}(t)$

As equações paramétricas são dadas por: $x(t) = \cos t, z(t) = \text{sen} t, y(t) = 0$. É fácil ver que $x^2 + z^2 = \cos^2 t + \text{sen}^2 t = 1$, que corresponde a circunferência no plano zx de raio 1 e centro na origem de coordenadas.

Exemplo 3.24. A curva definida pela função:

$$\vec{r} = a\cos t\vec{i} + b\,\text{sen} t\vec{j} + ct\vec{k}, \ 0 \leq t < +\infty, \ a > 0, b > 0, c > 0$$

chama-se hélice elíptica.

Observamos que : $\dfrac{x^2(t)}{a^2} + \dfrac{y^2(t)}{b^2} = \dfrac{a^2\cos^2 t}{a^2} + \dfrac{b^2\,\text{sen}^2 t}{b^2} = 1$. Isto significa que a curva encontra-se no cilindro elíptico $\dfrac{x^2}{a^2} + \dfrac{y^2}{b^2} = 1$. Como $z > 0$, pois $t > 0$, então o ponto (x, y, z) está acima do ponto $(x, y, 0)$. Assim, conforme t aumenta, a curva gira em sentido anti-horário para cima ao longo da superfície do cilindro elíptico cuja geratriz é paralela ao eixo $0z$. Em particular, se $a = b$ teremos uma hélice circular.

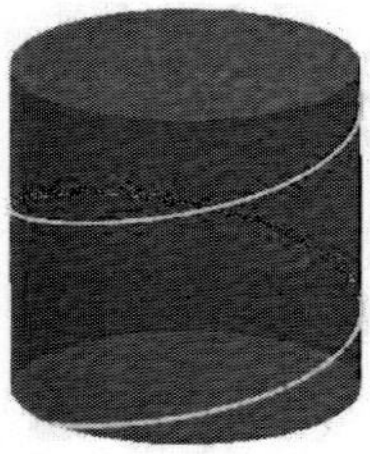

Figura 3.31: hélice elíptica

3.4 Derivada de Funções Vetoriais

A derivada de uma função vetorial define-se da mesma forma como foi feita para funções reais.

Seja $\vec{F}(t)$ uma função vetorial. Diz-se que a função $\vec{F}$ é derivável (diferenciável) no ponto t se existe o limite:

$$\lim_{h \to 0} \frac{\vec{F}(t+h) - \vec{F}(t)}{h}. \tag{3.24}$$

Este limite costuma ser denotado por, $\dfrac{d\vec{F}(t)}{dt}$ ou $\vec{F}'(t)$.

A função $\vec{F}(t)$ é derivável em I se ela possui derivada em todo ponto $t \in I$.

Figura 3.32: Curva diferenciável e não diferenciável

Teorema 3.4. Sejam $\vec{F}(t) = (f_1(t), f_2(t), \ldots, f_n(t))$, $t \in I$ e t_o um ponto de I então $\vec{F}(t)$ é derivável em t_o se e somente se, cada $f_i(t)$ é derivável em t_o, e além disso

$$\vec{F}'(t_o) = (f_1'(t_o), f_2'(t_o), \ldots, f_n'(t_o))$$

ou

$$\vec{F}'(t_o) = \left(\dot{f}_1(t_o), \dot{f}_2(t_o), \ldots, \dot{f}_n(t_o)\right).$$

Ambas notações são amplamente utilizadas na bibliografía matemática.

Demonstração: Segue da definição acima e do Teorema 3.1.

Exemplo 3.25. A espiral: $\vec{r} = (t\cos\sqrt{2}t, t\,\mathrm{sen}\sqrt{2}t), 0 \leq t \leq 8$ é diferenciável para qualquer $t \in \mathbb{R}$, pois as componentes $x(t) = t\cos\sqrt{2}t$ e $y(t) = t\,\mathrm{sen}\sqrt{2}t$ são funções diferenciáveis para qualquer $t \in \mathbb{R}$. Assim, $\vec{r}(t)$ e $\vec{r}'(t)$ existem $\forall t \in \mathbb{R}$. As funções $\vec{r}$ e $\vec{r}'(t) = (\cos\sqrt{2}t - t\sqrt{2}\,\mathrm{sen}\sqrt{2}t,\ \mathrm{sen}\sqrt{2}t + t\sqrt{2}\cos\sqrt{2}t)$ são contínuas? A resposta é sim, as compontentes de $\vec{r}$ são produtos de funções contínuas, pois a função linear $f(t) = t$ e as funções trigonométricas são contínuas $\forall t \in \mathbb{R}$. As componentes de $\vec{r}'(t)$ são soma, subtração e/ou produto das mesmas funções contínuas. Além do mais, a função vetorial $\vec{r}$ é de classe C^1, pois, como vimos $\vec{r}(t)$ é diferenciável e $\vec{r}'(t)$ é contínua.

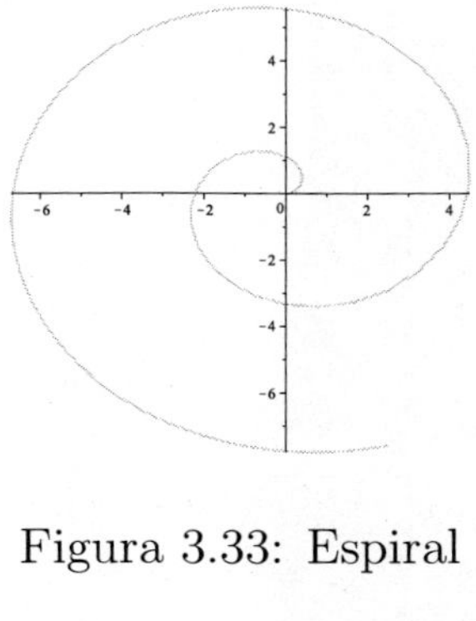

Figura 3.33: Espiral

Suponhamos que a função vetorial esteja definida por: $\vec{F}(t) = (f(t), g(t), h(t))$. Então o vetor $\vec{F}'(t)$ chama-se vetor tangente à curva no ponto $P_0 = (f(t), g(t), h(t))$, veja o gráfico abaixo (3.34).

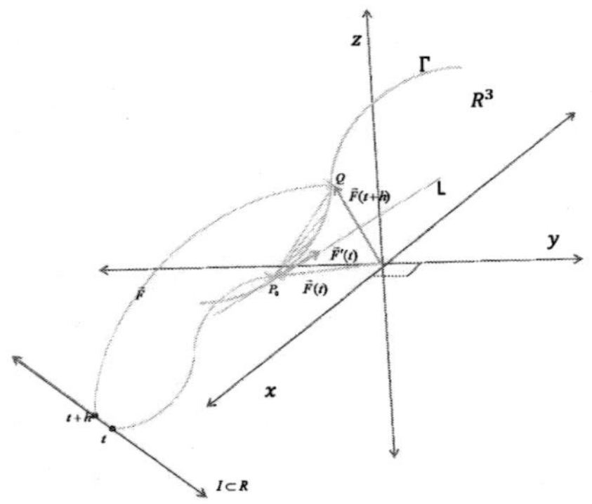

Figura 3.34: vetor tangente $\vec{F}'(t)$

Nota 3.9. *Interpretação geométrica da derivada de uma função vetorial.* Consideremos a curva $\Gamma \in \mathbb{R}^n$ definida como imagem da função vetorial $\vec{F}$. Ao observar atentamente a equação:

$$\lim_{h\to 0} \frac{\vec{F}(t+h) - \vec{F}(t)}{h},$$

o vetor $\vec{F}(t+h) - \vec{F}(t)$ é exatamente o vetor $\overline{P_0Q}$ que é uma reta secante à curva Γ, como podemos ver na figura (3.34). Conforme $h \to 0 (h > 0)$ o ponto Q vai se aproximando do ponto P_0. Por isso, o vetor secante $\overline{P_0Q}$ vai se aproximando da reta tangente L. Isto significa que quando $h \to 0$, o vetor $\frac{\vec{F}(t+h)-\vec{F}(t)}{h}$ ocupará uma posição limite à reta tangente L.
Podemos concluir então que o vetor $\vec{F}'(t)$ será tangente à curva Γ no ponto $P_0 = \vec{F}(t)$
Assim, a *equação da reta tangente* à curva Γ, que passa pelo ponto P_0, pode ser escrita na forma:

$$L = \{(x, y, z) \in \mathbb{R}^3;\ (x, y, z) = \vec{F}(t) + \lambda \vec{F}'(t),\ \lambda \in \mathbb{R}\}$$

Exemplo 3.26. Seja a função vetorial $\vec{F}(t) = (t, 4t^2 + 2)$, determine: $\vec{F}'(2)$.

Pela definição de domínio de uma função vetorial, $dom(\vec{F}) = \mathbb{R}$ e pela definição de derivada (3.24)

$$\vec{F}'(2) = \lim_{h\to 0} \frac{\vec{F}(2+h) - \vec{F}(2)}{h} = \lim_{h\to 0} \frac{(2+h, 4\,(2+h)^2 + 2) - (2, 4\,.2^2 + 2)}{h}$$

$$= \lim_{h\to 0} \frac{(h, 16\,h + 4\,h^2)}{h} = \lim_{h\to 0}(1, 16 + 4h) = (1, 16).$$

Por fim, pelo Teorema: 3.4

$$\vec{F}'(t) = (1, 8t) \ \textit{donde} \ \ \vec{F}'(2) = (1, 16).$$

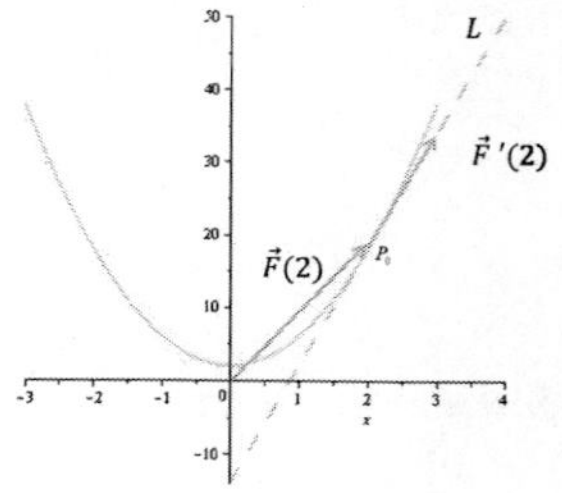

Figura 3.35: vetor tangente $\vec{F}'(2)$

Exemplo 3.27. A função vetorial: $\vec{f}(t) = \begin{cases} (-t, t+2), & t < 0; \\ (t, t+2), & t \geq 0. \end{cases}$ é diferenciável para qualquer $t \in \mathbb{R}$?

Derivando cada componente da função vetorial: $\vec{f}(t)$

$$\vec{f}'(t) = \begin{cases} (-1, 1), & t < 0; \\ (1, 1), & t \geq 0. \end{cases}$$

A função $\vec{f}'(t)$ está bem definida para todo $t \in \mathbb{R}$ inclusive para $t = 0$. É fácil verificar que $f(t)$ é contínua $\forall t \in \mathbb{R}$ e $\vec{f}'(t)$ não é contínua em $t = 0$. Podemos concluir também que a função vetorial $\vec{f}(t)$ é de classe C^1 exceto no ponto $(t = 0)$.

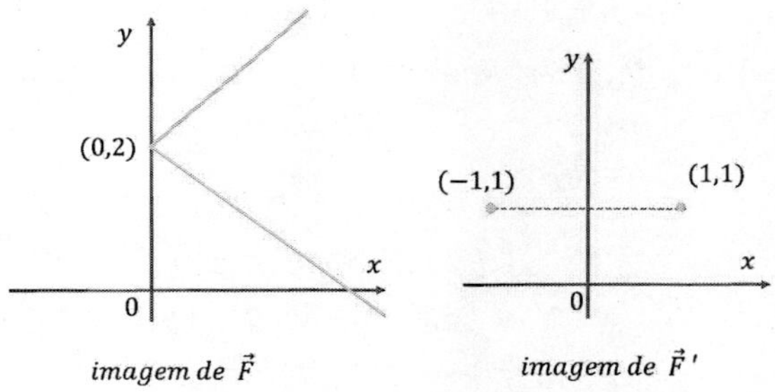

Figura 3.36:

Teorema 3.5. (Regras de Derivação) Sejam: $\vec{r}$ e $\vec{s}$ duas funções vetoriais deriváveis em $t \in I$, g uma função real e derivável em $t \in I$ e c uma constante, então:

1. $\dfrac{d}{dt}[\vec{r} \pm \vec{s}] = \vec{r'} \pm \vec{s'}$;

2. $\dfrac{d}{dt}[c\vec{r}] = c\vec{r'}$;

3. $\dfrac{d}{dt}[g(t)\vec{r}(t)] = g'(t)\vec{r}(t) + g(t)\vec{r'(t)}$;

4. $\dfrac{d}{dt} < \vec{r}, \vec{s} > = < \vec{r'}, \vec{s} > + < \vec{r}, \vec{s'} >$;

5. $\dfrac{d}{dt}(\vec{r}\times\vec{s}) = \left(\vec{r'}\times\vec{s}\right) + \left(\vec{r}\times\vec{s'}\right).$

6. $\dfrac{d}{dt}[\vec{r}(g(t))] = \vec{r'}(t)\,g'(t),\ Im(g)\subset Dom(\vec{r})$

Vamos provar as regras 1 e 3 do teorema: 3.5

Demonstração da regra 1

Aplicando a definição da derivada de funções vetoriais dada na equação 3.24, temos:

$$\frac{d}{dt}[\vec{r}+\vec{s}] = \lim_{h\to 0}\frac{(\vec{r}+\vec{s})(t+h)-(\vec{r}+\vec{s})(t)}{h}.$$

$$\frac{d}{dt}[\vec{r}+\vec{s}] = \lim_{h\to 0}\frac{\vec{r}(t+h)-\vec{r}(t)}{h} + \lim_{h\to 0}\frac{\vec{s}(t+h)-\vec{s}(t)}{h}.$$

$$\frac{d}{dt}[\vec{r}+\vec{s}] = \frac{d}{dt}[\vec{r}] + \frac{d}{dt}[\vec{s}].$$

Demonstração da regra 3

Se $g, \vec{r} = (r_1, r_2, r_3)$ são deriváveis em $I = Dom(g)\cap dom(\vec{r})$ e se

$$(g\vec{r})(t) = ((g\,r_1)(t), (g\,f_2)(t), (g\,f_3)(t))$$

então pelo teorema: 3.4

$$(g\vec{r})' = ((g\,r_1))', (g\,f_2))', (g\,f_3)')$$

Se a função $\vec{r}$ é derivável em I então suas funções coordenadas r_1, r_2, r_3 são deriváveis em I, então:

$$\begin{aligned}(g\vec{r})' &= (g'\,r_1 + g\,r_1', g'\,r_2 + g\,r_2', g'\,r_3 + g\,r_3')\\ &= (g'\,r_1, g'\,r_2, g'\,r_3) + (g\,r_1', g\,r_2', g\,r_3')\\ &= g'\ (r_1, r_2, r_3) + g\ (r_1', r_2', r_3')\\ &= g'\,\vec{r} + g\,\vec{r}\,' \end{aligned} \tag{3.25}$$

ou,

$$\frac{d}{dt}[g(t)\vec{r}(t)] = \frac{dg(t)}{dt}\,\vec{r}(t) + g(t)\,\frac{d\,\vec{r}(t)}{dt}$$

A demonstração das outras regras fica como exercício para o leitor.

Exemplo 3.28. Seja a função vetorial, $\vec{F}(t) = (3t, \cos\pi t, e^{3t})$. Determine: $\vec{F}'(1)$ e a equação da reta tangente à curva Γ definida pela função $\vec{F}(t)$ no ponto $P_0 = \vec{F}(1)$

Do teorema 3.4 temos:

$$\vec{F}'(t) = (f_1'(t), f_2'(t), f_3'(t)) = (3, -\pi\,\text{sen}\pi t, 3\,e^{3t}),$$

onde

$$\vec{F}'(1) = (f_1'(1), f_2'(1), f_3'(1)) = (3, -\pi\ \text{sen}\pi, 3\,e^3) = (3, 0, 3\,e^3).$$

Como $\vec{F}(1) = (3, -1, e^3)$ então a equação da reta tangente L é:

$$L = \{(x,y,z)\in\mathbb{R}^3;\ (x,y,z) = (3,-1,e^3) + \lambda(3,0,3\,e^3)\},\ \lambda\in\mathbb{R}\}$$

Exemplo 3.29. Suponha que $||\vec{r}(t)|| = c$ (constante). Então mostre que $\vec{r'}(t)$ e $\vec{r}(t)$ são vetores ortogonais.

Como $c^2 = ||\vec{r}(t)||^2 =< \vec{r}(t), \vec{r}(t) >$, então

$$\begin{aligned} \frac{d}{dt}(c^2) &= \frac{d}{dt} < \vec{r}(t), \vec{r}(t) > \\ 0 &=< \vec{r'}(t), \vec{r}(t) > + < \vec{r}(t), \vec{r'}(t) > \\ 0 &=< \vec{r'}(t), \vec{r}(t) > . \end{aligned}$$

Onde segue que: $\vec{r'}(t) \perp \vec{r}(t)$.

Por exemplo, considere a curva Γ definida pela função vetorial: $\vec{r}(t) = (a\,\text{sen}\theta, a\cos\theta, b)$ com $||\vec{r}(t)|| = \sqrt{a^2+b^2}$=constante, e

$$\vec{r}\,'(t) = (a\cos\theta, -a\,\text{sen}\theta, 0),$$

percebemos que $< \vec{r}(t), \vec{r}\,'(t) >= 0$, onde segue que $\vec{r'}(t)$ e $\vec{r}(t)$ sempre serão ortogonais, $\forall\, t$.

Exemplo 3.30. Calcule a derivada da função vetorial $\vec{f}(t) = (\cos t, \cos^6 t + \text{sen}t)$ que parametriza em sentido anti-horário a equação implícita $x^2 + (y - x^6)^2 = 1$.

$$\vec{f}\,'(t) = (-\,\text{sen}t, \cos t - 6\cos^5 t\,\text{sen}t).$$

A seguir os gráficos de $\vec{f}(t)$ e sua derivada $\vec{f}\,'(t)$.

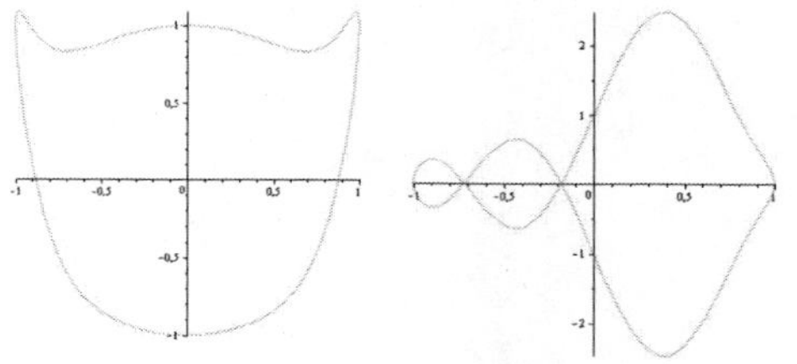

$\vec{f}(t)$ $\qquad$ $\vec{f}\,'(t)$

Figura 3.37:

Exemplo 3.31. Calcule a derivada da função vetorial:

$$\vec{f}(t) = \begin{cases} \vec{f_1}(t) = (t, t^{2/3} + \sqrt{1-t^2}), & -1 \le t \le 1; \\ \vec{f_2}(t) = (t, t^{2/3} - \sqrt{1-t^2}), & -1 \le t \le 1; \end{cases}$$

cuja imagem é dada pelo gráfico (3.38) e:

a) Determine em que pontos do seu domínio $\vec{f}\,'(t)$ não existe.

b) Analise a continuidade de $\vec{f}\,'(t)$.

Derivando cada componente em relação ao parâmetro t temos o seguinte resultado parcial:

$$\vec{f}\,'(t) = \begin{cases} \vec{f_1}\,'(t) = (1, \frac{2}{3}t^{-1/3} - \frac{t}{\sqrt{1-t^2}}), & -1 \le t \le 1; \\ \vec{f_2}\,'(t) = (1, \frac{2}{3}t^{-1/3} + \frac{t}{\sqrt{1-t^2}}), & -1 \le t \le 1; \end{cases} \qquad (3.26)$$

Os pontos importantes a considerar são :

$$A = \vec{f_1}(1) = \vec{f_2}(1) = (1,1),\ B = \vec{f_1}(-1) = \vec{f_2}(-1) = (-1,1),$$

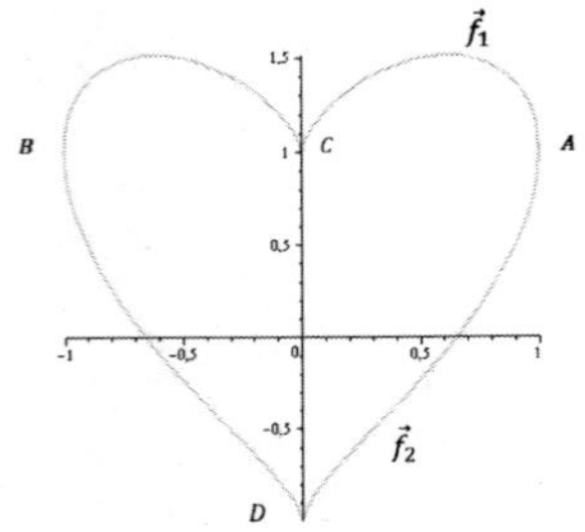

Figura 3.38: Gráfico da função coração em forma paramétrica

$$C = \vec{f_1}(0) = (0, 1), D = \vec{f_2}(0) = (0, -1).$$

De acordo com a equação (3.26), $\vec{f}'(t)$ não existe nos pontos A, B, C, D. Assim:

$$\vec{f}'(t) = \begin{cases} \vec{f_1}'(t) = (1, \frac{2}{3}t^{-1/3} - \frac{t}{\sqrt{1-t^2}}), & -1 < t < 0 \cup 0 < t < 1; \\ \vec{f_2}'(t) = (1, \frac{2}{3}t^{-1/3} + \frac{t}{\sqrt{1-t^2}}), & -1 < t < 0 \cup 0 < t < 1; \end{cases} \tag{3.27}$$

No ponto A:

$$\lim_{t \to 1^-} \vec{f_1}'(t) = (1, -\infty), \lim_{t \to 1^-} \vec{f_2}'(t) = (1, \infty),$$

No ponto B :

$$\lim_{t \to -1^+} \vec{f_1}'(t) = (1, \infty), \lim_{t \to -1^+} \vec{f_2}'(t) = (1, -\infty),$$

No ponto C:

$$\lim_{t \to 0^+} \vec{f_1}'(t) = (1, \infty), \lim_{t \to 0^-} \vec{f_1}'(t) = (1, -\infty),$$

No ponto D:

$$\lim_{t \to 0^+} \vec{f_2}'(t) = (1, \infty), \lim_{t \to 0^-} \vec{f_2}'(t) = (1, -\infty).$$

Assim, os limites laterais de $\vec{f}'(t)$ nos pontos A, B, C e D são diferentes, respectivamente. Finalmente, $\vec{f}'(t)$ não é contínua nos quatro pontos citados.

Definição 3.10. *Diferencial de uma função vetorial.*
Seja:

$$\begin{aligned} \vec{F} : \mathbb{R} &\to \mathbb{R}^n \\ t &= (f_1(t), f_2(t), ..., f_n(t)) \end{aligned}$$

define-se diferencial de $\vec{F}$, como sendo

$$d\vec{F}(t) = (df_1(t), df_2(t), ..., df_n(t)).$$

Proposição 3.2. Seja:

$$\begin{aligned} \vec{F} : \mathbb{R} &\to \mathbb{R}^n \\ t &\mapsto (f_1(t), f_2(t), ..., f_n(t)), \end{aligned}$$

então:

$$d\vec{F}(t) = (\frac{df_1(t)}{dt}, \frac{df_2(t)}{dt}, ..., \frac{df_n(t)}{dt})dt = \frac{d\vec{F}}{dt}dt$$

A demonstração é imediata.

Observação 3.6. O vetor $d\vec{F}(t)$ tem a mesma orientação que o vetor $\dfrac{d\vec{F}}{dt}$.

Exemplo 3.32. Seja $\vec{F}(t) = (x(t), y(t), z(t))$ então:

$$d\vec{F} = (dx, dy, dz) = (\dot{x}(t)\,dt, \dot{y}(t)\,dt, \dot{z}(t)\,dt) = \dot{\vec{F}}(t)\,dt$$

Exemplo 3.33. Para o caso particular $n = 2$, temos:

$$d\vec{F} = (dx, dy) \to d\vec{F}(t) = (dx(t), dy(t))$$

conforme figura (3.39)

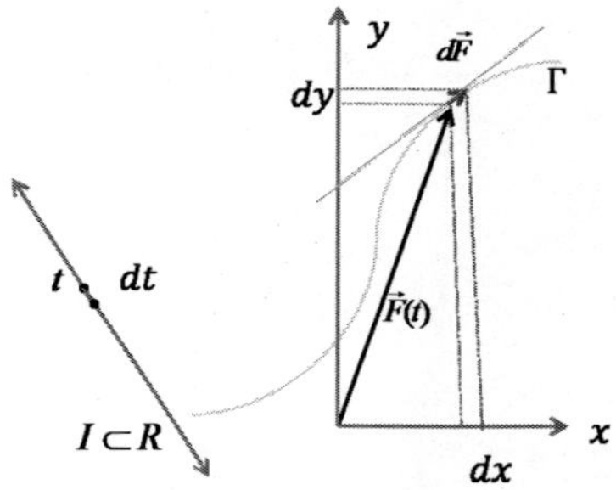

Figura 3.39: Diferencial $d\vec{F}$ em componentes

Nota 3.10. *Elemento diferencial de comprimento de arco.*

- Dado $\vec{F} : \mathbb{R} \to \mathbb{R}^3$, como $\frac{d\vec{F}}{dt}(t)$ é tangente à curva Γ definida por $\vec{F}$, o diferencial $d\vec{F}(t)$ também é tangente à curva Γ.
- A norma do vetor $d\vec{F}(t)$ é denominada de elemento diferencial de comprimento de arco ds, isto é: $||d\vec{F}(t)|| = ds$. Em termos dos componentes do $d\vec{F}$, temos

$$||d\vec{F}(t)|| = ds = \sqrt{\dot{x}(t)^2 + \dot{y}(t)^2 + \dot{z}(t)^2}dt$$

Exemplo 3.34. Considere uma partícula descrevendo uma trajetória definida pela função vetorial: $\vec{r}(t) = (4 + 20t, 8 - 10t^2)$.
1) Determine o elemento de comprimento de arco $||d\vec{r}(t)||, \forall\, t \in Dom(\vec{r})$.
2) Determine : $\vec{r}\,'(1), d\vec{r}(2)$

1. De acordo com a definição: 3.10

$$d\vec{r}(t) = \vec{r}\,'dt = (20, -20t)dt.$$

Em seguida, tomando a norma do vetor $d\vec{r}(t)$.

$$||d\vec{r}(t)|| = ds = \sqrt{(20)^2 + (-20t)^2}dt = 20\sqrt{1 + t^2}\,dt$$

2.

$$\vec{r}\,'(t) = (20, -20t) \to \vec{r}\,'(1) = (20, -20)$$

$$d\vec{r}(2) = (20, -40)dt$$

Exemplo 3.35. Determine a velocidade $\vec{V}(t)$ e a aceleração $\vec{a}(t)$ de uma partícula que descreva a seguinte curva (trajetória): $\vec{r}(t) = (2t, 4t, 10 + 10t - 5t^2)$, para todo instante t. E também determine o ângulo entre os dois vetores no instante $t = 2$.

$\vec{V}(t) = (d\vec{r})/dt = (2, 4, 10 - 10t)$, para todo instante t, de forma similar: $\vec{a}(t) = \dot{\vec{V}}(t) = (0, 0, -10)$.
No instante $t = 2$, temos: $\vec{V}(2) = (2, 4, -10)$, $\vec{a} = (0, 0, -10)$.
Calculando o módulo de cada vetor: $||\vec{V}(2)|| = 2\sqrt{30}$, $||\vec{a}|| = 10$.
O ângulo entre dois vetores se calcula a partir do produto escalar. $< \vec{V}(t), \vec{a}(t) >= (v_1a_1 + v_2a_2 + v_3a_3) = 20\sqrt{30}\cos\theta$, logo $100 = 2\sqrt{30}.10\cos\theta$, donde $\theta = \arccos(\frac{5}{\sqrt{30}})$.

Comentário . Este exemplo corresponde ao movimento parabólico realizado por uma partícula submetida unicamente à aceleração da gravidade $\vec{a} = \vec{g} = (0, 0, -10)$ Sendo a posição inicial $\vec{r}(0) = (0, 0, 10)$, e a velocidade inicial $\vec{V}(0) = (2, 4, 10)$.

Exemplo 3.36. Considere o movimento de uma partícula de acordo com a seguinte equação do movimento $\vec{r}(t) = (R\cos wt, R\,\mathrm{sen}wt)$. R e w são constantes numéricas.
a) Verifique que se trata de um movimento circular uniforme (MCU).
b) Provar que: $\vec{a}(t) = -w^2\vec{r}(t)$
c) Determinar $||d\vec{r}(t)||$
d) Verifique que: $< \vec{V}(t), \vec{a}(t) >= 0$, para todo instante do tempo.

a)
Sendo: $\vec{r}(t) = (R\cos wt, R\,\mathrm{sen}wt)$, então $||\vec{r}(t)|| = R$, isto é, a trajetória é tal que a distância da origem de coordenadas à posição da partícula em qualquer instante t é fixo e vale R. Sendo assim, o movimento é circular. Em seguida:

$$\vec{V}(t) = \frac{d\vec{r}}{dt} = (-Rw\,\mathrm{sen}wt, Rw\cos wt).$$

Calculando o módulo da velocidade:

$$||\vec{V}(t)|| = Rw,$$

observamos que o módulo da velocidade é constante para todo instante do tempo t. Isso significa que a partícula percorre comprimentos de arcos iguais em intervalos de tempos iguais, isto é, (MCU)

b)
Derivando a velocidade para obter a aceleração para todo instante t.

$$\vec{a}(t) = \frac{d\vec{V}}{dt} = (-Rw^2\cos wt, -Rw^2\,\mathrm{sen}wt)$$

$$= -w^2(R\cos wt, R\,\mathrm{sen}wt) = -w^2\vec{r}(t).$$

O que significa que a aceleração da partícula é sempre orientada na direção da origem de coordenadas em todo instante t.

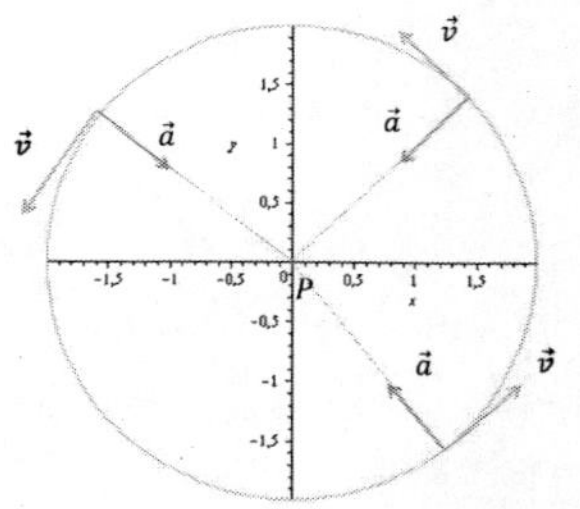

Figura 3.40: MCU

c)

$d\vec{r}(t) = \dfrac{d\vec{r}}{dt}dt = (-Rw\,\text{sen}wt, Rw\cos wt)dt$ logo,

$$||d\vec{r}(t)|| = ds = Rwdt = Rd\theta,$$

sendo $\theta = w\,t$ e w a chamada velocidade angular da partícula.

d)

$$< \vec{V}(t), \vec{a}(t) > = < (-Rw\,\text{sen}wt, Rw\cos wt), -w^2R(\cos wt, \text{sen}wt) >$$

$$< \vec{V}(t), \vec{a}(t) > = 0.$$

Isto é, a velocidade da partícula e sua aceleração são sempre ortogonais. Futuramente iremos estudar outras caraterísticas cinemáticas e geométricas deste movimento.

Exemplo 3.37. Seja uma partícula pontual que segue uma trajetória dada pela seguinte equação vetorial (cicloide): $\vec{r}(t) = (2t - 2\,\text{sen}t, 2 - 2\cos t)$. Determine a posição, velocidade e aceleração no instante $t = 0$, e $t = 5\pi/2$.

$$\vec{V}(t) = \frac{d\vec{r}}{dt} = (2 - 2\cos t, 2\,\text{sen}t).$$

$$\vec{a}(t) = \frac{d\vec{V}}{dt} = (2\,\text{sen}t, 2\cos t) \text{ } \textit{então} \text{ } ||\vec{a}(t)|| = 2, \forall\, t.$$

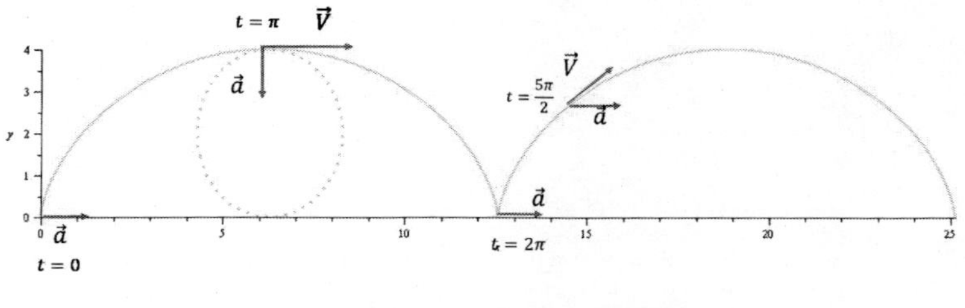

Figura 3.41: movimento cicloidal

A tabela a seguir permite saber como varia a posição, velocidade e aceleração ao longo do tempo.

t	$\vec{r}$	$\vec{V}$	$\vec{a}$
0	(0,0)	(0,0)	(0,2)
π	(2π,4)	(4,0)	(0,-2)
2π	(4π,0)	(0,0)	(0,2)
$5\pi/2$	(5π-2,2)	(2,2)	(2,0)

A velocidade instantânea muda com o tempo e é tangente à trajetória em cada instante t. A aceleração também varia com o tempo, entretanto, o módulo da aceleração é constante no tempo.
Comparando a forma de $\vec{r}(t)$ e a equação geral da cicloide (3.14) ($x = wRt - R\,\text{sen}t, y = R - R\cos t$), observamos que o raio do disco imaginário que gera a cicloide é $R = 2$ e $w = 1$.

Se $y(t) = 2 - 2\cos t = 0$ então: $t = 0, 2\pi, 4\pi, ...$ são os instantes em que a partícula no seu movimento cicloidal toca o plano horizontal, assim o período do movimento é $T = 2\pi$, nesse tempo o disco imaginário completa uma volta e percorre uma distância horizontal de valor $2\pi R{=}4\pi$ e este valor coincide com o valor obtido na tabela para $x(T = 2\pi)$

3.5 Integral de Funções Vetoriais

Podemos definir a integral de uma função vetorial da mesma forma como fizemos no caso de uma função real.

Definição 3.11. *Integral de funções vetoriais.*
Dada a função vetorial: $\vec{r}(t) = (r_1(t), r_2(t), \ldots, r_n(t)),\ t \in [a, b]$ e uma partição: $P = \{t_1 = a < t_2 < t_3 < .... < t_i < ... < t_{n+1} = b\}$. Diz-se que $\vec{r}$ é integrável em $[a, b]$ se o limite:

$$\lim_{n\to\infty}\sum_{i=1}^{n} \vec{r}(t_i^*)\Delta t_i,\ \ t_i^* \in [t_i, t_{i+1}], t_1 = a, t_{n+1} = b$$

existir. No caso, diz-se que:

$$\int_a^b \vec{r}(t)dt = \lim_{n\to\infty}\sum_{i=1}^{n} \vec{r}(t_i^*)\Delta t_i. \qquad (3.28)$$

Se $\vec{r}(t)$ é integrável, então o resultado da integral não deve depender do tipo de partição. É usual considerar partição homogênea para simplificar o processo de cálculo da integral.

da equação (3.28) temos:

$$\int_a^b \vec{r}(t)dt = \lim_{n\to\infty}\sum_{i=1}^{n} (r_1(t_i^*), r_2(t_i^*), .., r_n(t_i^*))\,\Delta t_i$$

ou:

$$\int_a^b \vec{r}(t)dt = \lim_{n\to\infty} (\sum_{i=1}^{n} r_1(t_i^*), \sum_{i=1}^{n} r_2(t_i^*), .., \sum_{i=1}^{n} r_n(t_i^*))\,\Delta t_i$$

$$\int_a^b \vec{r}(t)dt = (\lim_{n\to\infty}\sum_{i=1}^{n} r_1(t_i^*)\,\Delta t_i, \lim_{n\to\infty}\sum_{i=1}^{n} r_2(t_i^*)\,\Delta t_i, .., \lim_{n\to\infty}\sum_{i=1}^{n} r_n(t_i^*)\,\Delta t_i).$$

No lado direito temos a definição de integral definida para cada componente da função vetorial $\vec{r}(t)$ (cada uma delas é uma função real de variável real, cuja integrabilidade foi estudada no capítulo 2). Imediatamente segue uma definição alternativa da integral de uma função vetorial.

Definição 3.12.
Dada a função vetorial: $\vec{r}(t) = (r_1(t), r_2(t), \ldots, r_n(t)),\ t \in [a, b]$. Diz-se que $\vec{r}$ é integrável em $[a, b]$, se e somente se, cada função componente $r_i(t),\ i = 1, 2, \ldots, n$ é integrável em $[a, b]$ e

$$\int_a^b \vec{r}(t)dt = \left(\int_a^b r_1(t)dt, \int_a^b r_2(t)dt, \ldots, \int_a^b r_n(t)dt\right).$$

Exemplo 3.38. Seja $\vec{r}(t) = 2\cos t\vec{i} + 2\,\mathrm{sen}t\vec{j} + 3t\vec{k}$, então

$$\begin{aligned}\int_0^{2\pi} \vec{r}(t)dt &= \left(\int_0^{2\pi} 2\cos t dt, \int_0^{2\pi} 2\,\mathrm{sen}t dt, \int_0^{2\pi} 3t dt\right) = \\ &= \left(-2\,\mathrm{sen}t\Big|_0^{2\pi}, 2\cos t\Big|_0^{2\pi}, 3\frac{t^2}{2}\Big|_0^{2\pi}\right) = \\ &= (0, 0, 6\pi^2).\end{aligned}$$

Teorema 3.6. *Propriedade da integral de uma função vetorial.*
Considere $\vec{F}$ e $\vec{G}$ funções vetoriais contínuas (portanto integráveis) no intervalo $I = [a, b] = Dom\vec{F} \cap Dom\vec{G} \subset \mathbb{R}$ e sejam $a, b, c, d, \alpha, \beta$ constantes numéricas; então valem as seguintes propriedades.

1) $\displaystyle\int_a^b \vec{F}(t) = -\int_b^a \vec{F}(t)$

2) *Linearidade*

$$\int_a^b (\alpha\vec{F}(t) + \beta\vec{G}(t))dt = \alpha\int_a^b \vec{F}(t)\,dt + \beta\int_a^b \vec{F}(t)\,dt$$

3)

$$||\int_a^b \vec{F}(t)\,dt|| \leq \int_b^a |\vec{F}(t)|dt$$

As propriedades anteriores são facilmente obtidas transferindo a demonstração nas componentes das funções vetoriais envolvidas, e utilizando as propriedades de integral definida estudadas no segundo capítulo deste livro.
Apenas vamos demonstrar a propriedade 3 do teorema (3.6)
Da definição de integral definida de funções vetoriais, temos:

$$||\int_a^b \vec{F}(t)dt|| = ||\lim_{n\to\infty}\sum_{i=1}^{n} \vec{F}(t_i^*)\Delta t_i||,$$

$$||\int_a^b \vec{F}(t)dt|| = \lim_{n\to\infty}||\sum_{i=1}^{n} \vec{F}(t_i^*)\Delta t_i||,$$

Agora pela desigualdade triangular para n funções vetoriais:

$$\lim_{n\to\infty}||\sum_{i=1}^{n} \vec{F}(t_i^*)\Delta t_i|| \leq \lim_{n\to\infty}\sum_{i=1}^{n} ||\vec{F}(t_i^*)||\Delta t_i$$

como a função $\vec{F}(t)$ é contínua no seu domínio I, então a sua norma também é contínua em I e também será integrável, por isso,

$$\int_a^b ||\vec{F}(t)||dt = \lim_{n\to\infty} \sum_{i=1}^{n} ||\vec{F}(t_i^*)||\Delta t_i$$

está bem definida. Onde segue que

$$||\int_a^b \vec{F}(t)dt|| = \lim_{n\to\infty} ||\sum_{i=1}^{n} \vec{F}(t_i^*)\Delta t_i|| \leq \int_a^b ||\vec{F}(t)||dt. \blacksquare$$

Teorema 3.7. *(Primeiro Teorema Fundamental do Cálculo para funções vetoriais)*
Seja $\vec{F}$ uma função vetorial e contínua no intervalo $I = [a, b]$ e $c \in I$. E seja

$$\vec{H}(t) = \int_c^t \vec{F}(\tilde{t})\, d\tilde{t}$$

Então a função $\vec{H}(t)$ é diferenciável e:

$$\vec{H}\,'(t) = \vec{F}(t),\ \forall\, t \in I. \tag{3.29}$$

A demonstração é imediata, pois como $\vec{H}(t)$ é contínua em I, então as coordenadas $H_i(t), i = 1, 2, ...n$ também são contínuas em I. Logo, do primeiro teorema fundamental do cálculo para funções reais de variável real estudado no capítulo 2, a função $H_i(t)$ é diferenciável e vale $H_i'(t) = f_i(t)$, $\forall\, t \in I$, $i = 1, 2, ...n$. Ou seja, $\vec{H}\,'(t) = \vec{F}(t)$, $\forall\, t \in I$.

Teorema 3.8. *(Segundo Teorema Fundamental do Cálculo para funções vetoriais)*
Seja $\vec{F}$ uma função vetorial e contínua no intervalo $I = [a, b]$ e $c \in I$. Existe uma função $\vec{H}(t)$ (primitiva de $\vec{F}(t)$) então

$$\vec{H}\,'(t) = \vec{F}(t) \Leftrightarrow H\,'_i(t) = f_i(t),\ \forall\, i = 1, 2...n,\ t \in I.$$

e

$$\vec{H}(b) - \vec{H}(b) = \int_a^b \vec{F}(\tilde{t})\, d\tilde{t} \tag{3.30}$$

A demonstração deste teorema também é imediata, pois se a função vetorial é contínua em I então as suas funções coordenadas também são contínuas. Logo, vale o segundo teorema fundamental do cálculo para cada uma dessas funções coordenadas $f_i, i = 1, 2, ...n$. (funções reais de variável real). Assim, a prova é imediata. $\blacksquare$

Exemplo 3.39. Seja $\vec{H}(t) = \displaystyle\int_\pi^{\cos t} (\,\mathrm{senh}w, w^2)dw$. Calcule: $\vec{H}\,'(t)$.

$\dfrac{d}{dt}\vec{H}(t) = \dfrac{d}{dt}\left(\displaystyle\int_\pi^{\cos t} (\,\mathrm{senh}w, w^2)dw\right) = \dfrac{d}{dt}\left(\displaystyle\int_\pi^{y} (\,\mathrm{senh}w, w^2)dw\right)$, sendo $y = \cos t$. Pela regra da cadeia $\dfrac{d}{dt}\vec{H}(t) = \dfrac{d}{dy}(\left(\displaystyle\int_\pi^{y} (\,\mathrm{senh}w, w^2)dw\right)\dfrac{dy}{dt}$.

Da equação (3.29) (Primeiro Teorema fundamental do cálculo para funções vetoriais)

$$\frac{d}{dy}\left(\int_\pi^{y} (\,\mathrm{senh}w, w^2)dw\right) = (\,\mathrm{senh}y, y^2).$$

Assim:

$\dfrac{d}{dt}\vec{H}(t) = (\,\mathrm{senh}(\cos t), \cos^2 t)(-\,\mathrm{sen}t)$.

Proposição 3.3. *Propriedades de funções vetoriais*
Sejam $\vec{A}(t), \vec{B}(t), \vec{C}(t)$ funções vetoriais de $\mathbb{R}^3$ e $f(t)$ uma função real de variável real.

1. $$\vec{A}(t) \times \vec{B}(t) = -\vec{B}(t) \times \vec{A}(t)$$

2. $$< \vec{A}(t) \times \vec{B}(t), \vec{A}(t) >= 0, < \vec{A}(t) \times \vec{B}(t), \vec{B}(t) >= 0$$

3. $$(\vec{A}(t) \times \vec{B}(t))f(t) = (\vec{A}(t)f(t)) \times \vec{B}(t) = \vec{A}(t) \times (\vec{B}(t)f(t))$$

4. $$\frac{d}{dt}(\vec{A}(t) \times \vec{B}) = \frac{d\vec{A}(t)}{dt} \times \vec{B},$$

5. $$\int (\vec{A}(t) \times \vec{B})\, dt = (\int \vec{A}(t)\, dt \times \vec{B})$$

Nos itens 4 e 5: $\vec{B}$ é um vetor constante.

Exemplo 3.40. Encontrar a trajetória de uma partícula definida pela função vetorial $\vec{r}(t)$ que satisfaz $\dfrac{d\vec{r}(t)}{dt} = \vec{A} \times \vec{r}(t)$. Sendo $\vec{A}$ um vetor constante.

Multiplicando de forma escalar a equação $\dfrac{d\vec{r}(t)}{dt} = \vec{A} \times \vec{r}(t)$ pelo vetor $\vec{A}$ e utilizando a propriedade 2 da proposição (3.3) obtemos:
$< \dfrac{d\vec{r}(t)}{dt}, \vec{A} >=< \vec{A} \times \vec{r}(t), \vec{A} >= 0$, onde concluímos que a velocidade da partícula sempre será ortogonal ao vetor $\vec{A}$.
De forma similar, $< \dfrac{d\vec{r}(t)}{dt}, \vec{r}(t) >=< \vec{A} \times \vec{r}(t), \vec{r}(t) >= 0$

Do exemplo (3.29) temos que:

$$\frac{d}{dt}||\vec{r}(t)||^2 = \frac{d}{dt} < \vec{r}(t), \vec{r}(t) >= 2 < \frac{d}{dt}\vec{r}(t), \vec{r}(t) >,$$

portanto, $\frac{d}{dt}||\vec{r}(t)||^2 = 0$ onde $||\vec{r}(t)|| = constante.$

Podemos concluir então que o vetor $\vec{r}(t)$ descreve uma trajetória circular num plano ortogonal ao vetor $\vec{A}$, pois $\vec{r}(t) = \alpha(t)\vec{A}$ leva a uma contradição.

Exemplo 3.41. Determine:

$$I = \int_{-\infty}^{\infty} \frac{dz\, \hat{k} \times (\vec{A} - z\hat{k})}{||\vec{A} - z\hat{k}||^3},$$

sendo $\vec{A}$ um vetor constante.

Suponha $\vec{A} = (A_1, A_2, A_3)$, por isso, $\vec{A} - z\hat{k} = (A_1, A_2, A_3 - z)$ logo

$$\hat{k} \times (\vec{A} - z\hat{k}) = det \begin{pmatrix} \hat{i} & \hat{j} & \hat{k} \\ 0 & 0 & 1 \\ A_1 & A_2 & A_3 - z \end{pmatrix} = (-A_2, A_1, 0).$$

e

$$||\vec{A} - z\hat{k}|| = \sqrt{A_1^2 + A_2^2 + (A_3 - z)^2}$$

Substituindo:

$$\begin{aligned} I &= \int_{-\infty}^{\infty} \frac{dz\,\hat{k} \times (\vec{A} - z\hat{k})}{||\vec{A} - z\hat{k}||^3} = \int_{-\infty}^{\infty} \frac{dz\,(-A_2, A_1, 0)}{\sqrt{A_1^2 + A_2^2 + (A_3 - z)^2}^3}, \\ &= (-A_2, A_1, 0) \int_{-\infty}^{\infty} \frac{dz}{\sqrt{A_1^2 + A_2^2 + (A_3 - z)^2}^3} \end{aligned} \tag{3.31}$$

A seguir vamos redefinir $\rho^2 = A_1^2 + A_2^2$ e $A_3 - z = \rho\,\mathrm{tg}\theta$ onde $-dz = \rho \sec^2(\theta) d\theta$

$$\begin{aligned} \int_{-\infty}^{\infty} \frac{dz}{\sqrt{A_1^2 + A_2^2 + (A_3 - z)^2}^3} &= \int_{.}^{..} \frac{-\rho \sec^2(\theta) d\theta}{\sqrt{\rho^2 + \rho^2\,\mathrm{tg}\theta^2}^3} \\ &= \int_{.}^{..} \frac{-\cos\theta d\theta}{\rho^2} \end{aligned} \tag{3.32}$$

do fato que $A_3 - z = \rho\,\mathrm{tg}\theta \to \begin{cases} \theta \to \pi/2, & \text{se } z \to -\infty; \\ \theta \to -\pi/2, & \text{se } z \to \infty. \end{cases}$ segue que:

$$\int_{-\infty}^{\infty} \frac{dz}{\sqrt{A_1^2 + A_2^2 + (A_3 - z)^2}^3} = \int_{\pi/2}^{-\pi/2} \frac{-\cos\theta d\theta}{\rho^2} = \frac{2}{\rho^2}$$

Finalmente

$$I = (-A_2, A_1, 0)\frac{2}{\rho^2} = \frac{2\vec{k} \times \vec{A}}{\rho^2}.$$

Exemplo 3.42. *Aplicação em magnetostática*
Considere um cabo condutor Γ de forma arbitrária que conduz corrente elétrica de intensidade constante I. A corrente gera um campo magnético no espaço ao redor do cabo cuja intensidade se calcula da seguinte forma:

$$\vec{B}(P) = \frac{u_o I}{4\pi} \int_{\Gamma} d\vec{r}_1 \times \frac{(\vec{r}(P) - \vec{r}_1)}{||\vec{r}(P) - \vec{r}_1||^3} \tag{3.33}$$

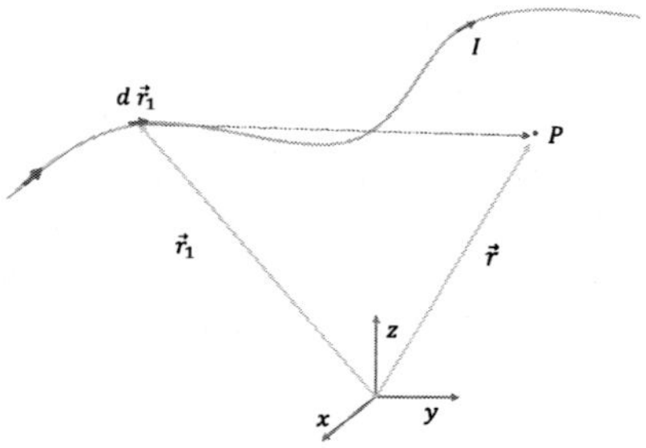

Figura 3.42: Intensidade de campo magnético em P

em que $P = \vec{r}(x, y, z)$ é o ponto do espaço $\mathbb{R}^3$ onde estamos determinando a intensidade de campo magnético B [5]. $d\vec{B}(P)$ é o elemento diferencial da intensidade de campo magnético

[5] A equação 3.33 é conhecida em física, como a *Lei de Biot-Savart*.

em P criado pelo vetor elemento diferencial de comprimento de arco $d\vec{r}_1$ localizado em $\vec{r}_1$ e orientado na direção da corrente. O vetor $\vec{r}_1$ descreve a curva Γ e u_0 é uma certa constante física.

Como aplicação imediata temos a seguinte situação: determine a intensidade do campo magnético em um ponto P arbitrário devido a um fio infinito vertical que conduz uma intensidade de corrente I constante.

Na figura (3.43), considere $\vec{r}(P) = (x, y, z)$, coordenadas do ponto P. Queremos determinar a intensidade de campo magnético $\vec{B}$.
Sejam $\vec{r}_1 = (x', y', z')$ as coordenadas do ponto onde se encontra o elemento diferencial de comprimento de arco $d\vec{r}_1$ que conduz a corrente elétrica I. Logo, $d\vec{r}_1 = z'\hat{k}$. Substituindo na fórmula da intensidade de campo $\vec{B}$ (3.33) obtemos:

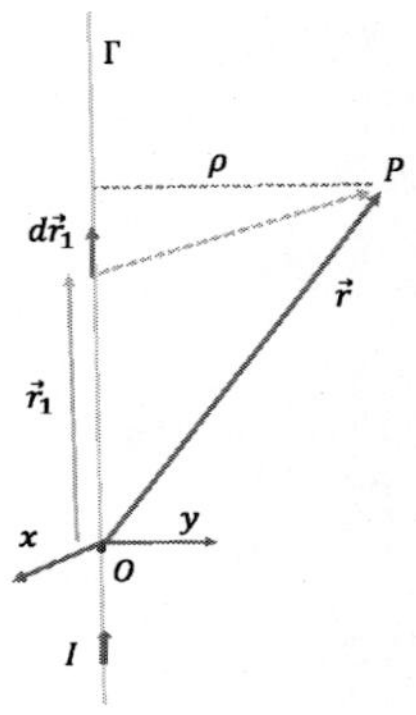

Figura 3.43: fio infinito com corrente I constante

$$\vec{B}(P) = \frac{u_o I}{4\pi} \int_\Gamma d\vec{r}_1 \times \frac{(\vec{r}(P) - \vec{r}_1)}{||\vec{r}(P) - \vec{r}_1||^3} = \frac{u_o I}{4\pi} \int_\Gamma dz'\hat{k} \times \frac{(\vec{r}(P) - z'\hat{k})}{||\vec{r}(P) - dz'\hat{k}||^3}$$

Considerando que a curva Γ que conduz a corrente elétrica é um fio vertical infinito, então $z' \to -\infty$ e $z' \to +\infty$, daí que:

$$\vec{B}(P) = \frac{u_o I}{4\pi} \int_{-\infty}^{\infty} dz'\hat{k} \times \frac{(\vec{r}(P) - z'\hat{k})}{||\vec{r}(P) - dz'\hat{k}||^3}.$$

Da igualdade anterior, salvo as constantes físicas, a integral imprópria do lado direito é a integral do exemplo (3.41), com a identificação $\vec{A} = \vec{r}(P), z = z'$. Assim:

$$\vec{B}(P) = \frac{u_o I}{2\pi} \frac{\hat{k} \times \vec{r}(P)}{\rho^2}.$$

Sendo ρ a distância ortogonal do ponto P (à direita do fio condutor) ao fio condutor vertical. Da igualdade anterior à orientação da intensidade de campo magnético $\vec{B}$ em P é entrando ao plano que contém o fio condutor e o ponto P. O módulo é:

$$||\vec{B}(P)|| = \frac{u_o I}{2\pi} || \frac{\hat{k} \times \vec{r}(P)}{\rho^2} || = \frac{u_o I}{2\pi} . \frac{1}{\rho}, \ \rho = \sqrt{x^2 + y^2}$$

3.5.1 Comprimento de Arco de Curvas

Como já foi apresentado na seção 1.15 do capítulo 1, definimos o comprimento do arco AB de uma curva espacial como sendo o limite para o qual tende o perímetro das linhas quebradas inscritas na curva, quando o número de lados destas linhas quebradas aumenta infinitamente, e portanto, o comprimento de cada linha tende para zero. De forma aproximada podemos dizer que (veja a figura (3.44)).

$$L_{AB} \approx \sum_{i=1}^{n} \overline{P_{i-1}P_i} = \sum_{i=1}^{n} \Delta S_i, \; portanto \; L_{AB} = \lim_{n\to\infty} (\sum_{i=1}^{n} \Delta S_i)$$

Quando $n \to \infty$ a distância entre dois pontos consecutivos $\overline{P_{i-1}P_i} = \Delta S_i$ (ao longo da curva Γ) se aproxima do elemento diferencial do comprimento de arco ds, isto é

$$L_{AB} = \int_A^B ds.$$

Da nota (3.10) concluímos que:

$$\int_A^B ds = \int_{t_0}^{t_n} ||\vec{dr}|| = \int_{t_0}^{t_n} ||\frac{d\vec{r}}{dt}||dt$$

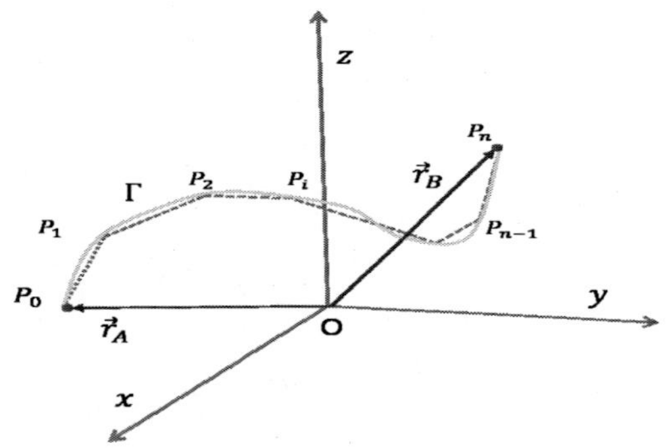

Figura 3.44: Comprimento de arco

Agora, formalizemos a definição de comprimento de arco:

Definição 3.13.
Seja Γ a curva espacial descrita pela função vetorial $\vec{r}(t) = (x(t), y(t), z(t))$. Definimos comprimento de arco da curva Γ desde o ponto $A = \vec{r}(t_A)$ até o ponto $B = \vec{r}(t_B)$ como sendo

$$\begin{aligned} L_{AB} &= \int_A^B ds = \int_{t_A}^{t_B} v(t)dt \\ &= \int_{t_A}^{t_B} \sqrt{\dot{x}^2(t) + \dot{y}^2(t) + \dot{z}^2(t)}\, dt, emque \qquad (3.34) \end{aligned}$$

$v(t)$ (*velocidade escalar*) é a norma do vetor velocidade $\dfrac{d\vec{r}}{dt} = (\dot{x}, \dot{y}, \dot{z})$.

Exemplo 3.43. Calcule o comprimento do arco da hélice circular definida pela equação $\vec{r} = 2\cos t\vec{i} + 2\,\mathrm{sen}t\vec{j} + 3t\vec{k}$ desde o ponto $A(2,0,0)$ até o ponto $B(0,2,\frac{3\pi}{2})$.

Primeiramente, calculamos o vetor tangente $\vec{r'} = (-2\,\mathrm{sen}t, 2\cos t, 3)$, logo:

$$||\vec{r'}(t)|| = v(t) = \sqrt{(-2\,\mathrm{sen}t)^2 + (2\cos t)^2 + 3^2} = \sqrt{13}.$$

O ponto $A(2,0,0)$ corresponde a $t=0$ e o ponto $B(0,2,\frac{3\pi}{2})$ corresponde a $t=\frac{\pi}{2}$. Por isso $t \in [0, \frac{\pi}{2}]$. Assim, pela fórmula: (3.34)

$$L_{AB} = \int_0^{\pi/2} v(t)dt = \int_0^{\pi/2} \sqrt{13}dt = \frac{\sqrt{13}\pi}{2}.$$

Exemplo 3.44. Calcule o comprimento do arco da parábola $y = x^2$ compreendido desde a origem $A=(0,0)$ até o ponto $B=(2,4)$.

A função vetorial associada à parábola $y = x^2$ é $\vec{r}(t) = (t, t^2)$ e usando a fórmula (3.34) mostrada acima:

$$L_{AB} = \int_0^2 \sqrt{\dot{x}^2(t) + \dot{y}^2(t)}dt = \int_0^2 \sqrt{1+4t^2}dt \overset{w=2t}{=} \frac{1}{2}\int_0^4 \sqrt{1+w^2}dw.$$

Usando a tabela de integração, encontramos que:

$$\int \sqrt{1+w^2}dw = \frac{1}{2}[w\sqrt{1+w^2} + \ln(w+\sqrt{1+w^2})] + C.$$

Portanto,

$$\begin{aligned} L_{AB} &= \frac{1}{2}\int_0^4 \sqrt{1+w^2}dw = \frac{1}{2}\left(\frac{1}{2}[w\sqrt{1+w^2} + \ln(w+\sqrt{1+w^2})]\right)\Big|_0^4 = \\ &= \frac{1}{4}[4\sqrt{1+16} + \ln(4+\sqrt{1+16})] = \\ &= \frac{1}{4}[4\sqrt{17} + \ln(4+\sqrt{17})]. \end{aligned}$$

A seguir enunciemos um resultado sobre a *invariância do comprimento de arco em relação à reparametrização que preserva orientação.*

Proposição 3.4. O comprimento de arco de uma curva arbitrária não depende da parametrização.

Seja Γ a curva espacial descrita pela função vetorial $\vec{r}(t) = (x(t), y(t), z(t)$, por isso, o comprimento de arco da curva Γ de $A = \vec{r}(t_A)$ até o ponto $B = \vec{r}(t_B)$ é dado por:

$$L_{AB} = \int_{t_A}^{t_B} ||\frac{d\vec{r}}{dt}||dt \tag{3.35}$$

Suponha a reparametrização $t \to \tilde{t} = \varphi(t)$, sendo $\varphi(t)$ uma função derivável em $I = [t_A, t_B]$ e $\frac{d\varphi(t)}{dt} > 0$ (isto preserva a orientação da parametrização). Logo, a curva Γ é descrita pela função vetorial:

$$\vec{r}(\tilde{t}) = (x(\tilde{t}), y(\tilde{t}), z(\tilde{t})$$

Portanto, o comprimento de arco da curva Γ de $A = \vec{r}(\tilde{t}_A)$ até o ponto $B = \vec{r}(\tilde{t}_B)$ é, por analogia com a equação (3.35),

$$\tilde{L}_{AB} = \int_{\tilde{t}_A}^{\tilde{t}_B} ||\frac{d\vec{r}}{d\tilde{t}}||d\tilde{t} \tag{3.36}$$

A questão é: será que as integrais (3.35) e (3.36) têm o mesmo valor? De:

$$\frac{d\,\vec{r}(\tilde{t})}{dt} = \frac{d\,\vec{r}(\varphi(t))}{dt},$$

e utilizando a propriedade da derivação de uma função vetorial composta:

$$\frac{d\,\vec{r}(\tilde{t})}{dt} = \frac{d\,\vec{r}(\varphi(t))}{dt} = \frac{d\,\vec{r}(\tilde{t})}{d\tilde{t}}\frac{d\varphi(t)}{dt}.$$

Agora aplicando a norma de cada lado da relação anterior, obtemos:

$$||\frac{d\,\vec{r}(t)}{dt}|| = ||\frac{d\,\vec{r}(\tilde{t})}{d\tilde{t}}\frac{d\varphi(t)}{dt}|| = ||\frac{d\,\vec{r}}{d\tilde{t}}|||\frac{d\varphi(t)}{dt}|.$$

Como $\dfrac{d\varphi(t)}{dt} > 0$ então:

$$||\frac{d\,\vec{r}(t)}{dt}|| = ||\frac{d\,\vec{r}(\tilde{t})}{d\tilde{t}}||\frac{d\varphi(t)}{dt}.$$

$$||\frac{d\,\vec{r}(t)}{dt}||dt = ||\frac{d\,\vec{r}(\tilde{t})}{d\tilde{t}}||\frac{d\varphi(t)}{dt}dt.$$

Sabemos que $d\tilde{t} = d\varphi(t) = \dfrac{d\varphi(t)}{dt}dt$ logo

$$||\frac{d\,\vec{r}(t)}{dt}||dt = ||\frac{d\,\vec{r}(\tilde{t})}{d\tilde{t}}||d\tilde{t}.$$

Substituindo na equação (3.35) e considerando que $t_A \to \varphi(t_A) = \tilde{t}_A$, $t_B \to \varphi(t_B) = \tilde{t}_B$ a integral (3.35) é idêntica à integral (3.36). ■

Exemplo 3.45. Calcule o comprimento de arco da cicloide, no período T, definida parametricamente pelas equações:

$$\begin{cases} x = R(t - \operatorname{sen} t); \\ y = R(1 - \cos t). \end{cases} \tag{3.37}$$

Cabe observar que basta tomar o ângulo t entre $(0, 2\pi)$ que corresponde a uma volta completa do círculo.

Como $x'(t) = R(1 - \cos t)$ e $y'(t) = R\,\text{sen}t$, segue pela fórmula (3.34):

$$\begin{aligned} L_{\text{ciclóide}} &= \int_0^{2\pi} \sqrt{[R(1-\cos t)]^2 + (R\,\text{sen}t)^2}dt = \\ &= \int_0^{2\pi} \sqrt{R^2(1 - 2\cos t + \cos^2) + R^2\,\text{sen}^2 t}dt = \\ &= \int_0^{2\pi} \sqrt{2R^2 - 2R^2\cos t}dt = \\ &= \sqrt{2}R\int_0^{2\pi}\sqrt{1-\cos t}dt = \sqrt{2}R\int_0^{2\pi}\sqrt{2\,\text{sen}^2\frac{t}{2}}dt = \\ &= 2R\int_0^{2\pi}\text{sen}\frac{t}{2}dt = -2R(2\cos\frac{t}{2})\Big|_0^{2\pi} = \\ &= 8R. \end{aligned}$$

Note que:
$\sqrt{2\,\text{sen}^2\frac{t}{2}} = |\sqrt{2}\,\text{sen}\frac{t}{2}| = \sqrt{2}\,\text{sen}\frac{t}{2}$, pois $\text{sen}\frac{t}{2} > 0$ para $0 < t/2 < \pi$.

Exemplo 3.46. Considere a função vetorial $\vec{r} = 2\cos t\vec{i} + 2\,\text{sen}t\vec{j} + 3t\vec{k}$ definida desde o ponto $A(2,0,0)$ até o ponto $B(0,2,\frac{3\pi}{2})$ da curva Γ (do exemplo (3.43)). Realize a reparametrização $t \to \tilde{t} = 2t + 3$ e calcule o comprimento de arco L_{AB} entre os mesmos pontos da curva Γ em termos de $\vec{r}(\tilde{t}\,)$.

Determinando os novos limites de integração

$$t \to \tilde{t} = \begin{cases} 3, & \text{se } t = 0; \\ \pi + 3, & \text{se } t = \pi/2. \end{cases}$$

Com a reparametrização, a função vetorial adota a forma a seguir:

$$\vec{r}(\tilde{t}) = 2\cos(\frac{\tilde{t}-3}{2})\vec{i} + 2\,\text{sen}(\frac{\tilde{t}-3}{2})\vec{j} + 3(\frac{\tilde{t}-3}{2})\vec{k},$$

derivando:

$$\vec{r'}(\tilde{t}) = -\,\text{sen}(\frac{\tilde{t}-3}{2})\vec{i} + \cos(\frac{\tilde{t}-3}{2})\vec{j} + \frac{3}{2})\vec{k}$$

onde:

$$||\vec{r'}(\tilde{t})|| = \sqrt{13/4},$$

por fim:

$$L_{AB} = \int_3^{\pi+3} ||\vec{r'}(\tilde{t})||d\tilde{t} = \int_3^{\pi+3} \frac{\sqrt{13}}{2}d\tilde{t}$$

$$L_{AB} = \frac{\sqrt{13}}{2}\pi.$$

O resultado comprova o enunciado da proposição: (3.4)

Proposição 3.5. O comprimento de arco entre dois pontos arbitrários A e B de uma curva Γ é maior ou igual a norma da diferença dos raios vetores dos pontos A e B.

Demonstração

Suponha que a curva Γ seja definida pela função vetorial $\vec{r}(t), t \in I = [a,b], A = \vec{r}(a), B = \vec{r}(b)$.
Vamos provar que $\displaystyle\int_a^b ds \geq ||\vec{r}(b) - \vec{r}(a)||$.
Por definição de comprimento de arco:

$$\int_{t_0}^{t_1} ds = \lim_{n\to\infty} \sum_{i=1}^{n} ||\triangle s_i||,$$

com a partição $P = \{t_1 = b < t_2 < t_3 < ..... < t_i < t_{i+1} < ..... < t_n < t_{n+1} = b\}$ de I. Em forma explícita:

$$\int_{t_0}^{t_1} ds = \lim_{n\to\infty} (||\vec{r}_{t_2} - \vec{r}_{t_1}|| + ||\vec{r}_{t_3} - \vec{r}_{t_2}|| + ...||\vec{r}_{t_{i+1}} - \vec{r}_{t_i}|| + ... + ||\vec{r}_{t_{n+1}} - \vec{r}_{t_n}||)$$

Por outro lado:

$$||\vec{r}(b) - \vec{r}(a)|| = ||\vec{r}(t_{n+1}) - \vec{r}(t_1)|| = ||\vec{r}_{t_{n+1}} - \vec{r}_{t_n} + \vec{r}_{t_n} - \vec{r}_{t_{n-1}} + \vec{r}_{t_{n-1}} + \dots - \vec{r}_{t_2} + \vec{r}_{t_2} - \vec{r}_{t_1}||$$

ou

$$||\vec{r}(b) - \vec{r}(a)|| = ||\vec{r}(t_{n+1}) - \vec{r}(t_1)|| = ||(\sum_{i=1}^{n} \vec{r}_{t_{i+1}} - \vec{r}_{t_i})||$$

Pela desigualdade triangular de vetores em: $\mathbb{R}^3$

$$||(\sum_{i=1}^{n} \vec{r}_{t_{i+1}} - \vec{r}_{t_i})|| \leq \sum_{i=1}^{n} ||\vec{r}_{t_{i+1}} - \vec{r}_{t_i}||$$

Se aumentarmos o número dos termos em ambos os lados da desigualdade anterior indefinidamente o sentido da desigualdade continua, assim:

$$\lim_{n\to\infty} ||(\sum_{i=1}^{n} \vec{r}_{t_{i+1}} - \vec{r}_{t_i})|| \leq \lim_{n\to\infty} \sum_{i=1}^{n} ||\vec{r}_{t_{i+1}} - \vec{r}_{t_i}||$$

logo:

$$||\vec{r}(t_{n+1}) - \vec{r}(t_1)|| = \lim_{n\to\infty} ||(\sum_{i=1}^{n} \vec{r}_{t_{i+1}} - \vec{r}_{t_i})|| \leq \lim_{n\to\infty} \sum_{i=1}^{n} ||\vec{r}_{t_{i+1}} - \vec{r}_{t_i}||$$

finalmente:

$$||\vec{r}(b) - \vec{r}(a)|| \leq \lim_{n\to\infty} \sum_{i=1}^{n} ||\vec{r}_{t_{i+1}} - \vec{r}_{t_i}|| = \int_a^b ds \ \blacksquare.$$

Exemplo 3.47. Calcule o perímetro da elipse $\dfrac{x^2}{a^2} + \dfrac{y^2}{b^2} = 1$. a e b são constantes numéricas, $a > b$.

Parametrizando a elipse $x = a\cos t, y = b\,\text{sen}t, t \in [0, 2\pi)$ e da equação (3.34), o perímetro da elipse é:

$$P_{Elipse} = \int_0^{2\pi} \sqrt{(-a\,\text{sen}t)^2 + (b\cos t)^2}dt = 4\int_0^{\frac{\pi}{2}} \sqrt{a^2\,\text{sen}^2 t + b^2\cos^2 t}dt$$

ou,

$$P_{Elipse} = 4a\int_0^{\frac{\pi}{2}} \sqrt{1 - (1 - \frac{b^2}{a^2})\cos^2 t dt}$$

Com o parâmetro auxiliar $k^2 = 1 - \frac{b^2}{a^2} > 0$,

$$P_{Elipse} = 4a\int_0^{\frac{\pi}{2}} \sqrt{1 - k^2\cos^2 t}dt = 4aE(k)$$

$E(k) = \displaystyle\int_0^{\frac{\pi}{2}} \sqrt{1 - k^2\cos^2 t}dt$ é a denominada integral elíptica de segundo tipo [18]. $E(k)$ Só pode ser calculado numericamente.

3.5.2 Função Comprimento de Arco

Definição 3.14. *Função comprimento de arco*
Quando queremos calcular o comprimento de uma curva regular definida pela função vetorial $\vec{r} = (x(t), y(t), z(t))$, $t \in [a, b]$, desde $\vec{r}(a)$ até $\vec{r}(t)$, com $t \in [a, b]$, estamos definindo a função comprimento de arco por:

$$s(t) = \int_a^t \sqrt{\dot{x}^2(t) + \dot{y}^2(t) + \dot{z}^2(t)}dt = \int_a^t v(t)dt, \qquad (3.38)$$

onde:

$$\frac{ds}{dt} = v(t).$$

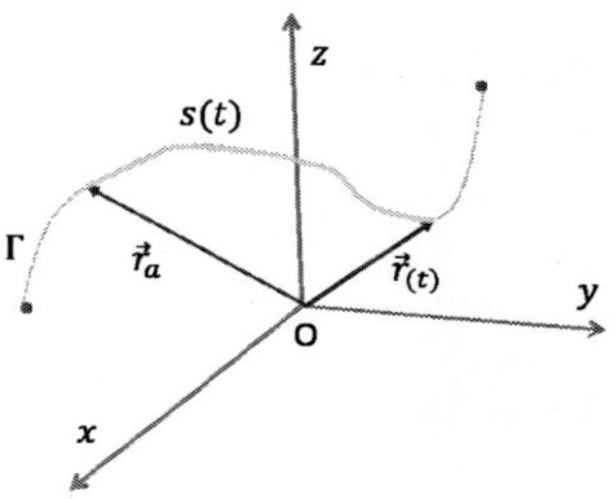

Figura 3.45: função comprimento de arco $s(t)$

Exemplo 3.48. Determine a função comprimento de arco da circunferência definida pela função vetorial: $\vec{r}(\theta) = (R\cos\theta, R\,\text{sen}\theta, 4)$

Como $\vec{r'}(\theta) = (-R\,\text{sen}\theta, R\cos\theta, 0) \to ||\vec{r'}(\theta)|| = R$ e utilizando a definição: 3.14

$$s(\theta) = \int_0^\theta ||\vec{r'}(\theta)||\, d\theta = \int_0^\theta R\, d\theta = R\theta.$$

Onde $\theta = \frac{S}{R}$. Por isso, reparametrizando a circunferência, com relação ao parâmetro s, temos

$$\vec{r}(s) = (R\cos(s/R), R\,\text{sen}(s/R), 4)$$

Em Geometria Diferencial, é mais natural usar o parâmetro comprimento de arco para parametrizar uma curva, pois muitas definições como curvatura, torção e triedro de Frenet, são definidas em termos da função comprimento de arco $s(t)$.

3.6 Curvatura de uma Curva

Uma ideia natural sobre a curvatura de uma curva é observar a variação do vetor tangente na vizinhança de cada ponto.

Na figura (3.46) temos uma curva plana Γ. No ponto a, a reta tangente aproxima a curva em um trecho longo da curva, no ponto b, para um trecho menor e do ponto c para um trecho muito pequeno.

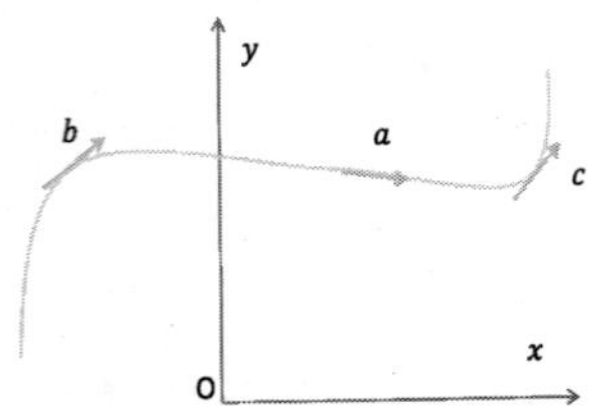

Figura 3.46: variação do vetor tangente ao longo da curva Γ

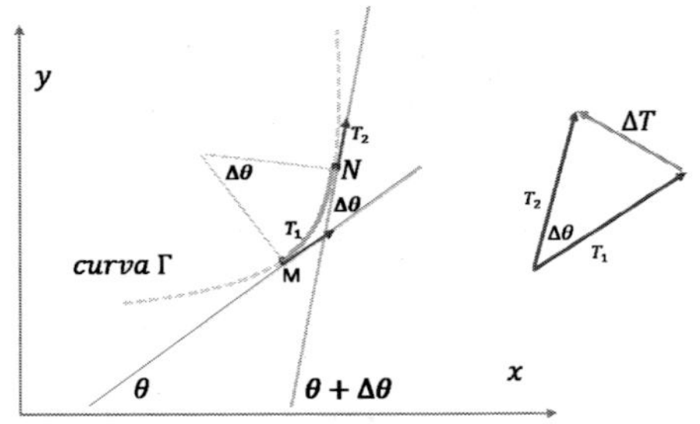

Figura 3.47: curvatura de uma curva plana $y = y(x)$

Assim, por exemplo, na figura(3.47) se θ é o ângulo que o vetor tangente unitário forma com o eixo das abscissas, podemos dizer que, dados dois arcos de mesmo comprimento Δs, um arco tem mais curvatura que o outro se a sua reta tangente muda de direção num ângulo maior. Ou seja, o incremento do ângulo $\Delta\theta$ é maior. Assim, conforme nos deslocamos de M a N, dependendo da maneira como se curva o trecho da curva, para cada unidade de comprimento de arco percorrido teremos uma maior ou menor variação do ângulo θ. Ou seja, a curvatura no ponto M vai medir a taxa de variação do ângulo que forma a reta tangente com o eixo x em relação ao comprimento de arco ΔS. Estas observações permitem introduzir a definição de curvatura em um ponto.

Definição 3.15. *Curvatura de curvas planas*
Seja Γ uma curva plana. Definimos a curvatura $K(s)$ como sendo a taxa de variação do coeficiente angular θ em relação ao comprimento de arco s, isto é:

$$K = \lim_{\Delta s \to 0} \frac{\Delta\theta}{\Delta s} = \left|\frac{d\theta}{ds}\right|.$$

No caso da circunferência de raio R, pela simetria da figura, se entende que a curva se fecha sempre no mesmo sentido de forma uniforme. Isto quer dizer que a curvatura é uma constante.

De fato,

$$K = \lim_{\Delta s \to 0} \frac{\Delta\theta}{\Delta s} = \lim_{\Delta s \to 0} \frac{\Delta\theta}{R\Delta\theta} = \frac{1}{R}.$$

De um modo mais formal, do exemplo (3.48) temos que a função comprimento de arco é $s = R\theta$ onde $\theta = \dfrac{s}{R}$

$$\frac{d\theta}{ds} = \frac{1}{R} \to K = ||\frac{d\theta}{ds}|| = \frac{1}{R}$$

Observação 3.7. Na circunferência vale:

- A curvatura é constante para todos seus pontos, isso coincide com nossa intuição inicial de chegar ao mesmo resultado baseado na simetria da circunferência.
- Como a curvatura K é inversamente proporcional a R, então círculos de raio maior possuem curvaturas menores e círculos de raio menor possuem curvaturas maiores.

Exemplo 3.49. Considere a reta $\vec{r}(t) = (x_0, 0) + t(\vec{V}),\ t \in \mathbb{R}, |\vec{V}| = v$. O ângulo formado pela reta com o eixo das abscissas é constante. Por isso, $s = vt$ vai aumentando. Portanto $K(s) = \dfrac{d\theta}{ds} = 0$. Isso significa que a reta plana tem curvatura constante e nula. Mais adiante vamos mostrar que a curvatura de uma reta no $\mathbb{R}^3$ também é nula.

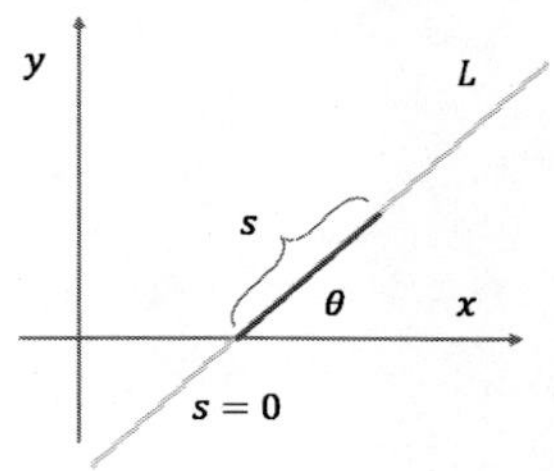

Figura 3.48: Um reta tem curvatura nula

Também podemos notar que a elipse definida pela equação

$$\frac{x^2}{a^2} + \frac{y^2}{b^2} = 1, \quad (a > b),$$

tem curvatura máxima nos dois extremos do eixo maior e curvatura mínima nos dois extremos do eixo menor, conforme veremos no Exemplo 3.53.

Teorema 3.9. Seja a curva Γ parametrizada com relação ao comprimento de arco, $\vec{r}(s)$. O vetor tangente $\vec{r'}(s) = \vec{T}(s)$ é unitário e a curvatura da curva Γ satisfaz:

$$K(s) = |\vec{r}''(s)|.$$

Pela definição de diferencial de uma função vetorial $d\vec{r}(s) = \vec{r'}(s)\, ds$ onde:

$|d\vec{r}(s)| = |\vec{r'}(s)|ds$ onde $ds = |\vec{r'}(s)|ds$. Segue que $|\vec{r'}(s)| = 1$, isto é, $\vec{T}(s) = \vec{r'}(s)$ é unitário.

Da figura (3.47) o triângulo formado pelos dois vetores tangentes $\vec{T_1}$ e $\vec{T_2}$ é isósceles, pois $|\vec{T_1}| = |\vec{T_2}| = T = 1$ (pois $\vec{T}$ é unitário). Por isso,

$$\Delta T \sim 2|T|\,\text{sen}(\Delta\theta/2).$$

Agora se $\Delta\theta \to 0$

$$\Delta T \sim |T|\Delta\theta \ ou\ dT = d\theta \ e\ |d\vec{T}| = |d\theta|$$

Pela definição de diferencial de uma função vetorial, temos:

$$d\vec{T} = \frac{d\vec{T}}{ds}ds \ \ onde \ \ |d\vec{T}| = |\frac{d\vec{T}}{ds}|ds$$

ou

$$|d\theta| = |\frac{d\vec{T}}{ds}|ds \tag{3.39}$$

Além disso, se: $\theta = \theta(s)$, então

$$d\theta = \frac{d\theta}{d\,s}ds \quad e \quad |d\theta| = |\frac{d\theta}{d\,s}|ds \tag{3.40}$$

da definição(3.15) de (3.40), temos :

$$|d\theta| = Kds \tag{3.41}$$

de 3.39 e 3.41 concluímos:

$$K(s) = |\frac{d\vec{T}}{ds}|. \tag{3.42}$$

e como $\vec{T}(s) = \vec{r'}(s)$ então, finalmente:

$$K(s) = |\vec{r}''(s)| \;\blacksquare \tag{3.43}$$

A equação 3.42 ou (3.43) vale não somente para curvas planas, mas também para curvas no $\mathbb{R}^3$.

> **Definição 3.16.** *Curvatura espacial K(s)*
> Considere uma curva espacial Γ definida pela função vetorial $\vec{r}(s) \in \mathbb{R}^3$. Definimos a curvatura $K(s)$ como sendo a taxa de variação do vetor unitário $\vec{T}$ em relação à função comprimento de arco s, isto é:
>
> $$K(s) = |\frac{d\vec{T}}{ds}|. \tag{3.44}$$

Exemplo 3.50. Considere a equação paramétrica de uma hélice circular $r(t) = (R\cos wt, R\,\text{sen}wt, ct)$. Reparametrize a hélice pelo comprimento de arco s e determine a curvatura $K(s)$ utilizando a equação (3.43).

No exercício (3.30) já foi calculado a função comprimento de arco relativo a esta curva, sendo $s = \sqrt{R^2w^2 + c^2}\,t$, onde $t = \dfrac{s}{\sqrt{R^2w^2 + c^2}}$. Reparametrizando $\vec{r}(t)$ temos:

$$\vec{r}(s) = (R\cos(\frac{w\,s}{\sqrt{R^2w^2 + c^2}}), R\,\text{sen}(\frac{w\,s}{\sqrt{R^2w^2 + c^2}}), \frac{c\,s}{\sqrt{R^2w^2 + c^2}})$$

derivando duas vezes, temos:

$$\vec{s}''(s) = (-\frac{R\,w^2}{R^2w^2 + c^2}\cos(\frac{w\,s}{\sqrt{R^2w^2 + c^2}}), -\frac{R\,w^2}{R^2w^2 + c^2}\,\text{sen}(\frac{w\,s}{\sqrt{R^2w^2 + c^2}}), 0)$$

$$\vec{s}''(t) = \frac{R\,w^2}{R^2w^2 + c^2}(-\cos(\frac{w\,s}{\sqrt{R^2w^2 + c^2}}), -\,\text{sen}(\frac{w\,s}{\sqrt{R^2w^2 + c^2}}), 0).$$

Pela fórmula 3.43

$$K(s) = ||\vec{r}''(s)|| = \frac{R\,w^2}{R^2\,w^2 + c^2}||(-\cos(\frac{w\,s}{\sqrt{R^2\,w^2 + c^2}}), -\,\text{sen}(\frac{w\,s}{\sqrt{R^2w^2 + c^2}}), 0)||$$

$$K(s) = \frac{R\,w^2}{R^2w^2 + c^2}.$$

Da fórmula anterior, a curvatura da hélice é constante e tem o mesmo valor independentemente do sinal da velocidade angular w.

3.7 Movimento Mecânico no $\mathbb{R}^3$

Consideremos uma partícula em movimento mecânico no espaço $\mathbb{R}^3$, sujeita à equação de movimento $\vec{r}(t)) = (x(t), y(t), z(t))$. O vetor $\vec{r}(t))$ indica a posição da partícula em relação a origem de coordenadas e t é o instante de tempo. Consideremos a curva Γ de classe C^2. Definimos $\vec{V}(t) = \vec{r}\,'(t)$ como sendo a velocidade da partícula,
$v(t) = |\vec{V}(t)|$ como sendo a norma do vetor velocidade ou simplesmente velocidade escalar.
$\vec{a} = \vec{r}\,''(t)$ a aceleração da partícula.

Definição 3.17. *Vetor unitário $\vec{T}$*
Seja Γ uma curva definida pela função vetorial $\vec{r}(t) = (x(t), y(t), z(t))$.
Definimos o vetor unitário $\vec{T}$, como sendo:

$$\vec{T}(t) = \frac{\vec{V}(t)}{|\vec{V}(t)|} \to \vec{V}(t) = v(t)\vec{T}(t) \tag{3.45}$$

$|\vec{T}(t)| = 1$, assim a norma do vetor $\vec{T}$ é constante, no entanto sua orientação varia com o tempo.
Como a função vetorial $\vec{T}$ tem norma constante, e do exercício (3.29) o vetor $\vec{T}$ é ortogonal a sua derivada $\vec{T}'(t)$, isto é:

$$< \vec{T}, \vec{T}' >= 0 \Leftrightarrow \vec{T} \perp \vec{T}'$$

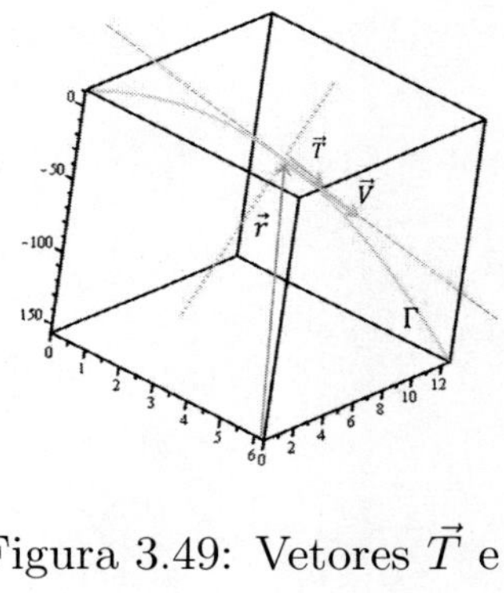

Figura 3.49: Vetores $\vec{T}$ e $\vec{V}$

Definição 3.18. *Vetor unitário* $\vec{N}$

Seja Γ uma curva definida pela função vetorial $\vec{r}(t) = (x(t), y(t), z(t))$. Definimos o vetor unitário $\vec{N}$, como sendo:

$$\vec{N}(t) = \frac{\vec{T}'(t)}{|\vec{T}'(t)|} \tag{3.46}$$

$|\vec{N}(t)| = 1$, assim a norma do vetor $\vec{N}$ é constante, no entanto sua orientação varia com o tempo.
Da relação anterior 3.46, o vetor $\vec{N}$ é paralelo a $\vec{T}'(t)$. Da definição anterior: (3.17)

$$< \vec{T}, \vec{N} >= 0 \Leftrightarrow \vec{T} \perp \vec{N}$$

e

$$< \vec{T}(t), \vec{T}(t) >= 1, \ < \vec{N}(t), \vec{N}(t) >= 1, \ < \vec{T}(t), \vec{N}(t) >= 0$$

O plano definido pelos vetores $\vec{T}$ e $\vec{N}$ se denomina *plano osculador* que varia continuamente no tempo t.

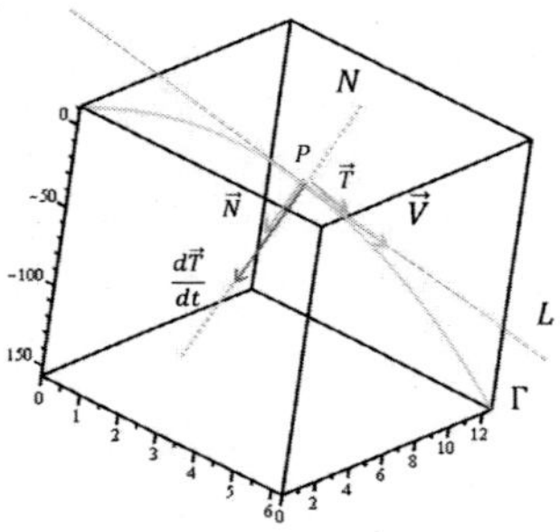

Figura 3.50: Vetores unitários $\vec{T}$ e $\vec{N}$

3.7.1 Aceleração Tangencial e Centrípeta

Nesta subseção iremos deduzir a relação analítica entre as propriedades geométricas de uma curva arbitrária no espaço $\mathbb{R}^3$ e as propriedades cinemáticas de uma partícula que descreve tal trajetória.
Derivando a função vetorial velocidade $\vec{V}(t) = v(t)\vec{T}(t)$, obtemos:

$$\vec{V}'(t) = \dot{v}(t)\vec{T}(t) + v(t)\vec{T}'(t)$$

Da equação (3.46) sabemos que $\vec{T}'(t) = |\vec{T}'(t)|\vec{N}(t)$ e substituindo na equação anterior, obtemos a equação da aceleração:

$$\vec{a}(t) = \dot{v}(t)\,\vec{T}(t) + v(t)\,|\vec{T}'(t)|\vec{N}(t) \tag{3.47}$$

Sabemos que $\vec{r}(t)$ pode ser reparametrizada pelo comprimento de arco s, ou seja, $\vec{r}(t) \rightarrow \vec{r}(s)$, isto é, existe uma função de reparametrização $s = s(t)$. De forma que também podemos trocar

$\vec{T}(t) \to \vec{T}(s)$. A seguir, utilizando a regra da cadeia, temos:

$$\vec{T}'(t) = \frac{d\vec{T}(s(t))}{ds}\,\frac{ds}{dt}$$

e como

$$\frac{ds}{dt} = v(t)$$

$$\vec{T}(t)' = \frac{d\vec{T}(s(t))}{ds}\,v(t)$$

Da equação (3.44) $|\frac{d\vec{T}(s(t))}{ds}| = K(t)$ então:

$$|\vec{T}(t)'| = K(t)\,v(t) \tag{3.48}$$

substituindo em (3.47) chegamos a seguinte definição para a aceleração:

$$\vec{a}(t) = \dot{v}(t)\,\vec{T}(t) + v(t)^2\,K(t)\vec{N}(t)$$

Em física é usual utilizar o *raio de curvatura* $\rho(t)$, ao invés da curvatura $K(t)$ definida do seguinte modo:

$$K(t) = \frac{1}{\rho(t)}$$

Deste modo os pontos da curva onde a curvatura é maior vão ter raio de curvatura menor e vice-versa. Assim, temos a fórmula alternativa mais conhecida pelos físicos:

$$\vec{a}(t) = \dot{v}(t)\,\vec{T}(t) + v(t)^2\,\frac{1}{\rho(t)}\vec{N}(t).$$

Na figura (3.51) facilmente observamos que:

$$K_P < K_R < K_Q \Leftrightarrow \rho_P > \rho_R > \rho_Q$$

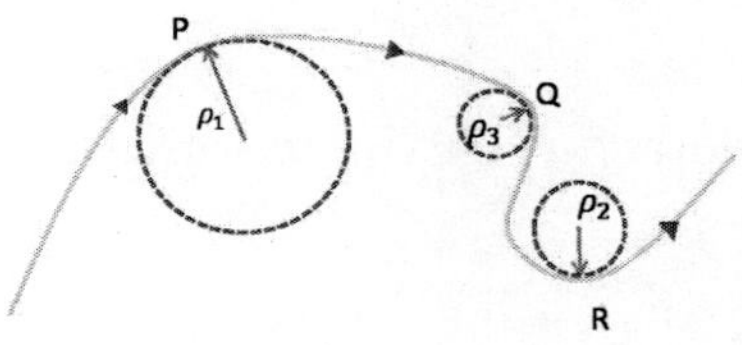

Figura 3.51: Raio de curvatura e curvatura

Agora vamos introduzir a definição de plano osculador.

Definição 3.19. *Plano osculador*
Define-se plano osculador de uma curva Γ definida pela função vetorial $\vec{r}(s)$, como sendo o plano gerado pelo vetor tangente unitário $\vec{T}(s)$ e pelo vetor normal unitário $\vec{N}(s)$ que passa pelo ponto $\vec{r}(s_o) = P$.

- ρ é o raio do *círculo osculador* que tangencia internamente a curva Γ num único ponto, no caso, P. (veja figura (3.52)).

- Em geral, numa curva espacial Γ, o plano osculador, junto com o círculo osculador, variam de ponto a ponto e inclusive de orientação. Na figura 3.52 podemos ver os vetores unitários $\vec{T}$, $\vec{N}$, o círculo osculador e o raio de curvatura ρ correspondente para o ponto P da curva Γ

- Na referência [19] se pode ver em forma de animação o comportamento do círculo osculador conforme nos deslocamos ao longo de qualquer curva.

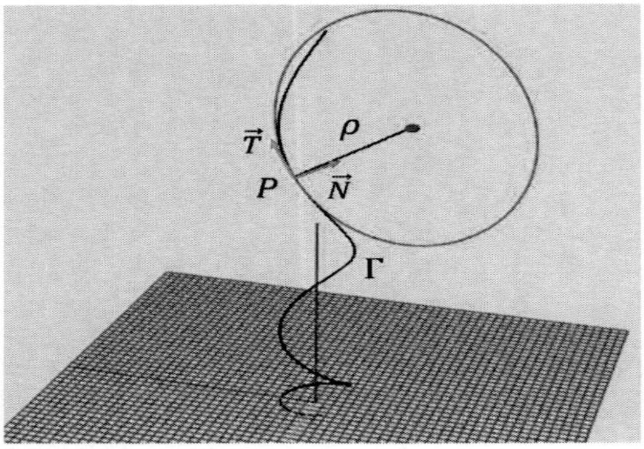

Figura 3.52: Plano osculador/Círculo osculador

Definição 3.20. *Aceleração centrípeta e aceleração tangencial*
Seja Γ uma curva definida pela função vetorial $\vec{r}(t) = (x(t), y(t), z(t))$ a trajetória de uma partícula pontual. Definimos a aceleração da partícula como segue:

$$\vec{a}(t) = \dot{v}(t)\,\vec{T}(t) + v(t)^2\,K(t)\vec{N}(t) \tag{3.49}$$

- Valor escalar da aceleração tangencial no instante t.

$$a_T(t) = \dot{v}(t)$$

- Módulo da aceleração centrípeta ou normal.

$$||\vec{a}_{cpta}|| = v(t)^2\,K(t) = \frac{v(t)^2}{\rho(t)}$$

- *Aceleração tangencial*

$$\vec{a}_T(t) = \dot{v}(t)\,\vec{T}(t)$$

- *Aceleração centrípeta*

$$\vec{a}_{cpta} = v(t)^2\,K(t)\vec{N}(t)$$

Em que $\vec{a}_T(t)$ mede a taxa de variação da velocidade escalar $v(t)$, e $\vec{a}_{cpta}(t)$ mede a taxa de variação da orientação da velocidade $\vec{V}(t)$.

Definição 3.21. *Curvatura* $K(s), K(t)$
Conforme foi visto ao longo desta seção, podemos calcular a curvatura de uma curva plana ou tridimensional pelas fórmulas:

- Se $\vec{r} = \vec{r}(s)$
$$|\frac{d\vec{T}}{ds}| = K(s) \tag{3.50}$$
- Se $\vec{r} = \vec{r}(s)$
$$K(s) = |\vec{r}''(s)| \tag{3.51}$$
- Se $\vec{r} = \vec{r}(t)$
$$K(t) = \frac{|\vec{T}'(t)|}{v(t)}, \tag{3.52}$$
esta última equação é proveniente da equação (3.48).

Exemplo 3.51. Encontre a curvatura do círculo de raio R.

Já foi mostrado acima que a curvatura do círculo de raio R é $\frac{1}{R}$. Agora usemos a fórmula (3.52) para chegar a este resultado.
Seja $\vec{r}(t) = R\cos wt\vec{i} + R\,\text{sen}wt\vec{j},\ t \in [0, \frac{2\pi}{w}]$ a parametrização do círculo de raio R.
Calculando $\vec{r'}(t) = -wR\,\text{sen}wt\vec{i} + wR\cos wt\vec{j}$ observamos $||\vec{r'}(t)|| = wR$. onde $T(t) = \frac{r'\vec{(t)}}{||\vec{r'}(t)||} = -\,\text{sen}wt\vec{i} + \cos wt\vec{j}$
e $T'(t) = -w\cos wt\vec{i} - w\,\text{sen}wt\vec{j}$ com $||T'(t)|| = w$.
Por fim
$$K(t) = \frac{||\vec{T'}(t)||}{||\vec{r'}(t)||} = \frac{w}{wR} = \frac{1}{R}.$$
Note que não importa se a trajetória é percorrida de forma mais ou menos rápida, pois a curvatura não depende da frequência angular w, visto que ela é constante. Concluímos, desta forma, que a curvatura $K(t)$ é uma característica geométrica da curva e não uma característica cinemática.

Exemplo 3.52. Considere a curva Γ definida pela função vetorial $r(t) = (t, -t, \frac{1}{2}t^2)$. Determine a curvatura $K(\sqrt{2})$ da curva Γ.

- Primeiro método
$\vec{V}(t) = \vec{r}'(t) = (1, -1, t)$ onde $||\vec{V}(t)|| = v(t) = \sqrt{2+t^2}$. Logo:
$$\vec{T}(t) = \frac{\vec{V}(t)}{v(t)} = \frac{(1,-1,t)}{\sqrt{2+t^2}} = \frac{1}{\sqrt{2+t^2}}\,(1,-1,t)$$
Derivando a função: $\vec{T}(t)$
$$\begin{aligned}\vec{T}\,'(t) &= (\frac{1}{\sqrt{2+t^2}})'\,(1,-1,t) + \frac{1}{\sqrt{2+t^2}}\,(1,-1,t),\\ &= \frac{-t}{(\sqrt{2+t^2})^3}\,(1,-1,t) + \frac{1}{\sqrt{2+t^2}}\,(0,0,1).\end{aligned}$$

Determinando no ponto $t = \sqrt{2}$:

$$\vec{T}'(\sqrt{2}) = \frac{-\sqrt{2}}{8}(1,-1,\sqrt{2}) + \frac{1}{2}(0,0,1) = (-\frac{\sqrt{2}}{8}, \frac{\sqrt{2}}{8}, \frac{1}{4})$$

$$||\vec{T}'(\sqrt{2})|| = \frac{1}{4}\sqrt{2},\ v(\sqrt{2}) = 2$$

da equação (3.52)

$$K(\sqrt{2}) = \frac{|\vec{T}'(\sqrt{2})|}{v(\sqrt{2})} = \frac{\sqrt{2}}{8}.$$

- Utilizando parâmetros cinemáticos:

$$\vec{V}(t) = \vec{r}'(t) = (1,-1,t) \to ||\vec{V}(t)|| = v(t) = \sqrt{2+t^2},$$

e

$$\vec{a}(t) = (0,0,1),$$

Logo,

$$\vec{T}(t) = \frac{\vec{V}(t)}{v(t)} = \frac{(1,-1,t)}{\sqrt{2+t^2}} = \frac{1}{\sqrt{2+t^2}}(1,-1,t)$$

Da definição (3.49), o valor escalar da aceleração tangencial é :

$$a_T(t) = \frac{d\,v(t)}{dt} = \frac{t}{\sqrt{2+t^2}}$$

Determinando em $t = \sqrt{2}$:

$$a_T(\sqrt{2}) = \frac{1}{\sqrt{2}},\ \vec{T}(\sqrt{2}) = \frac{1}{2}(1,-1,\sqrt{2}),\ v(\sqrt{2}) = 2.$$

Como também:

$$\vec{a}_T(t) = a_T(t)\vec{T}(t),\ \vec{a}(t) = \vec{a}_T(t) + \vec{a}_{cpta}(t),\ ||\vec{a}_{cpta}|| = v(t)^2\,K(t)$$

obtemos:

$$\vec{a}_T(\sqrt{2}) = a_T(\sqrt{2})\,\vec{T}(\sqrt{2}) = \frac{1}{\sqrt{2}}.\frac{1}{2}(1,-1,\sqrt{2}) = \frac{\sqrt{2}}{4}(1,-1,\sqrt{2})$$

logo:

$$\vec{a}_{cpta}(\sqrt{2}) = \vec{a}(\sqrt{2}) - \vec{a}_T(\sqrt{2}) = (0,0,1) - \frac{\sqrt{2}}{4}(1,-1,\sqrt{2}) = (-\frac{\sqrt{2}}{4}, \frac{\sqrt{2}}{4}, -\frac{1}{2}),$$

e

$$||\vec{a}_{cpta}(\sqrt{2})|| = \frac{\sqrt{2}}{2} = v^2(\sqrt{2})K(\sqrt{2}) = (2)^2K(\sqrt{2})$$

finalmente

$$K(\sqrt{2}) = \frac{\sqrt{2}}{8}.$$

Exemplo 3.53. Indique em quais pontos a curvatura da elipse é definida pela equação:

$$\frac{x^2}{a^2} + \frac{y^2}{b^2} = 1, \quad (a > b > 0),$$

ou pelas equações paramétricas:

$$x(t) = a\cos t, \; y(t) = b\,\text{sen}t, \; t \in [0, 2\pi],$$

atinge seu maior valor e seu menor valor.

Primeiramente, calculamos $\vec{r'}(t) = (-a\,\text{sen}t, b\cos t)$, logo o vetor tangente unitário $\vec{T}(t)$:

$$\vec{T}(t) = \frac{\vec{r'}(t)}{||\vec{r'}(t)||} = \left(\frac{-a\,\text{sen}t}{\sqrt{a^2\,\text{sen}^2t + b^2\cos^2 t}}, \frac{b\cos t}{\sqrt{a^2\,\text{sen}^2t + b^2\cos^2 t}}\right).$$

Agora calculamos $\vec{T'}(t)$:

$$\vec{T'}(t) = \left(\frac{-ab^2\cos t}{(a^2\,\text{sen}^2t + b^2\cos^2 t)^{3/2}}, \frac{-a^2b\,\text{sen}t}{(a^2\,\text{sen}^2t + b^2\cos^2 t)^{3/2}}\right).$$

Por fim,

$$\begin{aligned} K(t) &= \frac{||\vec{T'}(t)||}{||\vec{r'}(t)||} = \frac{\sqrt{\frac{a^2b^4\cos^2 t + a^4b^2\,\text{sen}^2 t}{(a^2\,\text{sen}^2t + b^2\cos^2 t)^3}}}{\sqrt{a^2\,\text{sen}^2t + b^2\cos^2 t}} = \\ &= \frac{\sqrt{\frac{a^2b^2}{(a^2\,\text{sen}^2t + b^2\cos^2 t)^2}}}{\sqrt{a^2\,\text{sen}^2t + b^2\cos^2 t}} = \\ &= \frac{ab}{\left(\sqrt{a^2\,\text{sen}^2t + b^2\cos^2 t}\right)^3}. \end{aligned}$$

Da figura (3.53), observamos que nos pontos $A(a, 0)$ e $C(-a, 0)$ que correspondem a $t = 0$ e $t = \pi$ respectivamente, a curvatura atinge seu máximo valor:

$$K\Big|_{\substack{t=0\\t=\pi}} = \frac{ab}{b^3} = \frac{a}{b^2}.$$

Também, observamos que nos pontos $B(0, b)$ e $C(0, -b)$ que correspondem a $t = \pi/2$ e $t = 3\pi/2$ respectivamente, a curvatura atinge seu mínimo valor:

$$K\Big|_{\substack{t=\pi/2\\t=3\pi/2}} = \frac{ab}{a^3} = \frac{b}{a^2}.$$

Note que se a parametrização da elipse fosse

$$x(t) = a\cos wt, \; y(t) = b\,\text{sen}(wt), \; t \in [0, \frac{2\pi}{w}], w > 0;$$

a fórmula da curva $K(t)$ seria a mesma (ver exercícios propostos).

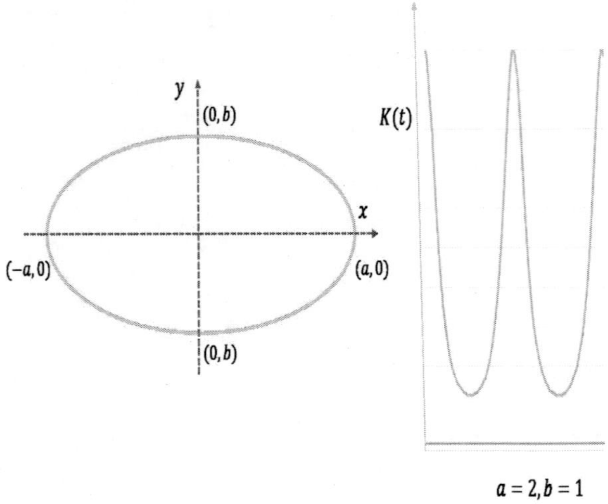

Figura 3.53: Curvatura da elipse $K(t)$

É importante observar que podemos expressar a fórmula (3.52) da seguinte forma:

Teorema 3.10. *Fórmula simplificada da curvatura*
Seja $\vec{r}(t) = x(t)\vec{i} + y(t)\vec{j} + z(t)\vec{k},\ t \in I \subset \mathbb{R}$ a equação vetorial da trajetória seguida por uma partícula. Então:

$$K(t) = \frac{||\vec{V}(t) \times \vec{a}(t)||}{v(t)^3}. \tag{3.53}$$

sendo $\vec{r}'(t) = \vec{V}(t)$, $\vec{r}''(t) = \vec{a}(t)$, $v(t) = ||\vec{V}(t)||$.

Demonstração
Da equação: (3.49):

$$\vec{V}(t) \times \vec{a}(t) = \vec{V}(t) \times (\dot{v}(t)\,\vec{T}(t)) + \vec{V}(t) \times (v(t)^2\,K(t)\vec{N}(t)),$$

deixando em evidência as funções escalares:

$$\vec{V}(t) \times \vec{a}(t) = \dot{v}(t)\,\vec{V}(t) \times \,\vec{T}(t) + v(t)^2\,K(t)\,\vec{V}(t) \times \,\vec{N}(t)), \tag{3.54}$$

como:

$$\vec{V}(t)//\vec{T}(t) \to \vec{V}(t) \times \,\vec{T}(t) = \vec{0}$$

Substituindo em (3.54):

$$\vec{V}(t) \times \vec{a}(t) = v(t)^2\,K(t)\,\vec{V}(t) \times \,\vec{N}(t)), \tag{3.55}$$

tomando a norma em ambos os lados da equação anterior:

$$||\vec{V}(t) \times \vec{a}(t)|| = ||v(t)^2\,K(t)\,\vec{V}(t) \times \,\vec{N}(t))||,$$

porém,

$$||\vec{V}(t) \times \,\vec{N}(t)|| = v(t),$$

pois $\vec{N}(t)$ é vetor unitário. Finalmente:

$$||\vec{V}(t) \times \vec{a}(t)|| = v(t)^3\,K(t).$$

Proposição 3.6. *Fórmula simplificada da aceleração tangencial*
Seja $\vec{r}(t) = x(t)\vec{i} + y(t)\vec{j} + z(t)\vec{k},\ t \in I \subset \mathbb{R}$ a equação vetorial da trajetória seguida por uma partícula [6]. Então:

$$a_T(t) = < \vec{a}(t), \vec{T}(t) > \to \vec{a}_T(t) = (< \vec{a}(t), \vec{T}(t) >)\vec{T} \tag{3.56}$$

A demonstração da proposição (3.6) é deixada como exercício para o leitor (ver exercício 3.32)

Exemplo 3.54. Calcule a curvatura da curva Γ definida pelas equações paramétricas:

$$x(t) = a\cosh t,\ y(t) = a\,\text{senh}t,\ z(t) = at,\ t \in \mathbb{R}, a > 0.$$

Antes de usar a fórmula (3.53), calculemos: $\vec{r}'(t), \vec{r}''(t), \vec{r}'(t) \times \vec{r}''(t),\ ||\vec{r}'(t) \times \vec{r}''(t)||$ e $||\vec{r}'(t)||$.

$$\begin{aligned}
\vec{r}'(t) &= a\,\text{senh}t\vec{i} + a\cosh t\vec{j} + a\vec{k} \\
\vec{r}''(t) &= a\cosh t\vec{i} + a\,\text{senh}t\vec{j} + 0\vec{k} \\
\vec{r}'(t) \times \vec{r}''(t) &= a^2\,\text{senh}t\vec{i} + a^2\cosh t\vec{j} - a^2\vec{k}; \\
||\vec{r}'(t) \times \vec{r}''(t)|| &= \sqrt{2}\,a^2\cosh t;\ \text{pois} \cosh^2 t = 1 + \text{senh}^2 t. \\
||\vec{r}'(t)|| &= \sqrt{a^2\,\text{senh}^2 t + a^2\cosh^2 t + a^2} = \sqrt{2}\,a\cosh t
\end{aligned}$$

Por fim

$$K(t) = \frac{1}{2a\cosh^2 t}.$$

De acordo com o resultado anterior, a curvatura é máxima em $t = 0$ e por sua vez ali o raio de curvatura $\rho(t) = \frac{1}{K(t)}$ é mínimo (ver figura (3.54)).

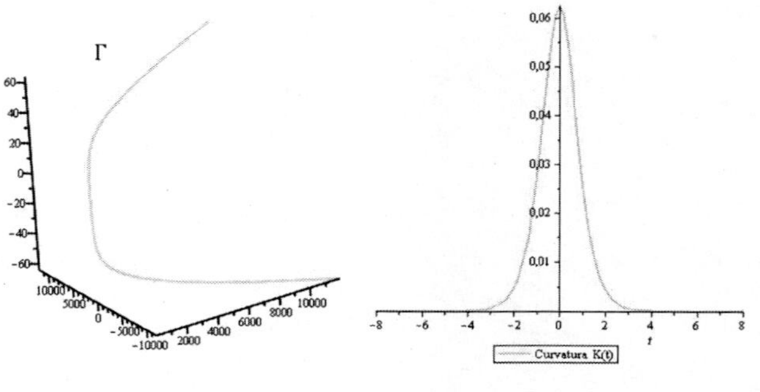

Figura 3.54: Curva Γ e sua curvatura $K(t), a = 8$.

O comportamento da curvatura e outros parâmetros geométricos e cinemáticos em qualquer curva, incluindo a elipse e outras curvas conhecidas, pode ser visualizado online e de forma autodidática na referência [19].

Exemplo 3.55. Considere a parábola $\Gamma : y = 4 - x^2, x \in \mathbb{R}$, no ponto $P = (1, 3)$ da curva Γ determine:
a) Aceleração tangencial, aceleração centrípeta.
b) A curvatura K
c) As coordenadas do centro osculador.

[6] Para determinar a aceleração centrípeta basta calcular primeiro a aceleração $\vec{a}$ e a aceleração tangencial $\vec{a}_T$, logo de imediato $\vec{a}_{cpta} = \vec{a} - \vec{a}_T$

Parametrizando convenientemente para facilitar a conta, $x = t, y = 4 - t^2$ então a função vetorial que descreve a parábola é

$$\vec{r}(t) = (t, 4 - t^2) \to \vec{V}(t) = (1, -2t) \to \vec{a}(t) = (0, -2).$$

Logo

$$\vec{r}(1) = (1, 3) = P \to t = 1 \to v(1) = \sqrt{5},\ a(1) = 2.$$

vetor unitário $\vec{T}$:

$$\vec{T}(1) = \frac{\vec{V}(1)}{v(1)} = \frac{(1, -2)}{\sqrt{5}}.$$

a) : Da proposição (3.56) em $t = 1$:

$$a_T(1) =< \vec{a}\,(1), \vec{T}(1) >=< (0, -2), (\frac{(1, -2)}{\sqrt{5}}) >= \frac{4}{\sqrt{5}}$$

logo

$$\vec{a}_T\,(1) = a_T(1)\,\vec{T}(1) = \frac{4}{\sqrt{5}}\frac{(1, -2)}{\sqrt{5}} = \frac{4}{5}(1, -2)$$

$$\vec{a}_{cpta}(1) = \vec{a}\,(1) - \vec{a}_T\,(1) = (0, -2) - \frac{4}{5}(1, -2) = (-4/5, -2/5).$$

b) Aproveitando pra determinar a curvatura em $t = 1$. Do item 3 da definição (3.20)

$$||\vec{a}_{cpta}(t)|| = v(t)^2 K(t) \to ||\vec{a}_{cpta}(1)|| = v(1)^2 K(1) \to K(1) = \frac{2\sqrt{5}}{25}$$

c) Para determinar a localização do centro osculador precisamos determinar o vetor unitário $\vec{N}(t)$ em t=1. Isto é fácil, pois $\vec{N}(t)//\vec{a}_{cpta}(t), \forall\, t$, logo:

$$\vec{N}(1) = \frac{\vec{a}_{cpta}(1)}{||\vec{a}_{cpta}(1)||} = \frac{(-4/5, -2/5)}{\frac{2\sqrt{5}}{5}} = \frac{(-2, 1)}{\sqrt{5}}$$

O centro osculador $O_{c.o.}$ é o centro do círculo osculador (localizado no plano formado pelos vetores unitários $\vec{T}$ e $\vec{N}$) cujo raio é $\rho(1) = \dfrac{1}{K(1)}$ (ver figura (3.55)). Assim, por questões geométricas,

$$O_{c.o.}(t) = P(t) + \rho\vec{N}(t)$$

em $t = 1$

$$O_{c.o.}(1) = P(1) + \rho\vec{N}(1) = (1, 3) + \frac{5\sqrt{5}}{2}\frac{(-2, 1)}{\sqrt{5}} = (-4, \frac{11}{2}).$$

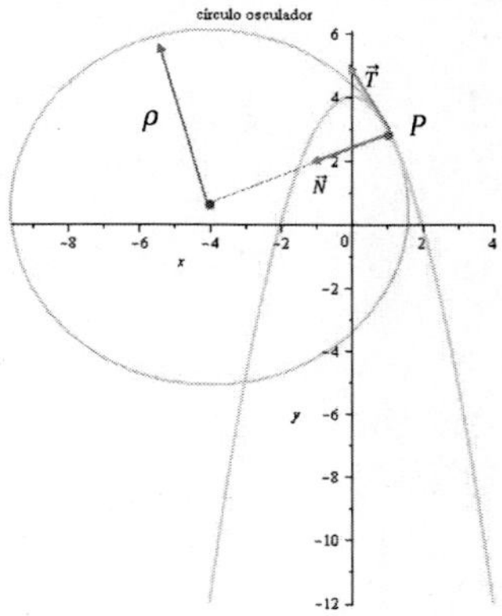

Figura 3.55: Círculo osculador em P

3.8 Torção de uma Curva. Triedro de Frenet

Para curvas tridimensionais introduzimos uma nova definição, torção, que mede quanto ela está girando para fora do plano osculador, ou seja, com que taxa de rapidez deixa de ser uma curva plana.

Seja Γ uma curva parametrizada pelo comprimento de arco: $\vec{r}(s) = x(s)\vec{i} + y(s)\vec{j} + z(s)\vec{k}$.

Definição 3.22. O vetor binormal é definido como sendo:

$$\vec{B}(s) = \vec{T}(s) \times \vec{N}(s). \tag{3.57}$$

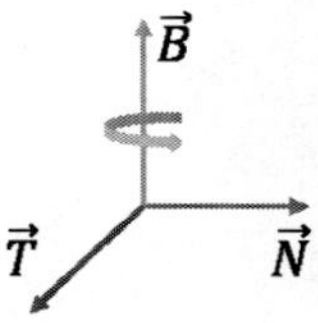

Figura 3.56: Triedro de Frenet

Agora queremos medir quanto a curva se entorta com relação ao plano osculador (plano formado pelos vetores unitários $\vec{T}$ e $\vec{N}$).

Das definição 3.22 vemos que o vetor binormal $\vec{B}(s)$ é ortogonal a $\vec{T}(s)$ e $\vec{N}(s)$ simultaneamente, e portanto, o vetor binormal $\vec{B}(s)$ é ortogonal ao plano osculador.

Calculemos $\vec{B}'(s)$. Derivando a expressão (3.22) com relação a s:

$$\vec{B}'(s) = \vec{T}'(s) \times \vec{N}(s) + \vec{T}(s) \times \vec{N}'(s) = \vec{T}(s) \times \vec{N}'(s),$$

pois $\vec{T}'(s)$ é paralelo ao vetor $\vec{N}(s)$. Também, como $\vec{N}'(s) \perp \vec{N}(s)$ e $\vec{T}(s) \perp \vec{N}(s)$, segue que: $\vec{B}'(s)$ é paralelo ao vetor $\vec{N}(s)$. Isto significa que existe uma função escalar $\tau(s)$ tal que:

$$\vec{B}'(s) = -\tau(s)\vec{N}(s).$$

$\tau(s)$ chama-se torção da curva Γ em $\vec{r}(s)$. Multiplicando de forma escalar pelo vetor unitário $\vec{N}$ a equação anterior:

$$< \vec{B}'(s), \vec{N}(s) >= -\tau(s) < \vec{N}(s), \vec{N}(s) >$$

E como $< \vec{N}(s), \vec{N}(s) >= 1$, chegamos a definição a seguir

Definição 3.23. *Torção de uma curva*
Seja Γ uma curva parametrizada pelo comprimento de arco: $\vec{r}(s) = x(s)\vec{i} + y(s)\vec{j} + z(s)\vec{k}$, logo define-se torção $\tau(s)$ como segue:

$$\tau(s) = - < \vec{B}'(s), \vec{N}(s) >$$

- Note que se a curva Γ está contida completamente num plano, que no caso coincidiria com o plano osculador, então o vetor binormal $\vec{B}(s)$ não varia ao longo da curva, logo $\vec{B}'(s) = 0$, $\forall s$ e daí que

$$\tau(s) = 0, \ \forall s$$

  Isto vale, por exemplo, para a cicloide, uma linha reta, uma circunferência, etc, pois todas elas estão contidas num plano.

- Como o vetor binormal é unitário, então $||\vec{B}(s)|| = 1$, logo ele varia sua orientação em uma unidade. Daí podemos concluir que *se a taxa de variação do vetor binormal em $s \in \Gamma$ não é nula então a torção $\tau(s)$ também não é nula.*

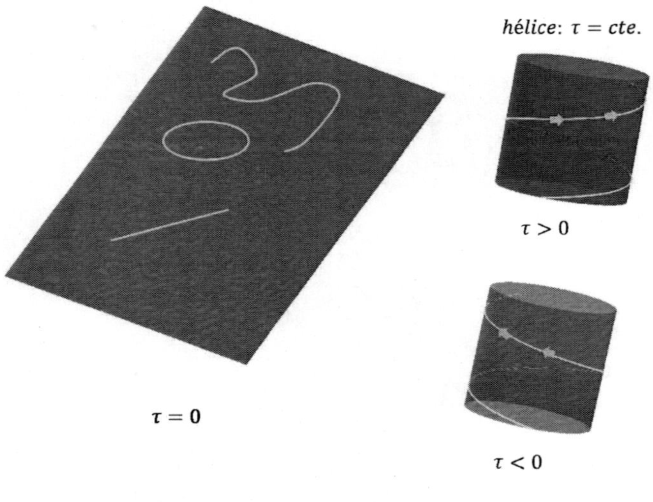

Figura 3.57: Torção para curvas no $\mathbb{R}^3$

Proposição 3.7. A torção $\tau(s)$ tem a seguinte fórmula alternativa:

$$\tau(t) = -\frac{1}{v(t)} < \vec{B}'(t), \vec{N}(t) > \tag{3.58}$$

sendo $v(t)$ a velocidade escalar associada a curva Γ.

Demonstração
Da definição (3.23) e utilizando a regra da cadeia da derivação de funções vetoriais, prove que:

$$\frac{d\vec{B}(s(t))}{dt} = \frac{d\vec{B}(s(t))}{ds}\frac{ds}{dt} = \frac{d\vec{B}(s(t))}{ds}v(t)$$

$$\frac{1}{v(t)}\frac{d\vec{B}(s(t))}{ds} = \frac{d\vec{B}(s(t))}{ds}$$

$$< \frac{1}{v(t)}\frac{d\vec{B}(s(t))}{dt}, \vec{N}(s) >=< \frac{d\vec{B}(s(t))}{ds}, \vec{N}(s) >$$

$$< \frac{1}{v(t)}\frac{d\vec{B}(t)}{dt}, \vec{N}(t) >=< \frac{d\vec{B}(s(t))}{ds}, \vec{N}(s) >$$

finalmente chegamos à fórmula (3.58)

Exemplo 3.56. Considere uma partícula descrevendo uma hélice definida pela função vetorial:

$$\vec{r}(t) = (R\,\text{sen}wt, R\cos wt, c\,t)$$

a) Determine a aceleração total, a aceleração tangencial e a aceleração centrípeta para todo instante do tempo t.
b) Calcular a curvatura $K(t)$ e torção $\tau(t)$ para todo valor de t. R, w e c são constantes numéricas arbitrárias. Verifique que estes dois parâmetros geométricos da hélice são constantes e têm os seguintes valores:

$$K(t) = \frac{R\,w^2}{(wR)^2 + c^2}$$

$$\tau(t) = -\frac{c\,w}{w^2R^2 + c^2}$$

Derivando sucessivamente temos:

$$\vec{r}\,'(t) = \vec{V}(t) = (wR\cos wt, -wR\,\text{sen}wt, c) \rightarrow v(t) = \sqrt{w^2R^2 + c^2},$$

$$\vec{V}\,'(t) = \vec{a}(t) = (-w^2R\,\text{sen}wt, -w^2R\cos wt, 0)$$

Determinando vetor unitário $\vec{T}$

$$\vec{T}(t) = \frac{\vec{V}}{v(t)} = \frac{(wR\cos wt, -wR\,\text{sen}wt, c)}{\sqrt{w^2R^2 + c^2}}$$

Em seguida, o valor escalar da aceleração tangencial:

$$a_T(t) =< \vec{a}(t), \vec{T}(t) >= 0,$$

outra forma de calcular $a_T(t)$ é assim: $a_T(t) = \dfrac{d\,v(t)}{dt} = 0$, pois é derivada de uma constante. Logo [7]

$$\vec{a}_T(t) = a_T(t)\vec{T}(t) = \vec{0}.$$

E como $\vec{a}(t) = \vec{a}_T(t) + \vec{a}_{cpta}(t)$ então

$$\vec{a}(t) = \vec{a}_{cpta}(t)$$

[7]Em física, isto sempre acontece; isto é, quando a velocidade escalar $v(t)$ de uma partícula é constante num intervalo de tempo, mesmo em trajetórias arbitrárias, a sua aceleração tangencial sempre vai ser nula nesse intervalo de tempo, pois a aceleração tangencial é a medida da variação da norma da velocidade, sendo esta última constante então $\vec{a}_T \equiv \vec{0}$.

logo, a resposta do item a é:

$$\vec{a}_T(t) = \vec{0}, \ \vec{a}_{cpta}(t) = (-w^2 R \operatorname{sen}(wt), -w^2 R \cos wt, 0)$$

Pra calcular a curvatura iremos aproveitar o resultado anterior: como $||\vec{a}_{cpta}(t)|| = w^2 R$ e $||\vec{a}_{cpta}(t)|| = K(t)v^2(t)$
então:

$$K(t) = \frac{w^2 R}{v^2(t)} = \frac{w^2 R}{w^2 R^2 + c^2}$$

Para determinar a torção da hélice procedemos assim:
Determinamos primeiro o vetor unitário $\vec{N}$:

$$\vec{N}(t) = \frac{\vec{a}_{cpta}(t)}{||\vec{a}_{cpta}(t)||} = (-\operatorname{sen}(wt), -\cos wt, 0)$$

$$\vec{B}(t) = \vec{T}(t) \times \vec{N}(t) = \frac{1}{v(t)} det \begin{pmatrix} i & j & k \\ wR\cos wt & -wR\cos wt & c \\ -\operatorname{sen}(wt) & -\cos wt & 0 \end{pmatrix}$$

$$\vec{B}(t) = \frac{1}{v(t)}(c\cos wt, -c\operatorname{sen}(wt), -Rw)$$

Derivando em relação a t:

$$\vec{B}(t)' = \frac{wc}{v(t)}(-\operatorname{sen} wt, -\cos wt, 0).$$

e

$$< \vec{B}'(t), \vec{N}(t) > = < \frac{wc}{v(t)}(-\operatorname{sen} wt, -\cos wt, 0), (-\operatorname{sen}(wt), -\cos wt, 0) >$$

$$< \vec{B}'(t), \vec{N}(t) > = \frac{wc}{v(t)}.$$

Da definição 3.58:

$$\tau(t) = -\frac{1}{v(t)} < \vec{B}'(t), \vec{N}(t) > = -\frac{1}{v(t)}\frac{wc}{v(t)},$$

finalmente:

$$\tau(t) = -\frac{wc}{w^2 R^2 + c^2}$$

Observação 3.8. Algumas observações importantes.

- A curvatura da hélice sempre será a mesma (constante e positiva), sendo seu giro no sentido horário ou anti-horário.

- A hélice tem torção constante e curvatura constante

- Se tivermos uma hélice contornando um cilindro vertical de orientação positiva, então a sua torção é positiva. E se a hélice tem orientação negativa, então a torção é negativa.

- A torção e curvatura de uma hélice tem simetria de paridade, isto é, ambos são invariantes por mudança de variável $t \leftrightarrow -t$. Ou seja, a torção e a curvatura da hélice não variam ao trocar a orientação da curva.

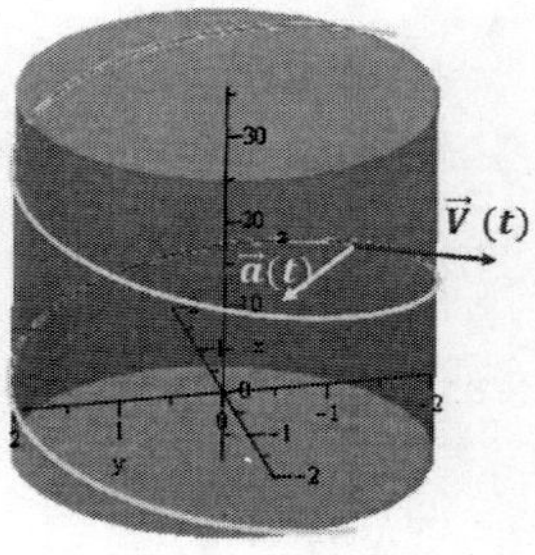

Figura 3.58: Na hélice : $||\vec{V}(t)|| = cte$, e $\vec{a}(t) \perp \vec{V}(t)$.

- Na referência [48] é possível acompanhar os comportamentos da curvatura e torção do triedro de Frenet conforme o tempo vai passando.

Nota 3.11. *Geodésica do Cilindro*
Consideremos dois pontos arbitrários de uma superfície. A *geodésica* é a curva de menor comprimento de arco ligando esses dois pontos. Assim como a reta é a curva de menor comprimento de arco entre dois pontos em um plano, a hélice é a curva de menor comprimento de arco entre dois pontos de um cilindro, uma particularidade das geodésicas é que a sua velocidade escalar é constante. De fato, na hélice do exemplo anterior:

$$||\vec{r}\,'(t)|| = v(t) = \sqrt{R^2w^2 + c^2}$$

é constante. Do ponto de vista cinemático, podemos dizer que a aceleração é ortogonal à velocidade, pois como já vimos, a aceleração tangencial é nula.

A seguir enunciaremos um teorema que facilita muito o cálculo da torção de uma curva quando ela é parametrizada com relação ao parâmetro t.

Teorema 3.11. Seja Γ a curva parametrizada com relação a t, então a fórmula que nos permite calcular a torção é dada por:

$$\tau(t) = \frac{< \vec{V}(t) \times \vec{a}(t), \vec{a}\,'(t) >}{||\vec{V}(t) \times \vec{a}(t)||^2}. \tag{3.59}$$

sendo $\vec{r'}(t) = \vec{V}(t)$, $\vec{r''}(t) = \vec{a}(t)$, $v(t) = ||\vec{V}(t)||$.

Demonstração
Para facilitar a prova vamos esquecer o parâmetro t em todas as equações a seguir: Começamos derivando com relação a t a equação da aceleração $\vec{a} = a_T\vec{T} + a_{cpta}\vec{N}$

$$\vec{a}\,' = a'_T\vec{T} + a_T\vec{T}' + a'_{cpta}\vec{N} + a_{cpta}\vec{N}'.$$

Agora, multipliquemos vetorialmente pelo vetor: $\vec{V} \times \vec{a}$

$$
\begin{aligned}
<\vec{V} \times \vec{a}, \vec{a}'> &= <\vec{V} \times \vec{a}, a_T' \vec{T}> + <\vec{V} \times \vec{a}, a_T \vec{T}'> \\
&+ <\vec{V} \times \vec{a}, a_{cpta}' \vec{N}> + <\vec{V} \times \vec{a}, a_{cpta} \vec{N}'>
\end{aligned}
$$

Colocando em evidência os fatores escalares:

$$
\begin{aligned}
<\vec{V} \times \vec{a}, \vec{a}'> &= a_T' <\vec{V} \times \vec{a}, \vec{T}> + a_T <\vec{V} \times \vec{a}, \vec{T}'> + a_{cpta}' <\vec{V} \times \vec{a}, \vec{N}> \\
&+ a_{cpta} <\vec{V} \times \vec{a}, \vec{N}'>.
\end{aligned}
$$

O primeiro termo do lado direito é nulo, pois $\vec{T}$ é paralelo a $\vec{V}$.

Da equação (3.55) $\vec{V} \times \vec{a} = Kv^2 \vec{V} \times \vec{N}$, substituindo na equação anterior:

$$
\begin{aligned}
<\vec{V} \times \vec{a}, \vec{a}'> &= +Kv^2 a_T <\vec{V} \times \vec{N}, \vec{T}'> + Kv^2 a_{cpta}' <\vec{V} \times \vec{N}, \vec{N}> \\
&+ Kv^2 a_{cpta} <\vec{V} \times \vec{N}, \vec{N}'>
\end{aligned}
$$

O primeiro termo da equação anterior é zero, pois $\vec{T}'$ é paralelo a $\vec{N}$ e o segundo termo se anula de forma similar. Simplificando:

$$<\vec{V} \times \vec{a}, \vec{a}'> = Kv^2 a_{cpta} <\vec{V} \times \vec{N}, \vec{N}'>$$

Como $\vec{V} = v\vec{T}$ e $\vec{B} = \vec{T} \times \vec{N}$, substituindo na equação anterior obtemos:

$$<\vec{V} \times \vec{a}, \vec{a}'> = Kv^3 a_{cpta} <\vec{B}, \vec{N}'> = K^2 v^5 <\vec{B}, \vec{N}'>.$$

Pela ortogonalidade de $\vec{B}$ e $\vec{N}$

$$<\vec{B}, \vec{N}> = 0 \quad segue, \quad <\vec{B}, \vec{N}>' = 0 \quad donde \quad <\vec{B}', \vec{N}> + <\vec{B}, \vec{N}'> = 0,$$

e substituindo na equação anterior:

$$<\vec{V} \times \vec{a}, \vec{a}'> = -K^2 v^5 <\vec{B}', \vec{N}>.$$

Da definição (3.23), a torção $\tau = -\dfrac{1}{v} <\vec{B}', \vec{N}>$ de onde, substituindo na equação anterior, obtemos:

$$<\vec{V} \times \vec{a}, \vec{a}'> = K^2 v^6 \tau.$$

Mas pela definição de curvatura $K = \dfrac{||\vec{V} \times \vec{a}||}{v^3}$, finalmente chegamos à fórmula requerida.

$$\frac{<\vec{V} \times \vec{a}, \vec{a}'>}{||\vec{V} \times \vec{a}||^2} = \tau.$$ [8]

Exemplo 3.57. Calcule a torção da seguinte curva definida parametricamente por

$$x(t) = e^t, y(t) = e^{-t}, z(t) = \sqrt{2}t.$$

---

[8] O numerador desta fórmula pode-se colocar na seguinte forma matricial $\begin{pmatrix} \dot{x} & \dot{y} & \dot{z} \\ \ddot{x} & \ddot{y} & \ddot{z} \\ \dddot{x} & \dddot{y} & \dddot{z} \end{pmatrix}$ considerando que $\vec{r}(t) = (x(t), y(t), z(t))$.

Vamos aplicar a fórmula (3.59) para calcular a torção da curva:

$$\vec{r}(t) = (e^t, e^{-t}, \sqrt{2}t)$$

derivando, obtemos:

$$\vec{V}(t) = (e^t, -e^{-t}, \sqrt{2})),\ \vec{a}(t) = (e^t, e^{-t}, 0)),\ \vec{a}'(t) = (e^t, -e^{-t}, 0)$$

logo:

$$\vec{V}(t) \times \vec{a}(t) = \begin{pmatrix} i & j & k \\ e^t & -e^{-t} & \sqrt{2} \\ e^t & e^{-t} & 0 \end{pmatrix} = (-\sqrt{2}e^{-t}, \sqrt{2}e^t, 2)$$

onde:

$$||\vec{V}(t) \times \vec{a}(t)||^2 = 2(e^t + e^{-t})^2$$

Calculando o produto interno obtemos:

$$< \vec{V} \times \vec{a}, \vec{a}' > = < (-\sqrt{2}e^{-t}, \sqrt{2}e^t, 2), (e^t, -e^{-t}, 0) > = -2\sqrt{2}.$$

Finalmente;

$$\tau(t) = \frac{< \vec{V} \times \vec{a}, \vec{a}' >}{||\vec{V} \times \vec{a}||^2} = -\frac{\sqrt{2}}{(e^t + e^{-t})^2}.$$

Essa curva é interessante, pois a sua curvatura $K(t) = \dfrac{\sqrt{2}}{(e^t + e^{-t})^2}$ tem o mesmo valor que a torção, mas com sinal oposto.

Exemplo 3.58. Encontre os valores de a e b para que a torção da curva Γ definida parametricamente por:

$$x(t) = a\cosh t,\ y(t) = a\,\text{senh}t,\ z(t) = bt,$$

seja igual a sua curvatura.

Escrevendo a curva pela função vetorial $\vec{r}(t) = (a\cosh t, a\,\text{senh}t, bt)$ obtemos após derivação:

$$\vec{V}(t) = (a\,\text{senh}t, a\cosh t, b),\ \vec{a}(t) = (a\cosh t, a\,\text{senh}t, 0)),\ \vec{a}'(t) = (a\,\text{senh}t, a\cosh t, 0)$$

onde

$$\vec{V}(t) \times \vec{a}(t) = \begin{pmatrix} i & j & k \\ a\,\text{senh}t & a\cosh t & b \\ a\cosh t & a\,\text{senh}t & 0 \end{pmatrix} = (-ba\,\text{senh}t, ba\cosh t, -a^2)$$

e

$$||\vec{V}(t) \times \vec{a}(t)||^2 = a^2(b^2\,\text{senh}^2 t + b^2\cosh^2 t + a^2)$$

Agora calculamos o produto interno:

$$< \vec{V} \times \vec{a}, \vec{a}' > = ba^2(\cosh^2 t - \text{senh}^2 t) = ba^2.$$

Finalmente obtemos:

$$\tau(t) = \frac{< \vec{V} \times \vec{a}, \vec{a}' >}{||\vec{V} \times \vec{a}||^2} = \frac{ba^2}{a^2(b^2\,\text{senh}^2 t + b^2\cosh^2 t + a^2)}.$$

ou

$$\tau(t) = \frac{b}{(b^2 \operatorname{senh}^2 t + b^2 \cosh^2 t + a^2)}. \tag{3.60}$$

De forma similar, calculamos a curvatura:

$$K(t) = \frac{||\vec{V}(t) \times \vec{a}(t)||}{v^3} = \frac{\sqrt{a^2(b^2 \operatorname{senh}^2 t + b^2 \cosh^2 t + a^2)}}{(\sqrt{a^2 \operatorname{senh}^2 t + a^2 \cosh^2 t + b^2})^3}$$

ou

$$K(t) = \frac{|a|}{(b^2 \operatorname{senh}^2 t + b^2 \cosh^2 t + a^2)}. \tag{3.61}$$

de (3.60) e (3.61)

$$\tau(t) = K(t) \quad se \quad a = \pm b.$$

3.8.1 Equações de Frenet

Já vimos acima que dada uma curva Γ parametrizada pelo comprimento de arco $\vec{r}(s)$, a sua curvatura $k(s)$ e torção $\tau(s)$ são definidas em função das derivadas de $\vec{r}(s)$. Agora queremos associar a cada ponto da curva Γ um triedro móvel orientado positivamente $\{\vec{T}, \vec{N}, \vec{B}\}$ chamado de triedro de Frenet, onde $\vec{T}, \vec{N}$ e $\vec{B}$ são os vetores unitários tangente, normal e binormal respectivamente.

Quando derivamos cada um destes vetores unitários com relação ao comprimento de arco s, obtemos o seguinte sistema diferencial:

$$\begin{cases} \vec{T}'(s) & = K(s)\vec{N}; \\ \vec{N}'(s) & = -K(s)\vec{T} + \tau(s)\vec{B}; \\ \vec{B}'(s) & = -\tau(s)\vec{N}, \end{cases} \tag{3.62}$$

chamado de fórmulas de Frenet. Também em forma matricial:

$$\begin{pmatrix} \vec{T}' \\ \vec{N}' \\ \vec{B}' \end{pmatrix} = \begin{pmatrix} 0 & K & 0 \\ -K & 0 & \tau \\ 0 & -\tau & 0 \end{pmatrix} \begin{pmatrix} \vec{T} \\ \vec{N} \\ \vec{B} \end{pmatrix}.$$

Neste contexto, os planos que contêm os vetores $\vec{T}, \vec{B}$ e $\vec{N}, \vec{B}$ chamam-se plano retificador e plano normal respectivamente à curva Γ no ponto $\vec{r}(s)$.

Para justificar a primeira equação das fórmulas de Frenet, basta lembrar de (3.44) onde $K(s) = ||\dfrac{d\vec{T}(s)}{ds}||$ e como já sabemos por propriedade elementar de vetores $\dfrac{d\vec{T}(s)}{ds} = ||\dfrac{d\vec{T}(s)}{ds}||\vec{N}$, pois $\vec{N}(s)$ é o vetor unitário ao longo de $\dfrac{d\vec{T}(s)}{ds} // \dfrac{d\vec{T}(t)}{dt}$. Assim, chegamos à primeira equação de Frenet. A terceira equação de Frenet foi justificada no parágrafo anterior na definição (3.23), pois ela permite definir o conceito de torção de uma curva suave no $\mathbb{R}^3$.

Para justificar a segunda equação de Frenet, procedemos assim: Do triedro unitário de Frenet, temos:

$$\vec{B}(s) = \vec{T}(s) \times \vec{N}(s), \; \vec{N}(s) = \vec{B}(s) \times \vec{T}(s),$$

derivando a segunda relação das equações anteriores:

$$\frac{d\vec{N}(s)}{ds} = \frac{d\vec{B}(s)}{ds} \times \vec{T}(s) + \vec{B}(s) \times \frac{d\vec{T}(s)}{ds}.$$

Agora substituindo a primeira e terceira equação de Frenet:

$$\frac{d\vec{N}(s)}{ds} = -\tau\vec{N}(s) \times \vec{T}(s) + \vec{B}(s) \times K(s)\vec{N}(s)$$

Utilizando as propriedades recursivas do triedro de Frenet, obtemos:

$$\frac{d\vec{N}(s)}{ds} = -\tau(-\vec{B}(s)) + K(s)(-\vec{T}(s)),$$

que é a segunda equação de Frenet.

Exemplo 3.59. Conhecendo a curvatura k e a torção τ de uma hélice circular, encontre a sua equação paramétrica.

Suponhamos que a equação paramétrica de uma hélice esteja definida por

$$x = R\,\text{sen}(wt),\ y = R\cos wt,\ z = ct$$

Sabemos que a curvatura e a torção têm as seguintes fórmulas:

$$K(t) = \frac{R\,w^2}{(wR)^2 + c^2}$$

$$\tau(t) = -\frac{c\,w}{w^2R^2 + c^2}$$

Precisamos verificar que tanto R quanto c podem ser determinados por K e τ. Para isto, basta observar que:

$$K^2 + \tau^2 = \frac{w^2}{c^2 + w^2R^2}$$

de onde

$$\frac{K}{K^2 + \tau^2} = R,\ \frac{\tau}{K^2 + \tau^2} = \frac{c}{w2},$$

Finalmente:

$$x = \frac{K}{K^2 + \tau^2}\,\text{sen}(wt),\ y = \frac{K}{K^2 + \tau^2}\cos wt,\ z = \frac{w^2\tau}{K^2 + \tau^2}t.$$

Na verdade, temos uma família de hélices, sendo que a terceira coordenada depende também do parâmetro angular w. Adicionalmente, podemos trocar sen por cos e ainda teremos a resposta possível, pois somente foi modificado o ponto inicial e o sentido do giro da hélice.

Exemplo 3.60. Determine a equação do plano osculador no ponto $t = 0$ para a curva Γ definida pela função vetorial $\vec{r}(t) = (e^t, e^{-t}, \sqrt{2}t)$

Temos:

$$\vec{r}\,'(t) = \vec{V}(t) = (e^t, -e^{-t}, \sqrt{2})$$

$$\vec{r}\,''(t) = \vec{V}\,'(t) = \vec{a}(t) = (e^t, e^{-t}, 0).$$

Em $P = \vec{r}(0) = (1, 1, 0)$ temos:

$$\vec{V} = (1, -1, \sqrt{2}), \ \vec{a} = (1, 1, 0).$$

Note que todos os cálculos feitos a seguir correspondem ao ponto P (quando $t = 0$)

$$\vec{T} = \frac{\vec{V}}{||\vec{V}||} = \frac{(1, -1, \sqrt{2})}{2}$$

$$\vec{a} = \vec{a}_T + \vec{a}_{cpta}$$

sendo

$$\vec{a}_T = <\vec{a}, \vec{T}> \vec{T} = <(1,1,0), \frac{(1,-1,\sqrt{2})}{2}> \vec{T} = 0\ \vec{T} = \vec{0}$$

logo:

$$\vec{a} = \vec{a}_{cpta} = (1,1,0) \to \vec{N} = \frac{\vec{a}_{cpta}}{||\vec{a}_{cpta}||} = \frac{(1,1,0)}{\sqrt{2}}.$$

É fácil verificar que $\vec{T}$ e $\vec{N}$ são ortogonais.
Sabemos que o plano osculador é formado pelos vetores unitários $\vec{T}$ e $\vec{N}$. É neste plano que se encontra o círculo osculador, cujo raio $\rho = \dfrac{1}{K}$.
Sabemos também que um plano no espaço $\mathbb{R}^3$ é definido perfeitamente conhecendo dois vetores contidos no plano e um ponto fixo. Assim, no exemplo temos o ponto fixo P e os vetores $\vec{T}$ e $\vec{N}$ que constituem o plano osculador. Logo, o plano osculador $\mathbb{P}$ é definido vetorialmente por:

$$\mathbb{P} := \{Q = (x, y, z) \in \mathbb{R}^3, \ Q = P + \lambda\vec{T} + \sigma\vec{N}, \ \lambda, \sigma \in \mathbb{R}.\}$$

em coordenadas:

$$(x, y, z) = (1,1,0) + \lambda\vec{T} + \sigma\vec{N} = (1,1,0) + \lambda\frac{(1,-1,\sqrt{2})}{2} + \sigma\frac{(1,1,0)}{\sqrt{2}}$$

Redefinindo as constantes arbitrárias:

$$(x, y, z) = (1,1,0) + \tilde{\lambda}(1,-1,\sqrt{2}) + \tilde{\sigma}(1,1,0)$$

Daqui é fácil escrever a equação paramétrica do plano osculador:

$$x = 1 + \tilde{\lambda} + \tilde{\sigma}$$

$$y = 1 - \tilde{\lambda} + \tilde{\sigma}$$

$$z = \tilde{\lambda}\sqrt{2}; \ \lambda, \sigma \in \mathbb{R}.$$

ou em coordenadas cartesianas:

$$x - y - \sqrt{2}\,z = 0.$$

Observação 3.9. Note que no exemplo anterior o vetor ortogonal ao plano osculador $\mathbb{P}$ é $\vec{b} = (1, -1, -\sqrt{2})$ e este vetor deve ser proporcional ao vetor binormal $\vec{B} = \vec{T} \times \vec{N}$. (verifique!).

Nota 3.12. *Parâmetros geométricos versus Parâmetros dinâmicos numa curva.*
É interessante comentar que os parâmetros geométricos como curvatura K e torção τ de uma curva espacial, considerando esta curva como a trajetória seguida por uma partícula pontual no espaço $\mathbb{R}^3$, estão relacionados às grandezas físicas dinâmicas (quantidade de movimento da partícula $\vec{P}$, força resultante sobre a partícula $\vec{F}$ e energia cinética T) e a massa m da partícula que definem o movimento mecânico da partícula. Assim:

1.
$$K = \frac{1}{2T}\sqrt{||\vec{F}||^2 - \frac{1}{2mT} < \vec{F}, \vec{P} >^2}. \tag{3.63}$$

Se o movimento mecânico for retilíneo, a curvatura $K = 0$, pois $\vec{F}$ e $\vec{P} = m\vec{V}$ são colineares. No caso quando $\vec{F} = q\vec{V} \times \vec{B}$, sendo $\vec{B}$ um vetor constante e q uma grandeza física e constante, a curvatura K é constante e igual a $K = \frac{||\vec{F}||}{2T} = \frac{q||B||}{mv}$ (MCU ou movimento mecânico em forma de hélice)[a].

2.
$$\tau = \frac{< \vec{P} \times \vec{F}, \vec{F}\,' >}{||\vec{P} \times \vec{F}||}. \tag{3.64}$$

Se o movimento for retilíneo, a torção é nula, pois $\vec{F}$ e $\vec{P} = m\vec{V}$ são colineares.
Se a força for central da forma $\vec{F} = f(r)\vec{e}_r$, onde $f(r)$ é uma função escalar da coordenada radial r da partícula e $\vec{e}_r = \frac{\vec{r}}{r}$, então considerando que $\vec{r} \times \vec{F} = \vec{0}$ pode-se provar facilmente que $\tau = 0$. O que como sabemos significa que a curva está contida completamente num plano.

[a]No exemplo (3.62) se estuda o movimento mecânico de uma partícula carregada submetida a uma força $\vec{F} = q\vec{V} \times \vec{B}$, sendo $\vec{V}$ a velocidade da partícula carregada, q a carga elétrica da partícula e B é a intensidade de campo magnético constante. Se demonstra que a trajetória seguida pela partícula é circular ou em forma de hélice.

3.8.2 Exercícios Seletos de Aplicação

Exemplo 3.61. *Evoluta de uma curva Plana*
Considere uma curva plana e suave definida pela função vetorial $\vec{r} : I \to \mathbb{R}^2$ com curvatura $K(t), \forall t \in I$. Definimos, a evoluta da curva Γ, como sendo a curva $\vec{\beta} : I \to \mathbb{R}^2$ tal que

$$\vec{\beta}(t) = r(t) + \frac{1}{K(t)}\vec{N}(t), \forall t \in I.$$

Assim, o traço da evoluta de uma curva é o lugar geométrico que descreve o centro de curvatura conforme varia t. Em termos das coordenadas paramétricas da curva $\vec{r}(t) = (x(t), y(t))$ e suas derivadas, temos:

$$\vec{\beta}(t) = (x_C(t), y_C(t)) = (x - \frac{\dot{y}(\dot{x}^2+\dot{y}^2)}{\dot{x}\ddot{y}-\dot{y}\ddot{x}}, y + \frac{\dot{x}(\dot{x}^2+\dot{y}^2)}{\dot{x}\ddot{y}-\dot{y}\ddot{x}})$$

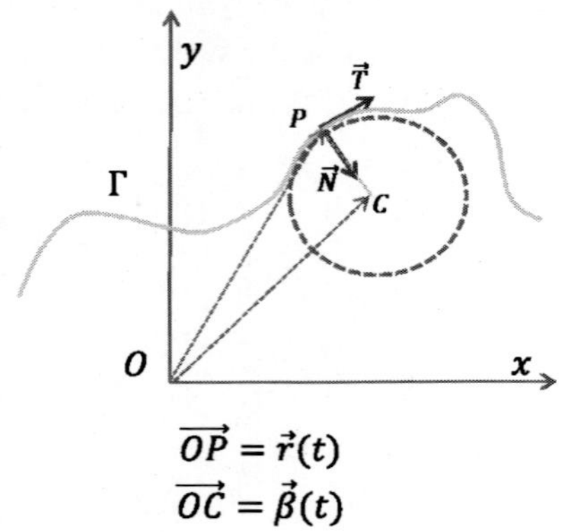

Figura 3.59:

Assim, temos os seguintes exemplos específicos:

- A evoluta da circunferência $\vec{r}(t) = (x_0 + R\cos t, y_0 + R\,\text{sen}t)$ é o ponto (x_0, y_0)
- A evoluta da elipse $\vec{r}(t) = (a\cos t, b\,\text{sen}t), a > b > 0$ é a astroide

$$\vec{\beta}(t) = ((\frac{a^2-b^2}{a})\cos^3 t, (\frac{b^2-a^2}{b})\,\text{sen}^3 t)$$

- A evoluta da tractriz $\vec{r}(t) = (a\ln(\frac{1+\text{sen}t}{\cos t}) - a\,\text{sen}t, a\cos t); a > 0$ é a catenária. Ver figuras abaixo.
- É possível definir evoluta para curvas espaciais. Em particular, é fácil provar que a evoluta de uma hélice é outra hélice.

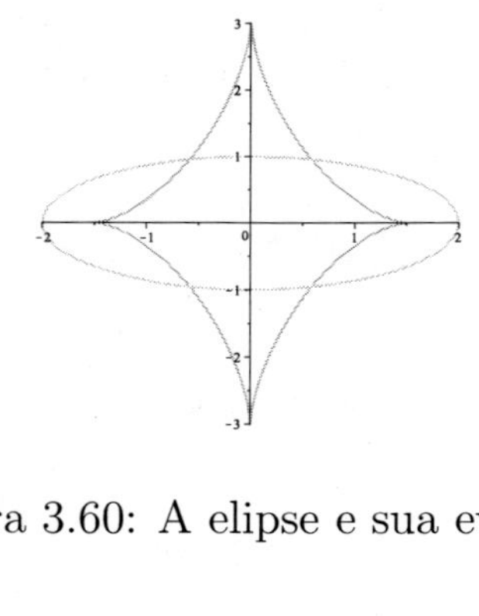

Figura 3.60: A elipse e sua evoluta

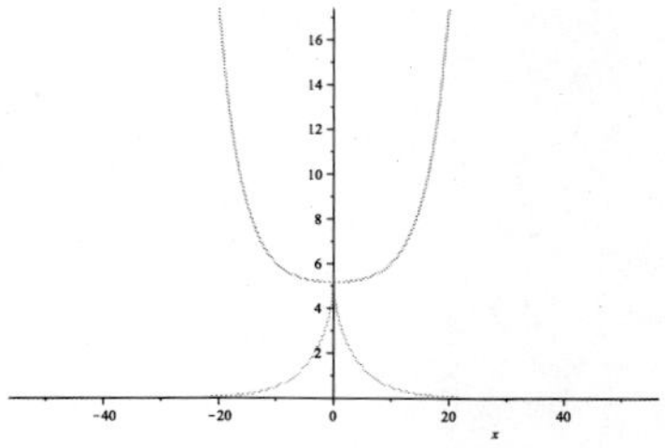

Figura 3.61: Tractriz e sua evoluta

Exemplo 3.62. *Movimento de um elétron num campo magnético homogêneo.* Consideremos uma partícula pontual de massa m e carga elétrica q submetida à ação de uma força de Lorentz $\vec{F} = q\vec{V} \times \vec{B}$, $q < 0$, em que $\vec{B}$ é a intensidade do campo magnético (constante) e $\vec{V}$ é a velocidade da partícula no instante t. Determine a trajetória seguida pela partícula.

Suponha que $\vec{r}(0) = \vec{r_0}$ e $\vec{V}(0) = \vec{V_0}$ sejam a posição inicial e velocidade inicial da partícula, respectivamente.

Pela mecânica clássica sabemos que a partícula tem uma aceleração [9]

$$\vec{a} = \frac{\vec{F}}{m}.$$

De onde segue

$$\frac{d\vec{V}(t)}{dt} = \frac{q}{m}\vec{V}(t) \times \vec{B} = \vec{V}(t) \times \frac{q}{m}\vec{B}$$

$$\frac{d\vec{V}(t)}{dt} = \vec{V}(t) \times (\frac{q}{m}\vec{B}) \tag{3.65}$$

A última igualdade é similar ao caso do exemplo 3.40, sendo o vetor $\frac{q}{m}\vec{B}$ constante. Então vamos seguir o mesmo raciocínio do exemplo citado:
$< \frac{d\vec{V}(t)}{dt}, \vec{B} >=< \vec{V} \times (\frac{q}{m}\vec{B}), \vec{B} >= 0$ de onde $\vec{a} \perp \vec{B}$. Além disso,

$$< \vec{V}(t), \frac{d\vec{V}(t)}{dt} >=< \vec{V}(t), \vec{V}(t) \times (\frac{q}{m}\vec{B}) = 0 \text{ de onde } \frac{d}{dt}||\vec{V}(t)||^2 = 0$$

Tudo isso significa que o movimento do elétron é tal que a sua velocidade escalar $v = ||\vec{V}(t)||$ é sempre constante para todo t.

Por outro lado, da equação (3.65) temos,

$$\frac{d\vec{V}(t)}{dt}dt = \frac{d\vec{r}(t)}{dt}dt \times (\frac{q}{m}\vec{B})$$

e

$$d\vec{V}(t) = d\vec{r}(t) \times (\frac{q}{m}\vec{B})$$

Integrando a equação anterior no intervalo $[t_0, t]$

$$\int_{t_0}^{t} d\vec{V}(t) = \int_{\vec{r_0}}^{\vec{r}(t)} d\vec{r}(t) \times (\frac{q}{m}\vec{B})$$

[9]Estamos desprezando o peso da partícula carregada.

$$\vec{V}(t) = \vec{V_0} + (\vec{r}(t) - \vec{r_0}) \times (\frac{q}{m}\vec{B})$$

Finalmente

$$\vec{V}(t) = \vec{V_0} - \frac{q}{m}\vec{r_0} \times \vec{B} + \frac{q}{m}\vec{r}(t) \times \vec{B}$$

Dependendo da escolha da velocidade inicial podemos ter dois casos:
I) Escolhendo adequadamente a posição da origem de coordenadas tal que

$$\vec{V_0} - \frac{q}{m}\vec{r_0} \times \vec{B} = 0, \tag{3.66}$$

isto é, quando a velocidade inicial $\vec{V_0}$ é ortogonal à intensidade de campo $\vec{B}$, temos

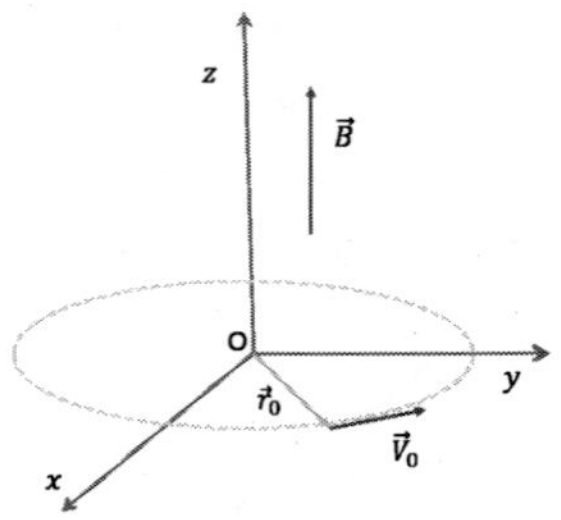

Figura 3.62: Condições iniciais : $\vec{V_0} = \frac{q}{m}\vec{r_0} \times \vec{B}$

$$\vec{V}(t) = \frac{q}{m}\vec{r}(t) \times \vec{B}$$

ou

$$\frac{d\,\vec{r}(t)}{dt} = \frac{q}{m}\vec{r}(t) \times \vec{B}$$

Novamente seguindo o exemplo (3.40)

$$\vec{V}(t) \perp \vec{B}, \; ||\vec{r}(t)|| = constante$$

Conclusão: o elétron descreve um movimento circular uniforme, pois $||\vec{V}(t)|| = cte$ e $||\vec{r}(t)|| = cte$.
II) Quando a velocidade inicial $\vec{V_0} = \vec{V_0}^{||} + \vec{V_0}^{\perp}$ tem componente paralela com o campo $\vec{B}$ e tem componente ortogonal ao campo $\vec{B}$.

No instante $t = 0$

$$\vec{F}(0) = q\,\vec{V}(0) \times \vec{B}) = q\,(\vec{V_0}^{||} + \vec{V_0}^{\perp}) \times \vec{B}) = q\,(\vec{V_0}^{||} \times \vec{B}) + (\vec{V_0}^{\perp} \times \vec{B})$$

de onde

$$\vec{F}(0) = q\vec{V_0}^{\perp} \times \vec{B}$$

Assim, observamos que somente existe força de Lorentz sobre o elétron pela componente ortogonal da velocidade em relação à $\vec{B}$, e isto corresponde ao caso I e o resultado é um MCU O que significa também que a velocidade $\vec{V_0}^{||}$ não varia com o tempo, pois a força $\vec{F}(0)$ é ortogonal a $\vec{V_0}^{||}$ (que é paralelo a $\vec{B}$). Em resumo, temos a composição de dois movimentos

- Um movimento circular uniforme no plano transverso à $\vec{B}$ com velocidade $\vec{V}_0^{\perp}$ constante em módulo.
$$\vec{r}(t) = (R\,\text{sen} wt, R\cos wt, 0)$$
sendo $w = \dfrac{||\vec{V}_0^{\perp}||}{R}$ uma certa constante física.

- Um movimento retilíneo uniforme com velocidade $\vec{V}_0^{||}$ constante.
$$\vec{r}(t) = (0, 0, \vec{V}_0^{||} t)$$

Isto é, a hélice:
$$\vec{r}(t) = (R\,\text{sen} wt, R\cos wt, ||\vec{V}_0^{||}||\, t) \tag{3.67}$$
é a função vetorial que descreve a trajetória do elétron.
Da equação (3.63) e considerando $||\vec{F}|| = |q|v||\vec{B}||$ e $T = \frac{1}{2}mv^2$ obtemos
$$K = \frac{|q|||\vec{B}||}{mv}.$$

Por outro lado, no exemplo (3.56) já foi demonstrado que na hélice do tipo (3.67) a aceleração tem a seguinte forma $||\vec{a}|| = w^2R$, assim
$$w = \sqrt{\frac{a}{R}} = \sqrt{\frac{||\vec{F}||}{mR}} = \sqrt{\frac{v|q|||\vec{B}||}{mR}} \tag{3.68}$$

Ainda do exemplo (3.56) para hélice (3.67) tem-se: $v^2 = w^2R^2 + ||\vec{V}_0^{||}||^2$.
Em particular, se o movimento for MCU ($||\vec{V}_0^{||}|| = 0$) e da equação (3.68) obtém-se
$$w = \frac{|q|B}{m}$$
ou
$$f = \frac{w}{2\pi} = \frac{|q|B}{2\pi m}$$
que é a frequência angular de rotação do elétron[10].

Exemplo 3.63. Considere a curva Γ definida pela função vetorial
$$\vec{r}(s) = (\frac{4R}{5}\cos(\frac{s}{R}), R - R\,\text{sen}(\frac{s}{R}), -\frac{3R}{5}\cos(\frac{s}{R})),$$
parametrizada pela função comprimento de arco s. Prove que a curva Γ é uma circunferência. Determine também o raio e as coordenadas do seu centro.

Derivando $\vec{r}(s)$
$$\vec{V}(s) = (-\frac{4}{5}\,\text{sen}(\frac{s}{R}), -\cos(\frac{s}{R}), \frac{3}{5}\,\text{sen}(\frac{s}{R})),$$
obtemos $||V(s)|| = 1$ e

[10]Geralmente denominado de *frecuência do Cíclotron*. O Cíclotron é um acelerador de partículas, inventado por Ernest O. Lawrence em 1929-1930 na University of California, Berkeley e ganhador do prêmio Nobel por esta invenção. Para maiores detalhes ver a referência [35].

$$\vec{T}(s) = \frac{\vec{V}(s)}{||V(s)||} = (-\frac{4}{5}\operatorname{sen}(\frac{s}{R}), -\cos(\frac{s}{R}), \frac{3}{5}\operatorname{sen}(\frac{s}{R})).$$

Finalmente

$$\frac{d\vec{T}}{ds} = (-\frac{4}{5R}\cos(\frac{s}{R}), \frac{1}{R}\operatorname{sen}(\frac{s}{R}), \frac{3}{5R}\cos(\frac{s}{R}))$$

$$K(s) = ||\frac{d\vec{T}}{ds}|| = \frac{1}{R}.$$

Neste ponto, podemos dizer que a curva espacial Γ possui curvatura constante $\forall\, s$. Agora vamos determinar a torção da curva Γ. Considere o vetor unitário $\vec{N}$

$$\vec{N}(s) = \frac{\frac{d\vec{T}}{ds}}{||\frac{d\vec{T}}{ds}||} = (-\frac{4}{5}\cos(\frac{s}{R}), \operatorname{sen}(\frac{s}{R}), \frac{3}{5}\cos(\frac{s}{R}))$$

Usando a fórmula para calcular a torção da curva [11] temos

$$\tau(s) = -<\frac{d\vec{B}(s)}{ds}, \vec{N}(s)> = <\frac{d\vec{N}(s)}{ds}, \vec{B}(s)>.$$

Antes de calcular o produto interno, calculemos:

$$\frac{d\vec{N}(s)}{ds} = (\frac{4}{5R}\operatorname{sen}(\frac{s}{R}), \frac{1}{R}\cos(\frac{s}{R}), -\frac{3}{5R}\operatorname{sen}(\frac{s}{R}))$$

$$\vec{B}(s) = \vec{T}(s) \times \vec{N}(s) = \begin{pmatrix} i & j & k \\ -\frac{4}{5}\operatorname{sen}(\frac{s}{R}) & -\cos(\frac{s}{R}) & \frac{3}{5}\operatorname{sen}(\frac{s}{R}) \\ -\frac{4}{5}\cos(\frac{s}{R}) & \operatorname{sen}(\frac{s}{R}) & \frac{3}{5}\cos(\frac{s}{R}) \end{pmatrix}$$

de onde

$$\vec{B}(s) = (-\frac{3}{5}, 0, -\frac{4}{5})$$

Finalmente

$$\tau(s) = <\frac{d\vec{N}(s)}{ds}, \vec{B}(s)> = 0.$$

O resultado anterior significa que a curva Γ de curvatura constante igual a $1/R$ está contida num plano, pois a torção é nula.

Assim, Γ é uma circunferência de raio R [12].

Para determinar o centro da circunferência procedemos da seguinte forma: Consideremos um ponto $P = \vec{r}(s)$ arbitrário de Γ e determinemos o vetor $\overrightarrow{PO} = \rho(s)\vec{N}(s)$, sendo $\rho(s) = 1/K(s)$ o raio de curvatura correspondente ao ponto P e O o centro da circunferência Γ. Logo

$$\overrightarrow{PO} = R(-\frac{4}{5}\cos(\frac{s}{R}), \operatorname{sen}(\frac{s}{R}), \frac{3}{5}\cos(\frac{s}{R}))$$

[11]Para trocar de fórmula foi utilizado o fato que $<\vec{B}(s), \vec{N}(s)> = 0$ e derivando temos: $<\vec{B}'(s), \vec{N}(s)> + <\vec{B}(s), \vec{N}'(s)> = 0$.

[12]Da fórmula inicial para $\vec{r}(s)$, identificando cada componente $x = \frac{4R}{5}\cos(\frac{s}{R}), y = R - R\operatorname{sen}(\frac{s}{R}), z = -\frac{3R}{5}\cos(\frac{s}{R})$ é fácil demonstrar que $x^2 + (y-R)^2 + z^2 = R^2$, contudo, isso ainda não é uma circunferência, pois pode ser uma superfície esférica de raio R centrado no ponto $(0, R, 0)$.

$\overrightarrow{PO} = O - P$ de onde $O = P + \overrightarrow{PO}$, substituindo, temos

$$O = P + \overrightarrow{PO} = R(\frac{4}{5}\cos(\frac{s}{R}), 1 - \operatorname{sen}(\frac{s}{R}), -\frac{3}{5}\cos(\frac{s}{R})) + R(-\frac{4}{5}\cos(\frac{s}{R}), \operatorname{sen}(\frac{s}{R}), \frac{3}{5}\cos(\frac{s}{R}))$$

$$O = (0, R, 0)$$

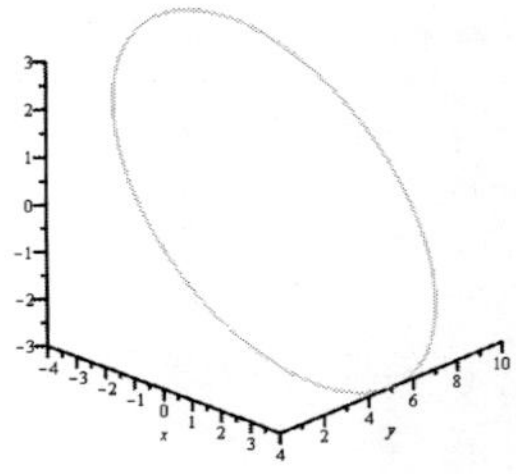

Figura 3.63: Curva Γ: circunferência de raio $R = 5$ centrado em $(0, 5, 0)$

Exemplo 3.64. Demonstrar que numa parábola, a reta tangente à parábola no ponto P (ponto arbitrário da parábola) forma o mesmo ângulo com a reta que passa pelo foco da parábola F e o ponto P, que a reta que passa pelo ponto P e é paralelo ao eixo de simetria da parábola.

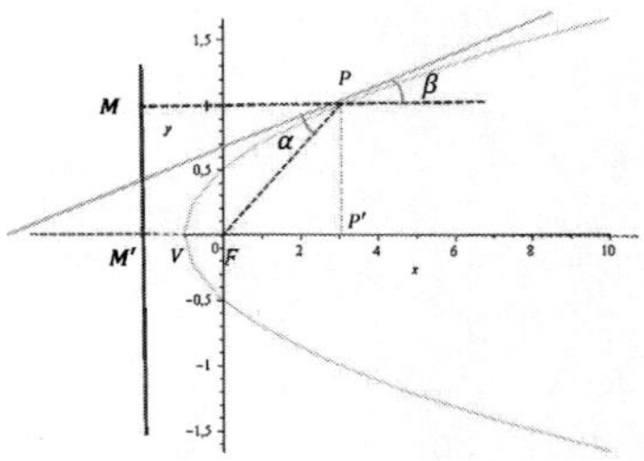

Figura 3.64:

De acordo com a figura (3.64), a origem de coordenadas está no foco da parábola. Considere também que F é o foco da parábola e a reta vertical MM' é a reta diretriz da parábola. Seja o vetor $\overrightarrow{FP} = \vec{r} = r\hat{u}_2$ onde o vetor $\hat{u}_2$ é o vetor unitário de $\vec{r}$. Considere $\hat{u}_1$ um vetor unitário paralelo ao eixo positivo das abscissas. ($|\vec{r}| = r$; $|\hat{u}_1| = |\hat{u}_2| = 1$).
Pela definição geométrica da parábola, sabemos que:

$$\overline{FP} = \overline{MP} = r$$

e

$$\overline{MP} = \overline{M'P'} = \overline{M'F} + \overline{FP'} = \overline{M'F} + |Pr(\vec{r})_{\hat{u}_1}|,$$

sendo

$$Pr(\vec{r})_{\hat{u}_1} = \frac{<\vec{r}, \hat{u}_1>}{|\hat{u}_1|^2}\hat{u}_1 = <\vec{r}, \hat{u}_1> \hat{u}_1$$

de onde $|Pr(\vec{r})_{\hat{u}_1}| = |<\vec{r}, \hat{u}_1>|$, pois veja que $\hat{u}_1$ é um vetor unitário. Como o vetor $\vec{r}$ e $\hat{u}_1$ forma um ângulo agudo, então: $|Pr(\vec{r})_{\hat{u}_1}| = <\vec{r}, \hat{u}_1>$.
Por outro lado, pela definição de parábola $|M'V| = |VF| = p$, sendo p a distância focal da

parábola. Logo
$\overline{M'P'} = \overline{M'F} + |Pr(\vec{r})_{\hat{u}_1}|$ de onde concluímos que $r = 2p + < \vec{r}, \hat{u}_1 >$. Suponha agora que a parábola seja definida pela função vetorial $\vec{r}(t)$, assim:

$$r(t) = 2p + < \vec{r}(t), \hat{u}_1 >$$

derivando

$$\dot{r}(t) = < \dot{\vec{r}}(t), \hat{u}_1 >, \quad pois \quad \dot{\vec{u}}_1 = 0. \tag{3.69}$$

Porém, o vetor unitário $\dot{\vec{u}}_2(t) \neq 0$, pois $\vec{u}_2$ varia dependendo da posição de P. Logo, $\overrightarrow{FP} = \vec{r}(t) = r(t)\hat{u}_2(t)$. Agora, derivando esta última igualdade, temos

$$\dot{\vec{r}}(t) = \dot{r}(t)\hat{u}_2(t) + r(t)\,\dot{\hat{u}}_2(t).$$

Em seguida, realizamos o produto interno com o vetor $\hat{u}_2(t)$ e obtemos

$$< \dot{\vec{r}}(t), \hat{u}_2(t) > = \dot{r}(t) < \hat{u}_2(t), \hat{u}_2(t) > + r(t) \ < \dot{\hat{u}}_2(t), \hat{u}_2(t) > .$$

Sabendo que

$$|\hat{u}_2(t)|^2 = < \hat{u}_2(t), \hat{u}_2(t) > = 1$$

e

$$< \dot{\hat{u}}_2(t), \hat{u}_2(t) > = 0$$

pois todo vetor de norma constante é ortogonal a sua derivada. Assim

$$< \dot{\vec{r}}(t), \hat{u}_2(t) > = \dot{r}(t). \tag{3.70}$$

Em seguida, comparando (3.69)e (3.70) obtemos

$$< \dot{\vec{r}}(t), \hat{u}_1 > = < \dot{\vec{r}}(t), \hat{u}_2(t) >$$

Note que $\dot{\vec{r}}(t)$ é um vetor tangente à parábola em P logo
$|\dot{\vec{r}}(t)| \cos\beta = |\dot{\vec{r}}(t)| \cos\alpha$ de onde $\cos\beta = \cos\alpha$ Finalmente

$$\beta = \alpha.$$

3.9 Exercícios do Capítulo 3

3.9.1 Domínio, Imagem, Parametrização e Desparametrização

Exercício 3.1. Determine o domínio das seguintes funções vetoriais
a) $\vec{f}(t) = (\sqrt{t^2-1}, t)$; b) $\vec{f}(t) = (\frac{t}{t-2}, t^2+1, \sqrt{-t^2+3})$
c) $\vec{f}(t) = (\frac{t^2}{\sqrt{2t^2-a^2}}, \ln(2t-a))$, $a > 0$.

Exercício 3.2. Determine o domínio e a imagem das seguintes funções vetoriais
a) $\vec{f}(t) = (t, 4+t, -3t)$
b) $\vec{f}(t) = (2, -\sqrt{1-\frac{t^2}{4}}, t)$
c) $\vec{f}(t) = (a\,\text{sen} wt, b\cos wt)$, a, b, w são constantes arbitrárias
d) $\vec{f}(t) = (t^2+2, t^2-2, 2t^2+4)$

Exercício 3.3. Identifique cada uma das curvas definidas pelas seguintes funções vetoriais. Desenhe no sistema cartesiano a imagem de cada uma delas. Ajuda: elimine o parâmetro para encontrar a equação cartesiana e veja se é uma reta, circunferência, elipse, hipérbole, parábola ou hélice.
a) $\vec{f}(t) = (t^2, t-1), t > 0$
b) $\vec{f}(t) = (\,\text{sen}t, 1+2\cos t), t \in [0, \pi]$.
c) $\vec{f}(t) = (-\,\text{sen}t, \cos t, 2t)$,
d) $\vec{f}(t) = (t, 2t+4, 5), t < -2$,
e) $\vec{f}(t) = (\cos 2t, -\,\text{sen}2t, 0), 0 \leq t \leq \frac{\pi}{3}$,
f) $\vec{f}(t) = (\cosh 2t, 5, \text{senh}2t)$

Exercício 3.4. Sejam as curvas em coordenadas cartesianas
a) $y = -x^2+4, x \in \mathbb{R}$ (parábola),
b) $\frac{x^2}{9} + \frac{y^2}{1} = 1; (x, y) \in \mathbb{R}^2$(elipse),
c) $y = -2x+4, x \in \mathbb{R}$.
Parametrize cada uma delas e indique a função vetorial associada. Na curva identifique a orientação escolhida pela parametrização, isto pode ser determinado com uma tabela de valores para cada variável $x(t), y(t)$ para alguns valores do parâmetro t.

Exercício 3.5. Parametrizar apropriadamente a elipse $4(x-2)^2+(y-1)^2 = 4$ de tal forma que a curva $\alpha(t) = (x(t), y(t))$ que descreve a elipse, seja percorrida em sentido horário conforme o parâmetro t aumenta.

Exercício 3.6. Parametrize a reta $y = -2x+4, -1 \leq x \leq 4$, de tal forma que em $t = 0$ corresponda para $x = 4$, e para $t = 1$ corresponda a $x = -1$.

Exercício 3.7. Parametrize a curva da figura (3.65) espacial no sentido $A \to O \to B$, de tal forma que para $t = 0$ corresponda ao ponto A (não há solução única).

Exercício 3.8. Numa cicloide descrita por um ponto periférico P de uma roda que se desloca horizontalmente, prove que num instante qualquer o raio vetor $\overrightarrow{PO}$ é ortogonal à velocidade de P. Sendo O denominado centro instantâneo de rotação de P, e coincide com a parte mais baixa da roda no instante dado. Para maiores detalhes sobre centro instantâneo de rotação ver a referência [29]

Exercício 3.9. Parametrize a curva definida pela equação implícita $x^2+(y-x^{2/3})^2 = 1$

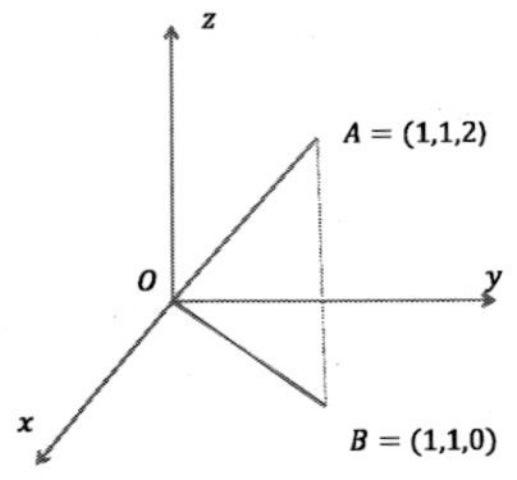

Figura 3.65:

3.9.2 Continuidade, Limite, Derivada e Integral de Funções Vetoriais

Exercício 3.10. Prove pela definição que:
a) O limite da função vetorial $\vec{f}(t) = (t, t^3)$ é o vetor $\vec{A} = (0, 0)$.
b) O limite da função vetorial $\vec{f}(t) = (\cos t,\ \text{sen} t, t))$ é o vetor $\vec{A} = (1, 0, 0)$.
Em ambos os casos quando $t \to 0$. Considere que $\cos t = 1 - \dfrac{t^2}{2!} + \dfrac{t^4}{4!} + \dfrac{1}{6!}O(t^6)$ na vizinhança de $t = 0$.

Exercício 3.11. Determine o limite da função vetorial

$$\vec{f}(t) = (t^2 + 1, \frac{t^2 - 2t}{t - 2}, \cos(t - 2))$$

quando $t \to 2$.

Exercício 3.12. Seja $f(t) = \frac{\text{sen} 2t}{t}$ e $\vec{r}(t) = (t^2 + 1, cos(2t))$, determine $\lim_{t \to 0} f(t)\vec{r}(t)$

Exercício 3.13. Analisar a continuidade das seguintes funções vetoriais:
a) $\vec{f}(w) = (1 + \dfrac{1}{w^3})i + \dfrac{1}{w^3}e^{-1/w}\,j$; para $w \to \infty$.
b) $\vec{f}(t) = \begin{cases} (\frac{t^2-4}{t-2}, \frac{1-\text{sen}(\frac{\pi}{2}(t-1))}{t-2}, \frac{\ln(t-1)}{t}), & t \neq 2; \\ (4, 0, 0), & t = 2. \end{cases}$

Exercício 3.14. Analise a continuidade das seguintes funções vetoriais.
a)

$$\vec{f}(t) = \begin{cases} (t - 1, \frac{\sqrt{t}-1}{t-1}, \ln t), & t \neq 1; \\ (0, 1, 0), & t = 1. \end{cases}$$

no ponto $t = 1$.
b)

$$\vec{g}(t) = \begin{cases} (-t^2, t^2 + 2), & t < 0; \\ (t^2, 2t^2 + 2), & t \geq 0. \end{cases}$$

no ponto $t = 0$.
c) $\vec{g}\,'(t)$ no ponto $t = 0$

Exercício 3.15. Dada uma partícula pontual de massa variável $m(t) = t^2$ (kg) e velocidade $\vec{v}(t) = (t, 2, t^3 + 2t)$ m/s que se movimenta no espaço tridimensional. Determine a força que age sobre esta partícula em cada instante do tempo.

Exercício 3.16. Demonstrar as propriedades 2 e 4 da definição (3.2).
Ajuda: para provar a propriedade 4, utilize a seguinte desigualdade
$| \, ||x|| - ||y|| \, | \leq ||x|| - ||y||, \forall x, y \in \mathbb{R}^3$.

Exercício 3.17. Demonstrar a regra número 4 do teorema (3.5).

Exercício 3.18. Determine uma expressão para

$$\frac{d}{dt}[< \vec{u}(t), (\vec{v}(t) \times \vec{w}(t)) >].$$

Exercício 3.19. Seja $\vec{r} = \vec{r}(t)$ uma função arbitrária, então encontre as derivadas
a) $\frac{d}{dt}||\vec{r}||$ b) $\frac{d}{dt}(\vec{r} \times \frac{d\vec{r}}{dt})$

Exercício 3.20. Considere a função $\vec{r}(t) = (a \cos wt, a \operatorname{sen} wt, bt)$; a, b, w constantes arbitrárias. Determine os itens a e b do exercício anterior (3.19).

Exercício 3.21. Determine $\frac{d^3 \vec{r}(t)}{dt^3}$, sendo $\vec{r}(t) = (a \operatorname{senh} wt, b \cosh wt, ct^2)$ Ajuda: $\frac{d^n \vec{r}(t)}{dt^n}$ é conhecida como a derivada de n-ésima ordem da função vetorial.

Exercício 3.22. Prove que a função vetorial $\vec{r}(t) = \vec{a}\, e^{wt} + \vec{b}\, e^{wt}$ satisfaz a equação diferencial

$$\frac{d^2 \vec{r}(t)}{dt^2} - w^2 \vec{r}(t) = \bar{0}.$$

Onde $\vec{a}, \vec{b}, w$ são constantes.

Exercício 3.23. Considere as seguintes funções vetoriais que dependem da variável t.

$$\hat{e}_r(t) = \cos\theta(t)\vec{i} + \operatorname{sen}\theta(t)\vec{j}$$

$$\hat{e}_\theta(t) = -\operatorname{sen}\theta(t)\vec{i} + \cos\theta(t)\vec{j}$$

Prove que:

$$\hat{e}_r(t)' = \dot{\theta}\, \hat{e}_\theta(t),$$
$$\hat{e}_\theta(t)' = -\dot{\theta}\, \hat{e}_r(t)$$

sendo $\dot{\theta} = \frac{d\theta(t)}{dt}$

Exercício 3.24. Determine $d\vec{r}(t)$ e $||d\vec{r}(t)||$ nos seguintes casos:
a) $\vec{r}(t) = (t, 2t + 1, 4t + 2)$
b) $\vec{r}(t) = (\cos t, \operatorname{sen} t, 4)$
c) $\vec{r}(t) = (\cos t, \operatorname{sen} t, 4t)$
d) $\vec{r}(t) = (2t - 2\cos 3t, 2 - 2\operatorname{sen} 3t)$

Exercício 3.25. Calcular a derivada da função vetorial

$$\vec{f}(t) = \begin{cases} f_1(t) = (t, t^6 + \sqrt{1 - t^2}), & -1 \leq t \leq 1; \\ f_2(t) = (t, t^6 - \sqrt{1 - t^2}), & -1 \leq t \leq 1; \end{cases}$$

e determine em que pontos do seu domínio $f'(t)$ não existe. Verifique que $x^2 + (y - x^6)^2 = 1$ é a equação implícita do gráfico (3.66) que corresponde à imagem da função vetorial $\vec{f}$.

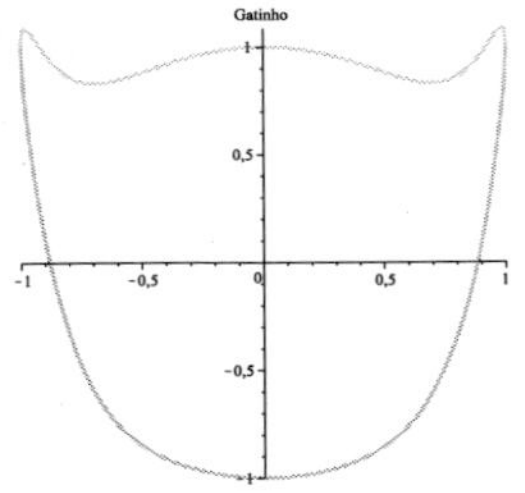

Figura 3.66:

Exercício 3.26. Calcule a integral da função vetorial

$$\int_1^2 [t^4\,\hat{\imath} + t\sqrt{t-1}\,\hat{\jmath} + \ \text{sen}3\pi t\,\hat{k}]dt.$$

Exercício 3.27. Seja uma partícula lançada com uma velocidade inicial $\vec{V}(0) = (2,0,1)$ da posição inicial $\vec{r}(0) = (0,0,0)$. Considere que a partícula de massa $m = 2$ está submetida a uma força total $\vec{F}_R(t) = (0,4,2t)$ para todo instante do tempo t. Determine a velocidade $\vec{V}(t)$ e a equação do movimento $\vec{r}(t)$.
Dica : $\vec{F}_R(t) = m\vec{r}''(t)$.

Exercício 3.28. Suponha um fio condutor semi-infinito ao longo do eixo y para valores negativos de y e este fio conduz uma corrente constante I em direção à origem de coordenadas. Determine a intensidade do campo magnético $\vec{B}$ gerado pela corrente no ponto $\vec{r} = (x,y)$ do quarto quadrante do plano xy. O elemento diferencial de intensidade de campo magnético no ponto $\vec{r}$ devido ao elemento diferencial de corrente $Id\vec{r}'$ localizado no ponto $\vec{r}' = (0,y')$, $y' \leq 0$; é

$$dB = Id\vec{r}' \times \frac{(\vec{r} - \vec{r}')}{||\vec{r} - \vec{r}'||^3}$$

Exercício 3.29. Considere uma partícula carregada positivamente dentro de um campo eletromagnético, disposto de tal forma que a intensidade de campo elétrico é $\vec{E} = (E_x, 0, 0)$ e a intensidade de campo magnético é $\vec{B} = (0,0,B)$. Considere que a força de Lorentz que age sobre a partícula de carga elétrica q e massa m é $\vec{F}_L = q\vec{V} \times \vec{B}$. Determine a trajetória seguida pela partícula sendo que em $t = 0$ as condições iniciais são: $\vec{r}(0) = (x_0, y_0, 0), \vec{V}(0) = (V_{0x}, V_{0y}, V_{0z})$.
Dica: A função $g(t) = a\cos wt + b\,\text{sen}wt$ satisfaz a equação diferencial $g(t)'' = -w^2 g(t)$. Onde a, b, w são constantes reais.

3.9.3 Comprimento de Arco, Curvatura e Torção de Curvas

Exercício 3.30. Determine a função comprimento de arco s(t) nos seguintes casos
$\vec{r}(t) = (2t + 4, 3t - 1, -3t + 2)$
$\vec{r}(t) = (3\cos 2t, 3\,\text{sen}2t), 4)$
$\vec{r}(t) = (R\cos wt, R\,\text{sen}wt, c\,t); R, w, c \ \ constantes \ \ numéricas.$
$\vec{r}(t) = (4t - 2\,\text{sen}2t, 2 - 2\cos 2t)$, para $\pi \leq t \leq 2\pi$.

Exercício 3.31. .

1. Seja $\vec{r}(t) = (R\cos wt, R\,\text{sen}wt, ct)$; onde w, c, R são constantes. Encontre uma reparametrização da curva com relação ao comprimento de arco s.

2. Calcule o comprimento da curva entre $\vec{r}(0)$ e $\vec{r}(\pi)$, onde

$$\vec{r}(t) = (3\cos 2t, 3\,\text{sen}2t, 6t).$$

Exercício 3.32. Demonstrar a proposição (3.6).

Exercício 3.33. Encontre as equações paramétricas da reta tangente à curva e o vetor unitário tangente T dado pelas equações paramétricas abaixo, no ponto dado:

1. $x = 2t,\ y = e^{-t},\ z = t - t^2$ no ponto $(0, 1, 0)$;

2. $x = t\cos t,\ y = 3t,\ z = t\,\text{sen}t$ no ponto $(-\pi, 3\pi, 0)$.

Exercício 3.34. Considere o vetor $\vec{r}(t) = (5\cos 2t, 5\,\text{sen}2t)$, logo:
a) Calcular a função comprimento de arco $s(t)$.
b) Reescreva a equação $\vec{r}(t)$ em termos de s, ou seja $\vec{r}(s)$.
c) Determinar $\vec{r}'(s)$ e provar que $||\vec{r}'(s)|| = 1$. Logo $\vec{r}'(s)$ é um vetor unitário.
d) Verifique que: $K(s) = ||\vec{r}''(s)|| = \dfrac{1}{5}$.

Exercício 3.35. Calcule a aceleração tangencial e a aceleração centrípeta para todo instante t na trajetória seguida por uma partícula em cada caso.

1. $\vec{r}(t) = (\frac{1}{3}(1+t)^{3/2}, \frac{1}{3}(1-t)^{3/2}, \frac{t}{\sqrt{2}})$;

2. $\vec{r}(t) = (\frac{4}{5}\cos t, 1 - \text{sen}t, -\frac{3}{5}\cos t)$;

3. $\vec{r}(t) = (t, \cosh t)$

Exercício 3.36. Calcule a curvatura das seguintes funções:

1. $\vec{r}(t) = (\frac{1}{3}(1+t)^{3/2}, \frac{1}{3}(1-t)^{3/2}, \frac{t}{\sqrt{2}})$;

2. $\vec{r}(t) = (\frac{4}{5}\cos t, 1 - \text{sen}t, -\frac{3}{5}\cos t)$;

3. $\vec{r}(t) = (t, \cosh t)$;

4. $\vec{r}(t) = (\cos^3 t,\ \text{sen}^3 t)$.

Exercício 3.37. Mostre que a curvatura da curva

$$\vec{r}(t) = (\sec t, \sec t,\ \text{tg}t), \quad -\frac{\pi}{2} < t < \frac{\pi}{2},$$

é máxima em exatamente um ponto.

Exercício 3.38. Seja $\vec{r}(t) = (2t, t^2, \frac{1}{3}t^3)$ a trajetória seguida por uma partícula no espaço $\mathbb{R}^3$.

1. Calcule o vetor unitário tangencial $\vec{T}(t)$ e a aceleração da partícula $\vec{a}(t)$;

2. Calcule a curvatura;

3. Encontre a função comprimento de arco s da curva Γ descrita pelo raio vetor $\vec{r}(t)$,

Exercício 3.39. Calcule a curvatura e a torção da curva definida por $\vec{r}(t) = (3t-t^3, 3t^2, 3t+t^3)$

Exercício 3.40. Encontre a curvatura da função

$$y = \cos x.$$

Exercício 3.41. Mostre que a curvatura de uma curva plana parametrizada por $r(t) = x(t)\ \overrightarrow{i}$ $+y(t)\ \overrightarrow{j}$ é dada por

$$k = \frac{|x'y'' - y'x''|}{[(x')^2 + (y')^2]^{3/2}}.$$

Exercício 3.42. Dada a curva plana Γ que em coordenadas cartesianas tem a equação: $y = y(x)$
a) A partir da definição (3.15) dada para curvatura de curvas planas, encontre a fórmula

$$K(x) = \frac{|y''|}{(1 + (y')^2)^{3/2}}$$

em coordenadas cartesianas.
b) Chegue a mesma resposta a partir do Teorema (3.10). Ajuda: Utilize a parametrização $x = t, y = y(t), z = 0$.
Note que se a equação da reta fosse $y = mx + b$, m, b constantes numéricas. Então $y'' = 0$ logo $K = 0$ como esperado.

Exercício 3.43. Mostre que a curva α tal que $\alpha'''(t) = 0$ está contida num plano.

Exercício 3.44. Calcule $k, \tau, \vec{T}, \vec{N}$ e $\vec{B}$ para cada uma das seguintes curvas e verifique que as equações de Frenet-Serret são satisfeitas:

1. $\vec{r}(t) = (\frac{1}{3}(1+t)^{3/2}, \frac{1}{3}(1-t)^{3/2}, \frac{t}{\sqrt{2}})$;

2. $\vec{r}(t) = (\frac{4}{5}\cos t, 1 - \text{sen} t, \frac{3}{5}\cos t)$.

Exercício 3.45. Seja a curva Γ definida pela função vetorial

$$\vec{r}(t) = (3\cosh t, 3\,\text{senh} t, 4t).$$

Determine a equação do plano osculador e o vetor binormal $\vec{B}$ para $t = 0$.

Exercício 3.46. Demonstrar a fórmula (9.8) da epicicloide apresentada na subseção (9.2.4) do apêndice (9)

Exercício 3.47. Prove que as coordenadas do centro osculador de uma hélice arbitrária também descrevem uma curva helicoidal

Exercício 3.48. Considere a curva $\vec{r}(t) = (\cos t, -\operatorname{sen} t, 2t^2), -10 < t < 10$. Demonstre que para $t < 0$ a torção é positiva e para $t > 0$ a torção é negativa.

Exercício 3.49. Demonstre que a curva Γ definida parametricamente por:

$$x(t) = \frac{1+t}{1-t}, \; y(t) = \frac{1}{1-t^2}, \; z(t) = \frac{1}{1+t},$$

é plana e encontre a equação do plano que a contém.

Dica: Determine o vetor unitário $\vec{T}(t)$ e $\vec{N}(t)$ e realize o produto vetorial. Depois demonstre que o vetor binormal $B(t)$ tem orientação fixa. Por outro lado, tome três pontos arbitrários da curva e determine a equação do plano que a contém.

Exercício 3.50. Seja uma partícula pontual que segue uma trajetória dada pela curva $\Gamma : \mathbb{R} \to \mathbb{R}^3$, definida assim: $\vec{r}(t) = (t, t, 2t^2)$. No instante $t = 1/4$:
a) Determine a posição $\vec{r}(t)$ e a velocidade $V(t)$.
b) Determine o vetor unitário tangente $\vec{T}(t)$ e a equação da reta tangente à curva Γ.
c) Determine a aceleração da partícula, a aceleração tangencial e a aceleração centrípeta.
d) Determine a curvatura e a torção da curva Γ.
e) Determine o vetor unitário normal $\vec{N}(t)$ e o vetor unitário binormal $\vec{B}(t)$.

Exercício 3.51. Uma partícula descreve uma cicloide definida pela seguinte função vetorial $\vec{r}(t) = (4t - 2\operatorname{sen}2t, 2 - 2\cos 2t)$.
No instante $t = \pi/4$:
a) Determine a velocidade e a aceleração da partícula.
b) Determine o vetor normal $\vec{N}$, o vetor unitário binormal $\vec{B}$ e a trajetória da partícula.
c) Determine a aceleração radial e a tangencial.
d) Interprete fisicamente a trajetória considerando que a dita partícula representa um ponto localizado na borda de uma roda que realiza rolamento sem deslizamento numa superfície horizontal. Identifique a velocidade angular e a velocidade tangencial da roda para todo instante t.
e) Determine a torção e curvatura da cicloide para todo instante t.
f) Determine as coordenadas do centro osculador O da cicloide no instante $t = \pi/4$.

Exercício 3.52. Demonstre as fórmulas (3.63) e (3.64) a partir das fórmulas (3.53) e (3.59).

Miscelâneas de Exercícios

Exercício 3.53. A curva $r(\beta) = (8\cos(\beta - \operatorname{sen}\beta), 8\operatorname{sen}(\beta - \operatorname{sen}\beta), 8(1 - \cos\beta))$ do gráfico a seguir representa a trajetória de tempo mínimo seguida por uma partícula entre dois pontos A e B de um cilindro circular reto e vertical de raio 8 (mais detalhes na referência [54]). Determine o valor escalar da aceleração tangencial da partícula e o comprimento de arco para o intervalo $\beta \in [0, 2\pi]$ (ver figura 3.67).

Exercício 3.54. Considere uma elipse de focos F_1 e F_2 e centro O. Considere $P = (x, y)$ um ponto arbitrário da elipse e prove que

$$\measuredangle(F_1PO) = \measuredangle(F_2PO).$$

Exercício 3.55. Um projétil é disparado de um plano inclinado (de inclinação α) com ângulo θ de elevação relativo ao plano inclinado ($0 < \theta \leq \frac{\pi}{2}$). Considere a velocidade inicial de lançamento v_0 (fixo) e determine o lugar geométrico dos pontos de altura máxima relativo ao plano inclinado que atinge o projétil para cada valor de θ (em relação às coordenadas $x'y'$).

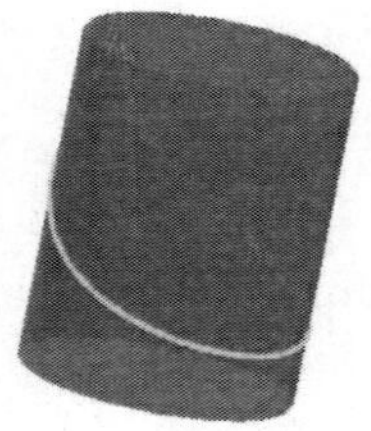

Figura 3.67:

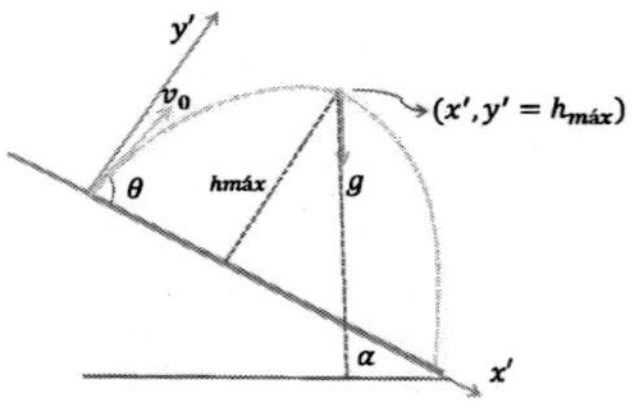

Figura 3.68:

Exercício 3.56. Uma partícula se move com uma velocidade uniforme v no sentido horário ao longo de uma astroide $x^{2/3} + y^{2/3} = a^{2/3}, a > 0$. Determine a aceleração tangencial e centrípeta da partícula no ponto da astroide em que a abscissa coincide com a ordenada. a, v são constantes numéricas.

Exercício 3.57. Determine a equação paramétrica da evoluta das seguintes curvas.
a) A parábola da forma $y = a - bx^2$, a, b constantes numéricas reais, $b > 0$.
b) A cicloide $\vec{r}(t) = (Rwt - R\,\text{sen}wt, R - R\cos wt)$. R, w são constantes numéricas.

3.10 Respostas

3.1
a)$Dom(f) = (-\infty, -1] \cup [1, \infty)$
b) $Dom(f) = [-\sqrt{3}, \sqrt{3}] - \{t = 2\}$
c) $Dom(f) = (\frac{a}{\sqrt{2}}, \infty)$
3.2
a) $Dom(f) = \mathbb{R},\ \ Im(f)\ é\ uma\ reta,$ pois $f(t) = (0, 4, 0) + t(1, 1, -3)$.
b) $Dom(f) = [-2, 2],\ \ Im(f)\ é\ uma\ parte\ da\ elipse\ no\ plano\ x = 2$, pois $y^2 + \frac{z^2}{4} = 1, y \leq 0$ (ver figura 3.69).

c)

$$Dom(f) = \mathbb{R}, Im(f) = \ é\ uma\ elipse\ da\ forma:\ \frac{x^2}{a^2} + \frac{y^2}{b^2} = 1.$$

d)

$$Dom(f) = \mathbb{R},\ Im(f) = é\ uma\ reta,\ pois: f(t) = (2, -2, 4) + t^2(1, 1, 2)$$

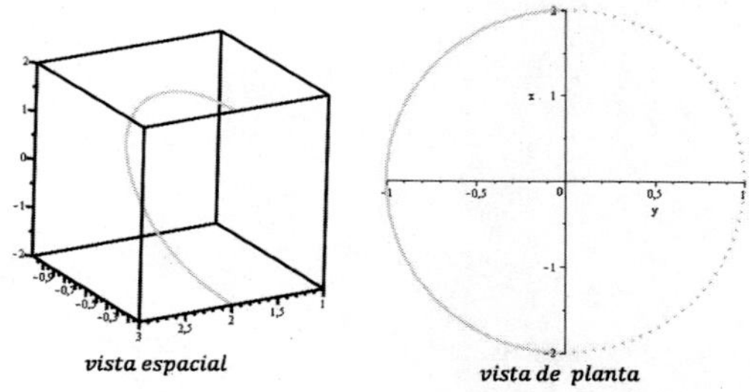

Figura 3.69: Imagem da função vetorial

OBS.-Conforme a variável t varia de $-\infty$ a ∞, a reta é percorrida do infinito até o ponto (2,-2,4)(para $t = 0$) e de volta ao infinito.

3.3

a) A imagem é a metade de uma parábola

$$\Gamma := \{(x, y) \in \mathbb{R}^2 \ / \ x = (y+1)^2, y > -1\},$$

percorrida do vértice para $t = 0$ até o infinito pra $t \to \infty$ (figura 3.70).

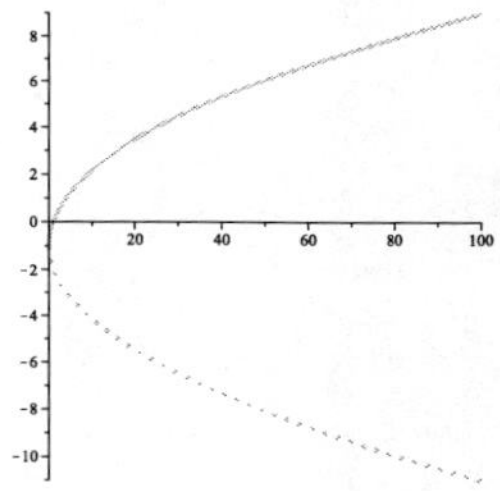

Figura 3.70: Imagem da função vetorial

b) A imagem é a metade de uma elipse centralizada no ponto $(0, 1)$ e percorrida no sentido horário, do ponto (0,3) ao ponto (0,-1).

$$\Gamma := \{(x, y) \in \mathbb{R}^2 \ / \ x^2 + \frac{(y-1)^2}{4} = 1, x > 0\}.$$

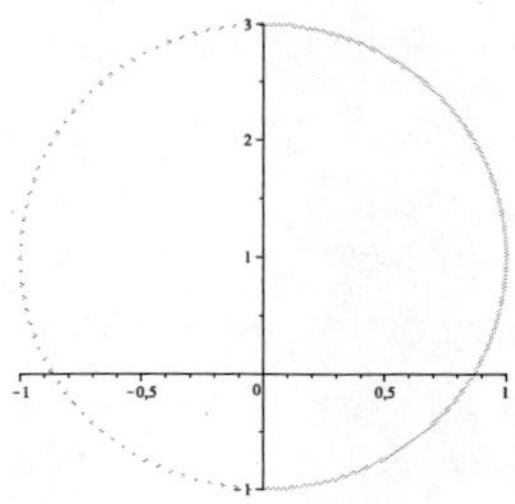

Figura 3.71:

c) A imagem é uma hélice que se localiza no cilindro reto $x^2 + y^2 = 1$ girando em sentido anti-horário na direção $+z$.

$$\Gamma := \{(x, y, z) \in \mathbb{R}^3 \;/\; x^2 + y^2 = 1, -\infty < z < \infty\}.$$

d) A função vetorial

$$f(t) := \{(x, y, z) \in \mathbb{R}^3 \;/\; (x, y, z) = (0, 4, 5) + t(1, 2, 0); t < -2\}$$

tem como imagem uma semirreta com ponto inicial se aproximando de $(-2, 0, 5)$ quando $t \to -2$ e por outro lado, vai ao infinito quando $t \to -\infty$.
e) A imagem é uma parte de uma circunferência de raio 1, centralizada na origem de coordenadas. Partindo do ponto $(1, 0)$ em $t = 0$ e terminando no ponto $(-\frac{1}{2}, -\frac{\sqrt{3}}{2})$ após percorrer a circunferência em sentido anti-horário.

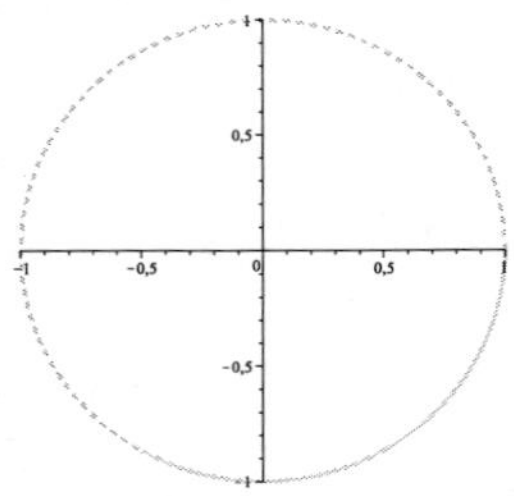

Figura 3.72:

f) Utilizando a identidade $\cosh 2t^2 - \operatorname{senh} 2t^2 = 1$ a função vetorial descreve o ramo da hipérbole que passa pelo ponto $(1, 5, 0)$.

$$\Gamma := \{(x, y, z) \in \mathbb{R}^3 \;/\; x^2 - z^2 = 1, y = 5\}.$$

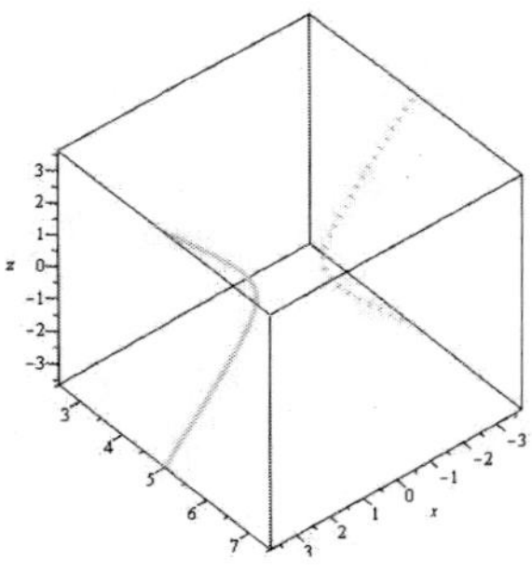

Figura 3.73: Um ramo de uma hipérbole

3.4
Existem infinitas formas de parametrizar um curva, dependendo muito do interesse.
a) $f(t) = (t, -t^2 + 4)$, nesta parametrização a parábola é percorrida da esquerda para a direita conforme o parâmetro t aumenta.
Nesta outra parametrização $f(t) = (-t, -t^2 + 4)$, a parábola é percorrida da direita para a esquerda conforme o parâmetro t aumenta.
b) $f(t) = (3\cos t, \operatorname{sen} t)$, nesta parametrização a elipse é percorrida de forma anti-horária. Para mudar o sentido do percurso (horário) basta trocar $t \to -t$), assim a função vetorial fica $f(t) = (3\cos t, -\operatorname{sen} t)$.
Outra possibilidade é $f(t) = (3\operatorname{sen} t, \cos t)$, neste caso a elipse é percorrida no sentido horário,

porém, o ponto inicial para $t = 0$ corresponde a um ponto diferente do da proposta anterior.
c) $f(t) = (t, -2t + 4)$, nesta parametrização a reta infinita é percorrida ao longo do vetor $V = (1, -2)$.
3.5

$$\alpha(t) = (\cos t + 2, -2\,\mathrm{sen} t + 1)$$

3.6
Dica: proponha $x = At + b$ e determine A e B pelas condições do exercício

$$\alpha(t) = (-5t + 4, 10t - 4), 0 \leq t \leq 1.$$

3.7

$$\vec{f}(t) = \begin{cases} (1-t, 1-t, 2-2t), & 0 \leq t \leq 1; \\ (t-1, t-1, 0), & 1 \leq t \leq 2. \end{cases}$$

3.9
Duas parametrizações possíveis para à curva plana considerada.
a) $\vec{f}(t) = (\cos(t), \cos^{2/3}(t) + \mathrm{sen}(t)$, $0 \leq t \leq 2\pi$ (sentido anti-horário).
b) $\vec{f}(t) = (\cos(t), \cos^{2/3}(t) - \mathrm{sen}(t)$, $0 \leq t \leq 2\pi$ (sentido horário).

Uma outra parametrização é dada no exemplo (3.31).
3.10
a) Se $|t| < \delta$, então basta tomar $\varepsilon = \sqrt{\delta^2 + \delta^6}$ tal que $||\vec{f}(t) - (0,0)|| < \varepsilon$.
b) Se $|t| < \delta$, então basta tomar $\varepsilon = \sqrt{2}\delta$ tal que $||\vec{f}(t) - (1,0,0)|| < \varepsilon$.
3.11

$$(5, 2, 1)$$

3.12
Utilizando a propriedade 3 do teorema (3.2) das propriedades de operação

$$(2, 2)$$

3.13 As duas funções são contínuas.
a)

$$\lim_{w \to \infty} f(w) = \hat{i}$$

b)

$$\lim_{t \to 2} f(t) = (4, 0, 0)$$

3.14
a) $t > 0$, $\vec{f}(t)$ não é contínua em $t = 1$, pois $\lim_{t \to 1} \vec{f}(t) \neq \vec{f}(1)$.
b) $\vec{g}(t)$ é contínua $\forall\, t \in \mathbb{R}$; inclusive em $t = 0$.
c) $\vec{g}\,'(t)$ é contínua em $t = 0$. Quando uma função vetorial $\vec{g}(t)$ e sua derivada $\vec{g}\,'(t)$ são contínuas num ponto t_0 se diz que $g(t)$ é de *classe* C^1 em t_0. No exercício $\vec{g}(t)$ é de classe C^1

para todo $t \in \mathbb{R}$.
3.15

$$\vec{F} = \frac{d\vec{P}}{dt} = (3t^2, 4t, 5t^4 + 6t^2).$$

Sendo $P(t)$ o momento linear da partícula de massa $m(t)$.
3.18

$$< \vec{u}\,'(t), \vec{v}(t) \times \vec{w}(t) > + < \vec{u}(t), \vec{v}\,'(t) \times \vec{w}(t) > + < \vec{u}(t), \vec{v}(t) \times \vec{w}\,'(t) > .$$

3.19
a)

$$\frac{< r'(t), r(t) >}{\sqrt{< r(t), r(t) >}} = \frac{< r'(t), r(t) >}{||r(t)||}$$

b)

$$\vec{r}(t) \times \vec{r}\,''(t)$$

3.20
a)

$$\frac{b^2 t}{\sqrt{a^2 + b^2 t^2}}$$

b)

$$baw^2(t\,\text{sen}wt, -t\cos wt, 0)$$

3.21

$$(aw^3 \cosh wt, bw^3\,\text{sen}wt, 0)$$

3.24
a)

$$d\vec{r} = (1, 2, 4)dt, ||d\vec{r}|| = \sqrt{21}dt$$

b)

$$d\vec{r} = (-\,\text{sen}t, \cos t, 0)dt, ||d\vec{r}|| = dt$$

c)

$$d\vec{r} = (-\,\text{sen}t, \cos t, 4)dt, ||d\vec{r}|| = \sqrt{17}dt$$

d)

$$d\vec{r} = (2 + 6\,\text{sen}3t, -6\cos 3t)dt, ||d\vec{r}|| = \sqrt{40 + 24\,\text{sen}3t}dt$$

3.25 $\vec{f}\,'(t)$ não existe em $t = -1$ e $t = 1$.
3.26

$$\frac{31}{5}\,\hat{i} + \frac{5}{6}\,\hat{j} - \frac{2}{3\pi}\,\hat{k}$$

3.27

$$\vec{r}(t) = (0, t^2, \frac{1}{6}t^3) + (2, 0, 1)t$$

3.28

$$\vec{B}_{(x,y)} = -\frac{u_o I}{4\pi|x|}(1 + \frac{|y|}{|x|})\hat{k}$$

3.29

I caso : $\vec{B} \neq \bar{0}$

$$x(t) = \frac{V_{0x}}{w}\,\text{sen}wt - \frac{1}{w}(V_{0y} + \frac{E_x}{B})\cos wt + C_1.$$

$$y(t) = \frac{V_{0x}}{w}\cos wt + \frac{1}{w}(V_{0y} + \frac{E_x}{B})\,\text{sen}wt) - \frac{E_x}{B}t + C_2.$$

$$z(t) = V_{0z}\,t.$$

$$C_1 = x_0 + (V_{0y} + \frac{E_x}{B})\frac{1}{w},$$

$$C_2 = y_0 - \frac{V_{0x}}{w}.$$

Em particular, se $E_x = 0$, então a partícula carregada descreve um movimento circular uniforme ou descreve uma trajetória helicoidal.
II caso : $\vec{B} = \bar{0}$

$$x(t) = \frac{qE_x}{2m}t^2 + V_{0x}t + x_0$$

$$y(t) = V_{0y}t + y_0$$

$$z(t) = V_{0z}t$$

A trajetória seguida pela partícula é uma combinação de dois movimentos: um $MRUV$ no eixo x, um MRU no eixo y e um MRU no eixo z.

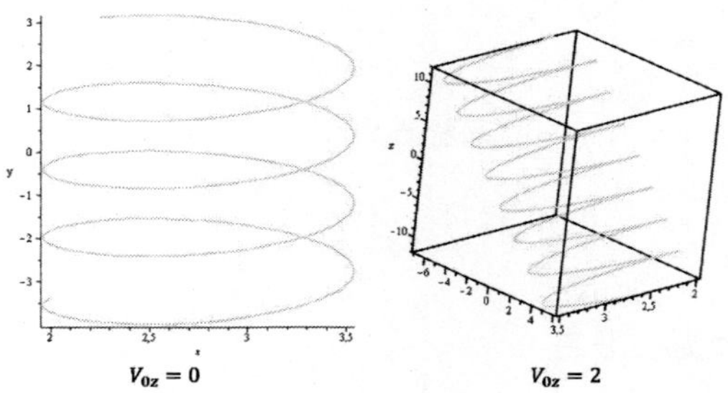

Figura 3.74: $m = 1, q = 1, y_0 = 0, x_0 = 2, V_{0x} = 1, V_{0y} = 2, B = 4, E_x = 4$

3.30
a) $s(t) = \sqrt{22}t$
b) $s = 6t$
c) $s(t) = \sqrt{R^2w^2 + c^2}t$

d) $s(t) = 24 + 8\cos t, \pi \leq t \leq 2\pi$

3.31

1)

$$\vec{r}(s) = (R\cos(\frac{w\,s}{\sqrt{R^2w^2+c^2}}), R\,\text{sen}(\frac{w\,s}{\sqrt{R^2w^2+c^2}}), \frac{c\,s}{\sqrt{R^2w^2+c^2}})$$

2)

$$s(\pi) - s(0) = 6\sqrt{2}\pi.$$

3.33

1.

$$x = 2\lambda, y = 1-\lambda, z = \lambda,\ \lambda \in \mathbb{R};\ \vec{T} = (\frac{(2,-1,1)}{\sqrt{6}}$$

2.

$$x = -\pi - \lambda, y = 3\pi + 3\lambda, z = -\pi\lambda,\ \lambda \in \mathbb{R};\ \vec{T} = (\frac{(-1,3,-\pi)}{\sqrt{10+\pi^2}}$$

3.34

a $s = 10t,$

b $\vec{r}(s) = (5\cos(\frac{s}{5}), 5\,\text{sen}(\frac{s}{5})),$

c $\vec{r}'(s) = (-\,\text{sen}(\frac{s}{5}), \cos(\frac{s}{5})),$

d $K(s) = \frac{1}{5}$

3.35

1. $\vec{a}_T = (0,0,0),\ \vec{a}_{cpta} = (\frac{1}{4\sqrt{1+t}}, \frac{1}{4\sqrt{1-t}})$

2. $\vec{a}_T = (0,0,0),\ \vec{a}_{cpta} = (-\frac{4}{5}\cos t,\ \text{sen}t, +\frac{3}{5}\cos t)$

3. $\vec{a}_T = \frac{\text{senh}t\cosh t}{1+\,\text{senh}^2 t}(1,\ \text{senh}t),\ \vec{a}_{cpta} = \frac{\cosh t}{1+\,\text{senh}^2 t}(-\,\text{senh}t, 1)$

Dica: Nos dois primeiros casos, considerando que a velocidade escalar é constante, então $|\vec{a}_T(t)| = \dot{v}(t) = 0$.

3.36

1. $K(t) = \frac{\sqrt{2}}{4\sqrt{1-t^2}},\ -1 < t < 1.$

2. $K(t) = 1,\ t \in [0, 2\pi]$

3. $K(t) = \frac{\cosh t}{(1+\,\text{senh}^2 t)^{3/2}},\ t \in \mathbb{R}$

4. $K(t) = \frac{2}{|3\,\text{sen}2t|},\ 0 \leq t \leq 2\pi$

3.37 $K(t) = \sqrt{2}$ em $t = 0$. Note que a curva é uma hipérbole no espaço $\mathbb{R}^3$.
3.38

1.
$$T(t) = \frac{(2, 2t, t^2)}{t^2 + 2},$$

2.
$$K(t) = \frac{2}{(t^2 + 2)^2},$$

3.
$$s(t) = \frac{t^3}{3} + 2t.$$

3.39

$$K(t) = \tau(t) = \frac{1}{3(t^2 + 1)^2}$$

3.40

$$K(t) = \frac{|\cos t|}{(\operatorname{sen}^2 t + 1)^{3/2}}$$

3.43
Basta demonstrar que a torção $\tau(t) = 0, \forall t \in \mathbb{R}$ 3.44

1
$$\tau(t) = \frac{1}{\sqrt{8(1 - t^2)}}$$

$$\vec{T}(t) = \frac{1}{2}(\sqrt{1+t}, -\sqrt{1-t}, \sqrt{2}),\ \vec{B}(t) = \frac{1}{2}(-\sqrt{1+t}, \sqrt{1-t}, \sqrt{2})$$

2
$$\tau(t) = 0$$

$$\vec{T}(t) = \frac{1}{5}(-4\operatorname{sen} t, -\cos t, -3\operatorname{sen} t),\ \vec{B}(t) = \frac{1}{5}(3, 0, -4)$$

3.45
$\vec{B} = (0, 4/5, -3/5)$; e a equação vetorial do plano osculador é: $r(\lambda, \nu) = (3, 0, 0) + \lambda(0, 3, 4) + \nu(1, 0, 0), \lambda, \nu \in \mathbb{R}$, ou em coordenadas cartesianas $4y = 3z$, $x \in \mathbb{R}$.
3.48
De $\tau(t) = \dfrac{-4\,t}{||\vec{V}(t) \times \vec{a}(t)||^2}$ a conclusão é imediata.
3.49
Basta provar que a torção relativa à curva Γ é nula. A equação do plano que contém a curva Γ é $x - 4y + 2z = -1$.
3.50

a) $\vec{r}(1/4) = (1/4, 1/4, 1/8)$, $\vec{V}(1/4) = (1, 1, 1)$

b) $\vec{T}(1/4) = \dfrac{(1,1,1)}{\sqrt{3}}$
$L_T = \{(x,y,z) = (1/4, 1/4, 1/8) + \lambda(1,1,1),\ \lambda \in \mathbb{R}.\}$

c) $\vec{a}(1/4) = (0,0,4)$, $\vec{a}_T(1/4) = \dfrac{4}{3}(1,1,1)$, $\vec{a}_{cpta}(1/4) = \dfrac{4}{3}(-1,-1,2)$

d) $K = \frac{4\sqrt{6}}{9}$, $\tau = 0$.

e) $\vec{N}(1/4) = \dfrac{1}{\sqrt{6}}(-1,-1,2)$, $\vec{B}(1/4) = \dfrac{1}{\sqrt{2}}(1,-1,0)$.

3.51

a) $\vec{V}(\pi/4) = (4,4)$, $\vec{a}(\pi/4) = (8,0)$

b) $\vec{N}(\pi/4) = \dfrac{(1,-1,0)}{\sqrt{2}}$, $\vec{B}(\pi/4) = (0,0,-1)$

c) $\vec{a}_T(1/4) = (4,4)$, $\vec{a}_{cpta}(1/4) = (4,-4)$

d) A cicloide é gerada por um ponto periférico de um disco de raio $R = 2$, que gira com uma velocidade angular $w = 2$ e se desloca horizontalmente ao longo de uma reta horizontal (eixo x) com velocidade uniforme $V = 4$. Para um observador localizado no centro do disco, o ponto periférico realiza um movimento circular uniforme no plano xy com velocidade tangencial $V = 4$.

e) $K(t) = \dfrac{1}{8\,\mathrm{sen}t}$, $\tau(t) = 0, t \in \mathbb{R}$.

f) $O = (\pi + 2, -2)$

3.53 $a_T = 8\cos(\frac{t}{2})$, $L = 64$.
3.55 É uma elipse.

Dica: após estabelecer uma relação algébrica entre as coordenadas x' e y', utilize o teorema de classificação de quádricas, em que: $ax'^2 + by'^2 + 2cx'y' + dx' + y'e + f = 0$, corresponderá a uma elipse se $c^2 - ab < 0$. No caso $\frac{\pi}{2} \leq \theta < \pi$, a resposta será outra elipse.
3.56
$\vec{a}_T = \vec{0}$, $\vec{a}_{cpta} = \dfrac{v^2}{3a\sqrt{2}}(1,1)$.
3.57 Evolutas:

a Parábola semicúbica : $\beta(t) = (-4b^2t^3, \dfrac{2ba - 1 - 6b^2t^2}{2b})$

b Outra cicloide: : $\beta(t) = (Rwt + R\,\mathrm{sen}wt, R\cos wt - R)$

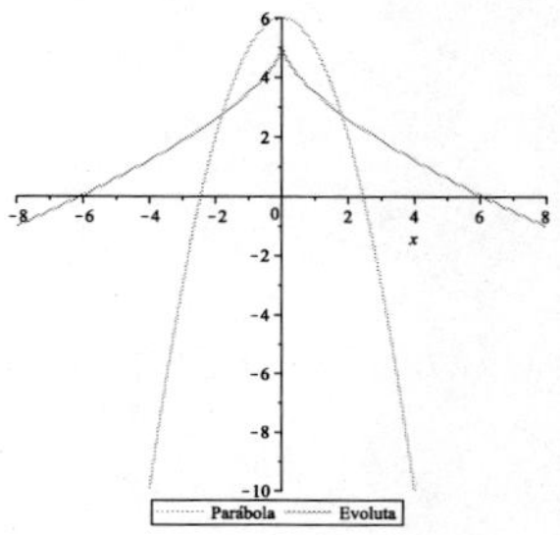

Figura 3.75: Parábola e sua evoluta

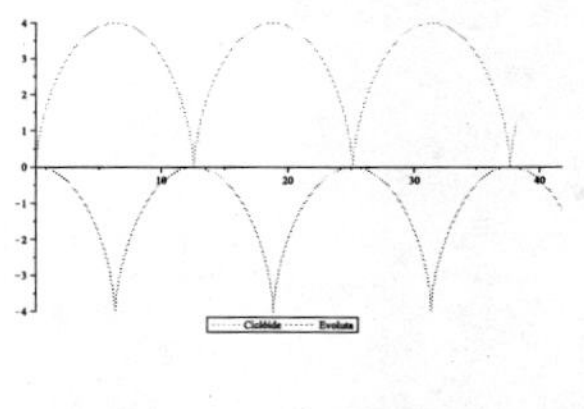

Figura 3.76: Cicloide e sua evoluta(outra cicloide)

CAPÍTULO 4

Sistema de Coordenadas

4.1 Sistema de Coordenada Cartesiano

As coordenadas cartesianas permitem determinar e localizar a posição de um ponto no plano, no espaço tridimensional ou num espaço de dimensão maior que 3. As coordenadas cartesianas (também chamadas de coordenadas retangulares) de um ponto são um par de números ordenados (em duas dimensões), uma tripla de números ordenados (em três dimensões) ou uma $n-$upla de números ordenados (em n dimensões) que representam a distância deste ponto com relação aos eixos de coordenadas.

No espaço tridimensional, o sistema de coordenadas cartesianas define-se da seguinte forma:

- Por três retas mutuamente perpendiculares, que posteriormente chamaremos de eixos: o eixo x, o eixo y e o eixo z. Os três eixos se cruzam no ponto chamado origem 0. Podemos pensar na origem de coordenadas como sendo o ponto onde as paredes no canto de uma habitação encontram o chão.

- Dê uma orientação para cada eixo; eixos positivos e eixos negativos.

- E dê uma única unidade de comprimento para todos os três eixos.

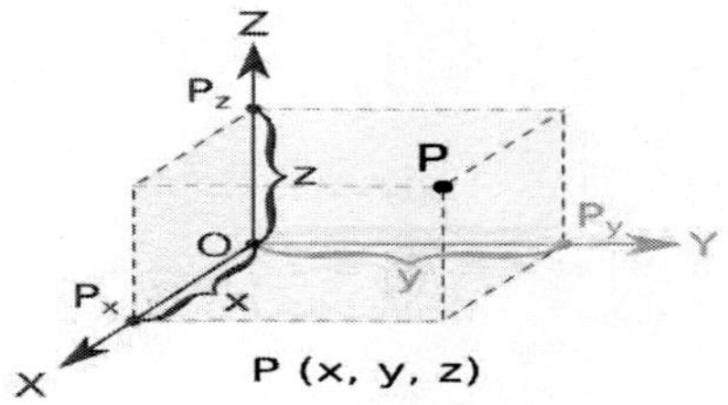

Figura 4.1: Coordenadas de um ponto arbitrário P

No $\mathbb{R}^2$ os eixos x e y dividem o plano xy em 4 quadrantes; no $\mathbb{R}^3$, os planos xy, xz e yz dividem o espaço em 8 octantes:

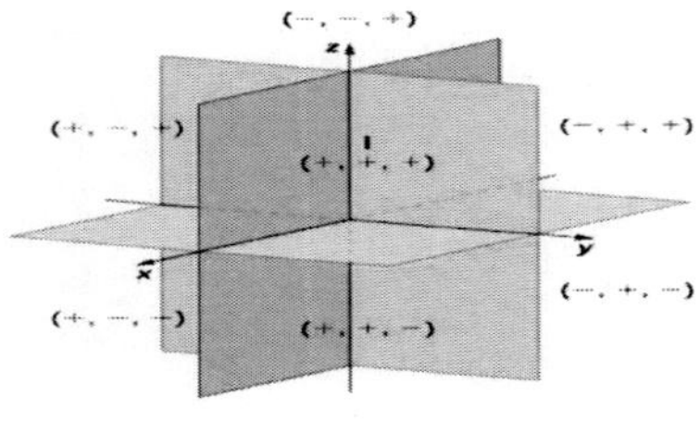

Figura 4.2: Sistema Cartesiano tridimensional

Assim, as coordenadas cartesianas de um ponto arbitrário P em $\mathbb{R}^3$ são uma tripla ordenada de números reais.

Existe uma forma alternativa de descrever o ponto $P \in \mathbb{R}^3$ utilizando os vetores unitários $\vec{i}, \vec{j}, \vec{k}$ associados às direções positivas dos eixos x, y e z respectivamente, como segue

Definição 4.1. *Coordenadas Cartesianas*
O ponto P de $\mathbb{R}^3$ tem as seguintes coordenadas

$$P = (x, y, z) \Leftrightarrow \overrightarrow{0P} = x\vec{i} + y\vec{j} + z\vec{k}$$

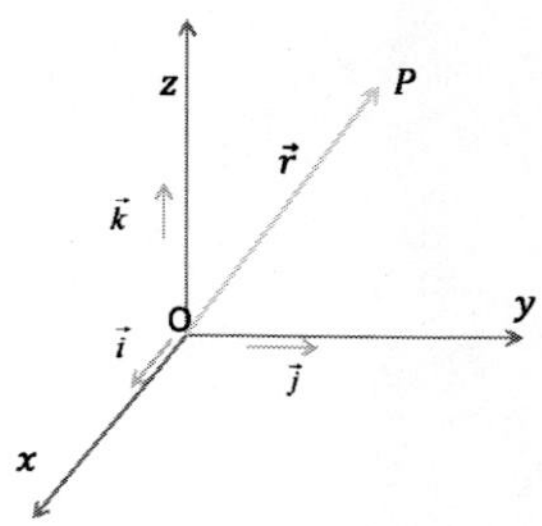

Figura 4.3:

Exemplo 4.1. Uma reta no plano $\mathbb{R}^2$, pode ser escrita em coordenadas cartesianas pela equação $y = mx + b$, $x \in \mathbb{R}$, em que m é o coeficiente angular da reta e b é o ponto de corte com o eixo y.

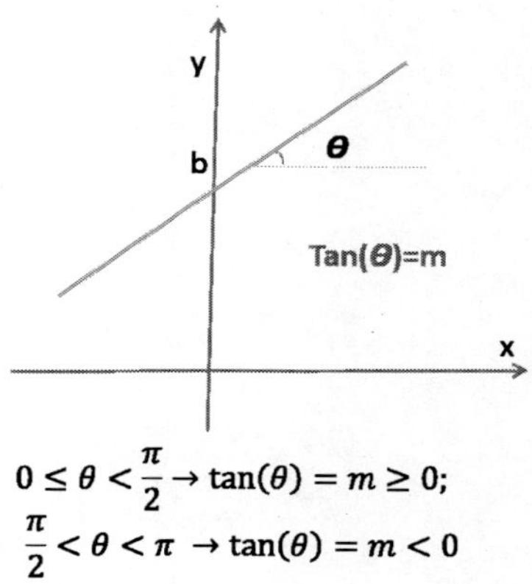

Figura 4.4: Reta no plano xy

A seguir temos exemplos de tipos de retas e/ou segmentos de reta em coordenadas cartesianas.

Exemplo 4.2. *Segmento de reta $\mathcal{L}$*

$$\mathcal{L} = \{(x, y) \in \mathbb{R}^2, y = -2, \ 1 < x \leq 5\} \tag{4.1}$$

Exemplo 4.3. *Região plana retangular parcialmente sem fronteira*

$$S := \{(x, y) \in \mathbb{R}^2, -3 < x \leq 5, \ 0 \leq y \leq 5\}$$

Note que o segmento de reta: $x = -3, 0 \leq y \leq 5$ não forma parte da região S.

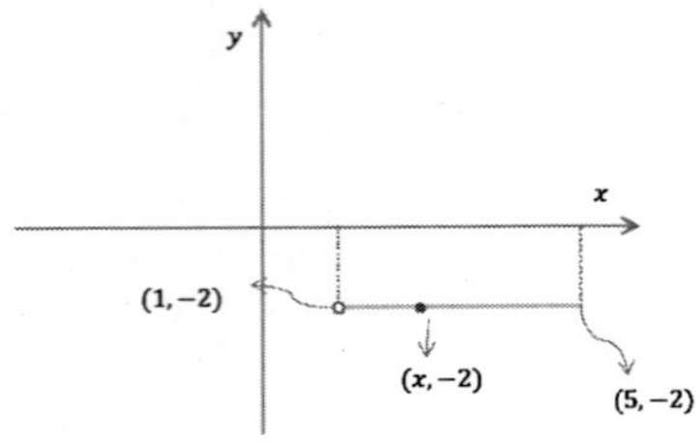

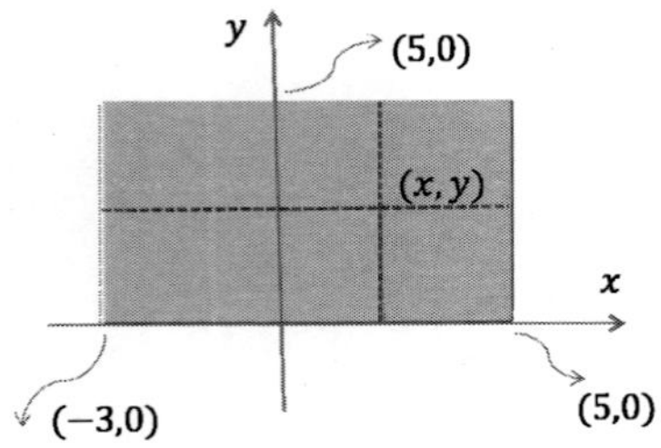

Exemplo 4.4. *Equação de uma região triangular em coordenadas cartesianas.*
Considere a região plana triangular S (com ângulo reto) da figura (4.5). Queremos determinar a equação de S. Qual é o processo a seguir?

Vejamos, na figura (4.6), ao fixar a coordenada x, variamos a coordenada y (ao longo da barra vertical). Observa-se que a coordenada y varia entre o valor mínimo $y = 0$ até o valor máximo na hipotenusa do triângulo retângulo, ou seja: $0 \leq y \leq 4 - \frac{2}{3}x$. Logo, deslizamos a barra horizontalmente, preenchendo totalmente a superfície triangular, ou seja, $0 \leq x \leq 6$. Finalmente:

$$S := \{(x, y) \in \mathbb{R}^2, 0 \leq x \leq 6,\ 0 \leq y \leq 4 - \frac{2}{3}x\}$$

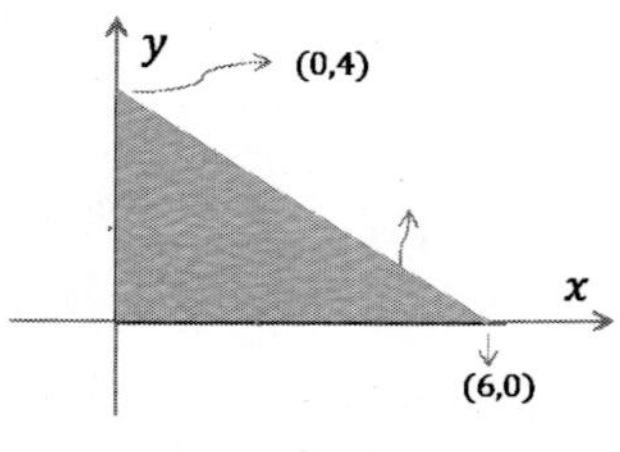

Figura 4.5: Região plana triangular

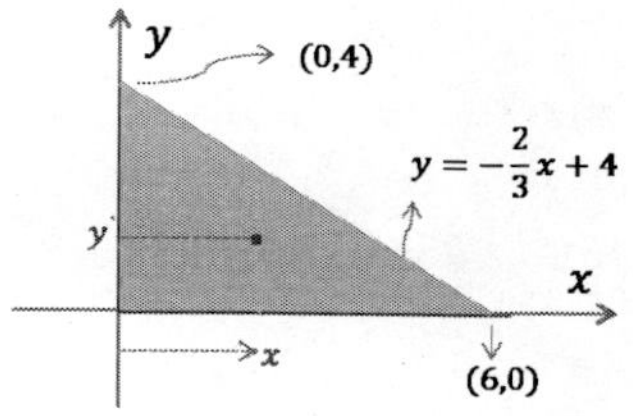

Figura 4.6: Região plana triangular

Existe uma outra forma alternativa de definir a equação da região plana triangular S.

Vejamos, na figura (4.7) ao fixar a coordenada y, variamos a coordenada x (ao longo da barra horizontal). Observa-se que a coordenada x varia entre o valor mínimo $x = 0$ até o valor máximo na hipotenusa do triângulo retângulo, ou seja: $0 \leq x \leq 6 - \frac{3}{2}y$. Logo, deslizamos a barra horizontalmente, preenchendo totalmente a região triangular, ou seja, $0 \leq y \leq 4$. Finalmente:

$$S := \{(x, y) \in \mathbb{R}^2, 0 \leq y \leq 4,\ 0 \leq x \leq 6 - \frac{3}{2}y\}$$

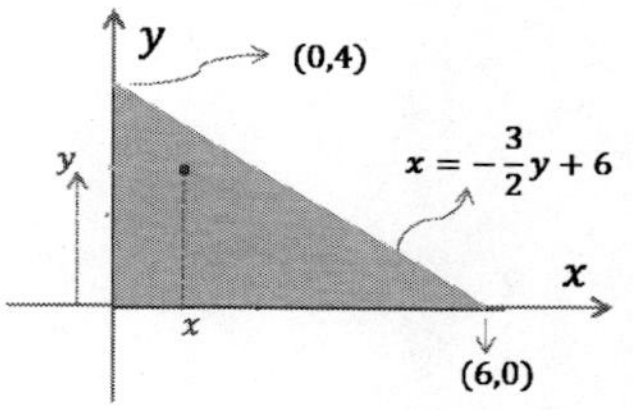

Figura 4.7: Região plana triangular

Exemplo 4.5. Objetos geométricos em $3D$

Na figura (4.8) notamos três tipos diferentes de objetos geométricos:

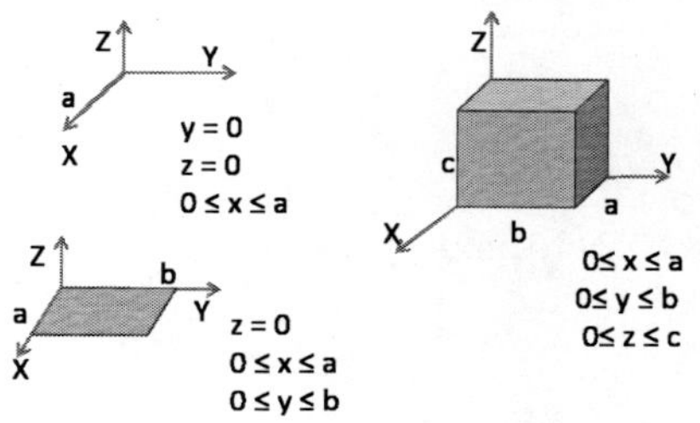

Figura 4.8: Objetos $1D$, $2D$ e $3D$

- **Um objeto unidimensional**.
  Temos um segmento de reta cujas coordenadas (x, y, z) são duas fixas e uma variável (1 desigualdade), logo o objeto geométrico é unidimensional. Também veja o exemplo (4.6).
- **Um objeto bidimensional**.
  Temos um retângulo localizado no plano xy, cujas coordenadas (x, y, z) uma é fixa e duas variáveis (duas desigualdades), logo o objeto geométrico é bidimensional. Veja o exemplo (4.7).

- **Um objeto tridimensional**.
  Temos um paralelepípedo localizado no 1 oitante do espaço $\mathbb{R}^3$, de cujas coordenadas (x, y, z) nenhuma é fixa, logo tem três coordenadas variáveis (3 desigualdades), logo o objeto geométrico é tridimensional. No exemplo (4.8) temos outro objeto tridimensional.

Exemplo 4.6. *Curva em* $\mathbb{R}^3$

$$\vec{r}(t) = (10\cos T, 10\,\text{sen}T, 80(1-\cos t)); T = 8(t - \text{sen}t), -2 \leq t \leq 2.$$

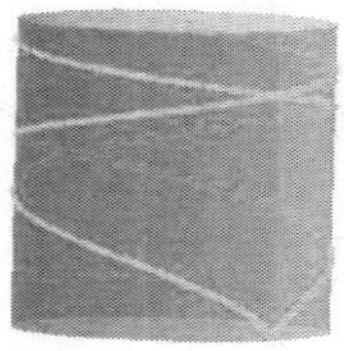

Figura 4.9: Curva braquistócrona num cilindro vertical [54].

Exemplo 4.7. *Superfície em* $\mathbb{R}^3$

$$\vec{r}(x,y) = (x, y, x^2 - y^2 + 1), -3 \leq x \leq 3, -3 \leq y \leq 3.$$

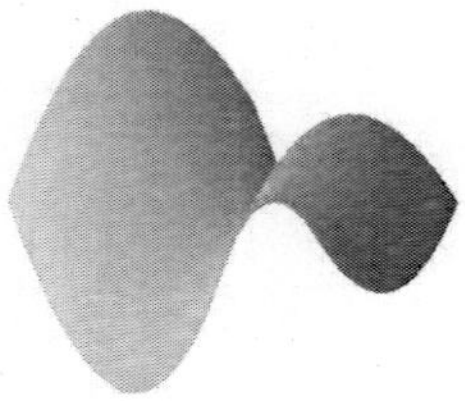

Figura 4.10: Hiperboloide de uma folha

Exemplo 4.8. *Sólido tridimensional em* $\mathbb{R}^3$

$$0 \leq z \leq 4 - x^2 - y^2, -\sqrt{4-x^2} \leq y \leq \sqrt{4-x^2}, -2 \leq x \leq 2.$$

O que distingue os objetos geométricos apresentados nos exemplos (4.6)-(4.8) é que no primeiro exemplo as três coordenadas da curva dependem de um único parâmetro (no caso t) que varia ao longo da curva; no segundo exemplo, as três coordenadas da superfície dependem de dois parâmetros, no caso x, y; e no terceiro exemplo, as três coordenadas do sólido variam de forma independente. Às vezes em física, se utiliza o termo *grau de liberdade*, assim, uma curva tem *um grau de liberdade*, uma superfície tem *dois graus de liberdade* e um sólido tem *três graus de liberdade*.

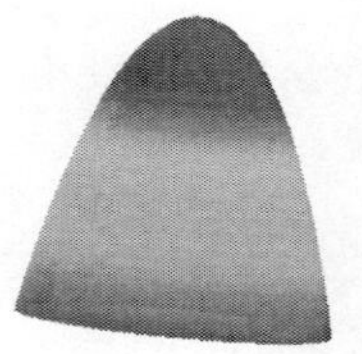

Figura 4.11: Sólido limitado por um paraboloide e um disco horizontal.

4.2 Sistema de Coordenadas Polares

4.2.1 Introdução

Figura 4.12: Terraço Inca no vale sagrado dos Incas, cuzco (PE).

Um ponto P do plano cartesiano $\mathbb{R}^2$ pode ser representado pelo par ordenado (x, y), entretanto é possível também representar nas coordenadas r e θ definidas do seguinte modo.

- Se define, arbitrariamente, uma semirreta $\overrightarrow{OQ}$ denominada eixo polar, com vértice em O (polo).
- r é a distancia do ponto P ao ponto inicial O do eixo polar, r sempre é positivo.
- θ é o ângulo formado pelo eixo polar e o raio vetor r. O ângulo θ é medido a partir do eixo polar em sentido anti-horário até a localização do raio vetor.

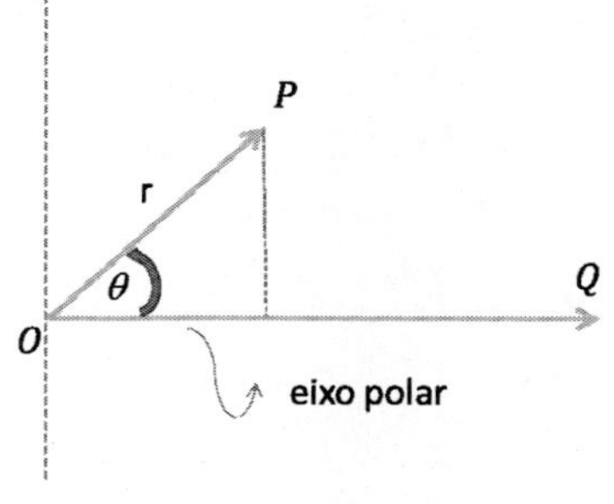

Figura 4.13: Coordenadas polares

Existe uma real necessidade de introduzir coordenadas novas para descrever algum objeto geométrico no plano $\mathbb{R}^2$? A resposta é sim, existe mais de uma razão para descrever algumas figuras geométricas em coordenadas polares e não em coordenadas cartesianas.

- Por exemplo, a circunferência de raio 1 e centrada na origem de coordenadas não pode ser descrita como uma função de uma variável na sua totalidade. Na verdade, somos obrigados a dividir em duas regiões: $\{y = \sqrt{1-x^2},\ -1 \leq x \leq 1\} \cup \{y = -\sqrt{1-x^2},\ -1 \leq x \leq 1\}$. Em coordenadas polares vamos conseguir descrever a circunferência como uma única função.

- Na mesma perspectiva do item anterior, há curvas planas que em coordenadas cartesianas nem sequer tem uma equação implícita simples, em compensação em coordenadas polares tem uma forma simples, é o caso da cardioide da figura (4.14) cuja equação é $r = a(1 + \text{sen}\theta)$, a valor real fixo.

- Um problema clássico é quando dois corpos submetidos a uma interação puramente gravitacional realizam movimento mecânico relativo. Para demonstrar que as únicas trajetórias que um realiza em relação ao outro são as chamadas curvas cônicas, se utiliza preferencialmente as coordenadas polares.

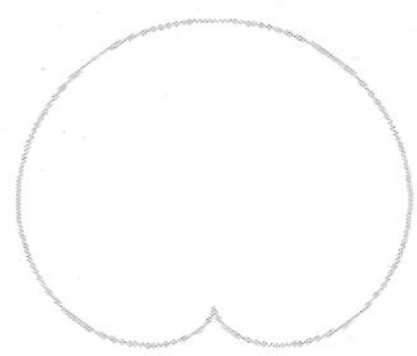

Figura 4.14: Cardioide

Definição 4.2. *Coordenadas Polares*
O ponto P de $\mathbb{R}^2$ tem a seguinte coordenada polar

$$P = (r, \theta), \qquad 0 \leq r, \quad 0 \leq \theta < 2\pi$$

A condição $r \geq 0$ significa que r é basicamente a distância da origem das coordenadas até a posição do ponto P. O ângulo θ é medido sempre do eixo polar em sentido anti-horário, convencionalmente.

Observação 4.1. Note que θ é diferente de 2π para garantir que cada ponto do plano $\mathbb{R}^2$ tenha uma única coordenada polar e cartesiana. Ou seja, deve existir uma transformação de coordenadas bijetiva.

4.2.2 Transformação de Coordenadas Polares em Cartesianas

Definição 4.3. *Transformação de coordenadas*
Para construir a transformação de coordenadas, identifique a origem de coordenadas do plano cartesiano com a origem do eixo polar e localize o eixo polar exatamente no eixo $+x$ (ver a figura 4.16).
Transformação de coordenas polares em cartesianas.

$$\begin{aligned} x &= r\cos\theta \\ y &= r\,\text{sen}\theta, \;\; r \geq 0, \;\; 0 \leq \theta < 2\pi. \end{aligned}$$

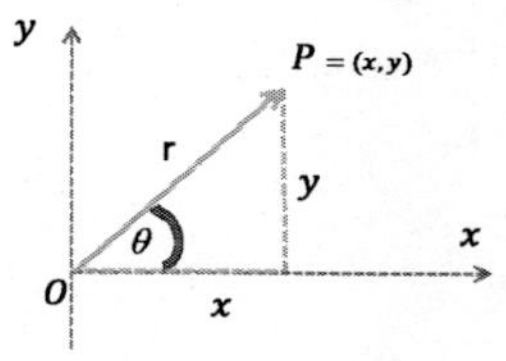

Figura 4.15: Coordenadas polares e coordenadas cartesianas

Observação 4.2. *Transformação de coordenas cartesianas em polares*

$$\begin{aligned} r &= \sqrt{x^2 + y^2} \\ \text{tg}\theta &= \frac{y}{x} \;\; \textit{donde} \;\; \theta = \arctan\frac{y}{x} \end{aligned}$$

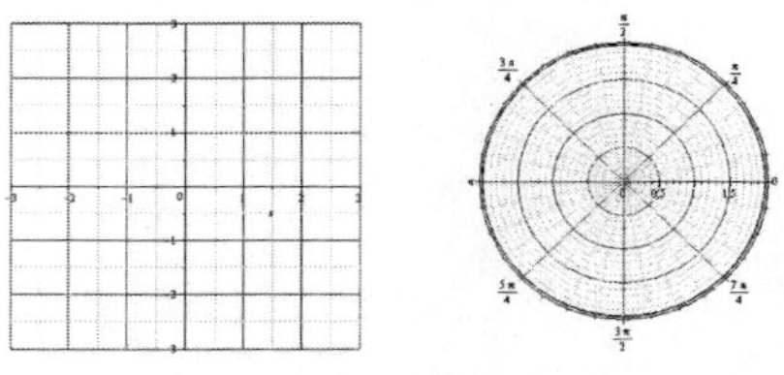

Figura 4.16: Quadriculado cartesiano e polar

4.2.3 Gráfico em Coordenadas Polares

Há algumas recomendações para construir o gráfico de curvas do tipo $r = r(\theta)$. A principal é que r sempre deve ser positivo e a outra é a identificação $\theta = 0 \leftrightarrow \theta = 2\pi$. Na figura 4.17 é importante notar a orientação a seguir ao longo da curva, por exemplo, quando se percorre na direção $A \to B$ a variável r diminui e em seguida aumenta, e a variável θ sempre aumenta de valor.

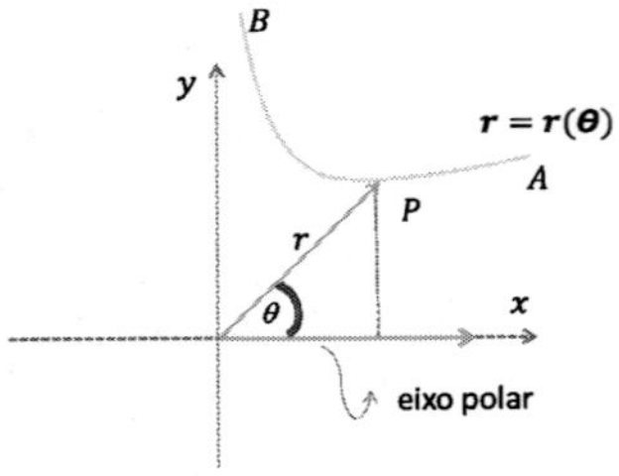

Figura 4.17: Curva em coordenadas polares

Definição 4.4. *Critérios para construir gráficos de curvas polares*
As curvas em coordenadas polares têm suas particularidades, logo, precisa-se de um roteiro para poder desenhar no plano $\mathbb{R}^2$. A seguir temos o procedimento para construir satisfatoriamente um gráfico em coordenadas polares.

1. Construa uma tabela para alguns valores particulares para θ:

$$(r, 0); (r, \pi/2), (r, \pi), (r, 3\pi/2), (r, 2\pi).$$

2. Encontrar os valores do ângulo θ para os quais $r(\theta) = 0$, note que esta equação trigonométrica vai ter infinitas soluções, teremos que escolher aqueles valores de θ no intervalo $[0, 2\pi)$. Esta informação é valiosa, pois permite saber por qual direção a curva polar se aproxima da origem de coordenadas.

3. Identificar os valores máximos e mínimos relativos a partir da equação $r'(\theta) = 0$.

4. Estudar as simetrias da equação $r = r(\theta)$ para identificar o *domínio fundamental.*

   a Simetria no eixo x. Estudar a invariância da função $r(\theta)$ em relação à transformação

   $$(r, \theta) \to (r, -\theta)$$

   b Simetria no eixo y. Estudar a invariância da função $r(\theta)$ em relação à transformação

   $$(r, \theta) \to (r, \pi - \theta)$$

   c Simetria na origem de coordenadas. Estudar a invariância da função $r(\theta)$ em relação à transformação

   $$(r, \theta) \to (r, \pi + \theta)$$

5. No domínio fundamental deve-se estudar o crescimento ou decrescimento da função $r(\theta)$.

6. Fazer o esboço da curva $r = r(\theta)$ no domínio fundamental e completar a figura utilizando as propriedades de simetria estudadas anteriormente.

Exemplo 4.9. *Figura simétrica em relação ao eixo x.*
A figura (4.18) tem a seguinte equação

$$r = \begin{cases} 2 + 4\cos\theta, & 0 \leq \theta \leq 2\frac{\pi}{3} \cup 4\frac{\pi}{3} \leq \theta \leq 2\pi. \\ -2 + 4\cos\theta, & 0 \leq \theta \leq \frac{\pi}{3} \cup 5\frac{\pi}{3} \leq \theta \leq 2\pi. \end{cases}$$

esta equação é invariante pela transformação $(r, \theta) \to (r, -\theta)$.

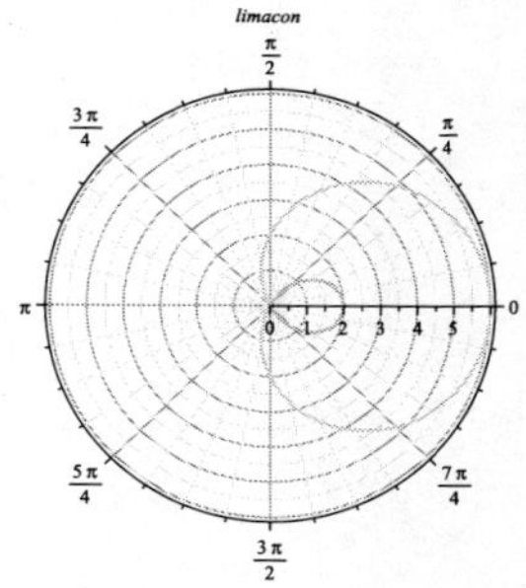

Figura 4.18: Limacon

Exemplo 4.10. *Figura simétrica em relação ao eixo y.*
A figura 4.19 cuja equação é $r = 2\,\text{sen}3\theta$ tem invariância pela transformação $(r, \theta) \to (r, \pi - \theta)$.

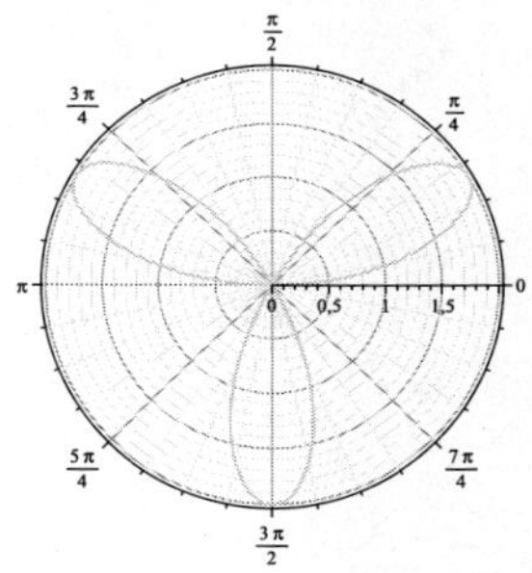

Figura 4.19: Simétrica em relação ao eixo y

Exemplo 4.11. *Figura simétrica em relação à origem de coordenadas.*
A figura 4.20 cuja equação é $r = 2\sqrt{\text{sen}2\theta}$ tem invariância pela transformação $(r, \theta) \to (r, \pi + \theta)$.

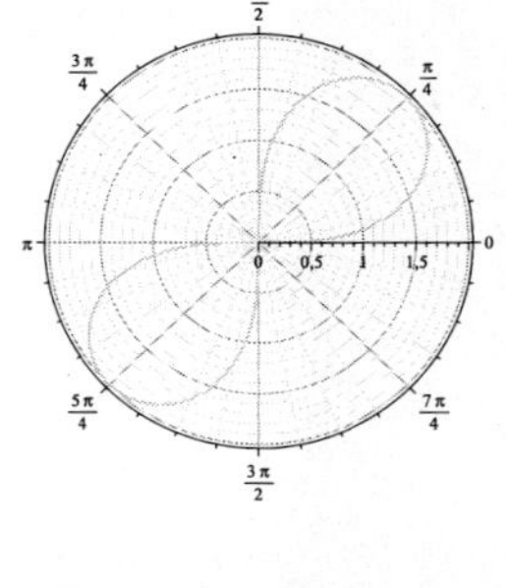

Figura 4.20: Simetria de inversão

Exemplo 4.12. *Figura com as três simetrias.*
A figura 4.21 cuja equação é $r = 2|\cos 2\theta|$ tem simetria em relação ao eixo x, simetria em relação ao eixo y e em relação à origem de coordenadas.

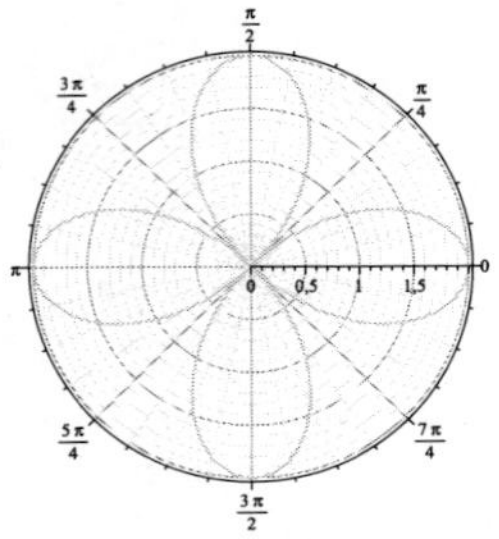

Figura 4.21:

Exemplo 4.13. Construa o gráfico da cardioide $r = 1 + \cos\theta$. Vamos seguir o procedimento apresentado anteriormente.

1 Valores iniciais

θ	r
0	2
$\pi/2$	1
π	0
$3\pi/2$	1

2 Resolvendo $r = 1 + \cos\theta = 0$ o único θ que resolve no intervalo $[0, 2\pi)$ é $\theta = \pi$.

3 Determinando r_{min} e r_{max}:
Por simples observação: $r_{mim} = 0$ para $\theta = \pi$ e $r_{max} = 2$ para $\theta = 0$. Isto significa que a figura está totalmente localizada dentro de um disco de raio$r = 2$ centrado na origem de coordenadas.

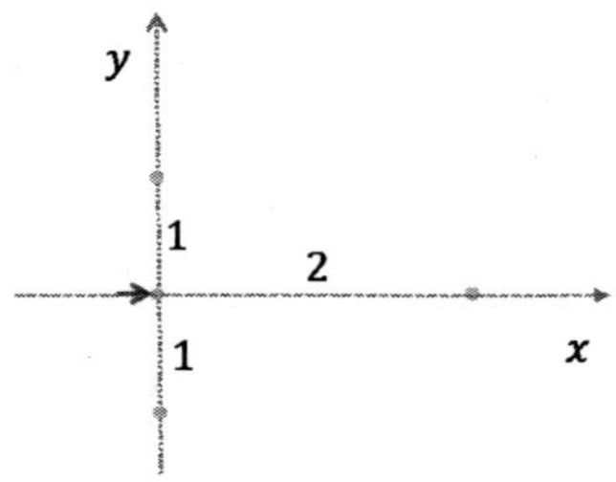

Figura 4.22: Do procedimento 1 e 2

4 Simetrias da equação $r = r(\theta)$.
A única simetria satisfeita pela equação da cardioide $r = 1 + \cos\theta$ é a simetria em relação ao eixo x, pois

(r,θ)	$(r,-\theta)$
$r = 1+\cos\theta$	$r = 1+\cos-\theta \equiv r = 1+\cos\theta$

Logo o domínio fundamental é o $Iq \cup IIq$.

- Analisando o crescimento ou decrescimento da função $r(\theta)$ no domínio fundamental. Do critério da primeira derivada: $r'(\theta) = -\operatorname{sen}\theta < 0$, para $0 < \theta < \pi$. Daí que $r(\theta)$ é decrescente no domínio fundamental. O resultado é a figura 4.23.

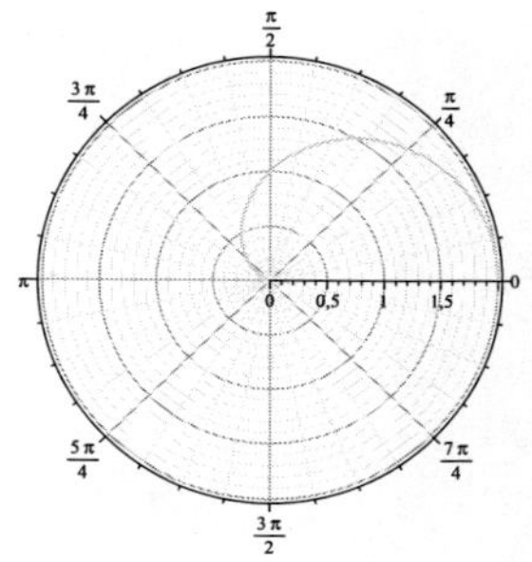

Figura 4.23: Gráfico da curva no domínio fundamental.

- Foi demonstrado que a cardioide é simétrica em relação ao eixo x, para construir basta duplicar para o $IIIq$ e IVq a figura 4.23 obtendo assim a figura 4.24

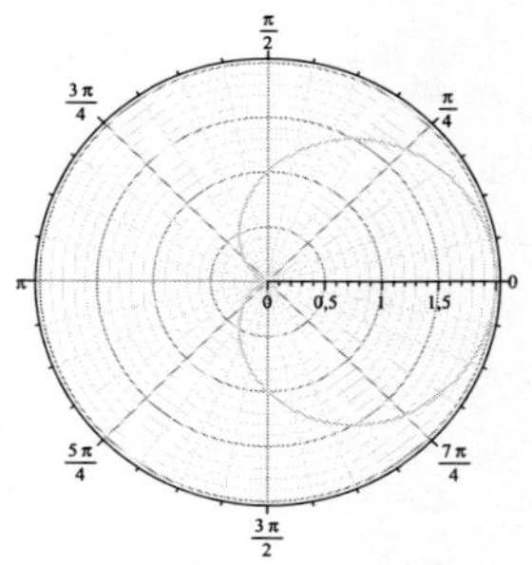

Figura 4.24: Gráfico da cardioide $r = 1+\cos\theta$.

Definição 4.5. *Família de cardioides*
O nome da cardioide é em referência a sua semelhança ao formato do coração. Nos quatro casos a figura está totalmente dentro de um circulo de raio $r = a$.

$$\begin{aligned} r &= a(1 \pm \text{sen}\theta) \\ r &= a(1 \pm \cos\theta) \end{aligned}$$

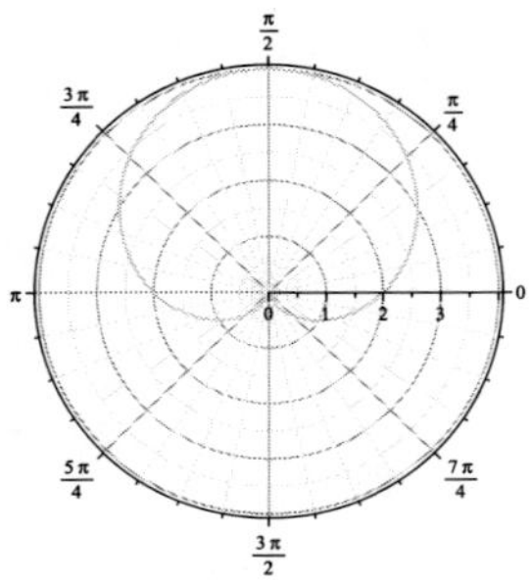

Figura 4.25: Gráfico da cardioide $r = 1 + \text{sen}\theta$.

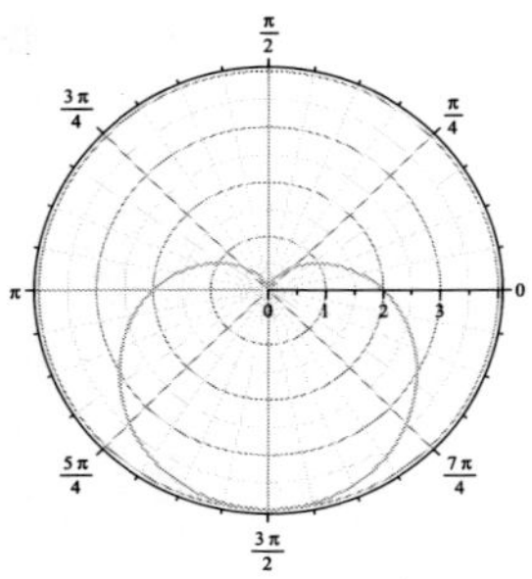

Figura 4.26: Gráfico da cardioide $r = 1 - \text{sen}\theta$.

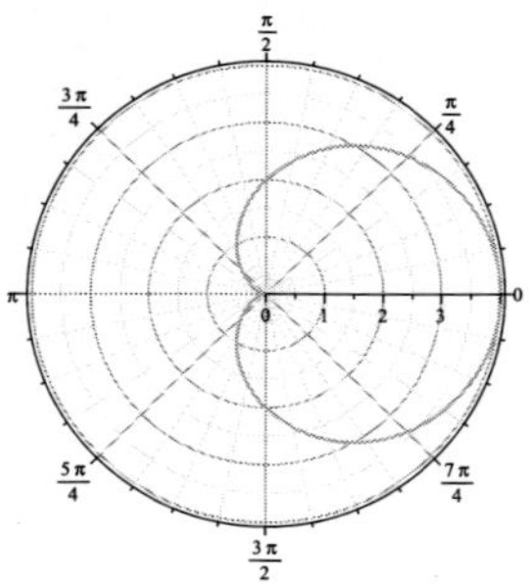

Figura 4.27: Gráfico da cardioide $r = 1 + \cos\theta$.

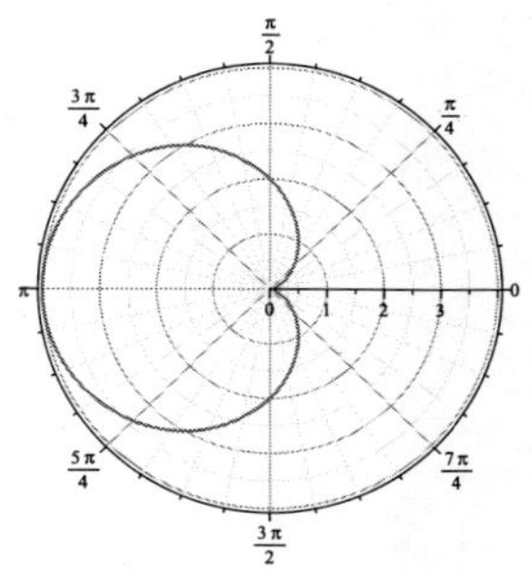

Figura 4.28: Gráfico da cardioide $r = 1 - \cos\theta$.

Nota 4.1. *Cicloide e a Cardioide*
A cardioide e a cicloide são semelhantes na sua construção. Em ambos os casos podemos imaginar um disco de raio a girado com velocidade angular constante e se transladando com velocidade escalar uniforme, no primeiro ao longo de uma reta horizontal; e no segundo na parte externa de uma superfície circular de raio a (ver o exercício (4.10) e a referência [49]).

Definição 4.6. *Família de rosáceas*
As rosáceas são curvas polares que tem o formato de uma rosa com certo número de pétalas, cuja equação tem o formato a seguir

$$\begin{aligned} r &= a \operatorname{sen} n\,\theta \\ r &= a \cos n\,\theta, \quad n \text{ é o número de pétalas} \end{aligned}$$

Exemplo 4.14. *Rosácea de 5 pétalas.*

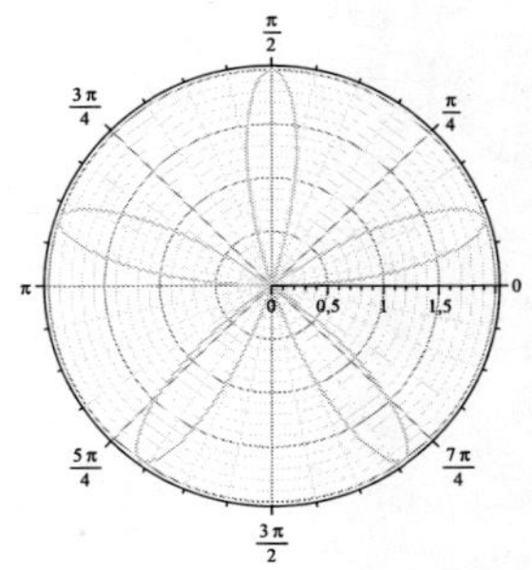

Figura 4.29: Gráfico da rosácea $r = 2\,\text{sen}5\theta$.

Exemplo 4.15. Encontrar o gráfico da rosácea $r = 2\,\text{sen}2\theta$.

Para encontrar o gráfico podemos aplicar o roteiro apresentado na definição (4.4). Entretanto, tem outra forma de construir, que no caso das rosáceas, acaba sendo mais rápido e intuitivo.
Construa o gráfico $y = 2\,\text{sen}2x$ no intervalo $x \in [0, 2\pi)$.

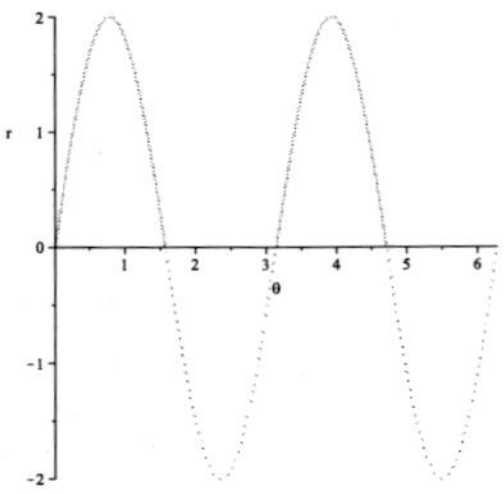

Figura 4.30: Gráfico de $y = 2\,\text{sen}2x$.

Na figura 4.30 considere unicamente aquela parte onde $r > 0$. Além disso:
1) $r = 2\,\text{sen}2\theta$ é máximo quando $2\theta = \{\frac{\pi}{2}, \frac{5\pi}{2}, \frac{9\pi}{2}, ...\}$, daí que $\theta = \{\frac{\pi}{4}, \frac{5\pi}{4}\}$ são os pontos de máximo da curva, como podemos ver na figura anterior.
2) r é mínimo quando $2\theta = \{0, \pi, 2\pi, 3\pi, 4\pi, 5\pi, ...\}$, daí que $\theta = \{0, \frac{\pi}{2}, \pi, \frac{3\pi}{2}\}$. O que significa que para estes 4 valores de ângulos θ, a curva se aproxima da origem de coordenadas, como podemos ver na figura anterior.
3) Do gráfico 4.30, nos intervalos $[0, \frac{\pi}{4}], [\pi, \frac{5\pi}{4}]$ a função r é crescente e nos intervalos $[\frac{\pi}{4}, \frac{\pi}{2}], [\frac{5\pi}{4}, \frac{3\pi}{2}]$ a função r é decrescente.
4) É fácil verificar que $r = 2\,\text{sen}2\theta$ tem simetria em relação à origem de coordenadas. Do gráfico 4.30 e das quatro informações anteriores, podemos finalmente construir o gráfico 4.31 da função $r = 2\,\text{sen}2\theta$ a seguir.

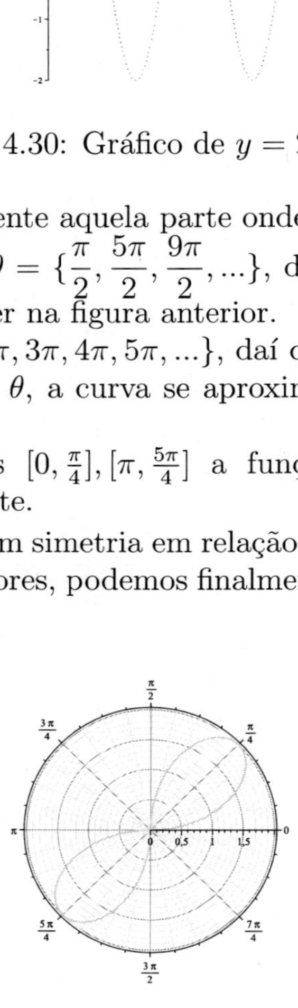

Figura 4.31:

Exemplo 4.16. *Espiral de Arquimedes*
A matemática inicialmente sempre teve inspiração na natureza, mas com o correr do tempo foi se tornando mais abstrata. Podemos olhar na figura (4.32) a seguir

Figura 4.32: Curvas escondidas no girassol? [52]

alguns padrões de repetição. É possível visualizar a presença de certas curvas chamadas de espirais que já fascinaram os matemáticos desde a Grécia antiga de Arquimedes, um dos primeiros a estudar estas curvas. A espiral é uma curva que vai girando a partir do centro. Seja em sentido horário ou anti-horário.

Exemplo 4.17. Espiral de Arquimedes:

$$r(\theta) = a + b\theta,\ a, b \in \mathbb{R}, \theta \in [0, 2\pi).$$

Podemos construir uma espiral de Arquimedes, com várias voltas, como segue

$$r(\theta) = \begin{cases} a + b\theta, & \theta \in [0, 2\pi); \\ 2\pi b + a + b\theta, & \theta \in [0, 2\pi); \\ 4\pi b + a + b\theta, & \theta \in [0, 2\pi). \\ .. & .. \end{cases} \tag{4.2}$$

Em cada volta, o raio cresce numa progressão aritmética de razão $2\pi b$.
A seguir um exemplo específico, quando $a = 2, b = 3$. O gráfico da espiral de Arquimedes (4.2) na figura (4.33). Em cada volta, o raio cresce em uma progressão aritmética de razão 6π.

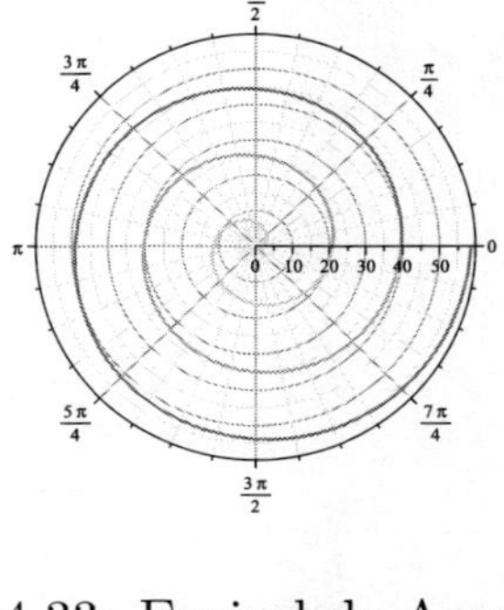

Figura 4.33: Espiral de Arquimedes

Por outro lado, é possível definir a espiral como uma função única, para $\theta \in [0, \infty)$, desde que a função $r(\theta)$ seja bijetiva em $[0, \infty)$. Como podemos ver na figura (4.34).

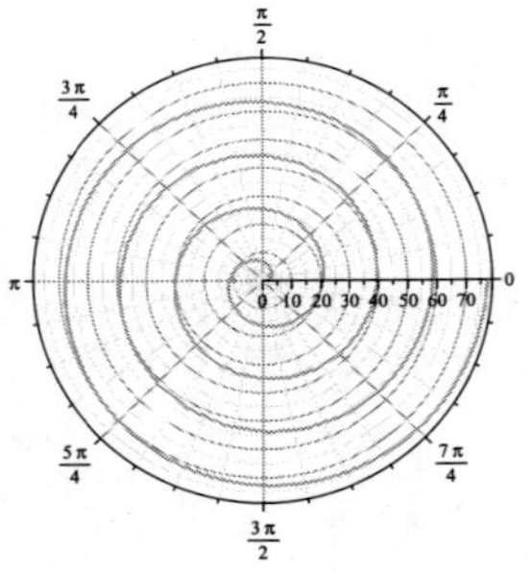

Figura 4.34: Espiral de Arquimedes

Exemplo 4.18. Espiral Logarítmica
$r(\theta) = e^{b+a\theta}$, $\theta \in [0, \infty]$, a e b são constantes numéricas reais e arbitrárias.

$$r(\theta) = \begin{cases} a > 0, & \text{cresce ilimitadamente;} \\ a = 0, & \text{circunferência;} \\ a < 0, & \text{se enrola em direção ao centro.} \end{cases}$$

Algumas propriedades

1. O raio da espiral logarítmica cresce em progressão geométrica em cada volta.

2. Qualquer raio vetor corta a espiral logarítmica com o mesmo ângulo

3. Em cada volta sucessiva, o comprimento da espiral logarítmica apresenta uma proporção fixa em relação à volta anterior.

A prova da propriedade 1 iremos ver no capítulo seguinte de séries e sequências. A prova do item 2 e 3 iremos ver no exemplo (4.25)

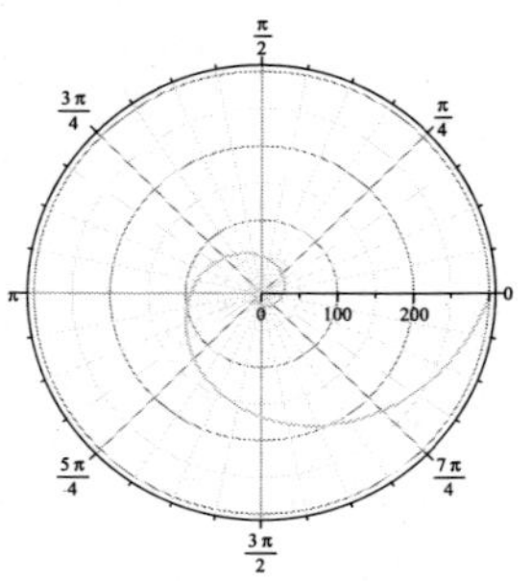

Figura 4.35: Espiral logarítmica: $r = e^{b+a\theta}$, $a > 0$.

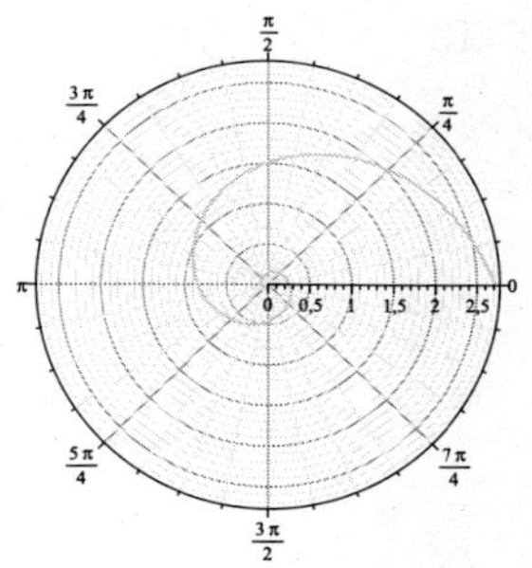

Figura 4.36: Espiral logarítmica: $r = e^{b+a\theta}$, $a < 0$.

Definição 4.7. *Família de limação*
A família de limação tem um formato e orientação parecido à cardioide, podem ser de dois tipos de acordo com a relação de proporcionalidade entre as constantes numéricas a e b da equação a seguir:

$$\begin{aligned} r &= a + b\cos\theta \\ r &= a + b\,\mathrm{sen}\theta, \quad a \text{ é } b \text{ constantes reais.} \end{aligned}$$

casos:

1 $|a| < |b|$, a curva tem um laço,

2 $|a| > |b|$, a curva não tem laço.

Exemplo 4.19. Exemplo de limação tipo 1 [1]

$$r = \begin{cases} 2 + 4\,\mathrm{sen}\theta, & -\pi/6 \leq \theta \leq 7\pi/6 \\ -2 + 4\,\mathrm{sen}\theta, & \pi/6 \leq \theta \leq 5\pi/6 \end{cases}$$

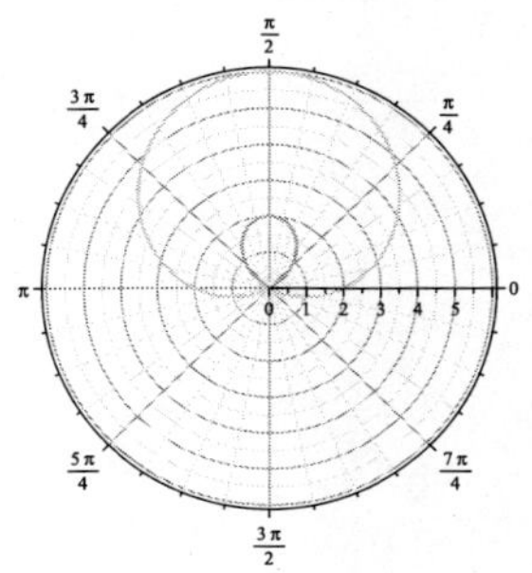

Figura 4.37: Limação tipo 1

[1]Importante: No Maple, as curvas $r = 2 + 4\,\mathrm{sen}\theta$ e $r = -2 + 4\,\mathrm{sen}\theta$ têm exatamente a mesma forma no intervalo $[0, 2\pi)$. Esta confusão é devido ao fato de que o Maple considera r positivo e negativo ao implementar a curva em coordenadas polares. A pequena vantagem de introduzir r negativo é que, por exemplo, a figura completa (4.37) pode ser descrita unicamente com $r = 2 + 4\,\mathrm{sen}\theta$ ou $r = -2 + 4\,\mathrm{sen}\theta$

Exemplo 4.20. Exemplo de limação tipo 2: $r = 4 - 2\cos\theta$

Figura 4.38: Limação tipo 2: $r = 4 - 2\cos\theta$

4.2.4 Versores e Comprimento de Arco em Coordenadas Polares

Os vetores unitários $i = (1, 0), j = (0, 1)$ em coordenadas cartesianas são rígidos no sentido de que o módulo e orientação são constantes. Entretanto, em coordenadas polares, iremos introduzir vetores unitários que variam ponto a ponto, apesar de que o módulo é constante.

Consideremos uma curva plana Γ em coordenadas polares descrita pela equação $r = r(\theta)$ (figura 4.39). No ponto $A \in \Gamma$ da curva, iremos localizar os *vetores unitários polares* do seguinte modo:

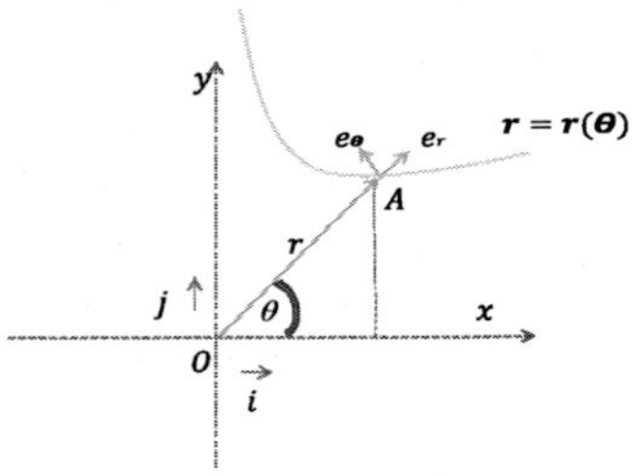

Figura 4.39: vetores unitários

Definição 4.8. *Vetores unitários polares*

- O vetor unitário $\hat{e}_r$ é um vetor de módulo 1, orientado sempre na direção do crescimento da coordenada r, ou seja, na direção radial e saindo da origem de coordenadas.
- O vetor unitário $\hat{e}_\theta$ é um vetor de módulo 1, orientado sempre na direção do crescimento da coordenada θ.
- Dada a ortogonalidade da grade em coordenadas polares, $\hat{e}_r$ e $\hat{e}_\theta$ são ortogonais em qualquer ponto do plano cartesiano, logo:

$$|\hat{e}_r| = 1, |\hat{e}_\theta| = 1, < \hat{e}_r, \hat{e}_\theta >= 0, \forall (r, \theta) \in \mathbb{R}^2.$$

$< ., . >$ é o produto interno euclidiano em $\mathbb{R}^2$.

Proposição 4.1. A relação entre os vetores unitários cartesianos e os vetores unitários polares é como segue:

$$\hat{e}_r = i\cos\theta + j\,\text{sen}\theta \tag{4.3}$$
$$\hat{e}_\theta = -i\,\text{sen}\theta + j\cos\theta \tag{4.4}$$
$$d\hat{e}_r = d\theta\hat{e}_\theta,\ d\hat{e}_\theta = -d\theta\hat{e}_r \tag{4.5}$$

Demonstração

Da figura (4.40) as relações (4.3)-(4.4) entre os vetores são imediatas, segue de uma simples decomposição retangular dos vetores unitários polares nas coordenadas cartesianas. Para provar a equação dada em (4.5), basta aplicar o conceito de diferencial de uma função vetorial, como segue:

De (4.3) diferenciando.

$$d\,\hat{e}_r = -i\,\text{sen}\theta\,d\theta + j\cos\theta d\theta \to d\,\hat{e}_r = d\theta\,\hat{e}_\theta. \tag{4.6}$$
$$d\,\hat{e}_\theta = -i\cos\theta\,d\theta - j\,\text{sen}\theta\,d\theta \to d\,\hat{e}_\theta = -d\theta\,\hat{e}_r. \tag{4.7}$$

Note que: $d\,\mathbf{f}(\theta) = \frac{d\mathbf{f}}{d\theta}\,d\theta$, e $\frac{d}{d\theta}(i) = \frac{d}{d\theta}(j) = 0$, sendo $\mathbf{f}$ uma função vetorial e i, j vetores constantes.

Naturalmente também vale:

$$\frac{d}{d\theta}(\hat{e}_r) = \hat{e}_\theta,\ \frac{d}{d\theta}(\hat{e}_\theta) = -\hat{e}_r. \tag{4.8}$$

A equação anterior quer dizer que a taxa de variação dos vetores unitários polares é uniforme ponto a ponto.

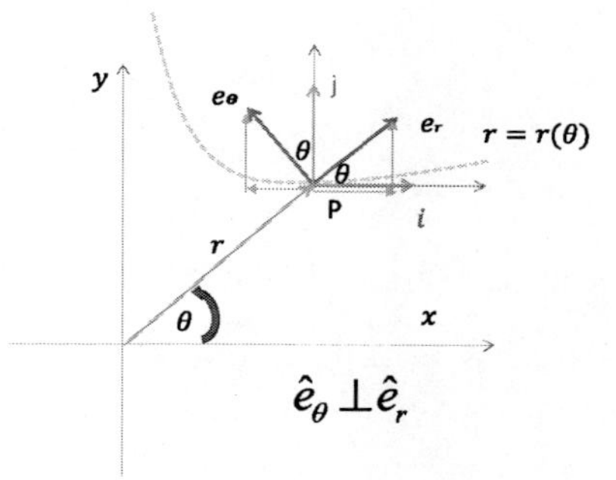

Figura 4.40: Vectores unitários

Definição 4.9. *Comprimento de arco em coordenadas polares*
Dada uma curva Γ em coordenadas polares descrita pela equação $r = r(\theta)$, o comprimento de arco entre dois pontos arbitrários $P = (r_1, \theta_1)$ e $Q = (r_2, \theta_2)$ da curva é:

$$L_{PQ} = \int_{\theta_1}^{\theta_2} \sqrt{r^2 + r'^2}\,d\,\theta \tag{4.9}$$

Demonstração da equação (4.9)

Na figura 4.40 o vetor posição de $P \in \Gamma$ em relação à origem de coordenadas é

$$\vec{r} = r(\theta)\,\hat{e}_r \tag{4.10}$$

De (4.10)

$$d\vec{r} = dr(\theta)\,\hat{e}_r + r(\theta)\,d\,\hat{e}_r$$

substituindo a equação (4.6) na equação anterior obtemos:

$$d\vec{r} = dr(\theta)\,\hat{e}_r + r(\theta)\,d\theta\,\hat{e}_\theta \tag{4.11}$$

Por outro lado, no capítulo 3 de funções vetoriais foi demonstrado que o elemento diferencial de comprimento de arco ds ao longo de uma curva Γ é a norma do vetor diferencial da função vetorial, cuja imagem é a curva Γ, isto é

$$ds = |d\vec{r}|$$

Logo

$$\begin{aligned} ds = |d\vec{r}| &= \sqrt{< d\vec{r}, d\vec{r} >} \\ &= \sqrt{< dr\,\hat{e}_r + r\,d\theta\,\hat{e}_\theta, dr\,\hat{e}_r + r\,d\theta\,\hat{e}_\theta >}. \end{aligned} \tag{4.12}$$

pelas relações de ortonormalidade dos vetores unitários polares dadas na definição (4.8), a equação anterior se simplifica e termina assim:

$$ds = |d\vec{r}| = \sqrt{dr^2 + r^2\,(d\theta)^2} \tag{4.13}$$

Em seguida, de $r = r(\theta)$ obtemos $dr = \dfrac{d\,r(t)}{d\theta}\,d\theta = r'd\,\theta$. Da fórmula do comprimento de arco para cuva Γ, obtemos:

$$L_{PQ} = \int_{\theta_1}^{\theta_2} ds = \int_{\theta_1}^{\theta_2} \sqrt{r^2 + r'^2}\,d\,\theta \tag{4.14}$$

Comprimento de Arco em Coordenadas Polares: Segunda Versão

Existe uma forma alternativa e mais intuitiva para demonstrar a fórmula (4.14) de comprimento de arco de curvas em coordenadas polares. Da equação $r = r(\theta)$, segue pela correspondência entre coordenadas cartesianas e polares introduzida na subseção de coordenadas polares, que

$$x = r(\theta)\cos\theta,\;\; y = r(\theta)\,\text{sen}\theta,\;\; \theta \in [\alpha, \beta].$$

Calculamos dx e dy.

$$\begin{aligned} dx &= \cos\theta dr - r\,\text{sen}\theta d\theta; \\ dy &= \text{sen}\theta dr + r\cos\theta d\theta; \\ (dx)^2 + (dy)^2 &= (dr)^2 + r^2(d\theta)^2. \end{aligned}$$

Assim, a fórmula do comprimento de arco, fica

$$\begin{aligned} S_{AB} &= \int_A^B \sqrt{(dx)^2 + (dy)^2} = \int_\alpha^\beta \sqrt{(dr)^2 + r^2(d\theta)^2} = \\ &= \int_\alpha^\beta \sqrt{\left(\frac{dr}{d\theta}\right)^2 + r^2}\; d\theta = \\ &= \int_\alpha^\beta \sqrt{r'^2 + r^2}\; d\theta. \end{aligned} \tag{4.15}$$

Pode acontecer que a curva seja dada em coordenadas polares, mas na forma

$$\theta = \theta(r), \; r_1 \leq r \leq r_2,$$

então a equação (4.15), após mudança de variáveis, tem a seguinte forma:

$$\begin{aligned} S_{AB} &= \int_A^B \sqrt{(dx)^2 + (dy)^2} = \int_{r_1}^{r_2} \sqrt{(dr)^2 + r^2 \left(\frac{d\theta}{dr}\right)^2 (dr)^2} = \\ &= \int_{r_1}^{r_2} \sqrt{1 + \left(r\frac{d\theta}{dr}\right)^2}\, dr \end{aligned} \tag{4.16}$$

A seguir, calcularemos o comprimento de algumas curvas.

Exemplo 4.21. Calcule o comprimento do arco da espiral logarítmica: $r = e^{b+a\theta}$, $(a > 0)$ em que $\theta \in [\theta_1, \theta_2]$.

Para encontrar o comprimento de arco é mais simples escrever a espiral logarítmica como $\theta = \dfrac{\ln r}{a} - \dfrac{b}{a}$. Pela fórmula (4.16) temos

$$\begin{aligned} L_{\text{espiral}} &= \int_{r_1}^{r_2} \sqrt{1 + \left(r\frac{d\theta}{dr}\right)^2}\, dr = \\ &= \int_{r_1}^{r_2} \sqrt{1 + \left(r\frac{1}{ar}\right)^2}\, dr = \\ &= \frac{\sqrt{1+a^2}}{a} \int_{r_1}^{r_2} dr = \frac{\sqrt{1+a^2}}{a}[r_2 - r_1] \\ &= \frac{\sqrt{1+a^2}}{a}[e^{b+a\theta_2} - e^{b+a\theta_1}]. \end{aligned}$$

Observação 4.3. É importante notar algumas caraterísticas da espiral logarítmica. Se θ_2 cresce indefinidamente, temos dois casos, os quais dependem do sinal de a.

1. Se $a > 0$ então o comprimento de arco da espiral logarítmica tende para mais infinito.

2. Se $a < 0$ então o comprimento de arco da espiral é $-\frac{\sqrt{1+a^2}}{a}e^{a\theta_1 + b} < \infty$.

Exemplo 4.22. Calcule o comprimento da cardioide

$$r = a(1 + \cos\theta), \; (a > 0).$$

Para calcular o comprimento da cardioide, da sua simetria bilateral em relação ao eixo x, basta calcular o comprimento de sua parte superior e logo multiplicá-lo por 2. Usemos a fórmula (4.15).

$$\begin{aligned} L_{\text{cardioide}} &= 2\int_0^{\pi} \sqrt{r^2 + \left(\frac{dr}{d\theta}\right)^2}\, d\theta = \\ &= 2\int_0^{\pi} \sqrt{a^2(1 + 2\cos\theta + \cos^2\theta) + a^2 \operatorname{sen}^2\theta}\; d\theta = \\ &= 2\int_0^{\pi} \sqrt{2a^2 1 + 2\cos\theta}\; d\theta = 2\sqrt{2}a \int_0^{\pi} \sqrt{1 + \cos\theta}\; d\theta = \\ &= 2\sqrt{2}a \int_0^{\pi} \sqrt{2\cos^2\frac{\theta}{2}}\; d\theta = 4a\int_0^{\pi} cos\frac{\theta}{2}\; d\theta = \\ &= 8a \operatorname{sen}\frac{\theta}{2}\Big|_0^{\pi} = 8a. \end{aligned}$$

Observação 4.4. Os quatro tipos diferentes de cardioides $r = a(1 \pm \cos\theta), r = a(1 \pm \text{sen}\theta),\ a > 0$ tem o mesmo comprimento: $8a$.

Exemplo 4.23. Determine o comprimento da espiral $r = 3 + 2\theta,\ 0 \leq \theta \leq 4\pi$.

$$L = \int_0^{4\pi} \sqrt{r^2 + r'^2}\, d\,\theta, \text{ sendo } r' = \frac{d(3+2\theta)}{d\theta} = 2, \text{ logo}$$

$$L = \int_0^{4\pi} \sqrt{(3+2\theta)^2 + 4}\, d\,\theta \overset{u=3+2\theta}{=} \frac{1}{2}\int_3^{3+8\pi} \sqrt{u^2+4}\, d\,u$$

Na tabela de integrais temos o seguinte resultado

$$\int \sqrt{a^2+x^2}dx = \frac{1}{2}(x\sqrt{a^2+x^2} + a^2 ln(x + \sqrt{a^2+x^2}) + c, c = conste.$$

Assim:

$$L = \frac{1}{2}\int_3^{3+8\pi} \sqrt{4+u^2}du = [\frac{1}{4}(u\sqrt{4+u^2} + 4\ln(u + \sqrt{4+u^2}) + c]|_3^{3+8\pi}$$

$$\begin{aligned} L &= \frac{1}{4}[((3+8\pi)\sqrt{4+(3+8\pi)^2} + 4\ln((3+8\pi) + \sqrt{4+(3+8\pi)^2}) \\ &- (3\sqrt{13} + 4\ln(3+\sqrt{13})] \end{aligned}$$

Exemplo 4.24. Determine o comprimento da Rosácea $r = 2\,\text{sen}3\theta$.

A equação $r = 2\,\text{sen}3\theta$ representa uma rosácea de 3 pétalas (sempre considerando $r \geq 0$), como podemos ver na figura (4.41). Por outro lado, pela simetria da rosácea, o comprimento total da rosácea será o triplo do comprimento de uma das pétalas, assim: $L_{Rosácea} = 3L_{uma\ petala}$, em seguida

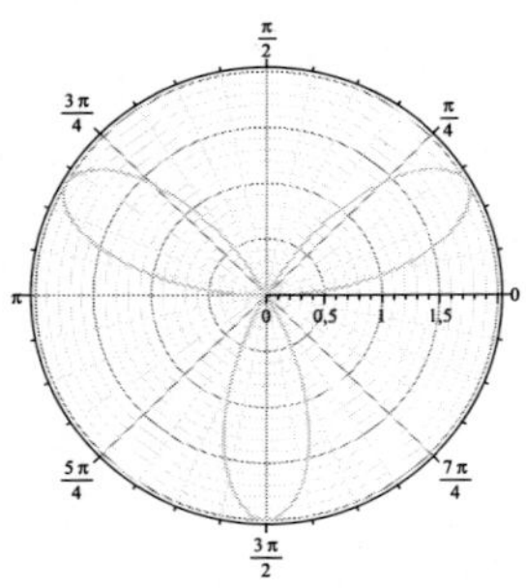

Figura 4.41: Perímetro de uma rosácea

$$L_{uma\ petala} = \int_{\theta_1}^{\theta_2} \sqrt{r^2 + r'^2}\, d\,\theta, \text{ sendo } r' = \frac{d(2\,\text{sen}3\theta)}{d\theta} = 6\cos 3\theta, \text{ logo}$$

$$L_{uma\ petala} = \int_{\theta_1}^{\theta_2} \sqrt{4\,\text{sen}^2 3\theta + 36\cos^2 3\theta}\, d\,\theta$$

$$L_{uma\ petala} = \int_{\theta_1}^{\theta_2} \sqrt{36 - 32\,\text{sen}^2 3\theta}\, d\,\theta$$

Vamos escolher a pétala do primeiro quadrante, e para encontrar os limites de integração resolvemos a equação

$$r = 2\,\text{sen}3\theta = 0$$

cuja solução é $\theta = 0, \pi/3, 2\pi/3, \pi, 4\pi/3, 5\pi/3$; são os 6 valores de θ em que r se anula. Considerando a pétala do primeiro quadrante, os limites de integração são: $\theta_1 = 0, \theta_2 = \pi/3$.

$L_{uma\ petala} = 6\displaystyle\int_0^{\pi/3} \sqrt{1 - \frac{8}{9}\operatorname{sen}^2 3\theta}\, d\,\theta$, se $3\theta = t$ então

$$L_{uma\ petala} = 2\int_0^{\pi} \sqrt{1 - \frac{8}{9}\operatorname{sen} t^2}\, d\,t$$

Se $k^2 = 8/9$ e $x = \pi$ a integral anterior é do tipo de uma integral elíptica de segundo tipo

$$E(x) = \int_0^{x} \sqrt{1 - k^2 \operatorname{sen} t^2}\, d\,t,\ 0 \leq k^2 \leq 1.$$

Assim: $L_{uma\ petala} = 2E(\pi)$ e $L_{Comprimento\ da\ rosácea} = 6E(\pi)$. As integrais elípticas não podem ser calculadas analiticamente salvo por valores aproximados.

Exemplo 4.25. Demonstre as propriedades 2 e 3 da espiral logarítmica apresentadas no exemplo (4.18))

a Qualquer raio vetor corta a espiral logarítmica sob o mesmo ângulo

b Em cada volta sucessiva o comprimento da espiral logarítmica apresenta uma proporção fixa em relação a volta anterior.

Demonstração do item a.-
Consideremos o ponto $P = (r, \theta)$ e tome o raio vetor $\overrightarrow{OP} = \vec{r}(\theta)$.

$$\vec{r}(\theta) = r(\theta)\hat{e}_r,\ r(\theta) = e^{b+a\theta}$$

Derivando

$$\vec{r}\,'(\theta) = r'(\theta)\hat{e}_r + r(\theta)\,\hat{e}_r\,'$$

Por outro lado: $r\,'(\theta) = ae^{b+a\theta} = a\,r(\theta),\ \hat{e}_r\,' = \hat{e}_\theta$
Substituindo na relação anterior

$$\vec{r}\,'(\theta) = a\,r(\theta)\hat{e}_r + r(\theta)\,\hat{e}_\theta$$

Sabemos que $\vec{r}\,'(\theta)$ é um vetor tangente à espiral logarítmica no ponto P. Logo, o ângulo deste vetor com o raio vetor $\vec{r}$ se determina via um produto escalar. Assim:

$$< \vec{r}\,'(\theta), \vec{r}(\theta) >=< a\,r(\theta)\hat{e}_r + r(\theta)\,\hat{e}_\theta, r(\theta)\hat{e}_r > .$$

Pela ortonormalidade dos versores unitários $\hat{e}_r, \hat{e}_\theta$ definidos em (4.8), temos que

$$< \vec{r}\,'(\theta), \vec{r}(\theta) >= a\,e^{2a+2b\theta}$$

cuja interpretação geométrica é

$$||\vec{r}\,'(\theta)||.||\vec{r}(\theta)||\cos\alpha = a\,e^{2a+2b\theta},\ sendo\ \ \alpha = \measuredangle(\vec{r}\,'(\theta), \vec{r}(\theta)). \tag{4.17}$$

Pela definição de cada vetor

$$||\vec{r}(\theta)|| = r(\theta) = e^{a+b\theta},\ ||\vec{r}\,'(\theta)|| = ||a\,r(\theta)\hat{e}_r + r(\theta)\,\hat{e}_\theta||.$$

Sendo

$$||a\,r(\theta)\hat{e}_r + r(\theta)\,\hat{e}_\theta|| = \sqrt{< a\,r(\theta)\hat{e}_r + r(\theta)\,\hat{e}_\theta, a\,r(\theta)\hat{e}_r + r(\theta)\,\hat{e}_\theta >},$$

novamente pela ortonormalidade dos versores unitários em coordenadas polares

$$||a\,r(\theta)\hat{e}_r + r(\theta)\,\hat{e}_\theta|| = \sqrt{a^2 r^2(\theta) + r^2(\theta)} = r(\theta)\sqrt{a^2+1} = e^{a+b\theta}\sqrt{a^2+1}.$$

assim: $||\vec{r}\,'(\theta)|| = e^{a+b\theta}\sqrt{a^2+1}$.

Substituindo em (4.17)

$$e^{a+b\theta}\sqrt{a^2+1}\,e^{a+b\theta}\cos\alpha = a\,e^{2a+2b\theta}$$

Finalmente $\cos\alpha = \dfrac{a}{\sqrt{a^2+1}} \to \alpha = \arccos(\dfrac{a}{\sqrt{a^2+1}})$.

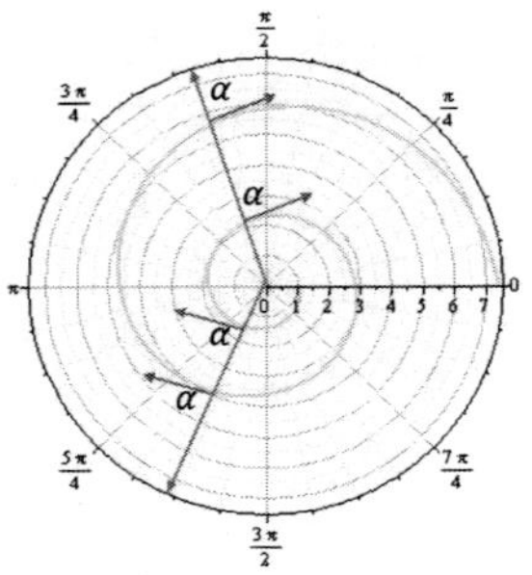

Figura 4.42:

Demonstração do item b.-

De acordo com o enunciado do item b e a figura (4.43)

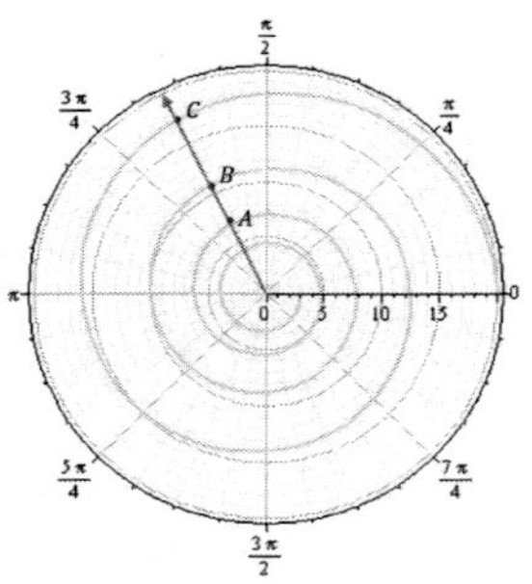

Figura 4.43:

devemos provar que $\dfrac{L_{AB}}{L_{BC}} = constante$. Sendo L_{AB} e L_{BC} comprimentos de arco de uma espiral logarítmica correspondente a dois ramos consecutivos, como podemos ver na figura (4.43). De acordo com a fórmula (4.9)

$$L_{AB} = \int_{\theta_A}^{\theta_B} \sqrt{r^2 + r'^2}\,d\,\theta.$$

$$L_{BC} = \int_{\theta_B}^{\theta_C} \sqrt{r^2 + r'^2}\,d\,\theta.$$

Particularizando para espiral logarítmica: $r(\theta) = e^{b+a\,\theta}, r(\theta)\,' = ae^{b+a\,\theta}$

$$L_{AB} = \int_{\theta_A}^{\theta_B} \sqrt{e^{2b+2a\,\theta} + a^2 e^{2b+2a\,\theta}}\, d\,\theta = \sqrt{a^2+1} \int_{\theta_A}^{\theta_B} e^{b+a\,\theta}\, d\,\theta$$

$$L_{AB} = \frac{\sqrt{a^2+1}}{2a}[e^{b+a\,\theta_B} - e^{b+a\,\theta_A}].$$

Como $\theta_B = \theta_A + 2\pi$ então

$$L_{AB} = \frac{\sqrt{a^2+1}}{2a} e^{b+a\,\theta_A}[e^{2a\pi} - 1].$$

De forma similar se : $\theta_C = \theta_B + 2\pi$ então

$$L_{BC} = \frac{\sqrt{a^2+1}}{2a} e^{b+a\,\theta_B}[e^{2a\pi} - 1].$$

Imediatamente

$$\frac{L_{AB}}{L_{BC}} = \frac{\frac{\sqrt{a^2+1}}{2a} e^{b+a\,\theta_A}[e^{2a\pi} - 1]}{\frac{\sqrt{a^2+1}}{2a} e^{b+a\,\theta_B}[e^{2a\pi} - 1]} = \frac{e^{b+a\,\theta_A}}{e^{b+a\,\theta_B}} = \frac{e^{b+a\,\theta_A}}{e^{b+a\,(\theta_A+2\pi)}} = \frac{1}{e^{2a\pi}},$$

o que queríamos demonstrar.

Exemplo 4.26. Considere uma partícula descrevendo uma trajetória em coordenadas polares, tal que $\vec{r}(t) = r(t)\hat{e}_r$.
A) Determine a velocidade da partícula no instante t.
B) Determine a aceleração da partícula no instante t

Conforme a partícula descreve o movimento mecânico, as coordenadas $r = r(t)$ e $\theta = \theta(t)$ variam com o tempo. Em coordenadas polares temos que $r = r(\theta)$ ou $r(t) = r(\theta(t))$ e os vetores unitários polares dependem do tempo através da coordenada θ, como pode-se notar na equação 4.8. Logo, temos que:

$$\begin{aligned} \frac{d}{dt}(\vec{r}(t)) &= \frac{d}{dt}(r(t))\hat{e}_r(t) + r(t)\frac{d}{dt}(\hat{e}_r(\theta(t))) \\ \frac{d}{dt}(\vec{r}(t)) &= \frac{d}{dt}(r(t))\hat{e}_r(t) + r(t)\frac{d}{d\theta}(\hat{e}_r(\theta))\frac{d}{dt}(\theta). \end{aligned} \tag{4.18}$$

de (4.8) obtemos:

$$\frac{d}{dt}(\vec{r}(t)) = \frac{d}{dt}(r(t))\hat{e}_r(t) + r(t)\hat{e}_\theta\frac{d}{dt}(\theta). \tag{4.19}$$

Mudando a notação

$$\frac{d}{dt}(\vec{r}(t)) = \dot{\vec{r}}(t),\ \frac{d}{dt}(r(t)) = \dot{r}(t),\ \frac{d}{dt}(\theta) = \dot{\theta}$$

A equação 4.19 fica assim:

$$\dot{\vec{r}}(t) = \dot{r}(t)\,\hat{e}_r(t) + r(t)\,\dot{\theta}(t)\;\hat{e}_\theta. \tag{4.20}$$

B) Derivando a equação (4.20) em relação ao tempo

$$\ddot{\vec{r}}(t) = \ddot{r}(t)\,\hat{e}_r(t) + \dot{r}(t)\,\dot{\hat{e}}_r(t) + (r(t)\dot{\theta}(t))^{\cdot}\;\hat{e}_\theta + r(t)\,\dot{\theta}(t)\;\dot{\hat{e}}_\theta. \tag{4.21}$$

É fácil ver que:

$$\dot{\hat{e}}_r(t) = \dot{\theta}(t)\,\hat{e}_\theta(t), \quad \dot{\hat{e}}_\theta(t) = -\dot{\theta}(t)\,\hat{e}_r(t) \tag{4.22}$$

Substituindo as equações (4.22) na equação (4.21) temos

$$\ddot{\vec{r}}(t) = \vec{a}(t) = (\ddot{r}(t) - (r\,\dot{\theta}^2)(t))\,\hat{e}_r(t) + ((\dot{r}\dot{\theta})(t) + (r\dot{\theta})^{\cdot}(t))\,\hat{e}_\theta(t) \tag{4.23}$$

Definição 4.10. *Velocidade e aceleração de uma partícula em coordenadas polares*
A velocidade de uma partícula em coordenadas polares é

$$\dot{\vec{r}}(t) = \dot{r}(t)\,\hat{e}_r(t) + r(t)\,\dot{\theta}\,\hat{e}_\theta. \tag{4.24}$$

Onde:

- $v_r = \dot{r}(t)$ é a velocidade radial.
- $\dot{\theta}$ é a velocidade angular e $v_\theta = r\,\dot{\theta}$ é a velocidade tangencial.

A aceleração de uma partícula em coordenadas polares é

$$\vec{a}(t) = (\ddot{r}(t) - (r\,\dot{\theta}^2)(t))\,\hat{e}_r(t) + ((\dot{r}\dot{\theta})(t) + (r\dot{\theta})^{\cdot}(t))\,\hat{e}_\theta(t) \tag{4.25}$$

Onde:

- $a_r = \ddot{r}(t) - (r\,\dot{\theta}^2)(t)$ é a aceleração radial.
- $a_\theta = (2\dot{r}\dot{\theta})(t) + r\ddot{\theta}(t)$ é a aceleração angular.

Exemplo 4.27. No movimento circular uniforme (MCU) de velocidade angular $\dot{\theta} = w = constante$ e raio R temos que :
$\vec{r}(t) = r(t)\hat{e}_r$, e $r(t) = ||\vec{r}(t)|| = R$.
Segue que : $\dot{r}(t) = 0$ o que significa que a velocidade radial é nula e a velocidade tangencial é $\vec{V}_{tang} = wR\ \hat{e}_\theta$.
De forma similar $a_r = -Rw^2$ e $a_\theta = 0$, assim $\vec{a} = \vec{a}_r = -Rw^2\hat{e}_r$.

Exemplo 4.28. Determine a fórmula da curvatura de uma curva plana definida pela equação $\vec{r}(t) = r(t)\hat{e}_r$

Da fórmula (3.53) do capítulo 3, e das fórmulas (4.24), (4.25)

$$K(t) = \frac{||\vec{a} \times \vec{V}||}{v^3}(t) = \frac{||(a_r\hat{e}_r + a_\theta\hat{e}_\theta) \times (v_r\hat{e}_r + v_\theta\hat{e}_\theta)||}{v^3}(t)$$

$$K(t) = \frac{|a_r v_\theta - v_r a_\theta|||\hat{e}_r \times \hat{e}_\theta||}{v^3}(t).$$

Como $\hat{e}_r$ e $\hat{e}_\theta$ são vetores unitários, segue que

$$K(t) = \frac{|a_r v_\theta - v_r a_\theta|}{v^3}(t) = \frac{|2\dot{r}^2\dot{\theta} + r\dot{r}\ddot{\theta} - r\dot{\theta}\ddot{r} + r^2\dot{\theta}^3|}{(\dot{r}^2 + r^2\dot{\theta}^2)^{3/2}}(t). \tag{4.26}$$

Exemplo 4.29. Se a curva é circular, então $r = R$ e $\dot{r} = 0$. Assim da equação (4.26) $K(t) = \dfrac{1}{R}$ para t arbitrário.

Exemplo 4.30. Se a curva é uma espiral logarítmica $r = e^t, \theta = t$, $t \in \mathbb{R}$. Assim da equação (4.26)

$$K = \frac{1}{\sqrt{2}e^t}, \forall t.$$

Exemplo 4.31. Calcular a aceleração total, aceleração tangencial e aceleração centrípeta para todo instante t para a espiral logarítmica parametrizada da seguinte forma $\theta = wt$, $r = e^\theta, w \neq 0$. w é uma constante arbitrária.

De $r = e^{wt}$ e $\theta = t$, e da definição 4.2.4 obtemos :

$$v_r = e^{wt}w, v_\theta = e^{wt}$$

e

$$a_r = e^{wt}(w^2 - 1), a_\theta = 2we^{wt}$$

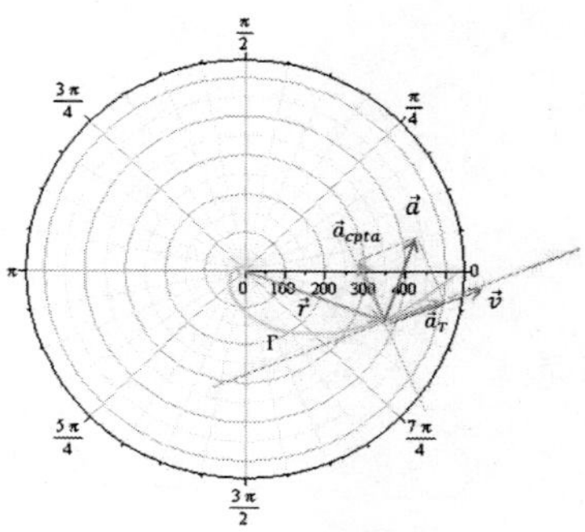

Figura 4.44: Curva Γ: Espiral logarítmica

Utilizando a fórmula da aceleração tangencial correspondente a curva Γ, dada na proposição 3.6 temos

$$\vec{a}_T = < \vec{a}, \vec{T} > \vec{T} = < \vec{a}, \frac{\vec{V}}{|V|} > \frac{\vec{V}}{|V|} = < \vec{a}, \vec{V} > \frac{\vec{V}}{v^2}, \ |\vec{V}| = v.$$

Em que

$$< \vec{a}, \vec{V} > = < a_r\hat{e}_r + a_\theta\hat{e}_\theta, v_r\hat{e}_r + v_\theta\hat{e}_\theta > = a_r v_r + a_\theta v_\theta = e^{2wt}w(w^2 + 1),$$

$$v^2 = e^{2wt}(w^2 + 1).$$

Assim

$$\vec{a}_T = (e^{2wt}w(w^2 + 1))\frac{v_r\hat{e}_r + v_\theta\hat{e}_\theta}{e^{2wt}(w^2 + 1)}. \quad (4.27)$$

Simplificando, obtemos

$$\vec{a}_T = we^{wt}(w\hat{e}_r + \hat{e}_\theta). \quad (4.28)$$

Finalmente

$$\vec{a}_{cpta} = \vec{a} - \vec{a}_T = e^{wt}(-\hat{e}_r + w\hat{e}_\theta). \quad (4.29)$$

4.2.5 Área de uma Região Circular em Coordenadas Polares

Consideremos o setor circular $0MN$ limitado pela curva $\rho = \rho(\theta)$ e os raios vetores $\theta = \alpha$ e $\theta = \beta$.

Vamos calcular a área desse setor. Particionamos a área do setor $0MN$ em pequenos elementos, os quais são obtidos quando dividimos o ângulo entre os raios vetores $\theta = \alpha$ e $\theta = \beta$ em n partes, sendo $\theta_o = \alpha$ e $\theta_n = \beta$. Destaquemos a área de um desses pequenos elementos limitado pelos raios $\theta_k = \theta$ e $\theta_{k+1} = \theta + \Delta\theta$ com $\Delta\theta = \theta_{k+1} - \theta_k$ e denotemos sua área por ΔA_θ. É fácil observar que

$$\frac{1}{2}\rho^2(\theta_*)\Delta\theta \leq \Delta A_\theta \leq \frac{1}{2}\rho^2(\theta_{**})\Delta\theta, \quad \theta_*, \theta_{**} \in (\theta, \theta + \Delta\theta).$$

Assim, existe um $\theta_\bullet \in (\theta, \theta + \Delta\theta)$ tal que $\Delta A_\theta = \dfrac{1}{2}\rho^2(\theta_\bullet)\Delta\theta$.

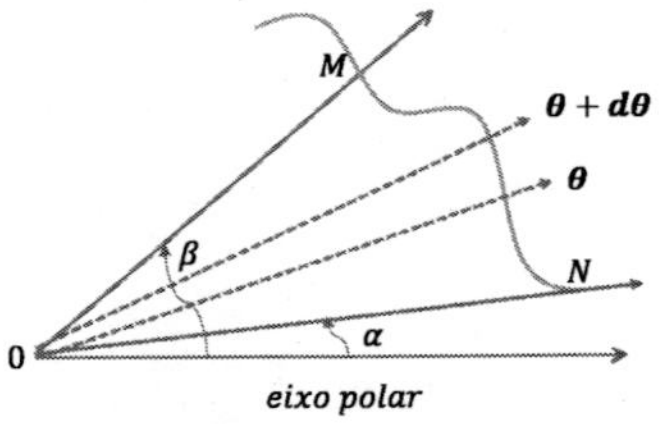

Figura 4.45: Área do setor circular $0MN$

Se agora aumentamos o número desses setores elementares com área ΔA_θ de tal forma que suas áreas tendam a zero, então a área A do setor circular $0MN$ é dada pela fórmula.

$$A = \lim_{n\to\infty} \sum_{0}^{n} \Delta A_{\theta_k} = \lim_{n\to\infty} \sum_{0}^{n} \frac{1}{2}\rho^2(\theta_k)\Delta\theta = \frac{1}{2}\int_\alpha^\beta \rho^2(\theta)d\theta. \tag{4.30}$$

Exemplo 4.32. Calcule a área da região limitada pela curva fechada

$$\rho = a\cos 3\theta, \qquad (a > 0). \tag{4.31}$$

A curva definida pela equação (4.31) chama-se Rosa de três folhas ou Tripla-folha ou rosácea de três pétalas.

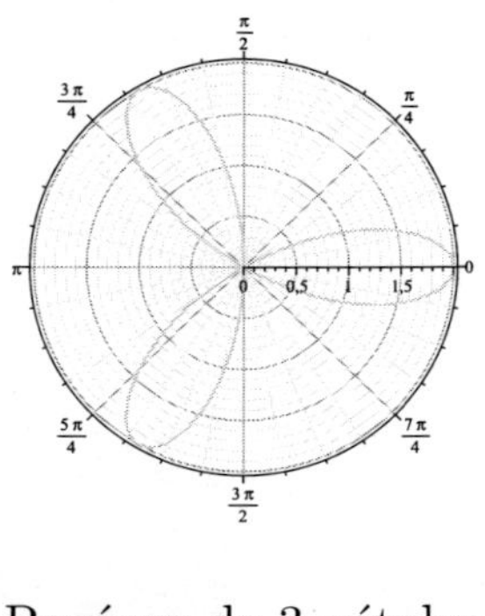

Figura 4.46: Rosácea de 3 pétalas: $r = 2\cos 3\theta$

Para calcular a sua área total basta calcular a área de uma folha e logo multiplicá-la por três[2]. Para calcular a área de uma folha, vemos que θ varia entre $-\frac{\pi}{6}$ e $\frac{\pi}{6}$. Assim, usando a fórmula (4.30), temos

$$\begin{aligned} A_{\text{triplefolha}} &= 3.\frac{1}{2}\int_{-\frac{\pi}{6}}^{\frac{\pi}{6}} (a\cos 3\theta))^2\, d\theta = \\ &= \frac{3a^2}{2}\int_{-\frac{\pi}{6}}^{\frac{\pi}{6}} \frac{1+\cos 6\theta}{2} d\theta = \\ &= \frac{3a^2}{4}\left(\theta\Big|_{-\frac{\pi}{6}}^{\frac{\pi}{6}} + \frac{\operatorname{sen} 6\theta}{6}\Big|_{-\frac{\pi}{6}}^{\frac{\pi}{6}}\right) = \\ &= \frac{\pi a^2}{4}. \end{aligned}$$

Exemplo 4.33. Calcule a área da região limitada pela cardioide

$$\rho = a(1+\cos\theta), \quad a > 0.$$

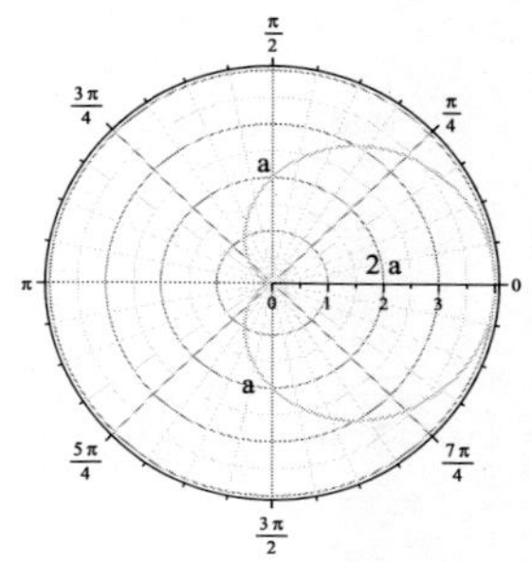

Figura 4.47: Gráfico da Cardioide

De novo usando a fórmula (4.30), obtemos

$$\begin{aligned} A_{\text{cardióide}} &= \frac{1}{2}\int_0^{2\pi} (a(1+\cos\theta))^2\, d\theta = \\ &= \frac{a^2}{2}\int_0^{2\pi} \left(1 + 2\cos\theta + \cos^2\theta\right) d\theta = \frac{a^2}{2}\int_0^{2\pi}\left(1+2\cos\theta + \frac{1+\cos 2\theta}{2}\right) d\theta = \\ &= \frac{a^2}{2}\left(\theta\Big|_0^{2\pi} + 2\operatorname{sen}\theta\Big|_0^{2\pi} + \frac{\theta}{2}\Big|_0^{2\pi} + \frac{\operatorname{sen} 2\theta}{4}\Big|_0^{2\pi}\right) = \\ &= \frac{3\pi a^2}{2}. \end{aligned}$$

Exemplo 4.34. Calcule a área da região limitada pela curva $\rho = 2a\cos 3\theta,\ a > 0$ (rosácea de 3 pétalas) que está fora do círculo $\rho = a$.

A área da região pedida compreende a área das três pétalas da rosácea que estão fora do círculo de raio a. Assim, para calcular a área total, basta calcular a área de uma pétala que está fora do círculo e logo multiplicar por três (consideramos a pétala da direita). Primeiramente, precisamos calcular a variação do ângulo θ, ou seja, precisamos resolver

$$2a\cos 3\theta = a,$$

[2]Ao realizar o gráfico desta rosácea se observa que as três pétalas são idênticas em tamanho, e para $\theta = \{\frac{\pi}{6}, \frac{\pi}{2}, \frac{5\pi}{6}, \frac{7\pi}{6}, \frac{3\pi}{2}, -\frac{\pi}{6}\}$ r se anula.

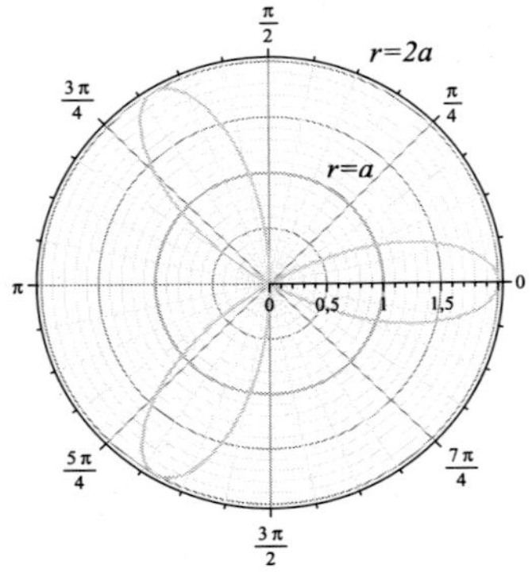

Figura 4.48: Gráfico da tripla-folha e do círculo de raio $a = 1$

de onde $\theta = \pm\frac{\pi}{9}$. Agora usemos a fórmula (4.30):

$$\begin{aligned}
A &= 3.\frac{1}{2}\int_{-\frac{\pi}{9}}^{\frac{\pi}{9}} \left([2a\cos 3\theta]^2 - a^2)\right) d\theta = \\
&= \frac{3}{2}\int_{-\frac{\pi}{9}}^{\frac{\pi}{9}} \left(4a^2\cos^2 3\theta - a^2\right) d\theta = \\
&= \frac{3a^2}{2}\int_{-\frac{\pi}{9}}^{\frac{\pi}{9}} \left(4\frac{1+\cos 6\theta}{2} - 1\right) d\theta = \\
&= \frac{3a^2}{2}\int_{-\frac{\pi}{9}}^{\frac{\pi}{9}} (1 + 2\cos 6\theta)\, d\theta = \\
&= \frac{3a^2}{2}\left(\theta\Big|_{-\frac{\pi}{9}}^{\frac{\pi}{9}} + 2\frac{\operatorname{sen} 6\theta}{6}\Big|_{-\frac{\pi}{9}}^{\frac{\pi}{9}}\right) = \\
&= \frac{3a^2}{2}\left(\frac{2\pi}{9} + \frac{1}{3}[\operatorname{sen}\frac{2\pi}{3} - \operatorname{sen}(\frac{-2\pi}{3})]\right) = \\
&= \frac{3a^2}{2}\left(\frac{2\pi}{9} + \frac{\sqrt{3}}{3}\right) = \\
&= a^2\left(\frac{\pi}{3} + \frac{\sqrt{3}}{2}\right).
\end{aligned}$$

Exemplo 4.35. Uma partícula de massa m localizada na posição $\vec{r}$ é submetida à ação de uma força gravitacional $\vec{F_g} = \frac{GMm}{r^2}\hat{e}_r$ de parte de um corpo de massa M localizado na origem de coordenadas. Como a força gravitacional é radial e é a única força que age sobre m, então a partícula se desloca somente num plano, o qual iremos chamar de plano xy. Calcule o trabalho da força gravitacional sobre m desde a posição $\vec{r_a}$ até a posição $\vec{r_b}$.

Como $\vec{r} = r\,\hat{e}_r$ e da proposição (4.1) temos $\vec{dr} = dr\,\hat{e}_r + r\,d\hat{e}_r = dr\,\hat{e}_r + rd\theta\,\hat{e}_\theta$, substituindo na fórmula do trabalho mecânico da força $\vec{F_g}$ apresentada no capítulo 2:

$$T_{\vec{F_g}\,\vec{r_a}\to\vec{r_b}} = \int_{\vec{r_b}}^{\vec{r_a}} < \vec{F_g}, \vec{dr} >= \int_{\vec{r_b}}^{\vec{r_a}} \frac{GMm}{r^2} < \hat{e}_r, dr\,\hat{e}_r + rd\theta\,\hat{e}_\theta >$$

$$T_{\vec{F_g}\,\vec{r_a}\to\vec{r_b}} = \int_{\vec{r_b}}^{\vec{r_a}} \frac{GMm}{r^2} dr\ < \hat{e}_r, \hat{e}_r > + \int_{\vec{r_b}}^{\vec{r_a}} \frac{GMm}{r^2} rd\theta\ < \hat{e}_r, \hat{e}_\theta > .$$

Pela ortonormalidade dos vetores unitários polares apresentada na definição 4.8 temos:

$$T_{\vec{F_g}\,\vec{r}_a\to\vec{r}_b} = \int_{\vec{r}_b}^{\vec{r}_a} \frac{GMm}{r^2}dr = \frac{GMm}{r_b} - \frac{GMm}{r_a}.$$

Se consideramos que $E_p(r) = \dfrac{GMm}{r}$ é a energia potencial gravitacional do sistema $M - m$ distanciados r unidades, então

$$T_{\vec{F_g}\,\vec{r}_a\to\vec{r}_b} = E_p(r_b) - E_p(r_a).$$

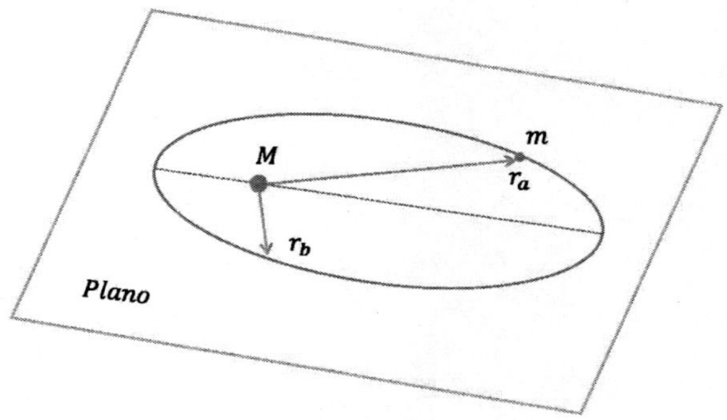

Figura 4.49: Trajetória cônica de m em relação a M.

Este resultado é conhecido na física clássica, pois o trabalho de qualquer força conservativa (força gravitacional, força elétrica, etc.), não depende da trajetória que realiza a partícula m; somente depende da energia potencial final e a energia potencial inicial.

4.3 Sistema de Coordenadas Cilíndricas

Definição 4.11. *Coordenadas Cilíndricas*
Considere o ponto $P = (x, y, z)$ no $\mathbb{R}^3$, é possível estender as coordenadas polares do plano xy ao espaço $\mathbb{R}^3$ adicionando o eixo vertical z. Assim, teremos as novas coordenadas: $P = (r, \theta, z)$. A transformação de coordenadas cilíndricas para cartesianas é imediata, como segue:

$$\begin{aligned} x &= r\cos\theta \\ y &= r\,\text{sen}\theta \\ z &= z \end{aligned}$$

Note que r é a distância perpendicular de P ao eixo z ou de forma equivalente é o raio vetor da base da projeção de P no plano xy em relação à origem de coordenadas (ver figura (4.57)).

Exemplo 4.36. Qual é a equação em coordenadas cartesianas e cilíndricas de uma circunferência de raio $R = 2$ localizada a uma altura $z = 5$ por cima do plano xy ? (ver figura (4.51)).

Em coordenadas cartesianas (na sua forma implícita)

$$S = \{(x, y, z) \in \mathbb{R}^3, x^2 + y^2 = 4, z = 5\}$$

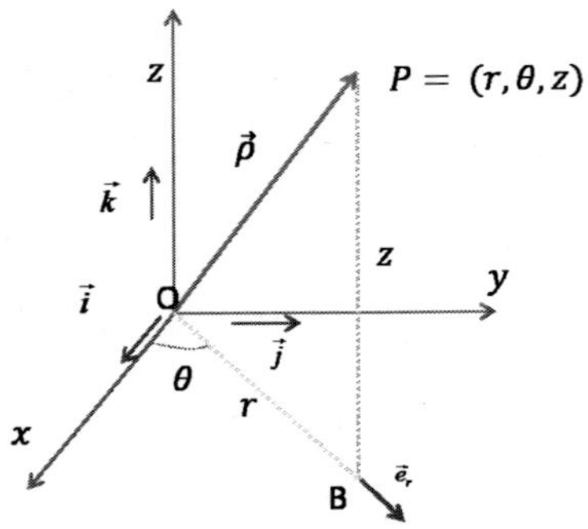

Figura 4.50:

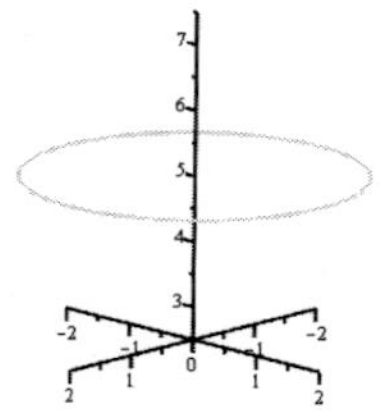

Figura 4.51: Gráfico de uma circunferência de raio 2 e localizada em $z = 5$.

Em coordenadas cilíndricas

$$S = \{(r, \theta, z) \in \mathbb{R}^3, r = 4, 0 \leq \theta \leq 2\pi, z = 5\}$$

Da última equação se evidencia que a circunferência é um objeto geométrico unidimensional, pois sua equação depende de uma variável livre. E principalmente que aquela circunferência tem simetria axial e por isso a sua equação é simples em coordenadas cilíndricas.

Exemplo 4.37. *Algumas superfícies elementares em coordenadas cilíndricas* ver a figura (4.52)

$$\begin{aligned} M &= \{(r, \theta, z) \in \mathbb{R}^3,\ 0 \leq r,\ 0 \leq \theta < 2\pi, z = z_0\} \\ N &= \{(r, \theta, z) \in \mathbb{R}^3,\ 0 \leq r, \theta = \theta_0, 0 \leq z \leq z_2\} \\ T &= \{(r, \theta, z) \in \mathbb{R}^3, r = r_0,\ 0 \leq \theta < 2\pi,\ z_1 \leq z \leq z_2\} \end{aligned} \tag{4.32}$$

Note que:
M é um plano horizontal infinito localizado a uma altura $z = z_0$.
N é um semiplano, que no caso da figura, se localiza no primeiro oitante.
T é uma superfície cilíndrica centralizada no eixo z de raio $r = r_0$.

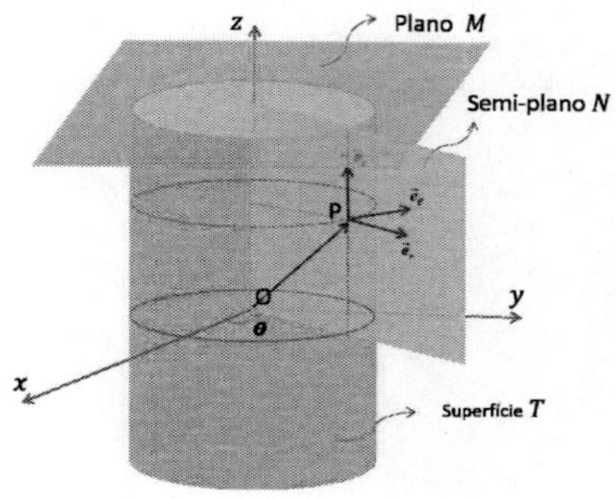

Figura 4.52: Superfícies $r = cte, \theta = cte, z = cte.$

Exemplo 4.38. *Cilindro maciço de raio R, cuja base está no plano xy de altura H.*
O cilindro maciço D em coordenadas cartesianas

$$D = \{(x, y, z) \in \mathbb{R}^3, 0 \leq x^2 + y^2 \leq R^2, 0 \leq z \leq H\}.$$

Em coordenadas cilíndricas

$$D = \{(r, \theta, z) \in \mathbb{R}^3, 0 \leq r \leq R, 0 \leq \theta \leq 2\pi, 0 \leq z \leq H\}.$$

Definição 4.12. *Vetor em coordenadas cilíndricas*
Considere o ponto $P = (r, \theta, z)$ no espaço $\mathbb{R}^3$ então a posição de P em relação à origem de coordenadas é definida como segue:

$$\overrightarrow{OP} = \vec{\rho} = r\,\hat{e}_r + z\,\hat{e}_z$$

Da equação (4.11) podemos obter imediatamente o *elemento de linha* em coordenadas cilíndricas $d\vec{\rho}$ como segue:

$$d\vec{\rho} = dr\,\hat{e}_r + r\,d\theta\,\hat{e}_\theta + dz\,\hat{e}_z$$

onde $\hat{e}_z = \vec{k}$ e $\hat{e}_r \perp \hat{e}_z, \hat{e}_r \perp \hat{e}_\theta, \hat{e}_\theta \perp \hat{e}_z$

Observação 4.5. Podemos visualizar da figura 4.52 que no ponto P os vetores unitários $\vec{e}_r, \vec{e}_\theta, \vec{e}_z \equiv \vec{k}$ são ortogonais aos planos T, N, M, respectivamente.

Exemplo 4.39. Determine a equação de uma superfície cônica S em coordenadas cilíndricas, cujo vértice se encontra na origem de coordenadas. A base circular de raio $R = 3$ se encontra a uma altura $H = 5$ e o centro da base circular se encontra no ponto $(0, 0, H)$ (ver figura (4.53)).

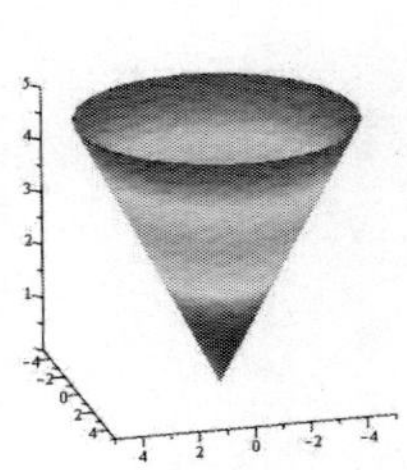

Figura 4.53: Superfície cônica.

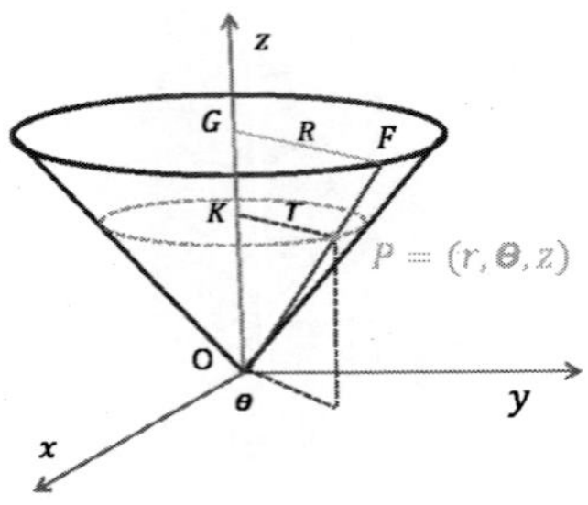

Figura 4.54:

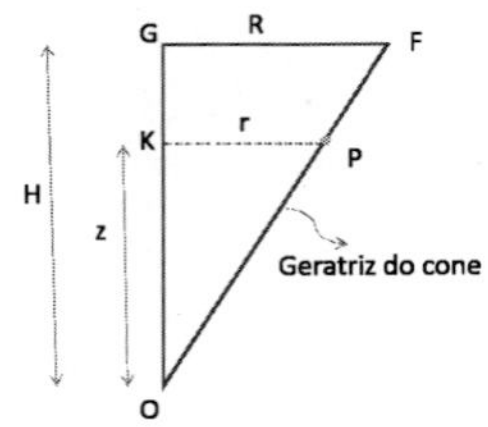

Figura 4.55:

Para responder a questão, precisamos estudar o esqueleto da superfície, isto se visualiza na figura (4.54)).

A partir da figura (4.54) podemos extrair o triângulo retângulo OGF (figura 4.55). Da figura 4.55, a relação de semelhança dos triângulos OKP e OGF

$$\frac{R}{r} = \frac{H}{z},$$

permite relacionar r e z. Em seguida, qualquer ponto $P = (r, \theta, z)$ que está na reta geratriz do cone (que a sua vez está na superfície cônica) satisfaz a relação anterior. Quando o ponto P percorre ao longo de uma circunferência horizontal sempre localizada na superfície cônica, a variável angular θ varia entre 0 e 2π. Das informações anteriores, a equação da superfície cônica em coordenadas cilíndricas é:

$$S := \{(r, \theta, z) \in \mathbb{R}^3,\ z = \frac{r}{R}H,\ 0 \leq r \leq R,\ 0 \leq \theta \leq 2\pi\} \tag{4.33}$$

como $x = r\cos\theta$, $y = r\,\text{sen}\theta$, temos que

$$S := \{(x, y, z) \in \mathbb{R}^3,\ z = \frac{\sqrt{x^2 + y^2}}{R}H,\ 0 \leq x^2 + y^2 \leq R^2, \} \tag{4.34}$$

é a equação da superfície cônica em coordenadas cartesianas.

Podemos perguntar também qual é a equação do sólido (D) limitado pela superfície cônica S? A resposta é:

$$D := \{(r, \theta, z) \in \mathbb{R}^3,\ \frac{r}{R}H \leq z \leq H\ 0 \leq r \leq R,\ 0 \leq \theta \leq 2\pi\} \tag{4.35}$$

Definição 4.13. *Comprimento de arco em coordenadas cilíndricas.* Dada uma curva Γ em coordenadas cilíndricas descrita pela função vetorial $\vec{\rho} = r\hat{e}_r + z\hat{k}$. Onde, $r = r(t), \theta = \theta(t), \hat{e}_r = \hat{e}_r(t)$. O comprimento de arco entre dois pontos arbitrários $P = (r_1, \theta_1, z_1)$ e $Q = (r_2, \theta_2, z_2)$ de curva é:

$$L_{PQ} = \int_P^Q \sqrt{dr^2 + r^2\, d\theta^2 + dz^2} \tag{4.36}$$

Para demonstrar a fórmula (4.36) o procedimento é similar ao caso de coordenadas polares, pois de acordo com a fórmula de $d\vec{r}$ dada na equação (4.11) temos

$$d\vec{\rho} = dr\,\hat{e}_r + r\,d\theta\,\hat{e}_\theta + dz\,\hat{e}_z.$$

Em seguida, pela definição de norma de um vetor

$$||d\vec{\rho}|| = \sqrt{< d\rho, d\rho >} = \sqrt{< dr\,\hat{e}_r + r\,d\theta\,\hat{e}_\theta + dz\,\hat{e}_z, dr\,\hat{e}_r + r\,d\theta\,\hat{e}_\theta + dz\,\hat{e}_z >},$$

e pela ortonormalidade dos versores unitários em coordenadas cilíndricas, apresentada na definição(4.12)

$$||d\vec{\rho}|| = \sqrt{dr^2 + r^2\, d\theta^2 + dz^2}.$$

É conhecido já que $ds = ||d\vec{\rho}||$ é o elemento diferencial de comprimento de arco da curva espacial Γ definida pelo vetor $\vec{\rho}(t)$. Assim, chegamos na equação (4.36).

Exemplo 4.40. Seja a hélice definida pela fórmula $\rho(t) = (a\cos wt, a\,\text{sen}wt, bt)$. Determine o comprimento de arco em coordenadas cilíndricas no intervalo $t_1 \le t \le t_2$. a, b, w são constantes numéricas.

Da equação vetorial da hélice, temos que:

$$x = a\cos wt, y = a\,\text{sen}wt, z = bt, \theta = wt.$$

Segue que $r = a$ e $dz = bdt, dr = 0,\ d\theta = wdt$. Substituindo na fórmula (4.36) :

$$L_{PQ} = \int_{t_1}^{t_2} \sqrt{w^2a^2dt^2 + b^2dt^2} = \int_{t_1}^{t_2} \sqrt{w^2a^2 + b^2}dt = \sqrt{w^2a^2 + b^2}(t_2 - t_1). \tag{4.37}$$

É interessante notar que o comprimento de arco entre os pontos P e Q é proporcional ao intervalo $t_2 - t_1$. No capítulo de funções vetoriais, já vimos que a hélice $\rho(t) = (a\cos wt, a\,\text{sen}wt, bt)$ é uma curva espacial onde a velocidade escalar é constante e sua aceleração tangencial é nula.

Exemplo 4.41. Determine o comprimento de arco da curva $z = b\,\theta$ ao longo de um cilindro centralizado no eixo z entre os pontos $P = (4, 0, 0)$ e $Q = (4, 2\pi, 4\pi)$ (em coordenadas cilíndricas).

Se a curva $z = b\theta$ se encontra no cilindro vertical de raio $R = 4$, significa que

$$dr = 0, dz = bd\,\theta$$

Imediatamente

$$L_{PQ} = \int_{\theta_1}^{\theta_2} \sqrt{d\,r^2 + r^2\,d\theta^2 + dz^2} = \int_{\theta_1}^{\theta_2} \sqrt{R^2 + b^2}d\theta = \sqrt{R^2 + b^2}(\theta_2 - \theta_1)$$

Como o ponto Q pertence à curva $z = b\theta$ temos que $4\pi = b\,2\pi$, assim $b = 2$. Em seguida

$$L_{PQ} = \sqrt{4^2 + 2^2}(2\pi - 0) = \sqrt{20}\,2\pi$$

Note que as curvas descritas nos dois exemplos anteriores 4.40 e 4.41, são a mesma curva, uma hélice: Na primeira, descrita em forma vetorial, e na segunda descrita como uma função escalar em coordenadas cilíndricas.

Como comentário final desta seção, podemos dizer que, normalmente, objetos como cilindros, cones, fios compridos e retos, podem ser descritos mais facilmente em coordenadas cilíndricas, escolhendo, é claro, a origem de coordenadas e a direção do eixo z de forma conveniente.

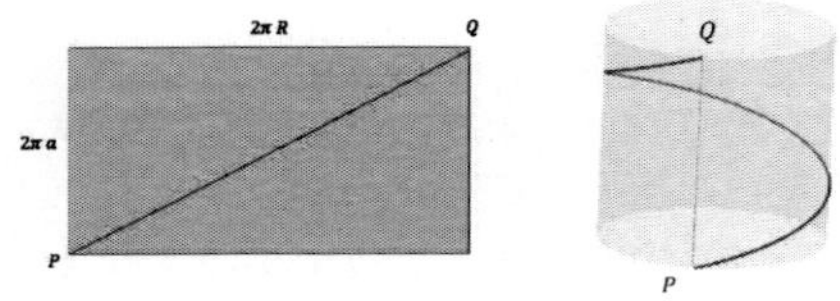

Figura 4.56:

Nota 4.2. *Geodésica num cilindro*

A hélice é a curva de menor comprimento de arco entre todas as curvas contidas no cilindro e que iniciam em P e chegam até Q. Curvas com essa característica se denominam geodésicas. A hélice é a geodésica do cilindro de seção circular reto, assim como a reta é a geodésica do plano. Já vimos, em alguns exemplos, no capítulo anterior de funções vetoriais, que em qualquer geodésica, se descrevermos a curva geodésica nas coordenadas do comprimento de arco, a velocidade escalar é sempre constante.
Na figura (4.56) podemos visualizar a geodésica do cilindro e ainda, se fizermos um corte vertical passando por P e Q que, no exemplo, estão na mesma vertical e esticarmos a superfície cilíndrica, iremos obter um retângulo e fica evidente que a linha diagonal obtida (geodésica do plano) tem o mesmo comprimento que a hélice.

4.4 Sistema de Coordenadas Esféricas

Definição 4.14. *Coordenada Esférica*
Considere o ponto $P = (r, \phi, \theta)$ no espaço $\mathbb{R}^3$ e $O = (0, 0, 0)$ a origem de coordenadas em $\mathbb{R}^3$.

- r é definido como o módulo do raio vetor $\overrightarrow{0P}$, portanto: $0 \leq r$.
- ϕ é definido como ângulo formado pelo eixo $+x$ positivo e o segmento $\overline{OB}$. $\overline{OB}$ é a projeção do vetor $\overrightarrow{0P}$ no plano xy, logo $\overline{OB} \perp \overline{PB}$
$$0 \leq \phi \leq 2\pi$$
- θ é o ângulo formado pelo raio vetor $\overrightarrow{0P}$ com o eixo vertical $+z$.
$$0 \leq \theta \leq \pi$$

Transformação de coordenadas esféricas para cartesianas é como segue:

$$\begin{aligned} x &= r\,\text{sen}\theta\cos\phi \\ y &= r\,\text{sen}\theta\,\text{sen}\phi \\ z &= r\cos\theta \end{aligned}$$

(ver figura (4.57)).

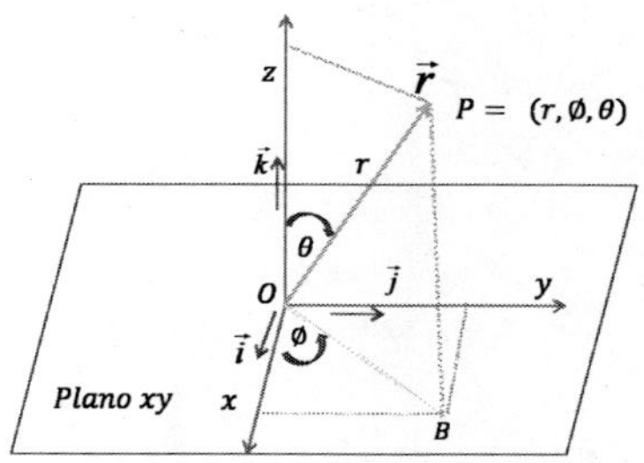

Figura 4.57:

Exemplo 4.42. *Algumas superfícies típicas em coordenadas esféricas*
ver a figura (4.58)

$$\begin{aligned} M &= \{(r, \phi, \theta) \in \mathbb{R}^3,\ 0 \leq r,\ 0 \leq \phi < 2\pi, \theta = \theta_0\} \\ N &= \{(r, \phi, \theta) \in \mathbb{R}^3,\ 0 \leq r, \phi = \phi_0, 0 \leq \theta \leq \pi\} \\ T &= \{(r, \phi, \theta) \in \mathbb{R}^3, r = r_0,\ 0 \leq \phi < 2\pi,\ 0 \leq \theta \leq \pi\} \end{aligned}$$

Note que:
M é uma superfície cônica infinita com vértice na origem de coordenadas
N é um semiplano infinito que, no caso da figura, se localiza no primeiro e oitavo oitante.
T é uma superfície esférica finita e centralizada na origem de coordenadas.

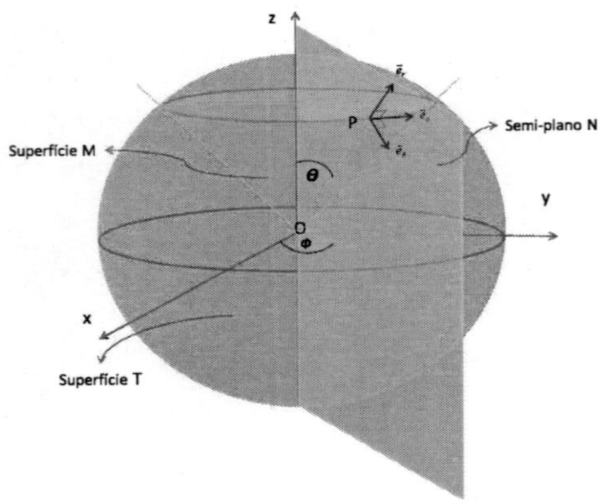

Figura 4.58:

Observação 4.6. No ponto P de $\mathbb{R}^3$ podemos definir três vetores unitários mutuamente ortogonais, como foi feito nas coordenadas polares e cilíndricas, estes são: $\vec{e}_r$,$\vec{e}_\theta$ e $\vec{e}_\phi$, com as seguintes caraterísticas:

- $$||\vec{e}_r|| = ||\vec{e}_\theta|| = ||\vec{e}_\phi|| = 1, \; < \vec{e}_\phi, \vec{e}_r > = < \vec{e}_\phi, \vec{e}_\theta > = < \vec{e}_r, \vec{e}_\theta > = 0$$
- O vetor unitário $\vec{e}_r$ é ortogonal à superfície esférica T.
- O vetor unitário $\vec{e}_\theta$ é ortogonal à superfície cônica M.
- O vetor unitário $\vec{e}_\phi$ é ortogonal ao semiplano N.

Exemplo 4.43. Determine a equação da superfície S da figura (4.59) a seguir

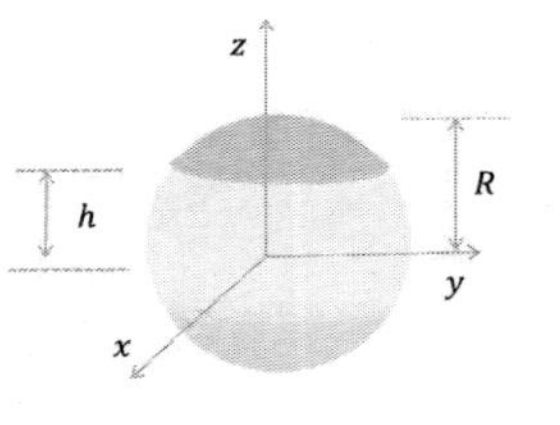

Figura 4.59:

Na figura 4.60 considere o ponto arbitrário $P = (R, \phi, \theta) \in S$.
A coordenada θ varia de $\theta = 0$ no polo norte até $\theta = \theta_1$ na borda da superfície, em qualquer direção. A coordenada polar ϕ varia de $\phi = 0$ até $\phi = 2\pi$. Para determinar θ_1 basta localizar num triângulo retângulo de cateto H e hipotenusa R, logo $\theta_1 = \arccos(H/R)$

Finalmente

$$S := \{(r, \phi, \theta) \in \mathbb{R}^3, \; r = R, \; 0 \leq \phi < 2\pi, \; 0 \leq \theta \leq \theta_1\}$$

Exemplo 4.44. Determine a equação, em coordenadas cilíndricas, esféricas e cartesianas do disco horizontal S, de raio R centralizada no ponto $(0, 0, H)$ figura 4.63.

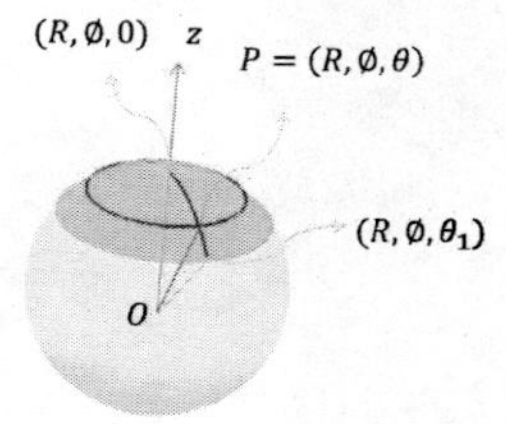

Figura 4.60:

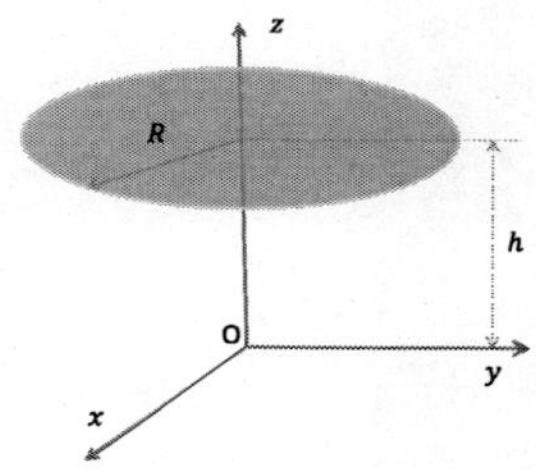

Figura 4.61:

- Em coordenadas cilíndricas

$$S := \{(r,\theta,z) \in \mathbb{R}^3 \;/\; 0 \leq r \leq R,\; 0 \leq \theta \leq 2\pi,\; z = h\}.$$

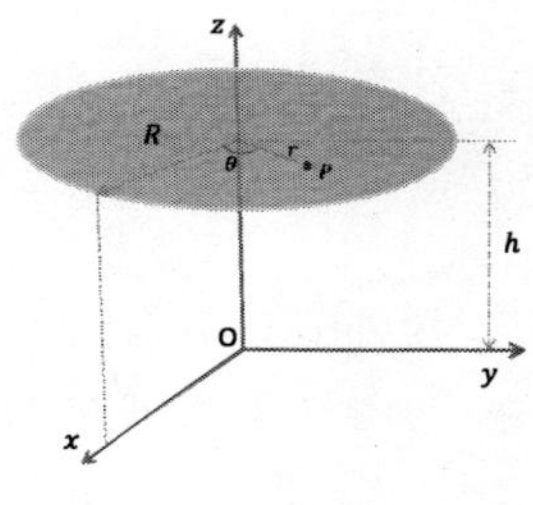

Figura 4.62:

- Em coordenadas esféricas

$$S := \{(r,\phi,\theta) \in \mathbb{R}^3 \;/\; 0 \leq \theta \leq \theta_0,\; 0 \leq \phi \leq 2\pi, r = \frac{h}{\cos\theta}\}.$$

sendo $\theta_0 = \arctan(\frac{R}{h})$.

- Em coordenadas cartesianas

$$S := \{(x,y,z) \in \mathbb{R}^3 \;/\; 0 \leq x^2 + y^2 \leq R^2,\; z = h\}.$$

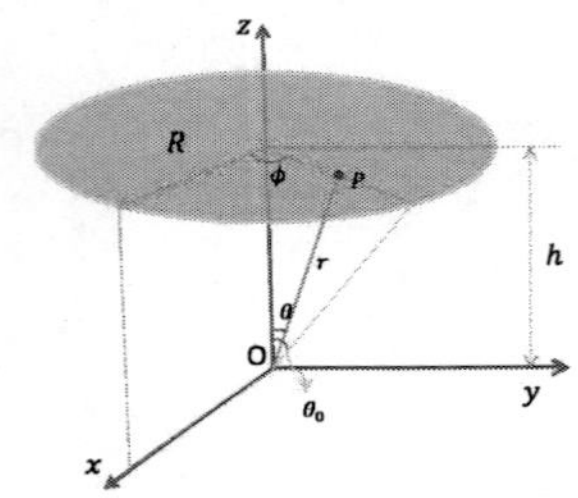

Figura 4.63:

Nota 4.3. *Coordenadas geográficas*
Definições:

- *Meridiano* é o círculo máximo que passa pelo polo norte e polo sul terrestre.
- *Linha equatorial* é o círculo máximo da superfície terrestre, localizado na metade do caminho entre o polo norte e o polo sul. A equação da linha equatorial em coordenadas esféricas é

$$r = R_T,\ \theta = \pi/2, 0 \leq \phi < 2\pi.$$

- *Paralelo* é um círculo paralelo à linha equatorial, seja no hemisfério norte ou hemisfério sul.
- As coordenadas $P = (\lambda, \varphi)$ definem univocamente todos os pontos da superfície terrestre.
- A origem de coordenadas geográficas é o ponto $(\lambda = 0, \varphi = 0)$ que coincide com a interseção do **Meridiano de Greenwich** com a *linha equatorial.*
- A medida angular λ é denominada de Longitude e varia na direção leste/oeste ao longo dos paralelos de 0 a 180^0.
- A medida angular φ é denominada de Latitude e varia na direção norte/sul ao longo dos meridianos de 0 a 90^0. (ver figura 4.64 tomado da referência [53]).

Figura 4.64:

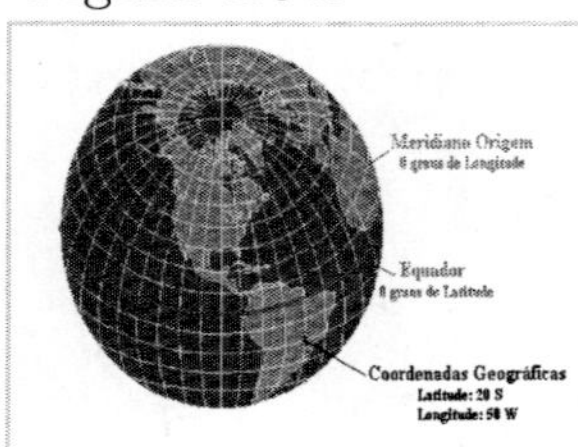

Exemplo 4.45. Considere a superfície terrestre de forma esférica. Determine a equação do *paralelo* e a equação do *meridiano* que passa pelo ponto P localizado na superfície da Terra de longitude $\lambda = \pi/3$ (oeste) e latitude $\varphi = \pi/4$ (norte), em coordenadas esféricas.

Da figura (4.65) podemos encontrar uma relação entre as coordenadas intrínsecas da superfície esférica (ϕ, θ) e as coordenadas geográficas (λ, φ). Para isso, vamos localizar a origem de coordenadas do sistema cartesiano no centro da terra, sendo R_T o raio da terra. E localizamos a origem de coordenadas geográficas no eixo x, especificamente no ponto $(R_T, 0, 0)$ das coordenadas cartesianas ou em $(R_T, 0, \pi/2)$ nas coordenadas esféricas.

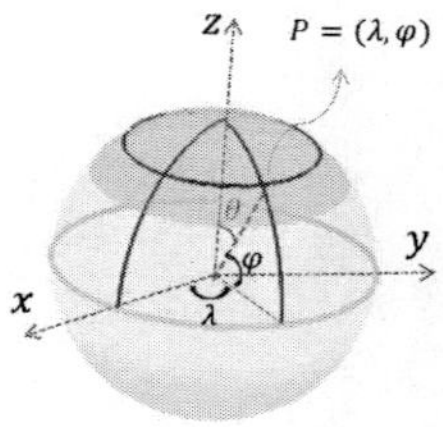

Figura 4.65:

Equação do meridiano que passa por P: $-\pi/2 \leq \varphi \leq \pi/2$, $\lambda = \dfrac{\pi}{3}$.

$$Meridiano = \{(r, \phi, \theta) \in \mathbb{R}^3,\ r = R_T,\ \phi = \frac{\pi}{3},\ 0 \leq \theta \leq \pi\}$$

pois $\theta = \pi/2 - \varphi$. Note que o meridiano é a metade de um círculo máximo que passa pelo polo norte e polo sul. Note também que o meridiano de Greenwich corresponde para $\phi = \lambda = 0$.

Equação do paralelo que passa por P: $\varphi = \dfrac{\pi}{4}, -\pi \leq \lambda \leq \pi$.

$$Paralelo = \{(r, \phi, \theta) \in \mathbb{R}^3,\ r = R_T,\ \theta = \frac{\pi}{4}, -\pi \leq \phi = \lambda \leq \pi\} \tag{4.38}$$

Exemplo 4.46. Determine a função vetorial que descreve o paralelo que passa pelas coordenadas geográficas $P = (\lambda, \varphi)$ da Terra esférica de raio R. Considere a origem de coordenadas do sistema cartesiano no centro da terra.

De acordo com a transformação de coordenadas esféricas para cartesianas, temos:

$$x = R\,\mathrm{sen}\theta\cos\phi, y = R\,\mathrm{sen}\theta\,\mathrm{sen}\phi,\ z = R\,\cos\theta$$

onde $P = (x, y, z)$. Como P pertence ao paralelo definido em (4.38) então $\varphi = \varphi_0$, $\theta = \pi/2 - \varphi_0$, $\phi = \lambda$ Em seguida:

$$x = R\,\mathrm{sen}(\pi/2 - \varphi_0)\cos\lambda, y = R\,\mathrm{sen}(\pi/2 - \varphi_0)\,\mathrm{sen}\lambda,\ z = R\,\cos(\pi/2 - \varphi_0),$$

simplificando

$$x = R\cos\varphi_0\cos\lambda, y = R\cos\varphi_0\,\mathrm{sen}\lambda,\ z = R\,\mathrm{sen}\varphi_0.$$

Finalmente a função vetorial que descreve um paralelo que passa pelo ponto P é:

$$\vec{r}(\lambda) = (R\cos\varphi_0\cos\lambda, R\cos\varphi_0\,\mathrm{sen}\lambda, R\,\mathrm{sen}\varphi_0), -\pi \leq \lambda \leq \pi.$$

4.5 Exercícios

Exercício 4.1. Determine as inequações que definem a superfície triangular a seguir em coordenadas cartesianas (Indique as duas respostas possíveis).

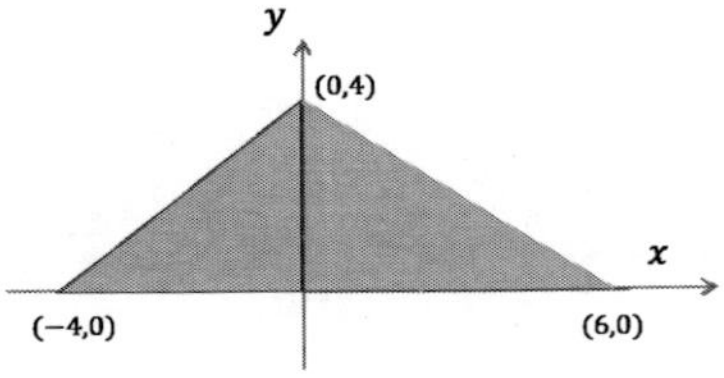

Figura 4.66:

Exercício 4.2. Considere as seguintes desigualdades, identifique a região espacial que cada uma delas representa e faça o esboço respectivamente.
a) $\{(x,y) \in \mathbb{R}^2,\ 0 \leq y \leq 4,\ \ 0 \leq x < y/4,\}$
b) $\{(x,y) \in \mathbb{R}^2,\ -2 \leq y \leq 4,\ \ -2 + \frac{y}{2} \leq x \leq 2 - \frac{y}{2}\}$
c) $\{(x,y,z) \in \mathbb{R}^3,\ z = 4 - 2y,\ \ -1 \leq y \leq 2,\ \ 0 \leq x \leq 2\}$
d) $\{(x,y,z) \in \mathbb{R}^3,\ 0 \leq z \leq 4 - 2y,\ -1 \leq y \leq 2,\ 0 \leq x \leq 2\}$

Exercício 4.3. Desenhar no plano R^2 as curvas polares:
a) $r\,\text{sen}\theta = 3$, b) $r = 2\cos\theta$
c) $r = 1 + 2r\cos\theta$ d) $r = 1 - r\,\text{sen}\theta$
e) $r = 4\,\text{sen}\theta$ f) $r = \dfrac{4}{1+\cos\theta}$
g) $r = \dfrac{4}{1+\frac{3}{2}\cos\theta}$ h) $r = \dfrac{4}{1+\frac{1}{2}\cos\theta}$
Ajuda: trabalhe em coord. cartesianas.

Exercício 4.4. Encontrar o gráfico das curvas:
a) $r = 3 - 3\cos\theta$ e) $r = 4\cos 2\theta$
b) $r^2 = 4\cos 2\theta$ f) $r = 6 - 3\,\text{sen}\theta$
c) $r = 3 + 3\,\text{sen}2\theta$ g) $r = 4\cos 3\theta$
d) $r = 2\,\text{sen}3\theta$ h) $r = 3 - 3\,\text{sen}2\theta$.
i) $r = \begin{cases} 1 + 2\cos\theta, & -\frac{2\pi}{3} \leq \theta \leq \frac{2\pi}{3}\ ; \\ -1 + 2\cos\theta, & -\frac{\pi}{3} \leq \theta \leq \frac{\pi}{3}. \end{cases}$
j) $r = -2\cos 2\theta$

Exercício 4.5. Encontrar o gráfico da curva implícita $(x^2 + y^2)^2 = -8xy$ em coordenadas cartesianas. Ajuda: utilize coordenadas polares.

Exercício 4.6. Desenhar a espiral de Arquimedes $r = 8\pi - \theta,\ 0 \leq \theta \leq 8\pi$.

Exercício 4.7. Determine o comprimento de arco de uma espiral de Arquimedes $\rho = a\theta,\ a > 0$, desde o ponto onde $\theta = 0$ até o ponto onde $\theta = 2\pi$.

Exercício 4.8. Determine a área limitada pela função $r = 2\sqrt{\text{sen}2\theta}$

Exercício 4.9. Determine a fórmula da curvatura para as seguintes curvas polares $(a > 0)$
a) $r = a\cos 3\theta$, b) $r = a(1 + \cos\theta)$, c) $r = a\,\text{sen}4\theta$.

Exercício 4.10. Prove que a epicicloide apresentada na equação (9.8) do apêndice (9) do capítulo anterior de funções vetoriais corresponde a uma cardioide no caso quando $R = r$.

Exercício 4.11. A figura (4.67) é uma possível representação do diagrama de taiji que simboliza a dualidade ying/yang na filosofia oriental.
a) Determine a área total da parte em ciano.
b) Determine o comprimento de arco total que limita uma das partes, sem considerar os discos pequenos.
A curva que une a origem de coordenadas O e o ponto A é a espiral $r = 1.2\sqrt{\theta}$. E a curva que une a origem de coordenadas O e o ponto B é a reflexão especular da primeira curva em relação à origem de coordenadas. A e B são os pontos de intercepto das curvas com a circunferência de raio $r = 2$, respectivamente.

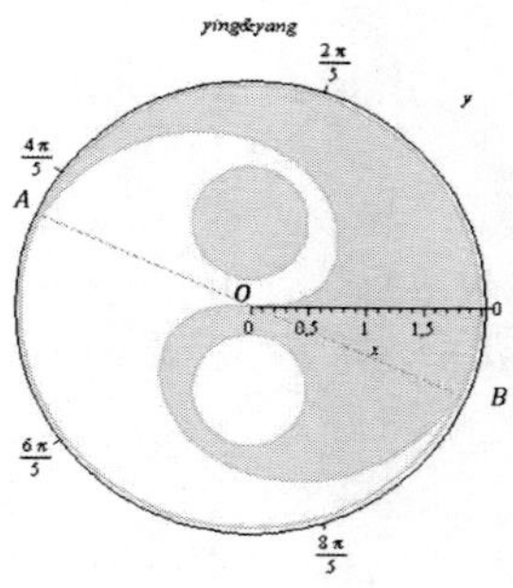

Figura 4.67: Ying/Yang

Exercício 4.12. *Projeção estereográfica (4.68)*
Faça uma projeção dos pontos da superfície esférica S^2 no plano horizontal T, ou seja, encontre as coordenadas x e y em função das coordenadas do ponto P da superfície esférica S^2.

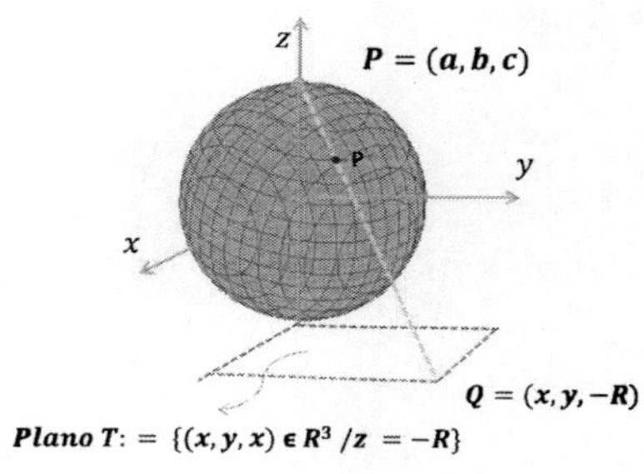

Figura 4.68:

Exercício 4.13. Encontre a equação em coordenadas cilíndricas dos seguintes lugares geométricos:
a) O plano $x = y, z$ arbitrário.
b) O plano $x = \frac{3}{4}y, x \geq 0$ e $z \geq 0$.
c) A semirreta definida pela equação paramétrica:

$$x = 2t, y = 4t, z = 2t, \; t \geq 0.$$

d) $D = \{(x, y, z) \in \mathbb{R}^3, \; x^2 + z^2 \leq 9, y = 0\}$

Exercício 4.14. Determine a equação de um plano horizontal perpendicular ao eixo z que se encontra a uma altura $z = h$ em relação ao plano xy, em coordenadas cartesianas, cilíndricas e esféricas. Se o plano anterior fosse, na verdade, um semiplano horizontal, porém com borda no eixo x e cortando o eixo +z no ponto $(0, 0, h)$ se estendendo para valores negativos de y, qual seria a equação nos três distintos sistemas de coordenadas?

Exercício 4.15. Encontre a função vetorial em coordenadas cilíndricas das curvas a seguir:
a) $\vec{r}(t) = (3\cos 2t, 3\,\text{sen}2t, 0)$.
b) $\vec{r}(t) = (3\cos 2t, 3\,\text{sen}2t, 6t)$.

Exercício 4.16. Determine a equação em coordenadas cilíndricas e esféricas de:
a) Metade superior de um sólido esférico de raio R e centralizado na origem de coordenadas.
b) Um cilindro vertical de raio R, altura h e base centralizada na origem de coordenadas.
a) Uma superfície esférica de raio R localizada no ponto $(0, 0, R)$.

Exercício 4.17. Determine a equação em coordenadas cilíndricas de uma superfície cilíndrica reta de altura $H = 4$, de base circular de raio $R = 5$, com o eixo coaxial paralelo ao eixo z e passando pelo ponto $(0, 5, 0)$ e colocada por cima do plano $z = -2$.

Exercício 4.18. Determine a equação em coordenadas cilíndricas e cartesianas de uma superfície cônica com a base circular de raio R localizada no plano xy, centralizada na origem de coordenadas e cujo vértice se encontra no ponto $(0, 0, H)$ (vértice em coordenadas cartesianas). Determine também a equação do sólido limitado pela superfície cônica em questão.

Exercício 4.19. Desenhe a região espacial, em cada caso, definida pelas desigualdades em coordenadas esféricas
a) $r = 3, \theta = 3\pi/4, 0 \leq \phi < 2\pi$
b) $r = 3,\ 3\pi/4 \leq \theta < \pi, 0 \leq \phi < 2\pi$
c) $0 \leq r \leq 3,\ 3\pi/4 \leq \theta < \pi, 0 \leq \phi < 2\pi$;
Onde r, θ, ϕ. são coordenadas esféricas.

Exercício 4.20. Identifique a superfície cuja equação em coordenadas esféricas é $r = \text{sen}\theta\cos\phi$

Exercício 4.21. Considere a seguinte curva em coordenadas esféricas

$$\mathcal{C} := \{(r, \theta, \phi) \in \mathbb{R}^3, r = 3, \phi = \pi/6,\ 0 \leq \theta \leq \pi\}$$

Desenhe o gráfico desta curva no espaço $\mathbb{R}^3$ e qual é a equação desta curva em coordenadas cartesianas?

Exercício 4.22. Encontre a desigualdade que descreve uma bola oca com diâmetro interno de 40cm e espessura de 1cm, centralizada na origem de coordenadas, em coordenadas esféricas.

Exercício 4.23. Determine a equação da superfície de um cone reto de base circular de raio 4, de altura 3 e com vértice na origem de coordenadas. O eixo de simetria do cone coincide com o eixo z. O centro da base da superfície cônica se encontra na posição $(0, 0, 3)$
a) Em coordenadas cilíndricas,
b) Em coordenadas esféricas.

Exercício 4.24. A partir da definição (4.4) e do fato que $ds^2 = dx^2 + dy^2 + dz^2$, sendo ds o elemento diferencial de comprimento de arco entre dois pontos infinitesimalmente próximos de uma curva qualquer. Demonstrar que o comprimento de arco ente dois pontos P e Q de uma curva em coordenadas esféricas é dado pela seguinte integral.

$$L_{PQ} = \int_P^Q \sqrt{d\,r^2 + r^2\,d\theta^2 + r^2\,\text{sen}^2\theta d\phi^2} \tag{4.39}$$

Utilizando a equação (4.39), verifique que o comprimento de arco de um meridiano arbitrário de uma superfície esférica é πR e que o comprimento de arco de um paralelo localizado em $\theta = \theta_0$ é $2\pi R\,\text{sen}\theta_0$. A superfície esférica tem raio R.

Exercício 4.25. Identifique a região geométrica e dê o esboço dela, cuja equação em coordenadas esféricas é:
a) $r = 2\,\text{sen}\theta\,\text{sen}\phi,\ 0 \le \theta \le \pi,\ 0 \le \phi \le 2\pi$.
b) $r = 4,\ \pi/2 \le \theta \le \pi,\ 0 \le \phi \le \pi$.
c) $4 \le r \le 4.5,\ 0 \le \theta \le \pi/2,\ 0 \le \phi \le 2\pi$.

Exercício 4.26. Determine a equação da região sólida limitada pela superfície esférica e a superfície cônica com vértice no centro da superfície esférica. O raio da circunferência gerada pela interseção de ambas as superfícies é $R = 2$ e a abertura angular completa da superfície cônica é $\pi/3$ (ver figura 4.69).

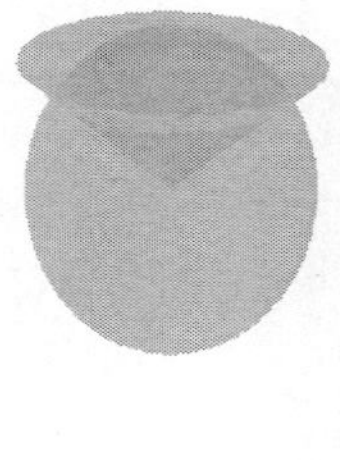

Figura 4.69:

Exercício 4.27. Determine a função vetorial que define um meridiano que passa pelas coordenadas geográficas $P = (\lambda, \varphi)$ de uma esfera de raio R. Considere a origem de coordenadas do sistema cartesiano no centro da esfera.

Exercício 4.28. Utilizando a fórmula demonstrada no exercício (4.24), prove que o comprimento de arco de um meridiano de uma esfera de raio R é $\pi\,R$

4.6 Respostas

4.1

$$\{(x, y) \in \mathbb{R}^2, 0 \le y \le 4,\ y - 4 \le x \le 6 - \frac{3y}{2}\}$$

ou

$$\{(x, y) \in \mathbb{R}^2, -4 \le x \le 0,\ 0 \le y \le 4 + x\}$$
$$\cup \{(x, y) \in \mathbb{R}^2, 0 \le x \le 6,\ 0 \le y \le 4 - \frac{2x}{3}\}$$

4.2

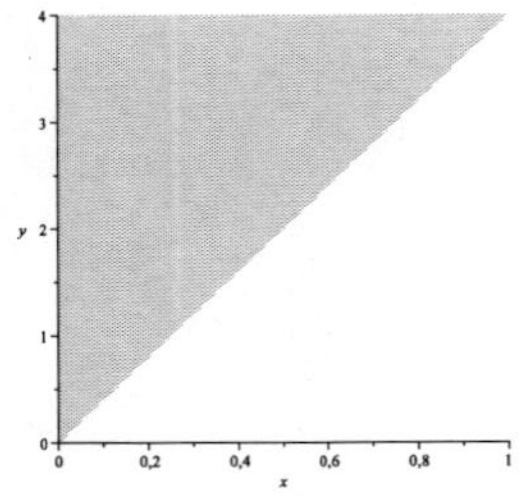

Figura 4.70: Gráfico 4.2 a

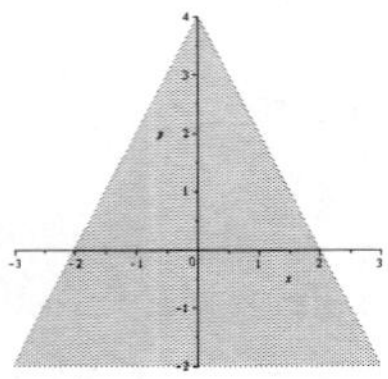

Figura 4.71: Gráfico 4.2 b

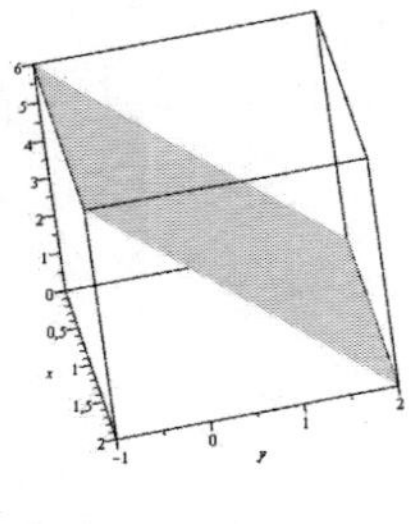

Figura 4.72: Gráfico 4.2 c

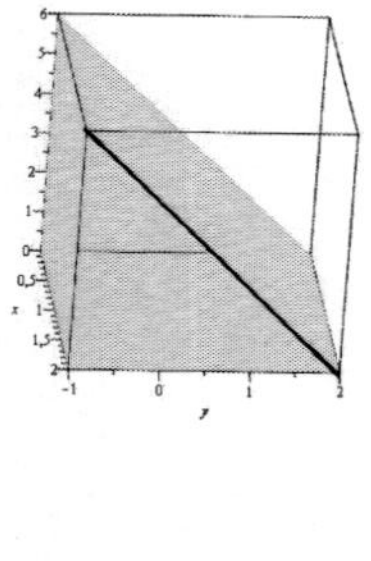

Figura 4.73: Cunha sólida, gráfico 4.2 d

4.3

4.3 a É uma reta $y = 3, x \in \mathbb{R}$.

4.3 b

É uma circunferência de raio $r = 1$ centralizada em (1,0)

$$(x-1)^2 + y^2 = 1.$$

4.3 c O gráfico da questão é o lado direito de uma hipérbole.

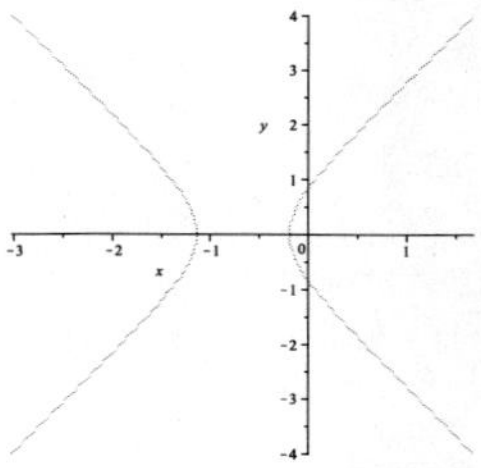

Figura 4.74: Hipérbole.

4.3 d O gráfico da questão é uma parábola.

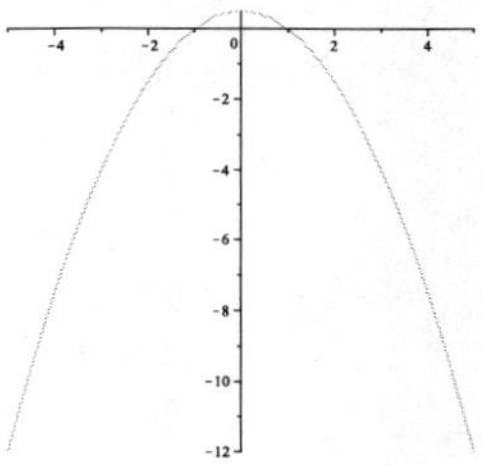

Figura 4.75: Gráfico da questão 4.3 d

4.3 e É uma circunferência de raio $r = 2$ centralizada em (0,2)

$$x^2 + (y - 2)^2 = 4.$$

4.3 f É uma parábola com o foco na origem de coordenadas.

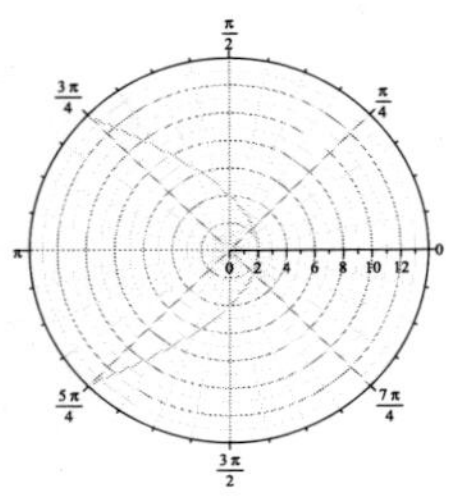

Figura 4.76: Gráfico da questão 4.3 f

4.3 g É uma hipérbole com o foco na origem de coordenadas.

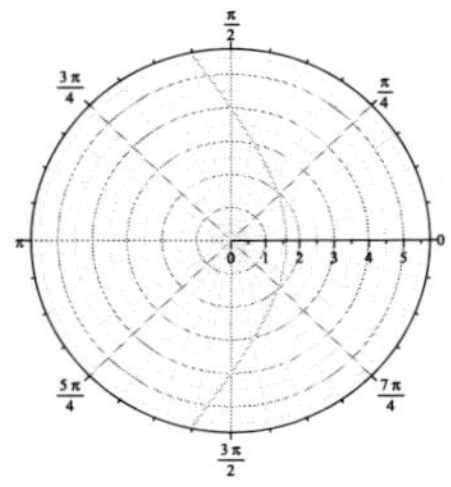

Figura 4.77: Gráfico da questão 4.3 g

4.3 h É uma elipse com um foco na origem de coordenadas.

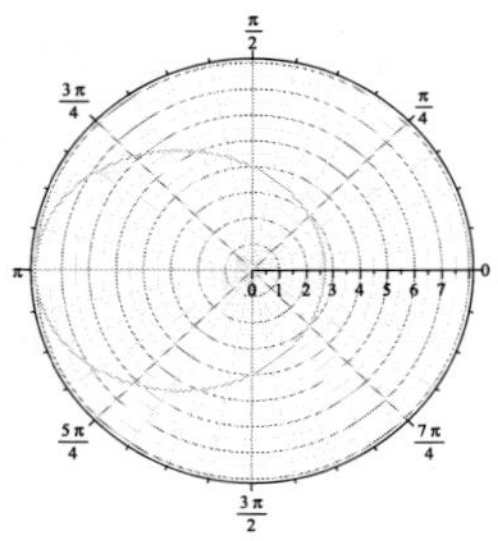

Figura 4.78: Gráfico da questão 4.3 h

4.4

4.4 a O gráfico da questão é uma cardioide.

4.4 b O gráfico da questão é a figura a seguir:

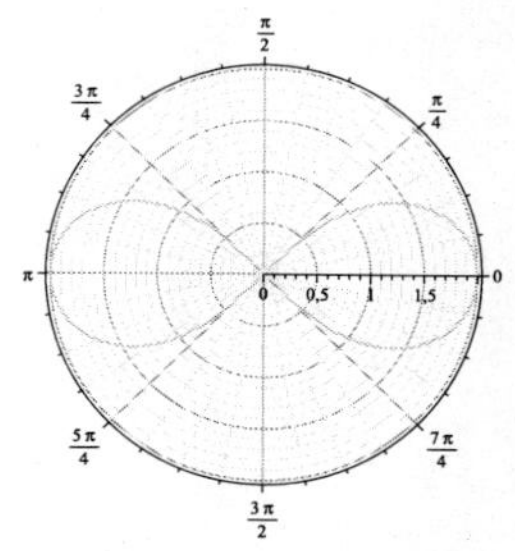

Figura 4.79: Gráfico da questão 4.4 b

4.4 c O gráfico da questão é a figura a seguir:

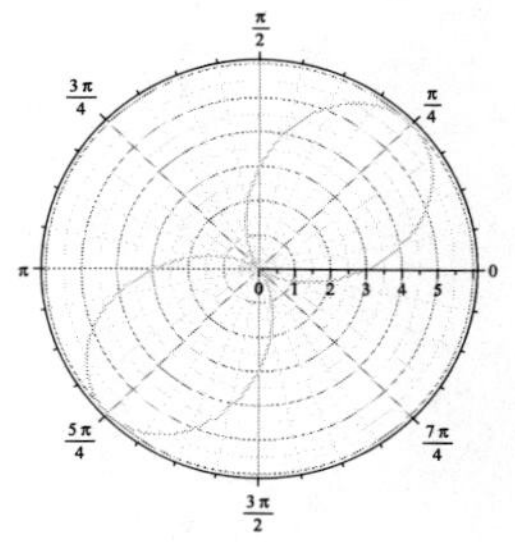

Figura 4.80: Gráfico da questão 4.4 c

4.4 d O gráfico da questão é a figura a seguir:

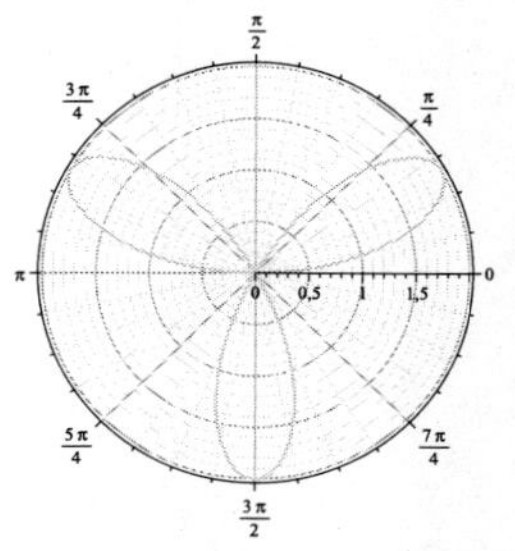

Figura 4.81: Gráfico da questão 4.4 d

4.4 e O gráfico da questão é a figura a seguir:

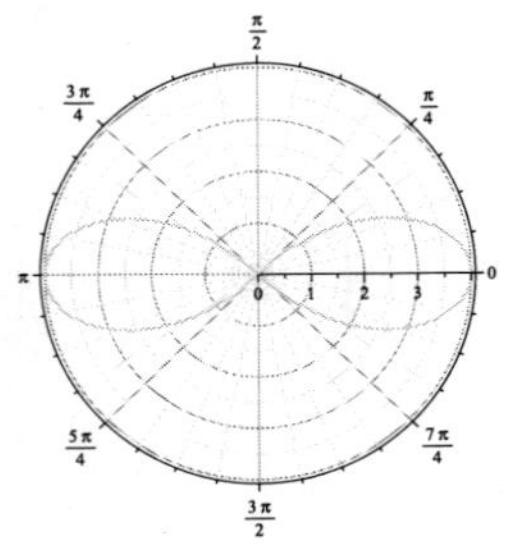

Figura 4.82: Gráfico da questão 4.4 e

4.4 f O gráfico da questão é a figura a seguir:

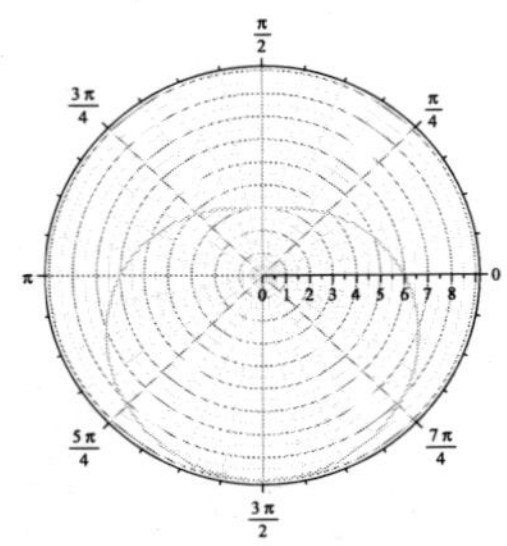

Figura 4.83: Gráfico da questão 4.4 f

4.4 g O gráfico da questão é a figura a seguir:

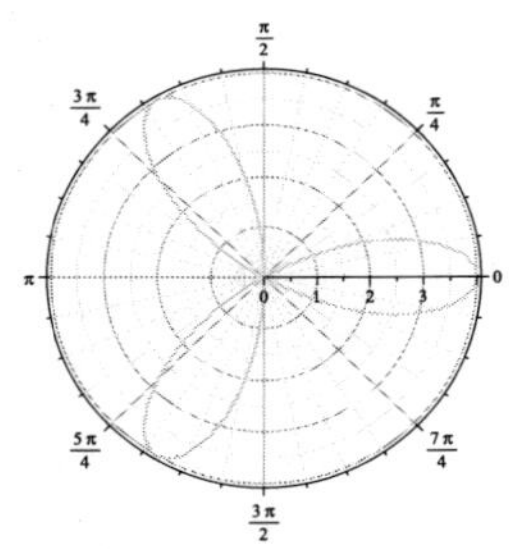

Figura 4.84: Gráfico da questão 4.4 g

4.4 h O gráfico da questão é a figura a seguir:

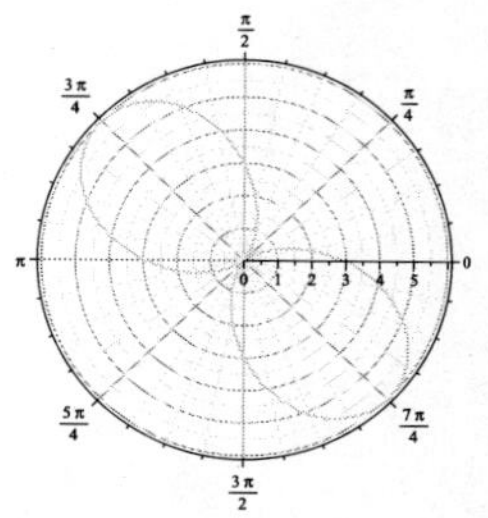

Figura 4.85: Gráfico da questão 4.4 h

4.4 i O gráfico da questão é uma limação, a seguir

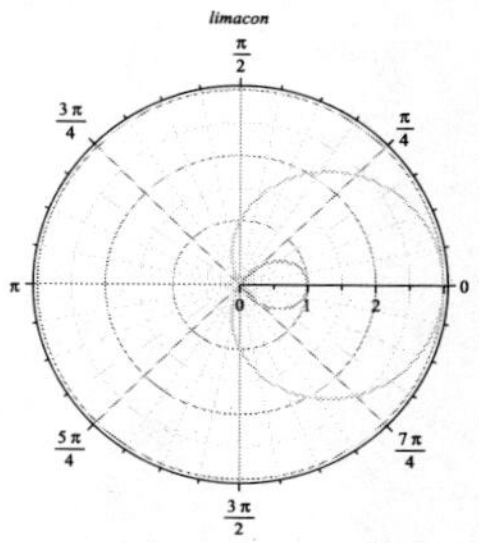

Figura 4.86: Gráfico da questão 4.4 i

4.4 j O gráfico da questão é uma limação, a seguir

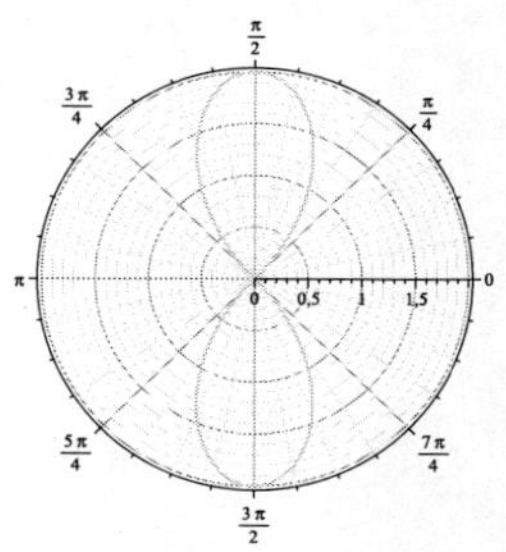

Figura 4.87: Gráfico da questão 4.4 j

4.5

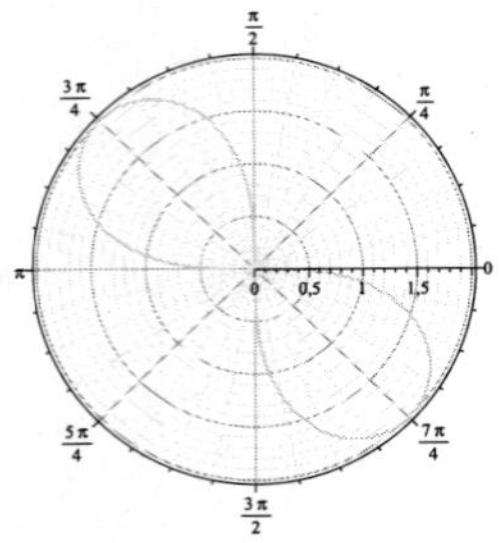

Figura 4.88: Gráfico da questão 4.5

4.6 O gráfico da questão é a figura a seguir:

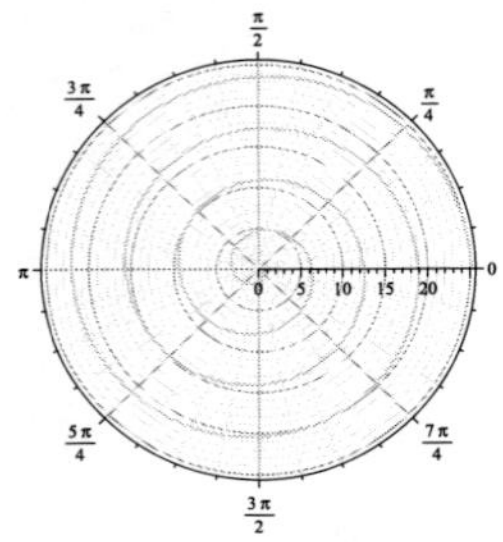

Figura 4.89: Gráfico da questão 4.6

4.7

$$a[\pi\sqrt{1+4\pi^2}+ln(2\pi+\sqrt{1+4\pi\ 2})]$$

4.8 4

4.9

$$\text{a) } K=\frac{10+8\,\text{sen}^2 3\theta}{a(1+8\,\text{sen}^2 3\theta)^{3/2}},\ \text{b) } K=\frac{3}{2a\sqrt{2(1+\cos\theta)}},\ \text{c) } K=\frac{17+15\cos^2 4\theta}{(1+15\cos^2 4\theta)^{3/2}}$$ 4.11

a) 2π

b) $2(1.2)\displaystyle\int_0^2\sqrt{1+\frac{r^4}{(1.2)^4}}\,dr+\pi$, a resposta numérica é dada em termos de uma função hipergeométrica.

4.12

$$x=\frac{2R}{R-c}a,\ y=\frac{2R}{R-c}b,\ z=-R,\ a^2+b^2+c^2=R^2.$$

4.13

Resposta da questão 4.13 a

$$0\le r,\ \theta=\pi/4,\ z\in<-\infty,\infty>$$

Resposta da questão 4.13 b

$$0\le r,\ \theta=\arctan(\frac{4}{3})=53^o,\ 0\le z.$$

Resposta da questão 4.13 c.- A curva parametrizada em coordenadas cilíndricas é:

$$\mathcal{C} = \{(r, \theta, z),\ \theta = \arctan 2,\ z = \tilde{t},\ r = \sqrt{5}\tilde{t},\ \tilde{t} \geq 0.$$

Resposta da questão 4.13 d.- A região:

$$D = D_1 \cup D_2$$

$$D_1 = \{(r, \theta, z) \in R^3,\ \theta = 0, 0 \leq r \leq 3, -\sqrt{9 - r^2} \leq z \leq \sqrt{9 - r^2}.\}$$
$$D_2 = \{(r, \theta, z) \in R^3,\ \theta = \pi, 0 \leq r \leq 3, -\sqrt{9 - r^2} \leq z \leq \sqrt{9 - r^2}.\}$$

4.14
Em coordenadas cartesianas:

$$P = \{z = h, x \in \mathbb{R}, y \in \mathbb{R}\}$$

Em coordenadas cilíndricas:

$$P = \{z = h,\ 0 \leq r,\ 0 \leq \theta \leq 2\pi.\}$$

Em coordenadas esféricas:

$$P = \{r = \frac{H}{\cos\theta},\ 0 \leq \phi \leq 2\pi,\ 0 \leq \theta < \pi/2.\}$$

4.15
Resposta item a:

$$\vec{r}(t) = \{3\hat{e}_r(t), \theta = 2t, t \geq 0\}.$$

Resposta item b:

$$\vec{r}(t) = \{3\hat{e}_r(t) + 6t\hat{k}, \theta = 2t, t \geq 0\}.$$

4.16
a) Em coordenadas esféricas

$$V := \{(r, \theta, \phi) \in \mathbb{R}^3, 0 \leq r \leq R,\ 0 \leq \theta \leq \pi/2,\ 0 \leq \phi \leq 2\pi\}$$

Em coordenadas cilíndricas

$$V := \{(r, \theta, z) \in \mathbb{R}^3, 0 \leq r \leq \sqrt{R^2 - z^2},\ 0 \leq \theta \leq 2\pi,\ 0 \leq z \leq R\}$$

b) Em coordenadas esféricas

$$V_1 := \{(r, \theta, \phi) \in \mathbb{R}^3, 0 \leq r \leq \frac{R}{\text{sen}\theta},\ \theta_0 \leq \theta \leq \pi/2,\ 0 \leq \phi \leq 2\pi\}$$

$$V_2 := \{(r, \theta, \phi) \in \mathbb{R}^3, 0 \leq r \leq \frac{H}{\cos\theta},\ 0 \leq \theta \leq \theta_0,\ 0 \leq \phi \leq 2\pi\}$$

$$V = V_1 \cup V_2, \quad \text{tg}\theta_0 = \frac{R}{h}.$$

Em coordenadas cilíndricas

$$V := \{(r, \theta, z) \in \mathbb{R}^3, 0 \leq r \leq R,\ 0 \leq \theta \leq 2\pi,\ 0 \leq z \leq h\}$$

c) Em coordenadas esféricas

$$V := \{(r, \theta, \phi) \in \mathbb{R}^3, r = 2R\cos\theta,\ 0 \leq \theta \leq \pi/2,\ 0 \leq \phi \leq 2\pi\}$$

Em coordenadas cilíndricas

$$V := \{(r, \theta, z) \in \mathbb{R}^3, r = \sqrt{R^2 - (z - R)^2},\ 0 \leq \theta \leq 2\pi,\ 0 \leq z \leq 2R\}$$

4.17
Em coordenadas cilíndricas

$$S \times H := \{(r, \theta, z) \in \mathbb{R}^3, r = 2R\,\text{sen}\theta,\ 0 \leq \theta \leq \pi,\ -2 \leq z \leq 2\}$$

4.18
Em coordenadas cilíndricas

$$Superf.Conica := \{(r, \theta, z) \in \mathbb{R}^3, z = H(1 - \frac{r}{R}),\ 0 \leq \theta \leq 2\pi,\ 0 \leq r \leq R\}$$

Em coordenadas cartesianas

$$Superf.Conica := \{(x, y, z) \in \mathbb{R}^3, z = H(1 - \frac{\sqrt{x^2 + y^2}}{R}),\ 0 \leq x^2 + y^2 \leq R^2\}$$

A seguir a equação do sólido limitado pela superfície cônica anterior.
Em coordenadas cilíndricas

$$Cone \quad sólido := \{(r, \theta, z) \in \mathbb{R}^3, 0 \leq z \leq H(1 - \frac{r}{R}),\ 0 \leq \theta \leq 2\pi,\ 0 \leq r \leq R\}$$

Em coordenadas cartesianas

$$Cone \quad sólido := \{(x, y, z) \in \mathbb{R}^3, 0 \leq z \leq (1 - \frac{\sqrt{x^2 + y^2}}{R}),\ 0 \leq x^2 + y^2 \leq R^2\}$$

4.19

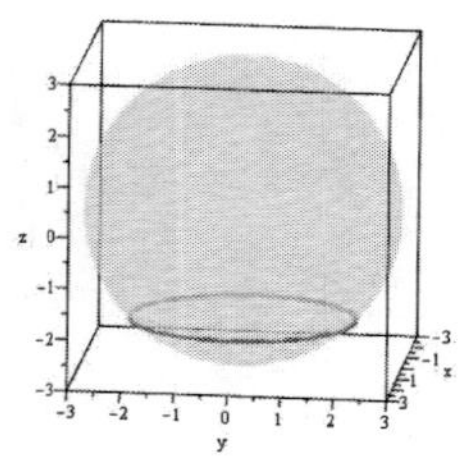

Figura 4.90: Gráfico da questão 4.19 a: curva

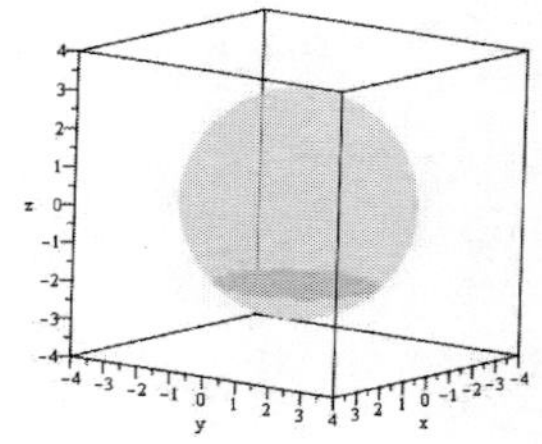

Figura 4.91: Gráfico da questão 4.19 b: superfície

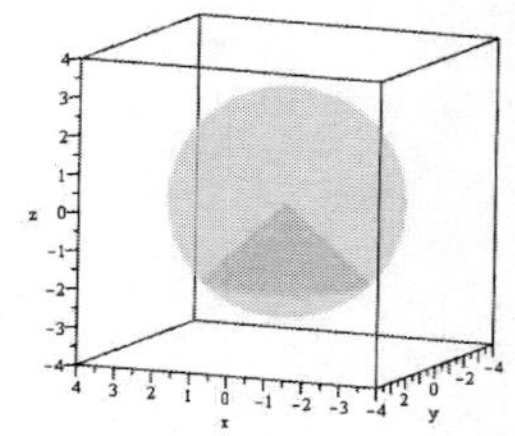

Figura 4.92: Gráfico da questão 4.19 c: região volumétrica

4.20 Transformando as coordenadas cartesianas, fica assim: $(x - 1/2)^2 + y^2 + z^2 = \frac{1}{4}$. É uma superfície esférica de raio $R = \frac{1}{2}$ e centralizada em $(\frac{1}{2}, 0, 0)$.
4.21 Em coordenadas cartesianas, podemos apresentar a curva na forma paramétrica como segue:

$$C := \{(x, y, z) \in \mathbb{R}^3, x = \frac{3\sqrt{3}}{2} \operatorname{sen}\theta, y = \frac{3}{2} \operatorname{sen}\theta, z = 3\cos\theta, 0 \leq \theta \leq \pi.\}$$

4.22

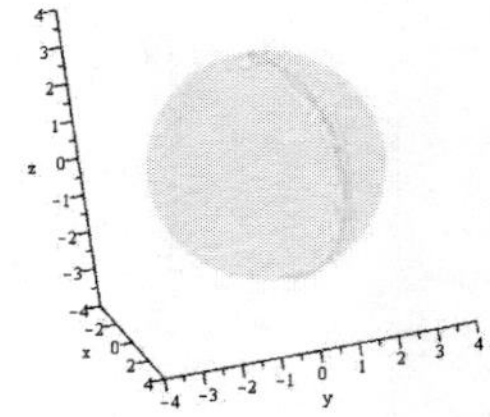

Figura 4.93: Gráfico da questão 4.21: Metade de uma circunferência máxima.

$$20 \leq r \leq 21,\ 0 \leq \theta \leq \pi,\ 0 \leq \phi \leq 2\pi.$$

4.23

a)

$$Cone := \{(r, \theta, z) \in \mathbb{R}^3,\ r = z\frac{R}{H},\ 0 \leq z \leq 3,\ 0 \leq \theta \leq 2\pi\}$$

b)

$$Cone := \{(r, \theta, \phi) \in \mathbb{R}^3,\ \theta = \arctan 4/3,\ 0 \leq r \leq 5,\ 0 \leq \phi \leq 2\pi\}$$

4.25

a) É uma superfície esférica de raio 1 e centro $(0, 1, 0)$, isto é

$$x^2 + (y-1)^2 + z^2 = 1.$$

b) É o hemisfério sul de uma superfície esférica centrada na origem de coordenadas de raio $R = 4$

c) É uma casca esférica de espessura 0.5 como segue

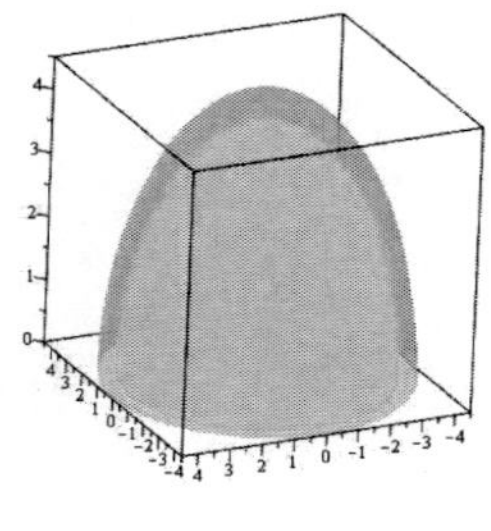

Figura 4.94:

4.26

$$W := \{(r,\theta,\phi) \in \mathbb{R}^3, 0 \leq \theta \leq \pi/6,\ 0 \leq r \leq 4,\ 0 \leq \phi \leq 2\pi\}$$

4.27

$$\vec{r}(t) = (R\cos t\cos\lambda, R\cos t\,\mathrm{sen}\lambda, R\,\mathrm{sen}t),\ -\pi/2 \leq t \leq \pi/2$$

CAPÍTULO 5

Sequências Numéricas

Podemos dizer, de uma forma informal, que uma sequência numérica é uma listagem de números com uma ordem predeterminada, por exemplo:

$$1, 2, 3, ..., n, ...$$

é uma sequência de números naturais que cresce indefinidamente. Ou seja, a sequência de números naturais é uma sequência infinita.
Por outro lado, a sequência

$$81, 27, 9, 3, 1$$

é finita.
A sequência

$$1, 3, 9, 27, 81$$

é diferente da anterior, pois a ordem importa!
Considere a sequência

$$4, 9, 16, 25, ...$$

uma pergunta típica é saber qual é o próximo termo. Não é difícil perceber que existe uma relação da sequência dada com os números naturais, como segue

$$\begin{array}{ccccc} 4, & 9, & 16, & 25, & .... \\ \downarrow & \downarrow & \downarrow & \downarrow & \downarrow \\ 2^2, & 3^2, & 4^2, & 5^2 & \end{array}$$

Daqui é fácil perceber que o próximo número depois de 25 é 6^2, ou seja, 36.
Deste modo, se consideramos que a sequência dada cresce indefinidamente, então podemos esperar uma relação com os números naturais como segue:

$$\begin{array}{ccccc} 2^2, & 3^2, & 4^2, & 5^2, & ....n^2 \\ \downarrow & \downarrow & \downarrow & \downarrow & \downarrow \\ 2, & 3, & 4, & 5, & ....n \end{array}$$

Doravante, para entender bem uma sequência de números reais, vamos relacionar cada termo dessa sequência com cada termo da sequência fundamental dos números naturais. Daí segue a seguinte definição:

Definição 5.1. *Sequência numérica*
Se a cada número natural n fazemos corresponder um número real a_n, então dizemos que está definida uma sequência numérica

$$a_1, a_2, a_3, \cdots, a_n, \cdots$$

Os números $a_1, a_2, \cdots$ chamam-se termos da sequência, e a_n é o termo geral ou n-ésimo termo

Vamos denotar a sequência por $(a_n)_{n\in\mathbb{N}}$ ou simplesmente por $(a_n)_n$. Uma sequência pode ser definida com a ajuda da fórmula

$$a_n = f(n) \qquad n \in \mathbb{N},$$

onde f é alguma função definida no conjunto dos números naturais; neste caso, esta fórmula chama-se fórmula do termo geral da sequência $(a_n)_n$ ou *função de recursividade*, em que a_1 é o primeiro termo da sequência.
Por exemplo:

1. $a_n = \sqrt[3]{n}, n \in \mathbb{N};$
   $(a_n)_n = (\sqrt[3]{n})_n = \big(1, \sqrt[3]{2}, \sqrt[3]{3}, \sqrt[3]{4}, \ldots, \big)$

2. $a_n = (2n)!, \ n \in \mathbb{N};$
   $(a_n)_n = ((2n)!)_n = (2!, 4!, 6!, 8!, \ldots,)$

3. $a_n = \begin{cases} n^3, & \text{se } n = 2k \\ 1/(n+1), & \text{se } n = 2k-1, \end{cases} \qquad k = 1, 2, \cdots$
   $(a_n)_n = (1/2, 2^3, 1/4, 4^3, 1/6, \ldots,)$

4. Sequência dos quadrados perfeitos:

$$a_n = n^2, n = 1, 3, ... \rightarrow a_1 = 1, a_2 = 4, a_3, = 9...$$

Podemos também definir uma sequência usando uma relação ou *fórmula de recorrência.* Este método consiste em definir um ou mais termos da sequência, e logo escrever uma fórmula que nos permita encontrar o termo geral a_n através dos primeiros termos. Por exemplo,

1. $a_1 = 2, a_{n+1} = a_n - 1$ para $n \geq 1;$

2. $c_1 = -1, c_2 = 1, c_n = 3c_{n-1} - c_{n-2}$ para $n \geq 3.$

Destas duas relações de recorrência, encontramos,

$$a_1 = 2, \ a_2 = 1, \ a_3 = 0, \ a_4 = -1, \ a_5 = -2, \cdots;$$
$$c_1 = -1, \ c_2 = 1, \ c_3 = 4, \ c_4 = 11, \ c_5 = 29. \cdots$$

Em seguida, outras formas de descrever sequências:

Exemplo 5.1. *Listagem*

$$\left(\frac{1}{2}, \frac{2}{3}, \frac{3}{4}, ..., \frac{n}{n+1}, ..\right),$$

$\frac{n}{n+1}$ é o termo geral.

Exemplo 5.2. *Listagem*

$$\{1, -8, 27, -64, ...\}, \quad \textit{sem termo geral.}$$

Exemplo 5.3. *Progressão aritmética.* Considere a sequência de triângulos formados por palitos de fósforos.

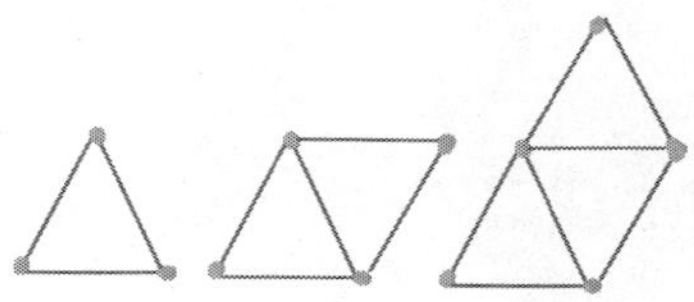

Figura 5.1: progressão aritmética

N^o de triângulos	N^o de palitos
1	3
2	5
3	7
4	9
.	.
.	.
n	2n+1

Note que a sequência do número de palitos é a seguinte

$$a_1 = 3, a_2 = 5, a_3 = 7, ..., a_n = 2n + 1$$

sendo n o número de triângulos em cada etapa.
Numa progressão aritmética, a diferença entre dois termos consecutivos é constante e a este valor chama-se *razão da progressão* r.
É possível achar uma simples relação entre o primeiro termo a_1, a razão e o n-ésimo termo da sequência a_n como segue:

$$a_2 = a_1 + r$$

$$a_3 = a_2 + r = a_1 + 2r$$

$$a_4 = a_3 + r = a_1 + 3r$$

$$..$$

$$..$$

$$\boxed{a_n = a_1 + (n-1)r, \ n \geq 1, n \in \mathbb{N}.}$$

A sequência do exemplo 5.3 é uma sequência aritmética, cuja razão é $r = 2$.

5.1 Progressão Geométrica

Antes de dar a definição formal da progressão geométrica, ou simplesmente sequência geométrica, consideremos o seguinte exemplo.

Exemplo 5.4. Consideremos a sequência de triângulos equiláteros de lado l construídos da seguinte forma. *Construa um triângulo equilátero, a seguir construa outro triângulo equilátero unindo os pontos médios dos três lados do triângulo inicial. Em seguida, faça o mesmo processo nos três triângulos menores exceto no triângulo central, e assim sucessivamente, como podemos ver na figura 5.2.*

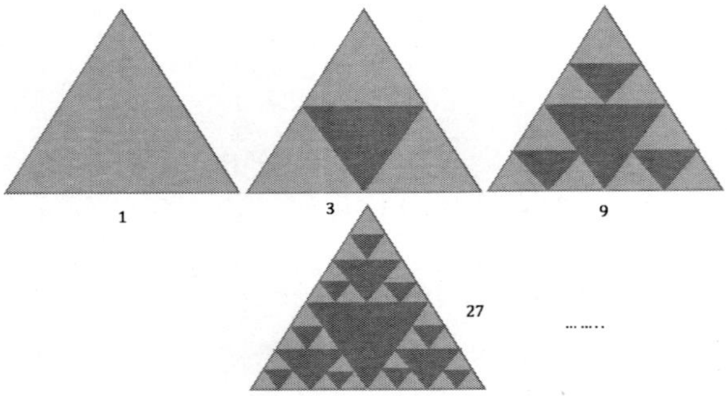

Figura 5.2:

Podemos construir uma tabela para entender como são construídos os triângulos em cada etapa. Além disso, podemos saber a área total e o perímetro total destes triângulos em cada etapa (região de cor ciano).

N^o etapa	N^o de triângulos	Área total	Perímetro total
1	1	$A = l^2 \frac{\sqrt{3}}{4}$	3 l
2	3	$\frac{3}{4}A$	$\frac{1}{2}9l$
3	9	$\frac{9}{16}A$	$\frac{1}{4}27l$
4	27	$\frac{27}{16}A$	$\frac{l}{8}81l$
.	.	.	.
.	.	.	.
n	3^n	$A_n = ?$	$P_n = ?$

Sequência do número de triângulos

$$1, 3, 9, 27, ..., 3^n, ...,$$

isto é

$$a_1 = 1, a_2 = 3^2, a_3 = 3^3, ..., a_n = 3^n.$$

Note que:

$$\frac{a_2}{a_1} = \frac{a_3}{a_2} = \frac{a_4}{a_3} = ... = \frac{a_{n+1}}{a_n} = 3$$

Definição 5.2. *Progressão geométrica*
É uma sequência de números reais não nulos, onde:

- A partir do segundo termo, o quociente de cada termo b_n pelo seu precedente b_{n-1} é CONSTANTE; e chama-se *razão*
- *A sequência geométrica tem a seguinte fórmula geral*

$$(b, b\,r, b\,r^2, b\,r^3, b\,r^4, ..., b\,r^n, ...),$$

onde $b_1 = b$ o primeiro termo da sequência numérica, e

$$b_2 = b\,r,\ b_3 = b\,r^2, ...$$

Daqui,

$$b_n = b\,r^{n-1},\ \textit{é o termo geral},\ n \geq 1, n \in \mathbb{N}.$$

No exemplo 5.4, observamos que a sequência A_n é geométrica com termo geral $A_n = A(\dfrac{3}{4})^{n-1}$ em que A é a área do triângulo inicial e é o primeiro termo da sequência A_n, $\dfrac{3}{4}$ é a razão da sequência. Também percebemos que a sequência P_n é geométrica com termo geral $P_n = 3l(\frac{3}{2})^{n-1}$ em que $3l$ é o primeiro termo da sequência e $\dfrac{3}{2}$ é a razão da sequência geométrica.

Observamos intuitivamente que a área do n-ésimo passo se aproxima de zero quando n aumenta indefinidamente, pois

$$\lim_{n\to\infty} A_n = \lim_{n\to\infty} (A(\frac{3}{4})^{n-1}) = 0,\ A \neq 0.$$

De forma análoga, o perímetro do n-ésimo passo aumenta indefinidamente conforme n aumenta, pois

$$\lim_{n\to\infty} P_n = \lim_{n\to\infty} (3l(\frac{3}{2})^{n-1}) = +\infty,\ l \neq 0.$$

Desta forma, o triângulo é uma figura plana interessante, pois no limite $n \to \infty$ tem área zero, mas seu perímetro é infinito!!.

Este tipo de objeto é conhecido na literatura acadêmica como a **superfície de Sierpinsky**, como exemplo dessas superfícies temos os chamados *fractais*. Uma referência interessante onde você pode encontrar outros exemplos de fractais a nível introdutório é na [36].

5.2 Sequência de Fibonacci

Nota 5.1. *Números de Fibonacci.* Uma das mais famosas sequências numéricas é a sequência de Fibonacci[a] dada pelos seguintes inteiros:

$$1, 1, 2, 3, 5, 8, 13, 21, 34, 55, 89, 144, 233, 377, 610, 987, 1597, \ldots$$

Em 1202, Leonardo de Pisa publica o *Liber abbaci,* ou *livro dos cálculos,* um livro centrado principalmente em computações financeiras. Um dos exercícios do livro é o seguinte: *Um homem pôs um par de coelhos em um lugar cercado por paredes por todos lados. Quantos pares de coelhos serão produzidos por esse par em um ano, se supusermos que a cada mês, cada par produzirá um novo par, que se tornará fértil a partir do segundo mês de vida?* No século XVIII Leonardo recebeu o apelido de Fibonacci-"filho de Bonaccio"[39]. Os números de Fibonacci são importantes em diversas áreas das ciências e artes [40]-[41]. Convidamos ao leitor a verificar que a solução ao exercício proposto por Fibonacci é justamente a sequência apresentada nesta nota:

[a]Leonardo Fibonacci ou Leonardo de Pisa (1170-1250), matemático italiano

Considerando conhecidos os dois primeiros termos da sequência de Fibonacci $(1, 1, ...)$ é fácil verificar que, cada termo da sequência de Fibonacci, a partir do terceiro termo é a soma dos dois termos anteriores. Em termos matemáticos, esta sequência pode ser definida como uma relação de recorrência:

$$F_n = F_{n-1} + F_{n-2}, \ n \geq 3, \quad \text{com} \quad F_1 = 1, \ F_2 = 1.$$

A sequência descoberta por Fibonacci pode ser encontrada também na computação, matemática, jogos, música e até na natureza! [42].

Figura 5.3: A espiral Aloe de Fibonacci

O descobrimento de Fibonacci nos apresenta outras surpresas; sua aplicação em diferentes áreas, como a construção de um retângulo com quadrados internos cujos lados têm comprimento igual aos números de Fibonacci. Estes retângulos se assemelham cada vez mais ao retângulo áureo.
Na construção a seguir temos os retângulos cujos lados têm a seguinte proporção:

$$\frac{1}{1}, \frac{2}{1}, \frac{3}{2}, \frac{5}{3}, \frac{8}{5}, \frac{13}{8}, \ldots, \frac{F_n}{F_{n-1}}, \ldots$$

Uma pergunta natural: qual é a proporção dos lados do retângulo quando $n \to \infty$?.

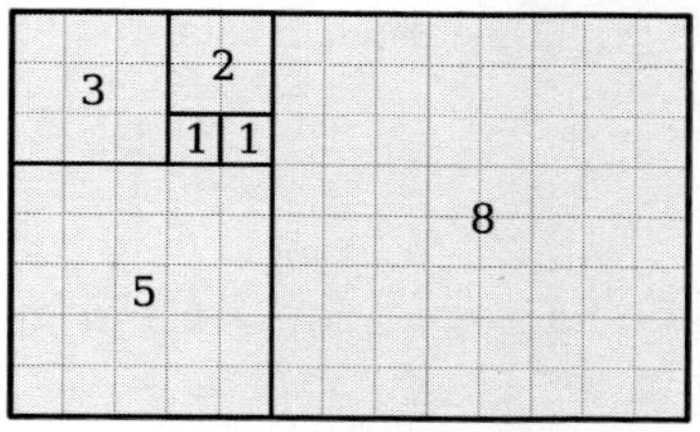

Figura 5.4: Retângulo Áureo

O número áureo, conhecido também como razão áurea ou proporção divina, é um número irracional representado por φ. Esta razão define-se por:

$$\varphi = \lim_{n\to\infty} \varphi_n, \text{ onde } \varphi_n = \frac{F_n}{F_{n-1}}.$$

Assim, para

$$\begin{aligned} n = 15,\ F_n = 610,\quad & \varphi_{15} = \frac{610}{377} = 1,6180371 \\ n = 16,\ F_n = 987,\quad & \varphi_{16} = \frac{987}{610} = 1,6180327 \\ n = 17,\ F_n = 1597,\quad & \varphi_{17} = \frac{1597}{987} = 1,6180344 \\ \vdots = \cdots \quad \cdots \end{aligned}$$

A última linha desta tabela sugere que quando n cresce, a razão φ_n se aproxima cada vez mais do número áureo φ.

Tentemos calcular este número. Vejamos,

$$\varphi_{n+1} = \frac{F_{n+1}}{F_n} = \frac{F_n + F_{n-1}}{F_n} = 1 + \frac{F_{n-1}}{F_n} = 1 + \frac{1}{\varphi_n}.$$

Supondo que $\lim_{n\to\infty} \varphi_n = \varphi$, segue que $\lim_{n\to\infty} \varphi_{n+1} = \varphi$, então basta resolver a equação $\varphi = 1 + \dfrac{1}{\varphi}$ para chegar a proporção divina

$$\varphi = \frac{1+\sqrt{5}}{2} = 1,61803398874\ldots.$$

Uma referência interessante onde se apresenta uma diversidade de propriedades matemáticas da sequência de Fibonacci pode ser encontrada em [43].

Exemplo 5.5. *Crescimento geométrico da espiral logarítmica*
Dada a espiral logarítmica $r = e^{b+a\theta}, \theta \in [0,\infty)$, definida no exemplo (4.18) do capítulo anterior, e considerando inicialmente $r_0 = e^{b+a\theta}, \theta \in [0, 2\pi)$, $a \neq 0$, temos a seguinte sequência dos raios, após cada volta adicional realizada:

$$\{r_0 = e^{b+a\theta}, r_1 = e^{b+a(\theta+2\pi)}, r_2 = e^{b+a(\theta+4\pi)}, ..., r_n = e^{b+a(\theta+2n\pi)}, ..\}.$$

Assim, temos uma sequência geométrica cuja razão constante é:

$$r = \frac{r_n}{r_{n-1}} = \frac{e^{b+a(\theta+2n\pi)}}{e^{b+a(\theta+2(n-1)\pi)}} = e^{2\pi a}.$$

5.3 Sequências Monótonas

Definição 5.3. Uma sequência $(a_n)_n$ chama-se crescente se para qualquer número natural n vale a desigualdade:

$$a_{n+1} > a_n, \quad n \in \mathbb{N}.$$

Exemplo 5.6. Mostre que a sequência $(a_n)_n$ com termo geral $a_n = \dfrac{n-4}{n+1}$, é uma sequência crescente.

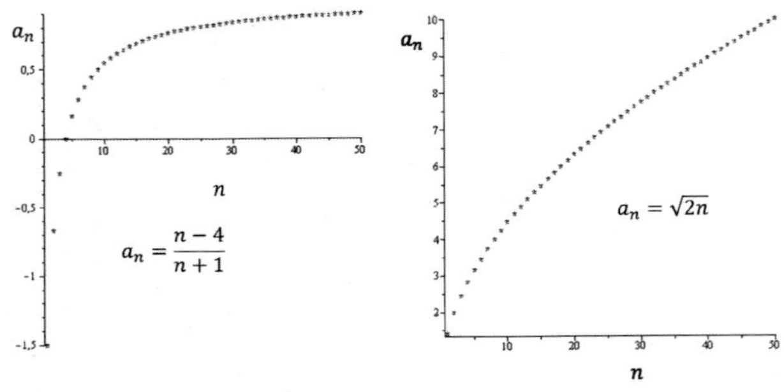

Figura 5.5: sequências crescentes $(a_n)_n$

Precisamos verificar que $a_{n+1} - a_n > 0$. De fato,

$$a_{n+1} - a_n = \frac{(n+1)-4}{n+1+1} - \frac{n-4}{n+1} = \frac{n^2 - 2n - n^2 + 2n + 8 - 3}{(n+2)(n+1)} = \frac{5}{(n+2)(n+1)} > 0.$$

Desta forma, $a_{n+1} > a_n$ para todo $n \in \mathbb{N}$. É fácil verificar que a sequência $(a_n)_n$ com termo geral $a_n = \sqrt{2n}$ é crescente.

Definição 5.4. Uma sequência (a_n) chama-se decrescente se para qualquer número natural n vale a desigualdade:

$$a_{n+1} < a_n, \quad n \in \mathbb{N}.$$

Exemplo 5.7. Mostre que a sequência $(a_n)_n$ com termo geral $a_n = \dfrac{1}{n}$ é uma sequência decrescente.

De fato, $a_{n+1} - a_n = \dfrac{1}{n+1} - \dfrac{1}{n} = -\dfrac{1}{n(n+1)} < 0$. Desta forma $a_{n+1} < a_n$. É fácil verificar que a sequência $(a_n)_n$ com termo geral $a_n = -\sqrt{n+2}$ é decrescente.

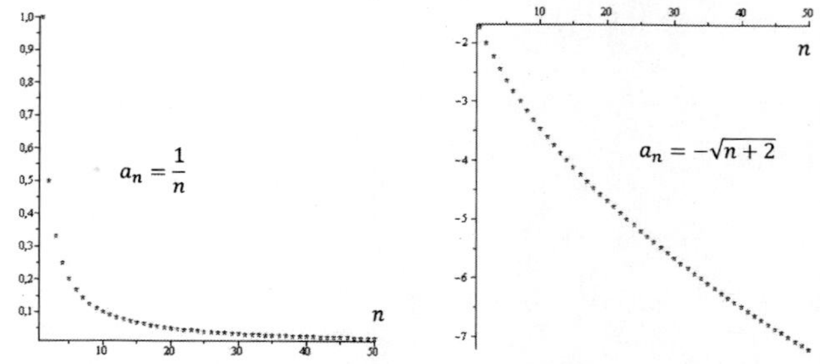

Figura 5.6: sequências decrescentes $(a_n)_n$

Definição 5.5. Uma sequência $(a_n)_n$ chama-se não decrescente se para qualquer número natural n vale a relação:

$$a_{n+1} \geq a_n, \quad n \in \mathbb{N}.$$

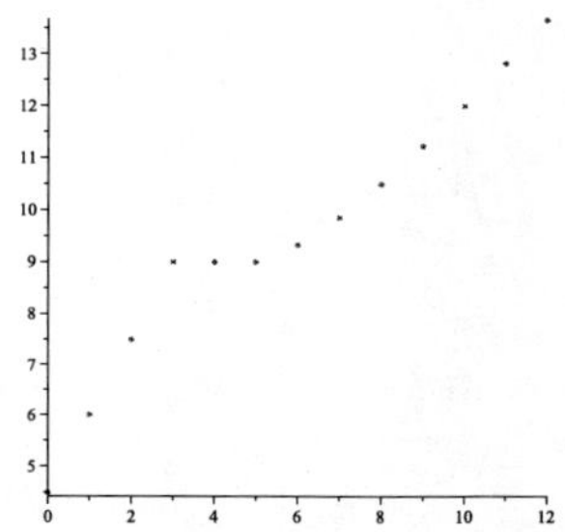

Figura 5.7: Exemplo de sequência não decrescente

Definição 5.6. Uma sequência $(a_n)_n$ chama-se não crescente se para qualquer número natural n vale a relação:

$$a_{n+1} \leq a_n, \quad n \in \mathbb{N}.$$

Exemplo 5.8. A sequência constante $(c, c, c, \ldots,)$, $c \in \mathbb{R}$ é um exemplo de sequências não crescente e não decrescente.

Em geral, esses quatro tipos de sequências chamam-se *sequências monótonas*.

Na figura abaixo, temos dois exemplos típicos de sequências não monótona e monótona.

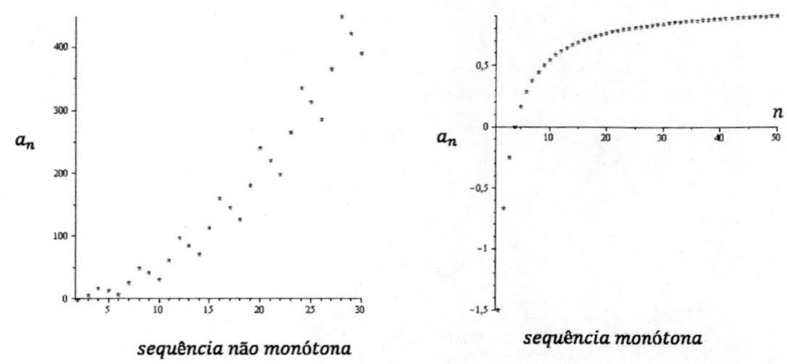

Figura 5.8:

5.4 Sequências Limitadas

Definição 5.7. A sequência $(a_n)_n$ chama-se limitada superiormente se existe um número real M tal que para qualquer número natural n vale a desigualdade $a_n \leq M$.

Exemplo 5.9. Considere a sequência $a_n = 2 - \dfrac{1}{2n}$, esta sequência é limitada superiormente, pois é fácil visualizar que $a_n < 2, \forall\, n \in \mathbb{N}$. Logo, existe $M = 2$ que limita a sequência superiormente.

Definição 5.8. A sequência $(a_n)_n$ chama-se limitada inferiormente se existe um número real L tal que para qualquer número natural n vale a desigualdade $a_n \geq L$.

Exemplo 5.10. Considere a sequência $a_n = 1 + \dfrac{1}{n}$, esta sequência é limitada inferiormente, pois é fácil visualizar que $a_n \geq 1, \forall\, n \in \mathbb{N}$. Logo, existe $M = 1$ que limita a sequência inferiormente.

No gráfico a seguir, temos as sequências $(2 - \dfrac{1}{2n})_n$ e $(a_n = 1 + \dfrac{1}{n})_n$, respectivamente.

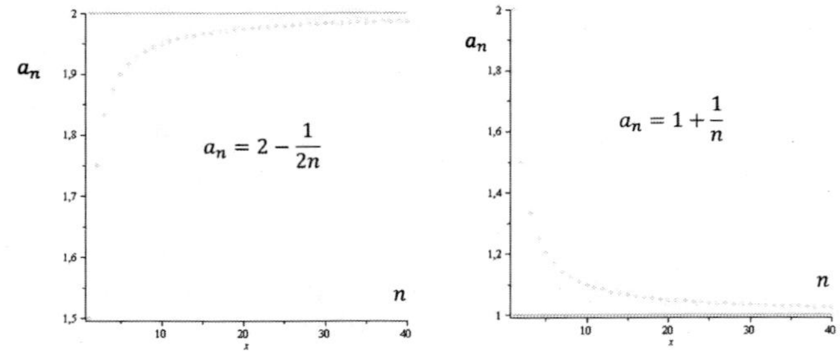

Figura 5.9: seq. limitada superiormente, seq. limitada inferiormente

Exemplo 5.11. Exemplos de sequências limitadas superiormente são as seguintes sequências com termos gerais:

$$a_n = -2n^3, \quad b_n = (-1)^{n+1}, \quad c_n = 3\pi \cos^6 \frac{\pi n}{4}.$$

De fato,

$$a_n \leq 0, \quad b_n \leq 1, \quad c_n \leq 3\pi \qquad n \in \mathbb{N}.$$

Exemplo 5.12. Exemplos de sequências limitadas inferiormente são as seguintes sequências com termos gerais:

$$a_n = 5^{n+1}, \quad b_n = (-1)^{n+3}, \quad c_n = n! \qquad n \in \mathbb{N}.$$

De fato

$$a_n \geq 25, \quad b_n \geq -1, \quad c_n \geq 1.$$

Definição 5.9. *Sequência limitada.*
Uma sequência $(a_n)_n$ chama-se limitada quando ela é limitada superior e inferiormente. Ou equivalentemente, se existem números reais A e B tais que

$$A \leq a_n \leq B, \quad \forall n \in \mathbb{N}.$$

Uma outra forma de definir uma sequência limitada é dada por:
Uma sequência $(a_n)_n$ chama-se limitada quando existe um número real positivo L tal que,

$$|a_n| \leq L, \quad \forall n \in \mathbb{N}.$$

Exemplo 5.13. A sequência com termo geral $a_n = \dfrac{3}{n^2+5}$ é um exemplo de sequência limitada. É fácil ver que a sequência é decrescente, pois $a_{n+1} < a_n$ daí segue que $a_n < ...a_3 < a_2 < a_1 = \dfrac{1}{2}, \forall n \in \mathbb{N}$. Para n número natural todos os termos da sequência $(a_n)_n$ são positivos, onde: $0 < a_n < \dfrac{1}{2}$.

Exemplo 5.14. A sequência com termo geral $a_n = 1 + 2\frac{(-1)^n}{n+2}$ é um exemplo de sequência limitada.

De fato, tome os termos pares da sequência (a_n), isto é $a_{2k} = 1 + \frac{2}{2k+2}$, esta sequência é decrescente, logo $a_{2k} \leq a_2 = \frac{3}{2}, \forall k \in \mathbb{N}$. Por outro lado, $a_{2k} > 1$, pois $\frac{2}{2k+2} > 0$. Onde:

$$1 < a_{2k} \leq \frac{3}{2}.$$

Ou seja, a subsequência de termos pares é limitada e se aproxima para 1 (pela direita).

Agora consideramos os termos ímpares da sequência (a_n), com $n = 2k-1$, $a_{2k-1} = 1 - \frac{2}{2k+1}, \forall k \in \mathbb{N}$. Esta sequência é crescente, pois

$$a_1 = \frac{1}{3} < a_3 < a_5 < .....a_{2k-1} < ....$$

Por outro lado, $a_{2k-1} < 1$, pois $0 < \frac{2}{2k+1} < 1$. Assim,

$$1/3 \leq a_{2k-1} < 1, \forall k \in \mathbb{N}.$$

Ou seja, a sequência de termos ímpares é limitada e se aproxima para 1 (pela esquerda).

Finalmente temos que:

$$1/3 \leq a_n \leq 3/2,$$

e a sequência$(a_n)_n$ é limitada. Na figura (5.10) podemos visualizar a sequência $(a_n)_n$.

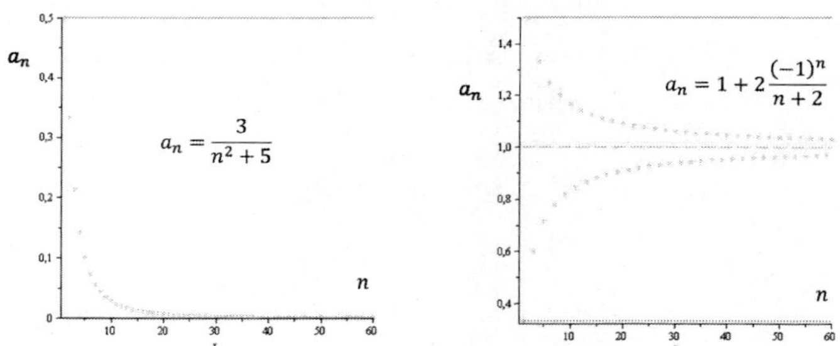

Figura 5.10: sequências limitadas

Exemplo 5.15. Mostremos que a sequência cujo termo geral $a_n = \dfrac{n+3}{n+2}$ é limitada.

Como $a_n = \dfrac{n+3}{n+2} = \dfrac{n+2+1}{n+2} = 1 + \dfrac{1}{n+2} \leq \dfrac{4}{3}$, para qualquer natural n, então $(a_n)_n$ é limitada superiormente.

Como $n+4 > n+3$, segue que $\dfrac{n+4}{n+3} > 1$, ou seja $a_{n+1} = \dfrac{n+4}{n+3} > 1$.

Agora verifiquemos que a sequência é decrescente. De fato,

$$a_{n+1} - a_n = \frac{n+4}{n+3} - \frac{n+3}{n+2} = -\frac{1}{(n+3)(n+2)} < 0,$$

isto é, $a_{n+1} < a_n, \forall n \in \mathbb{N}$. Seguem das duas últimas desigualdades:

$$1 < a_{n+1} < a_n \leq \frac{4}{3}.$$

Isto mostra que a sequência $(a_n)_n$ também é limitada inferiormente. Logo, por definição, a sequência $\left(\dfrac{n+3}{n+2}\right)_n$ é limitada.

5.5 Convergência de Sequências

Definição 5.10. *Convergência de Sequências numéricas*
A sequência $(a_n)_n$ *converge* para o número a, se $\forall \varepsilon > 0, \exists\, n_0$ tal que $\forall\, n > n_0$

$$|a_n - a| < \varepsilon$$

Observação 5.1.

- Para denotar que a é o limite da sequência $(a_n)_n$, usamos a seguinte notação: $\lim\limits_{n\to\infty} a_n = a$.
- Se a sequência possui limite, dizemos que ela converge; caso contrário, dizemos que ela diverge.
- Se a não existe, dizemos que a sequência $(a_n)_n$ não converge, ou de forma equivalente a sequência $(a_n)_n$ *diverge*

A desigualdade $|a_n - a| < \varepsilon$ é equivalente às desigualdades $-\varepsilon < a_n - a < \varepsilon$, ou, $a - \varepsilon < a_n < a + \varepsilon$, então a afirmação que a é o limite da sequência $(a_n)_n$ equivale a dizer que para qualquer $\varepsilon > 0$, encontra-se $n_o \in \mathbb{N}$, que depende de ε, tal que todos os termos da sequência começando com o índice $n_o + 1$, ou seja, $a_{n_o+1}, a_{n_o+2}, \cdots$ pertencem ao intervalo $(a-\varepsilon, a+\varepsilon)$, e fora deste intervalo encontram-se somente um número finito de termos da sequência (no máximo n_o termos)(ver figura (5.11)).

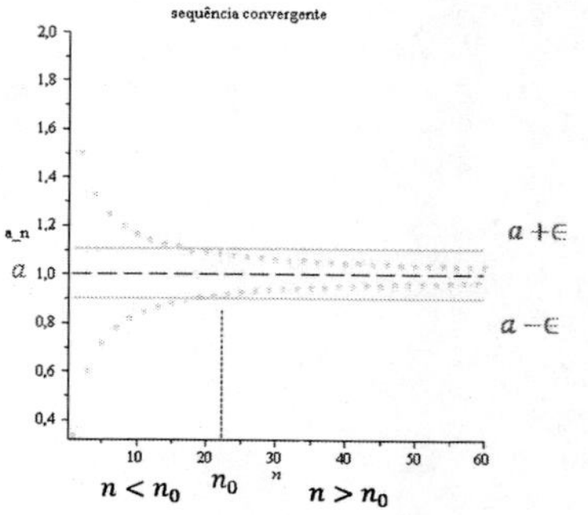

Figura 5.11: a_n converge a a

Exemplo 5.16. Considere a sequência $(a_n)_n$, cujo termo geral é $a_n = \dfrac{1}{2n} + 2$, $n \in \mathbb{N}$. Escrevendo explicitamente os quatro primeiros termos, temos: $\{a_1 = 2 + 0,5; a_2 = 2 + 0.25; a_3 = 13/6 = 2 + 0.166..; a_4 = 17/8 = 2 + 0,125; , ...\}$. Mostramos que esta sequência converge a 2 (na figura (5.12), observamos que isto acontece.)

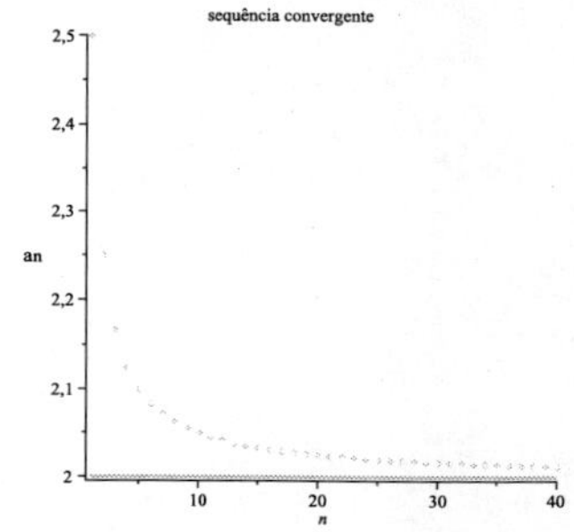

Figura 5.12: $a_n = \frac{1}{2n} + 2$, $a_1 = 2.5, ..$

Pela definição de limite.

$$\lim_{n\to\infty}(a_n) = \lim_{n\to\infty}\left(\frac{1}{2n} + 2\right) = 2.$$

Agora provemos que de fato o limite da sequência tende a 2.

$\forall \varepsilon > 0, \exists n_0(\varepsilon) \in \mathbb{N}$ tal que:

$$\forall n > n_0, \; |a_n - 2| < \varepsilon.$$

Assim:
$|\dfrac{1}{2n} + 2 - 2| = \dfrac{1}{2n}$, como $n > n_0$ segue que $\dfrac{1}{n_0} > \dfrac{1}{n}$ ou $\dfrac{1}{2n_0} > \dfrac{1}{2n}$. Escolhendo n_0 a parte inteira de $\dfrac{1}{2\varepsilon}$ mais um, isto é $n_0 = [\dfrac{1}{2\varepsilon}] + 1$ garantimos que $|a_n - 2| < \varepsilon$. Com isto termina a demonstração. ■

Como maneira de testar esta última conclusão que garante a convergência da sequência analisada, considere: $\varepsilon = 0.05$.
O n_0 escolhido é $n_0 = [\frac{1}{2(0,05)}] + 1 = 11$.
$\forall n > 11$ temos que $\dfrac{1}{11} > \dfrac{1}{n}$, segue que $\dfrac{1}{22} > \dfrac{1}{2n}$. Assim: $|a_n - 2| = |\dfrac{1}{2n}| < \dfrac{1}{22} = 0,045 < 0,05 = \varepsilon$.

No exercício (5.9) referido a este mesmo exemplo, se pode encontrar qual é o novo valor de n_0 apropriado que garante a convergência da sequência $a_n = (\frac{1}{2n} + 2)$ para $a = 2$, dado a escolha de $\varepsilon = 0.01$.

Exemplo 5.17. *Convergência da progressão geométrica (P.G.)*
Consideremos a sequência geométrica a seguir:

$$\{b, br, br^2, br^3, br^4, ...br^{n-1}, ...\}$$

em que b é o primeiro termo da sequência, r é a razão da P.G. e $b_n = br^{n-1}$ é o termo geral da sequência.

É fácil ver

$$\lim_{n\to\infty} b_n = b \lim_{n\to\infty}(r^{n-1}) = \begin{cases} 0, & |r| < 1; \\ b, & r = 1; \\ \infty, & r > 1; \\ \nexists, & r \leq -1. \end{cases}$$

Segue daqui que

1. a progressão geométrica converge para 0 se $|r| < 1$;

2. a progressão geométrica converge para b se $r = 1$;

3. a progressão geométrica diverge se $r > 1$;

4. a progressão geométrica diverge se $r \leq -1$.

Também podemos provar que a sequência geométrica converge para zero quando $|r| < 1$, usando a definição.
$\forall\varepsilon > 0$ deve existir um $n_0 \in \mathbb{N}$ tal que $\forall n > n_0$ deve-se cumprir $|b_n - 0| < \varepsilon$. Precisamos encontrar o tal n_0.
De $|b_n - 0| < \varepsilon$ temos que $|br^{n-1}| < \varepsilon$. Para poder trabalhar com a desigualdade anterior fazemos a troca $|r| = 1/L$, sendo $L > 1$. Rescrevendo a desigualdade, obtemos:

$$\frac{|b|}{\varepsilon} < L^{n-1}.$$

Segue daqui:

$$\ln(\frac{|b|}{\varepsilon}) < (n-1)\ln L,$$

pois o $\ln x$ é uma função injetiva e crescente, por isso, a desigualdade se mantém.
Assim,

$$\frac{\ln|b| - \ln\varepsilon}{\ln L} < n - 1, \text{ donde } 1 + \frac{\ln|b| - \ln\varepsilon}{\ln L} < n.$$

Daí que n_0 existe, basta escolher $n_0 = [1 + \frac{\ln|b|-\ln\varepsilon}{\ln L}]$[1] que está garantido que $|b_n - 0| < \epsilon$, $\forall n > n_0$. Assim a convergência da sequência geométrica, para $|r| < 1$, foi provada. ■

Uma aplicação imediata do resultado obtido neste exemplo pode ser usada no exemplo 5.4, onde tínhamos construído duas sequências geométricas, as sequências das áreas e a sequência dos perímetros:

[1] onde $[x]$ denota a parte inteira do número x, definido por $[x] = \max\{m \in \mathbb{Z};\ m \leq x\}$. Por exemplo $[4,3] = 4$

- No caso da sequência das áreas, é fácil ver da tabela (5.1) que o primeiro termo da sequência é A e a razão $r = 3/4 < 1$ com isto, o termo geral da sequência é $A_n = (\frac{3}{4})^{n-1}A$. Do resultado deste exemplo, a sequência é convergente, e converge para zero como já foi calculado.

- No caso da sequência dos perímetros, é fácil ver da tabela (5.1), que o primeiro termo da sequência é $3l$ e a razão $r = 3/2 > 1$ com isto, o termo geral da sequência é $P_n = (\frac{3}{2})^{n-1}3l$. Do resultado deste exemplo, a sequência é divergente, e $\lim\limits_{n\to\infty}(P_n) = \infty$, como também já tínhamos calculado.

Teorema 5.1 (Unicidade). Se a sequência $(a_n)_n$ converge para o número a, isto é,

$$\lim_{n\to\infty} a_n = a,$$

então este número é único.

Prova por contradição: Suponhamos que a sequência $(a_n)_n$ convirja para dois limites diferentes a_* e a_{**}. Isto significa que :

$$\begin{cases} \forall\varepsilon > 0,\ \exists n_1,\ \text{tal que}\ \forall n > n_1 \longrightarrow |a_n - a_*| < \varepsilon \\ \forall\varepsilon > 0,\ \exists n_2,\ \text{tal que}\ \forall n > n_2 \longrightarrow |a_n - a_{**}| < \varepsilon \end{cases}$$

Escolhendo ε tão pequeno que $(a_* - \varepsilon, a_* + \varepsilon) \cap (a_{**} - \varepsilon, a_{**} + \varepsilon) = \emptyset$ e $n_o = \max\{n_1, n_2\}$, teríamos que para todo $n > n_o$, $a_n \in (a_* - \varepsilon, a_* + \varepsilon) \cap (a_{**} - \varepsilon, a_{**} + \varepsilon)$, o que não é possível, pois a interseção é vazia. Desta forma $a_* = a_{**}$. ∎

Observação 5.2. Na prova acima também podemos escolher, por exemplo, $\varepsilon = \dfrac{|b-a|}{2}$, para garantir que:

$$(a - \varepsilon, a + \varepsilon) \cap (b - \varepsilon, b + \varepsilon) = \emptyset.$$

Exemplo 5.18. Mostre que o número $1/3$ é o limite da sequência $\left(\dfrac{n+20}{3n}\right)_{n\in\mathbb{N}}$, isto é,

$$\lim_{n\to\infty} \frac{n+20}{3n} = \frac{1}{3}$$

.

É necessário mostrar que para cada ε positivo, encontra-se um n_o tal que para todo $n > n_o$ segue:

$$|\frac{n+20}{3n} - \frac{1}{3}| < \varepsilon.$$

Como $|\dfrac{n+20}{3n} - \dfrac{1}{3}| = |\dfrac{20}{3n}| = \dfrac{20}{3n}$. Então a desigualdade: $|\dfrac{n+20}{3n} - \dfrac{1}{3}| < \varepsilon$ é equivalente à desigualdade: $\dfrac{20}{3n} < \varepsilon$, isto é, $n > \dfrac{20}{3\varepsilon}$. Se tomarmos o número natural n_o maior que $\dfrac{20}{3\varepsilon}$, então para qualquer número natural maior que este n_o, cumpre-se

$$|\frac{n+20}{3n} - \frac{1}{3}| = \frac{20}{3n} < \frac{20}{3n_o} < \frac{20}{3\frac{20}{3\varepsilon}} = \varepsilon,$$

e isto significa que: $\lim\limits_{n\to\infty} \dfrac{n+20}{3n} = \dfrac{1}{3}$.

Exemplo 5.19. Mostre que se $|q| < 1$, então

$$\lim_{n\to\infty} q^n = 0.$$

Suponhamos que $q \neq 0$, pois o caso $q = 0$ é automático. Como $0 < |q| < 1$, então $1/|q| > 1$. Isto significa que $1/|q| = 1 + \gamma$, onde $\gamma > 0$. Usando a desigualdade de Bernoulli, temos:

$$1/|q|^n = (1/|q|)^n = (1+\gamma)^n \geq 1 + n\gamma > n\gamma.$$

Daqui segue que $|q|^n < \dfrac{1}{n\gamma}$ para todo n natural. Escolhamos $n_o > e^{-\ln \gamma\varepsilon} + 1$.
Assim, dado $\varepsilon > 0$ e para cada $n > n_o$ temos:

$$\frac{1}{n_o} > \frac{1}{n} \quad \text{ou} \quad \frac{1}{\gamma n_o} > \frac{1}{\gamma n},$$

e portanto:

$$|q^n - 0| = |q^n| = |q|^n < \frac{1}{n\gamma} < \frac{1}{\gamma n_o} < \frac{1}{\gamma\left(e^{-\ln\gamma\varepsilon}+1\right)} < \frac{1}{\gamma e^{-\ln\gamma\varepsilon}} = \frac{1}{\gamma\frac{1}{\gamma\varepsilon}} = \varepsilon.$$

Exemplo 5.20. Mostre que a sequência $(a_n)_n = ((-1)^n)_n$ não possui limite.

Mostremos isto por contradição. Suponhamos que a sequência $(a_n)_n$ convirja para o número a. Então para qualquer ε positivo existe um número $n_o = n_o(\epsilon)$, tal que, para cada $n > n_o$ vale a desigualdade $|a_n - a| < \varepsilon$. Em particular, para $\varepsilon = 1/2$ existe n_1 tal que para qualquer $n > n_1$, vale

$$|a_n - a| < 1/2.$$

Como $2n_1 > n_1$ e $2n_1 + 1 > n_1$, então para os termos a_{2n_1} e a_{2n_1+1} da sequência, cumprem-se as desigualdades:

$$|a_{2n_1} - a| < 1/2, \qquad \text{e} \qquad |a_{2n_1+1} - a| < 1/2.$$

Como $a_{2n_1} = (-1)^{2n_1} = 1$, e $a_{2n_1+1} = (-1)^{2n_1+1} = -1$, temos:

$$|1 - a| < 1/2, \quad |-1-a| < 1/2,$$

onde segue:

$$2 = |(1-a) + (a+1)| \leq |1-a| + |1+a| < 1/2 + 1/2 = 1.$$

Assim, da suposição que a sequência $(a_n)_n$ converge, obtemos que $2 < 1$. Absurdo. ■

Uma outra forma de mostrar que o limite da sequência $((-1)^n)$ não existe é analisando o seguinte limite:

$$\lim_{n\to\infty}(-1)^n = \begin{cases} 1 & \text{se } n \text{ é par} \\ -1 & \text{se } n \text{ é ímpar.} \end{cases}$$

Observamos que ele tende para dois limites diferentes. Como o limite de uma sequência, se existir, é único, pelo Teorema de Unicidade 5.1, segue-se que a sequência $((-1)^n)_n$ não possui limite.

Exemplo 5.21. Mostre que se a sequência $(a_n)_{n\in\mathbb{N}}$ converge para o número a, então a sequência $(\cos a_n)_{n\in\mathbb{N}}$ converge para $\cos a$.

Seja $\varepsilon > 0$. Como: $\lim_{n\to\infty} a_n = a$, então dado $\varepsilon > 0$ arbitrário, existe um número $n_o \in \mathbb{N}$, tal que

$$|a_n - a| < \varepsilon, \quad n > n_o.$$

Para estes números, temos:

$$\begin{aligned} |\cos a_n - \cos a| &= \Big| -2\,\text{sen}\,\frac{a_n - a}{2}\,\text{sen}\,\frac{a_n + a}{2}\Big| \\ &= 2\Big|\,\text{sen}\,\frac{a_n - a}{2}\Big|\Big|\,\text{sen}\frac{a_n + a}{2}\Big| \\ &\le 2\frac{|a_n - a|}{2} \\ &= |a_n - a| < \varepsilon, \end{aligned}$$

ou seja, $\lim_{n\to\infty} \cos a_n = \cos a$. ∎

Aqui usamos o fato de que sen $\frac{|a_n+a|}{2} \le 1$ e $\text{sen}\,\theta < \theta$ quando $\theta \to 0$.

Exemplo 5.22. Mostre que se o termo geral da sequência $(a_n)_n$, $a_n \ge 0$ para todo n e $\lim_{n\to\infty} a_n = a$, então $\lim_{n\to\infty} \sqrt{a_n} = \sqrt{a}$.

Notemos que $a \ge 0$. Consideremos primeiramente o caso $a > 0$; escrevendo:

$$|\sqrt{a_n} - \sqrt{a}| = \Big|\frac{(\sqrt{a_n} - \sqrt{a})(\sqrt{a_n} + \sqrt{a})}{\sqrt{a_n} + \sqrt{a}}\Big| = \Big|\frac{a_n - a}{\sqrt{a_n} + \sqrt{a}}\Big| < \frac{|a_n - a|}{\sqrt{a}}.$$

Tomemos qualquer $\varepsilon > 0$, e considerando: $\lim_{n\to\infty} a_n = a$, então para o número $\varepsilon_1 = \varepsilon\sqrt{a}$, existe um número $n_1 \in \mathbb{N}$, tal que:

$$|a_n - a| < \varepsilon_1, \quad n > n_1.$$

Então para cada $n > n_1$ temos:

$$|\sqrt{a_n} - \sqrt{a}| < \frac{|a_n - a|}{\sqrt{a}} < \frac{\varepsilon_1}{\sqrt{a}} = \frac{\varepsilon\sqrt{a}}{\sqrt{a}} = \varepsilon.$$

Agora consideremos $a = 0$ e ε qualquer número positivo, então existe um n_2 tal que para todos: $n > n_2$

$$|\sqrt{a_n} - \sqrt{a}| = |\sqrt{a_n} - \sqrt{0}| = |\sqrt{a_n}| = \sqrt{a_n} < \sqrt{\varepsilon^2} = |\varepsilon| = \varepsilon.$$

Portanto, em ambos os casos $a > 0$ e $a = 0$, e para qualquer $\varepsilon > 0$ encontra-se n_o tal que para todos $n > n_o$, cumpre-se:

$$|\sqrt{a_n} - \sqrt{a}| < \varepsilon,$$

e isto significa que:

$$\lim_{n\to\infty} \sqrt{a_n} = \sqrt{a} = \sqrt{\lim_{n\to\infty} a_n}. \quad ∎$$

O seguinte resultado expõe uma relação entre sequência convergente e sequência limitada.

Teorema 5.2. Toda sequência convergente é limitada.

Prova: Seja $(x_n)_n$ a sequência convergente, ou seja $\lim_{n\to\infty} x_n = a$: $\forall\varepsilon > 0$, encontra-se um número $n_o \in \mathbb{N}$ tal que, para todos os naturais $n > n_o$ vale a desigualdade

$$|x_n - a| < \varepsilon.$$

Agora consideremos os seguintes números: ε, $|x_1 - a|$, $|x_2 - a|$, $|x_3 - a|, \ldots |x_{n_o} - a|$. Assim se denotarmos por:

$$\alpha = \max\{\varepsilon,\ |x_1 - a|,\ |x_2 - a|,\ |x_3 - a|, \ldots |x_{n_o} - a|\},$$

podemos escrever $|x_n - a| \leq \alpha \quad \forall n \in \mathbb{N}$, ou seja

$$a - \alpha \leq x_n \leq a + \alpha \quad \forall n \in \mathbb{N}. \qquad \blacksquare$$

Podemos visualizar, por exemplo, na figura (5.12) que a sequência convergente $(x_n)_n = (2 + \frac{1}{2n})_n, n \in \mathbb{N}$ é limitada, pois $2 \leq a_n \leq 2.5$.

Observação 5.3.

- Um resultado inverso nem sempre é verdadeiro, isto é, nem toda sequência limitada é convergente, tal como mostra o Exemplo 5.20.
- Basta verificar que a sequência $(x_n)_n$ não é limitada para concluir que ela não é convergente. No exemplo 5.17, se $r > 1$ a sequência geométrica é ilimitada, logo é divergente.

Definição 5.11. Diz-se que a sequência $(x_n)_n$ é uma sequência infinitesimal se: $\lim\limits_{n\to\infty} x_n = 0$:

$$\forall\varepsilon > 0\ \exists n_o,\ \forall n \geq n_o \Longrightarrow |x_n| < \varepsilon.$$

Já vimos no Exemplo 5.19 que a sequência $(q^n)_n$ com $|q| < 1$ é uma sequência infinitesimal. A sequência $\left(\dfrac{1}{n}\right)_n$ também é uma sequência infinitesimal, pois:

$$\lim_{n\to\infty} \frac{1}{n} = 0.$$

As sequências infinitesimais têm algumas propriedades importantes.

Teorema 5.3. Se $(x_n)_n$ e $(y_n)_n$ são duas sequências infinitesimais, então $(x_n \pm y_n)_n$ é uma sequência infinitesimal.

Prova: Dado $\varepsilon > 0$, escolhamos $n_o \in \mathbb{N}$ tal que

$$|x_n| < \frac{\varepsilon}{2}, \quad |y_n| < \frac{\varepsilon}{2}, \quad n > n_o;$$

então,

$$|x_n \pm y_n| \leq |x_n| + |y_n| < \frac{\varepsilon}{2} + \frac{\varepsilon}{2} = \varepsilon. \qquad \blacksquare$$

Teorema 5.4. Se $(x_n)_n$ é uma sequência infinitesimal, e $(b_n)_n$ é uma sequência limitada não necessariamente convergente, então $(b_n x_n)_n$ é uma sequência infinitesimal.

Prova: Como a sequência $(b_n)_n$ é limitada, segue que $|b_n| \leq c$ para todo n.
Agora, dado $\varepsilon > 0$, escolhamos n_o tal que:

$$|x_n| < \frac{\varepsilon}{c}, \quad \text{quando } n > n_o;$$

então para: $n > n_o$

$$|b_n x_n| = |b_n||x_n| < c\frac{\varepsilon}{c} = \varepsilon. \qquad \blacksquare$$

Exemplo 5.23. Mostre que:

$$\lim_{n\to\infty} \frac{8}{3n+5} \cos \frac{\pi\sqrt{n^3+12}}{n^4+7n-5} = 0.$$

Como a sequência $(b_n)_n = \left(\cos \dfrac{\pi\sqrt{n^3+12}}{n^4+7n-5}\right)_{n\in\mathbb{N}}$ é limitada, pois: $\left|\cos \dfrac{\pi\sqrt{n^3+12}}{n^4+7n-5}\right| \leq 1$ e $\lim\limits_{n\to\infty} \dfrac{8}{3n+5} = 0$, então a sequência $\left(\dfrac{8}{3n+5}\right)_{n\in\mathbb{N}}$ é infinitesimal, e portanto, a sequência $\left(\dfrac{8}{3n+5} \cos \dfrac{\pi\sqrt{n^3+12}}{n^4+7n-5}\right)_{n\in\mathbb{N}}$ é uma sequência infinitesimal, isto é,

$$\lim_{n\to\infty} \frac{8}{3n+5} \cos \frac{\pi\sqrt{n^3+12}}{n^4+7n-5} = 0.$$

Teorema 5.5. A sequência $(a_n)_n$ possui limite igual a a se, e somente se, $a_n = a + \alpha_n, \quad n = 1, 2, 3, \ldots$, onde $(\alpha_n)_n$ é uma sequência infinitesimal.

Prova: Suponhamos que: $\lim\limits_{n\to\infty} a_n = a$. Escrevamos $\alpha_n = a_n - a, n = 1, 2, \ldots$. Assim, $\forall \varepsilon > 0\ \exists n_o,\ \forall n \geq n_o$, segue $|a_n - a| < \varepsilon$, ou seja $|\alpha_n| < \varepsilon$.

Agora suponhamos que $a_n = a + \alpha_n, n = 1, 2, \ldots$, com $\lim\limits_{n\to\infty} \alpha_n = 0 : \ \forall \varepsilon > 0\ \exists n_o,\ \forall n \geq n_o$, isto é, $|\alpha_n| < \varepsilon$. Como $\alpha_n = a_n - a$, segue que

$$|\alpha_n| = |a_n - a| < \varepsilon. \qquad \blacksquare$$

5.5.1 Sequências Infinitas

Definição 5.12. Diz-se que a sequência $(x_n)_n$ é uma sequência infinita se: $\lim\limits_{n\to\infty} x_n = \infty$:

$$\forall A > 0\ \exists n_o,\ \forall n \geq n_o \Longrightarrow |x_n| > A.$$

Se a sequência $(x_n)_n,\ n = 1, 2, \ldots$ é tal que $\forall A > 0\ \exists n_o,\ \forall n \geq n_o \Longrightarrow x_n > A$, então escrevemos:

$$\lim_{n\to\infty} x_n = +\infty.$$

Se a sequência $(x_n)_n,\ n = 1, 2, \ldots$ é tal que $\forall A > 0\ \exists n_o,\ \forall n \geq n_o \Longrightarrow x_n < -A$, então escrevemos:

$$\lim_{n\to\infty} x_n = -\infty.$$

Notemos que se $\lim\limits_{n\to\infty} x_n = \pm\infty$, então, $\lim\limits_{n\to\infty} \dfrac{1}{x_n} = 0$.

Exemplo 5.24. Mostre que:

$$\lim_{n\to\infty} n^2 = +\infty.$$

Seja A um número positivo qualquer e escolhemos $n_o = \left[\sqrt{A}\right] + 1$, onde $[x]$ é a parte inteira de x. Então para todo $n > n_o$ vale a desigualdade:

$$n^2 > n_o^2 = \left(\left[\sqrt{A}\right] + 1\right)^2 > \left(\sqrt{A}\right)^2 = A.$$

Exemplo 5.25. Mostre que:
$$\lim_{n\to\infty} -n^3 = -\infty.$$

Seja A um número positivo qualquer e escolhemos $n_o = \left[\sqrt[3]{A}\right] + 1$. Então para todo $n > n_o$ vale a desigualdade:
$$-n^3 < -n_o^3 = -\left(\left[\sqrt[3]{A}\right] + 1\right)^3 < -\left(\sqrt[3]{A}\right)^3 = -A.$$

Usando o Teorema 5.5 acima, podemos mostrar facilmente as propriedades das operações aritméticas das sequências que possuem limites;

Teorema 5.6. Sejam $(x_n)_n$ e $(y_n)_n$ duas sequências convergentes, isto é, $\lim\limits_{n\to\infty} x_n = a$ e $\lim\limits_{n\to\infty} y_n = b$, então:

1. $\lim\limits_{n\to\infty} (x_n \pm y_n) = \lim\limits_{n\to\infty} x_n \pm \lim\limits_{n\to\infty} y_n = a \pm b$

2. $\lim\limits_{n\to\infty} cx_n = c \lim\limits_{n\to\infty} x_n = ca,$ c-constante;

3. $\lim\limits_{n\to\infty} x_n y_n = \lim\limits_{n\to\infty} x_n \lim\limits_{n\to\infty} y_n = ab$

4. $\lim\limits_{n\to\infty} \dfrac{x_n}{y_n} = \dfrac{\lim\limits_{n\to\infty} x_n}{\lim\limits_{n\to\infty} y_n} = \dfrac{a}{b},$ quando $y_n \neq 0,\ b \neq 0.$

Prova do Teorema (5.6): Podemos escrever $x_n = a + \alpha_n,\ y_n = b + \beta_n$, onde $(\alpha_n)_n$ e $(\beta_n)_n$ são sequências infinitesimais. Então:

1. $\lim\limits_{n\to\infty} (x_n \pm y_n) = a \pm b + \lim\limits_{n\to\infty} \alpha_n \pm \lim\limits_{n\to\infty} \beta_n = a \pm b$

2. $\lim\limits_{n\to\infty} cx_n = ca + c\lim\limits_{n\to\infty} \alpha_n = ca;$

3. $\lim\limits_{n\to\infty} x_n y_n = ab + a\lim\limits_{n\to\infty} \beta_n + b\lim\limits_{n\to\infty} \alpha_n + \lim\limits_{n\to\infty} \alpha_n\beta_n = ab$

4. $\dfrac{x_n}{y_n} - \dfrac{a}{b} = \dfrac{a+\alpha_n}{b+\beta_n} - \dfrac{a}{b} = \dfrac{ab + \alpha_n b - ab - a\beta_n}{b(b+\beta_n)} = \dfrac{\alpha_n}{b+\beta_n} - \dfrac{a\beta_n}{b(b+\beta_n)}.$
   Tomando o limite obtemos,
$$\lim_{n\to\infty}\left(\frac{x_n}{y_n} - \frac{a}{b}\right) = \lim_{n\to\infty}\left(\frac{\alpha_n}{b+\beta_n} - \frac{a\beta_n}{b(b+\beta_n)}\right) = 0.$$

No caso, $b = 0$ e $a \neq 0$ temos que: $\dfrac{x_n}{y_n} \to \pm\infty.$

No caso, $a = 0$ e $b = 0$, pode acontecer que exista ou não o limite: $\lim\limits_{n\to\infty} \dfrac{x_n}{y_n}$. Por exemplo:

$$x_n = 1/n,\ y_n = 1/n^3 : \qquad \lim_{n\to\infty} \frac{x_n}{y_n} = +\infty$$
$$x_n = 1/n,\ y_n = 1/\sqrt{n} : \qquad \lim_{n\to\infty} \frac{x_n}{y_n} = 0$$
$$x_n = 1/n,\ y_n = 1/(2n) : \qquad \lim_{n\to\infty} \frac{x_n}{y_n} = 2.$$

Exemplo 5.26.

- Determine: $\lim\limits_{n\to\infty}(2-\dfrac{1}{n}+\dfrac{(-1)^n}{n^2})$
Já foi provado que $x_n = 2-\frac{1}{n}$ converge para 2 e $y_n = \frac{(-1)^n}{n^2}$ converge para 0. Logo, pela propriedade 1, temos que:

$$x_n + y_n = 2-\frac{1}{n}+\frac{(-1)^n}{n^2} \quad \textit{converge} \quad a \quad 2+0=2.$$

- Determine: $\lim\limits_{n\to\infty}(\dfrac{(-1)^{n+1}\sqrt{a_n}}{n+2})$ se $\lim\limits_{n\to\infty}(a_n)=a$
É fácil ver que $x_n = \frac{(-1)^{n+1}}{n+2}$ converge para 0 e já sabemos que $y_n = \sqrt{a_n}$ converge para $\sqrt{a}$, desde que: $\lim\limits_{n\to\infty}(a_n)=a$. Logo pela propriedade 3

$$lim_{n\to\infty}x_n\,y_n = \lim_{n\to\infty}(\frac{(-1)^{n+1}\sqrt{a_n}}{n+2}) = 0\sqrt{a}=0$$

Nota 5.2. A sequência $(x_n+y_n)_n$ ser convergente não implica que as sequências parciais $(x_n)_n$ e $(y_n)_n$ sejam necessariamente convergentes. Por exemplo, considere a sequência convergente $(x_n+y_n)_n = \{2a, 2a, ...2a, ...\}$, porém,

$$x_n = a+n = \{a+1, a+2, ..., a+n, ...\} \quad \textit{diverge}$$

e

$$y_n = a-n = \{a-1, a-2, ..., a-n, ...\} \quad \textit{diverge}$$

Observação 5.4. Já mostramos que a sequência $(q^n)_{n\in\mathbb{N}}$, quando $|q|<1$, tende para zero, ou seja: $\lim\limits_{n\to\infty} q^n = 0$.

Por outro lado, se $q>1$, ou seja, $1/q<1$, então,

$$\lim_{n\to\infty} q^n = \lim_{n\to\infty}\frac{1}{1/q^n} = \lim_{n\to\infty}\frac{1}{(1/q)^n} = +\infty.$$

Exemplo 5.27.

$$\lim_{n\to\infty}\frac{n^2+7}{3n^2+n-2} = \lim_{n\to\infty}\frac{1+7/n^2}{3+1/n-2/n^2} = \frac{1}{3};$$
$$\lim_{n\to\infty}\frac{n^3-2n}{2n^4+n^2+3} = \lim_{n\to\infty}\frac{1-2/n^3}{2n+1/n+3/n^3} = 0.$$

Teorema 5.7. *Teorema da função contínua*
Seja $(a_n)_n$ $n\in\mathbb{N}$, uma sequência que converge para a. E f uma função contínua em a, então:

$$\lim_{n\to\infty} f(a_n) = f(a),$$

isto é, a sequência $f(a_n)_n$ converge para $f(a)$.

A demonstração deste teorema se encontra por exemplo na referência [7].

Exemplo 5.28. Mostre que a sequência: $(e^{2+\frac{1}{2n}})_{n\in\mathbb{N}}$ converge.

Denotemos por $b_n = e^{2+\frac{1}{2n}}$ o termo geral da sequência. Pelo exemplo (5.16) a sequência $(2+\frac{1}{2n})_n$ converge para 2.
Definimos a função $f(x)=e^x$. Como sabemos, essa função é contínua em $\mathbb{R}$, em particular em $x=2$. Escrevendo:

$$b_n = f(a_n), \forall n \in \mathbb{N}.$$

Temos pelo Teorema: 5.7

$$\lim_{n\to\infty} b_n = \lim_{n\to\infty} f(a_n) = f(\lim_{n\to\infty} a_n) = f(2) = e^2.$$

Exemplo 5.29. Vamos provar que: $\lim\limits_{n\to\infty} \sqrt[n]{n} = 1$

Suponha: $a_n = n^{1/n} > 0$ logo, $ln(a_n) = \frac{ln(n)}{n}$ daí que, $a_n = e^{\frac{ln(n)}{n}}$
Considere: $b_n = \frac{ln(n)}{n}$ e a função contínua $f(x)=e^x$. Logo,

$$a_n = f(b_n).$$

Assim, pelo Teorema 5.7

$$\lim_{n\to\infty} a_n = \lim_{n\to\infty} e^{b_n} = e^{\lim\limits_{n\to\infty}(\frac{ln(n)}{n})} = e^0 = 1,$$

Pois $\lim\limits_{n\to\infty}(\frac{ln(n)}{n}) = \lim\limits_{n\to\infty}(\frac{\frac{1}{n}}{1}) = 0$, pela regra de L'Hôpital.

Teorema 5.8. Sejam $(a_n)_n$ e $(b_n)_n$ duas sequências convergentes, isto é, $\lim\limits_{n\to\infty} a_n = a$ e $\lim\limits_{n\to\infty} b_n = b$, com $b_n > 0$ e $b > 0$, então:

$$\lim_{n\to\infty} b_n^{a_n} = b^a.$$

Prova: Escrevendo $b_n^{a_n}$ na forma:

$$b_n^{a_n} = e^{\ln b_n^{a_n}} = e^{a_n \ln b_n},$$

temos:

$$\begin{aligned}\lim_{n\to\infty} b_n^{a_n} &= \lim_{n\to\infty} e^{a_n \ln b_n} = e^{\lim\limits_{n\to\infty} a_n \ln b_n} = \\ &= e^{\lim\limits_{n\to\infty} a_n \cdot \lim\limits_{n\to\infty} \ln b_n} = e^{\lim\limits_{n\to\infty} a_n \cdot \ln \lim\limits_{n\to\infty} b_n} = \\ &= e^{a \ln b} = e^{\ln b^a} = b^a. \quad \blacksquare\end{aligned}$$

Teorema 5.9 (Teorema do Sanduíche ou Teorema do confronto)**.** Se:

$$\lim_{n\to\infty} a_n = \lim_{n\to\infty} b_n = A$$

e as desigualdades $a_n \leq c_n \leq b_n$ valem a partir de um certo $n_0 \in \mathbb{N}$, então existe o limite da sequência $(c_n)_{n\in\mathbb{N}}$ e: $\lim\limits_{n\to\infty} c_n = A$.

Prova: Seja $\varepsilon > 0$ arbitrário, então:

$$\lim_{n\to\infty} a_n = A \iff \forall\varepsilon > 0, \exists n_1,\ |a_n - A| < \varepsilon,\quad \forall n > n_1 :\quad A-\varepsilon < a_n < A+\varepsilon$$
$$\lim_{n\to\infty} b_n = A \iff \forall\varepsilon > 0, \exists n_2,\ |b_n - A| < \varepsilon,\quad \forall n > n_2 :\quad A-\varepsilon < b_n < A+\varepsilon$$

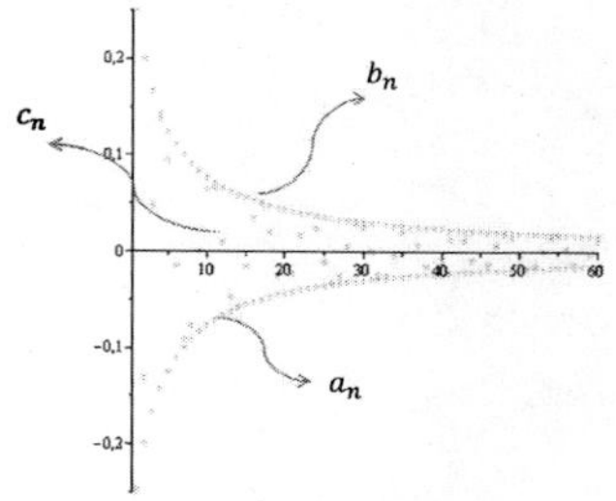

Figura 5.13: $a_n \leq c_n \leq b_n$, $\forall n > n_0$

Podemos escolher:$n_o = \max(n_1, n_2)$, tal que: $\forall n > n_o$, temos:

$$A - \varepsilon < a_n \leq c_n \leq b_n < A + \varepsilon.$$

Daqui, segue que:

$$A - \varepsilon < c_n < A + \varepsilon,$$

e isto significa que:

$$\lim_{n\to\infty} c_n = A. \quad \blacksquare$$

Exemplo 5.30. Prove que: $(\frac{\cos(n+2)}{n+3})_n, \to 0$, $n \in \mathbb{N}$

Note que $-1 \leq \cos(n+2) \leq 1$, e como $n+3 > 0$ temos:

$$\frac{-1}{n+3} \leq \frac{\cos(n+2)}{n+3} \leq \frac{1}{n+3}$$

Considere:

$$a_n = \frac{-1}{n+3}, \; c_n = \frac{\cos(n+2)}{n+3}, \; b_n = \frac{1}{n+3}$$

assim:

$$a_n \leq c_n \leq b_n.$$

Como $\lim_{n\to\infty} a_n = \lim_{n\to\infty} b_n = 0$ e pelo teorema do confronto $\lim_{n\to\infty} c_n = 0$. Podemos visualizar melhor o significado do teorema na figura (5.13)

Exemplo 5.31. Mostre que:

$$\lim_{n\to\infty} \sqrt[n]{6} = 1.$$

Para qualquer $n \geq 2, n \in \mathbb{N}$, vale a desigualdade $\sqrt[n]{6} > 1$. Isto significa que podemos escrever $\sqrt[n]{6} = 1 + c_n$, onde $6 = (1+c_n)^n \geq 1 + nc_n > nc_n$, pela desigualdade de Bernoulli[2]. Daqui, temos $0 < c_n < 6/n$ para todo $n \geq 2$, e pelo Teorema 5.9

$$\lim_{n\to\infty} c_n = 0.$$

Como $\sqrt[n]{6} = 1 + c_n$ e $(c_n)_{n\in\mathbb{N}}$ é uma sequência infinitesimal, então:

$$\lim_{n\to\infty} \sqrt[n]{6} = 1. \quad \blacksquare$$

Exemplo 5.32. Mostre que a sequência $(\sqrt{n^2+5} - n)_{n\in\mathbb{N}}$ converge e encontre este limite.

Como as sequências $(\sqrt{n^2+5})_{n\in\mathbb{N}}$ e $(n)_{n\in\mathbb{N}}$ não são sequências convergentes, não podemos aplicar o limite à expressão $\sqrt{n^2+5} - n$, mas podemos escrever $\sqrt{n^2+5} - n$ na seguinte forma:

$$\begin{aligned}\sqrt{n^2+5} - n &= \frac{\sqrt{(n^2+5} - n)(\sqrt{n^2+5} + n)}{\sqrt{n^2+5}+n} = \frac{n^2+5-n^2}{\sqrt{n^2+5}+n} = \\ &= \frac{5}{\sqrt{n^2+5}+n}.\end{aligned}$$

Como:

$$0 < \frac{5}{\sqrt{n^2+5}+n} = \frac{5}{n\left(\sqrt{1+5/n^2}+1\right)} < \frac{5}{2n}$$

e $\lim\limits_{n\to\infty} \frac{5}{2n} = 0$, então pelo Teorema 5.9, temos:

$$\lim_{n\to\infty} (\sqrt{n^2+1} - n) = 0.$$

Exemplo 5.33. Mostre que:

$$\lim_{n\to\infty} \frac{10^n}{n!} = 0.$$

Para $n > 10$, temos:

$$\begin{aligned}0 &< \frac{10^n}{n!} = \left(\frac{10}{1}\frac{10}{2}\frac{10}{3}\frac{10}{4}\cdots\frac{10}{11}\right)\frac{10}{12}\cdots\frac{10}{n} < \\ &< \frac{10^{11}}{11!}\left(\frac{10}{12}\right)^{n-11} = \\ &= \frac{10^{11}}{11!}\left(\frac{12}{10}\right)^{11}\left(\frac{10}{12}\right)^n.\end{aligned}$$

Como: $\frac{10}{12} < 1$, temos: $\lim\limits_{n\to\infty}\left(\frac{10}{12}\right)^n = 0$, segue que:

$$\lim_{n\to\infty} \frac{10^n}{n!} = 0.$$

[2] $(1+x)^n \geq 1 + nx,\ x > -1, n \in N$

Nota 5.3. *Existência do Limite de uma Sequência Monótona Limitada.* Já foi mostrado que uma sequência convergente é limitada, mas o fato dela ser limitada não implica que ela seja convergente. Por exemplo, a sequência: $((-1)^n)_{n\in\mathbb{N}}$ é limitada, mas não é convergente como já foi visto antes. Se uma sequência, além de ser limitada, for monótona, então ela é convergente, conforme mostra o seguinte teorema.

Teorema 5.10. Toda sequência monótona e limitada é convergente.

Prova Seja $(x_n)_n$ a sequência limitada e monótona. Suponhamos por conveniência que a sequência $(x_n)_n$ seja crescente. Como ela é limitada, isto é, $|x_n| \leq c, \quad \forall n \in \mathbb{N}$, segue que ela possui supremo ξ, com $\xi \leq c$. Mostremos que $\xi = \lim\limits_{n\to\infty} x_n$.
De fato, primeiramente notamos que nenhum termo da sequência, é maior que ξ, e em segundo lugar, $\forall\varepsilon > 0, \ \exists n_o$, tal que:

$$\xi - \varepsilon < x_{n_o}.$$

Como a sequência $(x_n)_n$ é crescente, segue que: $\forall n > n_o \ \ x_{n_o} < x_n$ e

$$\xi - \varepsilon < x_n \leq \xi < \xi + \varepsilon,$$

isto é $|x_n - \xi| < \varepsilon$, ou seja,

$$\lim_{n\to\infty} x_n = \xi. \qquad \blacksquare$$

O caso da sequência ser decrescente é feito de maneira análoga.

Exemplo 5.34. Analise a convergência da sequência: $(a_n)_n = (2 + \frac{1}{2n})_n, n \in \mathbb{N}$.

Como $n \geq 1$, então $\frac{1}{2n} > 0$. Imediatamente temos que $a_n > 2$, isto é, a sequência é limitada inferiormente. Por outro lado: $1 < n$ logo $2 < 2n$ e $\frac{1}{2n} < \frac{1}{2}$. Daí seque que: $2 + \frac{1}{2n} < 2 + \frac{1}{2}$, isto é $a_n < a_1 = \frac{5}{2}$ assim,

$$2 < a_n \leq 5/2, \, \forall\, n \in \mathbb{N},$$

Ou seja, a sequência $(a_n)_n$ é limitada.
De: $n < n+1$, seque que $\frac{1}{2(n+1)} < \frac{1}{2n}$ ou $2 + \frac{1}{2(n+1)} < 2 + \frac{1}{2n}$, daqui $a_{n+1} < a_n$. Isto implica que a sequência é monótona decrescente.
Pelo teorema anterior (5.10), a sequência $(a_n)_n = (2 + \frac{1}{2n})_n, n \in \mathbb{N}$ é convergente e $\lim\limits_{n\to\infty} a_n = 2$.

Exemplo 5.35. Analise a convergência da sequência $(a_n)_n = (\frac{n^2}{n^2+1})_n, n \in \mathbb{N}$.

Como $a_n = 1 - \dfrac{1}{n^2+1}$ e $0 < \dfrac{1}{n^2+1} < 1$, segue que $0 < a_n < 1, \forall n \in \mathbb{N}$. Isto implica que a sequência é limitada.
A sequência é monotonamente crescente, pois $a_{n+1} > a_n; \forall\, n \geq 1$ (verifique!) Assim, $0 < a_1 = 1/2 < a_2 < a_3 < ..... < a_n < a_{n+1} < .... < 1$. Pelo teorema anterior (5.10) $(a_n)_n$ é convergente.

Exemplo 5.36. Seja a sequência $\{a_n = \dfrac{n^3+2b}{n^3+b}\}|_{n=0}^{\infty}$, sendo $b > 0$ e pertencente aos reais.

1. Verifique que $(a_n)_n$ é monotonamente decrescente.

2. Verifique que $(a_n)_n$ é limitada.

3. A sequência converge ou diverge?

1. Resolvendo item 1:

   Simplificando o nosso (a_n):

$$a_n = \frac{n^3 + 2b}{n^3 + b} = \frac{n^3 + b + b}{n^3 + b} = 1 + \frac{b}{n^3 + b}$$

   Consideremos:

$$a_{n+1} - a_n = (1 + \frac{b}{(n+1)^3 + b}) - (1 + \frac{b}{n^3 + b}) = (\frac{b}{(n+1)^3 + b}) - (\frac{b}{n^3 + b})$$

   simplificando:

$$a_{n+1} - a_n = \frac{b((n^3 + b) - ((n+1)^3 + b))}{((n+1)^3 + b)(n^3 + b)} = \frac{b(n^3 + b - (n+1)^3 - b)}{((n+1)^3 + b)(n^3 + b)}$$

$$a_{n+1} - a_n = \frac{b(n^3 - (n+1)^3)}{((n+1)^3 + b)(n^3 + b)} = \frac{b(n^3 - [n^3 + 3n^2 + 3n + 1])}{((n+1)^3 + b)(n^3 + b)}$$

$$a_{n+1} - a_n = \frac{b(n^3 - n^3 - 3n^2 - 3n - 1)}{((n+1)^3 + b)(n^3 + b)}$$

   Por fim, temos:

$$a_{n+1} - a_n = \frac{-b(3n^2 + 3n + 1)}{((n+1)^3 + b)(n^3 + b)}$$

   Onde todos os termos do lado direito da igualdade são positivos, salvo o sinal negativo global. Assim: $a_{n+1} - a_n < 0$, concluímos que a sequência $(a_n)_n$ é monotonamente decrescente.

2. Resolvendo o item 2

   Como $a_n = 1 + \frac{b}{n^3 + b}$ e $b > 0, n > 0$ então $\frac{b}{n^3 + b} > 0$. Daí segue que $a_n > 1, \forall n \in \mathbb{N}$.

   Como a sequência a_n é decrescente, então:

$$a_1 = 1 + \frac{b}{0 + b} = 2 > a_2 > a_3 >, ... > a_n >, ... > 1.$$

   Isto é, $1 < a_n < 2, \forall\, n \in \mathbb{N}$. Ou seja, a sequência $(a_n)_n$ é limitada.

3. Resolvendo o item 3
   Pelo Teorema (5.10), se $(a_n)_n$ é monótona e limitada, concluímos que a sequência $(a_n)_n$ é convergente.

É possível demonstrar a convergência da sequência $(a_n)_n$ utilizando a definição, como segue:

$(a_n)_n$ converge a $a \Leftrightarrow \forall \varepsilon > 0, \exists n_0 | \forall n > n_0, |a_n - a| < \varepsilon.$
Primeiro, temos:

$$a = \lim_{n\to\infty} a_n$$

Substituindo:

$$a = \lim_{n\to\infty} (1 + \frac{b}{n^3 + b}) = 1 + \frac{b}{\infty + b} = 1, \forall n \in \mathbb{N}.$$

Agora que temos o valor de a, vamos analisar a expressão do módulo:

$$|a_n - a| = |(1 + \frac{b}{n^3 + b}) - 1| = |\frac{b}{n^3 + b}| < \varepsilon,$$

e estudar para que valores de n a desigualdade está garantida dado um ε.

Visto que $b > 0$ e $(n^3 + b) > 0$, podemos concluir que $\frac{b}{n^3 + b} > 0$. Portanto:

$$|\frac{b}{n^3 + b}| = \frac{b}{n^3 + b}$$

Voltando a inequação:

$$\frac{b}{n^3 + b} < \varepsilon$$
$$b < \varepsilon(n^3 + b)$$
$$\frac{b}{\varepsilon} < n^3 + b$$
$$\frac{b}{\varepsilon} - b < n^3$$
$$\frac{b(1 - \varepsilon)}{\varepsilon} < n^3$$

A partir disso, temos que:

1. Se $\varepsilon \geq 1$ então $\frac{b(1 - \varepsilon)}{\varepsilon} \leq 0$. Ou seja, $\forall n \in \mathbb{N}$ a desigualdade $|a_n - a| < \varepsilon$ é verdadeira, garantindo a convergência da sequência $(a_n)_n$.

2. Se $0 < \varepsilon < 1$: Temos que os valores do lado esquerdo da inequação serão positivos.

   Logo:

   $$0 < \sqrt[3]{\frac{b(1 - \varepsilon)}{\varepsilon}} < n$$

   Se $x = \sqrt[3]{\frac{b(1-\varepsilon)}{\varepsilon}}$ a escolha $n > n_0 = [x] + 1$ garante $|a_n - a| < \varepsilon$ e logo a convergência da sequência (a_n) ($[x]$ é o máximo inteiro de x). Ou seja

   $$\exists n_0 = [\sqrt[3]{\frac{b(1 - \varepsilon)}{\varepsilon}}] + 1 \,/\, \forall n > n_0, \, |a_n - a| < \varepsilon.$$

5.6 Limite Superior e Limite Inferior

Primeiramente, vamos introduzir a definição de supremo e ínfimo de uma sequência numérica real. Consideremos a sequência limitada $(x_n)_{n\in\mathbb{N}}$ de números reais.

Definição 5.13. Diz-se que o número A é o supremo da sequência $(x_n)_{n\in\mathbb{N}}$ se

1. $x_n \leq A,\ \forall n \in \mathbb{N}$;

2. $\forall \varepsilon > 0$, existe um número n tal que $x_n > A - \varepsilon$.

Vamos denotar o supremo da sequência $(x_n)_n$ por $A = \sup x_n$.
De forma análoga, definimos o ínfimo da sequência $(x_n)_{n\in\mathbb{N}}$.

Definição 5.14. Diz-se que o número B é o ínfimo da sequência $(x_n)_{n\in\mathbb{N}}$ se

1. $x_n \geq B,\ \forall n \in \mathbb{N}$;

2. $\forall \varepsilon > 0$, existe um número n tal que $x_n < B + \varepsilon$.

Denotemos o ínfimo da sequência $(x_n)_n$ por $B = \inf x_n$.
Agora consideremos alguns exemplos.

Exemplo 5.37. Seja a sequência:

$$(x_n)_n = \left(1 - \frac{1}{n}\right)_n = \left(0, 1 - \frac{1}{2}, 1 - \frac{1}{3}, \cdots, 1 - \frac{1}{n}, \cdots\right)$$

.

Observamos que $\sup x_n = 1$. Vejamos:

- $x_n = 1 - 1/n < 1 = A$, pois $1/n > 0$.
- Por outro lado, tome $\varepsilon > 0$ arbitrário. Deve existir $x_n = 1 - 1/n > A - \varepsilon = 1 - \varepsilon$, logo $n > \frac{1}{\varepsilon}$. Assim, basta escolher $n > [\frac{1}{\varepsilon}]$ para garantir que $1 - \varepsilon < x_n < 1$.
  Por exemplo, para $\varepsilon = 1/8$ temos que $n > [8]^3$, tome $n = 9$, logo $1 - 1/8 < x_9 = 1 - 1/9 < 1$. Note que no intervalo $[7/8, 1]$ não somente temos o elemento x_9 da sequência, mas sim, uma infinidade de elementos da sequência.

Observamos que $\inf x_n = B = 0$, vejamos:

- $x_n = 1 - 1/n \geq 0 = B$,
- Por outro lado, tome $\varepsilon > 0$ arbitrário. Deve existir $x_n = 1 - 1/n < B + \varepsilon = \varepsilon$, logo $1 - \varepsilon < 1/n \to n < \frac{1}{1-\varepsilon}$. Assim, basta escolher $n = [\frac{1}{1-\varepsilon}]$ para garantir que $0 \leq x_n < B + \varepsilon$. Para $\varepsilon = 1/4, x_n = x_1 = 0$.

Observação 5.5. A sequência $x_n = 1 - 1/n$ é limitada de acordo com o exemplo anterior, pois $x_n \in [0, 1 >$ também é monotonamente crescente. Logo, pelo teorema (5.10) a sequência é convergente e ainda $lim_{n\to\infty} x_n = 1$.

[3]parte inteira

Exemplo 5.38. Considere a sequência:

$$(x_n)_n = \left(1 - \operatorname{sen}\frac{\pi n}{2}\right)_n = \left(0, 1, 2, 1, \cdots, 1 - \operatorname{sen}\frac{\pi n}{n}, \cdots\right)$$

.

Escrevendo mais explicitamente os primeiros oito termos da sequência,

$$\left(1 - \operatorname{sen}\frac{\pi n}{2}\right)_n = \left(0, 1, 2, 1, 0, 1, 2, 1, \cdots, 1 - \operatorname{sen}\frac{\pi n}{n}, \cdots\right),$$

observamos que

$$\sup x_n = 2 \text{ e } \inf x_n = 0.$$

Exemplo 5.39. Considere a sequência $(x_n)_n = \left(1 - n\operatorname{sen}\frac{n\pi}{2}\right)_n = (0, 1, 4, \cdots)$.

Escrevendo mais explicitamente os primeiros oito termos da sequência,

$$\left(1 - n\operatorname{sen}\frac{\pi n}{2}\right)_n = \left(0, 1, 4, 1, -4, 1, -6, 1, \cdots, 1 - n\operatorname{sen}\frac{\pi n}{n}, \cdots\right),$$

observamos que:

$$\sup x_n = +\infty \text{ e } \inf x_n = -\infty.$$

Agora vamos introduzir as definições de limite superior e limite inferior. Consideremos a sequência limitada $(x_n)_{n\in\mathbb{N}}$ de números reais. Definamos a sequência $(S_k)_k$ como sendo:

$$S_k = \sup\{x_k, x_{k+1}, x_{k+2}, \cdots, x_n, \cdots\} = \sup_{n\geq k} x_n.$$

É fácil ver que $S_k \geq S_{k+1} \geq S_{k+2} \geq \cdots$, ou seja, $(S_k)_k$ é monótona não crescente. Por isso, pelo Teorema 5.10, temos que a sequência é convergente. Isto motiva a seguinte definição.

Definição 5.15. Definimos o limite superior da sequência $(x_n)_{n\in\mathbb{N}}$ como sendo o

$$\inf_{k\in\mathbb{N}} \sup_{n\geq k} x_n.$$

A notação que usamos para denotar este limite é

$$\lim_{n\to\infty} \sup x_n = \inf_{k\in\mathbb{N}} \sup_{n\geq k} x_n.$$

De forma análoga, definindo a sequência $(A_k)_k$ como sendo:

$$A_k = \inf\{x_k, x_{k+1}, x_{k+2}, \cdots, x_n, \cdots\} = \inf_{n\geq k} x_n.$$

É fácil ver que $A_k \leq A_{k+1} \leq A_{k+2} \leq \cdots$, ou seja, $(A_k)_k$ é monótona não decrescente, por isso pelo Teorema 5.10 a sequência é convergente. Isto permite a seguinte definição.

Definição 5.16. Definimos o limite inferior da sequência $(x_n)_{n\in\mathbb{N}}$ como sendo o

$$\sup_{k\in\mathbb{N}} \inf_{n\geq k} x_n.$$

A notação que usamos para denotar este limite é:

$$\lim_{n\to\infty} \inf x_n = \sup_{k\in\mathbb{N}} \inf_{n\geq k} x_n.$$

Antes de considerar alguns exemplos, vamos elencar algumas propriedades dos limites superiores e inferiores, vejamos as seguintes proposições:

Proposição 5.1. *Sejam $(x_n)_{n\in\mathbb{N}}$ e $(y_n)_{n\in\mathbb{N}}$ duas sequências reais limitadas, então tem lugar as seguintes afirmações:*

1. $\lim\limits_{n\to\infty} \inf x_n \leq \lim\limits_{n\to\infty} \sup x_n$;

2. $\lim\limits_{n\to\infty} \sup(x_n + y_n) \leq \lim\limits_{n\to\infty} \sup x_n + \lim\limits_{n\to\infty} \sup y_n$;

3. $\lim\limits_{n\to\infty} \inf(x_n + y_n) \geq \lim\limits_{n\to\infty} \inf x_n + \lim\limits_{n\to\infty} \inf y_n$;

4. $\lim\limits_{n\to\infty} \sup(-x_n) = -\lim\limits_{n\to\infty} \inf x_n$;

5. $\inf\limits_{n} x_n \leq \lim\limits_{n\to\infty} \inf x_n \leq \lim\limits_{n\to\infty} \sup x_n \leq \sup\limits_{n} x_n$.

Observação 5.6. Se existem $\lim\limits_{n\to\infty} \inf x_n$ e $\lim\limits_{n\to\infty} \sup x_n$, temos:

$$\lim_{n\to\infty} \inf x_n \leq \lim_{n\to\infty} \sup x_n.$$

Obviamente se a sequência $(x_n)_{n\in\mathbb{N}}$ é convergente, então

$$\lim_{n\to\infty} \inf x_n = \lim_{n\to\infty} \sup x_n.$$

Exemplo 5.40. Consideremos a sequência $(x_n)_n = (-1, 1, -1, 1, \cdots)$.
Então,

$$\sup\{x_k, x_{k+1}, x_{k+2}, \cdots, x_n, \cdots\} = \sup\{x_n, n \geq k\} = 1$$

e

$$\inf\{x_k, x_{k+1}, x_{k+2}, \cdots, x_n, \cdots\} = \inf\{x_n, n \geq k\} = -1,$$

portanto,

$$\lim_{n\to\infty} \inf x_n = -1 \text{ e } \lim_{n\to\infty} \sup x_n = 1.$$

Exemplo 5.41. Encontre os limites superior e inferior da sequência $(x_n)_n = \left(1 - \dfrac{1}{n}\right)_n$.

Escrevendo explicitamente os primeiros seis termos da sequência

$$(x_n)_n = \left(1 - \frac{1}{n}\right)_n = \left(0, 1 - \frac{1}{2}, 1 - \frac{1}{3}, 1 - \frac{1}{4}, 1 - \frac{1}{5}, 1 - \frac{1}{6}, \cdots, 1 - \frac{1}{n}, \cdots\right),$$

observamos que:

$$\begin{aligned}
X_1 &= \{0, 1 - 1/2, 1 - 1/3, ..., 1 - 1/n, ...\} \to b_1 = \sup X_1 = 1, \\
X_2 &= \{1 - 1/2, 1 - 1/3, ..., 1 - 1/n, ...\} \to b_2 = \sup X_2 = 1 \\
X_3 &= \{1 - 1/3, ..., 1 - 1/n, ...\} \to b_3 = \sup X_3 = 1, \\
. &= . \\
X_n &= \{1 - 1/n, 1 - \frac{1}{n+1} ...\} \to b_n = \sup X_n = 1 \\
. &= .,
\end{aligned}$$

Logo,

$$b = \lim_{n\to\infty} \inf x_n = \inf(b_n)_n = \inf\{1, 1, 1, ..., 1, ..\} = 1$$

Em seguida construímos a sequência de $(a_n)_n = \inf(X_n)_n$, temos:

$$a_1 = \inf(X_1) = 0,\ a_2 = \inf(X_2) = 1 - 1/2,\ .., a_n = \inf(X_n) = 1 - 1/n, ...;$$

daí que:

$$\begin{aligned} a &= \lim_{n\to\infty} \sup x_n = \sup\{a_1, a_2, ..., a_n, ..\} \\ a &= \sup\{0, 1 - 1/2, 1 - 1/3, ..., 1 - 1/n, ..\} = 1. \end{aligned}$$

Note que neste caso

$$\lim_{n\to\infty} \sup x_n = \lim_{n\to\infty} \inf x_n = 1$$

Observação 5.7. Note que no exemplo (5.40) temos: $\lim\limits_{n\to\infty} \sup x_n \neq \lim\limits_{n\to\infty} \inf x_n$ e no exemplo (5.41) temos: $\lim\limits_{n\to\infty} \sup x_n = \lim\limits_{n\to\infty} \inf x_n$. Note também que no primeiro caso, a sequência é divergente e, no segundo caso, a sequência é convergente. Na verdade, os dois exemplos são uma aplicação de um teorema de análise na reta que diz que *uma sequência limitada é convergente se e somente se,* $\lim\limits_{n\to\infty} \sup x_n = \lim\limits_{n\to\infty} \inf x_n$ (ver referência [11]).

Definição 5.17. *Média aritmética e média geométrica*
Considere n números positivos, $a_1, a_2, ..., a_n$. Então vale:

- Média aritmética

$$M_A(a_1, a_2, ..., a_n) = \frac{a_1 + a_2 + ... + a_n}{n}$$

- Média geométrica

$$M_G(a_1, a_2, .., a_n) = \sqrt[n]{a_1 a_2 ... a_n}$$

- $$M_A(a_1, a_2, ..., a_n) \geq M_G(a_1, a_2, ..., a_n),\ \forall\, n \geq 1$$

A demonstração para o caso $n = 2$ é trivial, pois se

$$(a_1 - a_2)^2 \geq 0, \quad \textit{segue} \ \ a_1^2 + a_2^2 - 2a_1a_2 \geq 0$$

logo,

$$a_1^2 + a_2^2 + 2a_1a_2 \geq 4a_1a_2 \to \frac{a_1 + a_2}{2} \geq \sqrt{a_1\, a_2}.$$

A demonstração no caso geral está contida na referência [23].

Exemplo 5.42. Mostre que a sequência $(a_n)_{n\in\mathbb{N}}$ cujo termo geral é $a_n = \left(1 + \dfrac{1}{n}\right)^n, n \in \mathbb{N}$ converge.

Primeiro mostremos que a sequência (a_n) é crescente. De fato, consideremos os seguintes $(n+1)$ números, sendo os n primeiros termos iguais a $(1+1/n)$ e o último igual a 1

$$(1+\frac{1}{n}), (1+\frac{1}{n}), \ldots, (1+\frac{1}{n}), 1,$$

e levando em consideração que a média aritmética é maior que a média geométrica (definição 5.17), temos:

$$\frac{\left(1+\dfrac{1}{n}\right).n+1}{n+1} > \sqrt[n+1]{\left(1+\frac{1}{n}\right)^n .1},$$

ou

$$\frac{n+2}{n+1} > \sqrt[n+1]{\left(1+\frac{1}{n}\right)^n},$$

ou

$$\left(1+\frac{1}{n+1}\right) > \sqrt[n+1]{\left(1+\frac{1}{n}\right)^n}.$$

Elevando ambos os membros da desigualdade à potência $(n+1)$, obtemos:

$$\left(1+\frac{1}{n+1}\right)^{n+1} > \left(1+\frac{1}{n}\right)^n.$$

Desta forma $a_{n+1} > a_n$, para $n \geq 1$. Portanto, a sequência $(a_n)_n$ é crescente.

Para mostrar que a sequência é limitada, usemos o binômio de Newton[4]:

$$\begin{aligned}
\left(1+\frac{1}{n}\right)^n &= \sum_{k=0}^{n} C_k^n 1^{n-k}\left(\frac{1}{n}\right)^k = \\
&= 1+\frac{n}{1}.\frac{1}{n}+\frac{n(n-1)}{2!}\frac{1}{n^2}+ \\
&+\frac{n(n-1)(n-2)}{3!}\frac{1}{n^3}+\ldots+\frac{n(n-1)(n-2)\ldots(n-k+1)}{k!}\frac{1}{n^k}+\ldots+ \\
&+\frac{n(n-1)(n-2)\ldots[n-(n-1)]}{n!}\frac{1}{n^n} = \\
&= 1+1+\frac{1}{2!}\left(1-\frac{1}{n}\right)+\frac{1}{3!}\left(1-\frac{1}{n}\right)\left(1-\frac{2}{n}\right)+\ldots \\
&+\frac{1}{k!}\left(1-\frac{1}{n}\right)\left(1-\frac{2}{n}\right)\ldots\left(1-\frac{k-1}{n}\right)+\ldots \\
&\ldots+\frac{1}{n!}\left(1-\frac{1}{n}\right)\left(1-\frac{2}{n}\right)\ldots\left(1-\frac{n-1}{n}\right).
\end{aligned} \tag{5.1}$$

Usando o fato que $\left(1-\dfrac{1}{n}\right) < 1$; $\left(1-\dfrac{1}{n}\right)\left(1-\dfrac{2}{n}\right) < 1$, etc., obtemos da expressão (5.1) a desigualdade:

$$\left(1+\frac{1}{n}\right)^n < 1+1+\frac{1}{2!}+\frac{1}{3!}+\ldots+\frac{1}{k!}+\ldots+\frac{1}{n!}. \tag{5.2}$$

Por outro lado, temos:

$$\frac{1}{3!} < \frac{1}{2^2};\ \frac{1}{4!} < \frac{1}{2^3};\ \ldots;\ \frac{1}{n!} < \frac{1}{2^{n-1}}.$$

[4]Isaac Newton (1642-1727), grande matemático e físico inglês

Portanto, podemos escrever a desigualdade (5.2) acima na forma:

$$\left(1+\frac{1}{n}\right)^n < 1+1+\frac{1}{2!}+\frac{1}{3!}+\ldots+\frac{1}{k!}+\ldots+\frac{1}{n!} < 1+1+\frac{1}{2}+\frac{1}{2^2}+\ldots+\frac{1}{2^{n-1}}.$$

Observamos que na última desigualdade os termos a partir do segundo formam uma progressão geométrica de razão $1/2$ sendo o primeiro termo igual a 1. Por isso:

$$\begin{aligned}\left(1+\frac{1}{n}\right)^n &< 1+[1+\frac{1}{2}+\frac{1}{2^2}+\ldots+\frac{1}{2^{n-1}}] = \\ &= 1+\frac{1-\left(\frac{1}{2}\right)^n}{1-\frac{1}{2}} = \\ &= 1+[2-\left(\frac{1}{2}\right)^{n-1}] < 3,\end{aligned}$$

isto é,

$$\left(1+\frac{1}{n}\right)^n < 3, \text{ para todo } n \in \mathbb{N}.$$

Como $\left(1+\frac{1}{1}\right)^1 = 2$, sendo a sequência crescente, temos:

$$2 \leq \left(1+\frac{1}{n}\right)^n < 3, \text{ para todo } n \in \mathbb{N},$$

e isto significa que a sequência $\left(\left(1+\frac{1}{n}\right)^n\right)_{n\in\mathbb{N}}$ é limitada.

Assim, mostramos que a sequência $\left(\left(1+\frac{1}{n}\right)^n\right)_{n\in\mathbb{N}}$ é crescente e limitada. Logo, pelo Teorema 5.10, pode-se concluir que a sequência converge.

Definição 5.18. Denotamos o limite:

$$\lim_{n\to\infty}\left(1+\frac{1}{n}\right)^n = e,$$

onde e é o número em homenagem a Euler[5].

O valor do número e é apresentado na nota (5.19).

Observação 5.8. Na verdade o limite da Definição 5.18 também vale quando $n \to -\infty$, isto é,

$$\lim_{n\to\pm\infty}\left(1+\frac{1}{n}\right)^n = e$$

[5]Leonhard Euler (1707-1783), grande matemático suíço

5.6.1 O número e

Definição 5.19. *O número de Euler e.* O número e possivelmente é um dos números mais importantes da matemática, embora não seja tão conhecido como o número π.

- O valor aproximado é

$$e = 2,718281828459045235360287,$$

Atualmente são conhecidos mais de cem milhões de dígitos.

- De acordo com a referência [44] J. Bernoulli e G. Leibniz conheciam a constante, porém o matemático suíço L. Euler foi um dos primeiros a estudá-la e foi quem utilizou pela primeira vez o símbolo e.

- De acordo com a mesma referência [44], em 1737 Euler demonstrou que e é irracional, ou seja, não pode ser definido como uma razão de dois números inteiros.

- Uma das relações matemáticas mais belas é

$$e^{i\pi} + 1 = 0.$$

Nesta equação aparecem os números $e, \pi, 1, 0, i;\ i^2 = -1$.

- Aparece naturalmente também no cálculo de juros compostos.
. Depois de um empréstimo de 1 real do banco, e o banco aplicar uma taxa de juros 1 *por cento* em intervalos de $1/100$ de ano, você acabaria devendo

$$(1 + 1/100)^{100} = 2.7048.$$

. Se pagasse juros de 0.1 *por cento* em intervalos de 1/mil de ano, você acabaria devendo

$$(1 + 1/1000)^{1000} = 2.7148, \quad \textit{assim por diante.}$$

Se pode definir que:

$$e = \lim_{n\to\infty} (1 + \frac{1}{n})^n$$

Exemplo 5.43. Utilizando a definição (5.18), encontre o seguinte limite:

$$\lim_{n\to\infty} \left(1 + \frac{k}{n}\right)^n.$$

Reescrevendo o limite, obtemos:

$$\begin{aligned}\lim_{n\to\infty}\left(1+\frac{k}{n}\right)^n &= \lim_{n\to\infty}\left[\left(1+\frac{1}{\frac{n}{k}}\right)^{\frac{n}{k}}\right]^k = \\ &\overset{\frac{n}{k}=m}{=} \lim_{m\to\infty}\left[\left(1+\frac{1}{m}\right)^m\right]^k = \\ &= \left[\lim_{m\to\infty}\left(1+\frac{1}{m}\right)^m\right]^k = \\ &= e^k.\end{aligned}$$

Exemplo 5.44. Prove que $\lim\limits_{n\to\infty}(1+\dfrac{k}{n})^n = e^k, b \neq 0, k \in \mathbb{R}$.

Suponha que $a_n = (1+\dfrac{k}{n})^n$ logo $\ln(a_n) = n\ln(1+\frac{k}{n})$ daí que $a_n = e^{b_n}$ sendo $b_n = n\ln(1+\frac{k}{n})$ ou $b_n = \dfrac{\ln(1+ky)}{y}$, sendo $y = 1/n$.

Por outro lado, $\lim\limits_{y\to 0} b_n = \dfrac{0}{0}$ em seguida, aplicando a Regra de l'Hôpital temos:

$$\lim_{y\to 0} b_n = \lim_{y\to 0}\frac{\frac{k}{1+ky}}{1} = \frac{k}{1} = k$$

pelo teorema da função contínua e sendo a função e^x contínua em $x \in \mathbb{R}$, temos que:

$$\lim_{n\to\infty} a_n = e^{\lim_{n\to\infty} b_n} = e^k.$$

Observação 5.9. Na definição (5.18) foi dado o número de Euler e como limite de uma sequência convergente. Por outro lado, podemos pensar que o número de Euler é base da função logaritmo neperiano, e nesta outra perspectiva o valor de e pode ser calculado (ver exemplo (5.44)). Assim, se $\lim\limits_{n\to\infty}(1+\dfrac{k}{n})^n = e^k$ em particular $\lim\limits_{n\to\infty}(1+\dfrac{1}{n})^n = e^1 = e$.

Exemplo 5.45. Encontre o seguinte limite:

$$\lim_{n\to\infty}\left(\frac{n+2}{n+1}\right)^{2n}.$$

Temos:

$$\left(\frac{n+2}{n+1}\right)^{2n} = \left(1+\frac{1}{n+1}\right)^{2n} = \left(\left(1+\frac{1}{n+1}\right)^{n+1}\right)^{2n/(n+1)}.$$

Como:

$$\lim_{n\to\infty}\left(1+\frac{1}{n+1}\right)^{n+1} = \lim_{n\to\infty}\left(1+\frac{1}{n}\right)^n = e,$$

e $\lim\limits_{n\to\infty}\dfrac{2n}{n+1} = 2$, então, segue

$$\lim_{n\to\infty}\left(\frac{n+2}{n+1}\right)^{2n} = \lim_{n\to\infty}\left(\left(1+\frac{1}{n+1}\right)^{n+1}\right)^{\lim\limits_{n\to\infty} 2n/(n+1)} = e^2.$$

Exemplo 5.46. Calcule o seguinte limite:

$$\lim_{n\to\infty}\left(1-\frac{1}{7n}\right)^{3n-8}.$$

Temos:

$$\begin{aligned}\lim_{n\to\infty}\left(1-\frac{1}{7n}\right)^{3n-8} &= \lim_{n\to\infty}\left(1-\frac{1}{7n}\right)^{-7n(\frac{-3}{7})-8} = \\ &= \lim_{n\to\infty}\left(1-\frac{1}{7n}\right)^{-7n(\frac{-3}{7})}.\left(1-\frac{1}{7n}\right)^{-8} = \\ &= [\lim_{n\to\infty}\left(1-\frac{1}{7n}\right)^{-7n}]^{\frac{-3}{7}}.\lim_{n\to\infty}\left(1-\frac{1}{7n}\right)^{-8} = \\ &= e^{-3/7}.1 = e^{-3/7}.\end{aligned}$$

Observação 5.10. Quando $n\to\pm\infty,\;\; 1/n\to 0$, então podemos obter uma outra forma para calcular o número e;

$$e=\lim_{n\to\pm\infty}\left(1+\frac{1}{n}\right)^{n}\overset{1/n=\alpha}{=}\lim_{\alpha\to 0}(1+\alpha)^{\frac{1}{\alpha}}.$$

Exemplo 5.47. Encontre o seguinte limite:

$$\lim_{\alpha\to 0}(1+2\alpha)^{\frac{1}{\alpha}}.$$

Escrevendo o limite na seguinte forma, temos:

$$\lim_{\alpha\to 0}(1+2\alpha)^{\frac{1}{\alpha}}=\lim_{\alpha\to 0}(1+2\alpha)^{2\frac{1}{2\alpha}}=\lim_{\alpha\to 0}\left((1+2\alpha)^{\frac{1}{2\alpha}}\right)^2=e^2.$$

> **Nota 5.4.** *Aplicação do Número e na Taxa de Juros.* O número e desempenha um grande papel em todos os processos que envolvem crescimentos ou decaimentos contínuos. Vamos nos restringir somente ao cálculo de juros compostos, *a oitava maravilha.*
> Quando calculamos os juros compostos, a cada período é acrescido um valor de juros proporcional ao valor já acumulado, ou seja, a taxa de juros incide sobre o valor acumulado, que aumenta a cada período. Dessa forma, o valor dos juros acrescidos a cada período é sempre crescente. Assim, mostraremos que a expressão da forma $\left(1+\dfrac{k}{n}\right)^n$ encontra-se na taxa de juros compostos.

Suponhamos que o incremento de um determinado capital acontece ao longo de um ano. Se o capital C é colocado a $t\%$ ao ano, após um ano teríamos o montante:

$$C+Ck=C(1+k),\quad\text{onde}\quad k=\frac{t}{100}.$$

No segundo ano teríamos:

$$C(1+k)+C(1+k)k=C(1+k)^2$$

no terceiro ano:

$$C(1+k)^2+C(1+k)^2k=C(1+k)^3$$

e em geral, após m anos teríamos:

$$C(1+k)^m.$$

Suponhamos agora que o incremento do capital seja em $\frac{1}{n}$ do ano, e com isto, o número $k = \frac{t}{100}$ diminui em n vezes, pois a taxa de juros era considerada em um ano, e o número do tempo aumentou em n vezes. Portanto, o incremento do capital (montante) em m anos será:

$$C\left(1+\frac{k}{n}\right)^{mn}.$$

Por fim, se o número n aumenta infinitamente, isto é, se o incremento do capital ocorre no menor tempo (continuamente), então após m anos o montante final será:

$$\begin{aligned}\lim_{n\to\infty} C\left(1+\frac{k}{n}\right)^{mn} &= C\lim_{n\to\infty}\left[\left(1+\frac{k}{n}\right)^{n/k}\right]^{mk} = \\ &= Ce^{km}.\end{aligned}$$

5.7 Subsequências

Definição 5.20. Dada uma sequência $(a_n)_{n\in\mathbb{N}}$ de números reais, uma subsequência $(a_{n_k})_{k\in\mathbb{N}}$ de $(a_n)_n$ é uma restrição dos valores de n a um subconjunto (que ainda pode ser infinito) de $\mathbb{N}$.

$$(a_{n_k})_{k\in\mathbb{N}} = \{a_{n_1}, a_{n_2}, a_{n_3}, ..., a_{n_k}, ..\}$$

Note que na definição de subsequência o índice k será o encarregado de enumerar todos os seus termos e não o n. Sendo assim, n_k tenderá ao infinito quando k tende ao infinito.

Exemplo 5.48. Considere a sequência:

$$(a_n)_{n\in\mathbb{N}} = \{1,0,1,0,1,........\}$$

$\{1,1,1,...1,..\}$ é uma subsequência de $(a_n)_{n\in\mathbb{N}}$.

$$a_{n_k} = 1,\ k\in\mathbb{N}$$

De forma similar:
$\{0,0,0,...0,..\}$ é outra subsequência de $(a_n)_{n\in\mathbb{N}}$

$$a_{n_k} = 0,\ k\in\mathbb{N}$$

Exemplo 5.49. Considere a sequência:

$$(a_n)_{n\in\mathbb{N}} = \{1,1,2,4,4,9,8,16,16,25,32,........\}$$

$\{1,2,4,8,16,32,...,..\}$ é uma subsequência de $(a_n)_{n\in\mathbb{N}}$.

$$a_{n_k} = (2)^{n_k-1},\ k\in\mathbb{N}; a_{n_1} = 1, a_{n_2} = 2, ...$$

De forma similar:
$\{1,4,9,16,25,,...,..\}$ é outra subsequência de $(a_n)_{n\in\mathbb{N}}$.

$$a_{n_k} = (n_k)^2,\ k\in\mathbb{N};\ ; a_{n_1} = 1^2, a_{n_2} = 2^2, ...$$

Exemplo 5.50. As sequências $2, 4, 6, 8, \ldots$ e $1, 3, 5, 7, \ldots$ são duas subsequências da sequência dos números naturais $(n)_n$.

Proposição 5.1. Se a sequência $(a_n)_n$ possui limite a, então a subsequência $(a_{n_k})_{k\in\mathbb{N}}$ também converge para o número a.

Prova: Como $a_n \to a$ quando $n \to \infty$: $\forall\varepsilon > 0$, $\exists n_o$ tal que para $n > n_o$, cumpre-se:

$$|a_n - a| < \varepsilon,$$

segue que, quando $n_k \to \infty$, existe k_o tal que para todo $k > k_o$, teremos $n_k > n_o$. Então,

$$|a_{n_k} - a| < \varepsilon. \qquad \blacksquare$$

No Exemplo 5.20, já mostramos que o limite da sequência $((-1)^n)_n = (-1, 1, -1, 1, -1, 1, \ldots,)$ não existe. Agora mostremos esta afirmação em termos de subsequências. Sejam $((-1)^{2n-1})_n = (-1, -1, -1, -1, \ldots,)$ e $((-1)^{2n})_n = (1, 1, 1, 1, \ldots,)$ duas subsequências da sequência $((-1)^n)_n$. Como estas duas subsequências são constantes, então $(-1)^{2n-1} \to -1$ e $(-1)^{2n-1} \to 1$ convergem a dois números diferentes. Assim,

$$\lim_{n\to\infty}(-1)^n = \begin{cases} -1 & , \quad \text{se} \quad n \text{ é ímpar} \\ 1 & , \quad \text{se} \quad n \text{ é par.} \end{cases}$$

Observamos que a sequência $((-1)^n)_n$ tende para dois números diferentes: -1 e 1. Como o limite de uma sequência, se existir, é único pelo Teorema de Unicidade 5.1, então segue que a sequência $((-1)^n)_n$ não possui limite.

Nota 5.5. *Teste de subsequência.* Qualquer sequência que possui duas subsequências com limites diferentes será divergente. Isto nada mais é do que a contrapositiva da proposição anterior (5.1)

- A sequência $(a_n)_{n\in\mathbb{N}} = \{1, 0, 1, 0, 1, \ldots\ldots..\}$ diverge, pois como vimos no exemplo (5.48), $(a_n)_n$ tem duas subsequências constantes, que evidentemente convergem a valores diferentes. Logo, a sequência original $(a_n)_n$ diverge.
- Verifique que $a_n = \{(-1)^n \frac{1}{2}\}$ diverge.

A seguir, enunciemos um resultado fundamental da teoria das sequências, atribuído aos grandes matemáticos Bolzano[6] e Weierstrass[7].

Teorema 5.11. Toda sequência limitada possui uma subsequência convergente.

Prova: Seja $(x_n)_n$ a sequência limitada, isto é, existem $a, b \in \mathbb{R}$ tais que,

$$a \leq x_n \leq b, \ \forall n \in \mathbb{N} \iff (x_n)_n \subset [a, b].$$

Agora vamos dividir o intervalo $[a, b]$ em dois intervalos iguais e suponhamos que um deles, digamos $[a_1, b_1]$, contenha infinitos termos da sequência. A seguir, dividimos novamente o

[6]Bernard Placidus Johann Nepomuk Bolzano (1781 - 1848), matemático Checo, teólogo e filósofo da antiga Boémia, que pesquisou também problemas ligados ao espaço, à força e à propagação de ondas.

[7]Karl Wilhelm Theodor Weierstrass (1815 - 1897), matemático alemão, professor na Universidade de Berlim.

intervalo $[a_1, b_1]$ em dois intervalos iguais, e suponhamos que um deles, digamos $[a_2, b_2]$, contenha infinitos termos da sequência. Continuando com esse processo, vamos obter uma sequência de intervalos encaixantes

$$[a, b] \supset [a_1, b_1] \supset [a_2, b_2] \supset \ldots$$

Segue daqui que $|b_n - a_n| = \dfrac{|b-a|}{2^n}$, ou seja, $\lim\limits_{n\to\infty} |b_n - a_n| = 0$.
Em virtude do Teorema dos Intervalos Encaixantes[8], $\bigcap_{n\in\mathbb{N}}[a_n, b_n] \neq \emptyset$, ou seja, existe $c \in [a_n, b_n], \forall n \in \mathbb{N}$.
Para uma sequência crescente $(n_k)_k$ existe uma subsequência $(x_{n_k})_k \in [a_n, b_n]$, pois em cada intervalo $[a_n, b_n]$ temos uma sequência infinita.

Como:

$$|x_{n_k} - c| \leq |b_n - a_n| \to 0,$$

segue que:

$$\lim_{k\to\infty} x_{n_k} = c. \qquad \blacksquare$$

5.8 Critério de Cauchy para a Existência do Limite

Antes de introduzir a definição de sequência fundamental ou de Cauchy, vamos lembrar a definição de convergência de sequências. Seja $(x_n)_n$ uma sequência numérica convergente, isto é, $\lim\limits_{n\to\infty} x_n = a$, ou seja:

$$\forall \varepsilon > 0 \ \exists n_o, \text{ tal que } |x_n - a| < \varepsilon \quad (n > n_o).$$

Definição 5.21 (Sequência de Cauchy)**.** A sequência numérica $(x_n)_n$ é dita fundamental ou de Cauchy[9] se satisfaz a seguinte condição: para todo $\varepsilon > 0$, existe um n_o tal que

$$|x_n - x_m| < \varepsilon, \quad \text{para todos } n, m > n_o.$$

Exemplo 5.51. Verifique que a sequência $(x_n)_n = (\frac{1}{n})_n$, $n \in \mathbb{N}$ é de Cauchy.

Antes de resolver, iremos enunciar o chamado princípio Arquimediano.

> **Definição 5.22.** *Princípio arquimediano.* $\forall x \in \mathbb{R}$, $\exists n \in \mathbb{N}$ tal que $x < n$. Ou seja, o conjunto $\mathbb{N}$ não admite cota superior ou dito de outra forma é um conjunto ilimitado.

Supondo que $\epsilon > 0$, podemos aplicar o princípio arquimediano para o número real $1/\epsilon$. Assim, existe $n_0 \in \mathbb{N}$ tal que $1/\epsilon < n_0$.
logo, $\forall\, n, m > n_0$

$$1/\epsilon < n, \ 1/\epsilon < m$$

Podemos escolher sem perda de generalidade que $n \geq m$. Logo:

$$1/\epsilon < n_0 < m \leq n \to 1/n \leq 1/m < 1/n_0 < \varepsilon.$$

Daí que:

$$|1/m - 1/n| < 1/n_0 < \varepsilon$$

Ou seja, dado $\varepsilon > 0$ sempre é possível achar $n_0 \in \mathbb{N}$, tal que $\forall n, m > n_0$, $|1/m - 1/n| < 1/n_0 < \epsilon$, isto é a sequência $(x_n)_n = (1/n)_n$ é de Cauchy.

---

[8] ver exercício 3 do capítulo 2

[9] Augustin-Louis Cauchy (1789 - 1857) um matemático francês, que introduziu o rigor na Análise Matemática.

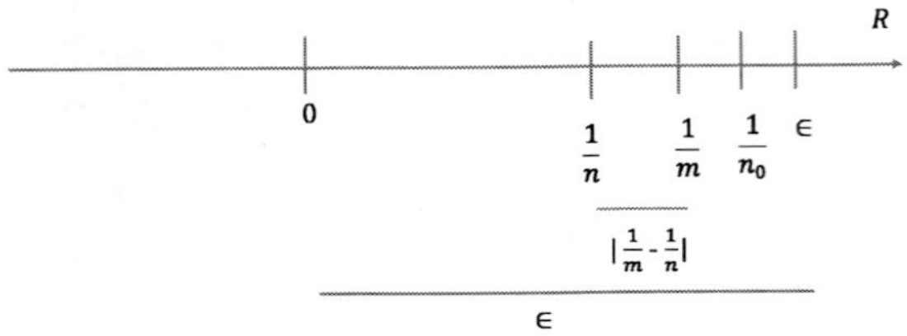

Figura 5.14:

Teorema 5.12 (Critério de Cauchy). Para que a sequência numérica $(x_n)_n$ seja convergente é necessário e suficiente que a sequência seja de Cauchy.

Prova: Vamos mostrar a condição necessária do teorema. Suponhamos que a sequência $(x_n)_n$ seja convergente, isto é, $\lim\limits_{n\to\infty} x_n = a$, então, pela desigualdade triangular dos números reais:

$$|x_n - x_m| = |x_n - a + a - x_m| \leq |x_n - a| + |x_m - a| < \frac{\varepsilon}{2} + \frac{\varepsilon}{2} = \varepsilon.$$

Agora, suponhamos que a sequência $(x_n)_n$ é de Cauchy. Precisamos provar que ela é convergente. Para atingir nosso objetivo vamos mostrar primeiramente que uma sequência de Cauchy é limitada. De fato, consideremos $\varepsilon = 1$ e encontremos um n_o tal que,

$$|x_n - x_m| < 1, \quad (n, m > n_o).$$

Fixando algum $m > n_o$, obtemos da última desigualdade

$$|x_n| < 1 + |x_m| \quad (n > m),$$

onde concluímos que $(x_n)_n$ é limitado.

Em segundo lugar, usemos o Teorema de Bolzano-Weierstrass 5.11, para concluirmos que da sequência $(x_n)_n$ existe uma subsequência convergente $(x_{n_k})_k$ tal que $\lim\limits_{k\to\infty} x_{n_k} = a$.

E por último, vamos provar que a sequência $(x_n)_n$ converge para a. Seja $\varepsilon > 0$, então por definição:

$$\text{existe, } n_\varepsilon, k_\varepsilon : \quad |x_n - x_{n_k}| < \frac{\varepsilon}{2}, \quad \forall n > n_\varepsilon, k > k_\varepsilon.$$

Passando ao limite quando $k \to \infty$, obtemos:

$$|x_n - a| < \frac{\varepsilon}{2} < \varepsilon, \quad \forall n > n_\varepsilon.$$

Como ε foi arbitrário, segue que $\lim\limits_{n\to\infty} x_n = a$. ∎

Para maiores detalhes, sugerimos ver o livro de Nikolsky [13].

Nota 5.6. *Equação de Kepler.* Considere a órbita fechada (cuja excentricidade e é tal que $e < 1$) de um planeta em relação ao Sol. Se localizarmos o Sol num dos focos da órbita elíptica e de acordo com a lei da gravitação universal de Newton, a posição do planeta r em relação ao Sol e em coordenadas polares tem a seguinte forma

$$r(\theta) = \frac{a(1-e^2)}{1+e\cos\theta}$$

θ sendo medido a partir do periélio (ponto de maior aproximação do planeta), a é o semieixo maior da órbita elíptica. É possível encontrar uma relação direta de $\theta = \theta(t), r = r(t)$ sendo t o intervalo de tempo do movimento mecânico do planeta medido a partir do periélio?
A resposta é que não existe uma resposta direta, porém Kepler encontrou uma fórmula de recorrência que permite esta conexão de tempo e posição. É a seguinte:

$$\chi = e\,\text{sen}\chi + \frac{2\pi t}{T} \quad (\textit{eq. Kepler})$$

Sendo T o período orbital, χ é denominada *anomalia excêntrica* a ser determinada, e que finalmente permitirá encontrar (r, θ) [46]

$$r = a(1-\cos\chi), \quad \text{tg}\theta/2 = \sqrt{\frac{1+e}{1-e}}\,\text{tg}\chi/2$$

Exemplo 5.52. Mostremos que a equação de Kepler

$$x = a\,\text{sen}\,x + b,$$

que descreve a posição de um planeta na sua órbita, onde $0 < a < 1, b > 0$ e x é a variável desconhecida, possui uma única solução.

Tomemos um x_o arbitrário e construamos a seguinte sequência numérica:

$$\begin{array}{ll} x_1 = a\,\text{sen}\,x_o + b, & x_2 = a\,\text{sen}\,x_1 + b, \;\ldots \\ \vdots = \vdots, & \vdots = \vdots \\ x_n = a\,\text{sen}\,x_{n-1} + b, & x_{n+1} = a\,\text{sen}\,x_n + b, \;\ldots \end{array}$$

Subtraindo a primeira igualdade da segunda, obtemos:

$$x_2 - x_1 = a(\text{sen}\,x_1 - \text{sen}\,x_o) = 2a\,\text{sen}\left(\frac{x_1 - x_o}{2}\right)\cos\left(\frac{x_1 + x_o}{2}\right).$$

Usando o fato que as funções seno e cosseno são funções limitadas: $|\,\text{sen}\,\beta| \leq 1, \quad |\cos\beta| \leq 1$, e também $|\,\text{sen}\,\beta| \leq |\beta|$ temos:

$$|x_2 - x_1| \leq 2a\frac{|x_1 - x_o|}{2} = a|x_1 - x_o|. \tag{5.3}$$

De forma análoga, podemos obter a seguinte desigualdade:

$$|x_3 - x_2| \leq a|x_2 - x_1|,$$

ou usando a desigualdade (5.3), podemos escrever:

$$|x_3 - x_2| \leq a^2|x_1 - x_0|.$$

Continuando com este processo, n vezes, obtemos a desigualdade:

$$|x_{n+1} - x_n| \leq a^n|x_1 - x_o|. \tag{5.4}$$

Agora, consideremos dois números n e m com $m > n$, e analisemos a diferença $x_m - x_n$:

$$x_m - x_n = x_m - x_{m-1} + x_{m-1} - x_{m-2} + x_{m-2} - x_{m-3} + \ldots + x_{n+1} - x_n.$$

Usando a desigualdade triangular generalizada e a desigualdade (5.4), obtemos:

$$\begin{aligned}
|x_m - x_n| &\leq |x_m - x_{m-1}| + |x_{m-1} - x_{m-2}| + |x_{m-2} - x_{m-3}| + \ldots + |x_{n+1} - x_n| \leq \\
&\leq a^{m-1}|x_1 - x_o| + a^{m-2}|x_1 - xo| + \ldots a^n|x_1 - x_o| \leq \\
&\leq (a^{m-1} + a^{m-2} + a^{m-3} + \ldots + a^n)|x_1 - x_o| = \\
&= a^n\frac{1 - a^{m-n}}{1 - a}|x_1 - x_o|.
\end{aligned}$$

Como $\lim\limits_{n\to\infty} a^n = 0$ e $0 < a^{m-n} < 1$ quando $m > n$ e $|x_1 - x_o|$ constante, temos:

$$\lim_{n\to\infty} |x_m - x_n| = 0, \text{e por tanto } \lim_{n\to\infty} (x_m - x_n) = 0.$$

E isto significa que existe

$$\lim_{n\to\infty} x_n = \sigma.$$

Usando a continuidade da função sen, podemos escrever

$$\sigma = a \operatorname{sen} \sigma + b, \tag{5.5}$$

isto é, o limite σ da sequência $(x_n)_n$ é raiz da equação de Kepler.

Agora mostremos a unicidade. Suponhamos que a equação de Kepler possui uma outra solução diferente de σ, digamos σ_1, isto é,

$$\sigma_1 = a \operatorname{sen} \sigma_1 + b.$$

Subtraindo desta equação a equação (5.5), obtemos:

$$\sigma_1 - \sigma = a(\operatorname{sen} \sigma_1 - \operatorname{sen} \sigma) = 2a \operatorname{sen} \frac{\sigma_1 - \sigma}{2} \cos \frac{\sigma_1 + \sigma}{2},$$

onde,

$$|\sigma_1 - \sigma| \leq a|\sigma_1 - \sigma|.$$

Como $0 < a < 1$, essa desigualdade somente é possível, se $\sigma_1 = \sigma$, e portanto, a equação de Kepler possui uma única solução.

5.9 Exercícios sobre Sequências Numéricas

Exercício 5.1. Considere a curva de Koch ou chamada também de *floco de neve*, construída com as seguintes regras:
a) Desenhe um triângulo equilátero de lado L;
b) Divida-o em três partes iguais em cada lado do triângulo e retire a parte do meio;
c) Construa na parte central retirada um triângulo equilátero e retire sua base;
d) Repita o processo nos quatro segmentos restantes de cada lado;
e) Repita o processo indefinidamente.
I) Construa a sequência do perímetro do triângulo em cada etapa da construção anterior e diga se a sequência é crescente ou decrescente.
II) Determine a fórmula recursiva do perímetro e calcule o seu limite quando o número de processos vai para o infinito.
III) A sequência construída no item I é limitada? Uma curva similar se constrói na referência

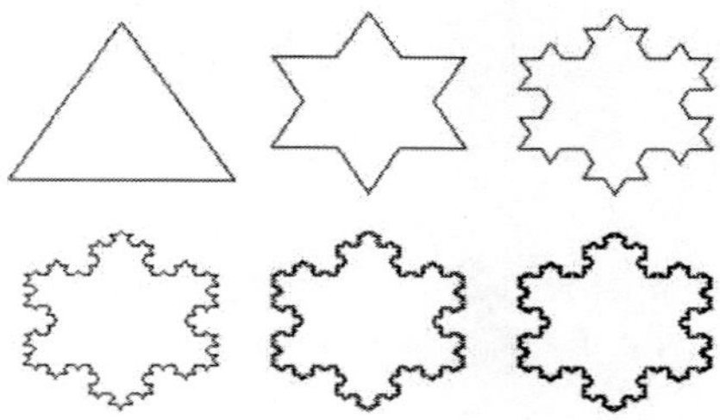

Figura 5.15: Floco de neve

[34].

Exercício 5.2. Considere a sequência de Fibonacci definida pela forma recursiva:

$$f_n = f_{(n-1)} + f_{(n-2)}; f_1 = 1, f_2 = 1, n > 2.....(*)$$

Verifique que a fórmula fechada:

$$f_n = \frac{1}{\sqrt{5}}((\frac{1+\sqrt{5}}{2})^n - (\frac{1-\sqrt{5}}{2})^n); n \geq 1$$

satisfaz a fórmula recursiva $(*)$.

Exercício 5.3. Considere a construção do retângulo áureo da figura (5.16). Construa a sequência de áreas relativas à área total construída até o quadrado de lado igual a $f_n, n > 2$.
a) Determine a fórmula de recorrência de tal sequência.
b) Determine o comprimento da espiral de Fibonacci do início até o quadrado de lado igual a $f_n, n > 2$.

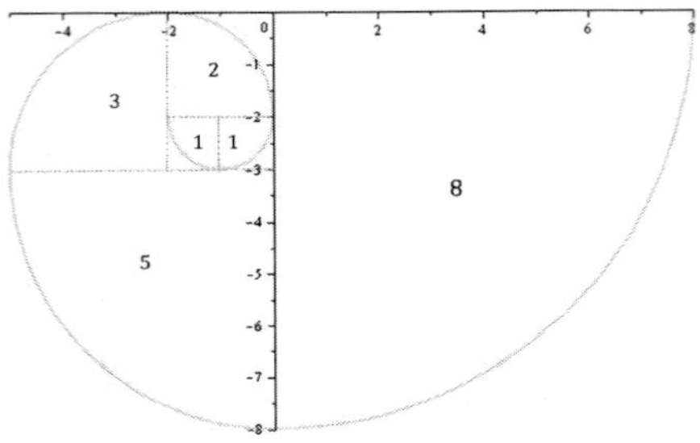

Figura 5.16:

Exercício 5.4. Considere a sequência

$$1, 1, 1, 2, 2, 3, 4, 5, 7, 9, 12, 16, 21, 28, 37, 49, 65, 86, ..$$

denominada números de Padovan. A fórmula recursiva para essa sequência é dada por $P_n = P_{n-2} + P_{n-3}; P_1 = P_2 = P_3 = 1$. Construa $\varphi_n = \dfrac{P_n}{P_{n-1}}$ e prove que $lim_{n \to \infty} \varphi_n = x$ satisfaz a seguinte equação algébrica: $x^3 - x - 1 = 0$. De acordo com a fórmula de Cardano, a equação anterior tem uma raiz real $\Psi \approx 1.32472$ e duas raízes complexas (uma conjugada da outra). O número $\Psi \approx 1,32472$ é conhecido também como *número plástico* (ver referências [37], [38]). Na referência [39] se ensina uma forma de construir uma espiral juntando triângulos equiláteros relativo a sequência de Padovan.

Exercício 5.5. Mostre quais das sequências $(a_n)_n$ a seguir são crescentes se seus termos gerais são:

1. $a_n = n^2 + 1$;

2. $a_n = n^3 - n^2$;

3. $a_n = \dfrac{2^n}{2n+1}$.

4. $a_n = \dfrac{2^n}{n!}$

Exercício 5.6. Mostre que as sequências $(a_n)_n$ são limitadas superiormente se seus termos gerais são:

1. $a_n = 1000 - \sqrt{n}$;

2. $a_n = 7 - 2n - n^2$;

3. $a_n = \dfrac{n^2+2}{n^2+1}$.

Exercício 5.7. Mostre que as sequências $(a_n)_n$ são limitadas inferiormente se seus termos gerais são:

1. $a_n = n^2 - n - 11;$

2. $a_n = \dfrac{1}{n} + \operatorname{sen}\sqrt{n};$

3. $a_n = \dfrac{(-1)^n}{n} + \dfrac{n+2}{n^2}.$

Exercício 5.8. Mostre que as sequências $(a_n)_n$ são limitadas se seus termos gerais são:

1. $a_n = \sqrt{n+1} - \sqrt{n};$

2. $a_n = \dfrac{1}{n^2} - \cos\dfrac{1}{n+1};$

3. $a_n = \dfrac{2n+3}{n^2+2n+3}.$

Exercício 5.9. Do exemplo (5.16), em que já foi provada a convergência da sequência $\{a_n = \frac{1}{2n} + 2\}$, encontre o novo valor n_0, dado $\varepsilon = 0,01$.

Exercício 5.10. Demonstre a convergência da sequência
a) $(a_n)_n = \dfrac{b}{n^2}$ para $a = 0, b > 0$. b) $(a_n)_n = \frac{4n}{4n^4+n}$ para $a = 0$.

Exercício 5.11. Utilizando o critério de convergência das sequências geométricas, avalie a convergência ou não das seguintes sequências

1. $a_n = (-1)^n \dfrac{1}{4^{n+1}} \operatorname{sen}^n a,\ a \in \mathbb{R}.$

2. $a_n = \ln^n a,\ a \in \mathbb{R}, a > 1.$

3. $a_n = (-1)^n \dfrac{(\cos(b\pi))^{2n}}{b^{n+2}}, b \in \mathbb{R}, b \geq 1$

Exercício 5.12. Verifique a convergência ou não das sequências:

1 $a_n = 1 + \sqrt{n-2}, n > 1$

2 $a_n = \dfrac{1}{n^3}$

3 $a_n = (-1)^{n+2}\frac{1}{2n+1}$

4 $a_n = (-1)^n\sqrt{n}$

Exercício 5.13. Considere a sequência $a_n = \int_1^n \frac{1}{x^p} dx$, mostre
a) que $(a_n)_{n\in\mathbb{N}}$ não é limitada se $p \leq 1$.
b) que $\lim\limits_{n\to\infty} a_n = 1/(p-1)$ *se* $p > 1$.

Exercício 5.14. Use a definição para mostrar que as sequências $(a_n)_n$ possuem limites, se:

1. $a_n = \dfrac{3n+2}{n};$

2. $a_n = (-1)^n \dfrac{1}{1+n^2}$;

3. $a_n = \dfrac{\operatorname{sen} n + \cos n}{\sqrt{n}}$;

4. $a_n = \left(\dfrac{1}{5}\right)^n$.

Exercício 5.15. Sejam $x_1 = 0,3, \quad x_2 = 0,33, \quad x_3 = 0,333, \ldots, x_n = 0,\overbrace{33\ldots33}^{n}, \ldots$ os termos da sequência $(x_n)_n$. Mostre que essa sequência converge para $\dfrac{1}{3}$.

Exercício 5.16. Utilizando o teorema da função contínua ou o teorema do confronto, determine a convergência ou não das seguintes sequências

1. $a_n = (1 + \frac{2}{3n})^n$
2. $a_n = (1 + \frac{1}{n^2})^n$
3. $a_n = \sqrt{\frac{n^2+n}{4n^2}}$
4. $a_n = (-1)^n \frac{sin(2n)}{n^2}$

Exercício 5.17. Calcule o limite das sequências:

1. $\lim\limits_{n\to\infty} \dfrac{3n+1}{n-5}$;

2. $\lim\limits_{n\to\infty} \dfrac{-4n^2+5n-6}{n^2-6}$;

3 $\lim\limits_{n\to\infty} \dfrac{\operatorname{sen}^2(n+3)}{n+2}$;

4. $\lim\limits_{n\to\infty} \dfrac{\sqrt{n^3}+4n+2}{9n\sqrt{n}+5}$;

5 $\lim\limits_{n\to\infty} \left(\sqrt[3]{n} - \sqrt[3]{n+1}\right)$;

6. $\lim\limits_{n\to\infty} \dfrac{1+2+3+\ldots+n}{n^2-4}$;

7 $\lim\limits_{n\to\infty} \left(n - \sqrt{n^2+3}\right)$;

8. $\lim\limits_{n\to\infty} \dfrac{(n+2)!+(n+1)!}{(n+3)!}$;

9 $\lim\limits_{n\to\infty} \dfrac{1^2+2^2+3^2+\ldots+n^2}{n^3+1}$;

10. $\lim\limits_{n\to\infty} \left(\sqrt{n+\sqrt{n+\sqrt{n}}} - \sqrt{n}\right)$;

11 $\lim\limits_{n\to\infty} \dfrac{\sqrt[n]{n}+\sqrt[n]{n+1}+\sqrt[n]{n+2}}{\sqrt{n}+2}$. ;

12. $\lim\limits_{n\to\infty} \dfrac{1}{n^2}\operatorname{sen}(\dfrac{n}{n+2})$

Exercício 5.18. Encontre

1. $\lim\limits_{n\to\infty} \left(1+\dfrac{1}{2n}\right)^{3n+1}$;

2.- $\lim\limits_{n\to\infty} \left(\dfrac{3+n}{1+n}\right)^{1-n}$;

3 $\lim_{n\to\infty}\left(\frac{n^2+3}{n^2+1}\right)^{n^2}$; 4.- $\lim_{n\to\infty} n(\ln(n+1)-\ln n)$;

5 $\lim_{n\to\infty}\left(\frac{n+3}{n+1}\right)^{3n}$; 6.- $\lim_{n\to\infty} \sqrt[3n]{1+3n}$.

Exercício 5.19. Mostre que:

1. $\lim_{n\to\infty} \sqrt[n]{8} = 1$;
2. $\lim_{n\to\infty} \frac{2^n}{3^n} = 0$;
3. $\lim_{n\to\infty} \frac{5^n}{n!} = 0$;
4. $\lim_{n\to\infty} \frac{\log_3 n}{n} = 0$.

Exercício 5.20. Mostre que:

1. $\lim_{n\to\infty} \sqrt[3]{n} = +\infty$;
2. $\lim_{n\to\infty} 2^n = +\infty$;
3. $\lim_{n\to\infty} \log_2 n = +\infty$;
4. $\lim_{n\to\infty} \left(\sqrt{n}-\sqrt{n^2+1}\right) = -\infty$.

Exercício 5.21. Utilizando o conceito de subsequência, verifique a convergência ou não de:

1. $\{1/2,\ 1,\ 2/3,\ 3,\ 3/4,\ 5,\ 4/5, 7, 5/6, 9, 6/7, 11, 7/8, 13, ...\}$
2. $a_n = e^{(-1)^n n}$, $n \in \mathbb{N}$

Exercício 5.22. Considere $a > 0$ e a fórmula de recorrência $x_{n+1} = \frac{2}{a+x_n}, n \geq 1$, tal que $x_1 = 2/a$.
a) Verifique

$$x_2 < x_4 < x_6 < ...... < x_5 < x_3 < x_1$$

b) Encontre por extenso a fórmula geral para x_{n+1}
c) Prove que $\lim_{n\to\infty}(x_n) = \frac{-a+\sqrt{a^2+8}}{2}$
d) Demonstre que a subsequência dos índices pares forma uma sequência crescente e convergente e a subsequência dos índices ímpares forma uma sequência decrescente e converge ao mesmo limite (dado no item d).

5.10 Resposta

5.1

1. Crescente

2. $P_n = P_1(\frac{4}{3})^{n-1}$, P_1 é o perímetro do triângulo equilátero inicial.
   $lim_{n\to\infty} P_n = +\infty$ pois P_n é uma sequência geométrica de razão $r = 4/3 > 1$

3. É limitada inferiormente por 3L.

5.2

Considere a fórmula fechada de f_n e adapte ela para f_{n-1} e f_{n-2}, de modo que:
$f_{n-1} = \frac{1}{\sqrt{5}}((\frac{1+\sqrt{5}}{2})^{n-1}) - (\frac{1-\sqrt{5}}{2})^{n-1})$
$f_{n-2} = \frac{1}{\sqrt{5}}((\frac{1+\sqrt{5}}{2})^{n-2}) - (\frac{1-\sqrt{5}}{2})^{n-2})$
Aplique essas equações na fórmula recursiva dada:

$$f_n = f_{n-1} + f_{n-2}$$

5.3

a $A_n = \sum_{k=1}^{n} {f_k}^2 = f_n f_{n+1}, n \geq 1.$

b $L_{espiral fibonacci} = \pi/2(\sum_{k=1}^{n} f_k),\ f_1 = f_2 = 1$

Em ambas as situações, $\{f_k,\ k \geq 1\}$ é a sequência de Fibonacci.
5.4

Dica: De acordo com a fórmula de recorrência da sequência de Padovan: $\frac{P_n}{P_{n-1}} = \frac{P_{n-2}}{P_{n-1}} + \frac{P_{n-3}}{P_{n-1}}$ e considerando $\frac{P_n}{P_{n-1}} = \varphi_n$ temos

$$\varphi_n = \varphi_{n-1}^{-1} + \frac{1}{\varphi_{n-2}\varphi_{n-1}}$$

daí que para n muito grande, obtemos a equação algébrica solicitada.
5.5

1. $a_n = n^2 + 1,\ a_{n+1} = (n+1)^2 + 1$. Verifica-se que $a_{n+1} - a_n = (n+1)^2 - n^2 = 2n + 1 > 0$.

2. $a_n = n^3 - n^2,\ a_{n+1} = (n+1)^3 - (n+1)^2$. $a_{n+1} - a_n = (n+1)(2n+1) + n^2 - (2n+1) > 0$.

3. $a_n = \dfrac{2^n}{2n+1},\ a_{n+1} = \dfrac{2^{n+1}}{2n+3}$. Segue que $\dfrac{a_{n+1}}{a_n} > 1$.

4. $a_{n+1} - a_n = \dfrac{2^n(1-n)}{n!\,(n+1)} < 0$, para $n > 1$.

Logo, as quatro primeiras sequências são crescentes e a última é decrescente.
5.6

1. $a_n = 1000 - \sqrt{n} \leq 999;$

2. $a_n = 7 - 2n - n^2 \leq 4;$

3. $a_n = \dfrac{n^2+2}{n^2+1} \leq \dfrac{3}{2}.$

5.7

1. $a_n = n^2 - n - 11 = (n-1/2)^2 - 45/4 \geq -11;$

2. $a_n = \dfrac{1}{n} + \operatorname{sen}\sqrt{n} \geq -1;$

3. $a_n = \dfrac{(-1)^n}{n} + \dfrac{n+2}{n^2} \geq 0.$

5.8

1. $a_n = \sqrt{n+1} - \sqrt{n} = \dfrac{1}{\sqrt{n+1}+\sqrt{n}}$, donde $\quad 0 \leq \dfrac{1}{\sqrt{n+1}+\sqrt{n}} \leq \dfrac{1}{\sqrt{2}+1}$

2. $0 \leq \dfrac{1}{n^2} \leq 1$ e $-1 \leq -\cos\frac{1}{n+1} \leq 1$, donde $-1 \leq \dfrac{1}{n^2} - \cos\dfrac{1}{n+1} \leq 2,$

3. $0 < \dfrac{2n+3}{n^2+2n+3} \leq 1.$

5.9 $n_0 = 51$

5.10

a) Para mostrar que $\dfrac{b}{n^2} \to 0$, basta escolher $n_0 = \left[\sqrt{\dfrac{b}{\varepsilon}}\right] + 1$, tal para todo $n > n_0$, temos $\dfrac{1}{n_0} > \dfrac{1}{n}$, donde $\dfrac{1}{n_0^2} > \dfrac{1}{n^2}$ e

$$\frac{b}{\left(\left[\sqrt{\frac{b}{\varepsilon}}\right]+1\right)^2} > |\frac{b}{n^2} - 0|.$$

b) Para $\varepsilon \geq 4$ a convergência a zero está garantida para todo $n \geq 1$. E para $0 < \varepsilon < 4$ a convergência está garantida $\forall n > n_0 = [\sqrt[3]{\dfrac{1}{\varepsilon} - \dfrac{1}{4}}] + 1$. Aqui usamos a definição de $[x]$ parte inteira de x.

5.11

1. Como $a_n \leq |a_n| \leq \dfrac{1}{4^{n+1}}$ segue que a razão da sequência $\left(\dfrac{1}{4^{n+1}}\right)_n$ é $r = \dfrac{1}{4} < 1$. Logo a sequência converge.

2. Como a razão da sequência geométrica $a_n = (\ln a)^n, a > 1$, é $r = \ln a > 0$, segue que:
   a) Se $1 < a < e$ a sequência converge para 0, isto é, $\lim\limits_{n \to \infty} a_n = 0$.
   b) Se $a > e$ a sequência diverge.
   c) Se $a = e$ a sequência converge para 1. e é a base do logaritmo neperiano.

3. Se $b = 1$, $a_n = (-1)^n$ a sequência diverge e se $b > 1$ a seguência geométrica converge.

5.12

1. A sequência $(a_n)_n$ com termo geral $a_n = 1 + \sqrt{n-2}$, diverge, pois $\lim\limits_{n \to \infty} a_n = +\infty$

2. A sequência $(a_n)_n$ com termo geral $a_n = \frac{1}{n^3}$ converge para 0, vide Exercício 5.10.

3. A sequência $(a_n)_n$ com termo geral $a_n = (-1)^{n+2}\frac{1}{2n+1}$ converge para 0, pois $\lim\limits_{n \to \infty} \dfrac{(-1)^{n+2}}{2n+1} = 0$.

4. A sequência $(a_n)_n$ com termo geral $a_n = (-1)^n\sqrt{n}$, diverge, pois $\lim\limits_{n \to \infty} a_n = \pm\infty$.

5.13
Primeiramente calculemos $a_n = \displaystyle\int_1^n \frac{dx}{x^p}$:

$$\int_1^n \frac{dx}{x^p} = \begin{cases} \dfrac{n^{1-p}}{1-p} - \dfrac{1}{1-p}, & p \neq 1 \\ \ln n, & p = 1 \end{cases}$$

Assim
a). Se $p < 1$ a sequência diverge, pois $\lim\limits_{n \to \infty} a_n = \lim\limits_{n \to \infty} [\dfrac{n^{1-p}}{1-p} - \dfrac{1}{1-p}] = +\infty$. Se $p = 1$, $\lim\limits_{n \to \infty} a_n = \lim\limits_{n \to \infty} \ln n = +\infty$. Isto significa que a sequência diverge se $p \leq 1$.
b). Se $p > 1$: $\lim\limits_{n \to \infty} a_n = \lim\limits_{n \to \infty} [\dfrac{n^{1-p}}{1-p} - \dfrac{1}{1-p}] = \dfrac{1}{p-1}$.

5.14

1. $\forall \varepsilon > 0, \exists n_o = 2/\varepsilon$, tal que para todo $n > n_o$:

$$|\frac{3n+2}{n} - 3| = \frac{2}{n} \leq \frac{2}{n_o} = \varepsilon.$$

2. $\forall \varepsilon > 0, \exists n_o = 1/\sqrt{\varepsilon}$, tal que para todo $n > n_o$:

$$|(-1)^n \frac{1}{1+n^2}| \leq |\frac{1}{n^2}| \leq \frac{1}{n_o^2} = \varepsilon.$$

3. $\forall\varepsilon > 0, \exists n_o = 4/\varepsilon^2$, tal que para todo $n > n_o$:

$$|\frac{\operatorname{sen} n + \cos n}{\sqrt{n}}| \leq \frac{2}{\sqrt{n}}| \leq \frac{2}{\sqrt{n_o}} = \varepsilon.$$

4. $\forall\varepsilon > 0$, escolha $n_o = 5^{\log_5 \frac{1}{\varepsilon}}$.

5.15
$\frac{1}{3} - x_n = \frac{1}{3.10^n}$. Escolhemos n_o de tal forma que satisfaça

$$\frac{1}{3.10^n} < \varepsilon,$$

ou seja $n_o > \log_{10} \frac{1}{\varepsilon} - \log_{10} 3$, assim, para todo $n > n_o$, temos

$$\lim_{n\to\infty} x_n = \frac{1}{3}.$$

5.16 1) $e^{2/3}$ 2) 1 3) 1/2 4) 0
5.17

1. 3;

2. $\lim_{n\to\infty} \frac{-4n^2 + 5n - 6}{n^2 - 6} = \lim_{n\to\infty} \frac{-4n^2/n^2 + 5n/n^2 - 6/n^2}{n^2/n^2 - 6/n^2} = -4;$

3. 0;

4. 1/9;

5. $\lim_{n\to\infty} \left(\sqrt[3]{n} - \sqrt[3]{n+1}\right) = \lim_{n\to\infty} \frac{-1}{\sqrt[3]{n^2} + \sqrt[3]{n}(n+1) + \sqrt[3]{(n+1)^2}} = 0;$

6. $\lim_{n\to\infty} \frac{1 + 2 + 3 + \ldots + n}{n^2 - 4} = \lim_{n\to\infty} \frac{\frac{n(n+1)}{2}}{n^2 - 4} = 1/2;$

7. $\lim_{n\to\infty} \left(n - \sqrt{n^2 + 3}\right) = 0;$

8. $\lim_{n\to\infty} \frac{(n+2)! + (n+1)!}{(n+3)!} = \lim_{n\to\infty} \frac{(n+1)!\,(n+2+1)}{(n+1)!(n+2)(n3)} = 0;$

9. $\lim_{n\to\infty} \frac{1^2 + 2^2 + 3^2 + \ldots + n^2}{n^3 + 1} = \lim_{n\to\infty} \frac{n(n+1)(2n+1)}{6(n^3+1)} = 1/3;$

10. $\lim_{n\to\infty} \left(\sqrt{n + \sqrt{n + \sqrt{n}}} - \sqrt{n}\right) = \lim_{n\to\infty} \frac{\sqrt{n + \sqrt{n}}}{\sqrt{n + \sqrt{n + \sqrt{n}}} + \sqrt{n}} = 1/2;$

11. $\lim_{n\to\infty} \dfrac{\sqrt[n]{n} + \sqrt[n]{n+1} + \sqrt[n]{n+2}}{\sqrt[n]{n} + 2} = \dfrac{1+1+1}{1+2} = 1;$

12. Utilize o Teorema 5.4

5.18
1) $e^{3/2}$; 2) e^{-2} ; 3) e^2; 4) 1; 5) e^6; 6) e.
5.19

1. $\forall n \geq 2$, $\sqrt[n]{8} > 1$. Escrevendo $\omega_n = \sqrt[n]{8} - 1 > 0$, ou seja $8 = 1 + \omega_n^n \geq 1 + n\omega_n > n\omega_n$. Daqui $0 < \omega_n < \dfrac{8}{n}$ e $\lim\limits_{n\to\infty} \omega_n = 0$. Logo $\lim\limits_{n\to\infty} \sqrt[n]{8} = 1$.

2. Segue do fato que $\dfrac{2}{3} < 1$.

3. $0 < \dfrac{5}{1}.\dfrac{5}{2}.\dfrac{5}{3}.\dfrac{5}{4}.\dfrac{5}{5}.\dfrac{5}{6}.\dfrac{5}{7}\cdots\dfrac{5}{n} < \dfrac{5^6}{6!}.\dfrac{5^{n-6}}{7^{n-6}} = \dfrac{5^6}{6!}.\left(\dfrac{5}{7}\right)^{n-6} \to 0.$

4. Como $\log_3 \sqrt{n} < \sqrt{n}$, segue que $\dfrac{\log_3 n}{2} < \sqrt{n}$, ou seja $0 < \dfrac{\log_3 n}{n} < \dfrac{2}{\sqrt{n}}$.

5.20

1. $\forall \Delta > 0$ existe n_o tal que $\forall n > n_o$, $\sqrt[3]{n} > \Delta$. Escolhendo $n_o = \Delta^3$, temos $\sqrt[3]{n} > \sqrt[3]{n_o} = \Delta$.

2. $\forall \Delta > 0$ existe n_o tal que $\forall n > n_o = \log_2 \Delta$, temos $2^n > \Delta$.

3. $\forall \Delta > 0$ existe n_o tal que $\forall n > n_o = 2^\Delta$, temos $\log_2 n > \Delta$.

4. $\forall \Delta > 0$ existe n_o tal que $\forall n > n_o = \Delta$, temos $\sqrt{n} - \sqrt{n^2+1} < -\Delta$.

5.21

1. A subsequência $(a_n)_n = \{1, 3, 5, 7, .., 2n+1, ...\}$ diverge para ∞, e a outra subsequência $(b_k)_k = \{1/2, 2/3, 4/5, 5/6, .., \frac{k}{k+1}, ..\}$ converge para 1. Portanto, a sequência original é divergente.

2. A sequência $a_n = e^{(-1)^n n}$ converge para n ímpar e diverge para n par.

5.22

a) Se $x_1 = \dfrac{2}{a}$ e $x_2 = \dfrac{2}{a + x_1} = \dfrac{2}{a + \frac{2}{a}}$ e do fato que $a < a + \dfrac{2}{a}$, concluímos que $x_2 < x_1$. Por outro lado, se $a < a + x_2$, então $x_3 = \dfrac{2}{a + x_2} < x_1 = \dfrac{2}{a}$.

Como $x_3 < x_1$, então $x_2 = \dfrac{2}{a+x_1} < \dfrac{2}{a+x_3} = x_4$. Além disso, $x_4 - x_1 = \frac{4}{a^2(a+x_1)} > 0$ então $x_4 < x_1$. Como $x_2 + a < x_1 + a$, então $x_2 < x_3$. Em seguida $x_2 + a < x_3 + a$, então $x_4 < x_3$. Assim temos:

$$x_2 < x_4 < .... < x_3 < x_1$$

E isso pode continuar indefinidamente.

b) Da fórmula recursiva,

$$x_2 = \frac{2}{a+\frac{2}{a}},$$

$$x_3 = \frac{2}{a+x_2} = \frac{2}{a+\frac{2}{a+\frac{2}{a}}}$$

$$x_4 = \frac{2}{a+x_3} = \frac{2}{a+\frac{2}{a+\frac{2}{a+\frac{2}{a}}}}$$

$$..$$

$$x_n = \frac{2}{a+\frac{2}{a+\frac{2}{a+\frac{2}{a+..}}}}$$

temos assim, a fórmula do termo geral x_n.

c) Quando $n \to \infty$, $x_n \sim x_{(n+1)} = x_\infty$ e substituindo na fórmula recursiva, obtemos o limite solicitado.

d) Subsequências pares e ímpares.
. Caso sequência de índices pares.
Provemos por indução que $x_{2k} < x_{2k+2}$, para isto verifique: $x_2 < x_4$ e logo suponha que $x_{2n} < x_{2n+2}, \forall n > 1$ (hipótese de indução) e com isso devemos provar que $x_{2(n+1)} < x_{(2(n+1)+2)}, \forall n > 1$.
Observamos que $x_{2n+1} = \dfrac{2}{a+x_{2n}} > x_{2n+3} = \dfrac{2}{a+x_{2n+2}}$, utilizando a hipótese de indução.
Por outro lado, $x_{2n+2} = \dfrac{2}{a+x_{2n+1}}$, $x_{2n+4} = \dfrac{2}{a+x_{2n+3}}$. Como $x_{2n+1} > x_{2n+3}$, é fácil perceber que $x_{2n+2} < x_{2n+4}$ ■
Como esta sequência de índices pares é monótona (crescente) e limitada, pois $x_2 \leq x_{2k} < x_1, \forall k > 1$ então a sequência é convergente e converge para o valor calculado no item c).
. A demonstração de que a sequência de índices ímpares é monótona decrescente e convergente é similar ao caso anterior e pelo item c) converge ao mesmo número.

CAPÍTULO 6

Séries Numéricas

6.1 Motivação

O conceito de série apareceu como uma tentativa de estender a operação de adição com finitos termos para uma adição de infinitos termos. A grande dificuldade em generalizar esta soma infinita pode trazer alguns inconvenientes, como por exemplo: será que esta soma é um número finito? É possível mudar a ordem dos termos da série de tal forma que a série permaneça convergente? É possível reagrupar os termos de uma série divergente de tal forma que sua soma tenda a números finitos diferentes? Vamos ver depois, que a soma de infinitos números não necessariamente é comutativa. Antes de definir os conceitos básicos sobre séries, consideremos o seguinte exemplo de construção de uma figura fractal:

Exemplo 6.1. Inicialmente temos um quadrado de lado L e realizamos o seguinte processo:
a) Dividimos 3 lados do quadrado em 3 partes iguais;
b) Construímos um quadrado com base na parte central, e posteriormente retiramos aquela parte central;
c) Repetimos este processo indefinidamente.
Note que neste processo, em cada etapa, a área total interna obtida da figura inicial esta aumentando (veja figura 6.1). A questão é saber qual é a área total da figura na etapa n.

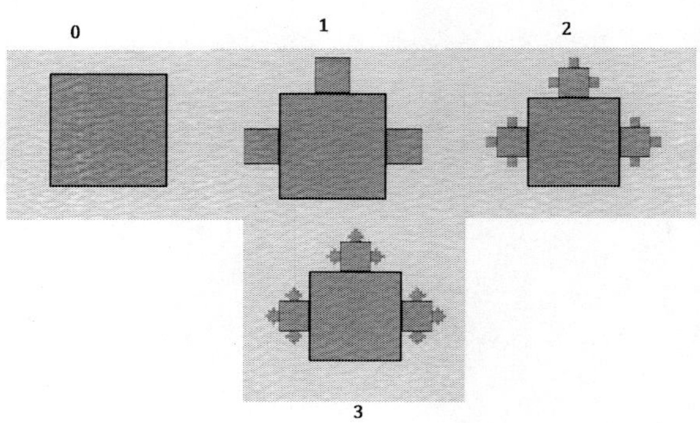

Figura 6.1: 3 primeiras etapas da construção

A seguir a tabela dos primeiros termos:

N^o etapa	Área adicional	Área total
0	0	$A_0 = L^2$
1	$A_1 = 3(\frac{L}{3})^2$	$A_0 + A_1$
2	$A_2 = 9(\frac{L}{9})^2$	$A_0 + A_1 + A_2$
3	$A_3 = 27(\frac{L}{27})^2$	$A_0 + A_1 + A_2 + A_3$
.	.	.
.	.	.
n	A_n	$A_0 + A_1 + A_2 + A_3 + ... + A_n$

Da tabela anterior temos a sequência

$$\{A_1, A_2, ..., A_n, ...\}$$

Em que A_k é a área total adicionada ao quadrado inicial na k-ésima etapa do processo. Assim, podemos formar uma outra sequência da área total da figura em cada etapa.

$$\begin{aligned} S_1 &= A_0 + A_1 \\ S_2 &= A_0 + A_1 + A_2 \\ . &= . \\ . &= . \\ S_n &= A_0 + A_1 + A_2 + ... + A_n \end{aligned}$$

A sequência $(S_n)_n$ formada pelas somas parciais da sequência $(A_n)_n$ é um exemplo de série numérica.
Em uma situação geral, às vezes é possível calcular S_n. Num processo infinito, teremos que analisar $\lim_{n\to\infty} S_n$ que pode convergir ou divergir. Isto é, S_n tende a um número finito ou tende ao infinito.

A resposta à questão apresentada no exemplo 6.1 é discutida na referência [47].

6.1.1 Definições Básicas

Definição 6.1. *Série Numérica*
Consideremos a seguinte sequência numérica,

$$u_1, u_2, u_3, \dots, u_n, \dots \tag{6.1}$$

A partir da sequência anterior podemos definir outra sequência, cujos termos são as somas parciais da sequência anterior.

$$S_1, S_2, S_3, \dots, S_n, \dots$$

em que,

$$\begin{aligned}
S_1 &= u_1, \\
S_2 &= \sum_{k=1}^{2} u_k = u_1 + u_2, \\
S_3 &= \sum_{k=1}^{3} u_k = u_1 + u_2 + u_3, \\
\dots &= \dots \\
S_n &= \sum_{k=1}^{n} u_k = u_1 + u_2 + u_3 + \dots + u_n.
\end{aligned}$$

Chamamos de série numérica(infinita) a seguinte soma com infinitos termos:

$$\sum_{n=1}^{\infty} u_n = u_1 + u_2 + u_3 + \dots + u_n + \dots \tag{6.2}$$

Queremos saber quando a série (6.2) possui soma finita. Uma resposta para esta questão será obtida pelo seguinte critério.

Se existe o limite da soma parcial S_n, isto é,

$$S = \lim_{n \to \infty} S_n,$$

então dizemos que a série numérica (6.2) converge, e possui soma igual a

$$S = \sum_{n=1}^{\infty} u_n = u_1 + u_2 + u_3 + \dots + u_n + \dots .$$

Se $\lim\limits_{n \to \infty} S_n$, não existe (ou tende para infinito), então dizemos que a série (6.2) diverge.

Exemplo 6.2. Dado a sequência de Fibonacci $\{1, 1, 2, 3, 5, .., f_n, ..\}$, apresentada na seção 5.2 do capítulo 5, podemos construir a sequência

$$\{A_n = f_n^2, n = 1, 2, ...n, ...\} = \{1^2, 1^2, 2^2, 3^2, 5^2, 8^2, ...f_n^2, ...\} = \{1, 1, 4, 9, 25, 64, ...\}.$$

Construamos a série $S_n = \sum\limits_{k=1}^{n} A_k$ e determinemos a fórmula para S_n.

$$S_1 = 1^2 = 1.1$$

$$S_2 = 1^2 + 1^2 = 2.1$$

$$S_3 = 1^2 + 1^2 + 2^2 = 2.3$$

$$S_4 = 1^2 + 1^2 + 2^2 + 3^2 = 3.5$$

$$S_5 = 1^2 + 1^2 + 2^2 + 3^2 + 5^2 = 5.8$$

$$\cdot$$

$$\cdot$$

$$S_n = 1^2 + 1^2 + 2^2 + 3^2 + f_n^2 = f_n.f_{n+1}.$$

A construção anterior é imediata se olharmos com atenção a figura (5.16) do exercício 5.3 do Capítulo 5, pois S_n representa a área total construída até a etapa n. S_n também é um retângulo de lados f_n e f_{n+1}. Observa-se que a série $\sum_{n=1}^{\infty} A_n$ diverge, pois $\lim_{n\to\infty} S_n$ tende para o infinito.

Definição 6.2. A série

$$\sum_{k=n+1}^{\infty} u_k = u_{n+1} + u_{n+2} + u_{n+3} + \dots \tag{6.3}$$

chama-se n-ésimo resto da série (6.2) e denota-se por r_n.

Se a série (6.2) converge, então seu resto $r_n \to 0$ quando $n \to \infty$. A série (6.2) converge ou diverge juntamente com o seu resto e, por isto, frequentemente quando queremos analisar a convergência da série, analisamos seu resto.

Exemplo 6.3. Analise a convergência da seguinte série

$$\sum_{n=1}^{\infty} \frac{1}{n(n+1)}.$$

Escrevamos a n-ésima soma parcial S_n na seguinte forma:

$$\begin{aligned} S_n &= \frac{1}{1\times 2} + \frac{1}{2\times 3} + \frac{1}{3\times 4} + \dots + \frac{1}{n\times(n+1)} = \\ &= \left(1 - \frac{1}{2}\right) + \left(\frac{1}{2} - \frac{1}{3}\right) + \left(\frac{1}{3} - \frac{1}{4}\right) + \dots + \left(\frac{1}{n} - \frac{1}{n+1}\right) = \\ &= 1 - \frac{1}{n+1}. \end{aligned}$$

Como o $\lim_{n\to\infty} S_n = \lim_{n\to\infty}(1 - \frac{1}{n+1}) = 1$, então podemos concluir que

$$\sum_{n=1}^{\infty} \frac{1}{n(n+1)} = 1.$$

Nota 6.1. *Série Telescópica*
Dada uma sequência

$$\{a_1, a_2, a_3, ..., a_n, ...\}$$

A soma

$$\sum_{n=1}^{N}(a_{n+1} - a_n)$$

chama-se soma telescópica, cuja soma é dada por

$$\sum_{n=1}^{N}(a_{n+1} - a_n) = a_{N+1} - a_1.$$

A série do exemplo 6.3 é deste tipo, vejamos:

$$\sum_{n=1}^{N} \frac{1}{n(n+1)} = -\sum_{n=1}^{N}(\frac{1}{n+1} - \frac{1}{n}), \quad com \quad a_n = \frac{1}{n}.$$

Daí que:

$$S_N = \sum_{n=1}^{N} \frac{1}{n(n+1)} = -(a_{N+1} - a_1) = 1 - \frac{1}{N+1.}$$

Finalmente: $\lim_{N\to\infty} S_N = 1.$

Exemplo 6.4. Analise a convergência da seguinte série

$$\sum_{n=1}^{\infty} n.$$

Escrevendo a n-ésima soma parcial como sendo, $S_n = 1+2+3+\ldots+n = \dfrac{n(n+1)}{2}$, vemos que

$$\lim_{n\to\infty} S_n = \lim_{n\to\infty} \frac{n(n+1)}{2} = +\infty.$$

Segue então que a série $\sum_{n=1}^{\infty} n$ diverge.

6.1.2 Série Geométrica

Definição 6.3. *Série geométrica.*
Chama-se série geométrica a série numérica obtida como a soma infinita dos termos de uma progressão geométrica, ou seja,

$$\sum_{k=1}^{\infty} aq^{k-1} = a + aq + aq^2 + \ldots + aq^{n-1} + \ldots. \quad (q \neq 0, \quad a \neq 0). \quad (6.4)$$

Onde

- a é o primeiro termo da série.
- $a_n = aq^{n-1}$ é o termo n ésimo da P.G.
- q é a razão da série.
- $S_n = \sum_{k=1}^{n} a\,q^{k-1} = a\dfrac{1-q^n}{1-q}$ é a soma dos n primeiros termos da P.G. (soma parcial).

Queremos saber para que valores da razão q, a série (6.4) converge. Para isto, vamos analisar quatro possíveis casos para os valores da razão q da série geométrica.

1. $|q| < 1$.
   A soma parcial S_n é igual a;
   $$S_n = a + aq + aq^2 + \ldots + aq^{n-1} = \frac{a - aq^n}{1-q} = \frac{a}{1-q} - \frac{a}{1-q}q^n.$$
   Já foi provado que se $|q| < 1$, então $\lim_{n\to\infty} |q^n| = 0$, por isso,
   $$\lim_{n\to\infty} S_n = \lim_{n\to\infty} \left(\frac{a}{1-q} - \frac{a}{1-q}q^n\right) = \frac{a}{1-q}, \quad (6.5)$$
   e a série (6.4) converge para o número $\dfrac{a}{1-q}$.
   Por exemplo:
   $$\sum_{n=1}^{\infty} \frac{(-1)^k}{2^k} = \frac{-\frac{1}{2}}{1-(-1/2)} = -\frac{1}{3}$$
   pois $|q| = |-1/2| = \dfrac{1}{2} < 1$.

2. $|q| > 1$.
   A soma parcial S_n como já foi visto acima é igual a;
   $$S_n = a + aq + aq^2 + \ldots + aq^{n-1} = \frac{a}{1-q} - \frac{a}{1-q}q^n.$$
   Se $|q| > 1$, então $\lim_{n\to\infty} |q^n| = +\infty$, por isso,
   $$\lim_{n\to\infty} S_n = \lim_{n\to\infty} \left(\frac{a}{1-q} - \frac{a}{1-q}q^n\right) = \pm\infty,$$
   e a série (6.4) diverge.

3. $q = 1$.
   A soma parcial S_n é igual a;

$$S_n = a + a + a + \ldots + a = na,$$

   e portanto,

$$\lim_{n\to\infty} S_n = \lim_{n\to\infty} na = \pm\infty.$$

   E isso significa que a série (6.4) diverge.

4. $q = -1$.
   A soma parcial S_n é igual a;

$$S_n = a - a + a - \ldots + (-1)^{n-1}a,$$

   e portanto,

$$\lim_{n\to\infty} S_n = \begin{cases} 0 & \text{se } n \text{ é par} \\ a & \text{se } n \text{ é ímpar.} \end{cases}$$

   Isso significa que a série (6.4) diverge, pois não existe o limite $\lim\limits_{n\to\infty} S_n$, já que S_n tende a dois limites diferentes.

Exemplo 6.5. Seja uma série geométrica onde o primeiro termo é $a = 1/9$ e a razão geométrica é $q = 1/2$.
a) Identifique o termo a_{10} da série geométrica.
b) Determine a soma dos 10 primeiros termos da série.
c) Determine a soma da série geométrica.

Pelos dados fornecidos acima, podemos escrever a série da seguinte forma:

$$\sum_{k=1}^{\infty} aq^{k-1} = \frac{1}{9} + \frac{1}{9}(\frac{1}{2}) + \frac{1}{9}(\frac{1}{2})^2 + \ldots + ...$$

a)

$$a_{10} = aq^{10-1} = \frac{1}{9}(\frac{1}{2})^9$$

b) Pela fórmula:

$$S_n = \sum_{k=1}^{n} a\,q^{k-1} = a\frac{1-q^n}{1-q},$$

onde

$$S_{10} = \frac{1}{9}\left[\frac{1-(\frac{1}{2})^{10}}{1-\frac{1}{2}}\right] = \frac{2}{9}(1-(\frac{1}{2})^{10})$$

c) Como a razão da série é $q = 1/2 < 1$ então, pela equação (6.5), a série geométrica é convergente.

$$\sum_{k=1}^{\infty} \frac{1}{9}(\frac{1}{2})^{k-1} = \frac{\frac{1}{9}}{1-\frac{1}{2}} = \frac{2}{9}$$

Exemplo 6.6. Analise a convergência da seguinte série geométrica:

$$\sum_{n=1}^{\infty} \frac{2}{3^n} = \frac{2}{3} + \frac{2}{3^2} + \frac{2}{3^3} + \ldots + \frac{2}{3^n} + \ldots.$$

Como a razão $q = 1/3$ é menor que 1, então:

$$\sum_{n=1}^{\infty} \frac{2}{3^n} = \frac{2/3}{1 - \dfrac{1}{3}} = 1.$$

6.1.3 Operações com Séries

As séries convergentes possuem algumas propriedades que nos permitem operar com elas como se fossem somas finitas.

Teorema 6.1. *Operações com séries.*

Seja $\sum_{n=1}^{\infty} u_n = U$ e $\sum_{n=1}^{\infty} v_n = V$ duas séries convergentes.

1) *Regra da multiplicação por constante*

$$\sum_{n=1}^{\infty} (au_n) = aU$$

para todo número real a constante.

2) *Regra da soma/diferença*

$$\sum_{n=1}^{\infty} (u_n \pm v_n) = \sum_{n=1}^{\infty} u_n \pm \sum_{n=1}^{\infty} v_n = U \pm V$$

Demonstração

1. Considere a série:

$$au_1 + au_2 + au_3 + \ldots + au_n + \ldots \tag{6.6}$$

De fato, seja U_n a soma parcial da série: $\sum_{n=1}^{\infty} u_n$ e V_n a soma parcial da série (6.6) como segue

$$V_n = au_1 + au_2 + au_3 + \ldots + au_n = aU_n.$$

Assim,

$$V = \lim_{n \to \infty} V_n = \lim_{n \to \infty} aU_n = a \lim_{n \to \infty} U_n = aU.$$

2. Séries convergentes podem ser adicionadas ou subtraídas, isto é, se:

$$\begin{aligned} u_1 + u_2 + u_3 + \ldots + u_n + \ldots &= U \\ v_1 + v_2 + v_3 + \ldots + v_n + \ldots &= V, \end{aligned}$$

então,

$$\begin{aligned}
\sum_{n=1}^{N} u_n \pm \sum_{n=1}^{N} v_n &= (u_1 + u_2 + u_3 + ... + u_N) \pm (v_1 + v_2 + v_3 + \ldots + u_N) \\
&= (u_1 \pm v_1) + (u_2 \pm v_2) + (u_3 \pm v_3) + \ldots + (u_N + v_N) \\
&= \sum_{n=1}^{N} (u_n \pm v_n) \\
\lim_{N\to\infty} \sum_{n=1}^{N} u_n \pm \lim_{N\to\infty} \sum_{n=1}^{N} v_n &= \lim_{N\to\infty} \sum_{n=1}^{N} (u_n \pm v_n) = (U \pm V).
\end{aligned}$$

Exemplo 6.7. A série Harmônica

$$\sum_{n=1}^{\infty} \frac{1}{n} = 1 + \frac{1}{2} + \frac{1}{3} + \ldots + \frac{1}{n} + \ldots,$$

é divergente.

De fato, observamos que:

$$u_n = \frac{1}{n} \to 0, \quad \text{quando} \quad n \to \infty.$$

Apesar disso, a soma n-ésima tende ao infinito. Para mostrar isso, agrupemos os termos da série Harmônica em grupos de $1, 2, 4, 8, \ldots$ termos:

$$1 + \left(\frac{1}{2}\right) + \left(\frac{1}{3} + \frac{1}{4}\right) + \left(\frac{1}{5} + \ldots + \frac{1}{8}\right) + \left(\frac{1}{9} + \ldots + \frac{1}{16}\right) + \ldots,$$

desta forma no $k-$grupo temos 2^{k-1} termos. Se em cada grupo, trocamos todos os termos pelo último termo (menor elemento do grupo), obtemos a série:

$$1 + \left(\frac{1}{2}\right) + \left(\frac{1}{4} + \frac{1}{4}\right) + \left(\frac{1}{8} + \ldots + \frac{1}{8}\right) + \left(\frac{1}{16} + \ldots + \frac{1}{16}\right) + \ldots,$$

de onde:

$$1 + \frac{1}{2} + \frac{1}{4} \cdot 2 + \frac{1}{8} \cdot 4 + \frac{1}{16} \cdot 8 + \ldots = 1 + \frac{1}{2} + \frac{1}{2} + \ldots,$$

cuja soma parcial S_n é igual a:

$$S_n = [1 + \frac{1}{2}(n-1)].$$

É claro que $\lim_{n\to\infty} S_n = +\infty$.

Como a soma parcial H_n da série Harmônica é maior que a soma parcial S_n, então podemos concluir que $H_n \to \infty$, quando $n \to \infty$, e isso significa que a série Harmônica diverge.

A seguir, veja algumas propriedades interessantes da série Harmônica.

Nota 6.2. *Série Harmônica*

$$\sum_{n=1}^{\infty} \frac{1}{n} = 1 + \frac{1}{2} + \frac{1}{3} + \ldots + \frac{1}{n} + \ldots,$$

- Sendo a soma parcial

$$H_n = \sum_{k=1}^{n} \frac{1}{k}$$

$$H_{16} = 1 + \left(\frac{1}{2}\right) + \left(\frac{1}{3} + \frac{1}{4}\right) + \left(\frac{1}{5} + \ldots + \frac{1}{8}\right) + \left(\frac{1}{9} + \ldots + \frac{1}{16}\right)$$

$$H_{16} = 3,40$$

$$S_{16} = 1 + \left(\frac{1}{2}\right) + \left(\frac{1}{4} + \frac{1}{4}\right) + \left(\frac{1}{8} + \ldots + \frac{1}{8}\right) + \left(\frac{1}{16} + \ldots + \frac{1}{16}\right)$$

$$S_{16} = 3,00$$

Logo:$H_{16} > S_{16}$. De fato, a série harmônica diverge muito lentamente, como podemos ver na tabela a seguir:

N	S_H
10^6	7,485
10^9	21
10^{12}	28

sendo N o número de termos necessários para atingir a soma parcial S_H.

- Por exemplo: É preciso 10^{43} termos para atingir o valor de $S_H = 100$. Com um computador razoável rápido, precisaríamos de 10^{37} segundos para calcular os 10^{43} termos, sendo que o universo somente tem 10^{17} segundos!

- Outra peculiaridade é que se consideramos somente os termos com inverso dos números primos, ela continua divergindo. Outras interessantes qualidades da série harmônica são descritas na referência [36].

Teorema 6.2. [*Condição Necessária*]
Se

$$\sum_{n=1}^{\infty} u_n \ \ Converge \ \ então \ \ \lim_{n\to\infty} u_n = 0.$$

Demonstração.

De fato,

$$u_n = S_n - S_{n-1},$$

e como a série converge, temos

$$\lim_{n\to\infty} S_n = \lim_{n\to\infty} S_{n-1} = S,$$

de onde,

$$\lim_{n\to\infty} u_n = \lim_{n\to\infty} S_n - \lim_{n\to\infty} S_{n-1} = S - S = 0.$$

Por exemplo, a série geométrica $\sum_{n=1}^{\infty} aq^n$ é convergente se $|q| < 1$ e no caso sabemos que: $\lim_{n\to\infty} u_n = \lim_{n\to\infty} aq^{n-1} \to 0.$

Como uma consequência do teorema anterior, vamos enunciar um primeiro critério de convergência ou melhor dito *critério de divergência*, posto que a mais utilizada na prática é a contrapositiva do teorema 6.2

Teorema 6.3. *Teste do n-ésimo termo para divergência*
Se

$$\lim_{n\to\infty} u_n \neq 0 \ \ ou \ \ \nexists \lim_{n\to\infty} u_n \ \ então \ \ \sum_{n=1}^{\infty} u_n \ \ diverge.$$

O Teorema 6.2 é condição necessária para a convergência da série, mas não é suficiente, pois pode acontecer que o termo geral tenda para zero, mas a série divirja como no caso da série harmônica (exemplo (6.7)).

Exemplo 6.8. Aplicando o teste do n-ésimo termo, diga se as seguintes séries divergem.

$$a) \ \sum_{n=1}^{\infty}(n^2 - n), \quad b) \ \sum_{n=1}^{\infty} \frac{3n}{4n-2}$$

$$c) \ \sum_{n=1}^{\infty}(\frac{-1}{4})^{n+1}, \quad d) \ \sum_{n=1}^{\infty} \frac{(-1)^n}{2^n \ln n}$$

No caso $a)$ $\lim_{n\to\infty}(u_n) = \lim_{n\to\infty}(n^2 - n) = \infty$, logo a série é divergente.
no caso $b)$ $\lim_{n\to\infty}(u_n) = \lim_{n\to\infty}(\frac{3n}{4n-2}) = 3/4$, logo a série é divergente.
no caso $c)$ $\lim_{n\to\infty}(u_n) = \lim_{n\to\infty}((\frac{-1}{4})^{n+1}) = 0.$
no caso $d)$ $\lim_{n\to\infty}(u_n) = \lim_{n\to\infty} \frac{(-1)^n}{\ln n 2^n} = \lim_{n\to\infty} \frac{(-1)^n}{2^n} \lim_{n\to\infty} \frac{1}{\ln n} = 0.0 = 0.$
Logo nos casos $c)$ e $d)$ o teste é inconclusivo. Seria necessário outro tipo de análise para decidir pela convergência ou não da série.

Exemplo 6.9. Analise a convergência da série $\sum_{n=1}^{\infty} a(-1)^{n+1}, a \in \mathbb{R}$.

Note que, $u_n = a(-1)^{n+1} = \begin{cases} -a, & n \text{ é par;} \\ a, & n \text{ é impar.} \end{cases}$ De onde $\nexists \lim\limits_{n\to\infty} u_n$. Pelo teste do n-ésimo termo para divergência, a série diverge.

6.2 Critérios de Convergência

6.2.1 Critério de Cauchy

Agora vamos enunciar um critério para séries numéricas análogo ao critério de Cauchy para convergência de sequências numéricas.

Teorema 6.4. *Critério de Cauchy*
Para que a série $\sum_{n=1}^{\infty} u_n$ convirja, é necessário e suficiente, que $\forall \varepsilon > 0\ \exists n_o$ tal que, para todo $n > n_o$ e para todo número natural p cumpra-se

$$|S_{n+p} - S_n| = |u_{n+1} + u_{n+2} + \ldots + u_{n+p}| < \varepsilon.$$

A demonstração deste Teorema é análoga à demonstração do **Teorema** 5.12 para sequências numéricas. Basta considerar a sequência das somas parciais $(S_n)_n$ e aplicar o **Teorema** 5.12.
Demonstração ($\Leftarrow$)
Considere a sequência $s_n = \sum_{k=1}^{k=n} u_k$, por hipótese $\forall \epsilon > 0 \exists n_0 \in \mathbb{N}$ tal que $\forall m = n+p > n_0, \forall\, n > n_0$ temos que $|S_m - S_n| < \varepsilon$. Pela definição 5.21, S_n é sequência de Cauchy e pelo teorema 5.12 a sequência S_n converge, isto é $\lim\limits_{n\to\infty} S_n = \sum_{n=1}^{\infty} u_n$ existe.
Demonstração ($\Rightarrow$)
Se $\sum_{n=1}^{\infty} u_n$ converge então a sequência $\lim\limits_{n\to\infty} S_n$ existe (convergente). Pelo teorema 5.12 S_n é uma sequência de Cauchy, isto é $\forall\, \epsilon > 0\ \exists\, m, n > n_0$ tal que $|S_m - S_n| < \epsilon|$.
Sem perda de generalidade, suponhamos que $m > n$ então $\exists\, p \in \mathbb{N}$ tal que $m = n + p$, daí que:

$$|S_{n+p} - S_n| < \epsilon. \blacksquare$$

Exemplo 6.10. A série

$$\frac{1}{1^2} + \frac{1}{2^2} + \frac{1}{3^2} + \ldots + \frac{1}{n^2} + \ldots$$

converge.

De fato, pelo critério de Cauchy, dado $\varepsilon > 0$ e $n > n_o$, com $p > 0$, temos

$$\begin{aligned}
|S_{n+p} - S_n| &= |a_{n+1} + a_{n+2} + \ldots + a_{n+p}| = \\
&= \left|\frac{1}{(n+1)^2} + \frac{1}{(n+2)^2} + \ldots + \frac{1}{(n+p)^2}\right| < \\
&< \frac{1}{n(n+1)} + \frac{1}{(n+1)(n+2)} + \ldots + \frac{1}{(n+p-1)(n+p)} = \\
&= \left(\frac{1}{n} - \frac{1}{n+1}\right) + \left(\frac{1}{n+1} - \frac{1}{n+2}\right) + \ldots \left(\frac{1}{n+p-1} - \frac{1}{n+p}\right) \\
&= \frac{1}{n} - \frac{1}{n+p} < \frac{1}{n} < \varepsilon
\end{aligned}$$

desde que $n_o = \left(\left[\frac{1}{\varepsilon}\right] + 1\right)$[1]

Exemplo 6.11. A série harmônica

$$1 + \frac{1}{2} + \frac{1}{3} + \ldots + \frac{1}{n} + \ldots$$

diverge.

Já vimos no **Exemplo 6.7** que a série harmônica diverge. Agora mostremos este fato usando o critério de Cauchy. Seja $\varepsilon = \frac{1}{3}$. Suponhamos que $p = n$, então

$$\begin{aligned}
|S_{n+n} - S_n| &= |a_{n+1} + a_{n+2} + \ldots + a_{n+n}| = \\
&= \left|\frac{1}{n+1} + \frac{1}{n+2} + \ldots + \frac{1}{2n}\right| > n\frac{1}{2n} = \\
&= \frac{1}{2} > \varepsilon \ \ \forall n.
\end{aligned}$$

Exemplo 6.12. A série

$$\frac{1}{\sqrt{1.2}} + \frac{1}{\sqrt{2.3}} + \frac{1}{\sqrt{3.4}} + \frac{1}{\sqrt{n(n+1)}} + \ldots$$

diverge.

De fato, pelo critério de Cauchy, dado $\varepsilon = \frac{1}{5}$ e supondo $p = n$, temos

$$\begin{aligned}
|S_{n+n} - S_n| &= \left|\frac{1}{\sqrt{(n+1)(n+2)}} + \frac{1}{\sqrt{(n+2)(n+3)}} + \ldots + \frac{1}{\sqrt{(2n)(2n+1)}}\right| > \\
&> \frac{1}{n+2} + \frac{1}{n+3} + \ldots + \frac{1}{2n+1} > \frac{n}{2n+1} = \\
&= \frac{1}{2+\frac{1}{n}} > \frac{1}{5} = \varepsilon \ \ \forall n.
\end{aligned}$$

---

[1] $\left[\frac{1}{\varepsilon}\right]$ é a parte inteira de $\frac{1}{\varepsilon}$.

6.2.2 Séries com Termos Positivos

Vamos estudar séries com termos positivos, isto é, $u_n > 0, \ n \in \mathbb{N}$. Para esses tipos de séries, estabeleceremos alguns critérios que nos permitirão dizer quando elas convergem ou divergem.

Teorema 6.5. *Teste da Comparação.*
Sejam $\sum_{n=1}^{\infty} u_n$ e $\sum_{n=1}^{\infty} v_n$ séries com termos positivos

1. Se $\sum_{n=1}^{\infty} v_n$ converge e $u_n \leq v_n$[a] então $\sum_{n=1}^{\infty} u_n$ converge.

2. Se $\sum_{n=1}^{\infty} u_n$ diverge e $u_n \leq v_n$[b] então $\sum_{n=1}^{\infty} v_n$ diverge.

3. Se
$$\lim_{n\to\infty} \frac{u_n}{v_n} = A, \ 0 < A < \infty, \tag{6.7}$$
então as séries $\sum_{n=1}^{\infty} u_n$ e $\sum_{n=1}^{\infty} v_n$ convergem ou divergem simultaneamente.

[a]A partir de um certo $n_0 \in \mathbb{N}$.
[b]A partir de um certo $n_0 \in \mathbb{N}$.

Demonstração

1. Denotemos por S_n e σ_n as somas parciais de $\sum_{n=1}^{\infty} u_n$ e $\sum_{n=1}^{\infty} v_n$ respectivamente. Por hipótese, temos,
$$S_n \leq \sigma_n.$$
Mas, a série $\sum_{n=1}^{\infty} v_n$ converge, e suponhamos que sua soma seja igual a σ, então
$$\sigma_n \leq \sigma, \quad \text{e portanto} \quad S_n \leq \sigma.$$
Segue daqui que a sequência $(S_n)_n$ é monótona crescente e limitada, portanto ela possui limite, assim podemos concluir que a série $\sum_{n=1}^{\infty} u_n$ converge.

2. Agora suponhamos que a série $\sum_{n=1}^{\infty} u_n$ é divergente, então sua soma parcial S_n cresce infinitamente, e pela desigualdade
$$S_n \leq \sigma_n,$$
segue que a soma parcial σ_n de $\sum_{n=1}^{\infty} v_n$, cresce infinitamente, e isto significa que a série $\sum_{n=1}^{\infty} v_n$ diverge.

3. Suponhamos que cumpra-se (6.7), então para um número positivo $\varepsilon < A$, existe um $n_o \in \mathbb{N}$, tal que para todo $n > n_o$ segue $A - \varepsilon < \dfrac{u_n}{v_n} < A + \varepsilon$, ou

$$v_n(A - \varepsilon) < u_n < (A + \varepsilon)v_n. \tag{6.8}$$

Se a série $\sum\limits_{n=1}^{\infty} v_n$ é convergente, então a série $\sum\limits_{n_o+1}^{\infty} (A+\varepsilon)v_n$ também é convergente e pela desigualdade (6.8), observamos que a série $\sum\limits_{n_o+1}^{\infty} u_n$ também é convergente, assim como a série $\sum\limits_{n=1}^{\infty} u_n$.

Se a série $\sum\limits_{n=1}^{\infty} v_n$ é divergente, então a série $\sum\limits_{n_o+1}^{\infty} v_n(A-\varepsilon)$ também é divergente, e pela desigualdade (6.8), observamos que a série $\sum\limits_{n_o+1}^{\infty} u_n$ também é divergente, assim como a série $\sum\limits_{n=1}^{\infty} u_n$.

Exemplo 6.13. Analise a convergência da seguinte série

$$\sum_{n=1}^{\infty} \frac{1}{n \cdot 3^n} = \frac{1}{1 \cdot 3^1} + \frac{1}{2 \cdot 3^2} + \frac{1}{3 \cdot 3^3} + \ldots + \frac{1}{n \cdot 3^n} + \ldots$$

Observamos que o termo geral da série $u_n = \dfrac{1}{n \cdot 3^n} < \dfrac{1}{3^n}$, já sabemos que a série geométrica, cujo termo geral é $\dfrac{1}{3^n}$, isto é,

$$\sum_{n=1}^{\infty} \frac{1}{3^n} = \frac{1}{3^1} + \frac{1}{3^2} + \frac{1}{3^3} + \ldots + \frac{1}{3^n} + \ldots$$

converge, logo, pelo critério acima, podemos concluir que a série $\sum\limits_{n=1}^{\infty} \dfrac{1}{n \cdot 3^n}$ também converge.

Exemplo 6.14. Analise a convergência da seguinte série

$$\sum_{n=2}^{\infty} \frac{\ln n}{n} = \frac{\ln 2}{2} + \frac{\ln 3}{3} + \frac{\ln 4}{4} + \ldots + \frac{\ln n}{n} + \ldots$$

O termo geral da série $u_n = \dfrac{\ln n}{n} > \dfrac{1}{n}$, a partir de $n \geq 3$. Já sabemos que a série harmônica, cujo termo geral é $\dfrac{1}{n}$, diverge, portanto, pela parte 2) do Teorema 6.5 do Critério de comparação concluímos que a série $\sum\limits_{n=2}^{\infty} \dfrac{\ln n}{n}$ também diverge.

Exemplo 6.15. A seguinte série

$$\sum_{n=1}^{\infty} \frac{1}{3n-2} = 1 + \frac{1}{4} + \frac{1}{7} + \ldots + \frac{1}{3n-2} + \ldots$$

é divergente, pois pela parte 3) do Teorema 6.5:

$$\lim_{n\to\infty} \left(\frac{1}{3n-2} \div \frac{1}{n} \right) = \frac{1}{3} > 0,$$

já que a série harmônica diverge.

Exemplo 6.16. Analise a convergência da série $\sum\limits_{n=1}^{\infty} \frac{1}{n!}$

Observamos

$$\frac{1}{n(n-1)(n-2)....3.2.1} \leq \frac{1}{2(2)(2)....(2)(2).1}, \quad \frac{1}{n!} \leq \frac{1}{2^{n-1}}, \ n \geq 1.$$

Tomemos $u_n = \frac{1}{n!}$ e $v_n = \frac{1}{2^{n-1}}$, daí que: $u_n \leq v_n$. Note que $\sum\limits_{n=1}^{\infty} v_n$ é uma série geométrica e portanto, é convergente. Pela parte 1) do Teorema 6.5: $\sum\limits_{n=1}^{\infty} \frac{1}{n!}$ é convergente.

> **Teorema 6.6.** *Critério de Cauchy (Teste da raiz).*
> Consideremos a série
>
> $$\sum_{n=1}^{\infty} u_n = u_1 + u_2 + u_3 + \ldots + u_n + \ldots$$
>
> com termos positivos. Se
>
> $$\lim_{n\to\infty} \sqrt[n]{u_n} = q, \tag{6.9}$$
>
> Então
>
> - A série converge se $q < 1$
> - A série diverge se $q > 1$
> - Se $q = 1$ o critério não é conclusivo.

Demonstração Suponhamos que vale (6.9) com $q < 1$, então segue que

$$\sqrt[n]{u_n} < q + \varepsilon < 1 \quad (n \geq n_o),$$

para um n_o suficientemente grande, portanto

$$u_n < (q + \varepsilon)^n.$$

Como a série $\sum_{n=n_o}^{\infty}(q+\varepsilon)^n$ é convergente, pois é uma série geométrica, segue que a série $\sum_{n=n_o}^{\infty} u_n$ é convergente, assim como a série $\sum_{n=1}^{\infty} u_n$.

Se o limite (6.9) vale para $q > 1$, então segue que $u_n > 1$ para todo $n > n_o$, onde $n_o \in \mathbb{N}$ é um número suficientemente grande, e

$$\lim_{n\to\infty} u_n \neq 0.$$

E isso implica que a série $\sum_{n=1}^{\infty} u_n$ diverge pelo teste do n-ésimo termo para divergência. ■

Exemplo 6.17. Analise a convergência da seguinte série

$$\sum_{n=1}^{\infty}\left(\frac{n}{3n+1}\right)^n = \left(\frac{1}{4}\right)^1 + \left(\frac{2}{7}\right)^2 + \left(\frac{3}{10}\right)^3 + \ldots + \left(\frac{n}{3n+1}\right)^n + \ldots$$

Aplicando o critério de Cauchy ao termo geral da série, temos

$$\lim_{n\to\infty} \sqrt[n]{u_n} = \lim_{n\to\infty} \sqrt[n]{\left(\frac{n}{3n+1}\right)^n} = \lim_{n\to\infty} \frac{n}{3n+1} = \frac{1}{3} < 1.$$

Logo, podemos concluir que a série converge.

Exemplo 6.18. Avalie a convergência das séries a seguir

$$a)\ \sum_{n=1}^{\infty}\frac{3^n}{n^5},\quad b)\ \sum_{n=1}^{\infty}\frac{n^3}{3^n}\quad c)\ \sum_{n=1}^{\infty}\left(\frac{2}{n+2}\right)^{2n}$$

a) Do termo geral $u_n = \dfrac{3^n}{n^5}$ e tomando o limite:

$$\lim_{n\to\infty} \sqrt[n]{u_n} = \lim_{n\to\infty} \sqrt[n]{\frac{3^n}{n^5}} = \lim_{n\to\infty} \frac{3}{(\sqrt[n]{n})^5}$$

Utilizando o resultado do exemplo (5.29): $\lim_{n\to\infty} \sqrt[n]{n} = 1$

$$\lim_{n\to\infty} \sqrt[n]{u_n} = 3 = q > 1.$$

Pelo teste da raiz (Teorema 6.6), $\sum_{n=1}^{\infty}\dfrac{3^n}{n^5}$ diverge.

b) Do termo geral $u_n = \dfrac{n^3}{8^n}$ e tomando o limite:

$$\lim_{n\to\infty} \sqrt[n]{u_n} = \lim_{n\to\infty} \sqrt[n]{\frac{n^3}{8^n}} = \lim_{n\to\infty} \frac{(\sqrt[n]{n})^3}{8}$$

Utilizando o resultado do exemplo (5.29): $\lim_{n\to\infty} \sqrt[n]{n} = 1$

$$\lim_{n\to\infty} \sqrt[n]{u_n} = 1/8 = q < 1.$$

Pelo teste da raiz (6.6), $\displaystyle\sum_{n=1}^{\infty} \frac{n^3}{8^n}$ converge.

c) Do termo geral $u_n = (\dfrac{2}{n+2})^{2n}$ e tomando limite:

$$\lim_{n\to\infty} \sqrt[n]{u_n} = \lim_{n\to\infty} \sqrt[n]{(\frac{2}{n+2})^{2n}} = \lim_{n\to\infty} \frac{4}{(n+2)^2} = 0$$

$$\lim_{n\to\infty} \sqrt[n]{u_n} = 0 = q < 1.$$

Pelo teste da raiz (6.6), $\displaystyle\sum_{n=1}^{\infty} (\frac{2}{n+2})^{2n}$ converge.

Teorema 6.7. (Critério de d'Alembert[a]) *(Teste da razão)*
Consideremos a série

$$\sum_{n=1}^{\infty} u_n = u_1 + u_2 + u_3 + \ldots + u_n + \ldots$$

com termos positivos. Se

$$\lim_{n\to\infty} \frac{u_{n+1}}{u_n} = q, \tag{6.10}$$

então

- A série converge se $q < 1$,
- A série diverge se $q > 1$
- Se $q = 1$ o critério não é conclusivo.

[a]Jean le Rond d'Alembert (1717 - 1783) filósofo, matemático e físico francês

Demonstração Se o limite (6.10) cumpre-se com $q < 1$, então para um número positivo ε satisfazendo a condição $q + \varepsilon < 1$, temos

$$\frac{u_{n+1}}{u_n} < q + \varepsilon < 1 \quad (n > n_o), \quad n_o \in \mathbb{N} \;\; \text{suficientemente} \;\; \text{grande}.$$

De (6.10) segue que $u_2 \leq qu_1, \; u_3 \leq qu_2, \; \ldots, u_n \leq qu_{n-1}$, portanto

$$u_n = q^{n-1}u_1, \quad q < 1 \quad (n = 1, 2, \ldots)$$

Como a série $\displaystyle\sum_{n=1}^{\infty} q^{n-1}u_1$ converge (série geométrica), segue que a série $\displaystyle\sum_{n=n_0}^{\infty} u_n$ também converge.
Em particular, a série,

$$\sum_{n=1}^{\infty} u_n \quad \text{também converge.}$$

Se o limite (6.10) cumpre-se com $q > 1$, temos

$$\frac{u_{n+1}}{u_n} > 1 \quad (n > n_o), \quad n_o \in \mathbb{N} \text{ suficientemente grande}$$

temos

$$u_{n_o} < u_{n_o+1} < u_{n_o+2} < \ldots < u_n < \ldots$$

Como foi visto acima, a série $\sum_{n=n_o}^{\infty} u_n$ diverge, pois

$$\lim_{n\to\infty} u_n \neq 0$$

e por isso, a série $\sum_{n=1}^{\infty} u_n$ também diverge. ■

Quando o limite (6.10) é igual a 1, o critério é inconclusivo, pois se considerarmos, por exemplo, a série harmônica $\sum_{n=n_o}^{\infty} \frac{1}{n}$ e a série $\sum_{n=n_o}^{\infty} \frac{1}{n^2}$, vemos que o limite (6.10) é igual a 1, no entanto, estas séries divergem e convergem respectivamente.

Exemplo 6.19. Analise a convergência da seguinte série

$$\sum_{n=1}^{\infty} \frac{3n+1}{3^n} = \frac{4}{3} + \frac{7}{3^2} + \frac{10}{3^3} + \ldots + \frac{3n+1}{3^n} + \ldots$$

Observamos que;

$$u_n = \frac{3n+1}{3^n}, \qquad u_{n+1} = \frac{3n+4}{3^{n+1}}.$$

Aplicando o critério de d'Alembert, temos

$$\begin{aligned} \lim_{n\to\infty} \frac{u_{n+1}}{u_n} &= \lim_{n\to\infty} \frac{\frac{3n+4}{3^{n+1}}}{\frac{3n+1}{3^n}} = \lim_{n\to\infty} \frac{3^n(3n+4)}{3^{n+1}(3n+1)} = \\ &= \lim_{n\to\infty} \frac{3n+4}{3(3n+1)} = \frac{1}{3} \lim_{n\to\infty} \frac{3n+4}{3n+1} = \frac{1}{3} \lim_{n\to\infty} \frac{3+\frac{4}{n}}{3+\frac{1}{n}} = \frac{1}{3} < 1. \end{aligned}$$

Logo, podemos concluir que a série converge.

Exemplo 6.20. Analise a convergência da seguinte série

$$\sum_{n=1}^{\infty} \frac{4^n n!}{n^n} = \frac{4}{1} + \frac{4^2 2!}{2^2} + \frac{4^3 3!}{3^3} + \ldots + \frac{4^n n!}{n^n} + \ldots$$

Observamos que;

$$u_n = \frac{4^n n!}{n^n}, \qquad u_{n+1} = \frac{4^{n+1}(n+1)!}{(n+1)^{n+1}}.$$

Aplicando o critério de d'Alembert, temos

$$\lim_{n\to\infty}\frac{u_{n+1}}{u_n} = \lim_{n\to\infty}\frac{\dfrac{4^{n+1}(n+1)!}{(n+1)^{n+1}}}{\dfrac{4^n n!}{n^n}} = \lim_{n\to\infty}\frac{4^n.4(n+1)n!n^n}{(n+1)^n(n+1)4^n.n!} =$$

$$= \lim_{n\to\infty}\frac{4n^n}{(n+1)^n} = 4\lim_{n\to\infty}\left(\frac{n}{n+1}\right)^n = 4\lim_{n\to\infty}\left(\frac{n+1}{n}\right)^{-n}$$

$$= \frac{4}{e} > 1.$$

Logo, podemos concluir que a série diverge.

6.2.3 Critério da Integral de Cauchy

Para considerar o seguinte critério de convergência, é necessário estudar a convergência de integrais impróprias que será introduzida no capítulo 8 de integrais impróprias

Teorema 6.8. *Critério da Integral de Cauchy*
Consideremos a série

$$\sum_{n=1}^{\infty} u_n = u_1 + u_2 + u_3 + \ldots + u_n + \ldots$$

com termos positivos, tais que

$$u_1 \geq u_2 \geq u_3 \geq \ldots \geq u_n \geq \ldots$$

Se existe uma função $f(x)$ contínua e não crescente, tal que

$$f(1) = u_1;\ f(2) = u_2;\ f(3) = u_3;\ \ldots\ f(n) = u_n. \tag{6.11}$$

Então

- a integral imprópria
$$\int_1^{\infty} f(x)dx$$
converge, então a série $\sum_{n=1}^{\infty} u_n$ também converge
- Se a integral diverge(ou é igual a infinito), a série também diverge.

Demonstração Escrevamos no eixo $0x$ os valores naturais de n e no eixo das ordenadas os valores u_n. Construamos na mesma figura o gráfico da função não crescente $y = f(x)$, satisfazendo a condição (6.11).

Observamos que a área do primeiro retângulo construído é igual a $u_1 = f(1)$, a área do segundo retângulo é $u_2 = f(2)$ e assim por diante, até chegar à área do n-ésimo retângulo cuja

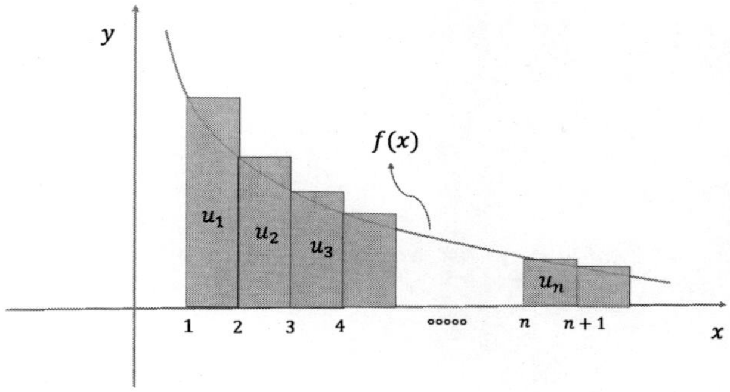

Figura 6.2:

área é igual a $u_n = f(n)$. A soma destas áreas constitui a soma parcial da nossa série, isto é,

$$S_n = u_1 + u_2 + u_3 + \ldots + u_n.$$

E como a área do trapézio curvilíneo limitado pelo gráfico da função $f(x)$ o eixo das abscissas e as retas verticais $x = 1$ e $x = n + 1$, é dada pela integral $\displaystyle\int_{n=1}^{n+1} f(x)dx$, então temos

$$S_n > \int_1^{n+1} f(x)dx. \tag{6.12}$$

Consideremos agora a seguinte figura.

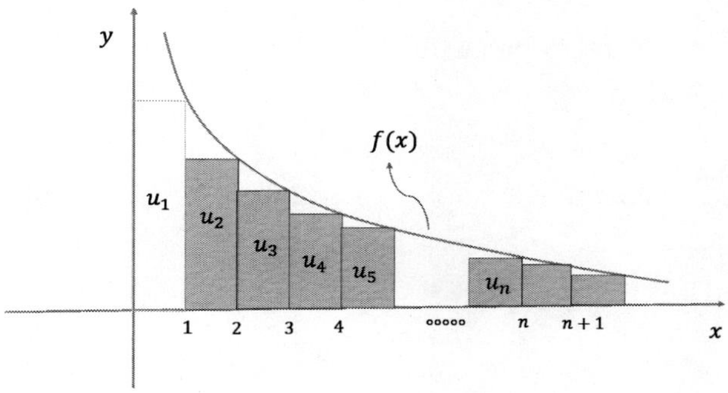

Figura 6.3:

A área do primeiro retângulo construído é igual a $u_2 = f(2)$, a área do segundo retângulo é igual a $u_3 = f(3)$,etc., a área do n-ésimo retângulo é igual a $u_{n+1} = f(n+1)$.
Assim, a soma das áreas construídas é igual a $S_{n+1} - u_1$ e portanto,

$$S_{n+1} - u_1 < \int_1^{n+1} f(x)dx,$$

de onde

$$S_{n+1} < \int_1^{n+1} f(x)dx + u_1. \tag{6.13}$$

Agora consideremos dois casos:

1. Suponhamos que a integral $\int_1^{\infty} f(x)dx$ convirja, então como

$$\int_1^{n+1} f(x)dx < \int_1^{\infty} f(x)dx,$$

e pelo fato de que $S_n < S_{n+1}$, e usando a desigualdade (6.13):

$$S_n < S_{n+1} < \int_1^{\infty} f(x)dx + u_1,$$

observamos que a soma parcial S_n é limitada, e portanto, existe o limite

$$\lim_{n\to\infty} S_n = S,$$

o que significa que a série converge.

2. Suponhamos agora que a integral diverge, isto é,

$$\int_1^{\infty} f(x)dx = \infty.$$

Isso significa dizer que a integral $\int_1^{n+1} f(x)dx$ cresce infinitamente à medida que $n \to \infty$. Mas, pela desigualdade (6.12), S_n cresce infinitamente quando $n \to \infty$, o que significa que nossa série diverge. ∎

Exemplo 6.21. Verifique a convergência de $\sum_{n=1}^{\infty} e^{-2n}$

Considere $f(x) = e^{-2x}$ e $u_n = e^{-2n}$. Note que: $u(1) = f(1), u(2) = f(2), ...$, além disso, $f(x) = e^{-2x}$ é uma função contínua e não crescente (na verdade é decrescente em toda reta real). Calculando a integral

$$\int_1^{\infty} e^{-2x}dx = \frac{e^{-2x}}{-2}|1^{\infty} = \frac{1}{e^2}.$$

Como a integral $\int_1^{\infty} e^{-2x}dx$ converge, e pelo critério da integral de Cauchy, $\sum_{n=1}^{\infty} e^{-2n}$ converge.

Exemplo 6.22. Estudar a convergência da p-série ou série de Dirichlet[2],

$$\sum_{n=1}^{\infty} \frac{1}{n^p} = \frac{1}{1^p} + \frac{1}{2^p} + \frac{1}{3^p} + \ldots + \frac{1}{n^p} + \ldots$$

Seja $f(n) = \dfrac{1}{n^p}$, então existe a função não crescente $f(x) = \dfrac{1}{x^p}$. Comparemos a p-série com a integral imprópria

$$\int_1^{\infty} \frac{dx}{x^p}.$$

[2]Johann Peter Gustav Lejeune Dirichlet (1805 - 1859) matemático Alemão

Então, temos

$$\int_1^{\infty} \frac{dx}{x^p} = \lim_{A\to\infty} \int_1^{A} \frac{dx}{x^p} = \lim_{A\to\infty} \begin{cases} \dfrac{1}{1-p} x^{1-p}\Big|_1^A = \dfrac{1}{1-p}(A^{1-p}-1) & \text{para } p \neq 1 \\ \ln x\Big|_1^A = \ln A & \text{para } p = 1. \end{cases}$$

Tomando o limite quando $A \to \infty$, obtemos

1. Se $p > 1$, a integral $\displaystyle\int_1^{\infty} \frac{dx}{x^p} = \frac{1}{p-1}$ converge, por isso a série converge.

2. Se $p < 1$, a integral $\displaystyle\int_1^{\infty} \frac{dx}{x^p} = \infty$ diverge, por isso a série diverge.

3. Se $p = 1$, a integral $\displaystyle\int_1^{\infty} \frac{dx}{x} = +\infty$ diverge, por isso a série diverge.

   Note que neste caso, $\displaystyle\sum_{n=1}^{\infty} \frac{1}{n^p} = \sum_{n=1}^{\infty} \frac{1}{n}$, e a série é a harmônica, e já sabíamos que ela diverge.

Podemos concluir agora o seguinte resultado importante para a $p-$série:

Definição 6.4. *p-séries*

$$\sum_{n=1}^{\infty} \frac{1}{n^p} = \begin{cases} \text{converge se} & p > 1 \\ \text{diverge se} & p \leq 1. \end{cases}$$

Antes de resolver alguns exercícios, podemos apresentar uma forma alternativa de provar a convergência/divergência das p- séries.

Demonstração alternativa das p-séries

- Se, $p = 1$: série harmônica, que como sabemos a série diverge.
- Se, $0 < p < 1$, temos que $n^p \leq n$, $\forall\, n > 1$. Assim, se

$$\begin{array}{ccc} \dfrac{1}{1^p} & \geq & \dfrac{1}{1} \\ \dfrac{1}{2^p} & \geq & \dfrac{1}{2} \\ . & \geq & . \\ . & = & . \\ \dfrac{1}{n^p} & \geq & \dfrac{1}{n} \end{array}$$

daí imediatamente

$$\frac{1}{1^p} + \frac{1}{2^p} + ... + \frac{1}{n^p} \geq \frac{1}{1} + \frac{1}{2} + .. + \frac{1}{n}.$$

Escrevendo: $v_n = \frac{1}{n^p}$, $u_n = \frac{1}{n}$, e pela análise anterior $u_n \geq v_n$, $\forall\, n \geq 1$. Como a série harmônica $\displaystyle\sum_{n=1}^{\infty} u_n$ diverge, então a série $\displaystyle\sum_{n=1}^{\infty} v_n = \sum_{n=1}^{\infty} \frac{1}{n^p}$ diverge, pelo critério de comparação.

- Se $p = 0$

$$\sum_{n=1}^{\infty} \frac{1}{n^p} = \frac{1}{1^0} + \frac{1}{2^0} + ... + \frac{1}{n^0} + .. = 1 + 1 + 1 + ... + 1$$

diverge.

- Se $p < 0$, $-p > 0$, assim $\dfrac{1}{n^p} = n^{-p} > 0$. Segue que $lim_{n\to\infty}\dfrac{1}{n^p} \neq 0$.

Logo a série $\displaystyle\sum_{n=1}^{\infty} \frac{1}{n^p}$ diverge.

- Se $p > 1$
Compare as séries cujas somas parciais são:

$$H_n = \left(\frac{1}{1^p}\right) + \left(\frac{1}{2^p} + \frac{1}{3^p}\right) + \left(\frac{1}{4^p} + \ldots + \frac{1}{7^p}\right) + \left(\frac{1}{8^p} + \ldots + \frac{1}{16^p}\right)$$

$$S_n = \left(\frac{1}{1^p}\right) + \left(\frac{1}{2^p} + \frac{1}{2^p}\right) + \left(\frac{1}{4^p} + ..\frac{1}{4^p}\right) + \left(\frac{1}{8^p} + \ldots + \frac{1}{8^p}\right)$$

Verifique que a segunda série é geométrica, logo convergente. E comparando os parênteses correspondentes de cada série, verifique que a série H_∞ original é convergente (fica como exercício).

> **Nota 6.3.** *O Problema de Basileia*
> O problema de Basileia, consiste em encontrar o valor exato da soma
>
> $$\sum_{n=1}^{\infty} \frac{1}{n^2} = \frac{1}{1^2} + \frac{1}{2^2} + ... + \frac{1}{n^2}. \tag{6.14}$$
>
> Pela discussão anterior, esta série é convergente. Leonhard Euler demonstrou em 1735 que
>
> $$\sum_{n=1}^{\infty} \frac{1}{n^2} = \frac{\pi^2}{6}$$
>
> Uma breve discussão histórica e diversas demonstrações do problema da Basileia você pode encontrar na referência [17].

Exemplo 6.23. Estudar a convergência da série

$$\sum_{n=1}^{\infty} \frac{1}{\sqrt[3]{n^4}}.$$

Escrevendo a série na seguinte forma:

$$\sum_{n=1}^{\infty} \frac{1}{\sqrt[3]{n^4}} = \sum_{n=1}^{\infty} \frac{1}{n^{4/3}},$$

e aplicando agora o critério da $p-$série, com $p = 4/3 > 1$, concluímos que a série $\displaystyle\sum_{n=1}^{\infty} \frac{1}{\sqrt[3]{n^4}}$ converge.

Exemplo 6.24. Estudar a convergência da série

$$\sum_{n=1}^{\infty} \frac{1}{\sqrt[4]{n}}.$$

Uma análise direta da série nos dá

$$\sum_{n=1}^{\infty} \frac{1}{\sqrt[4]{n}} = \sum_{n=1}^{\infty} \frac{1}{n^{1/4}}.$$

E neste caso, temos que $p = 1/4 < 1$, portanto, a série diverge.

Exemplo 6.25. Estudar a convergência da série

$$\sum_{n=2}^{\infty} \frac{1}{n \ln n}.$$

Seja $f(n) = \dfrac{1}{n \ln n}$, e considere a função não crescente $f(x) = \dfrac{1}{x \ln x}$.
Consideremos a integral imprópria $\displaystyle\int_3^{\infty} \frac{dx}{x \ln x}$. Precisamos analisar a convergência desta integral:

$$\int_3^{\infty} \frac{dx}{x \ln x} = \int_3^{\infty} \frac{d \ln x}{\ln x} = \stackrel{\ln x = t}{=} \int_{\ln 3}^{\infty} \frac{dt}{t} = \ln t \Big|_{\ln 3}^{\infty} = +\infty.$$

Como a integral imprópria diverge, concluímos pelo critério da integral que a série também diverge.

Exemplo 6.26. Estudar a convergência da série

$$\sum_{n=2}^{\infty} \frac{1}{n \ln n. \ln(\ln n)}.$$

Seja $f(n) = \dfrac{1}{n \ln n. \ln(\ln n)}$, e considere a função não crescente $f(x) = \dfrac{1}{x \ln x. \ln(\ln x)}$.
Consideremos a integral imprópria $\displaystyle\int_3^{\infty} \frac{dx}{x \ln x. \ln(\ln x)}$. Precisamos analisar a convergência desta integral

$$\int_3^{\infty} \frac{dx}{x \ln x. \ln(\ln x)} \stackrel{y=\ln x}{=} \int_{\ln 3}^{\infty} \frac{dy}{y \ln y} \stackrel{u=\ln y}{=} \int_{\ln(\ln 3)}^{\infty} \frac{du}{u} = \ln u \Big|_{\ln(\ln 3)}^{\infty} = +\infty.$$

Como a integral imprópria diverge, concluímos, pelo critério da integral, que a série também diverge.

6.2.4 Critérios de Raabe e Gauss

Quando os critérios da razão e da raiz estudados nas seções anteriores não são concluentes com relação a convergência das séries, os critérios de Raabe[3] e Gauss[4] podem ser muito convenientes.

[3]Joseph Ludwig Raabe, matemático suíço(1801-1859)

[4]Johann Carl Friedrich Gauss, grande matemático, astrônomo e físico alemão(1777-1855)

Teorema 6.9 (Critério de Raabe)**.** Se na série (6.2) todos os seus termos são positivos e

$$\lim_{n\to\infty} n\left(\frac{a_n}{a_{n+1}} - 1\right) = p,$$

então quando $p > 1$, a série (6.2) converge, e se $p < 1$ a série diverge.
Quando $p = 1$ o critério é inconclusivo.

Prova: Seja $p > 1$, tomemos $r \in (1, p)$, então para n suficientemente grande, temos

$$n\left(\frac{a_n}{a_{n+1}} - 1\right) > r > 1 \text{ ou } \frac{a_n}{a_{n+1}} > 1 + \frac{r}{n}. \tag{6.15}$$

Para $m > 1,\ m \in \mathbb{N}$, é conhecido o seguinte limite:

$$\lim_{n\to\infty} \frac{\left(1+\frac{1}{n}\right)^m - 1}{\frac{1}{n}} = m,$$

pois

$$\left(1+\frac{1}{n}\right)^m = 1 + \frac{m}{1}.\frac{1}{n} + \frac{m(m-1)}{2!}\frac{1}{n^2} + \frac{m(m-1)(m-2)}{3!}\frac{1}{n^3} + \ldots + \frac{1}{n^m}.$$

Assim, para todo n suficientemente grande e $r > m > 1$, temos

$$\frac{\left(1+\frac{1}{n}\right)^m - 1}{\frac{1}{n}} < r \text{ ou } \left(1+\frac{1}{n}\right)^m < 1 + \frac{r}{n},$$

e como $\dfrac{a_n}{a_{n+1}} > 1 + \dfrac{r}{n}$ por (6.15), obtemos,

$$\frac{a_n}{a_{n+1}} > \left(1+\frac{1}{n}\right)^m \text{ ou } \frac{a_n}{a_{n+1}} > \left(\frac{n+1}{n}\right)^m.$$

Essa desigualdade pode ser reescrita na forma

$$\frac{a_{n+1}}{a_n} < \left(\frac{n}{n+1}\right)^m = \frac{\frac{1}{(n+1)^m}}{\frac{1}{n^m}}.$$

Pelo critério de comparação, concluímos que a série (6.2) converge, pois os termos $\dfrac{1}{(n+1)^m}$ e $\dfrac{1}{n^m}$ são os termos de duas séries convergentes:

$$\sum_{n=1}^{\infty} \frac{1}{(n+1)^m} < +\infty \text{ e } \sum_{n=1}^{\infty} \frac{1}{n^m} < +\infty \quad \text{pelo critério da p- série.}$$

Agora, se

$$n\left(\frac{a_n}{a_{n+1}} - 1\right) < 1,$$

então podemos obter, tal como foi feito acima

$$\frac{a_{n+1}}{a_n} > \frac{n}{n+1} = \frac{\frac{1}{n+1}}{\frac{1}{n}}.$$

E de novo, pelo critério de comparação, podemos concluir que a série (6.2) diverge, pois os termos $\dfrac{1}{n+1}$ e $\dfrac{1}{n}$ são os termos de duas séries divergentes. ■

O seguinte exemplo mostra que o critério de Raabe pode funcionar quando o critério da razão é inconclusivo.

Exemplo 6.27. Analise a convergência da série

$$\sum_{n=1}^{\infty} \frac{3.5.\ldots(2n+1)}{2.4.\ldots 2n}.$$

Neste caso, temos $a_n = \dfrac{3.5.\ldots(2n+1)}{2.4.\ldots 2n}$ e $a_{n+1} = \dfrac{3.5.\ldots(2n+1)(2n+3)}{2.4.\ldots 2n(2n+2)}$. Pelo critério da razão, obtemos

$$\lim_{n\to\infty} \frac{a_{n+1}}{a_n} = \lim_{n\to\infty} \frac{\dfrac{3.5.\ldots(2n+1)(2n+3)}{2.4.\ldots 2n(2n+2)}}{\dfrac{3.5.\ldots(2n+1)}{2.4.\ldots 2n}} = \lim_{n\to\infty} \frac{2n+3}{2n+2} = 1,$$

que nada pode dizer com relação à convergência da série. Mas, pelo critério de Raabe,

$$\begin{aligned}\lim_{n\to\infty} n\left(\frac{a_n}{a_{n+1}} - 1\right) &= \lim_{n\to\infty} n\left(\frac{\dfrac{3.5.\ldots(2n+1)}{2.4.\ldots 2n}}{\dfrac{3.5.\ldots(2n+1)(2n+3)}{2.4.\ldots 2n(2n+2)}} - 1\right) = \\ &= \lim_{n\to\infty} n\left(\frac{2n+2}{2n+3} - 1\right) = \lim_{n\to\infty} -\frac{n}{2n+3} = -\frac{1}{2} < 1,\end{aligned}$$

logo a série diverge.

Exemplo 6.28. Analise a convergência da série

$$\sum_{n=1}^{\infty} \frac{\sqrt{n!}}{(3+\sqrt{1})(3+\sqrt{2})\cdots(3+\sqrt{n})}.$$

Como $a_n = \dfrac{\sqrt{n!}}{(3+\sqrt{1})(3+\sqrt{2})\cdots(3+\sqrt{n})}$, segue que $a_{n+1} = \dfrac{\sqrt{(n+1)!}}{(3+\sqrt{1})(3+\sqrt{2})\cdots(3+\sqrt{n})(3+\sqrt{n+1})}$. Assim,

$$\begin{aligned}\frac{a_n}{a_{n+1}} &= \frac{\sqrt{n!}}{(3+\sqrt{1})(3+\sqrt{2})\cdots(3+\sqrt{n})}.\frac{(3+\sqrt{1})(3+\sqrt{2})\cdots(3+\sqrt{n})(3+\sqrt{n+1})}{\sqrt{(n+1)!}} \\ &= \frac{3+\sqrt{n+1}}{\sqrt{n+1}} = 1 + \frac{3}{\sqrt{n+1}}\end{aligned}$$

ou $\dfrac{a_n}{a_{n+1}} - 1 = \dfrac{3}{\sqrt{n+1}}$. Multiplicando por n, obtemos

$$n\left(\frac{a_n}{a_{n+1}} - 1\right) = \frac{3n}{\sqrt{n+1}}$$

Como $\displaystyle\lim_{n\to\infty} \frac{3n}{\sqrt{n+1}} = +\infty$, segue que a série converge.

Exemplo 6.29. Analise a convergência da série

$$\sum_{n=1}^{\infty} \frac{n!e^n}{n^{n+p}}.$$

Como $a_n = \dfrac{n!e^n}{n^{n+p}}$, temos $a_{n+1} = \dfrac{(n+1)!e^{n+1}}{(n+1)^{n+1+p}}$. Então

$$\begin{aligned}
\frac{a_n}{a_{n+1}} &= \frac{n!e^n(n+1)^{n+1+p}}{(n+1)!e^{n+1}n^{n+p}} = \frac{1}{e}\left(1+\frac{1}{n}\right)^{n+p} = \\
&= \frac{1}{e}e^{(n+p)\ln(1+\frac{1}{n})} = e^{-1+(n+p)\left(\frac{1}{n}-\frac{1}{2n^2}+O(\frac{1}{n^2})\right)} = \\
&= e^{-1+\frac{n+p}{n}-\frac{n+p}{2n^2}+(n+p)O(\frac{1}{n^2})} = \\
&= e^{\frac{p-1/2}{n}+O(\frac{1}{n})} = \\
&= e^{\frac{p-0,5}{n}+O(\frac{1}{n})} = 1+\frac{p-0,5}{n}+O(\frac{1}{n}).
\end{aligned}$$

Assim, pelo critério de Raabe,

$$\lim_{n\to\infty} n\left(\frac{a_n}{a_{n+1}}-1\right) = \lim_{n\to\infty}\left(p-0,5+O(\frac{1}{n})\right) = p-0,5.$$

Se $p-0,5>1$, isto é, para $p>\frac{3}{2}$, concluímos que a série converge.
Alguns esclarecimentos na solução do exemplo: Usamos o fato de que

$$e^\alpha = 1+\frac{\alpha}{1!}+\frac{\alpha^2}{2!}+\frac{\alpha^3}{3!}+\dots$$

onde α pertence à vizinhança de 0, vide Capítulo 7 e pelo fato que $\frac{p-0,5}{n}$ está na vizinhança de 0 quando $n\to\infty$.

Observação 6.1. O símbolo O que apareceu no exemplo anterior e o símbolo o foram introduzidos por Landau[5].
Símbolo O: lê-se O grande. Escrevemos

$$f(\varepsilon) = O[g(\varepsilon)], \quad \text{quando} \quad \varepsilon\to 0$$

se existe um número positivo M que não depende de ε tal que

$$|f(\varepsilon)|\le M|g(\varepsilon)| \quad \text{ou} \quad \lim_{\varepsilon\to 0}\left|\frac{f(\varepsilon)}{g(\varepsilon)}\right| < \infty.$$

Símbolo o: lê-se o pequeno. Escrevemos

$$f(\varepsilon) = o[g(\varepsilon)], \quad \text{quando} \quad \varepsilon\to 0$$

se existe um número positivo A que não depende de ε tal que

$$|f(\varepsilon)|\le A|g(\varepsilon)| \quad \text{ou} \quad \lim_{\varepsilon\to 0}\left|\frac{f(\varepsilon)}{g(\varepsilon)}\right| = 0.$$

Exemplo 6.30. 1. $\operatorname{sen}\varepsilon = O(\varepsilon)$;

[5]Lev Davidovich Landau, grande físico e matemático soviético, premio nobel de física (1908-1968), autor de diversos livros clássicos de mecânica clássica, mecânica quântica, relatividade especial, e outros livros técnicos e de divulgação científica.

2. $\cos \varepsilon = O(1)$;

3. $\operatorname{sen} \varepsilon^2 = O(\varepsilon^2)$;

4. $\operatorname{sen} \varepsilon = o(1)$;

5. $\operatorname{sen} \varepsilon^2 = o(\varepsilon)$;

6. $e^{-\varepsilon^{-1}} = o(\varepsilon^n), \quad \forall n \in \mathbb{N}$.

Antes de enunciar o Critério de Gauss para convergência de séries, vamos enunciar o Teste de Bertrand[6] [12], que será usado na prova do critério de Gauss.

Teorema 6.10 (Teste de Bertrand). Seja a série $\sum_{n=1}^{\infty} a_n$ com termos positivos. Denotemos por $B_n = \ln n \left[n \left(\dfrac{a_n}{a_{n+1}} - 1 \right) - 1 \right]$. Suponhamos que $\lim_{n \to \infty} B_n = B$. Então,

1. se $B > 1$ então a série $\sum_{n=1}^{\infty} a_n$ converge;

2. se $B < 1$ então a série $\sum_{n=1}^{\infty} a_n$ diverge.

Teorema 6.11 (Critério de Gauss). Se na série (6.2) todos os seus termos são positivos e

$$\frac{a_n}{a_{n+1}} = \lambda + \frac{\mu}{n} + \frac{\theta_n}{n^{1+\epsilon}},$$

onde $\varepsilon > 0$, $|\theta_n| < c$, então quando $\lambda > 1$ a série (6.2) converge, e quando $\lambda < 1$ a série diverge. Se $\lambda = 1$, então a série converge quando $\mu > 1$ e diverge quando $\mu \leq 1$.

Demonstração Se $\lambda > 1$

$$\lim_{n \to \infty} \frac{a_n}{a_{n+1}} = \lim_{n \to \infty} \left(\lambda + \frac{\mu}{n} + \frac{\theta_n}{n^{1+\epsilon}} \right) = \lambda,$$

ou seja

$$\lim_{n \to \infty} \frac{a_{n+1}}{a_n} = \frac{1}{\lambda} < 1,$$

e a série converge, pois é consequência do critério da razão (de d'Alembert).
Analogamente, se $\lambda < 1$

$$\lim_{n \to \infty} \frac{a_{n+1}}{a_n} = \frac{1}{\lambda} > 1,$$

e a série diverge, pelo critério da razão.

[6] Joseph Louis François Bertrand, matemático, historiador de ciências e acadêmico francês (1822-1900)

Agora suponhamos $\lambda = 1$, então

$$n\left(\frac{a_n}{a_{n+1}} - 1\right) = \mu + \frac{\theta_n}{n} \quad \text{e} \quad \lim_{n\to\infty} n\left(\frac{a_n}{a_{n+1}} - 1\right) = \mu.$$

Pelo Critério de Raabe, a série converge se $\mu > 1$ e diverge se $\mu < 1$. Por fim, se $\mu = 1$, então temos

$$n\left(\frac{a_n}{a_{n+1}} - 1\right) - 1 = \frac{\theta_n}{n^\varepsilon}.$$

Agora, multiplicando a última expressão por $\ln n$, obtemos

$$\ln n\left[n\left(\frac{a_n}{a_{n+1}} - 1\right) - 1\right] = \frac{\ln n}{n^\varepsilon}.\theta_n.$$

Como $\lim\limits_{n\to\infty} \dfrac{\ln n}{n^\varepsilon} = 0$ e θ_n é limitada, temos

$$\lim_{n\to\infty} \frac{\ln n}{n^\varepsilon}\theta_n = 0.$$

Então

$$\lim_{n\to\infty} \ln n\left[n\left(\frac{a_n}{a_{n+1}} - 1\right) - 1\right] = 0$$

e pelo Teste de Bertrand a série (6.2) diverge. ■

Observação 6.2. O critério de Gauss complementa os critérios de d'Alembert e Raabe.

Exemplo 6.31. Analise a convergência da série

$$\left(\frac{1}{2}\right)^p + \left(\frac{1.3}{2.4}\right)^p + \left(\frac{1.3.5}{2.4.6}\right)^p + \ldots \quad (p > 0)$$

Como $a_n = \left(\dfrac{1.3.5\ldots(2n-1)}{2.4.6\ldots.2n}\right)^p$, segue que

$$a_{n+1} = \left(\frac{1.3.5\ldots(2n-1)(2n+1)}{2.4.6\ldots.2n(2n+2)}\right)^p.$$

Consideremos a relação

$$\begin{aligned}\frac{a_n}{a_{n+1}} &= \left(\frac{1.3.5\ldots(2n-1)}{2.4.6\ldots.2n}\right)^p\left(\frac{2.4.6\ldots.2n(2n+2)}{1.3.5\ldots.(2n-1)(2n+1)}\right)^p = \\ &= \left(\frac{2n+2}{2n+1}\right)^p = \left(1 + \frac{1}{2n+1}\right)^p = \\ &= 1 + \frac{p}{2n+1} + \frac{p(p-1)}{2(2n+1)^2} + O\left(\frac{1}{n^2}\right) \quad \text{quando} \quad n \to \infty.\end{aligned}$$

Na última igualdade usamos o desenvolvimento da função binomial

$$\begin{aligned}(1+x)^m &= 1 + \frac{m}{1!}x + \frac{m(m-1)}{2!}x^2 + \ldots \\ &+ \frac{m(m-1)(m-2)\ldots(m-n+1)}{n!}x^n + \ldots \quad (|x| < 1)\end{aligned}$$

que será mostrado no capítulo 7.
Como $2n+1 \sim 2n$ quando $n \to \infty$. Obtemos da última igualdade

$$\frac{a_n}{a_{n+1}} = 1 + \frac{p}{2n} + \frac{p(p-1)}{2(2n)^2} + O\left(\frac{1}{n^2}\right),$$

ou seja

$$\frac{a_n}{a_{n+1}} = 1 + \frac{\frac{p}{2}}{n} + \frac{\frac{p(p-1)}{8}}{n^2}.$$

De acordo com o critério de Gauss, encontramos: se $\frac{p}{2} > 1$, ou $p > 2$ a série converge, e se $\frac{p}{2} \leq 1$, isto é, $p \leq 2$, a série diverge.

6.3 Séries Alternadas. Teorema de Leibniz

Consideremos agora uma série onde os sinais dos seus termos são alternados isto é, eles podem ser positivo, negativo, positivo, negativo, etc. Tais séries são da forma

$$\sum_{n=1}^{\infty}(-1)^{n+1}u_n = u_1 - u_2 + u_3 - \ldots + (-1)^{n+1}u_n + \ldots$$

com $u_1, u_2, u_3, \ldots$ positivos.

Exemplo 6.32.

$$\sum_{n=1}^{\infty}(-1)^{n+1}\frac{1}{n} = 1 - \frac{1}{2} + \frac{1}{3} - \frac{1}{4} + ...$$

$$\sum_{n=1}^{\infty}(-1)^{n}\frac{n}{n+1} = -\frac{1}{2} + \frac{2}{3} - \frac{3}{4} + ...$$

Um resultado importante que permitirá analisar a convergência de séries alternadas é o Critério de Leibniz[7].

[7]Gottfried Wilhelm Leibniz (1646 - 1716) filósofo, cientista, matemático, diplomata e bibliotecário alemão, um dos criadores do Cálculo Diferencial e Integral, juntamente com Isaac Newton.

Teorema 6.12. *Critério de Leibniz*
Consideremos a série alternada

$$\sum_{n=1}^{\infty}(-1)^{n+1}u_n = u_1 - u_2 + u_3 - \ldots + (-1)^{n+1}u_n + \ldots, \qquad (6.16)$$

cujos termos satisfazem as três seguintes condições:

1. $u_n > 0, \forall n \in \mathbb{N}$,
2. $u_n \geq u_{n+1}, \forall n > n_0$ para algum $n_0 \in \mathbb{N}$ (u_n forma uma sequência decrescente a partir de algum n_0),
3. $$\lim_{n\to\infty} u_n = 0.$$

Então a série alternada (6.16) converge e sua soma não é maior que o primeiro termo.

Demonstração Analisemos primeiramente a soma parcial com um número par de termos, isto é,

$$S_{2n} = u_1 - u_2 + u_3 - u_4 + \ldots + u_{2n-1} - u_{2n}.$$

Pela hipótese do teorema, os valores dos termos da série decrescem quando n cresce, então,

$$u_k \geq u_{k+1} \text{ e } u_{2n+1} - u_{2n+2} \geq 0,$$

e por isso

$$S_{2n+2} = S_{2n} + u_{2n+1} - u_{2n+2} \geq S_{2n},$$

isto é, a sequência $(S_{2n})_n$ é crescente. Por outro lado, temos

$$S_{2n} = u_1 - (u_2 - u_3) - (u_4 - u_5) + \ldots - (u_{2n-2} - u_{2n-1}) - u_{2n} \leq u_1.$$

Desta forma, temos que

$$0 \leq S_{2n} \leq u_1,$$

e isso significa que a sequência $(S_{2n})_n$ é limitada. Como a sequência $(S_{2n})_n$ é monótona crescente e limitada, então ela é convergente, isto é,

$$\lim_{n\to\infty} S_{2n} = S.$$

Além disto, temos

$$S_{2n+1} = S_{2n} + u_{2n+1},$$

por isso,

$$\lim_{n\to\infty} S_{2n+1} = \lim_{n\to\infty}(S_{2n} + u_{2n+1}) = S,$$

pois por hipótese

$$\lim_{n\to\infty} u_n = 0. \quad \blacksquare$$

Exemplo 6.33. A série

$$\sum_{n=1}^{\infty}(-1)^{n+1}\frac{1}{n} = 1 - \frac{1}{2} + \frac{1}{3} - \frac{1}{4} + \ldots$$

é uma série alternada, cujos termos formam uma sequência decrescente e $\lim\limits_{n\to\infty}\frac{1}{n} = 0$, então pelo critério de Leibniz a série converge.

Exemplo 6.34. Analise a convergência das séries a seguir

$$a)\ \sum_{n=1}^{\infty}(-1)^{n+1}\frac{1}{e^n}, \quad b)\ \sum_{n=1}^{\infty}(-1)^{n+1}\frac{n+a}{n(n+1)}, \ a > 0, a \in \mathbb{R}.$$

a)

- $u_n = \dfrac{1}{e^n} > 0, \forall n \in \mathbb{N}.$
- $$u_{n+1} - u_n = e^{-(n+1)} - e^{-n} = e^{-n}\frac{(1-e)}{e} < 0.$$

  Isso significa $\to u_{n+1} < u_n$, ou seja, a sequência u_n é decrescente. Finalmente
- $\lim\limits_{n\to\infty}\dfrac{1}{e^n} = 0$, pois $e > 2$.

Logo, pelo critério de Leibniz a série alternada converge.

b)

- $u_n = \dfrac{n+a}{n(n+1)} > 0, \forall n \in \mathbb{N}.$
- $$u_{n+1} - u_n = \frac{n+1+a}{(n+1)(n+2)} - \frac{n+a}{n(n+1)} = \frac{(-n-2a)}{n(n+1)(n+2)} < 0.$$

  Isso significa que $u_{n+1} < u_n$, ou seja, a sequência u_n é sequência decrescente. Finalmente:
- $\lim\limits_{n\to\infty}\dfrac{n+a}{n(n+1)} = \lim\limits_{n\to\infty}\dfrac{(1+\frac{a}{n})}{(n+1)} = 0.$

Logo, pelo critério de Leibniz a série alternada converge.

Definição 6.5. *Séries Absolutamente Convergentes*
Consideremos uma série numérica cujos termos possuem sinais arbitrários. Queremos definir a convergência absoluta destas séries.

- A série

$$\sum_{n=1}^{\infty} u_n = u_1 + u_2 + u_3 + \ldots + u_n + \ldots \tag{6.17}$$

  é dita *absolutamente convergente* se a série

$$\sum_{n=1}^{\infty} |u_n| = |u_1| + |u_2| + |u_3| + \ldots + |u_n| + \ldots \tag{6.18}$$

  converge.
- Se a série (6.17) converge, mas a série (6.18) diverge, então dizemos que a série (6.17) converge condicionalmente

As séries convergentes de termos positivos são um caso particular das séries absolutamente convergentes. Para estudar a convergência absoluta da série (6.17), podemos aplicar os critérios de convergência estudados na subseção anterior 6.2.2. Assim, em particular, a série (6.17) será absolutamente convergente se:

$$\lim_{n\to\infty}\left|\frac{u_{n+1}}{u_n}\right| < 1, \quad \text{e/ou} \quad \lim_{n\to\infty}\sqrt[n]{|u_n|} < 1.$$

Exemplo 6.35. Considere a seguinte série (série harmônica alternada)

$$\sum_{n=1}^{\infty}(-1)^{n-1}\frac{1}{n} \tag{6.19}$$

e analise a convergência absoluta.

Escrevamos a série formada pelos módulos dos termos: $(-1)^{n-1}\dfrac{1}{n}$:

$$\sum_{n=1}^{\infty}\left|(-1)^{n-1}\frac{1}{n}\right| = \sum_{n=1}^{\infty}\frac{1}{n},$$

a série obtida é a série harmônica, que como já foi provado acima, diverge. Pelo critério de Leibniz, a série (6.19) converge, portanto, a série (6.19) converge condicionalmente.

Exemplo 6.36. Analise a convergência absoluta da seguinte série

$$\sum_{n=1}^{\infty}(-1)^{n-1}\frac{\operatorname{sen}\frac{3n\pi}{5}}{n^2} \tag{6.20}$$

Sabemos que $|\operatorname{sen}\frac{3n\pi}{5}| \leq 1$ para todo $n \in \mathbb{N}$, então

$$\left|(-1)^{n-1}\frac{\operatorname{sen}\frac{3n\pi}{5}}{n^2}\right| \leq \left|\frac{1}{n^2}\right| = \frac{1}{n^2},$$

e além disso, a série

$$\sum_{n=1}^{\infty}\frac{1}{n^2}$$

converge pelo critério da $p-$série, portanto, a série (6.20)

$$\sum_{n=1}^{\infty}(-1)^{n-1}\frac{\operatorname{sen}\frac{3n\pi}{5}}{n^2}$$

converge, pelo critério da comparação 6.5. Assim, converge absolutamente. Note que não podemos aplicar o critério de Leibniz para saber se a série alternada (6.20) converge ou não, pois $u_n = \dfrac{\operatorname{sen}\frac{3n\pi}{5}}{n^2}$ não é estritamente positivo, daí que tecnicamente não sabemos se ela converge ou não. Para responder a essa questão, em breve, iremos enunciar um teorema apropriado.

Exemplo 6.37. Analise a convergência absoluta da seguinte série

$$\sum_{n=2}^{\infty}(-1)^{n}\frac{1}{\ln n}.$$

Sabemos que $n > \ln n$ para todo $n \in \mathbb{N}$, e para todo $n > 2$, temos

$$\frac{1}{\ln n} > \frac{1}{n}.$$

E como a série

$$\sum_{n=2}^{\infty} \frac{1}{n}$$

diverge (série Harmônica), então pelo critério de comparação, a série

$$\sum_{n=2}^{\infty} \frac{1}{\ln n}$$

diverge. Pelo critério de Leibniz, a série

$$\sum_{n=2}^{\infty} (-1)^n \frac{1}{\ln n}$$

converge. Logo, podemos concluir que a série

$$\sum_{n=2}^{\infty} (-1)^n \frac{1}{\ln n}$$

converge condicionalmente.

Exemplo 6.38. Analise a convergência absoluta da seguinte série

$$\sum_{n=3}^{\infty} (-1)^n \frac{1}{\sqrt{n-2}}.$$

Como a série

$$\sum_{n=3}^{\infty} \frac{1}{\sqrt{n}}$$

é divergente pelo critério da p-série, então usando a terceira parte do critério de comparação, podemos concluir que a série

$$\sum_{n=3}^{\infty} \frac{1}{\sqrt{n-2}}.$$

também diverge, pois

$$\lim_{n\to\infty} \frac{\frac{1}{\sqrt{n}}}{\frac{1}{\sqrt{n-2}}} = 1.$$

Mas, pelo critério de Leibniz a série converge, então podemos concluir que a série

$$\sum_{n=3}^{\infty} (-1)^n \frac{1}{\sqrt{n-2}}$$

converge condicionalmente.

Exemplo 6.39. Analise a convergência absoluta da seguinte série

$$\sum_{n=1}^{\infty}(-1)^{n-1}\operatorname{sen}\frac{1}{n^2}.$$

Como a série

$$\sum_{n=1}^{\infty}\frac{1}{n^2}$$

é convergente pelo critério da p-série, então usando a terceira parte do critério de comparação, podemos concluir que a série

$$\sum_{n=1}^{\infty}\left|\operatorname{sen}\frac{1}{n^2}\right|.$$

também converge, pois

$$\lim_{n\to\infty}\frac{\operatorname{sen}\frac{1}{n^2}}{\frac{1}{n^2}}\overset{1/n^2=\alpha}{=}\lim_{\alpha\to 0}\frac{\operatorname{sen}\alpha}{\alpha}=1,$$

e assim, a série $\sum_{n=1}^{\infty}(-1)^{n-1}\operatorname{sen}\frac{1}{n^2}$ converge absolutamente.

Exemplo 6.40. Analise a convergência absoluta da seguinte série

$$\sum_{n=1}^{\infty}(-1)^{n-1}\operatorname{tg}\frac{3}{\sqrt[3]{n^2}}.$$

É fácil ver que a série converge pelo critério de Leibniz. Agora verifiquemos a convergência absoluta.

Como a série

$$\sum_{n=1}^{\infty}\frac{3}{\sqrt[3]{n^2}}$$

é divergente pelo critério da p-série, então usando a terceira parte do critério de comparação, podemos concluir que a série

$$\sum_{n=1}^{\infty}\left|\operatorname{tg}\frac{3}{\sqrt[3]{n^2}}\right|.$$

também diverge, pois

$$\lim_{n\to\infty}\frac{\operatorname{tg}\frac{3}{\sqrt[3]{n^2}}}{\frac{3}{\sqrt[3]{n^2}}}=\lim_{n\to\infty}\frac{\operatorname{sen}\frac{3}{\sqrt[3]{n^2}}}{\frac{3}{\sqrt[3]{n^2}}}.\frac{1}{\cos\frac{3}{\sqrt[3]{n^2}}}\overset{3/\sqrt[3]{n^2}=\alpha}{=}\lim_{\alpha\to 0}\frac{\operatorname{sen}\alpha}{\alpha}\frac{1}{\cos\alpha}=1,$$

assim, a série $\sum_{n=1}^{\infty}(-1)^{n-1}\operatorname{tg}\frac{1}{\sqrt[3]{n^2}}$ não converge absolutamente. Portanto, a série

$$\sum_{n=1}^{\infty}(-1)^{n-1}\operatorname{tg}\frac{3}{\sqrt[3]{n^2}}$$

converge condicionalmente.

Teorema 6.13. *Teste da convergência Absoluta*

Se $\sum_{n=1}^{\infty} |u_n|$ converge, então $\sum_{n=1}^{\infty} u_n$ *converge.*

Isto é, toda série absolutamente convergente é convergente.

Demonstração

Se $\sum_{n=1}^{\infty} |u_n|$ converge então, pelo critério de Cauchy (Teorema (6.4)), dado $\varepsilon > 0$ arbitrário , $\exists\, n_0 \in \mathbb{N}$ tal que $\forall n\; n > n_0$, temos: $||u_{n+1}|+|u_{n+2}|+...+|u_{n+p}|| = |u_{n+1}|+|u_{n+2}|+...+|u_{n+p}| < \varepsilon$ para qualquer valor de $p \in \mathbb{N}$.

Pela desigualdade triangular para números reais, temos:

$$|u_{n+1} + u_{n+2} + ... + u_{n+p}| \leq |u_{n+1}| + |u_{n+2}| + ... + |u_{n+p}| < \varepsilon.$$

Novamente, pelo critério de Cauchy para séries (agora no sentido reverso), se $\varepsilon > 0$ arbitrário , $\exists\, n_0 \in \mathbb{N}$ / se $n > n_0$ tal que

$$|u_{n+1} + u_{n+2} + ... + u_{n+p}| < \varepsilon, \text{ então } \sum_{n=1}^{\infty} u_n \text{ converge.}$$

Exemplo 6.41. No exemplo (6.36) a série $\sum_{n=1}^{\infty} (-1)^{n-1} \frac{\text{sen } \frac{3n\pi}{5}}{n^2}$ converge absolutamente, e pelo teste da convergência absoluta, o Teorema (6.13), a série converge. De forma similar, do exemplo (6.39) a série $\sum_{n=1}^{\infty} (-1)^{n-1} \text{sen } \frac{1}{n^2}$ converge absolutamente e finalmente converge.

Observação 6.3. O contrário do Teorema 6.13 não é necessariamente verdadeiro!

Exemplo 6.42. A série $\sum_{n=1}^{\infty} u_n = \sum_{n=1}^{\infty} (-1)^n \frac{1}{n}$ converge, pelo teste de Leibniz ou o Teorema 6.12. Porém a série $\sum_{n=1}^{\infty} |u_n| = \sum_{n=1}^{\infty} \frac{1}{n}$ diverge, pois é uma série harmônica.

Finalmente, um comentário que responde a um dos questionamentos levantados na motivação inicial deste capítulo. Riemann percebeu que para séries condicionalmente convergentes era possível reorganizar os termos e obter valores diferentes. Para uma apresentação didática deste assunto interessante ver a referência [55].

6.4 Exercícios do Capítulo 6

Exercício 6.1. Justifique as seguintes igualdades

$$a)\ \sum_{n=1}^{\infty}\frac{2}{n(n+1)}=2;\quad b)\ \sum_{n=2}^{\infty}(\frac{5}{n^2-1})=15/4,$$

Ajuda: utilize a definição de série telescópica

Exercício 6.2. Determine a soma a seguir

$$\sum_{n=1}^{\infty}\frac{1}{(n\sqrt{n+1}+(n+1)\sqrt{n})}$$

Exercício 6.3. Expresse cada um dos números seguintes como uma razão de dois inteiros.

1. $0,\overline{23}=0,232323...$
2. $0,0\overline{d}=0,0dddddd...$
3. $1,\overline{414}=1,414414414...$ d é um algarismo numérico entre 1 e 9.

Exercício 6.4. Dada a serie geométrica com o primeiro termo $u_1=2$ e razão $q=1/4$.
a) Identifique o termo u_{30} da série.
b) Determine a soma dos 40 primeiros termos da série (soma parcial).
c) Determine a soma dos infinitos termos da série.

Exercício 6.5. Resolva a equação para $x>1$ real e : $1+1/x^3+1/x^6+1/x^9...=8$.

Exercício 6.6. Na construção feita no exemplo (6.1), determine o perímetro da figura em amarelo em cada etapa e indique a fórmula do perímetro da figura P_n na n-ésima etapa. Quanto é $\lim\limits_{n\to\infty}P_n$?

Exercício 6.7. Construa o conjunto C [8] do seguinte modo:
a) Você tem uma reta de comprimento $L=1$.
b) Divida o segmento anterior em 3 partes iguais e remova a parte do meio (etapa 1).
c) Divida os dois segmentos da etapa anterior, cada um em três segmentos iguais e remova a parte do meio de cada um (etapa 2).
d) Repita o processo indefinidamente.
Pergunta.-
a) Quanto mede o comprimento da parte removida na etapa n?.
b) Quanto foi o comprimento total R_n removido até a etapa n.
c) Determine $\lim\limits_{n\to\infty}R_n$

Exercício 6.8. Utilizando propriedades da série geométrica, analise se as seguintes séries convergem ou não.

$$a)\ \sum_{n=1}^{\infty}(\frac{-1}{4})^n,\quad b)\ \sum_{n=1}^{\infty}(\frac{\sqrt{5}}{2})^{n+1},$$

[8] Este conjunto é denominado conjunto de Cantor em homenagem ao criador deste conjunto; George Cantor, nascido em são Petersburgo-Rússia, no ano 1845.

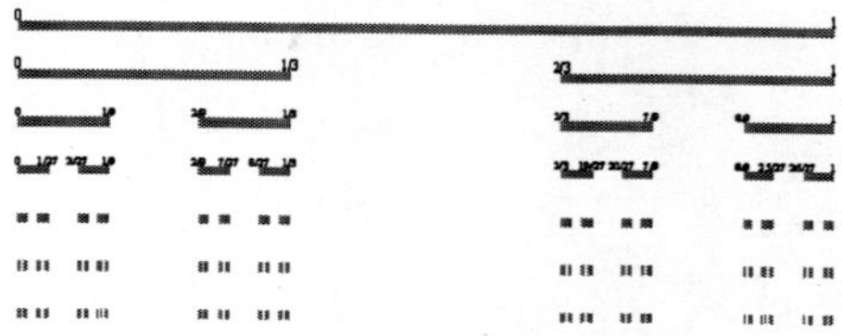

Figura 6.4: Conjunto de Cantor

Exercício 6.9. Da construção da curva de Koch realizada no exercício (5.1) do capítulo anterior (5), considere a área limitada pela curva em cada etapa da construção (construa a série A_n correspondente).
a) Determine a fórmula A_n da área limitada pela curva de Koch em cada etapa n do processo de construção.
b) A série é convergente?
c) Determine $lim_{n\to\infty} A_n$.

Exercício 6.10. Verifique a condição necessária para a convergência das séries ($\lim\limits_{n\to\infty} u_n = 0$) e diga qual delas não é convergente (Teste do n-ésimo termo para divergência).

1. $\displaystyle\sum_{n=1}^{\infty} \frac{3n+1}{5n+4}$;

2. $\displaystyle\sum_{n=1}^{\infty} \sqrt{\frac{n^2+4}{n^2}}$;

3. $\displaystyle\sum_{n=1}^{\infty} \operatorname{sen} \frac{3n^5}{n^5+1}$;

4. $\displaystyle\sum_{n=1}^{\infty} \operatorname{arctg} \frac{1}{\sqrt{n}}$;

5. $\displaystyle\sum_{n=1}^{\infty} n^7 \operatorname{arctg} \frac{1}{n^7}$;

6. $\displaystyle\sum_{n=1}^{\infty} \ln(1+\frac{1}{n^2})$.

Exercício 6.11. Considerando o teste da comparação, analise a convergência da série:

$$a) \quad \sum_{n=2}^{\infty} \frac{4n}{n^2-1}; \quad b) \quad \sum_{n=1}^{\infty} \frac{4}{4^n n!}.$$

Exercício 6.12. Considerando o teste da comparação no limite, analise a convergência das séries:

$$a) \quad \sum_{n=1}^{\infty} \frac{2n+2}{n^2+4n}; \quad b) \quad \sum_{n=1}^{\infty} \frac{4}{3^n-1}.$$

Dica: Utilize a série harmônica e uma série geométrica apropriada para tal comparação em cada caso.

Exercício 6.13. Considerando o teste da raiz, analise a convergência das séries:

$$a)\ \sum_{n=1}^{\infty}\left(\frac{n}{2n-1}\right)^{3n-1};\quad b)\ \sum_{n=1}^{\infty}\frac{3^{n-1}}{n^{2n}}.$$

Exercício 6.14. Considerando o teste da razão, analise a convergência das séries:

$$a)\ \sum_{n=1}^{\infty}\frac{n^2 4^n}{(2n)!};\quad b)\ \sum_{n=1}^{\infty}\frac{n!}{2n+1}.$$

Exercício 6.15. Considerando o teste da integral, analise a convergência das séries:

$$a)\ \sum_{n=1}^{\infty}e^{-kn};\quad b)\ \sum_{n=1}^{\infty}\frac{1}{\sqrt{20n}};\quad c)\ \sum_{n=1}^{\infty}ne^{-n^2}.$$

Onde k é constante real e fixo.

Exercício 6.16. Considere as p-séries e analise a convergência das séries:

$$a)\ \sum_{n=1}^{\infty}\frac{1}{(2n)^4};\quad b)\ \sum_{n=16}^{\infty}\frac{1}{n^{0.6}}.$$

Exercício 6.17. Estude a convergência das seguintes séries:

1 $\displaystyle\sum_{n=1}^{\infty}\left(\frac{n}{n+1}\right)^{n^2}$; [2] $\displaystyle\sum_{n=1}^{\infty}\frac{1}{\sqrt{n(n+1)}}$;

3 $\displaystyle\sum_{n=1}^{\infty}\frac{\sqrt[3]{n}}{(n+1)\sqrt{n}}$; [4] $\displaystyle\sum_{n=1}^{\infty}\frac{1}{8n+1}$;

5 $\displaystyle\sum_{n=1}^{\infty}\ln\left(1+\frac{1}{n}\right)$; [6] $\displaystyle\sum_{n=1}^{\infty}\frac{3^n n!}{n^n}$.

7 $\displaystyle\sum_{n=2}^{\infty}\frac{1}{n^2-n}$; [8] $\displaystyle\sum_{n=1}^{\infty}\frac{n^2}{2n^2+1}$;

9 $\displaystyle\sum_{n=1}^{\infty}\frac{3n+2}{n^3-2n}$; [10] $\displaystyle\sum_{n=1}^{\infty}\operatorname{sen}\frac{\pi}{2^n}$;

11 $\displaystyle\sum_{n=1}^{\infty}\frac{1}{n^4+\operatorname{sen}^6 3n}$; [12] $\displaystyle\sum_{n=1}^{\infty}\frac{3^{n^2-2}}{2^{n^2}\sqrt{n}}$;

13 $\displaystyle\frac{1}{2}+\frac{1.5}{2.4.6}+\frac{1.5.9}{2.4.6.8}+\ldots+\frac{1.5\ldots(4n-3)}{2.4.6\ldots(4n-4)(4n-2)}+\ldots$;

14 $\displaystyle\sum_{n=1}^{\infty}\operatorname{sen}^n\frac{\pi}{2n}$; [15] $\displaystyle\sum_{n=1}^{\infty}\frac{1}{2^n}\left(1+\frac{1}{n}\right)^{n^2}$;

16 $\displaystyle\sum_{n=1}^{\infty} \frac{1}{(n+1)\ln(n+1)}$; [17] $\displaystyle\sum_{n=2}^{\infty} \frac{1}{n\ln^2 n}$;

18 $\displaystyle\sum_{n=1}^{\infty} \left(\frac{1.3.5.\ldots.(2n-1)}{2.4.6.\ldots.2n}\right)^p . \frac{1}{n^q}$;

19 $\displaystyle\sum_{n=1}^{\infty} \left(\frac{p(p+1)\ldots(p+n-1)}{q(q+1)\ldots(q+n-1)}\right)^\alpha$, $(p>0,\ q>0)$.

Exercício 6.18. Analise a convergência absoluta e a convergência das seguintes séries:

1. $\displaystyle\sum_{n=1}^{\infty} (-1)^{n+1} \frac{1}{3^{2n}}$;
2. $\displaystyle\sum_{n=1}^{\infty} (-1)^{n+1} \frac{1}{n^2+2}$;

Exercício 6.19. Analise a convergência das seguintes séries alternadas e verifique se elas convergem absolutamente ou condicionalmente:

1. $\displaystyle\sum_{n=1}^{\infty} \frac{(-1)^{n+1}}{2n+3}$;
2. $\displaystyle\sum_{n=1}^{\infty} (-1)^{n-1} \frac{2n+1}{n(n+1)}$;
3. $\displaystyle\sum_{n=1}^{\infty} (-1)^n \left(\frac{2n+1}{3n+1}\right)^n$.
4. $\displaystyle\sum_{n=1}^{\infty} (-1)^n \frac{\sqrt[4]{n}}{(n+2)\sqrt{n}}$;
5. $\displaystyle\sum_{n=1}^{\infty} (-1)^n \frac{n+5}{n^2+2}$;
6. $\displaystyle\sum_{n=2}^{\infty} (-1)^n \frac{1}{n^4-n^3}$;
7. $\displaystyle\sum_{n=1}^{\infty} \frac{\operatorname{sen} n\alpha}{(\ln 20)^n}, \alpha \in \mathbb{R}$;
8. $\displaystyle\sum_{n=1}^{\infty} \frac{(-1)^{n-1} n}{5n-4}$.
9. $\displaystyle\sum_{n=1}^{\infty} (-1)^n \operatorname{sen} \frac{\pi}{\sqrt{n}}$;
10. $\displaystyle\sum_{n=1}^{\infty} \frac{(-1)^{n+1} 3^n}{(2n+1)^n}$.

6.5 Respostas

6.2 1

6.3

1. $\frac{23}{99}$

2. $\frac{d}{90}$, d é um algarismo numérico entre 1 e 9.

3. $\frac{1413}{999}$

6.4

a $a_{30} = 2(\frac{1}{4})^2 9$

b $s_{40} = \frac{8}{3}(1 - \frac{1}{4^{40}})$

c 8/3

6.5 $\frac{2}{\sqrt[3]{7}}$

6.6

$P_n = 4L + \sum_{k=1}^{k=n} 2\,3^k(\frac{L}{3^k}) = 4L + 2Ln$
$lim_{n\to\infty} P_n \to \infty$

6.7

a

$$L_n = L\frac{2^{n-1}}{3^n},\ n \geq 1.$$

b

$$R_n = L(1 - (\frac{2}{3})^n),\ n \geq 1.$$

c

$$lim_{n\to\infty} R_n = L$$

No exercício, $L = 1$.

6.8 a) Converge, b) Diverge.

6.9

a

$$A_n = A[1 + \sum_{k=1}^{k=n-1} \frac{1}{3}(\frac{4}{9})^{k-1}] = A[1 + \frac{3}{5}(1 - \frac{4}{9}^{n-1})],\ n \geq 1, A = \frac{L^2\sqrt{3}}{4}.$$

b A_n converge, pois é uma série geométrica cuja razão é $r = 4/9$.

c $lim_{n\to\infty} A_n = 8/5\,A$

6.10

1. $\lim\limits_{n\to\infty} u_n = 3/5 \neq 0$, logo $\sum u_n$ diverge.
2. $\lim\limits_{n\to\infty} u_n = 1 \neq 0$, logo $\sum u_n$ diverge.
3. $\lim\limits_{n\to\infty} u_n =$ sen3 $\neq 0$ logo $\sum u_n$ diverge.
4. $\lim\limits_{n\to\infty} u_n = 0$, inconclusivo.
5. $\lim\limits_{n\to\infty} u_n = 1$, diverge.

6.- $\lim\limits_{n\to\infty} u_n = 0$, inconclusivo.

6.11

a Comparando com a série harmônica, a série em questão diverge.

b Comparando com a série geométrica, a série em questão converge.

6.12 a) Diverge, b) Converge.

6.13

a $\lim\limits_{n\to\infty} \sqrt[n]{u_n} = 1/8 < 1$, a série converge.

b $\lim\limits_{n\to\infty} \sqrt[n]{u_n} = 0 < 1$, a série converge.

6.14

a $\lim\limits_{n\to\infty} \dfrac{u_{n+1}}{u_n} = \rho = 0 < 1$, a série converge.

b $\lim\limits_{n\to\infty} \dfrac{u_{n+1}}{u_n} = \rho = \infty 0 > 1$, a série diverge.

6.15

a) O critério da integral somente pode ser utilizada para $k > 0$, pois assim teremos uma função $f(x) = e^{-kx}$ decrescente para $x > 0$ e no caso, a série converge. Se $k \leq 0$ a série diverge.

b) A função $f(x) = \dfrac{1}{\sqrt{x}}$ é decrescente, logo é possível aplicar o critério da integral; finalmente a série diverge.

c) A função $f(x) = xe^{-x^2}$ é decrescente para $x \geq 1$. $\displaystyle\int_1^{\infty} xe^{-x^2}dx = \frac{1}{2e} < \infty$; finalmente a série converge.

6.16 a) A série converge, b) A série diverge.

6.17

1) Pelo teste do n-ésimo termo da divergência, a série diverge.
2) A série diverge pelo critério de comparação com a série harmônica.
3) A série é convergente por comparação com uma p-série.
4) A série diverge pelo critério de comparação com a série harmônica.
5) A série é telescópica, logo a série diverge.
6) Pelo critério da razão a série diverge.
7) A série é telescópica, logo $\sum_{n=2}^{\infty} u_n = 1$.

8) A série diverge. Aplique o teste da divergência do n-ésimo termo.

9) Como : $\dfrac{3n+2}{n^3-2n} \leq \dfrac{5n}{n^3-2n} = \dfrac{5}{n^2-2} \leq \dfrac{5}{n^2-n}$, sendo que $\sum_{n=2}^{\infty} \frac{5}{n^2-n}$ é uma série telescópica que converge a 5. Então a série inicial converge.

10) Para $\theta = \frac{\pi}{2^n} \leq \pi/2$ temos que $0 \leq \text{sen}\theta \leq \theta$ assim, pelo critério de comparação com a série $\sum_{n=1}^{\infty} (\frac{1}{2})^n$ (convergente, por ser uma série geométrica), a série original converge.

11) Fazendo uma comparação com a p-séries (p=4), a série é convergente.

12) Comparando com uma série geométrica, a série é convergente.

13) Utilizando o critério da razão a série converge.

14) Pelo critério da raiz a série é convergente.

15) Pelo critério da raiz a série diverge.

16) Converge.

17) Converge.

18) Utilizando o critério de Raabe, a série converge se $\dfrac{p}{2} + q > 1$

19) Utilizando o critério de Raabe, a série converge se $\alpha(q-p) > 1$

.

6.18

1. A série $\sum u_n$ é alternada, e pelo critério de Leibniz, é convergente. A série $\sum u_n$ também é absolutamente convergente, pois $\sum |u_n|$ converge. Aplique o critério da integral.

2. A série $\sum |u_n|$ é convergente, basta aplicar o critério de comparação com uma p-série, logo a série $\sum u_n$ é absolutamente convergente pelo teste da convergência absoluta (6.3), $\sum u_n$ também é convergente.

6.19

1. A série alternada $\sum u_n = \sum\limits_{n=1}^{\infty} \dfrac{(-1)^{n+1}}{2n+3}$ converge pelo teste de Leibniz, por outro lado a série $\sum |u_n|$ não converge (aplique o teste da integral). Logo a série $\sum u_n$ converge condicionalmente.

2. A série alternada $\sum u_n$ converge de acordo com o critério de Leibniz, e a série $\sum |u_n|$ não converge (faça uma descomposição numa série harmônica mais uma série telescópica, isto é: $\frac{2n+1}{n(n+1)} = 2\frac{1}{n+1} + \frac{1}{n(n+1)}$). Logo, a série original é condicionalmente convergente.

3. Utilizando o critério da raiz, a série converge absolutamente, logo converge.

4. Comparando apropriadamente com uma p-série, existe convergência absoluta.

5. Converge absolutamente. Compare com uma p-série (p=4).

6. A série alternada é convergente, porém não é absolutamente convergente (aplique o critério da integral).

7. Pelo critério da raiz, a série converge absolutamente.

8. A séria não converge absolutamente e também não converge (*).

9. A série alternada é convergente e converge absolutamente também.

10. A série converge absolutamente pelo critério da raiz.

CAPÍTULO 7

Séries de Potências

7.1 Noções Básicas

Vimos no capítulo 6, que as séries numéricas e suas somas são uma forma diferente de analisar as sequências numéricas e seus limites. Vamos considerar agora séries cujos termos são funções da variável x. Assim, chamamos séries de potências em $(x - x_o)$ ou séries de potências na vizinhança do ponto x_o a seguinte série:

$$\sum_{n=0}^{\infty} a_n(x - x_o)^n = a_0 + a_1(x - x_o) + a_2(x - x_o)^2 + a_3(x - x_o)^3 + \dots \tag{7.1}$$

onde $a_o, a_1, a_2, \dots, a_n, \dots$ são constantes.

Escrevendo $y = x - x_o$, podemos escrever a série (7.1) na seguinte forma:

$$\sum_{n=0}^{\infty} a_n y^n = a_0 + a_1 y + a_2 y^2 + a_3 y^3 + \dots \tag{7.2}$$

Por isso, por conveniência, vamos analisar séries somente da forma (7.2).

Podemos dizer que uma série de potências é um polinômio de infinitos termos.

A seguir vamos introduzir a noção de convergência da série (7.2). Para isto, denotamos $S_n(x)$ como sendo a soma n-ésima da série (7.2), definida por:

$$S_n(x) = a_0 + a_1 x + a_2 x^2 + a_3 x^3 + \dots + a_{n-1} x^{n-1}. \tag{7.3}$$

Diz-se que a série (7.2) converge se existe uma função $S(x)$ que depende de x, e tal que:

$$\lim_{n\to\infty} S_n(x) = S(x). \tag{7.4}$$

Obviamente, estamos interessados em saber o conjunto dos valores de x para os quais vale (7.4), e por conseguinte, a convergência da série (7.2). Em outras palavras, precisamos encontrar um conjunto $I \subset \mathbb{R}$, onde as séries do tipo (7.2) convirjam.

Exemplo 7.1. Analise a convergência da seguinte série de potências

$$\sum_{n=0}^{\infty} x^n = 1 + x + x^2 + x^3 + \cdots$$

Primeiramente escrevemos a n-ésima soma:

$$S_n(x) = 1 + x + x^2 + x^3 + \cdots + x^{n-1} = \frac{1-x^n}{1-x}.$$

Observa-se que a soma $S_n(x)$ é a soma de uma progressão geométrica de razão x. Quando $n \to \infty$, a série geométrica converge se a razão $|x| < 1$, assim:

$$S(x) = \lim_{n\to\infty} S_n(x) = \lim_{n\to\infty} \frac{1-x^n}{1-x} = \frac{1}{1-x}.$$

Finalmente:

$$1 + x + x^2 + x^3 + \cdots = \frac{1}{1-x}, \quad x \in (-1, 1).$$

Teorema 7.1. *Teorema de Abel* [a]
Se a série (7.2) converge para um $x = x_o$, então:

- Ela converge absolutamente para todos x, tais que:

$$|x| < |x_o|.$$

  Por outro lado,

- Se a série diverge quando $x = x_o$, então a série diverge para todos x, tais que:

$$|x| > |x_o|.$$

[a] Niels Henrik Abel, grande matemático norueguês (1802-1829)

Prova: Por hipótese.

$$a_0 + a_1x_o + a_2x_o^2 + a_3x_o^3 + \ldots + a_{n-1}x_o^{n-1} + \ldots$$

converge, então $\lim\limits_{n\to\infty} a_nx_o^n = 0$, e por isto, a sequência $(a_nx_o^n)_n$ é limitada:

$$|a_nx_o^n| \le L, \; n = 0, 1, 2, 3, \ldots$$

Considerando o n-ésimo termo da série (7.2), obtemos:

$$|a_nx^n| = \left|a_nx_o^n.\frac{x^n}{x_o^n}\right| = |a_nx_o^n|.\left|\frac{x}{x_o}\right|^n \le L\left|\frac{x}{x_o}\right|^n.$$

Como $\left|\dfrac{x}{x_o}\right|^n < 1$, a série $\sum\limits_{n=0}^{\infty} L\left|\dfrac{x}{x_o}\right|^n$ converge. Logo, pelo critério de Comparação, segue que a série

$$\sum_{n=0}^{\infty} |a_nx^n|$$

também converge e portanto, a série (7.2) converge absolutamente.

Agora, se a série (7.2) quando $y = x_0$,

$$a_0 + a_1x_o + a_2x_o^2 + a_3x_o^3 + \ldots + a_{n-1}x_o^{n-1} + \ldots$$

diverge, então $\lim_{n\to\infty} a_n x_o^n \not\to 0$, e por isto, fixado $L > 0$

$$|a_n x_o^n| \geq L, \text{ para n suficientemente grande.}$$

Assim,

$$|a_n x^n| = \left|a_n x_o^n . \frac{x^n}{x_o^n}\right| = |a_n x_o^n| . \left|\frac{x}{x_o}\right|^n \geq L\left|\frac{x}{x_o}\right|^n.$$

Como $\left|\frac{x}{x_o}\right|^n > 1$, a série $\sum_{n=0}^{\infty} L\left|\frac{x}{x_o}\right|^n$ diverge. Logo pelo critério de Comparação, segue que a série

$$\sum_{n=0}^{\infty} |a_n x^n|$$

também diverge e portanto, a série (7.2) diverge. ■

Definição 7.1. *Raio de convergência.*
O número $R \geq 0$ (R-número ou o símbolo ∞), tal que, para todo x com $|x - x_0| < R$, a série (7.2) converge, e para todo x com $|x - x_0| > R$, a série (7.1) diverge, chama-se raio de convergência da série (7.1), ver a figura 7.1.

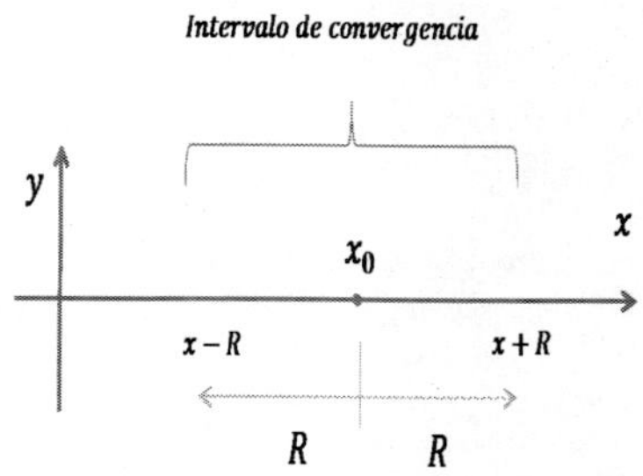

Figura 7.1: Intervalo de convergência de série de potências

Um resultado importante que nos permitirá encontrar o raio de convergência de uma série de potências é dado pelo seguinte teorema: (ver referências [3], [12]).

Teorema 7.2. Uma série de potências da forma (7.2) é convergente apenas para $x = 0$ ou é convergente (absolutamente) quando $|x| < R$ e divergente quando $|x| > R$, em que o número R-raio de convergência-, pode ser encontrado pelas seguintes fórmulas

$$R = \frac{1}{\lim_{n\to\infty} \sup |a_n|^{1/n}} \quad \text{ou}$$
$$R = \lim_{n\to\infty} \left|\frac{a_n}{a_{n+1}}\right|.$$

Aqui, $\lim_{n\to\infty} \sup |a_n|^{1/n}$ indica o maior valor de aderência da sequência limitada $|a_n|^{1/n}$. A primeira fórmula é conhecida como Fórmula de Cauchy[1]-Hadamard[2].

Nas fórmulas acima, para analisar a convergência da série nos pontos extremos (fronteira) $x = \pm R$, é necessário um estudo adicional.

[1]Augustin-Louis Cauchy, grande matemático francês (1789-1857)
[2]Jacques Salomon Hadamard, matemático francês, (1865-1963)

Exemplo 7.2. Analise a convergência da seguinte série:

$$\sum_{n=1}^{\infty} \frac{n!}{n+1} x^n = \frac{1!}{2} x + \frac{2!}{3} x^2 + \frac{3!}{4} x^3 + \cdots .$$

Usando a segunda fórmula do Teorema 7.2 obtemos:

$$R = \lim_{n \to \infty} \left| \frac{a_n}{a_{n+1}} \right| = \lim_{n \to \infty} \left| \frac{n!(n+2)}{(n+1)!(n+1)} \right| = \lim_{n \to \infty} \frac{(n+2)}{(n+1)(n+1)} = 0,$$

portanto, a série converge se $x = 0$ e diverge para todo $x \neq 0$.

Exemplo 7.3. Encontre o intervalo de convergência da seguinte série:

$$\sum_{n=1}^{\infty} \frac{(x-3)^n}{n.5^n}.$$

Por simplicidade escrevemos $y = x - 3$ e analisamos a convergência da série

$$\sum_{n=1}^{\infty} \frac{y^n}{n.5^n}.$$

Usando a segunda fórmula do Teorema 7.2, temos:

$$\begin{aligned} R &= \lim_{n \to \infty} \left| \frac{a_n}{a_{n+1}} \right| = \lim_{n \to \infty} \frac{\frac{1}{n.5^n}}{\frac{1}{(n+1).5^{n+1}}} \\ &= \lim_{n \to \infty} \frac{5(n+1)}{n} = \\ &= 5. \end{aligned}$$

Segue que para $|y| = |x - 3| < 5$, ou seja $-2 < x < 8$ a série converge absolutamente. Verifiquemos a série de potências para $x = -2$:

$$\sum_{n=1}^{\infty} \frac{(-1)^n 5^n}{n.5^n} = \sum_{n=1}^{\infty} \frac{(-1)^n}{n}$$

converge, pelo critério de Leibniz.
Verifiquemos a série de potências para $x = 8$:

$$\sum_{n=1}^{\infty} \frac{5^n}{n.5^n} = \sum_{n=1}^{\infty} \frac{1}{n}$$

diverge, série harmônica. Assim, a série converge no intervalo $[-2, 8)$.

Exemplo 7.4. Encontre o intervalo de convergência da seguinte série:

$$\sum_{n=0}^{\infty} \frac{n^2 x^n}{3^n}.$$

Aqui, $a_n = \dfrac{n^2}{3^n}$ e $a_{n+1} = \dfrac{(n+1)^2}{3^{n+1}}$. Vamos aplicar a segunda fórmula do Teorema 7.2:

$$\begin{aligned} R &= \lim_{n\to\infty}\left|\frac{a_n}{a_{n+1}}\right| = \lim_{n\to\infty}\left|\frac{\frac{n^2}{3^n}}{\frac{(n+1)^2}{3^{n+1}}}\right| = \\ &= \lim_{n\to\infty}\left|\frac{n^2 3^{n+1}}{(n+1)^2 3^n}\right| = 3. \end{aligned}$$

Assim, o intervalo de convergência é $-3 < x < 3$. Agora analisemos a convergência nos pontos de fronteira: $x = \pm 3$.

Quando $x = \pm 3$, a série transforma-se em $\sum\limits_{n=0}^{\infty}(\pm 1)^n n^2$. Ambas as séries divergem, pois seus termos n-ésimos não tendem a zero.

Exemplo 7.5. Analise a convergência da seguinte série:

$$\sum_{n=1}^{\infty}\left(1+\frac{1}{n}\right)^{n^2} x^n.$$

Pela fórmula de Cauchy-Hadamard encontramos o raio de convergência:

$$\begin{aligned} R &= \frac{1}{\limsup\limits_{n\to\infty}\left|\left(1+\frac{1}{n}\right)^{n^2}\right|^{1/n}} = \\ &= \frac{1}{\lim\limits_{n\to\infty}\left(1+\frac{1}{n}\right)^{n}} = \frac{1}{e}. \end{aligned}$$

Portanto, a série converge quando $|x| < \dfrac{1}{e}$. Agora analisemos a convergência nos pontos de fronteira $x = \pm\dfrac{1}{e}$. Quando $x = \dfrac{1}{e}$, obtemos a seguinte série numérica:

$$\sum_{n=1}^{\infty}\left(1+\frac{1}{n}\right)^{n^2}\frac{1}{e^n}.$$

Vamos mostrar que o termo geral $a_n = \left(1+\dfrac{1}{n}\right)^{n^2}\dfrac{1}{e^n}$ não tende para zero quando $n\to\infty$. De fato,

$$\begin{aligned} a_n &= \left(1+\frac{1}{n}\right)^{n^2}\frac{1}{e^n} = \left(1+\frac{1}{n}\right)^{n^2} e^{-n} = \\ &= e^{\ln(1+\frac{1}{n})^{n^2}}.e^{-n} = e^{n^2\ln(1+\frac{1}{n})}.e^{-n} = \\ &= e^{n^2\ln(1+\frac{1}{n})-n} = e^{n^2(\frac{1}{n}-\frac{1}{2n^2}+\frac{1}{3n^3}+\ldots)-n} = \\ &= e^{n-\frac{1}{2}+\frac{1}{3n}+\ldots-n} = e^{-\frac{1}{2}+\frac{1}{3n}+\ldots}. \end{aligned}$$

Assim,

$$\lim_{n\to\infty} a_n = \lim_{n\to\infty} e^{-\frac{1}{2}+\frac{1}{3n}+\ldots} = e^{-\frac{1}{2}}.$$

Aqui usamos o fato que:

$$\ln(1+x) = x - \frac{x^2}{2} + \frac{x^3}{3} + \ldots \qquad |x| < 1$$

que será estudada mais à frente. Na verdade, será estudada na subseção 7.3.6.
De forma análoga, mostra-se que a série diverge se $x = -\dfrac{1}{e}$.

Exemplo 7.6. Determine o raio de convergência e analise o comportamento nos pontos de fronteira do intervalo de convergência das seguintes séries:

1. $\displaystyle\sum_{n=1}^{\infty} \frac{4^n + (-3)^n}{n}(x+1)^n$.

2. $\displaystyle\sum_{n=1}^{\infty} \frac{(n!)^2}{(2n)!}x^n$.

1. Pela fórmula de Cauchy-Hadamard, temos:

$$\begin{aligned} R &= \frac{1}{\displaystyle\lim_{n\to\infty} \sup \sqrt[n]{\left|\frac{4^n + (-3)^n}{n}\right|}} = \\ &= \frac{1}{\displaystyle\lim_{k\to\infty} \sqrt[2k]{\left|\frac{4^{2k} + (-3)^{2k}}{2k}\right|}} = \\ &= \frac{1}{\displaystyle\lim_{k\to\infty} \sqrt[2k]{\frac{16^k + (9)^k}{2k}}} = \\ &= \frac{1}{4}, \end{aligned}$$

e por isso a série converge absolutamente quando $-\dfrac{1}{4} < x + 1 < \dfrac{1}{4}$, ou seja, quando:

$$-\frac{5}{4} < x < -\frac{3}{4}.$$

Analisemos o comportamento da série nos pontos de fronteira. Quando $x = -\frac{5}{4}$, não é difícil ver que a série

$$\sum_{n=1}^{\infty} \frac{4^n + (-3)^n}{n} \frac{(-1)^n}{4^n} = \sum_{n=1}^{\infty} \left(\frac{(-1)^n}{n} + \frac{1}{n} \left(\frac{3}{4}\right)^n \right)$$

converge, pois é a soma de duas séries convergentes.
Quando $x = -\frac{3}{4}$, obtemos a série:

$$\sum_{n=1}^{\infty} \frac{4^n + (-3)^n}{n} \frac{1}{4^n}$$

que diverge pelo critério de comparação, pois:

$$\lim_{n\to\infty} \frac{\frac{4^n+(-3)^n}{n}\frac{1}{4^n}}{\dfrac{1}{n}} = 1$$

e a série Harmônica $\displaystyle\sum_{n=1}^{\infty} \frac{1}{n}$ diverge.

2. Pela segunda fórmula do Teorema 7.2 temos:

$$R = \lim_{n\to\infty}\left|\frac{a_n}{a_{n+1}}\right| = \lim_{n\to\infty}\frac{(n!)^2(2n+2)!}{(2n)!((n+1)!)^2} = \lim_{n\to\infty}\frac{(2n+1)(2n+2)}{(n+1)^2} = 4$$

e por isto, a série converge absolutamente quando $|x| < 4$.
Quando $x = 4$, obtemos a série numérica

$$\sum_{n=1}^{\infty}\frac{(n!)^2}{(2n)!}4^n,$$

que diverge, pois seu termo geral $a_n \not\to 0$. De fato:

$$\begin{aligned}
\lim_{n\to\infty}\frac{(n!)^2}{(2n)!}4^n &= \lim_{n\to\infty}\frac{n!}{(2n)(2n-1)(2n-2)\cdots(n+1)}4^n = \\
&= \lim_{n\to\infty}\frac{(n!)}{(n+1)(n+2)(n+3)\cdots(n+n-1)(n+n)}4^n = \\
&= \lim_{n\to\infty}\frac{4^n}{(n+1)(\frac{n}{2}+1)(\frac{n}{3}+1)\cdots(\frac{n}{n-1}+1)(1+1)} > \lim_{n\to\infty}\frac{4^n}{2^n} \\
&= \lim_{n\to\infty}2^n = +\infty
\end{aligned}$$

Portanto, a série diverge quando $x = 4$.
De forma análoga, se analisarmos a série para $x = -4$, concluímos que a série diverge.

Exemplo 7.7. Analise a convergência da seguinte série

$$\sum_{n=1}^{\infty}\frac{1}{n!}x^n = \frac{x}{1!} + \frac{x^2}{2!} + \frac{x^3}{3!} + \cdots.$$

Usando a segunda fórmula do Teorema 7.2 obtemos:

$$R = \lim_{n\to\infty}\left|\frac{a_n}{a_{n+1}}\right| = \lim_{n\to\infty}\left|\frac{\frac{1}{n!}}{\frac{1}{(n+1)!}}\right| = \lim_{n\to\infty}(n+1) = +\infty,$$

portanto, a série converge para todo $x \in \mathbb{R}$.

As fórmulas do Teorema 7.2 não podem ser aplicadas às séries de potências que contenham somente termos com expoentes pares, termos somente com expoentes ímpares e nem aquelas que contenham infinitos coeficientes nulos. Para estes casos devemos aplicar os critérios da razão de d'Alambert e/ou critério da raiz de Cauchy.

Assim, podemos encontrar o raio de convergência ou o intervalo de convergência da série descrita no Teorema 7.2 se aplicarmos o critério da raiz e/ou critério da razão a seguinte série:

$$\sum_{n=0}^{\infty}|a_nx^n| = |a_0| + |a_1||x| + |a_2||x^2| + |a_3||x^3| + \ldots$$

Veja a seguir um roteiro para encontrar o raio de convergência de séries de potências:

Definição 7.2. *Teste de convergência.*

1. Encontre o intervalo de convergência I

   Considere a série $\sum_{n=0}^{\infty} A_n = \sum_{n=0}^{\infty} a_n(x - x_0)^n$ e aplique o teste da razão (ou da raiz) para encontrar o dito intervalo.

   - Se:
   $$\lim_{n\to\infty} \left|\frac{A_{n+1}}{A_n}\right| = q < 1$$
   e pelo teste da razão a série $\sum_{n=0}^{\infty} A_n$ converge absolutamente (logo será convergente).
   Analise o intervalo de convergência $|x - x_0| < R = 1/q$, e encontre o raio de convergência R.
   - Teste a convergência em cada extremidade, isto é, para $x = x_0 + R$ e para $x = x_0 - R$.
   - Determine o intervalo de convergência: $I = (x_0 - R, x_0 + R)$ ou $(x_0 - R, x_0 + R]$ ou $[x_0 - R, x_0 + R)$ ou $[x_0 - R, x_0 + R]$

2. Na parte complementar de I a série de potência será divergente.

Observação 7.1.

- A série de potências pode ou não convergir no ponto $x = x_0 - R$ e $x = x_0 + R$. Assim, pelo menos o intervalo de convergência $I = (x_0 - R, x_0 + R)$ estará determinado.
- A série de potências converge para todo x, então $R = \infty$, daí que $I = (-\infty, \infty)$.
- A série de potências converge apenas quando $x = x_0$, então $R = 0$, daí que $I = 0$.

Exemplo 7.8. Analise a convergência da série $\sum_{n=0}^{\infty}(-\frac{1}{4})^{n+1}(x+2)^n$

Consideramos $A_n = (-\frac{1}{4})^{n+1}(x+2)^n$ e aplicando o roteiro indicado no teste da convergência 7.2 para séries de potência, temos:

- Encontrando o intervalo de convergência:
$$\lim_{n\to\infty} \left|\frac{A_{n+1}}{A_n}\right| = \lim_{n\to\infty} \left|\frac{(\frac{-1}{4})^{n+2}(x+2)^{n+1}}{(\frac{-1}{4})^{n+1}(x+2)^n}\right| = \left|\frac{x+2}{4}\right| = q < 1,$$
logo, para convergência, deve-se cumprir:
$$|x + 2| < 4 \Leftrightarrow -6 < x < 2.$$
daí que o raio de convergência é $R = \dfrac{2-(-6)}{2} = 4$, o intervalos de convergência é $I = (-6, 2)$ e note que $x_0 = -2$.

- Analisando a convergência nos extremos do intervalo de convergência I.
  Para $x=-6$:

$$\sum_{n=0}^{\infty}(\frac{-1}{4})^{n+1}(-6+2)^n = \sum_{n=0}^{\infty}(-\frac{1}{4}) \to -\infty$$

  Para $x=2$:

$$\sum_{n=0}^{\infty}(\frac{-1}{4})^{n+1}(2+2)^n = \sum_{n=0}^{\infty} -\frac{1}{4}(-1)^n = \begin{cases} +\infty, & n \text{ impar;} \\ -\infty, & n \text{ par.} \end{cases}$$

  Logo, a série de potências diverge em $x=2$ e $x=-6$.

- Finalmente a série de potência converge no intervalo $I=(-6,2)$.

Nota 7.1. *Série de potência como aproximação de uma função.*
A série $\sum_{n=0}^{\infty} f_n = \sum_{n=0}^{\infty} \frac{-1}{4}(-\frac{(x+2)}{4})^n = \sum_{n=0}^{\infty} ar^n$ é uma série geométrica com termo inicial $a=-\frac{1}{4}$ e razão $r=\frac{-(x+2)}{4}$. Converge no intervalo $I=(-6,2)$ como temos visto no exemplo anterior (7.8).
Já foi demonstrado que a série geométrica converge e

$$\sum_{n=0}^{\infty} ar^n = \frac{a}{1-r}.$$

isto é:

$$\sum_{n=0}^{\infty}(\frac{-1}{4})^{n+1}(x+2)^n = \frac{-1}{x+6}$$

A seguir podemos representar em gráficos os 5 primeiros termos da série $\sum_{n=0}^{\infty} f_n$ e visualizar como ela se aproxima da função $f(x) = -\frac{1}{x+6}$.

$$f_0(x) = -1/4$$

$$f_1(x) = -1/4 + \frac{(x+2)}{16}$$

$$f_2(x) = -1/4 + \frac{(x+2)}{16} - \frac{(x+2)^2}{64}$$

$$f_3(x) = -1/4 + \frac{(x+2)}{16} - \frac{(x+2)^2}{64} + \frac{(x+2)^3}{256}$$

$$f_4(x) = -1/4 + \frac{(x+2)}{16} - \frac{(x+2)^2}{64} + \frac{(x+2)^3}{256} - \frac{(x+2)^4}{1024}$$

$$f(x) \sim f_4(x)$$

Note que a função $f_4(x)$ (curva azul no gráfico (7.2)) se aproxima melhor da função $f(x)$ (curva vermelho no gráfico (7.2)) comparado com as anteriores.

Note que conforme vamos aumentando o número de termos na série de potências seu valor se aproxima melhor da função limite $f(x) = \frac{-1}{x+6}$ no intervalo de convergência. Dizemos que $f_1(x)$ é a aproximação linear da função $f(x)$ em I e geometricamente o gráfico da função $f_1(x)$ é a reta tangente ao gráfico da função $f(x)$ em $x = -2$.

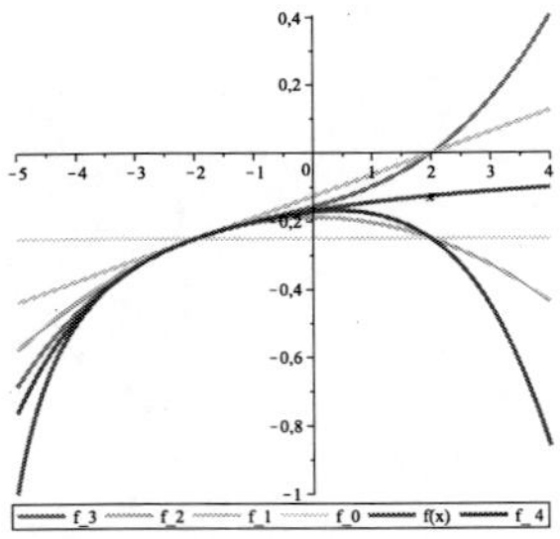

Figura 7.2: Os 5 primeiros termos da série de potência.

Exemplo 7.9. Analise a convergência da série de potências $\sum_{n=0}^{\infty} \frac{1}{n\,n!}(x-4)^n$

De acordo com o teste da convergência (7.2), utilizamos o teste da razão para encontrar o intervalo de convergência da série: $\sum_{n=0}^{\infty} A_n = \sum_{n=0}^{\infty} \frac{1}{n\,n!}(x-4)^n$

$$\lim_{n\to\infty}\left|\frac{A_{n+1}}{A_n}\right| = \lim_{n\to\infty}\left|\frac{(x-4)^{n+1}n\,n!}{(x-4)^{n+1}(n+1)\,(n+1)!}\right| = \lim_{n\to\infty}\left|\frac{(x-4)}{(1+\frac{1}{n})\,(n+1)}\right| = q < 1,$$

$$\lim_{n\to\infty}\left|\frac{A_{n+1}}{A_n}\right| = 0 = q,\ \forall\, x \in \mathbb{R}.$$

logo, o raio de convergência é $R = \infty$. Ou seja, o intervalo de convergência é toda reta real.

Exemplo 7.10. Analise a convergência da série de potências: $\sum_{n=0}^{\infty} n!(x-3)^{2n}$

De acordo com o teste da convergência (7.2) utilizamos o teste da razão para encontrar o intervalo de convergência da série: $\sum_{n=0}^{\infty} A_n = \sum_{n=0}^{\infty} n!(x-3)^{2n}$

$$\lim_{n\to\infty}\left|\frac{A_{n+1}}{A_n}\right| = \lim_{n\to\infty}\left|\frac{(x-3)^{2n+2}(n+1)!}{(x-3)^{2n}\,n!}\right| = \lim_{n\to\infty}\left|(n+1)(x-3)^2\right| = q < 1,$$

Para qualquer valor de $x \neq 3$ a série de potências diverge, pois

$$\lim_{n\to\infty}\left|\frac{A_{n+1}}{A_n}\right| > 1,$$

Para valor de $x = 3$:

$$\lim_{n\to\infty}\left|\frac{A_{n+1}}{A_n}\right| = 0 = q < 1,$$

daí que a série converge unicamente no ponto $x = 3$.
Em resumo, a série de potências converge no ponto $x = 3$ e diverge para $\forall\, x \neq 3$.

Exemplo 7.11. Encontre o intervalo de convergência da seguinte série:

$$\sum_{n=1}^{\infty} \frac{4^{n-1}x^{2n-1}}{(4n-3)^2}.$$

Aplicando o critério da razão na série:

$$\sum_{n=1}^{\infty} \left|\frac{4^{n-1}x^{2n-1}}{(4n-3)^2}\right|,$$

obtemos:

$$\lim_{n\to\infty} \left|\frac{4^{(n+1)-1}x^{2(n+1)-1}}{(4(n+1)-3)^2} \Big/ \frac{4^{n-1}x^{2n-1}}{(4n-3)^2}\right| = \lim_{n\to\infty} \frac{(4n-3)^2 4|x|^2}{(4n+1)^2} = 4|x|^2.$$

Segundo o critério da razão, a série converge se o limite é menor que 1. Então

$$4|x|^2 < 1 \iff \frac{-1}{2} < x < \frac{1}{2},$$

onde segue que o raio de convergência é $R = 1/2$. Agora analisemos nossa série nos pontos $x = \pm 1/2$.
Quando $x = 1/2$, obtemos a seguinte série numérica:

$$\sum_{n=1}^{\infty} \frac{4^{n-1}\left(\frac{1}{2}\right)^{2n-1}}{(4n-3)^2} = \sum_{n=1}^{\infty} \frac{1}{2(4n-3)^2},$$

que claramente converge pelo critério de comparação com uma p-série.

Quando $x = -1/2$, obtemos a seguinte série numérica:

$$\sum_{n=1}^{\infty} \frac{4^{n-1}(-1)^{(2n-1)}\left(\frac{1}{2}\right)^{2n-1}}{(4n-3)^2} = \sum_{n=1}^{\infty} \frac{(-1)^{(2n-1)}}{2(4n-3)^2},$$

que também converge, pelo critério de Leibniz para séries alternadas.

Assim, podemos dizer que a série $\sum_{n=1}^{\infty} \frac{4^{n-1}x^{2n-1}}{(4n-3)^2}$ converge absolutamente quando

$$\frac{-1}{2} \leq x \leq \frac{1}{2}.$$

Exemplo 7.12. Analise a convergência da seguinte série:

$$\sum_{n=1}^{\infty} 3^{n^2}x^{n^2} = 3x + 3^4x^4 + 3^9x^9 + \ldots.$$

Claramente observa-se que há infinitos coeficientes

$$a_2 = a_3 = a_5 = a_6 = a_7 = \ldots = a_{n\neq m^2} = \ldots = 0.$$

Portanto, não podemos usar as fórmulas do Teorema 7.2.
Usando o critério da raiz de Cauchy, obtemos:

$$\begin{aligned} L &= \lim_{n\to\infty} \sqrt[n]{\left|3^{n^2}x^{n^2}\right|} = \lim_{n\to\infty} |3x|^n = \\ &= \begin{cases} \infty & \text{se} \quad |3x| > 1 \ \text{ ou } |x| > \frac{1}{3} \\ 1 & \text{se} \quad |3x| = 1 \ \text{ ou } |x| = \frac{1}{3} \\ 0 & \text{se} \quad |3x| < 1 \ \text{ ou } |x| < \frac{1}{3} \end{cases} \end{aligned}$$

Assim, a série converge no intervalo $-\frac{1}{3} < x < \frac{1}{3}$.

Nos pontos de fronteira $x = \pm\frac{1}{3}$ a série diverge, pois os termos n-ésimos das séries obtidas

$$\sum_{n=1}^{\infty} 1 \quad \text{e} \quad \sum_{n=1}^{\infty} (-1)^{n^2}$$

não tendem a zero.

Exemplo 7.13. Encontre a representação em série de potência de $f(x) = \dfrac{x^4}{x+2}$.

Usualmente neste tipo de pergunta se utiliza a propriedade de convergência de séries geométricas, como segue: Sabe-se que a série $\displaystyle\sum_{n=0}^{\infty} A_n = \sum_{n=0}^{\infty} aq^n$ converge a $\dfrac{a}{1-q}$ se $|q| < 1$.

Daí que é útil realizar a seguinte manipulação:

$$\frac{x^4}{x+2} = \frac{x^4}{2}\left(\frac{1}{1+\frac{x}{2}}\right) = \frac{x^4}{2}\left(\frac{1}{1-(-\frac{x}{2})}\right)$$

logo,

$$\left(\frac{1}{1-(-\frac{x}{2})}\right) = \frac{a}{1-q} = \sum_{n=0}^{\infty} aq^n$$

identificando: $a = 1, q = -\frac{x}{2}$ e já sabemos que para validar a igualdade anterior, deve-se cumprir $|-\frac{x}{2}| < 1$ que implica $|x| < 2$ ou $-2 < x < 2$.

Daí que:

$$\frac{x^4}{2}\left(\frac{1}{1-(-\frac{x}{2})}\right) = \frac{x^4}{2}\sum_{n=0}^{\infty}\left(-\frac{x}{2}\right)^n$$

ou:

$$\frac{x^4}{x+2} = \frac{x^4}{2}\sum_{n=0}^{\infty}\left(-\frac{x}{2}\right)^n = \sum_{n=0}^{\infty}\frac{(-1)^n(x)^{4+n}}{2^{n+1}}$$

Finalmente, podemos dizer que a função $\dfrac{x^4}{x+2}$ pode ser representada pela série de potências $\displaystyle\sum_{n=0}^{\infty}\frac{(-1)^n(x)^{4+n}}{2^{n+1}}$, para $\forall\, x \in (-2,2)$.

A seguir podemos observar como os 4 primeiros termos da série, representados por: $S_3(x) = \frac{x^4}{2} - \frac{x^5}{4} + \frac{x^6}{8} - \frac{x^7}{16}$ se aproximam da função $f(x)$ no intervalo de convergência $(-2,2)$.

Observação 7.2. Note que conforme incluímos mais termos à série de potências, a série se aproxima melhor da função $f(x)$. Inclusive, o intervalo onde efetivamente coincidem aumenta de comprimento e cada vez mais vai atingindo o intervalo total de convergência.

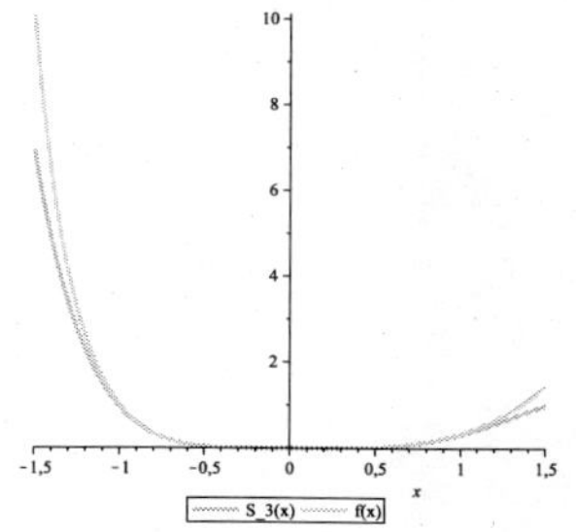

Figura 7.3: $f(x)$ versus $S_4(x)$

7.2 Convergência Uniforme

Pela própria definição de limite para séries de potências (7.2), temos, para um x fixo, dado um $\varepsilon > 0$ arbitrário, existe n_o, tal que para todo $n > n_o$, vale (7.4). Mas se tomamos outro x, pode acontecer de o número n_o encontrado acima não servir mais para o ε dado. Surge então a questão: para um $\varepsilon > 0$ dado, existe um único número n_o, tal que a igualdade (7.4) seja verdadeira para todas as somas n-ésimas (7.3)?

Definamos para a série convergente (7.2) o resto como sendo:

$$R_n(x) = \sum_{k=n+1}^{\infty} a_k x^k = S(x) - S_n(x).$$

Definição 7.3. A série (7.2) converge uniformemente no intervalo I, se para cada $\varepsilon > 0$, existe um n_o que não depende de x, tal que, para todo $n > n_o$ cumprem-se:

$$|S_n(x) - S(x)| < \varepsilon, \quad \text{ou} \quad |R_n(x)| < \varepsilon, \quad \text{para todo} \quad x \in I. \tag{7.5}$$

Para verificar a convergência uniforme de uma série não é muito prático usar esta definição, pois ela envolve técnicas muito elaboradas.

Exemplo 7.14. Mostremos que a série:

$$1 + x + x^2 + \ldots + x^n + \ldots \tag{7.6}$$

não converge uniformemente no intervalo $(-1, 1)$, porém é uniformemente convergente em qualquer subintervalo pertencente à $(-1, 1)$.

De fato, a série $1 + x + x^2 + \ldots + x^n + \ldots$ pode ser entendida como uma série geométrica convergente cuja razão é $|x| < 1$:

$$1 + x + x^2 + \ldots + x^n + R_n(x),$$

onde $R_n(x) = x^{n+1} + x^{n+2} + \ldots = \dfrac{x^{n+1}}{1-x}$.

Seja $q < 1$, então $(-q, q) \subset (-1, 1)$. Consideremos $x \in (-q, q)$. Nesse caso, $|x| < q$ e $|1 - x| > 1 - q$, e portanto:

$$|R_n(x)| = \left|\frac{x^{n+1}}{1-x}\right| = \frac{|x^{n+1}|}{|1-x|} < \frac{q^n}{1-q}.$$

Da definição acima, a série (7.6) converge uniformemente no intervalo $(-q, q)$, se para cada $\varepsilon > 0$, existe um n_o que não depende de x, tal que para todo $n > n_o$ cumpre-se:

$$|R_n(x)| < \varepsilon, \quad \text{para todo} \quad x \in (-q, q):$$

$\dfrac{q^n}{1-q} < \varepsilon$, onde $q^n < (1-q)\varepsilon$. Tomando logaritmo: $n \ln q < \ln(1-q)\varepsilon$. Daqui, $n > \dfrac{\ln(1-q)\varepsilon}{\ln q}$, pois $\ln q < 0$. Podemos tomar $n_o = \left[\dfrac{\ln(1-q)\varepsilon}{\ln q}\right]$[3]. Assim para todo $n > n_o$, verificamos que $|R_n(x)| < \varepsilon\ \forall x \in (-q, q)$ e portanto, a série converge uniformemente no intervalo $(-q, q)$.

Agora, tomando todo o intervalo $(-1, 1)$, podemos considerar os pontos próximos de $x = 1$ e

$$\lim_{n\to\infty} R_n(x) = \lim_{n\to\infty} \frac{x^{n+1}}{1-x} = +\infty.$$

Isso significa que é impossível escolher n_o, tal que para todo $n > n_o$ cumpra-se $|R_n(x)| < \varepsilon$ em todos os pontos do intervalo $(-1, 1)$ e portanto, a série não converge uniformemente em $(-1, 1)$.

Em muitos casos é mais cômodo usar o critério de Weierstrass[4] para analisar a convergência de séries de potências. Na verdade, o seguinte teorema é uma readaptação do Teorema **(Majorante de Weierstrass)** para série de funções.

Teorema 7.3 (Weierstrass). Se os termos da série $\sum\limits_{n=0}^{\infty} a_n\, x^n$ satisfazem no intervalo I compacto, contido no intervalo de convergência $(-R, R)$, a condição:

$$|a_n x^n| \leq \alpha_n, \qquad n = 0, 1, 2, \ldots, \tag{7.7}$$

onde os α_n, são os termos de uma série numérica convergente:

$$\sum_{n=1}^{\infty} \alpha_n < \infty, \tag{7.8}$$

então a série $\sum\limits_{n=0}^{\infty} a_n\, x^n$ converge uniformemente em I.

Prova: Para mostrar o teorema, basta verificar (7.5). De fato, pelo critério de Cauchy (6.2.1):

$$\begin{aligned}
&|a_{n+1}x^{n+1} + a_{n+2}x^{n+2} + a_{n+3}x^{n+3} + \ldots + a_{n+p}x^{n+p}| \leq \\
&\leq |a_{n+1}x^{n+1}| + |a_{n+2}x^{n+2}| + |a_{n+3}x^{n+3}| + \ldots + |a_{n+p}x^{n+p}| \leq \\
&\leq \alpha_{n+1} + \alpha_{n+2} + \alpha_{n+3} + \ldots + \alpha_{n+p},
\end{aligned}$$

vale para todo $x \in I$ e todo número natural p. Como a série (7.8) converge, ou seja, para qualquer $\varepsilon > 0$ encontra-se n_o, tal que para todo $n > n_o$, temos $\alpha_{n+1}+\alpha_{n+2}+\alpha_{n+3}+\ldots+\alpha_{n+p} < \varepsilon$, e portanto:

$$|a_{n+1}x^{n+1} + a_{n+2}x^{n+2} + a_{n+3}x^{n+3} + \ldots + a_{n+p}x^{n+p}| < \varepsilon, \quad \text{para todo } x \in I. \quad \blacksquare$$

Observe que se $r < R$, então a série (7.2) converge uniformemente. De fato, se $x = r$, obtemos a série:

$$\sum_{n=0}^{\infty} |a_n| r^n = |a_0| + |a_1| r + |a_2| r^2 + |a_3| r^3 + \ldots + |a_{n-1}| r^{n-1} + \ldots \tag{7.9}$$

absolutamente convergente. Para $|x| \leq r$, os módulos dos termos da série (7.2) são menores que os correspondentes termos da série (7.9), e portanto, pelo Critério Majorante de Weierstrass, a série (7.2) converge uniformemente no intervalo $[-r, r] \subset (-R, R)$.

[3][x]- parte inteira de x

[4]Karl Wilhelm Theodor Weierstrass (1876 - 1934), matemático Alemão

Exemplo 7.15. Mostremos que a série:

$$1 + x + x^2 + \ldots + x^n + \ldots$$

do exemplo anterior converge uniformemente em qualquer subintervalo fechado interior de $(-1, 1)$.

Seja $q < 1$, então $q^n < 1$. Segue daí que a série geométrica $\sum_{n=0}^{\infty} q^n$ converge. Além disso,

$$|x^n| < q^n, \forall x \in (-q, q), \; n = 1, 2, 3, \ldots$$

e portanto, pelo Teorema 7.3 a série converge uniformemente no intervalo $[-q, q]$.

7.2.1 Derivação e Integração de Séries de Potências

Pelo Teorema 7.3, a série (7.2) converge absoluta e uniformemente em qualquer intervalo compacto I contido no intervalo de convergência. Neste intervalo I podemos derivar e integrar a série termo a termo, ou seja, vale o seguinte:

Teorema 7.4. Seja R o raio de convergência da série (7.2), então em qualquer intervalo $[a, b]$, tal que $-R < a < b < R$, a série (7.2) converge uniformemente e podemos derivar e integrar a série termo a termo,

$$S'(x) = \left(\sum_{n=0}^{\infty} a_n x^n \right)' = \sum_{n=0}^{\infty} (a_n x^n)' = \sum_{n=0}^{\infty} n a_n x^{n-1},$$

e

$$\begin{aligned} \int_a^b S(x)dx &= \int_a^b \sum_{n=0}^{\infty} a_n x^n dx = \sum_{n=0}^{\infty} \int_a^b a_n x^n dx \\ &= \sum_{n=0}^{\infty} a_n \frac{x^{n+1}}{n+1}\Big|_a^b = \sum_{n=0}^{\infty} \frac{a_n}{n+1} \left(b^{n+1} - a^{n+1} \right), \end{aligned}$$

e além disso, as séries obtidas possuem o mesmo raio de convergência R.

Para ver a demonstração deste teorema sugerimos ver o livro de Kudriatzev [12].

Apenas mostremos que estas séries possuem o mesmo raio de convergência. Escrevamos novamente a série (7.2):

$$a_o + a_1 x + a_2 x^2 + \ldots + a_n x^n + \ldots$$

Por hipótese, a série converge uniformemente em qualquer intervalo (a, b) contido em $(-R, R)$, e pelo Teorema 10.4 podemos derivá-la e integrá-la. Assim, para $|x| < R$, derivamos e integramos a série (7.2) no intervalo $(0, x)$:

$$a_1 + 2a_2 x + \ldots n a_n x^{n-1} + \ldots \tag{7.10}$$

$$a_o x + \frac{a_1}{2} x^2 + \frac{a_2}{3} x^3 + \ldots + \frac{a_n}{n+1} x^{n+1} + \ldots \tag{7.11}$$

Pelo Teorema 7.2 e usando o fato que $\lim\limits_{n\to\infty} \sqrt[n]{n} = 1$, facilmente calculamos os raios de convergência da série (7.10):

$$\frac{1}{\limsup\limits_{n\to\infty} |na_n|^{1/n}} = \frac{1}{\limsup\limits_{n\to\infty} \sqrt[n]{n}|a_n|^{1/n}} = \frac{1}{\limsup\limits_{n\to\infty} |a_n|^{1/n}} = R \quad \text{ou}$$

$$\lim_{n\to\infty}\left|\frac{na_n}{(n+1)a_{n+1}}\right| = \lim_{n\to\infty}\left|\frac{n}{n+1}\frac{a_n}{a_{n+1}}\right| = \lim_{n\to\infty}\frac{n}{n+1}\lim_{n\to\infty}\left|\frac{a_n}{a_{n+1}}\right| = R.$$

e da série (7.11):

$$\frac{1}{\limsup\limits_{n\to\infty} |\frac{a_n}{n+1}|^{1/n}} = \frac{1}{\limsup\limits_{n\to\infty} (\frac{1}{n+1})^{1/n}|a_n|^{1/n}} = \frac{1}{\limsup\limits_{n\to\infty} |a_n|^{1/n}} = R \quad \text{ou}$$

$$\lim_{n\to\infty}\left|\frac{\frac{a_n}{n+1}}{\frac{a_{n+1}}{n+2}}\right| = \lim_{n\to\infty}\left|\frac{n+2}{n+1}\frac{a_n}{a_{n+1}}\right| = \lim_{n\to\infty}\frac{n+2}{n+1}\lim_{n\to\infty}\left|\frac{a_n}{a_{n+1}}\right| = R.$$

Assim, as séries (7.2), (7.10) e (7.11) possuem o mesmo raio de convergência R.

Definição 7.4. *Derivação de Séries de Potências.*
Seja $\sum\limits_{n=0}^{\infty} a_n(x-x_0)^n$ uma série de potências uniformemente convergente no intervalo I fechado e contido em $(x_0 - R, x_0 + R)$ tal que:

$$f(x) = \sum_{n=0}^{\infty} a_n(x-x_0)^n.$$

A função $f(x)$ se pode derivar k-vezes($k \in \mathbb{N}$ e obter séries convergentes (derivadas termo a termo), de modo que:

$$f'(x) = \sum_{n=1}^{\infty} na_n(x-x_0)^{n-1} \tag{7.12}$$

$$f''(x) = \sum_{n=2}^{\infty} n(n-1)a_n(x-x_0)^{n-2}, \tag{7.13}$$

assim por diante. De acordo com o teorema anterior 7.4 a igualdade é valida $\forall x \in I$. R é raio de convergência da série de potências.

Exemplo 7.16. Considere a série de potência infinita:

$$1 - x + x^2 - x^3 + x^4 + ...(-x)^n + ... = f(x) \tag{7.14}$$

no seu intervalo de convergência. Logo, determine a série de potências de $f'(x)$.

A série considerada é uma série geométrica convergente com o termo inicial $a = 1$ e razão $r = -x$. Assim a série converge a $f(x) = \dfrac{1}{1-(-x)}$ no intervalo $|r| = |-x| < 1$, isto é no intervalo $(-1, 1)$.
Do Teorema 7.4 derivando ambos os lados da equação (7.14) obtemos:

$$f'(x) = (\frac{1}{1-(-x)})' = -1 + 2x - 3x^2 + 4x^4 + (-1)(n+1)(-x)^n + ...$$

$$f'(x) = \frac{-1}{(1+x)^2} = \sum_{n=0}^{\infty}(-1)^n x^n(n+1)$$

Podemos dizer que $\sum_{n=0}^{\infty}(-1)^n x^n(n+1)$ é a série de potências de $f'(x)$, ou, podemos dizer também que $\sum_{n=0}^{\infty}(-1)^n x^n(n+1)$ converge a $f'(x)$ no intervalo de convergência contido em $(-1,1)$, pois como já foi dito, tanto $f(x)$ e $f'(x)$ tem o mesmo intervalo de convergência uniforme.

Exemplo 7.17. Considere a série de potência infinita

$$1 + \frac{x^2}{2} + \frac{x^4}{4} + \frac{x^6}{8} + \frac{x^8}{16} + ...(\frac{x^2}{2})^n + ... = f(x) \tag{7.15}$$

no seu intervalo de convergência. Logo, determine a série de potências de $f'(x)$.

A série considerada é uma série geométrica convergente com o termo inicial $a = 1$ e razão $r = \frac{x^2}{2}$. Assim, a série converge para $f(x) = \frac{1}{1-(\frac{x^2}{2})}$ quando $|r| = |\frac{x^2}{2}| < 1$, isto é, no intervalo $(-\sqrt{2}, \sqrt{2})$.

Do Teorema 7.4 derivando ambos os lados da equação (7.15), obtemos:

$$f'(x) = (\frac{1}{1-(\frac{x^2}{2})})' = x + x^3 + \frac{3}{4}x^5 + ... + \frac{2n}{2^n}x^{2n-1} + .. = \sum_{n=1}^{\infty}\frac{2n}{2^n}x^{2n-1}$$

$$f'(x) = \frac{4x}{(2-x^2)^2} = \sum_{n=1}^{\infty}\frac{2n}{2^n}x^{2n-1}$$

A igualdade anterior vale no intervalo contido em $(-\sqrt{2}, \sqrt{2})$ que é o intervalo de convergência uniforme de $f(x)$ e $f(x)'$.

Exemplo 7.18. Encontre a soma da série:

$$x + \frac{x^2}{2} + \frac{x^3}{3} + \ldots + \frac{x^n}{n} + \ldots \tag{7.16}$$

Pelo critério da razão observamos que a série (7.16) converge uniformemente no intervalo contido em $(-1,1)$. Suponhamos que esta soma seja $S(x)$. Agora, derivando esta série obtemos:

$$S'(x) = 1 + x + x^2 + \ldots + x^{n-1} + \ldots,$$

cujo raio de convergência também é $R = 1$. Assim:

$$S'(x) = \frac{1}{1-x},$$

onde integrando obtemos:

$$\begin{aligned} \int_0^x S'(t) &= \int_0^x \frac{dx}{1-x} \\ S(x) - S(0) &= -\ln(1-x) \\ S(x) &= -\ln(1-x). \end{aligned}$$

Definição 7.5. *Integração de Séries de Potências.*

Seja $\sum_{n=0}^{\infty} a_n(x - x_0)^n$ uma série de potências convergente uniformemente no intervalo I contido em $(x_0 - R, x_0 + R)$ tal que:

$$f(x) = \sum_{n=0}^{\infty} a_n(x - x_0)^n.$$

Pode-se integrar A função $f(x)$ e obter séries convergentes (integrada termo a termo), de modo que:

$$\int f(x)dx = \sum_{n=1}^{\infty} \frac{a_n}{n+1}(x - x_0)^{n+1} + c \qquad (7.17)$$

assim por diante. De acordo com o teorema anterior (7.4) a igualdade é valida $\forall\, x \in I$. R é raio de convergência da série de potências.

Exemplo 7.19. Na seção seguinte 7.3 vamos demonstrar que

$$\cos x = \sum_{n=0}^{\infty} \frac{(-1)^k}{(2k)!} x^{2k}, \forall\, x \in \mathbb{R}.$$

Integrando termo a termo a série correspondente, determine a série de potências de sen$x$.

$$\begin{aligned}
\int \cos x\, dx &= \int \sum_{n=0}^{\infty} \frac{(-1)^k}{(2k)!}(x)^{2k}\, dx \\
\text{sen} x &= \sum_{n=0}^{\infty} \frac{(-1)^k}{(2k)!} \int (x)^{2k}\, dx \\
\text{sen} x &= \sum_{n=0}^{\infty} \frac{(-1)^k}{(2k)!(2k+1)}(x)^{2k+1} + c \\
\text{sen} x &= \sum_{n=0}^{\infty} \frac{(-1)^k}{(2k+1)!}(x)^{2k+1} + c \qquad (7.18)
\end{aligned}$$

como sen$0 = 0$, é fácil ver que $c = 0$. Assim:

$$\text{sen} x = \sum_{n=0}^{\infty} \frac{(-1)^k}{(2k+1)!}(x)^{2k+1}.$$

Na figura a seguir podemos visualizar como é que a função polinomial se aproxima da função trigonométrica na reta real.

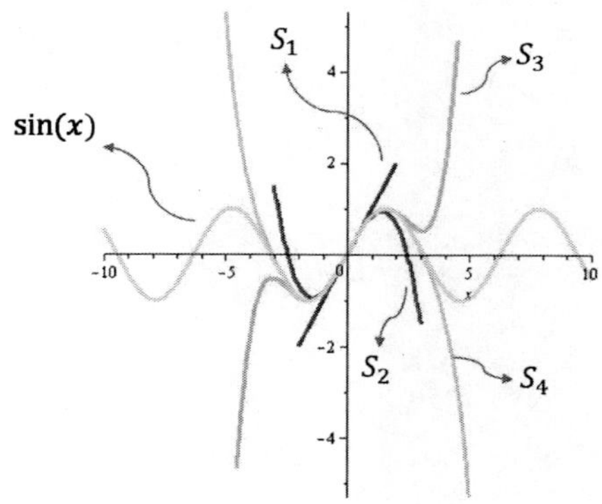

Figura 7.4: sen$x$ e sua série de potências

Observação 7.3.

- sen$x \sim x = S_1$ para x muito próximo da origem de coordenadas
- sen$x \backsim x - \frac{x^3}{3!} = S_2$ para x próximo da origem de coordenadas.
- sen$x \backsim x - \frac{x^3}{3!} + \frac{x^5}{5!} - \frac{x^7}{7!} = S_4$ para x próximo da origem de coordenadas.
- Assim, conforme vamos incluindo mais termos à série, o intervalo em que sen$x$ se aproxima da série aumenta. Se espera que quando a série tenha infinitos termos, ela coincida com a função periódica sen$x$ na reta real.

7.3 Fórmula de Taylor

Na seção anterior, já vimos que em determinadas condições, algumas funções podem ser aproximadas por uma série de potências, isto é, uma função polinomial. Nesta seção desenvolveremos um método que nos permita desenvolver uma variedade de funções (e em particular também as funções elementares $\text{sen}, \cos, \log, \arctan$, etc.) em série de potências. Este método é possível graças ao Teorema de Weiersstras: *Qualquer função contínua num intervalo fechado pode ser aproximada por meio de polinômios.* Obviamente esta aproximação será melhor quanto maior é o número de termos do polinômio [14].

Agora, voltemos nossa atenção para a dedução da Fórmula de Taylor[5].
Seja f uma função definida no intervalo $[\alpha, \beta]$, e diferenciável até a ordem $(n+1)$ no intervalo (α, β), e seja $a \in (\alpha, \beta)$ (se $a \in [\alpha, \beta]$, nos pontos extremos $x = \alpha$ e $x = \beta$ devemos tomar as derivadas laterais). Sob estas condições, f pode ser desenvolvida em série de potências de $(x - a)$ na forma:

$$f(x) = b_o + b_1(x-a) + b_2(x-a)^2 + \ldots + b_n(x-a)^n + \ldots, \tag{7.19}$$

onde $b_o, b_1, b_2, \ldots, b_n, \ldots$ são constantes que devem ser definidas.

[5]Brook Taylor (1685 - 1731), matemático inglês

Como a função f é $(n+1)$ vezes diferenciável em (α, β), então:

$$\begin{aligned} f'(x) &= b_1 + 2b_2(x-a) + \ldots + nb_n(x-a)^{n-1} + \ldots \\ f''(x) &= 2b_2 + \ldots + n(n-1)b_n(x-a)^{n-2} + \ldots \\ \vdots &= \vdots \\ f^{(n)}(x) &= n!b_n + (n+1)!b_{n+1}(x-a) + \ldots . \end{aligned} \tag{7.20}$$

Pondo $x = a$ nas equações (7.19) e (7.20), obtemos:

$$f(a) = b_o, \; f'(a) = b_1, \; f''(a) = 2b_2, \ldots, f^{(n)}(a) = n!b_n, \ldots .$$

Substituindo os valores encontrados para as constantes $b_o, b_1, b_2, \ldots$, em (7.19), obtemos:

$$\begin{aligned} f(x) &= f(a) + f'(a)(x-a) + f''(a)(x-a)^2/2 + \ldots + f^{(n)}(a)(x-a)^n/(n!) + \ldots \\ &= \sum_{k=0}^{n} \frac{f^{(k)}(a)}{k!}(x-a)^k, \quad n = 0, 1, 2, 3, \ldots . \; \left(f^0(a) = f(a)\right). \end{aligned}$$

Quando aproximamos nossa função por uma série de potências truncada de $(n+1)$ termos (polinômio de grau n), cometemos um erro chamado de resto. Desta forma, a função $f(x)$ pode ser escrita na forma:

$$\begin{aligned} f(x) &= \sum_{k=0}^{n} \frac{f^{(k)}(a)}{k!}(x-a)^k + R_n(x) = \\ &= f(a) + \frac{f'(a)}{1!}(x-a) + \frac{f''(a)}{2!}(x-a)^2 + \ldots + \\ &+ \frac{f^n(a)}{n!}(x-a)^n + R_n(x), \end{aligned} \tag{7.21}$$

Para determinar a forma de $R_n(x)$ e poder controlar seu valor conforme $n \to \infty$, Podemos prosseguir da seguinte forma:

Proposição 7.1. Seja $f(x)$ uma função de classe $C^{n+1}[\alpha, \beta]$ então o resto $R_n(x)$, é escrito na forma:

$$R_n(x) = \frac{(-1)^n}{n!} \int_a^x f^{n+1}(t)(x-t)^n dt. \tag{7.22}$$

Esboço da demonstração

Pelo teorema fundamental do cálculo:

$$\int_a^x f'(t)dt = f(x) - f(a); \; [a, x] \subset [\alpha, \beta]. \tag{7.23}$$

Em seguida realizamos uma integração por partes de $\displaystyle\int_a^x f'(t)dt = \int_a^x udv$ com a escolha $u = f'(x), dv = dt \to du = f''(t)dt, v = t - x$[6].

$$\int_a^x f'(t)dt = f'(t)(t-x)|_a^x - \int_a^x (t-a)f''(t)dt = f(a) + f'(a)(x-a) - \int_a^x (t-a)f''(t)dt$$

Substituindo na equação (7.23) e reorganizando:

$$f(x) = f(a) + f'(a)(x-a) - \int_a^x (t-a)f''(t)dt. \tag{7.24}$$

[6]Esta escolha é apropriada para os objetivos da demonstração.

Novamente aplicando a integração por parte, agora em $\int_a^x (t-a)f''(t)dt$. Com a escolha $u = f''(t), dv = (t-x)dt$ obtemos:

$$\int_a^x (t-a)f''(t)dt = -f''(a)\frac{1}{2}(a-x)^2 + \int_a^x \frac{1}{2}(t-x)^2 f'''(t)dt.$$

Substituindo em (7.24), temos:

$$f(x) = f(a) + f'(a)(x-a) + f''(a)\frac{1}{2}(a-x)^2 - \int_a^x \frac{1}{2}(t-x)^2 f'''(t)dt. \tag{7.25}$$

continuando com o processo, é fácil perceber que:

$$\begin{aligned} f(x) &= f(a) + f'(a)(x-a) + f''(a)\frac{1}{2!}(a-x)^2 + f'''(a)\frac{1}{3!}(a-x)^3 + ... \\ &+ f^{(n)}(a)\frac{1}{n!}(a-x)^n + (-1)^n \frac{1}{n!}\int_a^x f^{(n+1)}(t)(t-x)^n dt \end{aligned} \tag{7.26}$$

ou

$$f(x) = \sum_{k=0}^{n} \frac{f^{(k)}(a)}{k!}(x-a)^k + (-1)^n \frac{1}{n!}\int_a^x f^{(n+1)}(t)(t-x)^n dt \tag{7.27}$$

sendo $f^n(a)$ a derivada de ordem n da função $f(x)$ e avaliada em $x = a$.

Em seguida, é fácil provar formalmente a equação (7.26) ou (7.27), pelo método de indução. Pois já foi verificado que vale para $n = 1$, em seguida se supõe que vale para n (deduzido intuitivamente) e precisa-se provar que vale também para $n+1$. Para isto basta aplicar integração por partes na etapa n. Com isso a prova está concluída. Imediatamente a equação (7.22) está provada.

Proposição 7.2. A fórmula do resto $R_n(x)$ da proposição anterior (7.22) equivale à seguinte fórmula de Lagrange:

$$R_n(x) = (x-a)^{n+1}\frac{f^{n+1}(\xi)}{(n+1)!}, \quad \xi \in (a,x).$$

Demonstração

No teorema 2.12 do capítulo 2, foi demonstrado o *Teorema de Valor Médio para função* $f(x)$ *com peso* $P(x)$ que tem a seguinte forma:

$$\int_a^b g(t)P(t)dt = g(\xi)\int_a^b P(t)dt \tag{7.28}$$

sendo $P(x)$ uma função contínua e que não mude de sinal no intervalo $[a,b]$ e $g(x)$ uma função contínua em $[a,b]$.

Na integral 7.22 da Proposição 7.1, tome $g(t) = f^{n+1}(t)$ que é contínua para $t \in (a,x)$, a função $P(t) = (t-x)^n$ (que conserva o sinal no intervalo (a,x), pois $a < x$) e aplique o teorema do valor médio 7.28, e por isso:

$$\begin{aligned} \int_a^x f^{(n+1)}(t)(t-x)^n dt &= f^{n+1}(\xi)\int_a^x (t-x)^n dt = f^{n+1}(\xi)\left[-\frac{(t-x)^{n+1}}{n+1}\right]_a^x \\ &= -f^{n+1}(\xi)\left[\frac{(a-x)^{n+1}}{n+1}\right], \quad \xi \in (a,x). \end{aligned}$$

Voltando à fórmula de $R_n(x)$

$$\begin{aligned} R_n(x) &= \frac{(-1)^n}{n!}\int_a^x f^{n+1}(t)(t-x)^n dt = \frac{(-1)^n}{n!}(-1)f^{n+1}(\xi)\left[\frac{(a-x)^{n+1}}{n+1}\right] \\ &= (x-a)^{n+1}\frac{f^{n+1}(\xi)}{(n+1)!}, \quad \xi \in (a,x). \end{aligned}$$

Assim, finalmente podemos escrever a fórmula de Taylor (7.21) com o resto na forma de Lagrange da seguinte forma:

$$\begin{aligned} f(x) &= f(a) + \frac{f'(a)}{1!}(x-a) + \frac{f''(a)}{2!}(x-a)^2 + \ldots + \\ &+ \frac{f^n(a)}{n!}(x-a)^n + \frac{f^{n+1}(\xi)}{(n+1)!}(x-a)^{n+1}, \quad \xi \in (a,x). \end{aligned} \tag{7.29}$$

Assim, observamos que o polinômio $P_n(x) = \sum_{k=0}^{n} \frac{f^{(k)}(a)}{k!}(x-a)^k$ coincide com a expressão 7.19 para $f(x)$, e além disso,

$$P_n'(a) = f'(a), \ P_n''(a) = f''(a), \ \ldots, P_n^{(n)}(a) = f^{(n)}(a).$$

Em outras palavras, $P_n(x)$ é uma aproximação ótima para $f(x)$ quando n for suficientemente grande.

É fácil ver que se na fórmula (7.29) $n = 1$, obtemos o Teorema do Valor Médio 2.8 para funções:

$$f(x) - f(a) = (x-a)f'(\xi), \ \text{onde} \ \ \xi \in (a,x).$$

Assim, a fórmula de Taylor é uma generalização do Teorema do Valor Médio.

7.3.1 Fórmula de Maclaurin

Um caso particular e de grande importância é quando consideramos $a = 0$ na fórmula de Taylor (7.29). Desta forma obtemos

$$\begin{aligned} f(x) &= f(0) + \frac{f'(0)}{1!}x + \frac{f''(0)}{2!}x^2 + \ldots + \\ &+ \frac{f^n(0)}{n!}x^n + \frac{f^{n+1}(\theta x)}{(n+1)!}x^{n+1}, \quad (\theta \in (0,1)). \end{aligned} \tag{7.30}$$

A série (7.30) chama-se série de Maclaurin[7].

Exemplo 7.20. Desenvolver a função $f(x) = 2^x$ em série de potências de x.

Primeiramente, encontremos as derivadas da função $f(x) = 2^x$ e calculemos seus valores quando $x = 0$

$$\begin{aligned} f(x) &= 2^x & f(0) &= 1 \\ f'(x) &= 2^x \ln 2 & f'(0) &= \ln 2 \\ f''(x) &= 2^x \ln^2 2 & f'(0) &= \ln^2 2 \\ \vdots &= \vdots & \vdots \\ f^{(n)}(x) &= 2^x \ln^n 2 & f^{(n)}(0) &= \ln^n 2. \end{aligned}$$

[7]Colin Maclaurin (1698 - 1746), matemático escocês

Usando a fórmula (7.30), obtemos a seguinte expressão:

$$2^x = 1 + \frac{\ln 2}{1!}x + \frac{\ln^2 2}{2!}x^2 + \ldots + \frac{\ln^n 2}{n!}x^n + R_n(x),$$

onde, $R_n(x)$ é calculado pela fórmula (7.22):

$$R_n(x) = \frac{2^{\theta x}\ln^{n+1} 2}{(n+1)!}x^{n+1} \quad (0 < \theta < 1).$$

Como $\ln 2 < 1$, então $|\ln^n 2| < 1$. Portanto:

$$\lim_{n\to\infty} \frac{2^{\theta x}\ln^{n+1} 2}{(n+1)!}x^{n+1} = 0.$$

Assim,

$$2^x = 1 + \frac{\ln 2}{1!}x + \frac{\ln^2 2}{2!}x^2 + \ldots + \frac{\ln^n 2}{n!}x^n + \ldots.$$

7.3.2 Série Exponencial

Usemos a série de Maclaurin para desenvolver a função exponencial $f(x) = e^x$ em série de potências quando $a = 0$. Temos:

$$f'(x) = e^x, \quad f''(x) = e^x, \quad \ldots, f^{(k)}(x) = e^x, \ldots,$$

e por isso:

$$f(0) = 1, \quad f'(0) = 1, \quad f''(0) = 1, \quad \ldots, f^{(k)}(0) = 1, \ldots.$$

Usando a fórmula (7.30) obtemos a seguinte expressão:

$$f(x) = 1 + \frac{x}{1!} + \frac{x^2}{2!} + \ldots + \frac{x^n}{n!} + R_n(x),$$

onde, $R_n(x)$ é calculado pela fórmula (7.22):

$$R_n(x) = \frac{x^{n+1}}{(n+1)!}e^{\theta x} \quad (0 < \theta < 1).$$

Usando o fato que $e^{\theta x} < e^x$, se $x > 0$, e $e^{\theta x} < 1$, se $x < 0$, concluímos que o resto $R_n(x)$ tende a zero para todos os valores de x, isto é,

$$\lim_{n\to\infty} \frac{x^{n+1}}{(n+1)!}e^{\theta x} = 0.$$

Facilmente pode-se verificar que a série

$$e^x = \sum_{n=0}^{\infty} \frac{x^n}{n!}$$

converge absolutamente para todos os valores de $x \in \mathbb{R}$.

Assim, podemos escrever a série de Maclaurin para a função exponencial:

$$e^x = 1 + \frac{x}{1!} + \frac{x^2}{2!} + \ldots + \frac{x^n}{n!} + \ldots, \quad x \in \mathbb{R}. \tag{7.31}$$

Daqui podemos encontrar a série de Maclaurin da função $f(x) = e^{-x}$. Basta trocar x por $-x$ na série (7.31) para obter

$$e^{-x} = 1 - \frac{x}{1!} + \frac{x^2}{2!} + \ldots + (-1)^n \frac{x^n}{n!} + \ldots, \quad x \in \mathbb{R}.$$

Combinando estas duas últimas séries, podemos encontrar o desenvolvimento do cosseno hiperbólico e do seno hiperbólico:

$$\cosh x = \frac{e^x + e^{-x}}{2} = 1 + \frac{x^2}{2!} + \frac{x^4}{4!} + \ldots + \frac{x^{2n}}{(2n)!} + \ldots$$
$$\operatorname{senh} x = \frac{e^x - e^{-x}}{2} = x + \frac{x^3}{3!} + \frac{x^5}{5!} + \ldots + \frac{x^{2n+1}}{(2n+1)!} + \ldots$$

Nota 7.2. *Série de Maclaurin para* senh$x$ *e* $\cosh x$

$$\cosh x = \sum_{n=0}^{\infty} \frac{x^{2n}}{(2n)!}, \quad \forall x \in \mathbb{R}.$$

$$\operatorname{senh} x = \sum_{n=0}^{\infty} \frac{x^{2n+1}}{(2n+1)!}, \quad \forall x \in \mathbb{R}.$$

Em particular, pondo $x = 1$ na fórmula (7.31), obtemos uma fórmula aproximada para calcular e:

$$e = 1 + \frac{1}{1!} + \frac{1}{2!} + \ldots + \frac{1}{n!} + R_n, \tag{7.32}$$

onde $R_n = \dfrac{e^\theta}{(n+1)!}$, onde $R_n < \dfrac{3}{(n+1)!}$, pois $(0 < \theta < 1)$.

Assim, quando $n = 9$, temos:

$$R_n < \frac{3}{10!} < 0,000001,$$

por isto,

$$\begin{aligned} e &\approx 1 + \frac{1}{1!} + \frac{1}{2!} + \frac{1}{3!} + \frac{1}{4!} + \frac{1}{5!} + \frac{1}{6!} + \frac{1}{7!} + \frac{1}{8!} + \frac{1}{9!} = \\ &= 2 + 0,5 + 0,166666 + 0,041666 + 0,008333 + 0,001388 + \\ &+ 0,000198 + 0,000024 + 0,000002 = \\ &= 2,718281 \end{aligned}$$

representa um cálculo aproximado de e até a sexta casa decimal.

Exemplo 7.21. Calcule $\displaystyle\int_0^1 e^{-x^2} dx$ com exatidão de $0,001$.

Já sabemos que:

$$e^x = 1 + \frac{x}{1!} + \frac{x^2}{2!} + \ldots + \frac{x^n}{n!} + \ldots, \quad x \in \mathbb{R}.$$

Assim, trocando x por $-x^2$, obtemos

$$e^{-x^2} = 1 - \frac{x^2}{1!} + \frac{x^4}{2!} - \frac{x^6}{3!} + \ldots.$$

Esta série converge uniformemente em $\mathbb{R}$, e portanto, podemos integrar esta série membro a membro em qualquer intervalo, em particular, no intervalo $[0,1]$:

$$\begin{aligned}\int_0^1 e^{-x^2}dx &= \int_0^1\left(1-\frac{x^2}{1!}+\frac{x^4}{2!}-\frac{x^6}{3!}+\ldots\right)dx = \\ &= \left(x-\frac{x^3}{3}+\frac{x^5}{2!.5}-\frac{x^7}{3!.7}+\frac{x^9}{4!.9}-\ldots\right)\Big|_0^1 = \\ &= 1-\frac{1}{3}+\frac{1}{10}-\frac{1}{42}+\frac{1}{216}-\ldots\end{aligned}$$

Esta série é alternada e seu termo geral tende para a zero. Por isso, o resto da série não é superior ao primeiro termo desconsiderado, ou seja, para obter o valor aproximado da integral dada, tomamos k termos, então o erro que cometemos não é superior ao termo $(k+1)$-ésimo. No nosso caso, para obter o k, devemos ter : $\dfrac{1}{(k+1)!(2k+3)} \leq 0,001$, ou seja quando $k \geq 4$. Portanto,

$$\begin{aligned}\int_0^1 e^{-x^2}dx &\approx 1-\frac{1}{3}+\frac{1}{10}-\frac{1}{42}+\frac{1}{216} = \\ &= 1-0,333+0,1-0,023+0,004 = 0,747\end{aligned}$$

Exemplo 7.22. Determine a série de Taylor da função $f(x)=\cosh bx$ na vizinhança de $x=1$, $b\in\mathbb{R}$.

O polinômio de Taylor da função $f(x)$ na vizinhança de $x=a$ é dado por:

$$P_n(x) = \sum_{k=0}^{n}\frac{f^k(a)(x-a)^k}{(k)!} \tag{7.33}$$

Em seguida, avaliando a função e suas derivas em $a=1$.

$$\begin{aligned}f^{(0)}(x) &= \cosh bx \to f^{(0)}(1) = f(1) = \cosh b \\ f^{(1)}(x) &= b\,\text{senh}\, bx \to f^(1)(1) = b\,\text{senh}\, b \\ f^{(2)}(x) &= b^2\cosh bx \to f^{(2)}(1) = b^2\cosh b \\ f^{(3)}(x) &= b^3\,\text{senh}\, bx \to f^{(3)}(1) = b^3\,\text{senh}\, b \\ f^{(4)}(x) &= b^4\cosh bx \to f^{(4)}(1) = b^4\cosh b \\ . &= . \\ f^{(2k)}(x) &= b^{2k}\cosh bx \to f^{(2k)}(1) = b^{2k}\cosh b \\ f^{(2k+1)}(x) &= b^{2k+1}\,\text{senh}\, bx \to f^{(2k+1)}(1) = b^{2k+1}\,\text{senh}\, b\end{aligned} \tag{7.34}$$

Das duas fórmulas anteriores para as derivas de ordem par e ímpar da função $f(x)=\cosh x$, conclui-se que precisamos dividir o polinômio de Taylor (7.33) em dois termos, como segue:

$$\begin{aligned}P_n(x) &= \sum_{k=0}^{n}\frac{f^{(2k)}(1)(x-1)^{2k}}{(2k)!}+\sum_{k=0}^{n}\frac{f^{(2k+1)}(1)(x-1)^{2k+1}}{(2k+1)!} \\ P_n(x) &= \sum_{k=0}^{n}\frac{b^{2k}\cosh b\,(x-1)^{2k}}{(2k)!}+\sum_{k=0}^{\infty}\frac{b^{2k+1}\,\text{senh}\, b\,(x-1)^{2k+1}}{(2k+1)!}.\end{aligned} \tag{7.35}$$

É fácil verificar que ambas as séries da última equação são convergentes para qualquer $x\in\mathbb{R}$. Assim:

$$f(x) = \cosh bx = \sum_{k=0}^{\infty} \frac{b^{2k} \cosh b\,(x-1)^{2k}}{(2k)!} + \sum_{k=0}^{n} \frac{b^{2k+1} \operatorname{senh} b\,(x-1)^{2k+1}}{(2k+1)!}. \tag{7.36}$$

Note que se $x = 0$ em (7.36):

$$1 = \cosh 0 = \sum_{k=0}^{\infty} \frac{b^{2k} \cosh b\,(0-1)^{2k}}{(2k)!} + \sum_{k=0}^{n} \frac{b^{2k+1} \operatorname{senh} b\,(0-1)^{2k+1}}{(2k+1)!}.$$

$$1 = \cosh 0 = \cosh b \sum_{k=0}^{\infty} \frac{b^{2k}}{(2k)!} - \operatorname{senh} b \sum_{k=0}^{n} \frac{b^{2k+1}}{(2k+1)!}.$$

e considerando a nota (7.2) deduzimos que

$$1 = \cosh^2 b - \operatorname{senh}^2 b, \ \forall\, b \in \mathbb{R}.$$

Uma identidade conhecida.

7.3.3 Séries das Funções Seno e Cosseno

Já sabemos que as funções seno e cosseno possuem derivadas de qualquer ordem em qualquer intervalo que contenha o ponto $x = 0$, por isso, elas possuem série de Maclaurin. Primeiramente consideremos a função $f(x) = \cos x$. Temos:

$$f(x) = \cos x, \quad f'(x) = -\operatorname{sen} x, \quad f''(x) = -\cos x, \quad \ldots, f^{(k)}(x) = \cos(x + k\frac{\pi}{2}), \ldots,$$

e por isso

$$f(0) = 1, \quad f'(0) = 0, \quad f''(0) = -1, \quad f'''(0) = 0, \quad \ldots, f^{(2k)}(0) = (-1)^k, \quad f^{(2k+1)}(0) = 0, \ \ldots,$$

e pela fórmula de Maclaurin (7.30) obtemos a expressão:

$$\cos x = 1 - \frac{x^2}{2!} + \frac{x^4}{4!} - \ldots + \frac{(-1)^n x^{2n}}{(2n)!} + \frac{x^{2n+2}}{(2n+2)!} \cos[\theta x + \frac{(2n+2)\pi}{2}].$$

Usando o fato que:

$$\lim_{n\to\infty} \frac{x^{2n+2}}{(2n+2)!} = 0, \quad \text{e} \quad |\cos[\theta x + \frac{(2n+2)\pi}{2}]| \leq 1,$$

temos que o resto da série tende para a zero para todos os valores de x, ou seja,

$$\lim_{n\to\infty} \frac{x^{2n+2}}{(2n+2)!} \cos[\theta x + \frac{(2n+2)\pi}{2}] = 0.$$

Assim podemos escrever, de forma definitiva, a série de Maclaurin para a função cosseno:

$$\cos x = 1 - \frac{x^2}{2!} + \frac{x^4}{4!} + \ldots - \ldots + \frac{(-1)^n x^{2n}}{(2n)!} + \ldots \quad x \in \mathbb{R}. \tag{7.37}$$

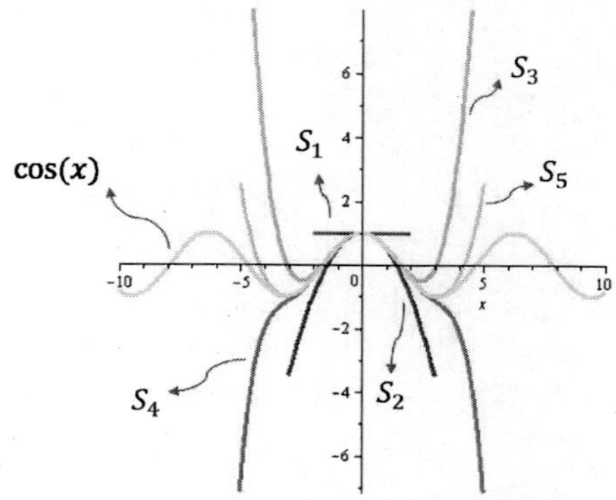

Figura 7.5: $\cos x$ e sua série de potências

Observação 7.4.

- $\cos x = S_1 = 1$ unicamente no ponto $x = 0$.
- $\cos x \sim 1 - \frac{1}{2}x^2 = S_2$ nas proximidades de $x = 0$.
- $\cos x \sim 1 - \frac{1}{2}x^2 + \frac{1}{4!}x^4 - \frac{1}{6!}x^6 + \frac{1}{8!}x^8 = S_4$ na região $\sim [-3, 3]$.
- Assim, conforme a série de Taylor tem mais termos, a função $\cos x$ é bem representada em intervalos cada vez mais longos. No limite quanto a série tem infinitos termos, ela converge à função $\cos x$ em toda reta real.

Desta forma, a série (7.37) converge absolutamente para todo $x \in \mathbb{R}$.

De forma análoga, podemos desenvolver em série de potências a função $f(x) = \operatorname{sen} x$.

$$f(x) = \operatorname{sen} x, \quad f'(x) = \cos x, \quad f''(x) = -\operatorname{sen} x, \quad \ldots, f^{(k)}(x) = \operatorname{sen}(x + k\frac{\pi}{2}), \ldots,$$

e por isso

$$f(0) = 0, \quad f'(0) = 1, \quad f''(0) = 0, \quad f'''(0) = -1, \quad \ldots, f^{(2k)}(0) = 0, \quad f^{(2k+1)}(0) = (-1)^k, \ldots.$$

Usando a fórmula de Maclaurin (7.30) obtemos a expressão:

$$\operatorname{sen} x = \frac{x}{1!} - \frac{x^3}{3!} + \frac{x^5}{5!} - \ldots + \frac{(-1)^n x^{2n+1}}{(2n+1)!} + \frac{x^{2n+1}}{(2n+1)!}\operatorname{sen}[\theta x + \frac{(2n+3)\pi}{2}].$$

Usando o fato que:

$$\lim_{n\to\infty} \frac{x^{2n+3}}{(2n+3)!} = 0, \quad \text{e} \quad |\operatorname{sen}[\theta x + \frac{(2n+3)\pi}{2}]| \leq 1,$$

temos que o resto da série tende para zero para todos os valores de x. Desta forma, a série de Maclaurin para a função seno pode ser escrita como:

$$\operatorname{sen} x = \frac{x}{1!} - \frac{x^3}{3!} + \frac{x^5}{5!} - \ldots + \frac{(-1)^n x^{2n+1}}{(2n+1)!} + \ldots \quad x \in \mathbb{R}. \tag{7.38}$$

Exemplo 7.23. Calcule $\operatorname{sen} 18^o$ com exatidão até $0,0001$.

Já vimos que:

$$\operatorname{sen} x = \frac{x}{1!} - \frac{x^3}{3!} + \frac{x^5}{5!} - \ldots + \frac{(-1)^n x^{2n+1}}{(2n+1)!} + \ldots$$

transformando 18° em radianos, obtemos: $18^o = \frac{\pi}{10}$. Onde:

$$\operatorname{sen} 18^o = \operatorname{sen} \frac{\pi}{10} \approx \frac{\pi}{10} - \frac{\pi^3}{3!.10^3} + \frac{\pi^5}{5!.10^5} - \ldots$$

Tomando $\pi \approx 3,14159$, temos $\pi^3 \approx 31,00624$. Como

$$\frac{\pi^3}{3!.10^3} > 0,0001 \quad \text{e} \quad \frac{\pi^5}{3!.10^5} < 0,0001,$$

obtemos:

$$\begin{aligned} \operatorname{sen} 18^o &\approx \frac{\pi}{10} - \frac{\pi^3}{3!.10^3} = \\ &= \frac{3,14159}{10} - \frac{31,00624}{6000} = 0,30899. \end{aligned}$$

7.3.4 As Fórmulas de Euler

Agora vamos combinar os desenvolvimentos em séries de Maclaurin das funções $e^x, \cos x$ e $\operatorname{sen} x$. Mas, antes, lembremos, da análise complexa, que o quadrado da unidade imaginária é igual a -1, isto é, $i^2 = -1$, onde $\sqrt{-1} = i$.

Calculando os expoentes positivos inteiros de i, obtemos:

$$i^2 = -1,\ i^3 = -i,\ i^4 = 1,\ i^5 = i,\ i^6 = -1, \ldots,$$

em geral,

$$i^{4k} = 1,\ i^{4k+1} = i,\ i^{4k+2} = -1,\ i^{4k+3} = -i.$$

Já foi mostrado na fórmula (7.31) que o desenvolvimento da função exponencial e^x para $x \in \mathbb{R}$, é dado por:

$$e^x = 1 + \frac{x}{1!} + \frac{x^2}{2!} + \ldots + \frac{x^n}{n!} + \ldots, \quad x \in \mathbb{R}.$$

Se trocarmos na última série, x pelo expoente imaginário puro ix, temos:

$$e^{ix} = 1 + \frac{ix}{1!} + \frac{(ix)^2}{2!} + \frac{(ix)^3}{3!} + \ldots + \frac{(ix)^n}{n!} + \ldots,$$

e utilizando as propriedades das potências de i e separando a parte real e imaginária, obtemos:

$$e^{ix} = (1 - \frac{x^2}{2!} + \frac{x^4}{4!} - \frac{x^6}{6!} + \ldots) + i(\frac{x}{1!} - \frac{x^3}{3!} + \frac{x^5}{5!} - \frac{x^7}{7!} + \ldots). \tag{7.39}$$

Pela seção anterior sabemos que os desenvolvimentos em série de Maclaurin da função cosseno e seno coincidem com o primeiro e segundo parênteses do segundo membro da fórmula (7.39) respectivamente, por isso,

$$e^{ix} = \cos x + i \operatorname{sen} x. \tag{7.40}$$

trocando x por $-x$ na fórmula (7.40) e usando o fato que a função cosseno é par e a função seno é ímpar, obtemos:

$$e^{-ix} = \cos x - i \operatorname{sen} x. \tag{7.41}$$

As fórmulas (7.40) e (7.41) chamam-se fórmulas de Euler[8]. Em geral, a função exponencial com expoente complexo arbitrário $x \pm iy$, pode ser escrita na forma:

[8]Leonhard Paul Euler (1703 - 1783), matemático suíço

$$e^{x\pm iy} = e^x.e^{\pm iy} = e^x(\cos y \pm i \operatorname{sen} y)$$

Exemplo 7.24. Calcule:

$$e^{\frac{\pi}{2}i}.$$

Usando a fórmula (7.40), temos:

$$e^{\frac{\pi}{2}i} = \cos\frac{\pi}{2} + i \operatorname{sen}\frac{\pi}{2} = i.$$

Obviamente não pode ficar de fora a famosa fórmula de Euler:

$$e^{\pi i} + 1 = 0.$$

7.3.5 Série Binomial

A função binomial $f(x) = (1+x)^m$, $m \in \mathbb{R}$ está bem definida quando $1 + x > 0$, isto é, quando $x > -1$. Neste intervalo a função binomial possui as derivadas de todas as ordens;

$$\begin{array}{l} f'(x) = m(1+x)^{m-1}, \ f''(x) = m(m-1)(1+x)^{m-2}, \ \ldots, \\ f^{(k)}(x) = m(m-1)(m-2)\ldots(m-k+1)(1+x)^{m-k}, \ldots \end{array}$$

e por isso

$$\begin{array}{l} f(0) = 1, \ f'(0) = m, \ f''(0) = m(m-1), \ f'''(0) = m(m-1)(m-2), \ \ldots, \\ f^{(k)}(0) = m(m-1)(m-2)\ldots(m-k+1). \end{array}$$

Aplicando a fórmula de Maclaurin (7.30), obtemos a expressão:

$$\begin{aligned} (1+x)^m &= 1 + \frac{m}{1!}x + \frac{m(m-1)}{2!}x^2 + \frac{m(m-1)(m-2)}{3!}x^3 + \ldots + \\ &+ \frac{m(m-1)(m-2)\ldots(m-n+1)}{n!}x^n + R_n(x), \end{aligned}$$

onde o resto $R_n(x)$ pode ser escrito na forma:

$$R_n(x) = \frac{1}{n!}\int_0^x f^{n+1}(t)(x-t)^n dt$$

ou

$$R_n(x) = \frac{m(m-1)(m-2)\ldots(m-n)}{n!}\int_0^x (1+t)^{m-n-1}(x-t)^n dt.$$

Usando o Teorema do Valor Médio para integrais nesta última integral, obtemos:

$$\begin{aligned} R_n(x) &= \frac{m(m-1)(m-2)\ldots(m-n)}{n!}(1+\theta x)^{m-n-1}(x-\theta x)^n\int_0^x dt \\ &= \frac{m(m-1)(m-2)\ldots(m-n)}{n!}(1+\theta x)^{m-n-1}(x(1-\theta))^n\int_0^x dt \\ &= \frac{m(m-1)(m-2)\ldots(m-n)}{n!}(1+\theta x)^{m-1}(1+\theta x)^{-n}x^n(1-\theta)^n x \\ &= \frac{m(m-1)(m-2)\ldots(m-n)}{n!}x^{n+1}\left(\frac{1-\theta}{1+\theta x}\right)^n(1+\theta x)^{m-1}, \end{aligned}$$

onde, $0 < \theta < 1$, e $0 < 1 - \theta < 1 + \theta x$, onde:

$$0 < \left(\frac{1-\theta}{1+\theta x}\right) < 1$$

ou
$$0 < \left(\frac{1-\theta}{1+\theta x}\right)^n < 1, \quad \text{para} \quad \text{todo } n \in \mathbb{N}.$$

Usando o critério da razão, obtemos:
$$\lim_{n\to\infty}\left|\frac{u_{n+1}}{u_n}\right| = \lim_{n\to\infty}\left|\frac{m-n+1}{n}x\right| = |x|,$$

onde $u_n = \dfrac{m(m-1)(m-2)\dots(m-n+1)}{n!}x^{n+1}$.
Assim, a série binomial converge absolutamente se $|x| < 1$ e diverge se $|x| > 1$.
Para mostrar que esta série converge para $(1+x)^m$, devemos provar que:
$$R_n(x) \to 0 \text{ quando } |x| < 1.$$

De fato, os termos $m(1+\theta x)^{m-1}$ e $\left(\frac{1-\theta}{1+\theta x}\right)^n$ são limitados e
$$\lim_{n\to\infty}\frac{m(m-1)(m-2)\dots(m-n)}{n!}x^{n+1} = 0,$$

e, portanto:
$$\lim_{n\to\infty} R_n(x) = 0.$$

Finalmente, podemos escrever a série para a função binomial,
$$\begin{aligned}(1+x)^m &= 1 + \frac{m}{1!}x + \frac{m(m-1)}{2!}x^2 + \frac{m(m-1)(m-2)}{3!}x^3 + \dots + \\ &+ \frac{m(m-1)(m-2)\dots(m-k+1)}{n!}x^n + \dots, \quad |x| < 1.\end{aligned} \tag{7.42}$$

Quando o número m é inteiro positivo finito, a série (7.42) acaba no termo $n = m$ e transforma-se na fórmula do binômio de Newton. Assim, podemos dizer que a série (7.42) é uma generalização do binômio de Newton com expoente m natural.

É interessante desenvolver o binômio de Newton para alguns valores particulares de m que usaremos mais adiante:
$$\begin{aligned}
1.(1-x)^{-1} &= 1 + x + x^2 + x^3 + \dots + x^n + \dots,\\
2.(1+x)^{-1} &= 1 - x + x^2 - x^3 + \dots + (-1)^n x^{n+1} + \dots,\\
3.(1+x)^{1/2} &= 1 + \frac{1}{2}x - \frac{1}{2.4}x^2 + \frac{1.3}{2.4.6}x^3 - \frac{1.3.5}{2.4.6.8}x^4 + \dots\\
4.(1+x^2)^{-1} &= 1 - x^2 + x^4 - x^6 + \dots + (-1)^{n-1}x^{2(n-1)} + \dots\\
5.(1+x)^{-1/2} &= 1 - \frac{1}{2}x + \frac{1.3}{2.4}x^2 - \frac{1.3.5}{2.4.6}x^3 + \frac{1.3.5.7}{2.4.6.8}x^4 - \dots\\
6.(1-x^2)^{-1/2} &= 1 + \frac{1}{2}x^2 + \frac{1.3}{2.4}x^4 + \frac{1.3.5}{2.4.6}x^6 + \frac{1.3.5.7}{2.4.6.8}x^8 + \dots
\end{aligned} \tag{7.43}$$

7.3.6 Série da Função Logarítmica

A função logarítmica $f(x) = \ln(1+x)$ está definida quando $x > -1$, e nesse intervalo a função possui derivadas de todas as ordens. Obtenhamos a série de Maclaurin para a função logarítmica no intervalo $x > -1$.

Vale observar que:

$$\lim_{x\to -1} \ln(1+x) = -\infty, \quad \lim_{x\to\infty} \ln(1+x) = \infty.$$

Agora, calculemos todas as derivadas da função $f(x) = \ln(1+x)$,

$$f'(x) = \frac{1}{1+x}, \quad f''(x) = -\frac{1}{(1+x)^2}, \quad \ldots, f^{(n)}(x) = (-1)^{n-1}\frac{(n-1)!}{(1+x)^n}, \ldots,$$

onde:

$$f(0) = 0, \; f'(0) = 1, \; f''(0) = -1, \; f'''(0) = 2!, \; \ldots, f^{(n)}(0) = (-1)^{n-1}(n-1)!, \; \ldots.$$

Assim,

$$\ln(1+x) = x - \frac{x^2}{2} + \frac{x^3}{3} - \frac{x^4}{4} + \ldots + (-1)^{n-1}\frac{x^n}{n} + R_n(x),$$

onde o resto pode ser escrito como:

$$R_n(x) = \frac{f^{(n+1)}(\theta x)}{(n+1)!}x^{n+1} = \frac{(-1)^n}{(n+1)}\left(\frac{x}{1+\theta x}\right)^{n+1}, \quad 0 < \theta < 1.$$

É fácil ver que,

$$|R_n(x)| < \frac{|x|^{n+1}}{(n+1)!}.$$

Também observamos que:

$$\lim_{n\to\infty}\left|\frac{u_{n+1}}{u_n}\right| = \lim_{n\to\infty}\left|\frac{n-1}{n}x\right| = |x|,$$

onde $u_n = (-1)^{n-1}\dfrac{x^n}{n}$, e por isso, a série converge absolutamente se $|x| < 1$ e diverge se $|x| > 1$, e portanto $\lim\limits_{n\to\infty} R_n(x) = 0$, $(-1 < x < 1)$. Desta forma, no intervalo $-1 < x < 1$, temos:

$$\ln(1+x) = x - \frac{x^2}{2} + \frac{x^3}{3} - \frac{x^4}{4} + \ldots$$

Já vimos acima que quando $x = -1$ a função $\ln(1+x)$ tende ao infinito. Por outro lado, se $x = 1$, temos:

$$\ln 2 = 1 - \frac{1}{2} + \frac{1}{3} - \frac{1}{4} + \ldots$$

que converge pelo critério de Leibniz.
Por fim,

$$\ln(1+x) = x - \frac{x^2}{2} + \frac{x^3}{3} - \frac{x^4}{4} + \ldots, \qquad (-1 < x \leq 1)$$

Podemos proceder de outra forma para obter o desenvolvimento da função logarítmica $f(x) = \ln(1+x)$, $x > -1$ em série de Maclaurin. De fato, temos:

$$\int_0^x \frac{dt}{1+t} = \ln(1+t)\Big|_0^x = \ln(x+1) - \ln 1 = \ln(1+x),$$

isto é,

$$\ln(1+x) = \int_0^x \frac{dt}{1+t}.$$

Já sabemos pela segunda fórmula de (7.43) que:

$$(1+t)^{-1} = 1 - t + t^2 - t^3 + \ldots + (-1)^n t^{n-1} + \frac{(-1)^n t^n}{1+t},$$

desta forma:

$$\begin{aligned}
\ln(1+x) &= \int_0^x \frac{dt}{1+t} = \\
&= \int_0^x \left[1 - t + t^2 - t^3 + \ldots + (-1)^n t^{n-1} + \frac{(-1)^n t^n}{1+t}\right] dt = \\
&= x - \frac{x^2}{2} + \frac{x^3}{3} - \frac{x^4}{4} + \ldots + \frac{(-1)^{n-1} x^n}{n} + R_n(x),
\end{aligned}$$

onde:

$$R_n(x) = \frac{(-1)^n}{1+\lambda x} \int_0^x t^n dt = \frac{(-1)^n x^{n+1}}{(n+1)(1+\lambda x)}, \qquad 0 < \lambda < 1.$$

Observamos que:

$$\lim_{n\to\infty} \left|\frac{u_{n+1}}{u_n}\right| = \lim_{n\to\infty} \left|\frac{\frac{(-1)^n x^{n+1}}{n+1}}{\frac{(-1)^{n-1} x^n}{n}}\right| = \lim_{n\to\infty} \left|\frac{n}{n+1} x\right| = |x|,$$

de onde concluímos que a série converge absolutamente se $|x| < 1$ e diverge se $|x| > 1$.

Como

$$|R_n(x)| < \frac{1}{(n+1)(1+\lambda x)}, \quad (-1 < x < 1) \text{ e}$$

$\dfrac{1}{1+\lambda x}$ é limitado quando $|x| < 1$, temos:

$$\lim_{n\to\infty} R_n(x) = 0,$$

portanto:

$$\ln(1+x) = x - \frac{x^2}{2} + \frac{x^3}{3} - \frac{x^4}{4} + \ldots + \frac{(-1)^{n-1} x^n}{n} + \ldots, \quad , |x| < 1.$$

7.3.7 Série da Função Arcoseno

Agora vamos calcular a série de MacLaurin da função $f(x) = \operatorname{arcsen} x$. Pelo Teorema Fundamental do Cálculo, temos:

$$\int_0^x \frac{dt}{\sqrt{1-t^2}} = \operatorname{arcsen} t\Big|_0^x = \operatorname{arcsen} x - \operatorname{arcsen} 0 = \operatorname{arcsen} x.$$

Pela fórmula 6. do 7.43, sabemos:

$$(1-x^2)^{-1/2} = 1 + \frac{1}{2}x^2 + \frac{1.3}{2.4}x^4 + \frac{1.3.5}{2.4.6}x^6 + \frac{1.3.5.7}{2.4.6.8}x^8 + \ldots$$

Assim,

$$\begin{aligned}
\operatorname{arcsen} x &= \int_0^x \frac{dt}{\sqrt{1-t^2}} = \\
&= \int_0^x \left[1 + \frac{1}{2}t^2 + \frac{1.3}{2.4}t^4 + \frac{1.3.5}{2.4.6}t^6 + \frac{1.3.5.7}{2.4.6.8}t^8 + \ldots\right] dt = \\
&= x + \frac{1}{2.3}x^3 + \frac{1.3}{2.4.5}x^5 + \frac{1.3.5}{2.4.6.7}x^7 + \frac{1.3.5.7}{2.4.6.8.9}x^9 + \ldots + \\
&+ \frac{1.3.5.7.\cdots(2n-1)}{2.4.6.8.\cdots(2n)(2n+1)}x^{2n+1} + R_n(x).
\end{aligned}$$

Observamos que:

$$\lim_{n\to\infty}\left|\frac{u_{n+1}}{u_n}\right| = \lim_{n\to\infty}\left|\frac{\dfrac{1.3.5.7.\cdots(2n-1)(2n+1)}{2.4.6.8.\cdots(2n)(2n+1)(2n+3)}x^{2n+3}}{\dfrac{1.3.5.7.\cdots(2n-1)}{2.4.6.8.\cdots(2n)(2n+1)}x^{2n+1}}\right| = \lim_{n\to\infty}\left|\frac{2n+1}{2n+3}x^2\right| = |x^2|,$$

onde concluímos que a série converge absolutamente se $|x| < 1$ e diverge se $|x| > 1$, por isso

$$\operatorname{arcsen} x = x + \frac{1}{2.3}x^3 + \frac{1.3}{2.4.5}x^5 + \frac{1.3.5}{2.4.6.7}x^7 + \frac{1.3.5.7}{2.4.6.8.9}x^9 + \ldots$$

7.3.8 Série da Função Arcotangente

Vamos concluir este capítulo calculando a série de Maclaurin da função $f(x) = \arctan x$.

Escrevamos a série de Maclaurin da função $f(x) = \arctan x$ usando o Teorema Fundamental do Cálculo.

$$\int_0^x \frac{dt}{1+t^2} = \arctan t\Big|_0^x = \arctan x - \arctan 0 = \arctan x.$$

Assim, usando a quarta fórmula de (7.43), temos:

$$\begin{aligned}\arctan x &= \int_0^x \frac{dt}{1+t^2} = \\ &= \int_0^x \left[1 - t^2 + t^4 - t^6 + \ldots + (-1)^{n-1}t^{2n-2} + \frac{(-1)^n t^{2n}}{1+t^2}\right] dt = \\ &= x - \frac{x^3}{3} + \frac{x^5}{5} - \frac{x^7}{7} + \ldots + \frac{(-1)^{n-1}x^{2n-1}}{2n-1} + R_n(x),\end{aligned}$$

onde:

$$R_n(x) = (-1)^n \int_0^x \frac{t^{2n}dt}{1+t^2}.$$

Aplicando o teste de d'Alambert na série

$$\arctan x = x - \frac{x^3}{3} + \frac{x^5}{5} - \frac{x^7}{7} + \ldots + \frac{(-1)^{n-1}x^{2n-1}}{2n-1} + R_n(x),$$

para o termo geral $u_n = \dfrac{(-1)^{n-1}x^{2n-1}}{2n-1}$, obtemos:

$$\lim_{n\to\infty}\left|\frac{u_{n+1}}{u_n}\right| = \lim_{n\to\infty}\left|\frac{\dfrac{(-1)^n x^{2n+1}}{2n+1}}{\dfrac{(-1)^{n-1}x^{2n-1}}{2n-1}}\right| = \lim_{n\to\infty}\frac{2n+1}{2n-1}|x|^2 = x^2,$$

que converge quando $x^2 < 1$, ou seja, $-1 < x < 1$.

Quando $|x| < 1$, temos:

$$|R_n(x)| = \left|(-1)^n \int_0^x \frac{t^{2n}dt}{1+t^2}\right| < \int_0^x t^{2n} = \frac{t^{2n+1}}{2n+1}\Big|_0^x = \frac{x^{2n+1}}{2n+1} \le \frac{1}{2n+1},$$

portanto:

$$\lim_{n\to\infty} R_n(x) = 0,$$

por isso,

$$\arctan x = x - \frac{x^3}{3} + \frac{x^5}{5} - \frac{x^7}{7} + \ldots + \frac{(-1)^{n-1}x^{2n-1}}{2n-1} + \ldots. \tag{7.44}$$

Esta série foi descoberta por James Gregory[9]. Quando $x = \pm 1$, obtemos duas séries harmônicas alternadas que convergem pelo critério de Leibniz. Por isso, a série (7.44) converge quando $-1 \leq x \leq 1$.

Gregory não percebeu que esta série possuía alguma relação com o número π. Em particular, se $x = 1$, obtemos da série (7.44) uma fórmula para calcular o valor de π em forma de série de Leibniz;

$$\arctan 1 = \frac{\pi}{4} = 1 - \frac{1}{3} + \frac{1}{5} - \frac{1}{7} + \ldots + \frac{(-1)^{n-1}}{2n-1} + \ldots$$

A série de Leibniz não é muito útil para os cálculos: Para obter π com dois algarismos decimais exatos é necessário tomar 50 termos da série, e para obter três decimais exatos é necessário tomar 300 termos!.

Mas, se na série de Gregory (7.44), tomamos $x = \dfrac{\sqrt{3}}{3}$, então obtemos a série:

$$\frac{\pi}{6} = \frac{\sqrt{3}}{3}\left(1 - \frac{1}{9} + \frac{1}{45} - \frac{1}{189} + \frac{1}{729} + \ldots\right) \tag{7.45}$$

com convergência muito rápida.

Justamente este desenvolvimento (7.45) foi usado por muitos matemáticos na época, entre eles, Abraham Sharp (1651-1742) para estabelecer em 1699 um novo recorde ao calcular π com 71 algarismos decimais exatos.

Exemplo 7.25. Resolva a seguinte equação diferencial por série de potências.

$$y''(x) = -b\,y(x), b > 0, y'(0) = 1, y(0) = 0 \tag{7.46}$$

Suponha $y(x) = \sum\limits_{n=0}^{\infty} a_n x^n$, derivando $y'(x) = \sum\limits_{n=1}^{\infty} a_n n x^{n-1}$, $y''(x) = \sum_{n=2}^{\infty} a_n n(n-1)x^{n-2}$ substituindo em (7.46) temos:

$$\sum_{n=2}^{\infty} a_n n(n-1)x^{n-2} + b\sum_{n=0}^{\infty} a_n x^n = 0,$$

No primeiro termo da equação anterior realizamos a substituição $n = n' + 2$

$$\sum_{n'=0}^{\infty} a_{n'+2}(n'+2)(n'+1)x^{n'} + b\sum_{n=0}^{\infty} a_n x^n = 0,$$

renomeando os índices e agrupando:

$$\sum_{n=0}^{\infty} (a_{n+2}(n+2)(n+1) + b\,a_n)x^n = 0 \tag{7.47}$$

[9]Matemático e astrônomo escocês(1638-1675)

Considerando x arbitrário, todos os coeficientes da identidade anterior devem se anular, assim:

$$a_{n+2}(n+2)(n+1) = -b\,a_n \rightarrow a_{n+2} = -\frac{b\,a_n}{(n+2)(n+1)}$$

$$\begin{aligned}
a_2 &= -\frac{b\,a_0}{2.1} \\
a_3 &= -\frac{b\,a_1}{3.2.1} \\
a_4 &= -\frac{(-1)^2 b^2\,a_0}{4.3.2.1} \\
a_5 &= -\frac{(-1)^2 b^2\,a_1}{5.4.3.2.1} \\
. &= . \\
. &= . \\
a_{2k} &= \frac{(-1)^k b^k\,a_0}{(2k)!}, k = 0, 1, 2, .. \\
a_{2k+1} &= \frac{(-1)^k b^k\,a_1}{(2k+1)!}, k = 0, 1, 2, ..
\end{aligned} \tag{7.48}$$

Reorganizando: $y(x)$

$$y(x) = \sum_{n=0}^{\infty} a_n x^n \equiv \sum_{k=0}^{\infty} a_{2k} x^{2k} + \sum_{k=0}^{\infty} a_{2k+1} x^{2k+1}$$

$$= \sum_{k=0}^{\infty} \frac{(-1)^k b^k\,a_0}{(2k)!} x^{2k} + \sum_{k=0}^{\infty} \frac{(-1)^k b^k\,a_1}{(2k+1)!} x^{2k+1}$$

Considerando as condições iniciais:
$y(0) = a_0 = 0, y'(0) = a_1 = 1$, logo,

$$y(x) = \sum_{k=0}^{\infty} \frac{(-1)^k b^k}{(2k+1)!} x^{2k+1}$$

reorganizando:

$$y(x) = \sum_{k=0}^{\infty} \frac{(-1)^k}{\sqrt{b}(2k+1)!} (\sqrt{b}x)^{2k+1}$$

$$y(x) = \frac{1}{\sqrt{b}} \sum_{k=0}^{\infty} \frac{(-1)^k}{(2k+1)!} (\sqrt{b}x)^{2k+1}$$

O somatório infinito é a série de Taylor da função $\text{sen}\sqrt{b}\,x$. Logo, finalmente:

$$y(x) = \frac{1}{\sqrt{b}}\,\text{sen}\sqrt{b}\,x.$$

É fácil verificar que a função anterior satisfaz a equação (7.46) e suas condições iniciais.

Teorema 7.5. *Método de Laplace para aproximação de Integrais definidas.*
Seja $f(t)$ uma função contínua pelo menos duas vezes diferenciável em $[a, b]$, M é um número grande. Considere também que $f(t)$ tem somente um máximo global em $t_0 \in [a, b]$ e $f''(t) < 0, \forall t \in [a, b]$. a e b podem estar no infinito. Então

$$\int_a^b e^{Mf(t)} \approx e^{Mf(t_0)} \sqrt{\frac{2\pi}{M|f''(t_0)|}} \tag{7.49}$$

A demonstração é simples: basta expandir a função $f(t)$ em série de Taylor na vizinhança de t_0 e perceber que quando M é grande, a maior contribuição para o cálculo da integral definida é proveniente do entorno de t_0, como podemos visualizar na figura a seguir.

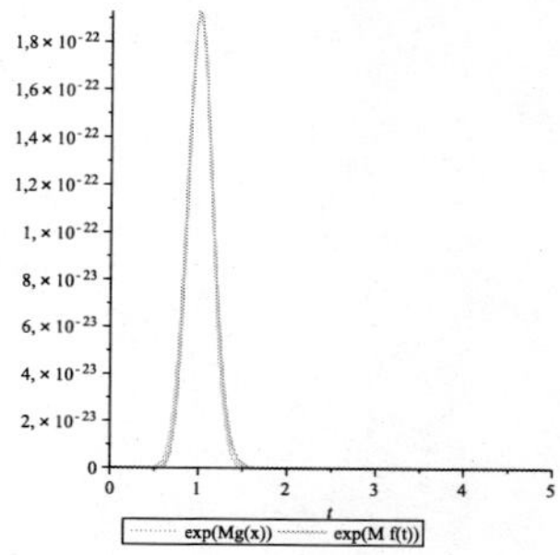

Figura 7.6: $f(t) = \ln(t) - t, g(t) = -1 - \frac{1}{2}(t-1)^2$, $M = 50, t_0 = 1, f''(t) = -\frac{1}{t^2}$.

Este método de aproximação será utilizado no Capítulo 8 para demonstrar a fórmula de aproximação de Stirling das funções Gamma.

7.4 Exercícios do Capítulo 7

Exercício 7.1. Seja $f(x) = 1 + x^2 + x^4 + x^6 + \ldots . x^{2n} + \ldots$, $|x| < 1$, mostre que $f(x) = 1/(1-x^2)$.

Exercício 7.2. Analise e determine o intervalo de convergência das seguintes séries de potências.

a) $\displaystyle\sum_{n=0}^{\infty}(-1)^n \frac{(x+2)^{(2n+1)}}{(2n+1)!}$, *b)* $\displaystyle\sum_{n=0}^{\infty}(-1)^n \frac{x^{2n}}{(n+1)}$ *c)* $\displaystyle\sum_{n=1}^{\infty}(-1)^n \frac{(x-2)^n}{2^{(n+1)}n}$

Exercício 7.3. Analise e determine o intervalo de convergência da seguinte série de potências $\displaystyle\sum_{n=0}^{\infty}(-1)^n \frac{(x-a)^n}{b^{n+1}(n+b)}$. a é uma constante real e b um número real maior que zero.

Exercício 7.4. Analise a convergência das seguintes séries de potências e encontre o intervalo de convergência:

1. $\displaystyle\sum_{n=0}^{\infty} \frac{x^n}{n+2}$;

2. $\displaystyle\sum_{n=1}^{\infty} \frac{x^n}{n(n+4)}$;

3. $\displaystyle\sum_{n=1}^{\infty} \frac{x^n}{6^n}$;

4. $\displaystyle\sum_{n=0}^{\infty} x^n n!$;

5. $\displaystyle\sum_{n=1}^{\infty} \frac{(x+5)^n}{n^2}$;

6. $\displaystyle\sum_{n=1}^{\infty} \frac{(x-2)^n}{2^n(n+3)}$;

7. $\displaystyle\sum_{n=1}^{\infty} \frac{(x-1)^n}{3^n \ln(n+2)}$;

8. $\displaystyle\sum_{n=1}^{\infty} \frac{n!(x+8)^n}{n^n}$;

9. $\displaystyle\sum_{n=0}^{\infty} \left(\frac{n+3}{2n+3}\right)^n x^n$;

10. $\displaystyle\sum_{n=1}^{\infty} x^{n!}$;

11. $\displaystyle\sum_{n=1}^{\infty} \left(1+\frac{1}{n}\right)^n (x-2)^n$;

12. $\displaystyle\sum_{n=1}^{\infty} n^n (x+7)^n$;

13. $\displaystyle\sum_{n=0}^{\infty} \frac{(-1)^n (x-2)^n}{(3n+1)\sqrt{n+4}}$;

14. $\displaystyle\sum_{n=1}^{\infty} \frac{(x+3)^{n^2}}{n^n}$.

Exercício 7.5. Determine a função que se aproxima no seu intervalo de convergência a seguinte soma infinita

$$\sum_{n=0}^{\infty} (-1)^n \frac{(x-4)^{2n}}{9^n}$$

.

Exercício 7.6. Resolva os seguintes exercícios

- Determine a série de Taylor no ponto $x_0 = 0$ para
  $a)$ $\cos 3x$ $b)$ $\operatorname{senh}(x+2)$; $c)$ $\ln(1+2x^2)$.
- Determine a série de Taylor da função $f(x) = \operatorname{senh} bx$ no ponto $x_0 = 1$. b é constante real.
- Determine a série de Taylor da função $f(x) = \operatorname{sen} bx$ no ponto $x_0 = \pi$. Nos dois últimos itens faça o esboço dos polinômios de Taylor $P_0(x), P_1(x), P_2(x)$ na vizinhança de x_0 e compare com o esboço da função $f(x)$, considere $b = 2$.

Exercício 7.7. Encontre o desenvolvimento em série de Maclaurin das seguintes funções

1. $f(x) = \cosh x$;

2. $f(x) = \operatorname{senh} x$;

3. $f(x) = \dfrac{1}{\sqrt{4-x^2}}$;

4. $f(x) = \operatorname{sen} x \cos x$;

5. $f(x) = \sqrt[3]{27+x}$;

6. $f(x) = \displaystyle\int_0^x e^{-t^2} dt$;

7. $f(x) = \arccos x$;

8. $f(x) = \dfrac{x^{20}}{1-x}$;

9. $f(x) = (1+x)\ln(1+x)$ (os primeiros três termos não nulos);

10. $f(x) = e^x \operatorname{sen} x$ (os primeiros três termos não nulos).

Exercício 7.8. Calcule com precisão de até 2 casas decimais de aproximação.
a) $\cosh 1$ b) $\ln 2$ (*) c) e^{-1}
(*) No item b indique até que termo da expansão em série de potência da função precisamos considerar.

Exercício 7.9. Calcule as integrais com erro inferior a 0.01
$a)\ \int_0^2 e^{x^2} dx \quad b)\ \int_0^{\sqrt{\frac{\pi}{2}}} \cos x^2 dx$

Exercício 7.10. A partir da nota 7.2 verifique que as funções $\cosh x$ e $\operatorname{senh} x$ são funções pares e impares, respectivamente.

Exercício 7.11. Determine a solução analítica das equações diferenciais ordinárias a seguir pelo método de séries de potências.
a) $y' = -y$, $y(0) = 1$.
b) $y'' = a^2 y$, $y(0) = b, y'(0) = d, a \neq 0$. a, b, d são números reais e constantes.
c) $y' + b\,x\,y = 0$, $\quad y(0) = 1$. b é um número real.

Suponha que $y(x) = \displaystyle\sum_{n=0}^{\infty} a_n x^n$ (analise a convergência da série de potência em cada caso).

7.5 Respostas

7.2

a Intervalo de convergência $= \mathbb{R}$

b Intervalo de convergência $= [-1, 1]$

c Intervalo de convergência $= (0, 4]$

7.3

Intervalo de convergência $= (a-b, a+b]$. Para estudar a convergência da série de potências no ponto $x = a+b$ aplique o critério de convergência de Leibniz. Para estudar a divergência da série de potências no ponto $x = a-b$ utilize o critério de comparação com a série harmônica.

7.4

1. $-1 \leq x \leq 1$;
2. $-1 \leq x \leq 1$;
3. $-6 < x < 6$;
4. $x = 0$
5. $-6 \leq x \leq -4$;
6. $0 \leq x < 4$;
7. $-2 \leq x \leq 4$;
8. $-e - 8 < x < e - 8$;
9. $-2 < x < 2$;
10. $-1 < x < 1$;
11. $2 - \frac{1}{e} < x < \frac{1}{e} + 2$;
12. $x = -7$;
13. $1 \leq x \leq 3$;
14. $-4 \leq x \leq -2$;

7.5

$$\frac{9}{9+(x-4)^2}$$

7.6

- a
$$\sum_{n=0}^{\infty}(-1)^n\frac{3^{2n}(x)^{2n}}{(2n)!},\ x\in\mathbb{R}.$$

b
$$\sum_{n=0}^{\infty}\frac{\text{senh}2x^{2n}}{(2n)!}+\sum_{n=0}^{\infty}\frac{\cosh 2x^{2n+1}}{(2n+1)!},\ x\in\mathbb{R}.$$

c
$$\sum_{n=0}^{\infty}(-1)^n\frac{(2x^2)^{n+1}}{n+1},\ x\in[-\frac{1}{\sqrt{2}},\frac{1}{\sqrt{2}}].$$

Dica: utilize o resultado da subseção (7.3.6)

-
$$f(x)=\text{senh}\,bx=\sum_{k=0}^{\infty}\frac{b^{2k}\,\text{senh}\,b\,(x-1)^{2k}}{(2k)!}+\sum_{k=0}^{\infty}\frac{b^{2k+1}\cosh\,b\,(x-1)^{2k+1}}{(2k+1)!},\forall x\in\mathbb{R}.$$

-
$$f(x)=\text{sen}\,bx=\sum_{k=0}^{\infty}\frac{b^{2k}\,\text{sen}\,b\pi\,(-1)^k(x-\pi)^{2k}}{(2k)!}+\sum_{k=0}^{\infty}\frac{b^{2k+1}\cos\,b\pi\,(-1)^k(x-\pi)^{2k+1}}{(2k+1)!},\forall x\in\mathbb{R}.$$

Em particular para $b=2$: $\text{sen}(2x)=\sum_{k=0}^{\infty}\frac{2^{2k+1}\,(-1)^k(x-\pi)^{2k+1}}{(2k+1)!},\forall x\in\mathbb{R}.$

$$P_2(x)=(2x-2\pi)-\frac{(2x-2\pi)^3}{3!}+\frac{(2x-2\pi)^5}{5!}.$$

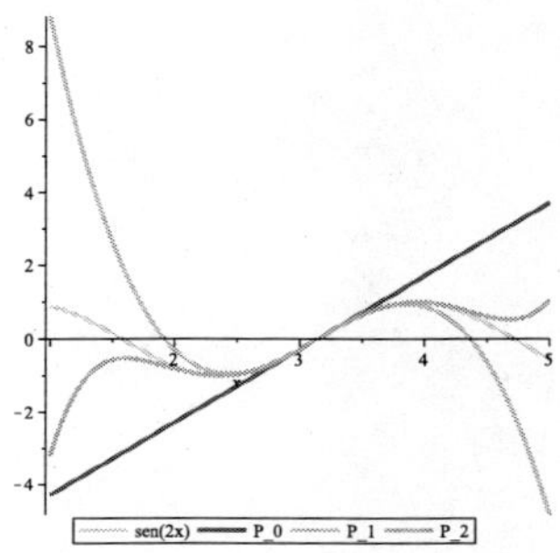

Figura 7.7: Gráficos de $\text{sen}(2x), P_0(x), P_1(x), P_2(x)$.

7.7

1.

$$\begin{aligned}\cosh x &= \frac{e^x + e^{-x}}{2} = \\ &= \frac{1}{2}\left(1 + x + \frac{x^2}{2!} + \ldots + \frac{x^n}{n!} + \ldots\right) \\ &+ \frac{1}{2}\left(1 - x + \frac{x^2}{2!} + \ldots + (-1)^{n+1}\frac{x^n}{n!} + \ldots\right) \\ &= 1 + \frac{x^2}{2!} + \frac{x^4}{4!} + \ldots + \frac{x^{2n}}{(2n)!} + \ldots\end{aligned}$$

2. $\operatorname{senh} x = x + \dfrac{x^3}{3!} + \dfrac{x^5}{5!} + \ldots + \dfrac{x^{2n+1}}{(2n+1)!} + \ldots.$

3. $\dfrac{1}{\sqrt{4-x^2}} = \dfrac{1}{2}(1-x^2)^{-1/2} = \dfrac{1}{2}\left(1 + \dfrac{1}{2}x^2 + \dfrac{3}{4(2!)}x^4 + \dfrac{3\times 5}{2^3(2!)(3!)}x^6 + \ldots\right).$

4. $\operatorname{sen} x \cos x = \dfrac{\operatorname{sen} 2x}{2} = \dfrac{1}{2}\left(2x - \dfrac{1}{3!}(2x)^3 + \dfrac{1}{5!}(2x)^5 + \ldots\right).$

5. $\sqrt[3]{27+x} = 3\sqrt[3]{1+\frac{x}{27}} = 3\left(1 + \dfrac{1}{3^3\times 3}x - \dfrac{2}{3^6\times 3^2\times(2!)}x^2 + \ldots\right).$

6.

$$\begin{aligned}\int_0^x e^{-t^2}dt &= \int_0^x \left[1 - t^2 + \frac{t^4}{2!} - \frac{t^6}{3!} + \frac{t^8}{4!} + \ldots\right]dt = \\ &= x - \frac{x^3}{3} + \frac{x^5}{5(2!)} - \frac{x^7}{7(3!)} + \frac{x^9}{9(4!)} + \ldots\end{aligned}$$

7. $\arccos x = -x - \dfrac{x^3}{2\times 3} - \dfrac{3x^5}{2\times 4\times 5} + \ldots.$

8. $\dfrac{x^{20}}{1-x} = \displaystyle\sum_{n=20}^{\infty} x^n.$

9. $(1+x)\ln(1+x) = x + \displaystyle\sum_{n=1}^{\infty}(-1)^{n+1}\frac{x^{n+1}}{n(n+1)}.$

10. $e^x \operatorname{sen} x = \displaystyle\sum_{n=1}^{\infty}\frac{x^n}{n!}\sum_{n=1}^{\infty}\frac{(-1)^{n+1}x^{2n-1}}{(2n-1)!} = x + x^2 + \frac{x^3}{3} + \ldots.$

7.8

a) $\cosh 1 \approx 1,54$, b) $\ln 2 \approx 0,69$ c) $e^{-1} \approx 0.63$.

7.9

a Comparando o nono e o décimo termos da série de Taylor, o resultado é 16.452

b Comparando o terceiro e o quarto termos da sua série de Taylor, verificamos que a ordem de aproximação já está na ordem 0.01. Logo, a resposta do valor da integral é 0,97

7.11

a Considere $y(x) = \sum_{n=0}^{\infty} a_n x^n$ e derive em relação a x e substitua na equação diferencial. Reorganize e encontre uma regra recursiva para os parâmetros a_n. Logo, utilizando a condição inicial, percebe-se que $y(x) = e^{-x}$.

b De forma similar que no caso anterior, a solução da equação diferencial é

$$y(x) = b\cosh(ax) + \frac{d\,\mathrm{senh}(ax)}{a}.$$

c

$$y(x) = e^{-b\frac{x^2}{2}}$$

CAPÍTULO 8

Integrais Impróprias

8.1 Introdução

Na definição de integral definida (Riemann) $\int_a^b f(x)dx$ (capítulo (2)), assumimos que a função $f(x)$ seja contínua (ou limitada) em $[a,b]$ e que os limites de integração a e b sejam finitos. Agora, gostaríamos de estender esta definição para os seguintes 2 casos: funções não contínuas (não limitadas) em um intervalo $[a,b]$ e limites de integração inferior e/ou superior infinitos:

- A função integrando $f(x)$ não é contínua, isto é, pode ser infinita em a ou b ou em algum ponto $c \in (a,b)$,

$$f(a^+) = \pm\infty, \text{ no entanto } \exists \int_\xi^b f(x)dx, a < \xi \leq b,$$

$$f(b^-) = \pm\infty, \text{ no entanto } \exists \int_a^\eta f(x)dx, a \leq \eta < b.$$

$$f(c) = \pm\infty, \text{ no entanto } \exists \int_a^b f(x)dx = \int_a^c f(x)dx + \int_c^b f(x)dx,$$

  onde as integrais $\int_a^c f(x)dx$ e $\int_c^b f(x)dx$ definem-se como nos casos acima.

- Os limites de integração a e/ou b podem ser infinitos:

$$\exists \int_a^\infty f(x)dx, \quad f(x) \text{ integrável } \; a \leq x < \infty,$$

$$\exists \int_{-\infty}^b f(x)dx, \quad f(x) \text{ integrável } \; -\infty < x \leq b,$$

$$\exists \int_{-\infty}^{+\infty} f(x)dx, \quad f(x) \text{ integrável } \; -\infty < x < +\infty.$$

Agora vamos formalizar estas definições começando por definir as integrais para intervalos infinitos:

Definição 8.1. *Integral Imprópria de* 1ra *Classe*
Seja a função f definida para todo $x \geq a$. Diz-se que f é Riemann integrável no intervalo $[a, A]$, com $A \geq a$ se existe $\displaystyle\int_a^A f(x)dx$. Então se existe o limite

$$\lim_{A \to +\infty} \int_a^A f(x)dx,$$

então f é integrável no intervalo $[a, +\infty)$ e a integral imprópria $\displaystyle\int_a^{+\infty} f(x)dx$ define-se como sendo:

$$\int_a^{+\infty} f(x)dx = \lim_{A \to +\infty} \int_a^A f(x)dx.$$

De forma análoga:

Definição 8.2. *Integral Imprópria de* 1ra *Classe*
Seja a função f definida para todo $x \leq a$. Diz-se que f é Riemann integrável no intervalo $[A, a]$, com $A \leq a$. Então se existe o limite

$$\lim_{A \to -\infty} \int_A^a f(x)dx,$$

então f é integrável no intervalo $[-\infty, a)$ e a integral imprópria $\displaystyle\int_{-\infty}^a f(x)dx$ define-se como sendo

$$\int_{-\infty}^a f(x)dx = \lim_{A \to -\infty} \int_A^a f(x)dx.$$

As integrais impróprias definidas em (8.1) e (8.2) são ditas convergentes se os limites existem; caso contrário, as integrais impróprias são ditas divergentes.

Observação 8.1. Se a função f é integrável em $(-\infty, a]$, $[b, +\infty)$ e $[a, b]$, ou seja existem as integrais:

$$\int_{-\infty}^a f(x)dx, \quad \int_b^{+\infty} f(x)dx \;\text{ e }\; \int_a^b f(x)dx.$$

Então:

$$\int_{-\infty}^{+\infty} f(x)dx = \int_{-\infty}^a f(x)dx + \int_a^b f(x)dx + \int_b^{+\infty} f(x)dx.$$

Definição 8.3. *Integral Imprópria de* 2da *classe*
Seja f definida e não limitada no intervalo $[a,b]$, por exemplo ($f(b) = \pm\infty$), mas Riemann integrável no intervalo $[a,\xi]$, com $a \leq \xi < b$. Então, se existe qualquer um dos limites

$$\lim_{\xi \to b^-} \int_a^{\xi} f(x)dx \quad \text{ou} \quad \lim_{\substack{\varepsilon \to 0 \\ \varepsilon > 0}} \int_a^{b-\varepsilon} f(x)dx,$$

dizemos que f é integrável no intervalo $[a,b]$ e a integral imprópria $\int_a^b f(x)dx$ define-se como sendo

$$\int_a^b f(x)dx = \lim_{\xi \to b^-} \int_a^{\xi} f(x)dx$$

ou

$$\int_a^b f(x)dx = \lim_{\substack{\varepsilon \to 0 \\ \varepsilon > 0}} \int_a^{b-\varepsilon} f(x)dx.$$

De forma análoga:

Definição 8.4. *Integral Imprópria de* 2da *classe.*
Seja f definida e não limitada no intervalo $[a,b]$, por exemplo ($f(a) = \pm\infty$), mas Riemann integrável no intervalo $(\eta, b]$, com $a < \eta \leq b$. Então, se existe qualquer um dos limites

$$\lim_{\eta \to a^+} \int_{\eta}^{b} f(x)dx \quad \text{ou} \quad \lim_{\substack{\varepsilon \to 0 \\ \varepsilon > 0}} \int_{a+\varepsilon}^{b} f(x)dx,$$

dizemos que f é integrável no intervalo $[a,b]$ e a integral imprópria $\int_a^b f(x)dx$ define-se como sendo:

$$\int_a^b f(x)dx = \lim_{\eta \to a^+} \int_{\eta}^{b} f(x)dx$$

ou

$$\int_a^b f(x)dx = \lim_{\substack{\varepsilon \to 0 \\ \varepsilon > 0}} \int_{a+\varepsilon}^{b} f(x)dx.$$

As integrais impróprias definidas em (8.3) e (8.4) são ditas convergentes se os limites existem; caso contrário, são ditas divergentes.

Observação 8.2. Quando a função integrando $f(x)$ definida em $[a,b]$ possui um número finito de pontos onde ela não é limitada,

$$x_1, x_2, x_3, \cdots, x_{n-1}, \quad \text{tais que} \quad a < x_1 < x_2 < x_3 < \cdots < b$$

e existem as integrais

$$\int_a^{x_1} f(x)dx, \int_{x_1}^{x_2} f(x)dx, \int_{x_2}^{x_3} f(x)dx, \cdots \int_{x_{n-1}}^{b} f(x)dx,$$

então a integral imprópria de $f(x)$ no intervalo $[a, b]$ converge e define-se por:

$$\int_a^b f(x)dx = \int_a^{x_1} f(x)dx + \int_{x_1}^{x_2} f(x)dx + \int_{x_2}^{x_3} f(x)dx + \cdots + \int_{x_{n-1}}^{b} f(x)dx.$$

Definição 8.5. *Integral Imprópria mista*
Seja a função f definida para todo $x \in \mathbb{R}$ e ela é Riemann integrável nos intervalos $[A, a]$ e $[b, B]$ com $A \leq a$ e $B \geq b$. Então, se existem as integrais impróprias:

$$\int_{-\infty}^{a} f(x)dx \quad \text{e} \quad \int_{b}^{+\infty} f(x)dx,$$

definimos:

$$\int_{-\infty}^{+\infty} f(x)dx = \int_{-\infty}^{a} f(x)dx + \int_a^b f(x)dx + \int_b^{+\infty} f(x)dx.$$

Obviamente na definição acima supomos que $\exists \displaystyle\int_a^b f(x)dx$.

Em particular, na definição 8.5, se uma das integrais do lado direito for divergente, podemos concluir que a integral imprópria é divergente.

As integrais impróprias são de grande utilidade em diversos ramos da Matemática e das ciências aplicadas.

Vejamos alguns exemplos.

Exemplo 8.1. Analise a convergência das seguintes integrais impróprias:

1. $\displaystyle\int_0^{\infty} \frac{1}{(2+2x)^2}dx$;

2. $\displaystyle\int_0^{\infty} \frac{1}{\sqrt{16+2x}}dx$

As integrais que queremos avaliar são integrais impróprias de primeira classe.

1. Fazendo a substituição algébrica $u = 2 + 2x$, segue $du = 2dx$ e da integral conhecida:

$$\int \frac{du}{u^2} = -\frac{1}{2u} + c,$$

em seguida temos:

$$\int \frac{dx}{(2+2x)^2} = -\frac{1}{2(2+2x)} + c$$

sendo c constante de integração. Portanto a integral definida:

$$\int_0^{\lambda} \frac{1}{(2+2x)^2} = -\frac{1}{2(2+2\lambda)} + \frac{1}{4}.$$

Assim:

$$\begin{aligned}\int_0^{\infty} \frac{1}{(2+2x)^2}dx &= \lim_{\lambda\to\infty}\left(-\frac{1}{2(2+2\lambda)} + \frac{1}{4}\right)\\ &= \frac{1}{4}\end{aligned}$$

Logo a integral é convergente.

2. Fazendo a substituição algébrica $u = 16 + 2x$, segue $du = 2dx$ e da integral conhecida:

$$\int \frac{du}{\sqrt{u}} = \sqrt{u} + c,$$

temos:

$$\int \frac{dx}{\sqrt{16+2x}} = \sqrt{16+2x} + c.$$

Calculando a integral definida e imprópria, temos:

$$\int_0^{\lambda} \frac{dx}{\sqrt{16+2x}} = \sqrt{16+2\lambda)} - 4$$

$$\int_0^{+\infty} \frac{1}{\sqrt{16+2x}} dx = \lim_{\lambda \to +\infty} \int_0^{\lambda} \frac{1}{\sqrt{16+2x}} dx,$$

$$\begin{aligned} \int_0^{\infty} \frac{1}{\sqrt{16+2x}} dx &= \lim_{\lambda \to +\infty} (\sqrt{16+2\lambda)} - 4) \\ &= +\infty - 4 \\ &= +\infty, \end{aligned}$$

e isto significa que a integral imprópria é divergente.

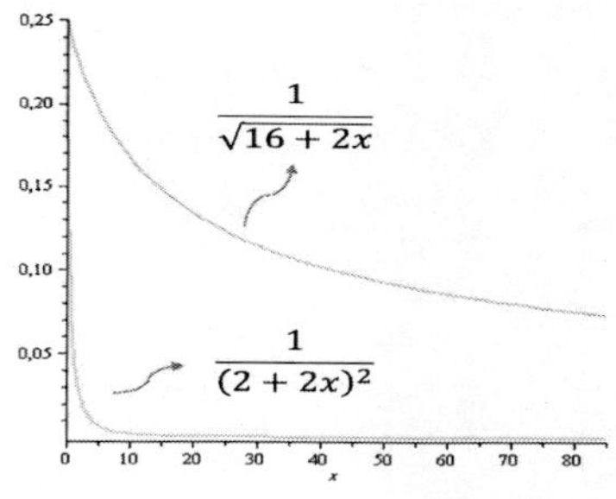

Figura 8.1: Convergente e Divergente

A figura (8.1) confirma as propriedades de convergência das duas integrais impróprias. No caso 1, o gráfico da função integrando $f(x) = \dfrac{1}{(2+2x)^2}$ se aproxima rapidamente do eixo $0x$ fazendo com que a área limitada pelo gráfico da função $f(x)$, o eixo das abscissas, a reta $x = 0$ e $x = \lambda$ vai tendendo a um valor finito conforme λ aumenta. No caso 2, o gráfico da função integrando $f(x) = \dfrac{1}{\sqrt{16+2x}}$ se aproxima muito lentamente do eixo $0x$, assim a área abaixo do gráfico da função $f(x)$, o eixo das abscissas, a reta $x = 0$ e a reta $x = \lambda$ vai crescendo ilimitadamente conforme λ aumenta.

Exemplo 8.2. Consideremos a função $f(x) = \dfrac{1}{\sqrt{x}}$, $0 < x \leq 4$. Observamos que $f(0) = +\infty$. O que podemos dizer com relação a integral:

$$\int_0^4 \frac{dx}{\sqrt{x}}?$$

A integral que queremos avaliar é imprópria de segunda classe e convergente. De fato, pela definição, temos:

$$\begin{aligned}\int_0^4 \frac{dx}{\sqrt{x}} &= \lim_{\varepsilon\to 0^+}\int_\varepsilon^4 \frac{dx}{\sqrt{x}}dx = \\ &= \lim_{\varepsilon\to 0^+} 2\sqrt{x}\Big|_\varepsilon^4 = \\ &= 2\lim_{\varepsilon\to 0^+}\left(\sqrt{4}-\sqrt{\varepsilon}\right) \\ &= 4\end{aligned}$$

Exemplo 8.3. Consideremos a função $f(x) = \frac{1}{x}$, $0 < x < 1$. Observamos que $f(0) = +\infty$. O que podemos dizer com relação a integral:

$$\int_0^1 \frac{dx}{x}?$$

A integral que queremos avaliar é imprópria de segunda classe e não converge. De fato, pela definição:

$$\begin{aligned}\int_0^1 \frac{dx}{x} &= \lim_{\varepsilon\to 0^+}\int_\varepsilon^1 \frac{dx}{x}dx = \\ &= \lim_{\varepsilon\to 0^+} \ln x\Big|_\varepsilon^1 = \\ &= \lim_{\varepsilon\to 0^+}(\ln 1 - \ln(\varepsilon)) \\ &= -\lim_{\varepsilon\to 0^+}\ln(\varepsilon) = +\infty.\end{aligned}$$

Exemplo 8.4. *Trombeta de Torricelli.*

Calcule a área da superfície de revolução que se obtém girando a curva $y = f(x) = \frac{1}{x}$, $a < x < \infty$ em torno do eixo das abscissas, $a \in \mathbb{R}$.

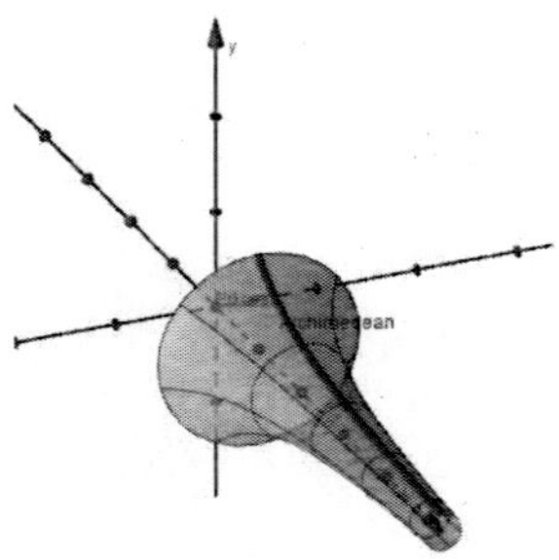

Figura 8.2: Trombeta de Torricelli

O elemento de área infinitesimal dA gerado ao girar o elemento diferencial de arco ds (localizado no ponto (x, y) da curva), ao redor do eixo x é:

$$dA = 2\pi y ds = 2\pi y\sqrt{1 + x'^2(y)}dy = 2\pi y\sqrt{1 + (-\frac{1}{y^2})^2}dy$$

Integrando no intervalo $[0, \frac{1}{a}]$ temos a integral imprópria de segunda espécie:

$$A_{superf.\ Torr.} = \int_0^{1/a} 2\pi y\sqrt{1 + (-\frac{1}{y^2})^2}dy = \int_0^{1/a} 2\pi\frac{\sqrt{1+y^4}}{y}dy$$

Como $y > 0$, temos que $\dfrac{\sqrt{1+y^4}}{y} > \dfrac{1}{y}$, e pelo critério de dominação:

$$\int_0^{1/a} 2\pi \frac{\sqrt{1+y^4}}{y} dy > \int_0^{1/a} 2\pi \frac{1}{y} dy.$$

A segunda integral da equação anterior é do tipo estudado no exemplo (8.3) e diverge para infinito. Assim, pelo critério de comparação, a área da superfície de Torricelli diverge pra o infinito. Não é difícil provar que o volume de revolução que envolve a superfície de Torricelli é $\dfrac{\pi}{a}$, um valor finito.

Exemplo 8.5. Estude a convergência da seguinte integral:

$$\int_a^b \frac{dx}{(b-x)^\alpha}, \quad \alpha \in \mathbb{R}.$$

Primeiro estudemos o caso quando$\alpha = 1$

$$\begin{aligned}
\int_a^b \frac{dx}{b-x} &= \lim_{\varepsilon \to 0} \int_a^{b-\varepsilon} \frac{dx}{b-x} dx = \\
&= -\lim_{\varepsilon \to 0} \ln(b-x)\Big|_a^{b-\varepsilon} = \\
&= -\lim_{\varepsilon \to 0} (\ln \varepsilon - \ln(b-a)) \\
&= -(-\infty + \ln(b-a)) = +\infty.
\end{aligned}$$

Agora consideremos $\alpha \neq 1$.

$$\begin{aligned}
\int_a^b \frac{dx}{(b-x)^\alpha} &= \lim_{\varepsilon \to 0^+} \int_a^{b-\varepsilon} \frac{dx}{(b-x)^\alpha} dx = \\
&= -\lim_{\varepsilon \to 0^+} \frac{(b-x)^{1-\alpha}}{1-\alpha}\Big|_a^{b-\varepsilon} = \\
&= -\frac{1}{1-\alpha} \lim_{\varepsilon \to 0^+} \left((\varepsilon)^{1-\alpha} - (b-a)^{1-\alpha}\right)
\end{aligned}$$

Tomando o limite, obtemos:

$$\int_a^b \frac{dx}{(b-x)^\alpha} = \begin{cases} +\infty, & \alpha > 1 \\ \dfrac{(b-a)^{1-\alpha}}{1-\alpha}, & \alpha < 1 \end{cases}$$

Por fim, resumindo os resultados, obtemos:

$$\int_a^b \frac{dx}{(b-x)^\alpha} = \begin{cases} +\infty, & \alpha \geq 1 \\ \dfrac{(b-a)^{1-\alpha}}{1-\alpha}, & \alpha < 1 \end{cases}$$

Observação 8.3. Se f não é limitada em $c \in (a,b)$, não é possível usar a fórmula de Newton-Leibniz na integral $\displaystyle\int_a^b f(x)dx$.

Por exemplo,

$$\int_{-1}^{1} \frac{dx}{x^2} = -\frac{1}{x}\Big|_{-1}^{1} = -(1-(-1)) = -2 \text{ (\textbf{Errado})}.$$

Calculando de forma correta:

$$\begin{aligned}
\int_{-1}^{1} \frac{dx}{x^2} &= \int_{-1}^{0} \frac{dx}{x^2} + \int_{0}^{1} \frac{dx}{x^2} = \\
&= 2\int_{0}^{1} \frac{dx}{x^2} = \\
&= -2 \lim_{\varepsilon \to 0} \frac{1}{x}\Big|_{\varepsilon}^{1} \\
&= -2 \lim_{\varepsilon \to 0} \left(1 - \frac{1}{\varepsilon}\right) = +\infty
\end{aligned}$$

Assim, verificamos que não existe a integral imprópria $\displaystyle\int_{-1}^{1} \frac{dx}{x^2}$.

Exemplo 8.6. Sejam $0 < a < b$ e $f(x) = \dfrac{1}{x^3}$. A função f está bem definida em $[a, b]$, então:

$$\int_a^b \frac{1}{x^3} dx = -\frac{1}{2x^2}\Big|_a^b = \frac{1}{2}\left[\frac{1}{a^2} - \frac{1}{b^2}\right].$$

Se $b = +\infty$, então:

$$\begin{aligned}
\int_a^{+\infty} \frac{1}{x^3} dx &= \lim_{b \to +\infty} \int_a^b \frac{1}{x^3} dx = \\
&= \lim_{b \to +\infty} \left[-\frac{1}{2x^2}\Big|_a^b\right] = \lim_{b \to +\infty} \left[\frac{1}{2}\left(\frac{1}{a^2} - \frac{1}{b^2}\right)\right] = \\
&= \frac{1}{2a^2} - \lim_{b \to +\infty} \frac{1}{2b^2} = \\
&= \frac{1}{2a^2}.
\end{aligned}$$

Exemplo 8.7. Analise a convergência da seguinte integral:

$$\int_1^{\infty} \frac{1}{x\sqrt{x^2 - 1}} dx.$$

Observe que a função $f(x) = \dfrac{1}{x\sqrt{x^2 - 1}}$ possui um ponto de descontinuidade em $x = 1$.

$$\begin{aligned}
\int_1^{\infty} \frac{dx}{x\sqrt{x^2 - 1}} dx &\overset{x=\frac{1}{t}}{=} \int_1^0 \frac{-\frac{1}{t^2} dt}{\frac{1}{t}\sqrt{\frac{1}{t^2} - 1}} = \\
&= -\int_1^0 \frac{\frac{tdt}{t^2}}{\frac{\sqrt{1-t^2}}{t}} = -\int_1^0 \frac{dt}{\sqrt{1 - t^2}} = \\
&= \int_0^1 \frac{dt}{\sqrt{1 - t^2}} = \lim_{\epsilon \to 0} \int_0^{1-\epsilon} \frac{dt}{\sqrt{1 - t^2}} \\
&= \lim_{\epsilon \to 0} \operatorname{arcsen} t\Big|_0^{1-\epsilon} = \frac{\pi}{2}.
\end{aligned}$$

Exemplo 8.8. Analise a convergência das seguintes integrais:

1. $\displaystyle\int_0^2 \frac{2}{(2 - x)^2} dx$;

2. $\displaystyle\int_0^2 \frac{1}{\sqrt{4-2x}}dx$

As integrais que queremos avaliar são integrais impróprias de segunda classe.

1.

$$\begin{aligned}\int_0^2 \frac{2}{(2-x)^2}dx &= \lim_{\lambda\to 2}\int_0^\lambda \frac{2}{(2-x)^2}dx = \lim_{\lambda\to 2}\frac{2}{2-x}\Big|_0^\lambda = \\ &= \lim_{\lambda\to 2}\left(\frac{2}{2-\lambda}-\frac{2}{2-0}\right) = \\ &= \lim_{\lambda\to 2}\frac{2}{2-\lambda}-1 \\ &= \infty - 1 \\ &= \infty.\end{aligned}$$

2.

$$\begin{aligned}\int_0^2 \frac{1}{\sqrt{4-2x}}dx &= \lim_{\lambda\to 2}\int_0^\lambda \frac{1}{\sqrt{4-2x}}dx = \\ &= \lim_{\lambda\to 2}(-\sqrt{4-2x})\Big|_0^\lambda = \\ &= -\lim_{\lambda\to 2}\left(\sqrt{4-2\lambda}+\sqrt{4-2(0)}\right) = \\ &= -\lim_{\lambda\to 2}\sqrt{4-2\lambda}+2 \\ &= 0+2 \\ &= 2.\end{aligned}$$

A figura (8.3) confirma as propriedades de convergência das duas integrais impróprias. No caso 1, o gráfico da função integrando $f(x) = \dfrac{1}{(2-x)^2}$ se aproxima muito lentamente do eixo vertical $x = 2$, assim a área abaixo do gráfico da função $f(x)$, o eixo das abscissas, a reta $x = 0$ e a reta $x = \lambda$ vai crescendo ilimitadamente conforme λ aumenta. No caso 2, o gráfico da função integrando $f(x) = \dfrac{1}{\sqrt{4-2x}}$ se aproxima rapidamente do eixo $x = 2$ fazendo com que a área limitada pelo gráfico da função $f(x)$, o eixo das abscissas, a reta $x = 0$ e $x = \lambda$ vão tendendo a um valor finito conforme λ aumenta.

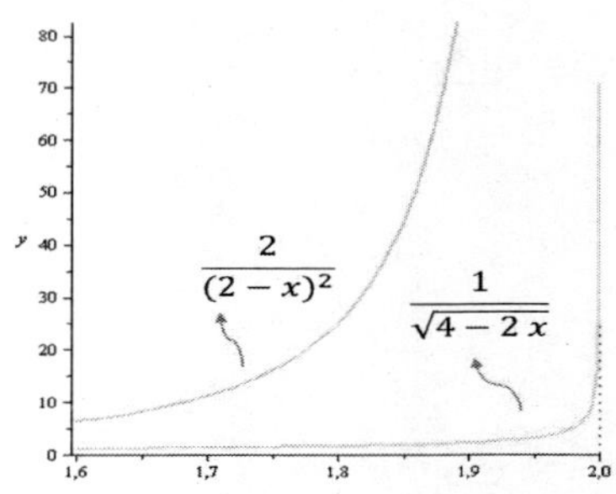

Figura 8.3: Convergente e Divergente

Exemplo 8.9. Seja $0 < x < 1$, então:

$$\int_0^x \frac{dx}{\sqrt{1-x^2}} = \text{arcsen}\, x\Big|_0^x = \text{arcsen}\, x.$$

Se $x = 1$, então:

$$\begin{aligned}\int_0^1 \frac{dx}{\sqrt{1-x^2}} &= \lim_{b\to 1}\int_0^b \frac{dx}{\sqrt{1-x^2}} = \\ &= \lim_{b\to 1} \operatorname{arcsen} x\Big|_0^b = \\ &= \lim_{b\to 1} \operatorname{arcsen} b - \operatorname{arcsen} 0 = \\ &= \frac{\pi}{2}.\end{aligned}$$

Exemplo 8.10.

$$\begin{aligned}\int_0^\infty \frac{dx}{1+x^2} &= \lim_{b\to +\infty}\int_0^b \frac{dx}{1+x^2} = \\ &= \lim_{b\to +\infty} \arctan b - \arctan 0 = \\ &= \frac{\pi}{2}.\end{aligned}$$

Exemplo 8.11. Seja $a > 0$ consideremos a integral: $\displaystyle\int_a^\infty \frac{dx}{x^\gamma}$.

$$\int_a^\infty \frac{dx}{x^\gamma} = \lim_{b\to +\infty}\int_a^b \frac{dx}{x^\gamma} = \lim_{b\to +\infty}[-\frac{1}{\gamma-1}.\frac{1}{x^{\gamma-1}}\Big|_a^b$$

$$= \lim_{b\to +\infty}\begin{cases} -\dfrac{1}{\gamma-1}\left(\dfrac{1}{b^{\gamma-1}} - \dfrac{1}{a^{\gamma-1}}\right), & \text{para } \gamma \neq 1 \\ \ln b - \ln a, & \text{para } \gamma = 1.\end{cases}$$

Se $\gamma > 1$,

$$\int_a^\infty \frac{dx}{x^\gamma} = \lim_{b\to +\infty}\int_0^b \frac{dx}{x^\gamma} = -\frac{1}{\gamma-1}\lim_{b\to +\infty}\left(\frac{1}{b^{\gamma-1}} - \frac{1}{a^{\gamma-1}}\right) = \frac{1}{\gamma-1}\times\frac{1}{a^{\gamma-1}}.$$

Se $\gamma < 1$,

$$\int_a^\infty \frac{dx}{x^\gamma} = \lim_{b\to +\infty}\int_0^b \frac{dx}{x^\gamma} = -\frac{1}{\gamma-1}\lim_{b\to +\infty}\left(\frac{1}{b^{\gamma-1}} - \frac{1}{a^{\gamma-1}}\right) = +\infty.$$

Se $\gamma = 1$,

$$\int_a^\infty \frac{dx}{x^\gamma} = \int_a^\infty \frac{dx}{x} = \lim_{b\to +\infty}\int_a^b \frac{dx}{x} = \lim_{b\to +\infty}(\ln b - \ln a) = +\infty.$$

Assim, a integral:

$$\int_a^\infty \frac{dx}{x^\gamma}\begin{cases}\text{converge, se} & \gamma > 1; \\ \text{diverge,} & \gamma \leq 1.\end{cases} \tag{8.1}$$

8.2 Testes de Comparação

A seguir, vamos elencar alguns critérios de convergência de integrais impróprias que seguem uma analogia com os critérios de convergência das séries numéricas. Mas antes, enunciaremos um resultado importante.

Teorema 8.1. Seja $f(x)$ uma função integrável não negativa quando $x \geq a$ e $\displaystyle\int_a^x f(t)dt$ limitada superiormente. Então a integral converge quando $x \to \infty$.

Demonstração A prova segue do fato de que uma função crescente e limitada superiormente possui limite. Ou seja:

$$\lim_{x\to\infty}\int_a^x f(s)ds = L.$$

Escrevendo:

$$\begin{aligned}\int_a^\infty f(x)dx &= \lim_{x\to\infty}\int_a^x f(s)ds + \lim_{x\to\infty}\int_x^\infty f(s)ds\\ &= \int_a^\infty f(x)dx\\ &= L,\end{aligned}$$

pois, $\lim_{x\to\infty}\int_x^\infty f(t)dt = 0.$

Teorema 8.2 (Teste de Comparação)**.** Sejam $f(x)$ e $g(x)$ duas funções integráveis quando $x \geq a$ tais que:

$$0 \leq f(x) \leq g(x), \forall\, x > a. \tag{8.2}$$

Então:

$I)$ se $\int_a^\infty g(x)dx$ converge, então, $\int_a^\infty f(x)dx$ também converge;

$II)$ se $\int_a^\infty f(x)dx$ diverge, então, $\int_a^\infty g(x)dx$ também diverge.

Demonstração Primeiramente, lembremos que a integral preserva desigualdades. Ou seja, de: (8.2)

$$\int_a^x f(x)dx \leq \int_a^x g(x)dx,$$

daí que:

$$\int_a^\infty f(x)dx < \int_a^\infty g(x)dx.$$

Assim, para o primeiro caso (I), como $\int_a^\infty g(x)dx$ converge por hipótese, então $\int_a^\infty f(x)dx$ converge.
No segundo caso (II),

$$\begin{aligned}\int_a^x g(x)dx &\geq \int_a^x f(x)dx\\ \Downarrow &\geq \Downarrow\\ \int_a^\infty g(x)dx &\geq \int_a^\infty f(x)dx,\end{aligned}$$

como $\int_a^\infty f(x)dx$ diverge por hipótese, então: $\int_a^\infty g(x)dx$ diverge.

Corolário 8.2.1. Seja $\varphi(x)$ uma função limitada para $x \geq a > 0$ e $p > 1$, então:

$$\int_a^\infty \frac{|\varphi(x)|}{x^p}dx \text{ converge.}$$

De fato, como φ é limitada: $|\varphi(x)| \leq M,\ x \geq a$ temos,

$$\frac{|\varphi(x)|}{x^p} < \frac{M}{x^p}.$$

Sabemos pelo Exemplo (8.11) que a integral $\int_a^\infty \frac{dx}{x^p}dx$ converge para $p > 1$. Então $\int_a^\infty \frac{|\varphi(x)|}{x^p}dx$ converge pelo Teste de Comparação, pois

$$\int_a^\infty \frac{|\varphi(x)|}{x^p}dx \leq M\int_a^\infty \frac{dx}{x^p}dx.$$

Exemplo 8.12. Analise a convergência da integral a seguir $\int_1^\infty \frac{\cos^4 x dx}{x^5}$.

Sabemos que $|\cos^4 x| \leq 1$ e a integral $\int_1^\infty \frac{\cos^4 x dx}{x^5} \leq \int_1^\infty \frac{dx}{x^5}$. Como $\int_1^\infty \frac{dx}{x^5}$ é convergente segue que $\int_1^\infty \frac{\cos^4 x dx}{x^5}$ converge. Este exemplo verifica a validade do corolário 8.2.1.

Exemplo 8.13. Analise a convergência da seguinte integral:

$$\int_1^2 \frac{dx}{\ln x}.$$

No capítulo (7) e subseção 7.3.6 de série de potências, vimos que:

$$\ln(1+x) = x - \frac{x^2}{2} + \frac{x^3}{3} - \frac{x^4}{4} + \ldots, \qquad (-1 < x \leq 1).$$

De onde $\ln x < x - 1$, quando $x - 1 > 0$ e $x - 1 < 1$, ou seja $1 < x < 2$. Como $\ln x$ e $x - 1$ são positivos neste intervalo, segue:

$$\frac{1}{x-1} < \frac{1}{\ln x}.$$

Calculemos a integral $\int_1^2 \frac{dx}{x-1}$.

$$\begin{aligned}\int_1^2 \frac{dx}{x-1} &= \lim_{\lambda\to 1}\int_\lambda^2 \frac{dx}{x-1} = \\ &= \lim_{\lambda\to 1}\ln(x-1)\Big|_\lambda^2 = \lim_{\lambda\to 1}(\ln(2-1) - \ln(\lambda-1)) = \\ &= +\infty.\end{aligned}$$

Logo, pela parte II do Teorema (8.2), concluímos que a integral $\int_1^2 \frac{dx}{\ln x}$ diverge.

Teorema 8.3. Sejam $f(x)$ e $g(x)$ duas funções integráveis quando $x \geq a$, com $g(x)$ positiva. Então, se:

$$\lim_{x\to\infty}\frac{f(x)}{g(x)} = \mu \neq 0, \tag{8.3}$$

as integrais:

$$F = \int_a^\infty f(x)dx \quad \text{e} \quad G = \int_a^\infty g(x)dx$$

convergem ou divergem simultaneamente.

Demonstração Suponhamos que $\mu > 0$. Então $\forall \varepsilon >$ tal que $\varepsilon < \mu$, segue do limite (8.3), que:

$$\mu - \varepsilon < \frac{f(x)}{g(x)} < \mu + \varepsilon \quad \text{quando } x \geq b > a,$$

e como $g(x) > 0$,

$$(\mu - \varepsilon)g(x) < f(x) < (\mu + \varepsilon)g(x), \quad \text{quando } x \geq b.$$

Desde que $f(x) > 0$ para $x \geq a$, podemos aplicar o Teorema de comparação(8.2):
Se G converge, segue que F também converge, pois

$$f(x) < (\mu + \varepsilon)g(x).$$

Se G diverge, segue que F também diverge, pois

$$f(x) > (\mu - \varepsilon)g(x).$$

Observação 8.4. Se $\lim\limits_{x\to\infty} \dfrac{f(x)}{g(x)} = 0$, podemos encontrar b tal que:

$$\frac{|f(x)|}{g(x)} < \varepsilon, \ |f(x)| < \varepsilon g(x), \quad x \geq b.$$

Portanto, se G converge, então F converge absolutamente: $\displaystyle\int_a^\infty |f(x)|dx < \infty$.

Se $\lim\limits_{x\to\infty} \dfrac{f(x)}{g(x)} = +\infty$,

$$\frac{f(x)}{g(x)} > M, \ f(x) > Mg(x), \quad x \geq b.$$

Portanto, pelo Teorema (8.2), se G diverge, então F também diverge.

Corolário 8.2.2. Seja $f(x)$ uma função integrável quando $x \geq a$. Então,

$$F = \int_a^\infty f(x)dx \ \text{ converge absolutamente se}$$

$$\lim_{x\to\infty} x^p f(x) = \mu \geq 0, \quad \text{com } p > 1,$$

e F diverge se

$$\lim_{x\to\infty} x^p f(x) = \mu > 0, \quad \text{com } p \leq 1.$$

Demonstração Basta escolher $g(x) = 1/x^p$ $(x > 0)$ e

$$G = \int_a^\infty \frac{dx}{x^p}$$

Da hipótese do corolário ($p > 1$), do teorema 8.3, e da relação (8.1), F e G convergem simultaneamente. De igual modo, da hipótese do corolário ($p \leq 1$), do teorema 8.3 e da relação (8.1), F e G divergem simultaneamente.

Exemplo 8.14. $\displaystyle\int_a^\infty \frac{dx}{x\sqrt{x^2+1}}$, $a > 0$ converge. Pois

$$f(x) = \frac{1}{x\sqrt{x^2+1}} = \frac{1}{x^2\sqrt{1+x^{-2}}} \sim \frac{1}{x^2}.$$

Escrevendo $g(x) = \dfrac{1}{x^2}$ vemos que a integral $\displaystyle\int_a^\infty g(x)dx$ converge por (8.1). Assim, $\lim\limits_{x\to\infty} \dfrac{f(x)}{g(x)} = \lim\limits_{x\to\infty} x^2 f(x) = \lim\limits_{x\to\infty} \dfrac{x}{\sqrt{x^2+1}} = 1$. Pelo Teorema 8.3 a integral $\displaystyle\int_a^\infty \frac{dx}{x\sqrt{x^2+1}}$, $a > 0$ converge.

8.2.1 Algumas aplicações de integrais impróprias

8.2.2 Função de Distribuição de Gauss

Seja x uma variável aleatória contínua, e seja $f : \mathbb{R} \to \mathbb{R}^+$ definida por

$$f(x) = \frac{e^{\frac{-(x-u)^2}{2\sigma^2}}}{\sigma\sqrt{2\pi}}. \tag{8.4}$$

Esta função é conhecida como a função Gaussiana (ver figura 8.4). Em teoria de probabilidades, esta função é chamada de *densidade de probabilidade de Gauss*, onde u é o valor esperado e σ é a variança. Antes de elencar algumas propriedades da função densidade de probabilidade de Gauss, vamos apresentar a demonstração da fórmula (8.4).[1]

$$\int_{-\infty}^{+\infty} e^{-\alpha x^2}dx = \sqrt{\frac{\pi}{\alpha}},\ \alpha > 0. \tag{8.5}$$

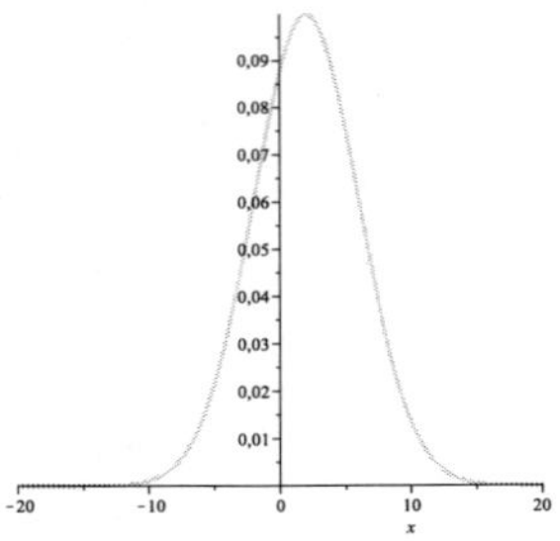

Figura 8.4: Gaussiana: $u = 2,\ \sigma = 4$.

A função $f(x) = e^{-\alpha x^2}$ é uma função par, ela é simétrica em relação ao eixo $0y$, por isso:

$$\int_{-\infty}^{+\infty} e^{-\alpha x^2}dx = 2\int_{0}^{+\infty} e^{-\alpha x^2}dx \tag{8.6}$$

Para calcular $I = \displaystyle\int_{0}^{+\infty} e^{-x^2}dx$ consideremos a função:

$$g(t) = \int_{0}^{+\infty} \frac{e^{-t^2(1+x^2)}}{1+x^2}dx. \tag{8.7}$$

É fácil ver que $g(0) = \dfrac{\pi}{2}$ e $g(+\infty) = 0$.
A integral imprópria em (8.7) converge uniformemente, assim:

$$g'(t) = \int_{0}^{+\infty} \frac{d}{dt}\Big(\frac{e^{-t^2(1+x^2)}}{1+x^2}\Big)dx = \int_{0}^{+\infty} (-2t)e^{-t^2(1+x^2)}dx$$

$$g'(t) = -2te^{-t^2}\int_{0}^{+\infty} e^{-(tx)^2)}dx$$

[1]Existe uma demonstração elegante e simples deste resultado no curso de cálculo III utilizando integrais duplas e coordenadas polares.

Na integral anterior realizamos a substituição $w = tx$ de onde $dw = tdx$ e substituindo:

$$\begin{aligned} g'(t) &= -2e^{-t^2}\int_0^{+\infty} e^{-w^2}dw \\ &= -2e^{-t^2}I. \end{aligned} \tag{8.8}$$

Em seguida da equação (8.8):

$$\int_0^{+\infty} g'(t)dt = \int_0^{+\infty} -2e^{-t^2}Idt.$$

Pelo teorema fundamental do cálculo:

$$g(+\infty) - g(0) = -2I\int_0^{+\infty} e^{-t^2}dt = -2I^2.$$

$$0 - \frac{\pi}{2} = -2I^2.$$

Finalmente:

$$I = \int_0^{+\infty} e^{-x^2}dx = \frac{\sqrt{\pi}}{2}.$$

Em seguida, por uma substituição adequada, é fácil deduzir:

$$\int_0^{+\infty} e^{-\alpha x^2}dx = \frac{1}{2}\sqrt{\frac{\pi}{\alpha}}, \alpha > 0.$$

e

$$\int_{-\infty}^{+\infty} e^{-\alpha x^2}dx = \sqrt{\frac{\pi}{\alpha}}, \alpha > 0.$$

Concluímos que a integral imprópria da equação (8.5) é de primeira classe e convergente. A função definida em 8.4 satisfaz as seguintes propriedades:

1. $f(x) \geq 0$;

2. $$\int_{-\infty}^{+\infty} f(x)dx = 1 \tag{8.9}$$

   A integral anterior significa que a probabilidade da variável aleatória x tomar qualquer valor real, é 1.

A primeira propriedade é evidente. Para provar a segunda propriedade procedemos da seguinte forma:

$$\int_{-\infty}^{+\infty} \frac{e^{\frac{-(x-u)^2}{2\sigma^2}}}{\sigma\sqrt{2\pi}}dx = \frac{1}{\sigma\sqrt{2\pi}}\int_{-\infty}^{+\infty} e^{\frac{-(x-u)^2}{2\sigma^2}}dx \tag{8.10}$$

com a identificação $\alpha = \dfrac{1}{2\sigma^2}$, com a mudança de variáveis $w = x - u$ e da identidade (8.5) temos que:

$$\int_{-\infty}^{+\infty} e^{\frac{-(x-u)^2}{2\sigma^2}}dx = \sqrt{\frac{\pi}{\frac{1}{2\sigma^2}}} = \sqrt{2\sigma^2\pi}.$$

Substituindo em 8.10:

$$\int_{-\infty}^{+\infty} f(x)dx = \int_{-\infty}^{+\infty} \frac{e^{\frac{-(x-u)^2}{2\sigma^2}}}{\sigma\sqrt{2\pi}}\, dx = \frac{1}{\sigma\sqrt{2\pi}}\sqrt{2\sigma^2\pi} = 1.$$

Exemplo 8.15. No contexto da mecânica quântica, o estado de uma partícula livre pode ser descrito pela função complexa: [2]

$$\Psi(x) = (\frac{\alpha}{\pi})^{1/4} e^{ikx-\frac{1}{2}\alpha x^2},\ \forall\, x \in \mathbb{R}, i^2 = -1, \alpha, k \in \mathbb{R},$$

cuja densidade de probabilidade $|\Psi(x)|^2 = \overline{\Psi(x)}\Psi(x)$, sendo $\overline{\Psi(x)}$ a conjugada complexa de $\Psi(x)$ (ver referência [45]) [3]. É fácil verificar que $|\Psi(x)|^2 = \sqrt{\frac{\alpha}{\pi}} e^{-\alpha x^2}$ e portanto:

$$\int_{-\infty}^{+\infty} |\Psi(x)|^2 dx = 1. \tag{8.11}$$

Para isto, basta comparar a fórmula de $|\Psi(x)|^2$ com a fórmula (8.5) e com a identidade $u = 0, \alpha = \dfrac{1}{2\sigma^2}$ a igualdade (8.11) é imediata. A probabilidade de encontrar a partícula na posição $x, x + dx$ é $|\Psi(x)|^2 dx$, daí que a identidade (8.11) quer dizer que a probabilidade de encontrar a partícula em qualquer parte da reta real é 1 [4].

8.3 Função Gamma

Antes de definir a função gamma, lembremos o conceito de fatorial de um número natural n.

$$n! = n(n-1)(n-2)....3.2.1 = n(n-1)!$$

Por convenção $0! = 1$. Assim:

$$5! = 5.4! = 5.4.3! = 5.4.3.2! = 5.4.3.2.1! = 5.4.3.2.1 = 120$$

Dito isto, a definição da função gamma é uma tentativa de generalizar este conceito para números reais e números complexos.

A função gamma $\Gamma(z)$ de variável complexa $z = x + iy$, $i^2 = -1$, para $Re\ (z) = x > 0$, define-se pela fórmula:

$$\Gamma(z) = \int_0^{\infty} t^{z-1}e^{-t}dt,\ Re\ (z) > 0. \tag{8.12}$$

com a seguinte fórmula de recorrência:

$$\Gamma(z+1) = z\Gamma(z) \tag{8.13}$$

Nosso objetivo é estudar a função gamma para quando $z \in \mathbb{R}$.

Assim, a função gamma $\Gamma(x)$ de variável real $z = x$ pode ser definida pela fórmula (8.12). Isto é,

$$\Gamma(x) = \int_0^{\infty} t^{x-1}e^{-t}dt,\ x > 0; \tag{8.14}$$

O gráfico da função Gamma considerando a fórmula (8.14) é mostrado na figura (8.6).

[2]Não é a única forma de descrever uma partícula livre.

[3]Dado um número complexo $z = a + bi, a \in \mathbb{R}, b \in \mathbb{R}$, seu conjugado complexo é: $\bar{z} = a - ib$.

[4]Note que a interpretação aleatória da variável posição x, na mecânica quântica, tira definitivamente a noção clássica de trajetória de uma partícula.

8.3.1 Propriedades da Função Gamma

1. $\Gamma(x) > 0$, para qualquer $x > 0$. Em particular $\Gamma(1) = 1$.
   Pois,

$$\begin{aligned}\Gamma(1) = \int_0^\infty t^{1-1}e^{-t}dt = \lim_{w\to\infty}\int_0^w e^{-t}dt = \lim_{w\to\infty}(-e^{-t}\Big|_0^w)\\ = \lim_{w\to\infty}((-e^{-w}) + e^0) = 1\end{aligned}$$

2. $\Gamma(x+1) = x\Gamma(x)$, para todo $x > 0$.
   De fato, utilizando integração por partes:

$$\begin{aligned}\Gamma(x+1) &= \int_0^\infty t^x e^{-t}dt = -\int_0^\infty t^x d(e^{-t}) = \\ &= -[t^x.e^{-t}\Big|_0^\infty - x\int_0^\infty e^{-t}t^{x-1}dt] \\ &= -\lim_{w\to\infty}[t^x.e^{-t}\Big|_0^w] + x\int_0^\infty e^{-t}t^{x-1}dt \\ &= -\lim_{w\to\infty}\frac{w^x}{e^w} + x\Gamma(x).\end{aligned}$$

No cálculo I vimos que e^w cresce mais rapidamente que a função potência w^x (quando x é fixo) quando $w\to\infty$, como podemos visualizar na figura (8.5). Portanto, $\lim\limits_{w\to\infty}\frac{w^x}{e^w} = 0$.

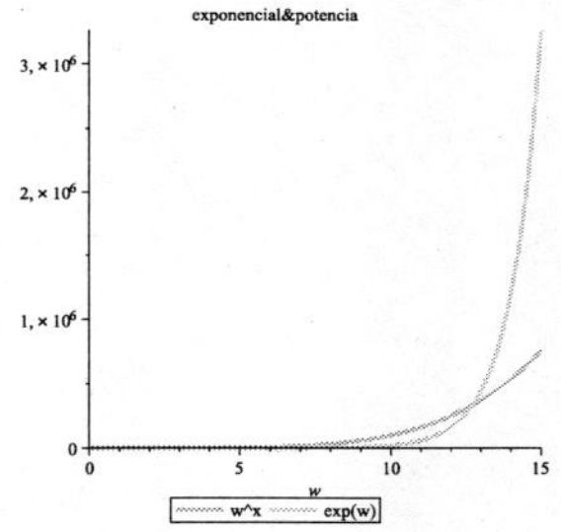

Figura 8.5: Para $x = 5$ fixo.

e por fim:

$$\Gamma(x+1) = x\Gamma(x).$$

3. Se $x = n \in \mathbb{N}$, então

$$\Gamma(n+1) = n!.$$

De fato, da propriedade anterior:

$$\begin{aligned}\Gamma(n+1) &= n\Gamma(n) = n\cdot(n-1)\Gamma(n-1) = n\cdot(n-1)\cdot(n-2)\Gamma(n-2) = \\ &= n\cdot(n-1)\cdot(n-2)\cdots 1\cdot\Gamma(1) = \\ &= n!\end{aligned}$$

4.

$$\Gamma(x+n) = (x+n-1)(x+n-2)....(x+1)\,x\,\Gamma(x),\ \forall n\in\mathbb{N}.$$

A demonstração é pelo método indutivo, como segue:

- $n = 1$
  Substituindo na fórmula geral: $\Gamma(x+1) = x\,\Gamma(x)$, o que é verdade pela propriedade 2.

- Suponha que a fórmula seja verdadeira para $n = k$(hipótese de indução).

$$\Gamma(x+k) = (x+k-1)(x+k-2)....(x+1)\,x\,\Gamma(x),\ \forall k > 0 \in \mathbb{N}.$$

- Agora vamos demonstrar que vale para $n = k+1$:

$$\Gamma(x+k+1) = \Gamma((x+k)+1) = (x+k)\Gamma(x+k),$$

  isto é verdade pela propriedade 2. Em seguida, pela hipótese de indução:

$$\Gamma(x+k+1) = (x+k)(x+k-1)(x+k-2)....(x+1)\,x\,\Gamma(x),\ \forall k > 0 \in \mathbb{N}.$$

  Assim, a fórmula vale para $n = k+1$.

5. $\Gamma(x) \approx \dfrac{1}{x}$ quando $x \to 0$.
   De fato, $\Gamma(x+1) \to \Gamma(1)$, quando $x \to 0$, mas como $\Gamma(x+1) = x\Gamma(x)$, segue a afirmação.

6. Crescimento no infinito da função Gamma:

$$\Gamma(x+1) > \left(\frac{x}{e}\right)^x,\ \text{quando } x \to \infty.$$

   De fato,

$$\begin{aligned}\Gamma(x+1) &= \int_0^\infty t^x e^{-t}dt > \int_x^\infty t^x e^{-t}dt \\ &> x^x \int_x^\infty e^{-t}dt = \left(\frac{x}{e}\right)^x.\end{aligned}$$

7. $\Gamma\left(\dfrac{1}{2}\right) = \sqrt{\pi}$.

$$\Gamma\left(\frac{1}{2}\right) = \int_0^\infty \frac{e^{-t}}{\sqrt{t}}dt \overset{\sqrt{t}=s}{=} 2\int_0^\infty e^{-s^2}ds.$$

   Da equação (8.5), $\displaystyle\int_{-\infty}^\infty e^{-x^2}dx = 2\int_0^\infty e^{-x^2}dx = \sqrt{\pi}$. Em seguida

$$\Gamma\left(\frac{1}{2}\right) = \sqrt{\pi}.$$

8. Extensão da função gamma para números reais negativos
   O procedimento é utilizar a fórmula recursiva demonstrada no item 4 do seguinte modo:

$$\Gamma(x) = \frac{\Gamma(x+n)}{(x+n-1)(x+n-2)....(x+1)\,x},\ \forall n > 0 \in \mathbb{N}.$$

- Se $n = 1$
Então $\Gamma(x) = \frac{\Gamma(x+1)}{x}$. Para existência do $\Gamma(x)$ basta impor no argumento de $\Gamma(x+1)$ que $0 < x+1 < 1 \to -1 < x < 0$. Isto é

$$\Gamma(x) = \frac{\Gamma(x+1)}{x}, \ \forall x \in < -1, 0 > .$$

Por exemplo $\Gamma(-1/2) = \frac{\Gamma(-1/2+1)}{-1/2} = -2\Gamma(1/2) = -2\sqrt{\pi}$.

- Se $n = 2$
Então $\Gamma(x) = \frac{\Gamma(x+2)}{(x+1)\,x}$. Para existência do $\Gamma(x)$ basta impor no argumento de $\Gamma(x+2)$ que $0 < x+2 < 1 \to -2 < x < -1$. Isto é:

$$\Gamma(x) = \frac{\Gamma(x+2)}{(x+1)\,x}, \ \forall x \in < -2, -1 > .$$

Por exemplo $\Gamma(-3/2) = \frac{\Gamma(-3/2+2)}{(-3/2+1)(-3/2)} = \frac{4}{3}\Gamma(1/2) = \frac{4}{3}\sqrt{\pi}$.

- Assim sucessivamente, podemos estender a função gamma para o campo dos números reais negativos, sempre da forma recursiva e única. Isto é, não vale a fórmula integral para função gamma de números negativos.

- É fácil ver que $\Gamma(n) \to \pm\infty, \forall n$ inteiro negativo.

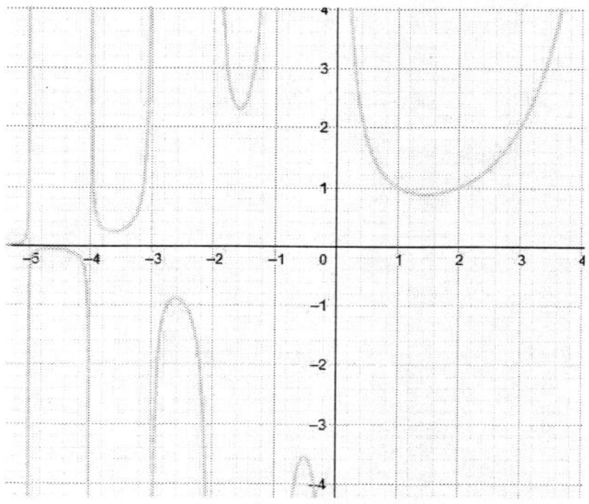

Figura 8.6: Função gamma

Exemplo 8.16. Mostre que:

$$\Gamma\left(n + \frac{1}{2}\right) = \frac{(2n-1)(2n-3)\cdots 5.3.1}{2^n}\sqrt{\pi}, \quad \forall n \in \mathbb{N}.$$

Usemos a propriedade 2.

$$\begin{aligned}
\Gamma\left(n+\frac{1}{2}\right) &= \Gamma\left(n-\frac{1}{2}+1\right) = \left(n-\frac{1}{2}\right)\Gamma\left(n-\frac{1}{2}\right) = \\
&= \left(n-\frac{1}{2}\right)\Gamma\left(n-\frac{3}{2}+1\right) = \left(n-\frac{1}{2}\right)\left(n-\frac{3}{2}\right)\Gamma\left(n-\frac{3}{2}\right) = \\
&= \left(n-\frac{1}{2}\right)\left(n-\frac{3}{2}\right)\Gamma\left(n-\frac{5}{2}+1\right) = \\
&= \left(n-\frac{1}{2}\right)\left(n-\frac{3}{2}\right)\left(n-\frac{5}{2}\right)\Gamma\left(n-\frac{5}{2}\right) = \\
&= \left(n-\frac{1}{2}\right)\left(n-\frac{3}{2}\right)\left(n-\frac{5}{2}\right)\Gamma\left(n-\frac{7}{2}+1\right) \\
&= \cdots \\
&= \left(n-\frac{1}{2}\right)\left(n-\frac{3}{2}\right)\left(n-\frac{5}{2}\right)\left(n-\frac{7}{2}\right)\cdots\frac{1}{2}\Gamma\left(\frac{1}{2}\right) = \\
&= \left(n-\frac{1}{2}\right)\left(n-\frac{3}{2}\right)\left(n-\frac{5}{2}\right)\left(n-\frac{7}{2}\right)\cdots\frac{1}{2}\sqrt{\pi} = \\
&= \frac{(2n-1)(2n-3)\cdots 5.3.1}{2^n}\sqrt{\pi}.
\end{aligned}$$

Exemplo 8.17. Calcule:

$$\Gamma\left(\frac{3}{2}\right).$$

Do exemplo anterior:

$$\Gamma\left(\frac{3}{2}\right) = \Gamma\left(1+\frac{1}{2}\right) = \frac{1}{2}\sqrt{\pi}.$$

A seguir vamos enunciar o importante Teorema de Stirling.

Teorema 8.4. (Fórmula de Stirling)

$$\Gamma(x+1) \approx \sqrt{2\pi x}\left(\frac{x}{e}\right)^x, \quad \text{quando } x \to \infty.$$

Em particular, $n! \approx \sqrt{2\pi n}\left(\frac{n}{e}\right)^n$.

Demonstração

$\Gamma(x+1) = \int_0^\infty w^x e^{-w} dw$ e se $w = x\,t, x > 0$ temos

$\Gamma(x+1) = x^x x \int_0^\infty t^x e^{-xt} dt$. Como $t^x = e^{(x\ln(t))}$ obtemos

$\Gamma(x+1) = x^x x \int_0^\infty e^{xf(t)} dt$, sendo $f(t) = \ln(t) - t$.

Para resolver a integral definida $I = \int_0^\infty e^{xf(t)} dt$ podemos aplicar o método de Laplace apresentado no teorema 7.5 do capítulo 7.

A função $f(t) = \ln(t) - t$ obedece todos os requisitos do teorema (ver figura 7.6) e inclusive $x \to \infty$. Assim:

$I = \int_0^\infty e^{xf(t)} dt \approx e^{-x}\sqrt{\frac{2\pi}{x}}$

Finalmente:

$\Gamma(x+1) = x^x x \int_0^\infty e^{xf(t)}dt \approx x^x x\, e^{-x}\sqrt{\frac{2\pi}{x}} = (\frac{x}{e})^x\sqrt{2\pi x}$. Em particular

$$\Gamma(n+1) = n! \approx (\frac{n}{e})^n\sqrt{2\pi n},\ n \in \mathbb{N}. \tag{8.15}$$

Exemplo 8.18. *Função distribuição Gamma*
A função:

$$f(x) = \begin{cases} \frac{b^a x^{a-1}e^{-bx}}{\Gamma(a)}, & x \geq 0; \\ 0, & x < 0. \end{cases}$$

pode-se interpretar como densidade de probabilidade para a variável aleatória x, pois ela é positiva e

$$\int_{-\infty}^{\infty} f(x)dx = \int_{-\infty}^{0} 0\,dx + \int_0^\infty \frac{b^a x^{a-1}e^{-bx}}{\Gamma(a)}dx = \frac{b^a}{\Gamma(a)}\int_0^\infty x^{a-1}e^{-bx}dx$$
$$= \frac{b^a}{\Gamma(a)}\frac{1}{b^a}\int_0^\infty u^{a-1}e^{-u}du = \frac{b^a}{\Gamma(a)}\frac{1}{b^a}\Gamma(a) = 1.$$

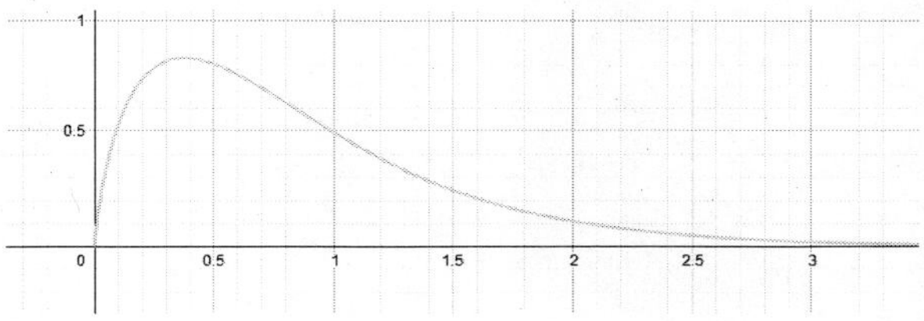

Figura 8.7: Função distribuição gamma: $a = 7/4, b = 2$.

Uma aplicação prática de funções Gamma na referência [26] e outras aplicações em [27].

Exemplo 8.19. Calcule a integral $\int_1^\infty \ln(x)^{5/2}x^{-2}dx$

Seja $t = \ln(x)$, daí que $x = e^t$ e $dx = e^t dt$. Além disso, se $x = 1, t = 0$ e se $x \to \infty$, $t \to \infty$. Substituindo na integral:

$$\int_0^\infty t^{5/2}e^{-2t}e^t dt = \int_0^\infty t^{5/2}e^{-t}dt = \Gamma(7/2) = \frac{15\sqrt{\pi}}{8}.$$

8.4 Função Beta

A função beta ou integral de Euler $B(x, y)$ para $x > 0$ e $y > 0$ define-se pela seguinte fórmula:

$$B(x, y) = \int_0^1 t^{x-1}(1-t)^{y-1}dt, \tag{8.16}$$

com dois pontos singulares $t = 0$ e $t = 1$.

8.4.1 Propriedades da Função Beta

A seguir vamos elencar as seguintes propriedades da função beta. Consideremos $x > 0$ e $y > 0$.

1. Relação entre a função gamma e função beta:

$$B(x,y) = \frac{\Gamma(x)\Gamma(y)}{\Gamma(x+y)}.$$

Em particular, se $x = n \in \mathbb{N}$ e $y = m \in \mathbb{N}$, então:

$$B(n,m) = \frac{\Gamma(n)\Gamma(m)}{\Gamma(n+m)} = \frac{(n-1)!(m-1)!}{(n+m-1)!}.$$

2.

$$B(x,y) = 2\int_0^{\frac{\pi}{2}} \cos^{2x-1}\varphi \operatorname{sen}^{2y-1}\varphi d\varphi.$$

3. Simetria:

$$B(x,y) = B(y,x).$$

Prova das propriedades

1. Prova da propriedade 1
Para demonstrar, realize o produto $\Gamma(x)\Gamma(y)$ e converta numa integral dupla, em seguida, faça uma mudança de coordenadas para chegar ao resultado $\Gamma(x+y)B(x,y)$, os detalhes pertencem à matéria de cálculo III.

2. Na definição (8.16) realizamos a seguinte mudança de variáveis: $1 \geq t = \cos^2\varphi \geq 0$, logo $1 - t = 1 - \cos^2\varphi = \operatorname{sen}^2\varphi$, desta forma $dt = -2\cos\varphi \operatorname{sen}\varphi$. Observe que quando $t = 0, \varphi = \pi/2$, e quando $t = 1, \varphi = 0$. Finalmente, substituindo esses dados na definição (8.16) obteremos a fórmula desejada.

3. A propriedade 3 é imediata.

Exemplo 8.20. Seja a função:

$$D(x,a,b) = \begin{cases} \dfrac{x^{a-1}(1-x)^{b-1}}{B(a,b)}, & x \in [0,1],\ a > 0, b > 0; \\ 0, & x < 0,\ x > 1. \end{cases} \tag{8.17}$$

A função definida em (8.17) é conhecida como a função distribuição beta. É fácil verificar, de forma análoga à feita no exemplo (8.18), que:

$$\int_{-\infty}^{\infty} D(x,a,b)dx = 1.$$

Assim $D(x,a,b)$ pode-se interpretar também como uma densidade de probabilidade para a variável aleatória x, vide referências ([28], [32]).

Exemplo 8.21. Calcule a integral $\displaystyle\int_0^1 x^5(1-x)^6\, dx$

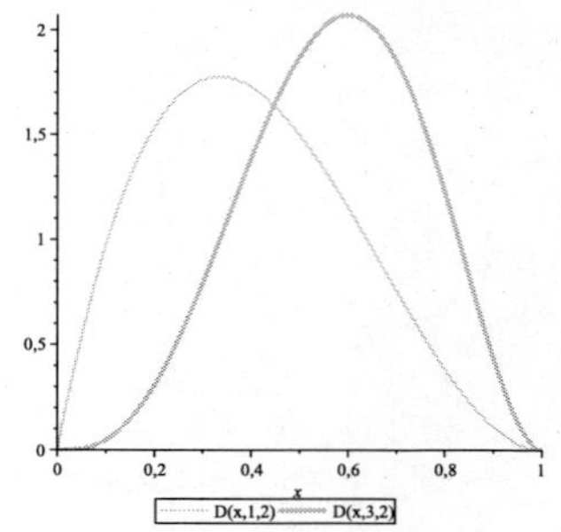

Figura 8.8: Função distribuição beta

$$\int_0^1 x^5(1-x)^6\,dx = \int_0^1 x^{6-1}(1-x)^{7-1}\,dx = B(6,7) = \frac{\Gamma(6)\Gamma(7)}{\Gamma(6+7)}.$$

A última igualdade é pela propriedade 1 da função beta. Assim:

$$\int_0^1 x^5(1-x)^6\,dx = \frac{5!6!}{12!} = \frac{1}{11.9.8.7}.$$

Exemplo 8.22. Escreva a seguinte integral:

$$\int_0^{\frac{\pi}{2}} \operatorname{sen}^\alpha x \cos^\beta x dx \quad (\alpha > -1,\ \beta > -1),$$

em termos da função gama.

Introduzimos a seguinte mudança de variáveis, $t = \operatorname{sen}^2 x$. De onde $t = 1-\cos^2 x$, $\cos^2 x = 1-t$. Também, $\operatorname{sen} x = t^{\frac{1}{2}}$ e $\cos x = (1-t)^{\frac{1}{2}}$. É fácil ver que:

$$dt = 2\operatorname{sen} x \cos x dx = 2t^{\frac{1}{2}}(1-t)^{\frac{1}{2}}dx, \text{ donde } dx = \frac{dt}{2t^{\frac{1}{2}}(1-t)^{\frac{1}{2}}}.$$

Assim

$$\begin{aligned}\int_0^{\frac{\pi}{2}} \operatorname{sen}^\alpha x \cos^\beta x dx &= \int_0^1 \frac{t^{\frac{\alpha}{2}}(1-t)^{\frac{\beta}{2}}}{2t^{\frac{1}{2}}(1-t)^{\frac{1}{2}}}dt = \\ &= \frac{1}{2}\int_0^1 t^{\frac{\alpha-1}{2}}(1-t)^{\frac{\beta-1}{2}}dt = \\ &= \frac{1}{2}\int_0^1 t^{\frac{\alpha+1}{2}-1}(1-t)^{\frac{\beta+1}{2}-1}dt = \\ &= \frac{1}{2}B(\frac{\alpha+1}{2},\frac{\beta+1}{2}) = \\ &= \frac{1}{2}\frac{\Gamma(\frac{\alpha+1}{2})\Gamma(\frac{\beta+1}{2})}{\Gamma(\frac{\alpha+\beta}{2}+1)}.\end{aligned}$$

Exemplo 8.23. Calcule a seguinte integral:

$$\int_0^{\frac{\pi}{2}} \operatorname{sen}^7 x \cos^6 x dx.$$

Do exemplo anterior, com $\alpha = 7$ e $\beta = 6$, temos:

$$\begin{aligned}
\int_0^{\frac{\pi}{2}} \operatorname{sen}^7 x \cos^6 x dx &= \frac{1}{2}\frac{\Gamma(\frac{7+1}{2})\Gamma(\frac{6+1}{2})}{\Gamma(\frac{7+6}{2}+1)} = \\
&= \frac{1}{2}\frac{\Gamma(4)\Gamma(\frac{7}{2})}{\Gamma(\frac{15}{2})} = \frac{1}{2}\frac{\Gamma(4)\Gamma(3+\frac{1}{2})}{\Gamma(7+\frac{1}{2})} = \\
&= \frac{1}{2}\frac{3!.1.3.5\sqrt{\pi}2^7}{2^3 1.3.5.7\sqrt{\pi}} = \\
&= \frac{48}{7}.
\end{aligned}$$

Exemplo 8.24. Calcule a seguinte integral:

$$\int_0^a t^{2n}\sqrt{a^2 - t^2}dt \qquad (a > 0).$$

Fazendo a seguinte mudança de variável: $t^2 = a^2 u$, obtemos $dt = \dfrac{adu}{2\sqrt{u}}$, de onde, se $t \to 0$, segue que $u \to 0$ e se $t \to a$, segue-se que $u \to 1$. Assim,

$$\begin{aligned}
\int_0^a t^{2n}\sqrt{a^2 - t^2}dt &= \int_0^1 a^{2n}u^n a(1-u)^{\frac{1}{2}}\frac{adu}{2\sqrt{u}} \\
&= \frac{1}{2}a^{2n+2}\int_0^1 u^{n-\frac{1}{2}}(1-u)^{\frac{1}{2}}du = \frac{1}{2}a^{n+2}\int_0^1 u^{2n+\frac{1}{2}-1}(1-u)^{\frac{3}{2}-1}du \\
&= \frac{1}{2}a^{2n+2}B(2n+\frac{1}{2},\frac{3}{2}) \\
&= \frac{1}{2}a^{2n+2}\frac{\Gamma(2n+\frac{1}{2})\Gamma(\frac{3}{2})}{\Gamma(2n+2)} \\
&= \frac{1\cdot 3\cdot 7\cdots(4n-1)a^{2n+2}\sqrt{\pi}}{(2n+1)!2^{2n+2}}.
\end{aligned}$$

Exemplo 8.25. Demonstrar a fórmula:

$$I = \int_0^1 (1-x)^m x^n dx = \int_0^1 x^m(1-x)^n dx = \frac{m!n!}{(m+n+1)!}, \quad m, n \in \mathbb{N}.$$

A demonstração anterior foi proposta no exercício (2.17) (item 3) do capítulo 2 como aplicação de integração por partes. Utilizando a função beta a demonstração é imediata. Inicialmente ambas integrais da fórmula são idênticas; basta realizar a substituição $1 - x = t$ no intervalo $[0, 1]$.

Da fórmula 8.16 da função beta e com a identificação $x - 1 = n, y - 1 = m$, temos que $I = B(n + 1, m + 1)$. Da propriedade 1 de função beta, a resposta é imediata.

Nota 8.1. *Aplicações Diversas das funções beta e gamma*

- Volume de uma n-bola.
  Uma n-bola é uma região limitada pela superfície S^n no espaço euclidiano R^n. Na referência [4], utilizando integrais duplas e funções gamma estudadas aqui, se demonstra que

$$V_n(R) = \frac{\pi^{n/2} R^n}{\Gamma(\frac{n}{2}+1)}.$$

n	equação	forma	$V_n(R)$
1	$x^2 < R^2$	Intervalo	$2R$(comprimento).
2	$x^2+y^2 < R^2$	disco	πR^2 (Área).
3	$x^2+y^2+z^2 < R^2$	bola	$\frac{4}{3}\pi R^3$ (volume).
.	.	.	.
n	$x_1^2+x_2^2+x_3^2+...+x_n^2 < R^2$	n-bola	$V_n(R)$.

Observação 8.5.

- As funções gamma e beta têm muita importância também no contexto da física teórica, em particular, na teoria de cordas. No ano 1968 G. Veneziano utilizou a função beta para explicar processos de espalhamento quântico (coalizão) de 4 partículas. Este assunto é discutido na referência [33].

8.5 Exemplos Seletos (Aplicações)

Exemplo 8.26. Derivando a fórmula (8.5) algumas vezes em relação ao parâmetro α e em seguida aplicando o método de indução, é possível deduzir a fórmula a seguir ($\alpha > 0$)

$$\int_{-\infty}^{\infty} x^{2n} e^{-\alpha x^2} dx = \frac{\sqrt{\pi}\,(2n-1)(2n-3)(2n-5)...7.5.3}{2^n}\alpha^{-\frac{(2n+1)}{2}}, n \geq 1, n \in \mathbb{N}.$$

Exemplo 8.27. Uma partícula de massa m se encontra numa caixa de paredes infinitas e limitada ao intervalo $0 \leq x \leq a$. No contexto da mecânica quântica, se demonstra que a energia da partícula confinada está discretizada, ou seja, é quantizada, de valor $E_n = \frac{\hbar^2\pi^2}{2a^2 m} n^2, n = 0, 1, 2, ...$; $\hbar$ é uma constante física. Suponha que a dita partícula se encontra no estado quântico descrito pela função

$$\Psi(x,t) = \frac{2}{\sqrt{5}}\operatorname{sen}(\frac{\pi x}{2}) e^{-i\frac{E_1}{\hbar}t} + \frac{1}{\sqrt{5}}\operatorname{sen}(\frac{3\pi x}{2}) e^{-i\frac{E_3}{\hbar}t}$$

e com a densidade de probabilidade da partícula (no instante t e na posição x) [5].

$$|\Psi(x,t)|^2 = \frac{4}{5}\operatorname{sen}^2(\frac{\pi x}{2}) + \frac{1}{5}\operatorname{sen}^2(\frac{3\pi x}{2}) + \frac{4}{5}\operatorname{sen}(\frac{\pi x}{2})\operatorname{sen}(\frac{3\pi x}{2})\cos(\frac{E_{31}t}{\hbar}) \tag{8.18}$$

[5]Para demonstrar esta passagem se utiliza dois fatos dos números complexos: primeiro, $|Z|^2 = Z\,Z^*$ e segundo, para $Z = a + b\,i \to Z^* = a - b\,i$. Em qualquer caso, isto já está fora dos propósitos da matéria, o que importa mesmo é o cálculo da integral $\int_{-\infty}^{+\infty} |\Psi(x,t)|^2 dx$.

associada à variável aleatória x, sendo que $a = 2$ e $\frac{\hbar\pi^2}{m} = 2, E_{31} = E_3 - E_1$.

Verifique que $\displaystyle\int_{-\infty}^{+\infty} |\Psi(x,t)|^2 dx = 1$.

De acordo com os dados da questão:

$$\int_{-\infty}^{+\infty} |\Psi(x,t)|^2 dx = \int_{-\infty}^{0} 0\, dx + \int_{0}^{a} |\Psi(x,t)|^2 dx + \int_{a}^{+\infty} 0\, dx = \int_{0}^{a} |\Psi(x,t)|^2 dx$$

A seguir, substituindo a equação (8.18) na fórmula anterior, temos:

$$\int_{0}^{a=2} (\frac{4}{5}\operatorname{sen}^2(\frac{\pi x}{2}) + \frac{1}{5}\operatorname{sen}^2(\frac{3\pi x}{2}) + \frac{4}{5}\operatorname{sen}(\frac{\pi x}{2})\operatorname{sen}(\frac{3\pi x}{2})\cos(\frac{E_{31}t}{\hbar}))dx$$

A primeira integral,

$$\frac{4}{5}\int_{0}^{2} \operatorname{sen}^2(\frac{\pi x}{2})dx = \frac{4}{5}\int_{0}^{2} (\frac{1-\cos \pi x}{2})dx = 4/5$$

A segunda integral,

$$\frac{1}{5}\int_{0}^{2} \operatorname{sen}^2(\frac{3\pi x}{2})dx = \frac{1}{5}\int_{0}^{2} (\frac{1-\cos 3\pi x}{2})dx = 1/5$$

Das propriedades trigonométricas apresentadas na nota (1.1) do capítulo (1) temos que: a terceira integral,

$$\frac{4}{5}\cos 2t \int_{0}^{2} \operatorname{sen}(\frac{\pi x}{2})\operatorname{sen}(\frac{3\pi x}{2})dx = \frac{4}{5}\cos 2t \int_{0}^{2} [\cos \pi x - \cos 2\pi x]dx = 0.$$

Finalmente:

$$\int_{-\infty}^{+\infty} |\Psi(x,t)|^2 dx = \int_{0}^{2} |\Psi(x,t)|^2 dx = 4/5 + 1/5 + 0 = 1.$$

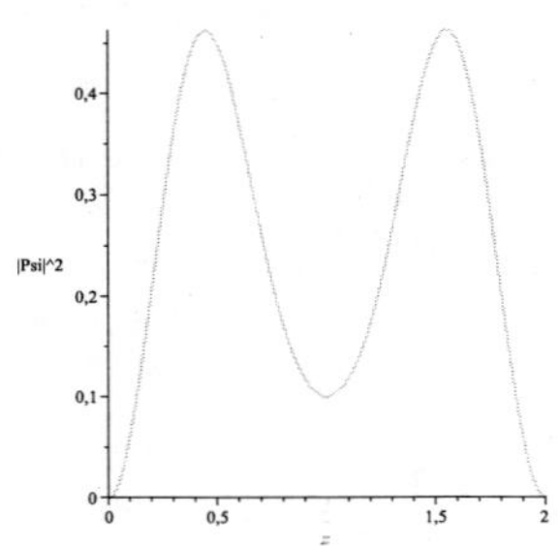

Figura 8.9: Densidade de probabilidade $|\Psi(x,0)|^2$, para $t = 0$.

Como $\displaystyle\int_{-\infty}^{+\infty} |\Psi(x,t)|^2 dx$ representa a área abaixo do gráfico da função $|\Psi(x,t)|^2$, o resultado anterior significa que a partícula tem probabilidade 1 de estar em qualquer parte do intervalo $[0,a]$ para qualquer instante do tempo.

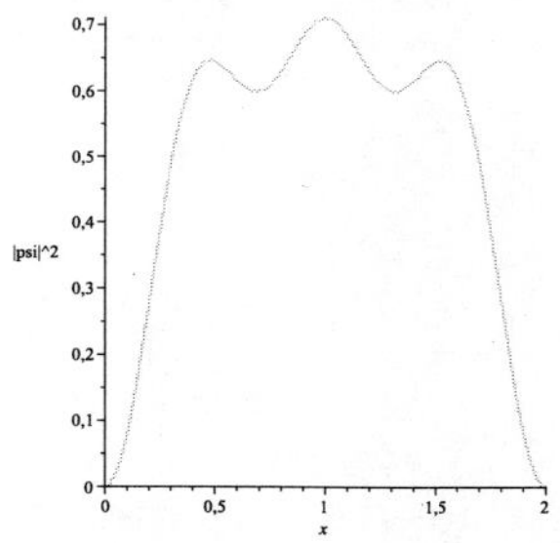

Figura 8.10: Densidade de probabilidade $|\Psi(x,0)|^2$, para $t = 0.6$.

Observação 8.6. Olhando a figura (8.9) podemos dizer que a partícula tem dois lugares onde tem maior probabilidade de se encontrar, e um lugar (parte central) tem baixa probabilidade de se encontrar. E logicamente, nas paredes laterais infinitas localizadas em $x = 0$ e $x = a$, a probabilidade é sempre zero. Maiores detalhes na referência [25]

Observação 8.7. O fato de que $\displaystyle\int_{-\infty}^{+\infty} |\Psi(x,t)|^2 dx = 1 < \infty$, quer dizer que a integral é convergente. Funções que satisfazem esta condição se denominam funções de quadrado integrável. $\Psi(x,t)$ é uma função de quadrado integrável.

Exemplo 8.28. Um corpo negro é um objeto hipotético que absorve toda a radiação incidente. Por outro lado, um corpo negro será um perfeito emissor de radiação. Um exemplo de corpo negro é uma cavidade com um furo muito pequeno pela qual, quando a luz entrar, ficará confinada. Por volta dos finais dos anos 1800, foi estudada a taxa de emissão de radiação pela superfície total de um corpo negro em equilíbrio termodinâmico. Experimentalmente, a potência irradiada (energia por unidade de tempo) em todas as direções por unidade de área, quando o corpo negro tem uma temperatura T, é proporcional a T^4 . A física clássica não conseguiu explicar tal fórmula. Max Planck teve que abandonar a física clássica e postular que a radiação está quantizada em pacotes de energia, chamados fótons, e com isto logrou demonstrar analiticamente que tal fórmula para potência irradiada pelo corpo negro estava correta. Pra isto, ele teve que calcular a seguinte integral:

$$P = \int_0^{\infty} R_T\,(\nu)\,d\nu = \sigma\,T^4 \tag{8.19}$$

Sendo:

$$R_T\,(\nu) = \left(\frac{2\pi h\ \nu^3}{c^2}\right)\left(\frac{1}{e^{\frac{h\nu}{KT}} - 1}\right).$$

P é a potência irradiada pela superfície do corpo negro a uma temperatura T, por unidade de área e para todas as frequências possíveis. $R_T\,(\nu)$ (radiância espectral) é potência irradiada pela superfície do corpo negro a uma temperatura T, por unidade de área, para frequências entre $\nu, \nu + d\nu$.

O fator de proporcionalidade $\sigma = \dfrac{2\pi^5 K^4}{15c^2h^3}$ (não depende do tipo do material), K é a constante de Boltzmann, c é a velocidade da luz e h é a constante de Planck.

a) Analise a convergência da integral (8.19)

A integral (8.19), salvo algumas constantes multiplicativas, pode ser reescrita assim: $\int_0^\infty \frac{x^3dx}{e^{ax}-1}$, sendo $a = \frac{h}{KT} > 0$ e $x = \nu$. Em seguida

$$\int_0^\infty \frac{x^3dx}{e^{ax}-1} = \int_0^1 \frac{x^3dx}{e^{ax}-1} + \int_1^\infty \frac{x^3dx}{e^{ax}-1} \tag{8.20}$$

Em relação a segunda integral do lado direito da equação (8.20), temos:
Seja $f(x) = \frac{x^3dx}{e^{ax}-1}$ e $g(x) = \frac{x^3dx}{e^{ax}}$ e

$$\lim_{x\to\infty} \frac{f(x)}{g(x)} = \lim_{x\to\infty} \frac{e^{ax}}{e^{ax}-1} = 1(\ pela\ regra\ deL'Hôspital).$$

Pelo Teorema (8.3) as integrais $F = \int_1^\infty f(x)dx$ e $G = \int_1^\infty g(x)dx$ ou ambas divergem ou ambas convergem. Pelo exercício (1.6) do Capítulo 1: $G = \lim_{x\to\infty} \int_1^w \frac{x^3dx}{e^{ax}} = 0$. Isto é, G converge, logo F converge.

Em relação à primeira integral do lado direito da equação (8.20), temos:

$$\begin{aligned} \int_0^1 \frac{x^3dx}{e^{ax}-1} &= \int_0^1 \frac{x^3dx}{1 + \frac{ax}{1!} + \frac{(ax)^2}{2!} + \frac{(ax)^3}{3!} + .. + O(x^6) - 1} \\ &= \int_0^1 \frac{x^3dx}{\frac{ax}{1!} + \frac{(ax)^2}{2!} + \frac{(ax)^3}{3!} + .. + O(x^6)} < \int_0^1 \frac{x^2dx}{a} \\ &< \frac{1}{3a}. \end{aligned} \tag{8.21}$$

Logo, a integral $\int_0^1 \frac{x^3dx}{e^{ax}-1}$ converge.

Finalmente, $\int_0^\infty \frac{x^3dx}{e^{ax}-1}$ converge.

b) Calcule a integral (8.19) e verifique a igualdade.

Dica: Realize integração por partes, e utilize também o seguinte resultado prévio:

$$\frac{\pi^4}{90} = 1 + \frac{1}{2^4} + \frac{1}{3^4} + \ldots$$

Veja referência [50](assunto a se tratar em EDO).

8.6 Exercícios

Exercício 8.1. Diga se cada uma das seguintes integrais é imprópria ou não e determine a convergência ou divergência da integral; no caso da convergência avalie o valor da integral:

a $\int_{-\infty}^{-1} \frac{-1}{\sqrt{-x}}dx$

b $\int_{-\infty}^{200} e^x dx$

c $\displaystyle\int_0^{\infty} e^{\frac{-x}{4}} dx$

d $\displaystyle\int_{-\infty}^{-1} \frac{1}{\sqrt{1+x^2}} dx$

e $\displaystyle\int_0^{2} \frac{1}{\sqrt{2-x}} dx$

f $\displaystyle\int_0^{\infty} \frac{x}{(a^2+x^2)^5} dx$, a real fixo.

g $\displaystyle\int_0^{4} \frac{x}{\sqrt{16-x^2}} dx$

h $\displaystyle\int_0^{4} \frac{x}{(16-x^2)^{3/2}} dx$

i $\displaystyle\int_{-\infty}^{\infty} \frac{1}{(a^2+x^2)^{3/2}} dx, \ a > 0.$

j $\displaystyle\int_0^{1} \frac{1}{x} dx$

k $\displaystyle\int_0^{\infty} x^2 e^{-ax} dx, \ a \in \mathbb{R}, a > 0.$

l $\displaystyle\int_1^{\infty} \cos x dx.$

m $\displaystyle\int_0^{\infty} \frac{dx}{x^3}.$

n $\displaystyle\int_1^{5} \frac{dx}{x^2-x-12}.$

o $\displaystyle\int_{-\infty}^{\infty} \frac{7x^5 dx}{(x^6+8)^2}.$

p $\displaystyle\int_0^{1} \ln x dx.$

Exercício 8.2. Verifique se as integrais são convergentes:

a $\displaystyle\int_0^{1} \frac{dx}{\sqrt{1-x^3}}$

b $\displaystyle\int_0^{100} \frac{dx}{\sqrt{x}+2\sqrt[4]{x}+x^3}$

c $\displaystyle\int_{-1}^{\infty} \frac{dx}{x^2+\sqrt[5]{x^6+2}}$

d $\displaystyle\int_1^{\infty} \frac{xdx}{\sqrt{1+x^5}}$

e $\displaystyle\int_3^{\infty} \frac{\operatorname{sen} xdx}{\sqrt{x^3}}$

f $\displaystyle\int_1^{\infty} \frac{\operatorname{sen}^7 xdx}{x(\sqrt[3]{x}+3)}$

g $\displaystyle\int_0^{\infty} f(t)e^{-st}dt,\ s > s_0 > 0, |f(t)| < Me^{s_0 t}, M > 0.$

Exercício 8.3.

1 Determine: $\Gamma(5/2), \Gamma(9/2), \Gamma(5)$.

2 Determine:

$$\int_0^{\infty} t^6 e^{-t}dt,\ \int_0^{\infty} t^{7/2}e^{-t}dt,\ \int_0^{\infty} t^5 e^{-t^2}dt.$$

Exercício 8.4. Determine a integral: $\displaystyle\int_0^{\infty} t^{bx-1}e^{-at}dt,\ x > 0, a > 0, b > 0.$

Exercício 8.5. Verifique que $B(1,n) = B(n,1) = \dfrac{1}{n}$, $\forall n > 0, n \in \mathbb{N}$. Sendo $B(x,y)$ a função beta.

Exercício 8.6. Prove que:

$$B(x,y+1) + B(x+1,y) = B(x,y),\ \forall x,y > 0; x,y \in \mathbb{N}.$$

Exercício 8.7. Considere a função de densidade de probabilidade:

$$f_X(x) = \begin{cases} \frac{1}{b-a}, & a \leq x \leq b; \\ 0, & x < a, x > b. \end{cases}$$

relativa à variável aleatória x. Verifique que $\int_{-\infty}^{\infty} f_X(x)dx = 1$. Uma variável aleatória X com a função densidade de probabilidade acima é denominada *uniformemente distribuída*, pois a probabilidade do evento dar o valor x $(a \leq x \leq b)$ é constante.

Exercício 8.8. Calcule a integral $\displaystyle\int_0^1 \sqrt{x^3(1-x)^4}\,dx$. Dica: Proceda de forma similar ao exemplo 8.21.

Exercício 8.9. Mostrar que $\Gamma(1/2) = \sqrt{\pi}$ utilizando o fato que $B(\frac{1}{2},\frac{1}{2}) = \Gamma(\frac{1}{2})\Gamma(\frac{1}{2})$ e da propriedade dois da função beta.

Exercício 8.10. Considere a curva plana definida pela função vetorial do exemplo (3.31) do capítulo 3. Utilize a metade da curva (primeiro e quarto quadrantes) e realize uma rotação completa ao redor do eixo $0y$.
a) Determine a área da superfície de revolução assim construída.
b) Determine o volume do sólido de revolução limitado pela superfície construída no item a.

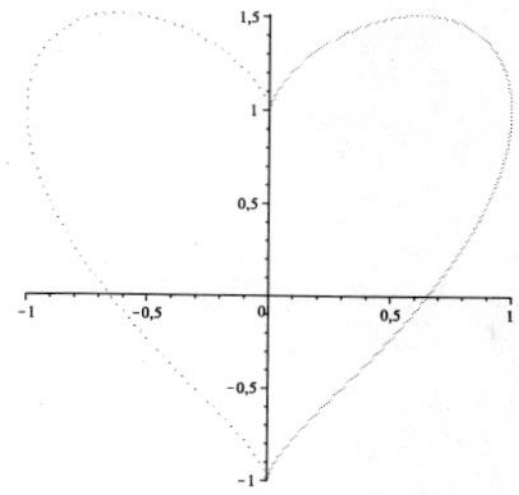

Figura 8.11:

Exercício 8.11. Considere a integral $\Omega(x) = \displaystyle\int_{-\infty}^{0} t^{2x-1}e^t dt,\ x > 0$ Prove que:

1.
$$\Omega(1) = -1,\ \Omega(2) = -6.$$

2.
$$\Omega(x+1) = (2x+1)(2x)\Omega(x)$$

3. Se $n \in \mathbb{N}$ então
$$\Omega(n) = -(2n-1)!$$

4.
$$\Omega(x+n) = (2x+2n-1)(2x+2n-2)....(2x+1)(2x)\Omega(x),\ n \in \mathbb{N}.$$

Exercício 8.12. Calcule a integral $\displaystyle\int_0^{\infty} \frac{e^{-9x^2} - e^{-x^2}}{x^2}$.

Dica: Utilize a função $I(\alpha) = \displaystyle\int_0^{\infty} \frac{e^{-\alpha x^2} - e^{-x^2}}{x^2}, \alpha > 0$; e aplique a técnica de Richard Feynman para calcular integrais, apresentada no exemplo (1.41) do capítulo 1.

8.7 Respostas

8.1

a $\displaystyle\int_{-\infty}^{-1} \frac{-dx}{\sqrt{-x}} = \int_{\infty}^{1} \frac{dt}{\sqrt{t}} = 2\sqrt{t}\Big|_{\infty}^{1} = -\infty$. Diverge.

b $\displaystyle\int_{-\infty}^{200} e^x dx = \lim_{A\to-\infty} \int_A^{200} e^x dx = e^{200}$. Converge

c $\displaystyle\int_0^{\infty} e^{\frac{-x}{4}} dx = \lim_{A\to\infty} \int_0^{A} e^{\frac{-x}{4}} dx = 4$. Converge

d $\displaystyle\int_{-\infty}^{-1} \frac{1}{\sqrt{1+x^2}} dx = \lim_{A\to-\infty} \int_A^{-1} \frac{1}{\sqrt{1+x^2}} dx = +\infty$. Diverge.

e $\displaystyle\int_0^{2} \frac{1}{\sqrt{2-x}} dx = \lim_{A\to2} \int_0^{A} \frac{1}{\sqrt{2-x}} dx 2\sqrt{2}$. Converge.

f $\displaystyle\int_0^\infty \frac{xdx}{(a^2+x^2)^5} = \frac{1}{2}\int_0^\infty \frac{d(a^2+x^2)}{(a^2+x^2)^5} = \frac{1}{8a^8}$. Converge.

g $\displaystyle\int_0^4 \frac{xdx}{\sqrt{16-x^2}} = -\frac{1}{2}\int_0^4 \frac{d(16-x^2)}{\sqrt{16-x^2}} = 4$. Converge

h $\displaystyle\int_0^4 \frac{xdx}{(16-x^2)^{3/2}} = -\frac{1}{2}\int_0^4 \frac{d(16-x^2)}{(16-x^2)^{\frac{3}{2}}} = \infty$. Diverge

i $\displaystyle\int_{-\infty}^\infty \frac{1}{(a^2+x^2)^{3/2}}dx$. Converge.

j $\displaystyle\int_0^1 \frac{1}{x}dx$. Diverge.

k $\displaystyle\int_0^\infty x^2e^{-ax}dx = \frac{2}{a^3}$. Converge.

l $\displaystyle\int_1^\infty \cos xdx$. Diverge, pois não existe $\lim x \to \infty \cos x$.

m $\displaystyle\int_0^\infty \frac{dx}{x^3}$. Converge.

n $\displaystyle\int_1^5 \frac{dx}{x^2-x-12} = \frac{1}{7}\int_1^5 \frac{dx}{x-4} - \frac{1}{7}\int_1^5 \frac{dx}{x-4}$. Diverge.

o $\displaystyle\int_{-\infty}^\infty \frac{7x^5dx}{(x^6+8)^2} = 0$. Converge.

p $\displaystyle\int_0^1 \ln xdx = (x\ln x - x)\Big|_0^1 = -1$. Converge.

8.2

a Use o fato que $\displaystyle\frac{1}{\sqrt{1-x^3}} = \frac{1}{\sqrt{(1-x)(1+x+x^2)}} \sim \frac{1}{\sqrt{3}\frac{1}{\sqrt{1-x}}}$. Como a integral $\displaystyle\int_0^1 \frac{dx}{\sqrt{1-x}}$ converge, segue que a integral também converge.

b Use o fato que $\displaystyle\frac{1}{\sqrt{x+2\sqrt[4]{x}+x^3}} = \frac{1}{\sqrt[4]{x}(\sqrt{[12]x+2+x^{11/4}})} \sim \frac{1}{\sqrt{2}\frac{1}{\sqrt[4]{x}}}$. Como a integral $\displaystyle\int_0^{110} \frac{dx}{\sqrt{2}\frac{1}{\sqrt[4]{x}}}$ converge, segue que a integral.
$\displaystyle\int_0^{100} \frac{dx}{\sqrt{x+2\sqrt[4]{x}+x^3}}$ também converge.

c $\displaystyle\int_{-1}^\infty \frac{dx}{x^2+\sqrt[5]{x^6+2}}$. Converge d $\int_1^\infty \frac{xdx}{\sqrt{1+x^5}}$. Converge

e $\int_3^\infty \frac{\operatorname{sen} xdx}{\sqrt{x^3}}$. Converge

f $\int_1^\infty \frac{\operatorname{sen}^7 xdx}{x(\sqrt[3]{x}+3)}$. Converge.

g $|\int_0^\infty f(t)e^{-st}dt| \leq \int_0^\infty |f(t)e^{-st}|dt \leq \frac{M}{s-s_0}$. Converge.

8.3

1.

$$\frac{3}{4}\sqrt{\pi},\ \frac{105}{16}\sqrt{\pi},\ 24$$

2.

$$\Gamma(7) = 6!,\ \Gamma(9/2),\ 1.$$

8.4

$$\frac{\Gamma(bx)}{a^{bx}}$$

8.8

$$\frac{\Gamma(5/2)\Gamma(3)}{\Gamma(11/2)}.$$

8.10

A função a considerar é $y = \begin{cases} y_1 = x^{2/3} + \sqrt{1-x^2}, & 0 \leq x \leq 1; \\ y_2 = x^{2/3} - \sqrt{1-x^2}, & 0 \leq x \leq 1. \end{cases}$.

a) A superfície da superfície de revolução terá duas contribuições

$$\begin{aligned} A &= 2\pi \int_0^1 \sqrt{\frac{4}{9}x^{4/3} - \frac{4}{3}\frac{x^{8/3}}{\sqrt{1-x^2}} + \frac{x^2}{1-x^2}}dx \\ &+ 2\pi \int_0^1 \sqrt{\frac{4}{9}x^{4/3} + \frac{4}{3}\frac{x^{8/3}}{\sqrt{1-x^2}} + \frac{x^2}{1-x^2}}dx \\ &\approx 2,157. \end{aligned}$$

b) O volume do sólido, terá duas contribuições $V_1 = \frac{5\pi}{12}$ e $V_2 = \frac{11\pi}{12}$. Cada contribuição tem uma integral imprópria de segunda classe e convergente. Finalmente o volume do sólido de revolução é $\frac{4\pi}{3}$.

8.12

$I(\alpha)' = -\int_0^\infty e^{-\alpha x^2}dx = -\frac{1}{2}\sqrt{\frac{\pi}{\alpha}}$. Em seguida $I(\alpha) = -\sqrt{\pi\alpha} + \sqrt{\pi}$ e finalmente $I(9) = -2\sqrt{\pi}$.

CAPÍTULO 9

Apêndice

9.1 Comprimento de Arco em Coordenadas Paramétricas

Definimos o comprimento do arco AB de uma curva como sendo o limite para o qual tende o perímetro das linhas quebradas inscritas na curva quando o número de lados destas linhas quebradas aumenta indefinidamente, e portanto, o comprimento de cada linha tende para zero.

Vamos formalizar esta ideia, para isto, consideremos nossa curva, dada em coordenadas paramétricas pelas seguintes equações:

$$x = \varphi(t), \quad y = \psi(t), \quad t \in [\alpha, \beta],$$

onde aos pontos A e B correspondem os valores $t_o = \alpha$ e $t_n = \beta$ $(\alpha < \beta)$.

Para calcular o comprimento do arco AB, consideremos nele uma série de pontos:

$$M_1, M_2, \ldots, M_i, \ldots, M_{n-1},$$

que correspondem aos valores

$$t_1, t_2, \ldots, t_i, \ldots, t_{n-1}$$

do parâmetro t.

Denotemos as coordenadas dos pontos M_i, $i = 1, 2, \ldots, n$, por

$$x_i = \varphi(t_i), \quad y_i = \psi(t_i)$$

e usando a fórmula de comprimento de um segmento (linha) da Geometria Analítica, obtemos para o perímetro das linhas quebradas

$$\overline{AM_1}, \overline{M_1M_2}, \overline{M_2M_3}, \ldots \overline{M_{n-1}B},$$

a seguinte expressão:

$$\sum_{i=1}^{n} \sqrt{(x_i - x_{i-1})^2 + (y_i - y_{i-1})^2} =$$
$$= \sum_{i=1}^{n} \sqrt{[\varphi(t_i) - \varphi(t_{i-1})]^2 + [\psi(t_i) - \psi(t_{i-1})]^2},$$

(com $t_o = \alpha,\ t_n = \beta$), desta forma, por definição, o comprimento do arco AB da curva S_{AB} expressa-se pela fórmula:

$$S_{AB} = \lim_{n\to\infty}\sum_{i=1}^{n}\sqrt{[\varphi(t_i)-\varphi(t_{i-1})]^2+[\psi(t_i)-\psi(t_{i-1})]^2}. \tag{9.1}$$

Usando o Teorema do Valor Médio da **Nota 2.4** da seção 2.5 para os dos termos dentro da raiz que estão nos colchetes, temos

$$\begin{aligned}\varphi(t_i)-\varphi(t_{i-1}) &= (t_i-t_{i-1})\varphi'(\tau_i),\\ \psi(t_i)-\psi(t_{i-1}) &= (t_i-t_{i-1})\psi'(\eta_i),\end{aligned}$$

onde $\tau_i,\ \eta_i$ pertencem ao intervalo (t_{i-1}, t_i). Substituindo as expressões encontradas para $\varphi(t_i)-\varphi(t_{i-1})$ e $\psi(t_i)-\psi(t_{i-1})$, na raiz quadrada de (9.1), encontramos:

$$\sqrt{[\varphi(t_i)-\varphi(t_{i-1})]^2+[\psi(t_i)-\psi(t_{i-1})]^2} = (t_i-t_{i-1})\sqrt{\varphi^2(\tau_i)+\psi^2(\eta_i)}.$$

Denotemos por ξ_i o erro que cometemos quando trocarmos na raiz quadrada

$$\sqrt{\varphi^2(\tau_i)+\psi^2(\eta_i)},\quad \psi'^2(\eta_i)$$

por $\psi'^2(\tau_i)$, isto é,

$$\sqrt{\varphi'^2(\tau_i)+\psi'^2(\eta_i)} = \sqrt{\varphi'^2(\tau_i)+\psi'^2(\tau_i)}+\xi_i.$$

Agora podemos reescrever a fórmula (9.1) na seguinte forma

$$S_{AB} = \lim_{n\to\infty}\sum_{i=1}^{n}\{\sqrt{\varphi'^2(\tau_i)+\psi'^2(\tau_i)}+\xi_i\}(t_i-t_{i-1}),.$$

ou

$$\begin{aligned}S_{AB} &= \lim_{n\to\infty}\sum_{i=1}^{n}\sqrt{\varphi'^2(\tau_i)+\psi'^2}(t_i-t_{i-1})+\\ &+\lim_{n\to\infty}\sum_{i=1}^{n}\xi_i(t_i-t_{i-1}).\end{aligned}$$

O limite da primeira soma é a integral definida

$$\int_{\alpha}^{\beta}\sqrt{\varphi'^2(t)+\psi'^2(t)}dt.$$

Enquanto o limite da segunda soma é igual a zero. De fato, se denotarmos com $\delta_n = \max\{|\xi_1|, |\xi_2|, \dots, |\xi_n|\}$, observamos que $\delta_n \to 0$. Assim, temos

$$\begin{aligned}\left|\sum_{i=1}^{n}\xi_i(t_i-t_{i-1})\right| &\le \sum_{i=1}^{n}|\xi_i|(t_i-t_{i-1}) \le\\ &\le \sum_{i=1}^{n}\delta_n(t_i-t_{i-1}) \le\\ &\le \delta_n\sum_{i=1}^{n}(t_i-t_{i-1}) =\\ &= \delta_n(\beta-\alpha).\end{aligned}$$

Como $\delta_n \to 0$, temos

$$\sum_{i=1}^{n} \delta_n(t_i - t_{i-1}) \to 0.$$

Portanto, a fórmula (9.1) pode-se escrever na forma

$$S_{AB} = \int_{\alpha}^{\beta} \sqrt{\varphi'^2(t) + \psi'^2(t)}dt, \tag{9.2}$$

que corresponde ao comprimento do arco da curva dada parametricamente quando t percorre o intervalo $[\alpha, \beta]$.

9.2 Família de Cicloides

9.2.1 Cicloides Curtas

Considere um cilindro de raio R que realiza rodamento sem deslizamento numa superfície plana e horizontal. Considere um ponto P localizado a uma distância r ($r < R$) do cento do cilindro. O centro do cilindro tem uma velocidade constante V à direita e gira simultaneamente com velocidade angular constante $w = \dfrac{V}{R}$ no sentido horário. De forma análoga ao caso da cicloide, no sistema de coordenadas xy, o ponto P descreve uma curva chamada de cicloide curta (curva laranja). No diagrama da figura (9.1) está representada a curva que descreve o ponto P até o instante t e a posição da roda nesse instante.

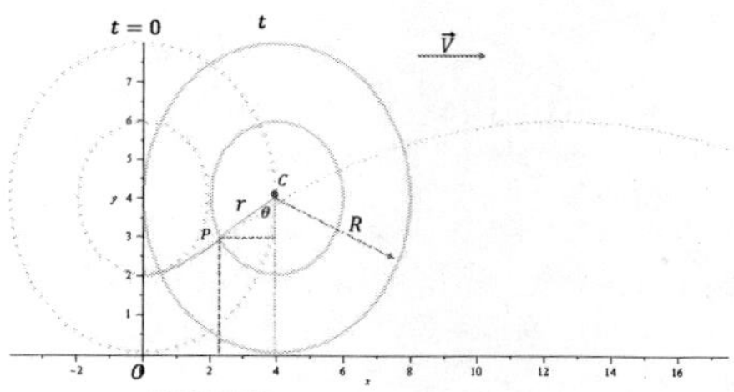

Figura 9.1: Disco rolando com velocidade angular constante $w = \frac{V}{R}$

Não é difícil calcular que

$$x_P = Vt - r\,\text{sen}\theta,\ y_p = R - r\cos\theta$$

como a velocidade angular é constante, então $\theta = wt$. Assim a equação paramétrica do ponto P no instante t fica

$$\begin{aligned} x_P &= w\,R\,t - r\,\text{sen} wt, \\ y_p &= R - r\cos wt. \end{aligned} \tag{9.3}$$

A seguir podemos ver que a cicloide curta também é uma curva periódica cujo período podemos calcular assim: $\frac{d}{dt}y(t) = rw\,\text{sen}wt = 0$ daí que o período $T = \dfrac{\pi}{w}$.

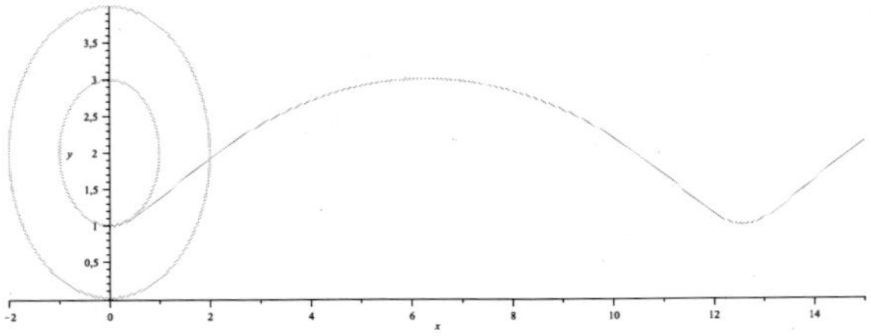

Figura 9.2: Cicloide curta

9.2.2 Cicloide Longa

Considere um cilindro de raio r que realiza rodamento sem deslizamento numa superfície plana e horizontal. Considere um ponto P localizado a uma distância R $(r < R)$ do cento do cilindro. O centro do cilindro tem uma velocidade constante V á direita, e gira simultaneamente com velocidade angular constante $w = \dfrac{V}{R}$ no sentido horário. De forma análoga ao caso da cicloide no sistema de coordenadas xy, o ponto P descreve uma curva chamada de cicloide longa (curva laranja). No diagrama da figura (9.3) está representada a curva que descreve o ponto P até o instante t e a posição do cilindro nesse instante.

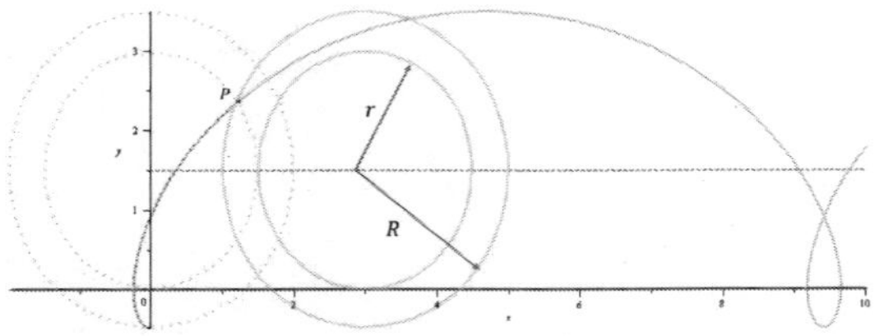

Figura 9.3: Cicloide longa

A equação paramétrica do ponto P localizado na borda do disco maior de raio R pode ser deduzida de forma similar ao caso da cicloide curta e o resultado é:

$$\begin{aligned} x_P &= w\,r\,t - R\,\mathrm{sen}wt, \\ y_p &= r - R\cos wt. \end{aligned} \tag{9.4}$$

A cicloide longa também é periódica de período $T = \dfrac{\pi}{w}$. A seguir, dois cilindros coaxiais unidos e o cilindro de menor raio realizando rodamento sem deslizamento na superfície horizontal. O ponto P do cilindro maior de raio R descreve pois a cicloide longa.

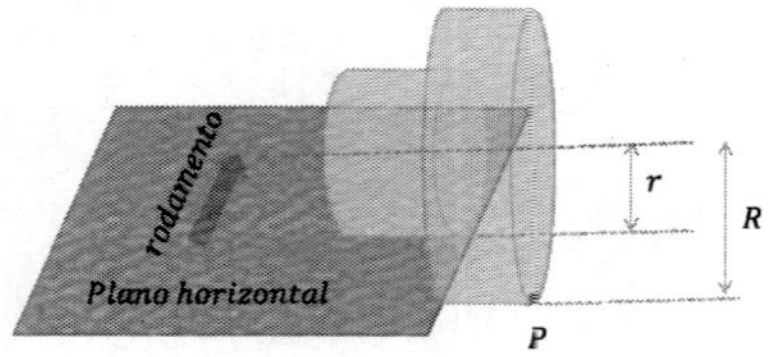

Figura 9.4: O ponto P descreve a cicloide longa

9.2.3 Hipocicloides

Uma hipocicloide é uma curva descrita por um ponto P localizada na borda de um disco de raio r, tal que o disco só realiza rolamento (com velocidade angular constante) na parte interna de uma superfície circular de raio R.

Considerando um sistema de coordenadas cartesianas com origem de coordenadas no centro da superfície circular de raio R, a equação paramétrica deste ponto é a seguinte:

$$\begin{aligned} x(\theta) &= (R-r)\cos\theta + r\cos((k-1)\theta) \\ y(\theta) &= (R-r)\,\mathrm{sen}\theta - r\,\mathrm{sen}((k-1)\theta) \end{aligned}$$

Para provar o par de equações anterior, procedemos assim:

Devemos encontrar as coordenadas de um ponto periférico do disco de raio r no instante t (P). Considerando que seu movimento inicia-se no ponto A e no instante $t = 0$.

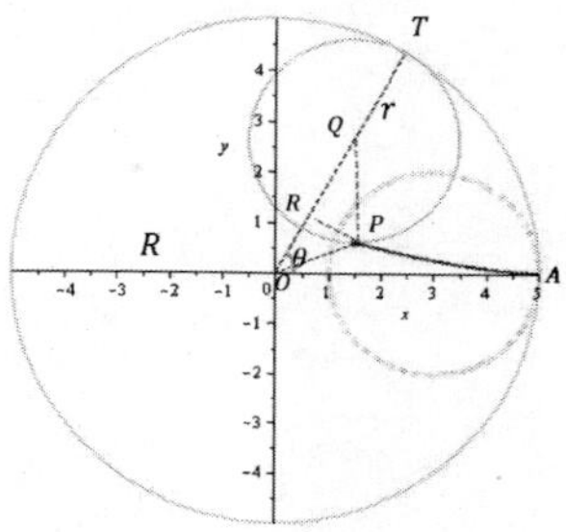

Figura 9.5: Hipocicloide

Da figura (9.5)

$$\overrightarrow{OP} = \overrightarrow{OR} + \overrightarrow{RP}. \tag{9.5}$$

Temos:

$$\overrightarrow{OR} = ||\overrightarrow{OR}||\,\hat{u} = \overline{OR}\,\hat{u}, \tag{9.6}$$

e

$$\overrightarrow{RP} = ||\overrightarrow{RP}||\,\hat{u}^{\perp} = \overline{RP}\,\hat{u}^{\perp}, \tag{9.7}$$

sendo $\hat{u} = (\cos\theta, \,\mathrm{sen}\theta)$ vetor unitário de $\overrightarrow{OR}$, e $\hat{u}^{\perp} = (\,\mathrm{sen}\theta, -\cos\theta)$ vetor unitário de $\overrightarrow{RP}$. É importante lembrar aqui que o disco rola sem deslizamento. Logo se

$$\measuredangle(TOA) = \theta, \measuredangle(TQP) = \alpha,$$

então vale que

$$arco(TA) = arco\,(TP) \;\; então \;\; R\theta = r\alpha.$$

Em seguida

$$\alpha = \frac{R}{r}\theta.$$

Pela geometria temos:

$$\overline{OR} = \overline{OQ} - \overline{QR},$$

sendo

$$\overline{OQ} = R - r$$

e

$$\overline{QR} = r\cos(\pi - \alpha) = -r\cos\alpha.$$

Assim

$$\overline{OR} = R - r + r\cos\alpha = R - r + r\cos(\frac{R}{r}\theta),$$

e

$$\overline{RP} = r\,\text{sen}(\pi - \alpha) = r\,\text{sen}(\frac{R}{r}\theta)$$

Substituindo em (9.6) e (9.7) temos

$$\overrightarrow{OR} = (R - r + r\cos(\frac{R}{r}\theta))(\cos\theta,\ \text{sen}\theta),$$

e

$$\overrightarrow{RP} = r\,\text{sen}(\frac{R}{r}\theta)(\ \text{sen}\theta, -\cos\theta).$$

Substituindo as duas relações anteriores em (9.5) obtemos a fórmula desejada.

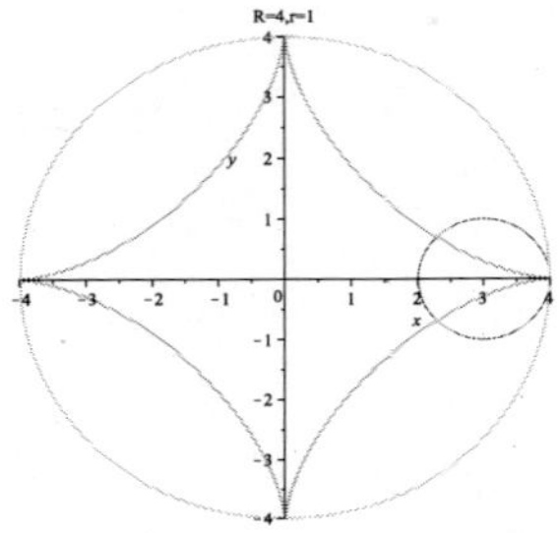

Figura 9.6: Hipocicloide: No caso $R/r = 4$ temos uma astroide

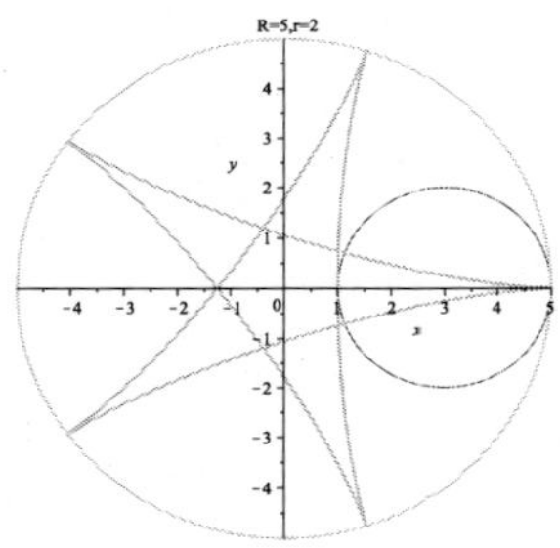

Figura 9.7: Hipocicloide

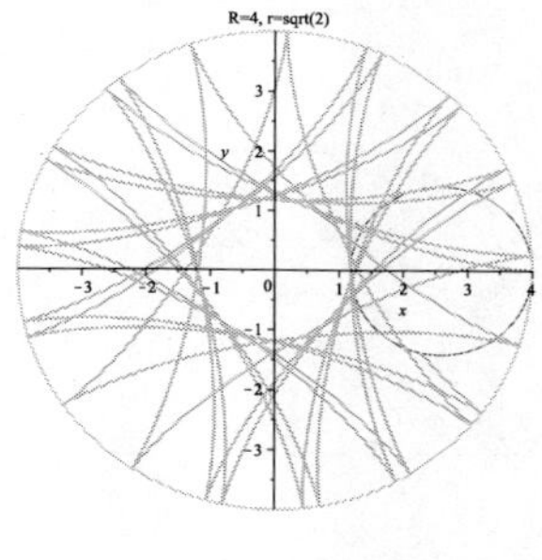

Figura 9.8: Hipocicloide

9.2.4 Epicicloides

Uma epicicloide é uma curva descrita por um ponto P localizada na borda de um disco de raio r, tal que o disco só realiza rolamento (com velocidade angular constante) na parte externa de uma superfície circular de raio R.
O procedimento para determinar a equação paramétrica de P é similar ao feito no caso anterior, obtendo-se a fórmula a seguir

$$\begin{aligned} x(\theta) &= (R+r)\cos\theta - r\cos((k+1)\theta) \\ y(\theta) &= (R+r)\,\mathrm{sen}\theta - r\,\mathrm{sen}((k+1)\theta) \end{aligned} \tag{9.8}$$

Note que

$$\overrightarrow{OP} = \overrightarrow{OR} + \overrightarrow{RP}.$$

Além disso:

$$\measuredangle(TOA) = \theta, \measuredangle(TQP) = \alpha.$$

O disco de raio r realiza rodamento sem deslizamento na parte externa da superfície circular de raio R. então:

$$arco\,(TA) = arco\,(TP) \;\; então \;\; R\theta = r\alpha.$$

Em seguida

$$\alpha = \frac{R}{r}\theta.$$

O processo posterior fica como exercício para chegar à fórmula (9.8).

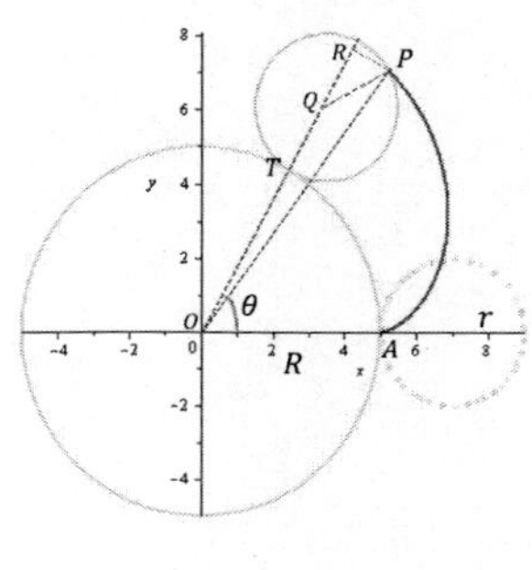

Figura 9.9: Epicicloide

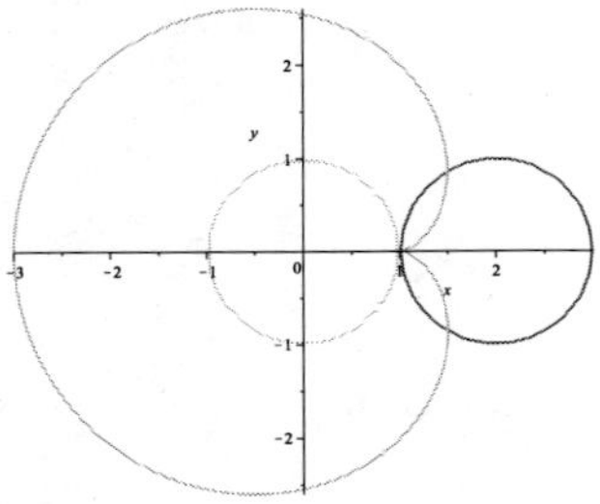

Figura 9.10: Epicicloide $R = 1, r = 1$ (Cardioide)

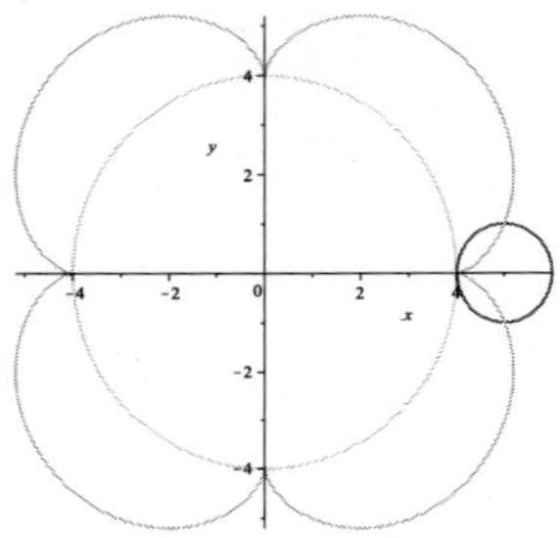

Figura 9.11: Epicicloide $R = 4, r = 1$

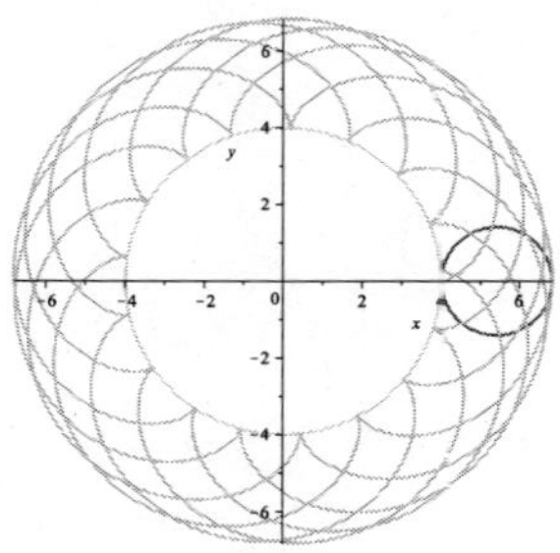

Figura 9.12: Epicicloide $R = 1, r = \sqrt{2}$

Referências Bibliográficas

[1] Elon Lages Lima, *Curso de análise vol. 1*, projeto Euclides, IMPA, 2008.

[2] Aldo Bezerra Maciel e Osmundo Alves Lima, *Introdução à análise Real*, EDUEP, Campina Grande, 2005.

[3] R. Creighton Buck, *Advanced Calculus*, McGraw-Hill Kogakusha,Tokyo, 1978.

[4] https://divisbyzero.com/2010/05/09/volumes-of-n-dimensional-balls/

[5] https://mathworld.wolfram.com/Hypersphere.html

[6] https://rahulporuri.blogspot.com/2013/09/magnetic-bottles.html

[7] D. Zavaleta Villanueva, *princípios de Análise e Exercícios de Cálculo*, Livraria da Física, São Paulo, 2014.

[8] A. N. Kolmogorov and S. V. Fomin, *Elementos de la Teoria de Funciones y del Analisis Funcional*, MIR-NAUKA, Moscow, 1972.

[9] Louis Brand, *Advanced Calculus*, JOHN WILEY & SONS, INC., New York, 1965.

[10] Oscar Vega Bustillos, André Sassine, A MAGIA DA CURVA CICLOIDE - BRAQUISTÓCRONA E TAUTÓCRONA, São Paulo, 2009.

[11] E. Lages Lima, *Um Curso de Análise Matemático, Vol I, II*, Instituto de matemática pura e Aplicada - CNPq, 1976.

[12] L. D. Kudriatzev, *Análise Matemática, vol I(em russo)*, High School, Moscow, 1973.

[13] S.M. Nikolsky, *Curso de Análise Matemático, Vol I*, MIR, Moscou 1975.

[14] A. Ostrowski, *.... de Cálculo Diferencial e Integral, Vol II e II*, FUNDAxxx CALOUSTE GULBENKIAN, LISBOA,1960.

[15] N. Piskunov, *Cálculo Diferencial e Integral, Vol I, II*, MIR, Moscou 1972.

[16] W. Rudin, *Real Analys*, Wesley, New York 1975.

[17] O problema que tornou Euler famoso; Jairo Gayo, Roy Wilhelm Probst, Proceeding Series of the Brazilian Society of Applied and Computational Mathematics, Vol. 3, N. 1, 2015.

[18] $https : //mathworld.wolfram.com/EllipticIntegraloftheSecondKind.html$

[19] $http : //aulainterativa.ect.ufrn.br/cinematica/$

[20] $http : //demonstracoes.fisica.ufmg.br/files/images/demos/1D4010 - d00.png$

[21] $http : //efisica.if.usp.br/mecanica/basico/centro_gravidade/intro/$

[22] $http : //www.if.ufrgs.br/ marcia/FN_aula2.pdf$

[23] $https : //www.youtube.com/watch?v = da1prIpZniQ$

[24] https://ciis.fmrp.usp.br/covid19/modelo-exponencial-a-epidemiologia/

[25] H. Carrion S, Postulados da Mecânica quântica, Ufrn 2019.

[26] $https : //doi.org/10.1590/S0100 - 69162011000100006$

[27] $https : //sites.math.washington.edu/ morrow/336_10/papers/joel.pdf$

[28] Manuela Neves, modelos matemáticos e aplicações, ISA/ULisboa 2016.

[29] Paulo flores, J.C. Pimenta Claro, Cinemática de Mecanismos (Centros Instantâneos de Rotação), Universidade de Minho (2007), https://www.researchgate.net/publication/296332789.

[30] A possible deformed algebra and calculus inspired in nonextensive thermostatistics, Ernesto P. Borges, Physica A 340 (2004) 95-101.

[31] Sara Caroline Carrera de Aviz, Entropia de Tsallis Aplicada ao Clima da Terra, Dissertação apresentada ao Programa de Pós- Graduação em Física da Universidade Federal do Espírito Santo (UFES) 2018.

[32] Danielle da Silva Pompeu, Aplicação da distribuição Beta na análise de dados inflacionados de zeros, dissertação para a obtenção de Mestre em Bioestatística, UEM (2015).

[33] D.A. Magalhães, *Sobre a importância do modelo de Veneziano para a teoria de cordas*, Rev. Bras. Ensino Fís. vol.35 no.4 (2013).

[34] http://aulainterativa.ect.ufrn.br/serie-geometrica/

[35] https://www.ufjf.br/fisica/files/2013/10/FIII-06-03-Movimento-de-uma-partícula-carregada-num-campo-magnético-v2.pdf

[36] Michael Janos, Matemática e Natureza, livraria da Física, editora da USP (2009).

[37] Luka Marohnic, Tihana Stremechi, Plastic number: construction and applications, Advanced Research in Scientific Areas 3,7 (2012)

[38] Renata Passos Machado V, *et al*, Sequência de Padovan Afim e suas propriedades, Revista Thema,Volume 15, N^0 4,Pág 11269 (2018).

[39] Ian Stewart, almanaque das curiosidades matemáticas, editorial zahar (2009).

[40] https://youtu.be/QaWepnGWRs8,

[41] https://youtu.be/mVNOU9O5vkE

[42] http://www.maths.surrey.ac.uk/hosted-sites/R.Knott/Fibonacci/fibnat.html

[43] *https : //mathworld.wolfram.com/FibonacciNumber.html*

[44] Clifford A. Pickover, O livro da matemática, editorial librero (2011).

[45] Quantum mechanics volume I, Claude Cohen-Tannoudji, Bernard Diu, Franck Laloe, John Wiley / Sons (1977)

[46] H. Goldstein, Classical Mechanics (Addison-Wesley, 1980.

[47] http://aulainterativa.ect.ufrn.br/serie-geometrica/

[48] http://aulainterativa.ect.ufrn.br/cinematica/

[49] http://aulainterativa.ect.ufrn.br/cicloides/

[50] $https : //www.youtube.com/watch?v = 2VYBGF_MPIU$

[51] $https : //www.youtube.com/watch?v = 84ZTzeCfswg$

[52] https://br.pinterest.com/pin/243757398551257349/

[53] http://www2.uefs.br/geotec/topografia/apostilas/topografia(1).htm

[54] H. L. Carrion S., El problema de la braquistócrona en el cilindro $s_1 \times R$ con varias vueltas, Revista Mexicana de Física E 17 (2) 276–284 (2020)

[55] Amanda Siqueira, Gerson G. Ledesma, TEOREMA DE REORDENAMENTO DE SÉRIES DE RIEMANN, Cadernos do IME - Série Matemática, e-ISSN: 2236-2797 (online)

Índice Remissivo

Impressão e acabamento
Gráfica da Editora Ciência Moderna Ltda.
Tel: (21) 2201-6662